MANUELS-RO

NOUVEAU MANUEL COMPLET

DU

POÊLIER-FUMISTE,

OU

TRAITÉ COMPLET DE CET ART,

INDIQUANT LES MOYENS D'EMPÊCHER LES CHEMINÉES DE FUMER,
L'ART DE CHAUFFER ÉCONOMIQUEMENT ET VENTILER
LES HABITATIONS, LES MANUFACTURES,
LES ATELIERS, ETC.;

Par MM. ARDENNI et JULIA DE FONTELLE.

NOUVELLE ÉDITION,

Ornée d'un grand nombre de planches, considérablement augmentée et
enrichie de toutes les découvertes et perfectionnements qui ont eu
lieu jusqu'à ce jour, tant en France que dans les pays étrangers.

Par M. F. MALEPEYRE.

PARIS,

LIBRAIRIE ENCYCLOPÉDIQUE DE RORET,

RUE HAUTEFEUILLE, 10 BIS.

1850.

ENCYCLOPÉDIE-RORET.

POÊLIER-FUMISTE.

AVIS.

Le mérite des ouvrages de l'*Encyclopédie-Roret* leur a valu les honneurs de la traduction, de l'imitation et de la *contrefaçon*. Pour distinguer ce volume il portera à l'avenir la signature de l'Editeur.

INTRODUCTION.

S'il est un sujet propre à intéresser l'économie domestique, c'est, à coup sûr, celui du chauffage. Cet
art embrasse en effet deux questions principales : celle
d'une bonne distribution de calorique avec le moins
de perte possible, et l'autre, la production d'un même
degré de chaleur avec la moindre quantité de combustible. L'intérêt qu'offrent ces deux questions est d'une
si haute importance, que les physiciens les plus distingués n'ont pas dédaigné d'en faire l'objet de leurs in-
vestigations, et nous ne craignons point de dire que
leurs travaux n'ont point été infructueux; mais il était
encore un autre point essentiel : il arrive parfois que
la mauvaise construction des cheminées et des appareils, ou divers autres accidents, font refouler, dans les
appartements ou les ateliers, la fumée qui exerce alors
une si funeste influence sur l'homme, les meubles, etc.,
qu'on ne peut résister à une telle incommodité; ce
grave inconvénient a également fixé l'attention des
physiciens et d'un grand nombre d'inventeurs. Il y
avait donc une foule de notions économiques et techniques à réunir, et ce fut une heureuse idée que celle de
rassembler dans un ouvrage spécial tout ce qui se rattache au poêlier-fumiste; aussi, quand la première
édition de ce manuel parut, son utilité fut généralement reconnue; et l'accueil qu'il reçut du public jus-
tifia nos prévisions, c'est ce qui a porté l'éditeur à le
rendre de plus en plus digne de cette bienveillance.
Depuis 1828, époque de la publication de la première

édition, de nombreux travaux ont eu lieu sur l'étude et la distribution du calorique, le chauffage à l'air chaud, à l'eau chaude et à la vapeur, la construction des cheminées, des poêles, des calorifères et séchoirs; un grand nombre de brevets d'invention et de patentes ont été publiés; la science s'est enrichie des travaux de H. Davy, sur la flamme, et de ceux d'un grand nombre de physiciens et de mécaniciens sur les meilleurs modes de chauffage. Pour tenir cet ouvrage au niveau de la science, il nous importait donc de recueillir tous ces faits et de traiter l'article calorique avec plus de développement, en y joignant des articles spéciaux sur sa transmission, sur la nature de la flamme, sur la combustion et les théories émises sur ce phénomène, sur l'air, son agent indispensable, sur la fumée, etc.

Nous n'avons pas reculé devant ce travail dans cette nouvelle édition, et, en outre, tout en conservant le plan de celles qui l'ont précédée, plan qui nous a paru bien adapté au sujet, nous avons fait entrer dans le cadre qu'il présentait toutes les améliorations, tous les perfectionnements et toutes les notions que nous avons pu recueillir et qui intéressent la caminologie. Il serait trop long d'énumérer ici toutes les additions que nous avons faites au Manuel précédent, elles ont presque doublé son étendue, et comme nous ne nous sommes attaché qu'à reproduire des choses d'une utilité incontestable, nous avons la conviction d'avoir offert à l'art pour lequel nous écrivons, un Manuel complet de toutes ses pratiques et de toutes ses ressources.

AVANT-PROPOS.

———

Il nous reste peu de traces, peu de données positives sur la manière dont les anciens se chauffaient. Toutefois, il y a lieu de croire qu'ils allumaient un grand feu au milieu d'une pièce, dont le comble était ouvert pour laisser échapper la fumée; que souvent de simples brasiers portatifs étaient placés dans les salles de réunion pour les échauffer. Les anciens monuments ne présentent aucun indice de cheminées, et c'est au temps de Sénèque que semble en remonter l'invention. Dans l'Ep. 70, ce philosophe dit : « Que de son temps on » inventa de certains tuyaux qu'on mettait dans les » murailles, afin que la fumée du feu qu'on allumait » aux bas étages des maisons, passant par ces tuyaux, » échauffât les chambres jusqu'au plus haut étage. »

Les cheminées alors se composaient d'un foyer ouvert de tous côtés, placé près d'un mur, et d'une hotte en forme d'entonnoir établie immédiatement au-dessus pour recevoir et diriger la fumée dans le tuyau qui la conduisait au dehors.

Depuis le commencement du xve siècle, les foyers

ont été entourés et placés dans des enfoncements, ce qui a fait perdre une portion considérable de la chaleur rayonnante.

Cette amélioration laissa subsister de graves inconvénients : d'une part, il se dégageait peu de chaleur de ces foyers ; de l'autre, la fumée, s'échappant par l'ouverture trop considérable du devant, incommodait et rendait souvent insupportable le séjour des appartements. Ces inconvénients déterminèrent des savants, des physiciens, à s'occuper des moyens d'y remédier. On vit successivement paraître les observations d'Alberty Léon, dans le quinzième siècle ; celles de Cardan, de Philibert Delorme, de Serlio et de Savot dans le seizième siècle.

Pour profiter des deux avantages que présentaient séparément le foyer adossé au mur et le foyer placé au milieu des salles, et, pour les combiner ensemble, on imagina les poêles, lesquels, pouvant être placés dans toutes les parties de l'appartement, et dégageant la chaleur de toutes les parties de leur surface, peuvent être disposés de manière à obliger la fumée de suivre la direction d'un tuyau, et à empêcher qu'elle ne se répande dans l'intérieur de l'habitation. Ce fut alors que parut, en 1619, le premier ouvrage sur les poêles, intitulé *Epargne du bois*, par Lestard, qui proposa d'établir dans ces appareils de chauffage jusqu'à huit chambres les unes au-dessus des autres, dans lesquelles la fumée devait passer avant d'arriver dans les tuyaux.

Un conduit, placé sous l'âtre, et communiquant avec l'extérieur, amenait l'air pour activer la combustion ; une autre ouverture était destinée à faciliter le renouvellement de l'air de la chambre,

En 1686, Dalesme fit la découverte d'un poêle dans lequel la fumée est obligée de descendre dans le brasier, et de s'y convertir en flamme; cette découverte donna naissance aux *alendiers* (1) et aux foyers *fumivores*.

En 1713, Gauger donna, dans sa *Mécanique du feu*, le système le plus complet de vues et d'expériences sur le chauffage et la ventilation. Cet ouvrage contient une foule d'inventions ingénieuses, qui, de nos jours, ont été présentées comme nouvelles.

En 1745, Franklin fit connaître ce qu'il appela les nouveaux chauffoirs de Pensylvanie.

En 1756, parut la *Caminologie* de don Ebrard, ou *Traité sur les Cheminées*.

En 1763, Montalembert publia des observations sur les poêles russes.

En 1767, le comte C.-J. de Cronstedt écrivit également sur le chauffage. Vers la fin du siècle dernier, et au commencement de celui-ci, parurent le manuscrit de Clavelin, les Mémoires du comte de Rumford, de Guyton-Morveau et de plusieurs autres savants. Enfin, depuis vingt ans, la consommation du bois (2) s'étant accrue dans une progression qui faisait craindre, pour les générations à venir, la pénurie, et même le manque

(1) Grilles de fer sur lesquelles on étend le combustible dans les grands fourneaux.

(2) La rareté de plus en plus sentie du bois de chauffage avait déjà, en 1827, déterminé le conseil général du département de la Marne à voter une somme de 3,000 fr. pour la recherche de houillières nouvelles (*Gazette de France*, du 23 septembre 1827.)

La consommation du bois, à Paris, s'est élevée jusqu'à 749,007 voies dans une année, et cela indépendamment de l'emploi du charbon de terre et de la tourbe.

absolu de ce combustible, beaucoup d'inventions pyrotechniques ont eu lieu; elles ont passé successivement;
mais leur existence, pour la plupart du moins, a été
si éphémère que, sans les recueils périodiques qui en
ont fait mention, elles seraient aujourd'hui ignorées, et
l'on aurait moins à s'étonner qu'un aussi grand nombre
de tentatives aient été faites pour laisser les choses au
point où elles sont.

EXPLICATION

Bouches de chaleur. Ouvertures pratiquées pour donner issue à l'écoulement de l'air chaud dans un appartement.

Calorifère, de *calor*, chaleur, et *ferre*, porter. On donne ce nom à des appareils de chauffage, appliqués en général à échauffer de grands ateliers, des magasins, des étuves, des séchoirs, etc., ou une suite de salles dans lesquelles on veut éviter d'avoir un grand nombre de foyers.

Caminologie (du grec καμινος, cheminée, et λογος, discours, science), science des cheminées.

Dévoiement. Changement de direction qu'on fait suivre à un tuyau de cheminée, c'est-à-dire qu'après l'avoir monté verticalement, on le dirige obliquement à droite ou à gauche.

Fuligineux, de *fuligo*, suie, se dit des gaz colorés, dégagés par la combustion, et qui contiennent une certaine quantité de suie.

Fumifuge, de *fumus*, fumée, et de *pheugô*, je chasse, qui chasse la fumée.

Fumivore, de *fumus*, fumée, et *vorare*, dévorer. On donne ce nom aux appareils de chauffage dont la disposition particulière a pour objet d'achever la combustion des parties combustibles qui s'échappent avec la fumée.

Fissure, de fissura, *fente*.

Languette. Les fumistes appellent ainsi une cloison en plâtre qu'ils placent dans l'intérieur du tuyau d'une cheminée, pour y former un conduit destiné à amener l'air extérieur dans le voisinage du foyer. Le canal qui résulte de cette disposition est appelé *ventouse*. Voyez ce mot et l'article *Vices de construction des cheminées*.

Mitre. Une mitre est composée ordinairement de deux planches, en plâtre, inclinées, qui forment une espèce de toit, ou de quatre de ces planches assemblées en forme de trémie renversée ; les unes et les autres se placent sur le sommet des tuyaux des cheminées en les fixant avec du plâtre.

On fait aussi aujourd'hui des mitres en terre cuite de toutes formes et dimensions.

Pyrotechnie (du grec πῦς, feu et ἐχνη ; art), art de faire conduire ou diriger le feu.

Unité. L'unité dont il est question dans ce Manuel est la quantité de chaleur capable d'élever d'un degré centigrade la température d'un kilogramme d'eau.

Ventouse. Ouverture pratiquée pour livrer passage à l'air extérieur, ou à de l'air à une température plus basse que celle du lieu échauffé.

$$=\quad \ldots\ldots\ldots\ldots\text{ Égale.}$$
$$\times\quad \ldots\ldots\ldots\ldots\text{ Multiplié par}$$
$$-\quad \ldots\ldots\ldots\ldots\text{ Moins.}$$
$$+\quad \ldots\ldots\ldots\ldots\text{ Plus.}$$
$$\vdots\quad \ldots\ldots\ldots\ldots\text{ Est à.}$$
$$\vdots\quad \ldots\ldots\ldots\ldots\text{ Comme.}$$
$$\sqrt{}\quad \ldots\ldots\ldots\ldots\text{ Racine carrée.}$$

$$\frac{5}{12}\quad\text{divisé par. . . ; . . . ainsi, dans cet exemple, cela}$$

signifie 5 divisé par 12.

NOUVEAU MANUEL COMPLET

DU

POÊLIER-FUMISTE.

CHAPITRE PREMIER.

ARTICLE PREMIER.

Du calorique et de la chaleur.

Le calorique est un agent si puissant qu'il paraît avoir été connu de tous les temps, mais sous diverses dénominations.

Les philosophes, les physiciens et les chimistes anciens paraissent n'avoir jamais été d'accord entre eux sur la chaleur. D'après leurs écrits, tantôt on serait porté à croire qu'ils ont confondu la chaleur avec le feu, tantôt il semble qu'ils ont voulu en faire deux êtres distincts.

Aristote et les péripatéticiens définissent la chaleur une qualité ou un accident qui réunit ou qui rassemble des choses homogènes, c'est-à-dire de la même nature et espèce, et qui désunit ou sépare des choses hétérogènes ou de nature différente.

Il paraît que ceux-ci ont regardé la chaleur comme un corps particulier, et qu'ils lui ont attribué les effets que nous attribuons au calorique. Mais, quand même ils eussent voulu exprimer par le mot *chaleur* ce que nous entendons aujourd'hui par le mot *calorique*, la définition qu'ils en donnent est non-seulement insuffisante, mais même quelquefois inexacte. En effet, s'il est des cas où le calorique réunit deux corps homogènes, il en est aussi d'autres où il produit les mêmes effets sur des substances de diverse nature.

Les épicuriens et autres corpusculaires ont raisonné différemment: ils ont regardé la chaleur comme une espèce de propriété du feu, qui, dans le fond, est le feu même, et qui n'en

est distincte que par rapport à notre manière de concevoir.
Ils croyaient que la chaleur est la substance volatile du feu
réduite en atomes et émanée des corps ignés par un écoulement continuel : ce qui fait que, non-seulement elle échauffe
les objets qui sont à sa portée, mais aussi qu'elle les allume
lorsque ce sont des corps combustibles, et que c'est de ces
corps, ainsi réduits en feu, dont elle se sert pour exciter la
flamme. Ils pensaient que ces corpuscules ignés constituent le
feu par leur mouvement, tant qu'ils ne sortent point de la sphère
de la flamme ; mais, dès qu'ils en sont échappés, ils se disper-
sent en divers endroits, de sorte qu'ils ne sont appréciables
que par le tact.

Cette doctrine, au premier aspect, semble être assez at-
trayante et se rapprocher un peu de celle des modernes : néanmoins, en l'examinant avec un peu d'attention, on voit combien elle en diffère et surtout combien les conséquences qu'ils
en ont déduites sont éloignées de notre manière de voir.

Les philosophes mécaniciens, et en particulier Bacon, Boyle,
Newton, ont considéré la chaleur sous un aspect différent :
ils n'ont pas cru que ce fût une propriété originairement in-
hérente à quelque espèce particulière de corps, mais ils l'ont
regardée comme une propriété que l'on peut produire dans tous
les corps mécaniquement. Bacon, dans son traité de *Forma
calidi*, considère la chaleur de la manière suivante : il prétend,

1° Qu'elle n'est qu'une espèce de mouvement accompagné
de plusieurs circonstances particulières ; 2° que c'est un mouvement par lequel le corps cherche à se dilater et acquérir,
par ce moyen, un plus grand volume ; 3° que ce mouvement
doit se faire du centre vers la circonférence et en même temps
du bas en haut, ce qu'il croit pouvoir prouver par l'expérience
suivante :

Si vous mettez une barre droite au feu, et que vous la teniez
verticalement avec la main, elle vous brûlera plutôt que si
elle était placée horizontalement ; il en est qui ont cru le contraire, puisqu'ils ont avancé que le feu tendait toujours en
bas (1).

4° Que ce mouvement n'est pas égal dans tous les corps et

---

(1) On trouvera cette opinion dans un ouvrage intitulé : *Nouveau Traité physique sur la pesanteur universelle*.

Voltaire rapporte que, ne sachant à quoi s'en tenir, il fit quelques expériences qui
le décidèrent à rejeter toutes ces opinions et qui lui démontrèrent que le feu se répandait également dans tous les sens.

On peut voir les expériences qu'il a faites à ce sujet dans son Traité sur le feu.

qu'il n'existe que dans les plus petites parties. Enfin, il définit la chaleur au mouvement d'extension et d'ondulation dans les plus petites parties d'un corps qui les oblige à s'étendre vers la circonférence et à s'élever un peu.

Descartes et ses sectateurs paraissent   rapprocher un peu de cette opinion. Ce physicien semble croire que le feu n'est produit que par le mouvement et l'arrangement; il va même bien plus loin, puisqu'il pense que toute matière en poudre très-fine peut devenir ce corps de feu, et que cette matière subtile, qu'il appelle son premier élément, est le feu même.

Boyle soutient l'opinion de Descartes, et paraît même la confirmer par plusieurs expériences dans son Traité du chaud et du froid.

Newton semble se rapprocher beaucoup de l'opinion de Descartes, surtout dans ce passage où il dit que la terre peut se changer en feu, comme l'eau en terre; ceci peut présenter un double sens : en effet, si ce physicien a prétendu dire que le feu se cache dans l'eau, comme l'eau dans la terre, cette opinion sera la même que celle des modernes, en ce qu'elle supposera que le feu peut se cacher en se combinant ou seulement en s'interposant entre les molécules de la terre; mais, s'il veut prétendre, comme il y a apparence, que la terre peut se transformer en feu, nous dirons que nous pouvons rejeter avec autant de fondement cette supposition que celle qui admettait que l'eau pouvait être changée en terre : erreur qui n'a que trop longtemps existé (1).

On doit se convaincre déjà, par ce que je viens d'exposer, que, jusqu'à présent, tout nous démontre que les anciens ont confondu la chaleur avec le feu, c'est aussi ce qui m'a engagé à rapporter ici toutes ces hypothèses.

Une des premières opinions, aussi ancienne que Démocrite, a été renouvelée par quelques auteurs, tels que Homberg, Lemery, S'Gravesande, etc., et principalement par Boerhaave.

Homberg croit et prétend même, dans son essai sur le soufre-principe, que le soufre, qui est regardé comme un principe, est le feu pur. D'où il conclut que le feu est un corps particulier aussi ancien que tous les autres.

Le docteur S'Gravesande adopte assez généralement cette opinion; mais Lemery, en conciliant ce qu'avaient dit ces

---

(1) On sait aujourd'hui que si Boyle et Newton se sont laissés entraîner dans cette idée, ce n'est pas parce qu'ils l'avaient vu, mais parce qu'un chimiste, intime ami de Boyle, lui avait écrit qu'il était parvenu à convertir l'eau en terre par la distillation.

deux savants avec sa manière de voir, pousse ce système bien plus loin, comme on peut le voir dans les mémoires de l'Académie des sciences pour l'année 1713.

Muschenbroëck se rapproche du sentiment de Lemery, d'Homberg, de S'Gravesande : il croit que le feu est un corps particulier qui s'insinue dans les autres ; que ce corps est pesant, qu'il est impénétrable, que ses parties sont très-subtiles, par conséquent fort solides et fort poreuses, qu'elles sont lisses et à ressort, qu'enfin elles peuvent être ou mues avec beaucoup de rapidité (mouvement nécessaire pour produire de la chaleur), ou en repos, comme dans les pores des corps.

Voltaire (1) regarde aussi le feu comme un être particulier répandu dans tous les corps de la nature, puisqu'il dit, dans un passage : « Les hommes ne peuvent point produire du feu, » il peuvent seulement manifester ou décéler celui que la nature a mis dans les corps, en lui communiquant de nouveaux » mouvements. » Ce grand homme paraît avoir confondu la lumière et la chaleur avec le feu, en avançant que c'était, en général, de la masse, de la quantité et du mouvement du feu que dépendaient la chaleur et la lumière; il croyait que le feu était le seul corps qui éclairait et qui brûlait ; ce qui, de nos jours, n'est pas tout-à-fait considéré ainsi ; tenant encore un peu du cartésianisme, il a cru devoir déterminer la forme des molécules du feu, et il a pensé que la forme ronde était celle qui était la plus convenable et la seule qui pût s'accorder avec un mouvement égal en tous sens. Quant à sa couleur, confondant toujours cet être avec la lumière, il l'a considérée comme composée des sept rayons que Newton y avait trouvés (2).

Le célèbre Boerhaave, considérant le feu en chimiste et en physicien, est un de ceux de l'opinion s'accorde le plus avec celle des modernes : c'est dans son excellent ouvrage de chimie, à l'article *Feu*, qu'il développe et qu'il fait paraître, comme sous un nouveau jour, les idées du chimiste dont nous avons parlé (3). C'est dans cet ouvrage que les nouveaux chimistes ont puisé une foule de faits dont il se sont servi avec avantage pour établir leur nouvelle théorie.

Boerhaave, après avoir examiné les signes qui caractérisent le feu, croit que ni la lumière, ni la couleur ne peuvent pas

(1) *Loco citato.*
(2) Les rayons, dans la composition de la lumière, se présentent dans l'ordre suivant : le rouge, l'orangé, le jaune, le vert, le bleu, l'indigo et le violet.
(3) Humberg, Lemery, S'Gravesande, etc.

être des signes certains de la présence du feu, comme on l'avait pensé, mais que ceux qui peuvent nous faire connaître ce fluide lorsqu'il est en action, c'est-à-dire dans un état de liberté, sont la chaleur, la dilatation de tous les corps, etc. ; c'est aussi ce qui l'a porté, en se résumant, à le considérer de la manière suivante :

« J'entends par feu une chose qui, quoique inconnue de » sa nature, nous démontre, par la propriété qu'elle a de » pénétrer et de dilater tous les corps, que nous devons la » considérer comme un être particulier, puisqu'il est le seul » qui jouisse de cette propriété (1) ». On verra, lorsque j'exposerai le sentiment des modernes, que c'est à-peu-près la même doctrine.

Stahl et ses sectateurs ont considéré le feu sous deux points de vue : 1° comme principe de la chaleur.

Il paraît que ce célèbre chimiste a cru que le feu, la chaleur et la flamme étaient trois êtres qui ne différaient entre eux que du plus au moins ; il semble même qu'il croyait que le feu et la chaleur ne différaient que par leur action, puisqu'en parlant des effets de la chaleur et du feu, il dit : « *Dif-* » *ferunt saltem ab invicem gradibus : ignis enim rapidissimus* » *et vehementissimus fluidi ætherei in particulis sulphureis mo-* » *tus est, aere egens ceu pabulo, corpora mixta varia destruens;* » *calor autem motus est identidem ætheris intestinus, vehemens,* » *sed meliori in gradu quam in igne unde equidem alterat, ipsa-* » *que liquidiora et fluidiora reddit, ut non æque destruit* (2). »

2° Comme un des matériaux ou principe de la composition des corps, c'est ce que les autres chimistes ont désigné par divers noms, tels que ceux de soufre, principe sulfureux, feu fixe, principe huileux, terre inflammable; tous ces noms correspondent au phlogiston ou phlogistique de Stahl.

Schéèle, considérant attentivement la lumière et le feu, a cru, d'après plusieurs expériences qu'il a faites pour rechercher la nature de ces deux êtres, pouvoir en conclure que le feu était un composé d'air du feu ou oxygène et de phlogistique ou feu fixé; il pense même qu'il ne diffère de la lumière qu'en ce qu'il contient moins de ce feu principe (3).

M. T. Bergman est de l'avis de Schéèle, puisqu'il dit, dans un avant-propos qu'il a inséré dans le traité de ce chimiste,

(1) *Chimie de Boerhaave,* traduction française, tome premier, à l'article *Feu.*
(2) Stahl, *Fundamenta chimiæ,* part. 11. trac. I , page 19.
(3) On peut voir dans son excellent Traité de l'air et du feu les expériences qu'il a faites à ce sujet.

que j'ai déjà cité : qu'ayant répété les expériencet qu'il a
faites pour reconnaître la nature du feu et de la lumière, il
les a trouvées parfaitement justes. Il pense que si, dans la suite,
on fait des recherches plus précises, le principal n'en sera pas
moins bon, parce qu'il est fondé sur des expériences multipliées et concordantes. De là, il conclut que la lumière, la
chaleur et le feu sont, d'après leurs matières-principes, la
même chose que l'air pur et le phlogistique. Guyton-Morveau,
dans les notes qu'il a ajoutées à l'ouvrage de Bergman, paraît
ne pas être de son avis, du moins quant à l'action du calorique, puisqu'il dit qu'il n'est pas besoin de regarder le feu élémentaire comme un être passif, qu'il semble qu'on pourrait
mieux expliquer les divers phénomènes en le considérant
comme un être particulier et se servant des affinités, moyen
qu'a employé Begman pour rendre raison d'une foule de phénomènes de la manière la plus heureuse et la plus vraisemblable (1).

Outre les diverses opinions que je viens de parcourir, et qui
ont été, comme on peut s'en convaincre par l'exposé succinct
que j'en ai fait, tantôt préconisées par les uns, et tantôt re-
jetées par les autres, il en est encore plusieurs que je laisse-
rai de côté de peur d'être trop long. Je me contenterai d'in-
sister sur les deux dernières que je vais exposer.

La première est celle qu'avaient adoptée presque tous les
savants avant l'époque heureuse de la révolution chimique.
La seconde est celle qui a été émise depuis cette époque, et
qui, aujourd'hui, est le plus généralement reçue.

Ceux qui soutiennent la première opinion pensent qu'il
n'existe à priori aucune matière à laquelle on puisse donner
le nom de feu, et que la chaleur n'est que le résultat des mouvements insensibles de la matière. Buffon, qui penche pour
cette opinion, croit que le développement du feu doit être attribué exclusivement au mouvement, au choc ou au frottement
des molélécules les unes sur les autres, puisqu'il avance (2) que,
si l'homme était privé du feu, il ne pourrait s'en procurer qu'en
frottant ou en choquant des corps solides les uns contre les
autres. Il ajoute un peu plus bas que le feu qui est produit
quelquefois par la fermentation des herbes entassées, que
celui qui se manifeste dans les effervescences, ne contredit
pas ce qu'il a avancé, puisque, dans ce cas, il n'est produit,

(1) Opuscules chimiques de M. T. Bergman, tom. 1, page 249.
(2) Buffon, premier volume des *Supp. d'Hist. naturelle.*

selon lui, que par le mouvement ou le choc des parties les
unes contre les autres. Aujourd'hui, que le flambeau de la
chimie nous a un peu éclairés, nous pouvons aisément prouver que ces phénomènes tiennent à d'autres causes, qui, loin
d'être cachées comme on le supposait alors, sont à présent
presque palpables. Bacon, Macquer et plusieurs autres sont
du même avis : tous pensent que le feu ne peut être produit
que par le mouvement, le choc ou le frottement.

Voici les principaux faits sur lesquels ils s'étayent, à peu
près comme les rapporte Fourcroy (1) :

Parce que la chaleur suit presque tous les phénomènes du
mouvement et qu'elle obéit aux mêmes lois ; parce que, lorsque la cause mécanique qui la produit se ralentit ou cesse
entièrement, la chaleur diminue et se dissipe bientôt (2). Pour
faire encore mieux concevoir leur hypothèse, ils admettent
que tous les corps étant remplis d'une grande quantité de
pores, les molécules se trouvent entourés de vides qui leur
permettent de se mouvoir les unes sur les autres. Si ces oscil-
lations ne sont pas visibles, c'est qu'elles ont lieu entre des
parties si déliées, qu'elles échappent à notre vue tout comme
les pores des corps. Enfin, ce qui les détermine à penser
ainsi, c'est qu'on n'a pas encore pu en déterminer la nature,
ni la pesanteur.

Cette hypothèse a eu beaucoup de sectateurs. Lavoisier et
Laplace, zélés partisans d'une opinion contraire, disent eux-
mêmes que, dans certains cas, ces deux opinions pourraient
bien exister toutes deux à la fois, principalement lorsqu'on
développe du feu par le choc ou le frottement. Mais, quoiqu'il
paraisse que cette théorie explique ce fait d'une manière très-
vraisemblable, nous verrons cependant que celle des modernes dont je vais parler nous rend raison de tous les phénomènes qui se présentent avec plus de méthode, de clarté
et de vraisemblance.

Les chimistes et physiciens modernes désignent sous la
dénomination de *calorique* cet être que les anciens ont appelé
*chaleur, principe inflammable, phlogistique, acide fluide igné,
matière de la chaleur*, etc. Bien loin de confondre, comme
eux, la chaleur avec ce fluide, ils ont parfaitement prouvé
combien il était essentiel de la distinguer ; car la chaleur n'est

(1) *Eléments d'Histoire naturelle et de Chimie*, par Fourcroy, tome 1, page 118.
(2) On verra, dans la suite, que les lois que suit la chaleur ne sont pas les mêmes
que celles du mouvement, puisque, comme tous les autres corps, elle jouit de ses affinités propres.

rien par elle-même, c'est-à-dire qu'elle n'est point un corps
comme plusieurs l'ont prétendu. En effet, cette dénomination
n'exprime que la sensation que nous fait éprouver le calorique dans son état de liberté. Il paraît qu'ils ont très-bien
rendu leur idée, en disant que la chaleur était au calorique
ce que l'effet est à la cause.

Nous allons maintenant passer en revue les principales
propriétés du calorique bien constatées par les faits.

Le calorique est un fluide invisible et impondérable ou du
moins *impondéré*, qui pénètre tous les corps, s'interpose entre
leurs molécules, les dilate et les fait passer de l'état solide à
l'état liquide, et de celui-ci à l'état gazeux. Son existence matérielle ne saurait être démontrée que par ses effets et surtout
par celui qui est connu sous le nom de *chaleur*, qui, comme
nous l'avons déjà dit, n'est autre chose que la sensation que
nous fait éprouver le calorique.

Voici maintenant ses principales propriétés :

Impondérabilité du calorique. Le calorique est regardé
comme un corps qui n'a aucune pesanteur, ou, si l'on veut,
comme un corps impondérable. Cette opinion était également
celle des anciens. *Omnia præter ignem pondus,* dit Aristote.
Pour constater cette impondérabilité, on met dans un flacon
de l'acide sulfurique à 66° et dans un autre de l'eau; après les
avoir sondés ensemble et avoir exactement pesé le tout, on
mêle l'eau avec l'acide; il se dégage aussitôt une grande quantité de calorique; malgré cela, quand cet appareil est revenu
à la température ordinaire, il se trouve qu'il n'a rien perdu
de son poids.

Equilibre du calorique. Le calorique tend constamment à
se mettre en équilibre dans tous les corps, et c'est, à proprement parler, ce qui constitue le chauffage et le refroidissement. Ainsi, lorsqu'on touche un objet dont la température
est au-dessus ou au-dessous de celle du corps humain, l'on
éprouve soudain un sentiment de froid ou de chaud. Cela
tient à ce que, dans le premier cas, il y a soustraction de calorique de notre corps qui, se trouvant en contact avec l'objet moins chaud que lui, se met à son niveau de température.
Dans le second cas, la sensation de la chaleur que nous éprouvons est due au calorique du corps touché qui passe dans celui qui le touche. Cet équilibre du calorique sert également à
expliquer les sensations de froid et de chaud que nous éprouvons, suivant que nous passons d'un lieu chaud dans un lieu

froid, et *vice versâ*. Voilà pourquoi l'on trouve frais en été et chaud en hiver les lieux où règne une température constante, comme celle des caves qui est de 10 degrés $+$ 0.

Attraction et répulsion du calorique. Le calorique obéit, comme tous les corps, aux lois de l'attraction. On le démontre en dirigeant un rayon solaire sur un prisme ; on voit alors qu'après les sept rayons colorés, au-delà de celui qui est le moins réfracté, il en existe un qui n'est pas lumineux, mais calorifique. Toutes les molécules du calorique jouissent d'une force répulsive qu'elles communiquent aux autres corps avec lesquels on les met en contact, comme le prouve leur passage à l'état liquide et gazeux. Cette force répulsive est connue sous le nom d'*élasticité* et de *tension ;* nous y reviendrons en parlant de la dilatabilité.

La connaissance de la plupart des phénomènes dépendant du calorique est indispensable à celui qui veut comprendre, dans tous ses développements, la théorie des appareils de chauffage. C'est à cet objet que sont consacrés les articles suivants, dont nous écarterons avec soin tout ce qui ne se rattacherait pas directement au sujet de cet ouvrage.

ARTICLE 2.

De la dilatabilité des corps par la chaleur.

L'action du calorique sur les corps ne se borne pas aux sensations de chaud et de froid qu'éprouvent les êtres animés. Un effet beaucoup plus général, puisqu'il s'étend aux corps inorganiques, c'est le changement de volume qui résulte constamment des variations de la chaleur: Cet effet consiste en ce qu'un corps quelconque, *solide*, *liquide*, ou *gazeux*, *se dilate*, c'est-à-dire, augmente de volume, à mesure que sa chaleur vient à augmenter, tandis qu'il *se contracte*, ou se réduit à un moindre volume, quand la chaleur diminue, de telle sorte que le même volume correspond toujours au même degré de chaleur. Donnons quelques exemples de ces phénomènes.

Si l'on prend une barre de fer qui, à froid, s'ajuste exactement entre deux points fixes, et qu'on la fasse rougir, elle deviendra trop longue pour reprendre sa place, mais elle se contractera en se refroidissant, et, quand elle sera revenue à sa chaleur primitive, elle pourra être replacée entre les points fixes. En voici de nouvelles preuves : Si l'on prend un anneau de fer dans lequel entre juste une barre de ce métal, et, qu'après avoir fait chauffer cette barre, on la présente à cet anneau, l'augmentation de volume qu'elle aura acquise sera telle qu'elle ne pourra passer à travers cet anneau que lorsqu'elle sera refroidie. Si l'on applique sur une surface plane et lisse d'un morceau de bois très-sec, un poinçon sur lequel on aura tracé un poinçon en relief, et qu'après lui avoir fait subir une forte pression, on le rabote jusqu'à ce que la surface soit unie, en le plongeant ensuite dans l'eau bouillante, on voit paraître en relief le dessin précité. C'est ainsi qu'on fait les boîtes de ben qui paraissent sculptées, etc.

On mesure la dilatation des solides au moyen d'une tige métallique qu'on chauffe; celle-ci, en se dilatant, comprime un levier qui, se combinant avec des rouages, fait tourner une aiguille autour d'un cercle gradué.

Lorsqu'un objet est chauffé ou refroidi d'une manière brusque dans quelques-uns de ses points seulement, il éprouve des mouvements partiels de dilatation ou de contraction qui déterminent, dans beaucoup de cas, la séparation de ses parties. Telle est fréquemment la cause de la rupture des vases de verre, de faïence, ou même de fer coulé, et c'est ce qui arrive aussi très-souvent aux tablettes des poêles en marbre ou en faïence, surtout lorsqu'elles sont en contact avec le tuyau à fumée.

La dilatation des liquides peut s'observer au moyen d'un tube de verre terminé par une boule que l'on remplit, ainsi qu'une partie du tube, par de l'alcool, du mercure ou tout autre liquide. Si l'on plonge la boule dans l'eau chaude, la surface du liquide s'élèvera aussitôt dans le tube; elle s'abaissera par le refroidissement.

Enfin, l'on peut se faire une idée de la dilatation des gaz par la chaleur, en prenant un tube semblable au précédent, et en n'y introduisant qu'une seule bulle de liquide pour servir d'*index*, la boule et la portion du tube comprise entre elle et l'index devant rester vides, ou, pour mieux dire, remplies d'air. On verra l'index s'écarter ou se rapprocher de la boule, suivant que celle-ci sera chauffée ou refroidie, ce qui est une preuve évidente des changements de volume que subit l'air renfermé dans la boule.

Il faut bien se garder de considérer comme une exception à la loi que nous venons d'indiquer, le retrait qu'éprouvent, lorsqu'on les chauffe, les corps organisés et même quelques substances minérales. Si le bois, le cuir, l'argile, etc., se retirent sur eux-mêmes en présence du feu, c'est qu'ils contien-

nent des parties liquides qui sont chassées par la chaleur.
Dans ce cas même, la dilatation a toujours lieu; mais le retrait produit par la dessiccation est plus grand qu'elle, et il
en marque complètement l'effet.

L'action du calorique sur les corps, énoncée au commencement de cet article, est donc une vérité incontestable, et
l'on reconnaîtra sans peine qu'elle fournit un moyen très-simple de mesurer les *températures*, c'est-à-dire les divers
degrés d'énergie de la chaleur. Tels sont le principe et le but
des instruments nommés *thermomètres*, dont nous allons expliquer la construction.

ARTICLE 3.

Des moyens de mesurer la chaleur.

Les thermomètres étant destinés à indiquer les divers degrés de chaleur au moyen des divers états de volume correspondants, on conçoit, d'après ce qui a été dit ci-dessus, que
ces instruments peuvent être exécutés indifféremment avec
des matières solides, liquides ou gazeuses. L'on construit en
effet des thermomètres métalliques, que l'on nomme aussi
pyromètres, quand on les emploie à l'appréciation des températures très-élevées; des thermomètres à esprit-de-vin coloré et à mercure, et enfin des thermomètres à air, qui sont,
sans contredit, les plus exacts, à cause de la propriété dont
les gaz jouissent exclusivement de se dilater d'une manière
parfaitement uniforme.

Néanmoins, de ces diverses sortes d'instruments, les seuls
qui soient d'un usage général sont les thermomètres à liquides, et ce seront aussi les seuls dont nous nous occuperons.

Ils consistent, comme on a eu déjà l'occasion de le dire,
en un tube de verre terminé, à sa partie inférieure, par une
boule, et renfermant ordinairement du mercure ou de l'alcool. Ce tube est fixé sur une petite planche qui porte une
échelle divisée en parties égales appelées *degrés*. Les points
fixes de l'échelle indiquent la température de la glace fondante et de l'eau bouillante. Les nombres qui désignent ces
points sont arbitraires et varient dans les différents thermomètres, ainsi qu'on va l'expliquer.

Pour déterminer la position du point inférieur, on plonge
le tube dans de la glace en fusion, et, lorsque la surface du
liquide cesse de s'abaisser, elle détermine la position de ce

point: Pour déterminer la position de l'autre, on plonge le
tube dans de l'eau bouillante, et la hauteur à laquelle se fixe
le liquide marque le point supérieur.

Thermomètre de Réaumur.

Le thermomètre de Réaumur est encore très-usité en France.
Sur ce thermomètre, le point marqué o indique la température de la glace fondante ; le point coté 80 indique la chaleur de l'eau à l'état d'ébullition. L'espace compris entre ces
deux points est divisé en 80 parties égales, dont on porte un
certain nombre au-dessus de 80 et au-dessous de o, pour
l'appréciation des températures plus élevées que celle de l'eau
bouillante et plus basses que celle de la glace en fusion.

Thermomètre centigrade ou de Celsius.

Ce thermomètre, usité en France et en Suède, comprend,
du point de congélation marqué o à celui de l'eau bouillante,
100 parties égales.

Thermomètre de Fahrenheit.

Cet instrument est généralement en usage en Angleterre.
Le point de son échelle qui indique la glace fondante est
coté 32, et celui de l'ébullition de l'eau, 212, ce qui fait 180
degrés entre ces deux points.

Comparaison des échelles thermométriques.

Connaissant les échelles de ces trois thermomètres, il est
facile de transformer leurs degrés les uns dans les autres. En
effet, 80° Réaumur valant 100° centigrades, 1° R. vaudra
100/80 ou 5/4 de degré centigrade; donc :

*Pour convertir un certain nombre de degrés Réaumur en de-
grés centigrades, il faudra multiplier ce nombre par 5, puis diviser le produit par 4.* Exemple : 24° R. = 5/4 × 24° C. =
30° C.

Réciproquement, *pour convertir un certain nombre de degrés centigrades en degrés Réaumur, il faudra en prendre les
4/5.* Exemple : 25° C. = 4/5 25° R. = 20° R.

Quant aux degrés Fahrenheit, puisque l'intervalle des points
fixés y est divisé en 180 degrés, ce nombre équivaut à 100°
centigrades, et, par conséquent, 1° F. vaut 100/180 ou 5/9
de degré centigrade. Comme d'ailleurs la glace fondante y est
cotée 32 au lieu de *zéro,* on en déduit la règle suivante :

*Pour exprimer en degrés centigrades une température don-
née en degrés Fahrenheit, on en retranchera 32 et on prendra*

les 5/9 du reste. Exemple : 41° F. == 5/9 (41 — 32°) C. ==
5° C. Autre exemple : 14° F. == 5/9 (14 — 32°) C. == — 10° C.
Dans cette expression — 10° C., le signe — indique qu'il s'agit de degrés au-dessous de la glace.

Réciproquement, *une température étant donnée en degrés centigrades, on la convertira en degrés Fahrenheit en la multipliant par* 9, *divisant le produit par* 5 *et ajoutant* 32 *au résultat.* Exemple : 15° C. == 9/5 × 15° F. × 32° F. == 59° F.
Autre exemple : — 5° C. == — 9/5 × 5° F. × 32° F. == 23° F.

Si l'on a besoin de transformer des degrés Fahrenheit en degrés Réaumur, et réciproquement, on pourra se servir des deux règles précédentes, en ayant soin d'observer que 1° Fahrenheit équivalant à 4/9 de degré Réaumur, il est nécessaire d'y substituer 4/9 à 5/9 et 9/4 à 9/5.

ARTICLE 4.

Du calcul des dilatations.

La dilatabilité par la chaleur est une propriété étroitement liée au sujet de ce manuel, soit à cause de la force motrice qu'elle développe dans les gaz, soit par les accidents qui peuvent en résulter lorsqu'elle agit sur les corps solides. Il est donc indispensable que nous indiquions les résultats d'expérience et les procédés de calcul qui se rapportent à la mesure des dilatations dans ces deux espèces de corps.

Dilatation des corps solides.

On appelle *dilatation linéaire*, l'allongement qu'un corps éprouve dans le sens d'une de ses dimensions.

Lorsqu'un corps est de forme cubique, la dilatation qui affecte son volume prend aussi le nom de *dilatation cubique*. Comme un pareil corps se dilate nécessairement de la même quantité, suivant chacune de ses dimensions, on dit que *la dilatation cubique est le triple de la dilatation linéaire*. A la vérité, ce principe n'est pas rigoureusement exact; mais, dans la pratique, il ne peut entraîner d'erreur appréciable, la dilatation des corps solides n'étant jamais qu'une quantité très-petite comparativement à leurs dimensions.

Si, au lieu d'un cube, il s'agit d'un corps de forme quelconque, la recherche de sa dilatation en volume n'offrira pas plus de difficulté, puisque l'on pourra toujours *cuber* ce corps, c'est-à-dire le représenter par le nombre de fois qu'il contiendra

Poêlier-Fumiste. 2

un certain cube pris pour unité de mesure, et dont la dilatation cubique, répétée le même nombre de fois, donnera celle
du corps proposé.

Tout se réduit donc à la connaissance des dilatations linéaires. Le tableau ci-après contient celles que nous avons
jugées pouvoir être de quelque utilité.

Tableau des dilatations linéaires.

DÉSIGNATION des SUBSTANCES.	DILATATIONS pour 1° CENTIGRADE.
Acier non trempé.	0.000011
Fer forgé.	0.000012
Fonte.	0.000011
Cuivre rouge.	0.000017
Cuivre jaune fondu. . . .	0.000019
Plomb. . . . : . . .	0.000028
Zinc.	0.000030

Chacun des nombres contenus dans la 2° colonne de ce tableau indique, pour la substance qui est en regard, le rapport entre l'allongement que prendrait, par chaque degré
centigrade, une barre formée de cette substance, et la longueur de cette barre mesurée à la température de 0°.

Il résulte de là que, *à partir de 0°, l'allongement d'un corps
sera un produit composé de la longueur de ce corps, de la dilatation du tableau qui appartient à la substance dont il est formé,
et de la température exprimée en degrés centigrades.*

Exemple : Un conduit de fonte ayant 20^m de long à 0°
s'allongera, à 100° C., de 20^m $\times$ 0,0000 11 $\times$ 100 $=$ 0^{m}022.

Si la température à laquelle le conduit a été mesuré diffère
de 0°, il faudra, pour opérer rigoureusement, commencer par
calculer la longueur à 0°, puis appliquer à ce résultat la règle
ci-dessus. Mais il sera bien assez exact de multiplier tout de
suite la longueur donnée par la dilatation et par la *différence
des deux températures.*

Exemple : Un conduit de fonte ayant 20^{m}022 à 100° C.
s'allongera, à 300° C., de 20^{m}022 $\times$ 0,0000 11 $\times$ (300 —
100) $=$ 0^{m}044,0484. Ce résultat approximatif ne diffère pas

d'*un vingtième de millimètre* de celui qu'on aurait obtenu en procédant rigoureusement.

Supposons maintenant, comme exemple du calcul relatif à la dilatation en volume, que l'on demande celle qu'éprouvera, en passant de 10° C. à 300° C., une masse de zinc de 2^m oo sur 2^m oo et 1^m 5o. Son volume sera $2^m \times 2^m \times 1^m$ 5 ou 6 mètres cubes; et, comme la dilatation cubique vaut 3 fois la dilatation linéaire, le résultat cherché sera de 6^m cubes $\times$ 3 $\times$ 0,000030 $\times$ (300 — 10) $=$ o^m cube 108.

L'expérience et le raisonnement s'accordent pour faire voir qu'un corps creux se dilate comme s'il était plein. Ainsi, la contenance d'une chaudière de zinc, des mêmes dimensions que la masse ci-dessus, augmenterait de 108 litres en élevant la température de 290° C.

Dilatation des gaz.

Tous les gaz ont la même dilatation, qui est de 1/267 ou 0,00375 de leur volume à o°, pour chaque degré du thermomètre centigrade.

D'après cela, *pour avoir l'augmentation de volume qu'un gaz quelconque éprouve à partir de* o°, *il faut multiplier son volume par la fraction* 0,00375 *et par le nombre de degrés centigrades qui exprime la nouvelle température.*

Exemple : Le volume d'un gaz à o° étant 1^m cube, l'augmentation à 100° sera 1^m cube $\times$ 0,00375 $\times$ 100 $=$ o^m cube 375, et, par conséquent, le volume deviendra 1^m cube 375.

Si le volume du gaz est donné à toute autre température que o°, on ne pourra opérer comme pour les corps solides, dont les dilatations sont bien plus petites que celles des gaz, et il faudra, de toute nécessité, commencer par ramener le volume donné à la température de o°, en procédant comme l'indique l'exemple ci-après :

Soit 4^m cubes 125 le volume d'un gaz à 100°; comme 1^m cube devient 1^m cube 375, en passant de o° à la même température, on pourra établir la proportion :

$$1,375 \text{ (volume à } 100°) : 1 \text{ (volume à } 0°)$$
$$:: 4^{mc}125 \text{ (volume à } 100°) : x \text{ (volume cherché à } 0°),$$

$$\text{d'où } x = \frac{1 \times 4^{mc}125}{1,375} = 3 \text{ mètres cubes.}$$

Ce premier résultat obtenu, on pourra facilement calculer la dilatation pour une température donnée, au moyen de la règle ci-dessus. L'on trouvera, par exemple, pour 266° 2/3, 3 ᵐ cubes × 0,00375 × 266 2/3 = 0,00375 × 800 ᵐ cubes = 3 ᵐ cubes : le volume correspondant à cette température sera donc de 6 mètres cubes, et, comme il est de 4 ᵐ cubes 125 à 100°, on voit que, pour une augmentation de température de 166° 2/3, 4 ᵐ cubes 125 de gaz à 100° se dilatent de 6 ᵐ cubes 000 — 4 ᵐ cubes 125 = 1 ᵐ cube 875.

Les gaz jouissent à un haut degré de la propriété d'être dilatés par le calorique, puisque leur volume se double lorsque la température monte de 0° à 266° 2/3. Dans cet état de *raréfaction*, la même quantité de matière se trouvant dispersée dans un espace double, on dit que le gaz est deux fois moins *dense*, ou bien que sa *densité* est deux fois moindre que dans l'état primitif.

En général, les densités, que l'on nomme aussi *pesanteurs spécifiques*, sont, à poids égal, en raison inverse des volumes. Le tableau suivant contient différentes densités qu'il est bon de constater.

DÉSIGNATION DES GAZ.	DENSITÉS, Celle de l'eau étant 1000, ou poids du mètre cube, en kilogrammes, à 0º et à 0m 76 de pression.
Air atmosphérique. . .	1.2991
Acide carbonique. . . .	1.9805
Oxygène.	1.4325
Hydrogène bi-carboné. .	1.2752
Azote.	1.2675
Hydrogène proto-carboné.	0.7270
Hydrogène.	0,0894

ARTICLE 5.

Du changement d'état des corps et du calorique latent.

Lorsqu'on soumet un corps solide à l'action d'une chaleur croissante, le corps finit par entrer en fusion, et, au bout d'un certain temps, il a passé totalement de l'état solide à l'état liquide. Cette transformation est accompagnée d'un phénomène qui mérite d'être remarqué. Aussitôt qu'elle com-

mence, et tout le temps de sa durée, la température du corps
ne prend plus aucun accroissement, quelle que soit l'activité
du feu, en sorte que toute l'action de la chaleur qui s'accumule dans le corps est employée à opérer sa fusion. Cette portion de calorique qui cesse ainsi d'être *sensible* au thermomètre, se nomme *calorique latent.*

Lorsque la fusion est complète et si l'action de la chaleur
continue, celle qui s'accumule dans le corps redevient sensible jusqu'à ce qu'elle ait atteint le degré de l'ébullition,
point où se manifeste un phénomène entièrement semblable
à celui qui vient d'être indiqué, c'est-à-dire, que la température du corps cesse d'augmenter et que tout le calorique
qu'il reçoit, pendant la durée de son ébullition, est employé
uniquement à le faire passer de l'état liquide à l'état de
vapeur.

Dans la réalité, nous ne pouvons pas produire ces effets sur
tous les corps de la nature. Le nombre de ceux qui sont susceptibles de prendre les trois états, solide, liquide et gazeux,
est même extrêmement restreint ; mais il est plus que probable que cela tient uniquement à la faiblesse relative des
moyens connus de faire varier les températures. Remarquons
toutefois qu'il existe un grand nombre de corps formés de
la réunion de plusieurs autres, et qui se décomposent plutôt
que de changer d'état. Telles sont, pour la plupart, les substances végétales et animales.

Pour donner un exemple des phénomènes exposés ci-dessus,
et, en même temps, des procédés que l'on emploie pour les
constater, supposons que l'on prenne 1 k. de glace à 0° et
qu'on veuille la fondre au moyen de la chaleur contenue dans
un égal poids d'eau à 75°. Après avoir opéré le mélange, on
verra la glace se liquéfier et la chaleur de l'eau décroître avec
une égale rapidité ; enfin, quand la fusion sera complète, la
température du mélange ne sera plus que de 0°. Cette expérience montre donc que le calorique absorbé par la liqué-
faction de 1 kilogramme de glace fondante, est égal à celui
qui élèverait la température d'un même poids d'eau, de 0° à 75.

Le calorique latent que l'eau absorbe en se vaporisant est
beaucoup plus considérable encore, car celui que contient 1
kilogramme de vapeur formée à l'air libre serait capable d'é-
lever de 0° à 100° la température de 5 k. 50 d'eau. Ce fait
explique très-bien l'avantage que l'on trouve à donner au
bois de chauffage, avant de l'employer, la plus grande dessic-

cation possible. On économise par là toute la chaleur nécessaire pour vaporiser l'eau dont le bois se trouve débarrassé.

Le retour des corps de l'état gazeux à l'état liquide, et de
celui-ci à l'état solide, est accompagné de circonstances analogues à celles que nous venons de décrire. On concevra sans
peine que le calorique qui avait été absorbé pendant la fusion et la vaporisation est intégralement reproduit par les
changements inverses.

ARTICLE 6.

De la transmission du calorique.

Tout le monde sait que, lorsqu'on met en contact deux
corps dont les températures sont différentes, le plus chaud
cède progressivement une partie de sa chaleur au plus froid,
de sorte que, par leur influence réciproque, ils finissent par
se trouver au même degré de température.

Ce phénomène a encore lieu lorsque les corps ne sont pas
en contact, et, dans ce cas, il ne faut pas croire que l'é-
change de leur calorique se fasse au moyen de l'air ou de tout
autre fluide qui serait interposé entre eux ; car on s'assure,
avec la machine pneumatique, que les choses se passent de la
même manière dans le vide le plus parfait.

Il résulte de cette tendance des corps diversement échauffés
à se mettre en *équilibre* de température, que le calorique se
meut à travers l'espace et dans l'intérieur des corps. Nous
allons faire connaître successivement ces deux modes de
propagation du calorique, dont le premier a reçu le nom de
rayonnement, et dont l'autre est dû à une propriété des corps
que l'on nomme *conductibilité*.

Rayonnement.

Le calorique qui cesse d'être engagé dans la masse d'un
corps et s'échappe de tous les points de la surface, se nomme
calorique rayonnant. Il est lancé en ligne droite, dans toutes
les directions, avec une extrême vitesse, et, s'il vient à rencontrer une surface polie, les *rayons* dont il est composé
se brisent contre cette surface, en prenant de nouvelles directions qui font avec elle les mêmes angles que leurs directions primitives. Ainsi, lorsqu'un rayon incident A B (*fig.* 1,
Pl. I) rencontre une surface polie C D, il est réfléchi sous
un *angle de réflexion* D B E, égal à l'*angle d'incidence* A B C.
De plus, le rayon incident et le rayon réfléchi sont dans
un plan perpendiculaire à la surface réfléchissante.

On peut constater ces propriétés du calorique rayonnant au moyen d'un *miroir* sphérique concave qui, ainsi qu'on le démontre en géométrie, concentre en un point que l'on nomme *foyer*, tous les rayons qu'il reçoit d'un autre point situé à une certaine distance en avant de sa surface, pourvu que ces rayons soient de nature à se réfléchir suivant un angle égal à celui d'incidence : il faut en outre un thermomètre ou mieux un *thermoscope*, instrument beaucoup plus sensible et qui n'est autre chose qu'une espèce de thermomètre à air, composé de trois branches, dont deux sont parallèles et portent une boule à leur extrémité, et, dont la troisième, qui relie les deux autres, renferme une petite colonne de mercure servant d'index.

Si l'on place un corps chaud, tel qu'un tube de fer-blanc rempli d'eau bouillante, devant le miroir, et une des boules du thermoscope au foyer, on voit l'index se mouvoir instantanément.

Cet appareil peut encore servir à reconnaître la faculté plus ou moins grande des diverses substances pour réfléchir, absorber ou émettre les rayons calorifiques. Il suffit, pour cela, de couvrir successivement d'une couche de la substance à essayer le miroir, la boule du thermoscope, ou la face du cube qui regarde le miroir. C'est par ce moyen qu'ont été constatés les faits suivants.

Le *pouvoir réflecteur*, c'est-à-dire, la faculté de renvoyer une portion plus ou moins grande du calorique qui frappe la surface d'un corps, varie avec la nature et l'état de cette surface. Il est très-grand pour les surfaces blanches et polies, et très-faible pour celles qui sont noires et ternes.

Le *pouvoir absorbant*, ou la faculté qu'ont les corps de retenir une partie des rayons qui tombent sur leur surface, est précisément l'inverse du pouvoir réflecteur, ce qui ne pouvait manquer d'avoir lieu ; car il faut bien qu'un corps s'approprie toute la chaleur que sa surface ne renvoie pas, en exceptant, toutefois, le cas où il serait de nature à être traversé par une portion de cette chaleur.

Le *pouvoir émissif* ou *rayonnant* suit la même loi que le pouvoir absorbant. Cela provient sans doute de ce que la surface des corps agit de la même manière sur le calorique, soit qu'il se présente extérieurement, soit qu'il vienne de l'intérieur même du corps. Le tableau ci-après, dans lequel le pouvoir rayonnant de noir de fumée, qui est le plus grand connu, est représenté par 100, et les autre par des nombres proportionnels, fait voir que les surfaces noircies rayonnent 8 fois plus et par conséquent réfléchissent 8 fois moins de calorique que les surfaces métalliques brillantes.

DÉSIGNATION DES SUBSTANCES.	POUVOIRS RAYONNANTS.
Noir de fumée.	100
Eau.	100
Papier à écrire..	98
Crown-glass.	90
Eau glacée.	85
Mercure.	20
Plomb brillant.	19
Fer poli.	15
Etain, argent, cuivre, or. . .	12

Enfin l'on a reconnu que le calorique rayonnant traverse avec facilité, non-seulement l'air et les autres gaz, mais encore l'eau, le verre et la plupart des corps diaphanes. Néanmoins, il est toujours partiellement absorbé par les milieux qu'il traverse. Le verre, par exemple, ne laisse passer que *la moitié* du calorique émis par la flamme d'un foyer, et moins encore lorsque le corps rayonnant est à une température plus basse.

Les diverses propriétés que nous venons de rapporter trouvent de nombreuses applications dans la construction des appareils de chauffage et dans l'économie domestique. En voici quelques exemples :

La forme à donner aux foyers de cheminée dépend des lois de la réflexion du calorique. Il faut se garder de les peindre en noir, comme on le fait souvent, puisqu'il est reconnu que, dans les surfaces noires, le pouvoir réfléchissant est très-faible.

Le tuyau en cuivre d'un poêle donnera beaucoup plus de chaleur s'il est noir que s'il a son brillant métallique. Un poêle de couleur terne répandra plus de chaleur qu'un poêle à surfaces lisses et brillantes.

Il vaut mieux qu'un vase de métal soit poli et brillant que

d'être noirci par la fumée, si l'on veut y conserver la chaleur d'un liquide; c'est le contraire lorsqu'il s'agit d'échauffer ce liquide.

Conductibilité.

Tous les corps possèdent, à un degré différent, la propriété de recevoir et de transmettre la chaleur. On les range ordinairement, sous ce rapport, en deux classes: la première comprend les corps appelés *bons conducteurs du calorique*; ce sont les métaux, dans l'ordre suivant: 1° l'or, 2° l'argent, 3° le cuivre, 4° le fer, 5° le zinc, 6° l'étain, 7° le plomb.

La 2ᵉ classe, formée des corps *mauvais conducteurs du calorique*, se compose d'abord des autres corps solides, tels que les pierres, la faïence, les briques et surtout le verre, le bois, les résines et le charbon fortement calciné. On peut en effet, sans craindre, de se brûler, faire consumer à la main, presque entièrement, un morceau de bois ou de charbon, enflammer un bâton de cire à cacheter, ou faire fondre un tube de verre, tandis qu'on se brûlerait infailliblement en répétant la même expérience sur une barre de métal: c'est par cette raison que l'on garnit de bois les manches de certains outils et vases métalliques qu'on expose au feu, ce qui garantit la main du contact avec le métal chaud.

Il existe une énorme différence entre les pouvoirs conducteurs des diverses substances que nous venons de mentionner; on en jugera par le tableau suivant qui contient le résultat des recherches de M. Despretz sur cet objet.

DÉSIGNATION DES SUBSTANCES.	POUVOIRS CONDUCTEURS.
Or.	100
Argent.	97
Cuivre.	90
Fer.	37
Zinc.	36
Etain.	30
Plomb.	18
Marbre.	2,4
Porcelaine.	1,2
Terre des fourneaux	1,1

On doit placer au bas de l'échelle des corps mauvais conducteurs du calorique, les liquides et les gaz. Lorsqu'on se
propose d'échauffer une masse liquide ou gazeuse, c'est toujours à la partie inférieure de cette masse que le foyer de
chaleur doit être placé : alors les couches les plus rapprochées du feu s'échauffent, deviennent spécifiquement plus légères, et par conséquent s'élèvent et sont remplacées par
les couches supérieures qui viennent s'échauffer à leur tour.
Le même effet peut encore s'obtenir, quoique avec moins
d'efficacité, en plaçant le feu latéralement ; mais c'est en vain
qu'on chercherait à le produire en échauffant d'abord les
couches supérieures. On conçoit qu'elles ne pourraient céder
leur place aux couches plus pesantes qui sont au-dessous et
auxquelles, d'ailleurs, elles ne transmettraient qu'une portion très-minime de leur calorique, à cause du faible pouvoir
conducteur des corps dont il s'agit.

Le refroidissement des liquides et des gaz est soumis à une
condition analogue, mais inverse : car il est évident que les
couches supérieures devront être refroidies les premières.

On sait que les tissus de laine, de soie et de coton, les four-
rures, le duvet, etc., sont en usage pour concentrer la chaleur du corps, et l'empêcher de se répandre à l'extérieur ; ils
doivent cette propriété à l'air qui est renfermé entre leurs
filaments et dont les mouvements, sans lesquels le transport du
calorique ne serait pas possible, sont empêchés par ces filaments eux-mêmes. On met également cette propriété à profit
dans les arts : qu'il s'agisse, par exemple, d'empêcher le ré-
froidissement d'une conduite d'eau chaude, on la placera au
centre d'un petit canal, plus large en tous sens de 27 ou 54
millimètres (1 ou 2 pouces), rempli seulement d'air et de quelque substance filamenteuse, et que l'on fermera hermétiquement.

Nous ne terminerons pas cet article sans faire remarquer
que le froid n'est autre chose que l'effet d'une perte de calorique. Il n'existe point de rayons frigorifiques, mais, dans l'é-
change réciproque de la chaleur des corps, les uns en fournissent moins que les autres et sont la cause de leur refroidissement.

ARTICLE 7.

De la chaleur spécifique.

Lorsqu'on veut élever d'un certain nombre de degrés la température d'un corps, il faut lui fournir une quantité de chaleur qui est proportionnelle au poids de ce corps et qui varie avec la nature de sa substance. La première partie de cette proposition est évidente par elle-même; on peut vérifier la seconde par diverses méthodes, et entr'autres par celles des *mélanges* que nous allons expliquer.

On a déjà vu, dans l'article précédent, que l'équilibre de température s'établit entre les corps qui sont en présence, de sorte que, quand on mêle ensemble deux liquides à des degrés de chaleur différents, le mélange doit prendre une température uniforme, intermédiaire entre celles dont les deux liquides étaient doués primitivement. L'expérience prouve que cette température uniforme est sensiblement la moyenne entre les deux autres, lorsque les parties mélangées sont d'égal poids et d'une même substance, d'où il suit qu'une masse liquide exige toujours à peu près la même quantité de chaleur pour s'élever d'un même nombre de degrés, quelle que soit sa température primitive; mais les choses ne se passeront pas de même si les deux parties, quoique d'égal poids, sont de nature différente. Prenons pour exemple 1 kilogramme d'eau à 0° et un kilogramme de mercure à 94°, le mélange, au lieu de prendre la température moyenne de 47° comme cela serait pour deux parties d'eau, ne se trouvera être qu'à 3°; il en résulte qu'une égale quantité de chaleur ferait monter 1 kilogramme d'eau de 3° et 1 kilogramme de mercure de $(94—3°)$ $=91°$, ou, ce qui est la même chose, que la quantité de chaleur nécessaire pour élever de 3°, ou de tout au nombre de degrés, la température de 1 kilogramme d'eau, est $91/3=30.3$ fois plus grande que celle qu'il faudrait employer pour produire le même effet sur un égal poids de mercure.

On appelle *chaleurs spécifiques* ou *capacités calorifiques* des corps, les quantités relatives de chaleur qui produiraient une même élévation de température sur un même poids de ces corps. Ainsi, appelant 1 la capacité calorifique de l'eau, celle du mercure serait, d'après ce qui vient d'être dit, $1/30.3=$ 0, 033. Le tableau suivant contient les chaleurs spécifiques de diverses substances rapportées à celle de l'eau, que l'on prend ordinairement pour unité.

DÉSIGNATION DES SUBSTANCES.	CHALEURS SPÉCIFIQUES, Celle de l'eau étant 1.
Substances diverses d'après MM. Dulong et Petit.	
Eau.	1.0000
Plomb.	0.0293
Mercure.	0.0330
Étain.	0.0514
Zinc.	0.0927
Cuivre.	0.0949
Fer.	0.1100
Verre.	6.1770
Gaz sous une même pression, d'après MM. Delaroche et Bérard.	
Air atmosphérique.	0.2669
Hydrogène.	0.2936
Acide carbonique.	0.2210
Oxygène.	0.2361
Azote.	0.2754
Oxyde d'azote.	0.2369
Hydrogène carboné.	0 4207
Oxyde de carbone.	0.2884
Vapeur d'eau.	0.8470

En formant ce tableau, où l'on a pris pour unité la chaleur spécifique de l'eau, il était inutile de dire à quel poids, à quelle température, cette chaleur correspond, attendu que les nombres qu'il contient sont des rapports tout-à-fait indépendants de ce poids et de cette température, qui sont supposés être les mêmes pour les diverses substances ; mais dans les applications de la chaleur, on a besoin d'en connaître les quantités absolues, et, par conséquent, il faut faire choix d'une mesure déterminée et connue, à la laquelle ou puisse rapporter ces quantités. La mesure, ou l'unité la plus généralement en usage pour cet objet est la quantité de chaleur nécessaire pour élever 1 kilogramme d'eau d'un degré centigrade. On dira donc, par exemple, qu'il faut 10 *unités de chaleur* pour élever 1 kilogramme d'eau de 10 degrés, et $50 \times 10 = 500$ unités pour élever d'autant 50 kilogrammes d'eau.

ARTICLE 8.

De la combustion.

Les chimistes et les physiciens modernes donnent le nom de *combustion* au dégagement simultané de calorique et de lumière qui accompagne la combinaison chimique des corps avec l'oxygène. Cette dénomination ne doit pas être confondue ni avec celle d'inflammation, qui doit être restreinte et appliquée seulement au cas où une substance gazeuse est brûlée, ni avec l'ignition, qui n'est autre chose que l'incandescence d'un corps produite par des moyens extérieurs, sans que la constitution chimique de ce corps soit nullement altérée.

Laissant de côté la belle théorie de Stahl, dont les brillantes erreurs conduisirent aux plus importantes découvertes, nous dirons que les recherches de Schéèle, Cavendisch et Priestley, sur l'air et le rôle qu'il joue lors de la combustion, conduisirent Lavoisier à la solution de cet important problème, entrevu par Jean Rey, Black et Bayen. La combustion ne s'opère jamais sans qu'il y ait une production plus ou moins forte de calorique, et quelquefois de lumière, avec cette différence qu'il peut y avoir émission de calorique sans lumière, et jamais dégagement de lumière sans calorique. Pour bien concevoir ce phénomène, il faut se rappeler ce que nous avons dit à l'article *Calorique*, que cet agent dilatait tous les corps de la nature en s'unissant avec eux, et que, lorsque ces corps passaient à l'état de gaz, ils étaient, pour ainsi dire, fondus dans le calorique, et leurs molécules très-écartées par cet agent répulsif. Il est donc clair que, dans la combustion, les molécules de gaz oxygène se rapprochent considérablement pour se combiner avec le combustible, et abandonnent le calorique qui les tenait écartées. Ce calorique, devenu libre, manifeste sa présence par ses effets : de manière qu'en admettant, avec un grand nombre de physiciens et chimistes, que la lumière n'est qu'une modification du calorique, une portion de ce calorique, lorsque la température s'élève de

550 à 600⁰, peut devenir lumière, car ce n'est qu'à cette têm-
pérature que les corps deviennent lumineux.

Telle est la théorie admise par le plus grand nombre de
chimistes, et à laquelle on a fait des objections puissantes. Il
en est une surtout qui paraît péremptoire : c'est la combustion
du carbone dans le gaz oxygène, qui donne son volume égal
de gaz acide carbonique, de manière que le carbone, passant
à l'état gazeux, absorbe nécessairement beaucoup de calorique
qu'il ne peut prendre au gaz oxygène, qui n'est ni liquéfié,
ni solidifié; outre cela, il se dégage une si grande quantité de
calorique, qu'elle opère la fusion de plusieurs corps que la
combustion dans l'air ne peut produire. Dans cette combinaison, le rapprochement des molécules du gaz oxygène n'est
pas assez fort pour dégager tant de calorique.

Il est aussi des corps qui, en se combinant, produisent beaucoup de chaleur, tels que l'acide sulfurique et l'eau, ou l'alcool; d'autres qui produisent du calorique et de la lumière,
comme les métaux qui sont brûlés par le chlore; il en est enfin
qui dégagent de la lumière sans que l'émission de calorique
soit très-forte, comme dans la combustion lente du phosphore.

Presque tous nos systèmes de chimie actuels prouvent, par
un grand nombre de faits, combien ces notions conjecturales
ont fait éprouver de changements à nos connaissances dans
cette science.

Le docteur Robison, dans sa préface de *Black's Lectures*,
après avoir décrit les belles idées de Lavoisier, dit : « Cette
théorie de la combustion, le plus grand phénomène et le plus
caractéristique de la nature chimique, a enfin reçu une approbation presque générale, quoique après bien des hésita-
tions et une opposition considérable; et cette théorie a produit, dans la science de la chimie, une révolution complète. »
La théorie française de la combustion, comme on l'appela
d'abord, ou l'hypothèse sur la combustion, comme on aurait
plutôt dû la nommer, fut, pendant quelque temps, regardée
aussi démontrée que la loi de la gravitation; mais, hélas ! elle
s'est évanouie avec les fantômes brillants du jour; néanmoins,
la saine logique, la candeur pure et l'exactitude mathéma-
tique des conséquences qui caractérisent les éléments de Lavoisier, couvriront toujours son nom d'une gloire immortelle.

M. Berzélius, dans son *Essai sur la théorie des proportions
chimiques*, a émis la théorie suivante : La combustion est,

suivant lui, la combinaison des corps avec un dégagement de
calorique qui n'appartient pas uniquement à l'oxygène, et
qui peut, dans certaines circonstances favorables, avoir lieu
dans la combinaison de la plupart des corps. Il croit aussi que
la lumière et le calorique, qui en sont le produit, ne sont point
dus à un changement de densité des corps, ni à un moindre
degré de calorique spécifique des nouveaux produits, puisque
le calorique spécifique est souvent plus fort que celui des principes constituants des corps brûlés.

Après avoir fixé son attention sur l'action du fluide électrique sur les corps combustibles, il suppose que les corps qui
sont près de se combiner montrent des électricités libres, opposées, qui augmentent de force à mesure qu'elles approchent
plus de la température à laquelle la combinaison a lieu, jusqu'à ce qu'à l'instant de l'union, les électricités disparaissent
avec une élévation de température si grande qu'il se produit
du feu.

Dans l'état actuel de nos connaissances, ajoute-t-il, l'explication la plus probable de la combustion et de l'ignition, qui
en est l'effet, est donc que, dans toute combinaison chimique,
il y a neutralisation des électricités opposées, et que cette
neutralisation produit le feu de la même manière qu'elle le
produit dans les décharges de la bouteille électrique, de la
pile électrique et du tonnerre, sans être accompagnée, dans
ces derniers phénomènes, d'une combinaison chimique. On
voit que cette théorie repose sur des hypothèses à la vérité
très-ingénieuses. Ce savant a la bonne foi d'en convenir.
« J'ai introduit, dit-il, au lieu d'une hypothèse qui ne suffit
plus, une autre qui, jusqu'à présent, est conforme à l'expérience acquise, mais qui, peut-être sous peu, aura le sort de
la première, et ne sera plus d'accord avec une expérience plus
étendue. »

H.-J. Davy, de son côté, a émis une autre théorie : Toutes
les fois que les forces chimiques qui déterminent la combinaison ou la décomposition s'exercent avec énergie, les phénomènes de combustion, ou d'incandescence avec changement
de propriété, se manifestent. Ainsi donc, dit-il, la distinction
des corps ou soutiens de la combustion et combustibles, qui
sert de base à quelques derniers traités de chimie, est frivole
et partiale, car, dans le fait, une substance joue souvent les
deux rôles, étant, dans un cas, soutien de combustion en apparence, et, dans un autre, combustible; mais, dans l'un et

l'autre cas, la lumière et la chaleur sont dues à la même cause, et indiquent seulement l'énergie et la rapidité avec lesquelles l'action réciproque s'exerce.

Ainsi, par exemple, l'hydrogène sulfuré est un combustible avec l'oxygène et le chlore, et il est soutien de combustion avec le potassium. Le soufre avec le chlore et l'oxygène est une base combustible, tandis qu'avec les métaux, il joue le rôle de soutien de combustion, puisqu'il en résulte une incandescence et une saturation réciproques. Pareillement, le potassium s'unit avec une telle énergie au tellure et à l'arsenic, qu'il se produit un phénomène de combustion, et nous ne pouvons pas ici attribuer le phénomène au dégagement de la chaleur latente occasionée par la condensation de volume. Le protoxyde de chlore, substance qui ne contient aucun élément combustible, développe avec une force extrême, au moment de sa décomposition, de la chaleur et de la lumière, et cependant son volume est quintuplé. Le chlorure et l'iodure d'azote, composés aussi dépourvus de toute substance inflammable, selon la manière de voir ordinaire, se réduisent en leurs éléments avec une force d'explosion effrayante, et le premier de ces corps occupe un volume au-delà de 600 fois plus grand que celui qu'il avait d'abord. Or, d'après les principes de la chaleur latente, un froid considérable devrait, au contraire, accompagner une pareille dilatation. De même encore, les chlorates et nitrates, traités par le charbon, le soufre, le phosphore ou les métaux, donnent lieu à déflagration ou détonnent, et le volume des substances, se combinant, est augmenté dans une grande proportion. On peut en dire autant des azotures d'or et d'argent. A la vérité, la combustion de la poudre à canon, phénomène avec lequel les hommes sont si familiers, aurait dû être un obstacle à l'admission de l'hypothèse de Lavoisier sur la combustion, et les subterfuges auxquels on a été obligé de recourir, et qu'on a adoptés pour le concilier avec la théorie, ne méritent point d'être détaillés.

Il est évident, d'après les faits précédents, 1° que la combustion ne dépend pas nécessairement de l'action de l'oxygène; 2° que le développement de la chaleur ne doit pas être attribué uniquement à ce que ce gaz partage ce fluide éthéré avec le corps auquel il se fixe ou qu'il brûle, et 3° qu'il n'y a pas de substance particulière ou de forme de matière nécessaire pour produire cet effet, mais que c'est un résultat général des actions réciproques de toutes les substances qui sont douées, les unes pour les autres, d'une forte affinité chimique, ou qui jouissent de facultés électriques opposées ; et que cet effet a lieu dans tous les cas où l'on peut concevoir qu'un mouvement interne et violent est communiqué aux particules des corps.

On peut en effet, avec raison, attribuer tous les phénomènes chimiques à des mouvements entre les particules extrêmes de la matière qui tendent à changer la constitution de la masse.

Il fut autrefois très-conforme aux principes d'attribuer le calorique dégagé dans la combustion à la moindre capacité pour le calorique dans la substance produite. Quelques phénomènes, observés légèrement, donnèrent lieu à généraliser cette idée. A ce sujet, je me contenterai de rapporter les conclusions auxquelles MM. Dulong et Petit sont parvenus, par suite de leurs recherches sur les lois de la chaleur, ainsi que celles de MM. Delaroche et Bérard : « Nous pouvons encore, disent ces habiles physiciens, déduire de nos recherches cette autre conséquence d'une haute importance pour la théorie générale de l'action chimique à savoir, que la quantité de chaleur, développée à l'instant de la combinaison des corps, n'a aucune relation avec la capacité des éléments, et que, dans le plus grand nombre de cas, cette perte de chaleur n'est suivie d'aucune diminution dans la capacité des composés formés. Ainsi, par exemple, la combinaison de l'oxygène et de l'hydrogène, ou du soufre et du plomb, qui développe une si grande quantité de chaleur, ne produit point une plus grande altération dans la capacité de l'eau, ou du sulfure de plomb, que la combinaison de l'oxygène avec le cuivre, le plomb, l'argent, ou celle du soufre avec le carbone, n'en apporte dans la capacité des oxydes de ces métaux, ou dans celle du carbure de soufre. » — « Nous concevons que les rapports que nous avons fait connaître entre les chaleurs spécifiques des corps simples et celles de leurs composés écartent la possibilité de supposer que la chaleur développée dans l'action chimique doive simplement son origine au calorique dégagé dans le changement d'état, ou à celui qu'on suppose combiné avec les molécules matérielles. » (*Annales de Chimie et de Physique*, X.)

On voit, par cet exposé, que la théorie de Lavoisier, quoique très-séduisante, et rendant compte d'un grand nombre de faits, a été attaquée par une série d'autres faits contraires qui, s'ils ne constituent point à eux seuls une véritable théorie de la

combustion, n'en sont pas moins de précieux matériaux pour
y parvenir. Davy, comme on a pu le voir, se rapproche de
Berzélius, en attribuant, en quelque sorte, la combustion à
une forte affinité chimique de toutes les substances les unes
pour les autres, ou qui jouissent de facultés électriques opposées.

Quoi qu'il en soit, la théorie de Lavoisier a pour elle encore
l'assentiment d'un grand nombre de chimistes; dans les arts,
surtout, elle est généralement adoptée, parce qu'elle rend
compte de l'action de l'air dans l'acte de la combustion.

ARTICLE 9.

De la nature de la flamme.

H. Davy s'est livré, sur ce sujet, à de curieuses recherches
qui ne figurent que dans un très-petit nombre d'ouvrages élémentaires. L'intérêt dont cette connaissance peut être pour le
poélier-fumiste nous a portés à en offrir ici un précis.

La flamme des combustibles peut être considérée comme la
combustion d'un *mélange explosif* de gaz inflammable ou de
vapeur avec de l'air : on ne peut pas la regarder comme une
simple combustion ayant lieu à la surface du corps de la matière inflammable. On prouve ce fait en tenant une bougie ou
un morceau de phosphore brûlant dans une flamme produite
par la combustion de l'alcool; la flamme de la bougie ou du
phosphore se montrera en outre de l'autre flamme, démontrant
par là qu'il existe de l'oxygène même dans son intérieur. Lorsqu'une lampe de sûreté, ou gaze métallique, brûle dans un
mélange très-explosif de gaz de houille et d'air atmosphérique,
la lumière est faible et de couleur pâle, tandis que celle produite par la combustion d'un courant de ce même gaz dans
l'atmosphère est extrêmement brillante, ainsi que chacun l'a
vu dans le procédé d'éclairage. C'est alors une question qui
présente quelque intérêt : « Pourquoi la combustion du mélange explosif, dans différentes circonstances, produirait-elle
des apparences si diverses? » En réfléchissant aux circonstances qui accompagnent ces deux espèces de combustions, sir
H. Davy fut conduit à imaginer que la supériorité de la lumière dans le courant de gaz de houille devait être due à la
décomposition d'une partie du gaz dans l'intérieur même de la
flamme, à l'endroit où l'air s'y trouvait en moindre quantité,
et à la précipitation de charbon à l'état solide, qui, d'abord
par son *ignition*, puis ensuite par sa *combustion*, augmentait

à un haut degré l'intensité de la lumière. Les expériences suivantes font voir que telle est en effet la véritable solution du
problème.

Si l'on soutient un morceau de toile métallique, ayant environ 900 trous dans un pouce carré, au-dessus d'un courant
de gaz de houille qui s'échappe d'un petit tuyau, et si l'on enflamme le gaz au-dessus de la gaze métallique placée presque
en contact avec l'orifice du tuyau, le gaz brûle avec son éclat
accoutumé. En élevant la toile métallique de manière que le
gaz se trouve, avant son inflammation, mélangé avec une
plus grande quantité d'air, la lumière s'affaiblit, et, à une
certaine distance, elle offre précisément l'aspect du mélange
explosif en combustion dans l'intérieur de la lampe; mais
quoique, dans ce cas, la lumière soit très-faible, la chaleur
développée est néanmoins beaucoup plus grande que lorsque
la combustion est plus vive; et quand on place dans cette
flamme bleue un faible fil de platine, il y devient instantanément à la température du rouge-blanc.

En faisant l'expérience de l'inflammation d'un courant de
gaz de houille dans un ordre inverse, et en faisant arriver un
tissu métallique par degrés, depuis le sommet de la flamme
jusqu'à l'orifice du tuyau, son résultat est encore plus ins-
tructif. On trouve que le sommet de la flamme, intercepté
par le tissu, ne dépose point de charbon solide; mais, à mesure qu'on l'abaisse, elle abandonne du charbon en quantité
considérable que le pouvoir refroidissant du tissu métallique
empêche de brûler. Au bas de la flamme, où le gaz brûle
avec une couleur bleue, dans son contact immédiat avec
l'atmosphère, le charbon cesse de se déposer en quantités
visibles.

Le principe de l'accroissement d'éclat et de densité des
flammes, par la production et l'ignition d'une matière solide,
paraît rendre compte de plusieurs phénomènes. C'est ainsi
que le gaz oléifiant fournit la lumière la plus blanche et la
plus éclatante de tous les gaz combustibles, parce que, comme
nous le savons, d'après les expériences de Berthollet sur l'hydrogène carboné, il dépose, à une température élevée, une
grande quantité de charbon solide; le phosphore, qui s'élève
en vapeur à la température ordinaire, et dont la vapeur se
combine avec l'oxygène à cette température, est toujours lumineux, parce qu'ainsi qu'il y a lieu de le croire, chaque par-
ticule d'acide formée doit être à celle du rouge-blanc. Néan-

moins, il existe assez de ces particules dans un espace donné,
pour pouvoir élever sensiblement la température d'un corps
solide qui est en contact avec elles, quoique, dans la combustion rapide du phosphore, où il s'en trouve une immense
quantité dans un petit espace, elles produisent une chaleur
plus intense.

Les principes qu'on vient d'exposer expliquent aisément
les apparences des différentes parties des flammes des corps
en combustion, et de la flamme produite par le chalumeau.
Le point de la flamme bleue plus intérieure, où la chaleur
est la plus grande, est celui où la totalité du charbon est
brûlée dans sa combinaison gazeuse, et sans qu'il y ait un
dépôt préalable.

Ils expliquent aussi l'intensité de la lumière de celles des
flammes dans lesquelles il se produit une matière solide fixe
dans l'acte même de la combustion : telles sont, par exemple,
les flammes du phosphore et du zinc dans l'oxygène, etc., et
celle du potassium dans le chlore, ainsi que la faiblesse de la
lumière de celles où il ne se produit qu'une matière volatile,
comme cela a lieu par le soufre et l'hydrogène brûlant dans
l'oxygène, le phosphore dans le chlore, etc.

Ils offrent encore les moyens d'augmenter la lumière de
certaines substances en combustion, en plaçant au milieu de
leurs flammes des corps même incombustibles : c'est ainsi que
l'intensité de la lumière du soufre, de l'hydrogène, de l'oxyde
de carbone, brûlants, est augmentée à un haut degré en y
projetant de l'oxyde de zinc, ou en y plaçant un fil très-délié
d'amiante ou une gaze métallique.

La chaleur des flammes (du moins celle qu'elles peuvent
communiquer à d'autres substances) peut actuellement être
diminuée en augmentant leur lumière, et *vice versâ*. — La
flamme de combustion qui produit la plus forte chaleur parmi
toutes celles qu'on a examinées, est celle d'un mélange d'oxygène et d'hydrogène comprimés dans le chalumeau de New-
man. Cette flamme, à peine visible dans un jour brillant,
fond instantanément les corps les plus réfractaires, et la lumière produite par les corps solides qu'elle met en ignition est
assez vive pour affecter douloureusement l'œil. C'est une application qui doit certainement son origine à la découverte de
sir H. Davy, que l'explosion de l'oxygène et de l'hydrogène ne
se communiquerait pas à travers de petites ouvertures, et il fit
lui-même, le premier, cette expérience avec un tube de verre

capillaire. La flamme n'était pas visible à l'extrémité du tube, parce que sa clarté était surpassée par l'éclat brillant du verre en ignition à son orifice.

ARTICLE 10.

De la chaleur dégagée par différents combustibles dans l'acte de la combustion.

Lavoisier, Crawford, Dalton et Rumford, ont fait successivement des expériences pour déterminer la quantité de chaleur dégagée pendant la combustion de différents corps. — L'appareil employé par le dernier de ces physiciens était très-simple, et peut-être le plus exact de tous. La chaleur était conduite par des tubes aplatis de métal dans le centre d'une masse d'eau, et estimée par la température qu'elle lui communiquait. Le tableau suivant représente l'ensemble des résultats obtenus.

SUBSTANCES BRULÉES, 1 livre.	Oxygène consumé en livres.	Quantité de glace fondue (en livres).			
		Lavoisier.	Crawford.	Dalton.	Rumford.
Hydrogène. . . .	7.50	295.6	480	320	»
Hydrogène carboné..	4.00	»	»	85	»
Gaz oléifiant.. . .	3.50	»	»	88	»
Oxyde de carbone. .	0.58	»	»	25	»
Huile d'olives. . .	3.00	149.0	89	104	94.07
Huile de navette. .	3.00	»	»	»	124.10
Cire.	3.00	133.0	97	104	126.24
Suif.	3.00	96.0	»	104	111.58
Huile de térébenthine. .	»	»	»	60	»
Alcool. . . .	2.00?	»	»	58	67.47
Ether sulfurique. .	3.00	»	»	62	107.03
Naphte. . . .	»	»	»	»	97.85
Phosphore. . .	1.33	100	»	60	»
Charbon. . . .	2.66	96.5	69	40	»
Soufre. . . .	1.00	»	»	20	»
Camphre. . . .	»	»	»	70	»
Caoutchouc. . .	»		»	42	»

Les différences entre les résultats font assez voir combien de nouvelles expériences sur ce sujet seraient nécessaires. Le comte de Rumford entreprit une suite d'essais sur la chaleur dégagée pendant la combustion de différentes espèces de bois. Il trouva qu'une livre de bois produit, en brûlant, une quantité de chaleur suffisante pour fondre de 34 à 54 livres de glace, ce qui donne environ 40 pour terme moyen. MM. Clément et Désormes ont trouvé que les bois fournissaient de la chaleur en raison de leurs quantités respectives de carbone, qu'ils regardent comme égales à la moitié du poids total. En partant de là, ils donnent 48 pour le nombre de livres de glace fondue par une livre de bois en brûlant.

Le tableau précédent est présenté d'une manière incorrecte dans plusieurs ouvrages systématiques. Le docteur Thomson, par exemple, établit qu'une livre d'hydrogène ne consume que 6 livres d'oxygène, bien qu'il porte lui-même à 8 la quantité nécessaire pour la saturation. La proportion d'oxygène consumé par l'huile d'olives, le phosphore, le charbon et le soufre, est pareillement fautive.

On trouve dans Dr *Black's Lectures*, vol. 1, p. 184, les notes suivantes : « 100 livres pesant de la meilleure houille de Newcastle peuvent, quand elles sont brûlées dans un fourneau le mieux disposé possible, convertir environ 1/12 *hogsheads* (un muid et demi) d'eau en vapeur qui supporte la pression de l'atmosphère. » Or, cette quantité d'eau pèse environ 790 livres : donc, une partie de charbon convertit à-peu-près 8 parties d'eau en vapeur. Le comte de Rumford dit que la chaleur produite dans la combustion d'une livre de charbon de terre ferait bouillir 36 3/10 livres d'eau refroidie au point de la congélation; mais nous savons qu'il faut environ 5 fois 1/2 autant de chaleur pour convertir l'eau bouillante en vapeur :

donc $\dfrac{36 \quad 0}{5 \quad 5} = 6 \dfrac{2}{3}$ sera la quantité d'eau qu'une livre de

charbon de terre pourrait convertir en vapeur.

M. Watt a trouvé qu'il faut que la portion de la chaudière exposée au feu ait 8 pieds de surface pour pouvoir vaporiser un pied cube d'eau par heure, et qu'un boisseau, ou 84 livres de charbon de terre de Newcastle, brûlé de cette manière, vaporiseront de 8 à 12 pieds cubes. Il estimait que la chaleur dépensée pour faire bouillir un pied cube d'eau était environ six fois celle qui serait convenable pour l'élever de la température moyenne à celle de l'ébullition. Or, la quantité moyenne d'eau vaporisée est ici de 10 pieds cubes, qui pèsent 625 livres : donc, une livre de houille brûlée est suffisante pour mettre à l'état de vapeur environ 7 1/2 livres d'eau à la température de 13° centigrades.

Dans les circonstances qui nécessitaient l'emploi de bois au lieu de charbon de terre dans les machines à vapeur, M. Watt employait toujours trois fois la quantité de combustible qu'il lui aurait fallu en charbon de terre. Le cube de charbon de terre de Glascow est reconnu pour n'avoir que les 3/4 du pouvoir calorifique du charbon de terre de Newcastle; et le petit charbon de terre, ou *culm*, doit être employé en quantité double pour produire le même effet que lorsqu'il est en plus gros morceaux. Un boisseau de charbon de Newcastle est équivalent à un cent en poids du charbon de Glascow.

Je vais rapporter maintenant quelques expériences sur ce sujet, dues à sir H. Davy, et faisant suite à ses recherches sur la flamme. Son appareil se compose d'un récipient à mercure, muni d'un système de robinet, se terminant en un fort tube de platine ayant une très-petite ouverture; au-dessus de celle-ci était placée une capsule de cuivre remplie d'huile d'olives, dans laquelle était placé un thermomètre. L'huile fut chauffée à 100° cent., pour éviter toute différence qui aurait pu avoir lieu dans la communication de la chaleur à l'eau et produite par la condensation de la vapeur aqueuse : la pression fut la même pour les différents gaz soumis à l'expérience; ils furent brûlés, autant que possible, dans le même temps, et la flamme appliquée au même point de la coupe de cuivre, dont, après chaque expérience, on avait soin d'essuyer le fond. On obtint les résultats suivants :

Substances.	Élève le thermomètre de 100 cent. à	Oxygène consumé.	Rapport de chaleur.
Gaz oléifiant. .	129°4 cent. : .	. 6.0 . .	. 9.66
Hydrogène. . .	114. 4 —	: . . 1 0 . .	. 26 00
Hydrog. sulfuré.	111. 1 —	. . . 3 0 . .	. 6 66
Gaz de houille. .	113. 3 —	. . . 4.0 . .	. 6.00
Oxyde de car. .	103. 3 —	. . . 1.0 . .	. 6.00

Les données d'après lesquelles sir H. Davy a calculé les rapports de chaleur sont les élévations de température, conjointement avec les quantités d'oxygène consumées. — Nous voyons que l'hydrogène produit dans sa combustion plus de chaleur qu'aucun autre de ses composés, fait qui se trouve bien d'accord avec le résultat de M. Dalton; seulement, le rapport de sir H. Davy est plus que double de celui de M. Dalton, relativement à l'hydrogène et à l'hydrogène carburé. Cependant, à ce sujet, sir H. Davy remarque qu'il serait sans utilité de raisonner sur ces rapports qu'on regarderait comme exacts, car, pendant l'expérience, le gaz oléifiant et le gaz de houille laissèrent l'un et l'autre déposer du charbon, et l'hydrogène sulfuré abandonna beaucoup de soufre. Ils confirment cependant les conclusions générales et font voir que l'hydrogène se trouve placé au haut de l'échelle, tandis que l'oxyde de carbone occupe le bas. On pourrait, au premier coup-d'œil, imaginer que, d'après cette échelle, la flamme de l'oxyde de carbone devrait être éteinte par raréfraction, au même degré que celle de l'hydrogène carburé; mais il faut se rappeler, ainsi qu'on l'a déjà fait voir, que l'oxyde de carbone est un gaz beaucoup plus facile à enflammer et plus combustible.

Documents pratiques sur les quantités de chaleur qu'on peut obtenir de différentes espèces de combustibles.

Après le coke, ce sont les houilles de première qualité qui, de tous les combustibles en usage, donnent le plus de chaleur. Ce qui distingue ces combustibles, c'est qu'ils subissent une sorte de fusion en brûlant, qui fait que les morceaux contigus adhèrent et forment dans le feu des agglomérations qu'il est nécessaire de briser de temps en temps, pour que la combustion s'accomplisse comme elle doit se faire. La houille qui a cette propriété est noire et très-fragile; elle se rompt en morceaux qui ne ressemblent pas mal à des dés à jouer, de formes un peu irrégulières.

Quand il ne s'agit que de produire de la chaleur, il est en général préférable d'employer des houilles qui s'agglutinent au feu : ce caractère est le plus aisé à reconnaître.

Il faut 27 grammes de houille de première qualité pour élever d'un degré du thermomètre de Réaumur 100 kilogrammes ou 100 litres d'eau; c'est-à-dire que si, par hypothèse, vous avez un fourneau qui ne donne lieu à aucune déperdition de chaleur, que la chaleur produite soit bien employée, 100 litres d'eau à 0°, terme de la glace, s'élèveront à un degré de température, lorsque vous aurez brûlé 27 grammes de houille.

Si de l'eau était primitivement à 10 degrés, avec ce poids de combustible, vous la porteriez à 11°, et ainsi de suite.

Maintenant, si vous voulez voir combien il faudrait de combustible pour élever, avec le même fourneau, 100 litres d'eau prise au terme de la glace à celui de l'ébullition, c'est-à-dire a 80 degrés Réaumur, il faudra multiplier par 80 le poids de houille qui est nécessaire pour élever cette quantité d'eau oo à 1 degré. Ainsi, il faudra multiplier 27 grammes par 80, et le produit 2 kilog. 16 sera le poids de houille qu'il faudra brûler.

Si l'eau que vous mettez dans la chaudière, au lieu d'être à 0°, était à 10°, il faudrait soustraire ces 10° des 80°, et multiplier par la différence 70° les 27 grammes dont on a parlé ci-dessus. On emploierait la même règle pour tous les cas semblables.

Le coke de première qualité produit plus de chaleur, car il ne faut que 24 grammes de ce combustible pour élever d'un degré les 100 litres d'eau dont il est ici question.

La dépense de combustible est bien plus forte pour réduire 100 kilogrammes d'eau en vapeur. Il faut 13 kilog. 48 de houille de première qualité pour réduire en vapeur un poids de 100 kilogrammes d'eau prise à une température moyenne, 9o ou 10° Réaumur, c'est-à-dire que la dépense de combustible est près de 7 fois plus considérable pour réduire un poids donné d'eau en vapeur que pour porter ce même poids d'eau de 0° au point de l'ébullition.

Avec 12 kilog. 34 de coke de première qualité, et en tirant tout le parti possible de la chaleur due à la combustion, on peut réduire en vapeur 100 kilogrammes d'eau prise à 9° ou 10°.

Les quantités de chaleur produites varient avec la qualité des houilles, et il en est qui, pour produire les mêmes effets sur l'eau, exigeraient une dépense de combustible plus que double.

La qualité et l'état de sécheresse du bois influent sur la chaleur que donne sa combustion : le bois vert contient un tiers d'eau de plus que le bois sec.

La consommation du *pin sec*, pour élever d'un degré 100 kilogrammes d'eau, est de 62 grammes, et, pour réduire en vapeur cette quantité d'eau prise à une température moyenne, elle est de 30 kilog. 84. Il faut 87 grammes 25 de *hêtre* sec pour élever d'un degré la même quantité d'eau, et, pour la réduire en vapeur, il en faut 43 kilog. 26.

Le *chêne* sec fournit moins de chaleur : il en faut 96 gram.

mes pour élever d'un degré la quantité d'eau susdite, et 48 kilogrammes pour la réduire en vapeur. Le tilleul en fournit plus : 85 grammes suffisent pour obtenir le même résultat, et 42 kilog. 24 pour réduire en vapeur. L'orme, le frêne, le cerisier, tiennent à peu-près le milieu entre le pin et le chêne.

Le charbon de bois exige une consommation de 34 grammes pour élever d'un degré 100 kilogrammes d'eau et 17 kilogrammes pour réduire cette quantité en vapeur.

On peut distinguer deux espèces de *tourbes* : la première est légère, spongieuse, et les matières végétales dont elle est formée n'ont point encore changé très-sensiblement de forme ; la deuxième espèce est compacte, et l'altération des matières végétales y est complète ; elle est d'un brun noirâtre assez prononcé, c'est la première qualité de tourbe.

Il faut 96 grammes de tourbe de première qualité pour élever d'un degré 100 kilogrammes d'eau, et 86 kilogrammes pour réduire cette quantité en vapeur. La tourbe carbonisée est fort loin de donner autant de chaleur, à poids égal, que le charbon de bois ; pour élever d'un degré 100 kilogrammes d'eau, la consommation de la tourbe carbonisée doit être de 93 grammes au *minimum*, et de 39 kilogrammes pour réduire en vapeur cette même quantité d'eau.

Les nombres que l'on vient de donner ne peuvent être obtenus dans la pratique qu'en apportant tous les soins possibles dans la construction des appareils, et, dans l'état actuel de nos connaissances, il n'est guère possible de les dépasser d'une manière remarquable.

Expériences pour déterminer les quantités comparatives de chaleur dégagées dans la combustion des principales espèces de bois et de houilles employés comme combustibles aux États-Unis, et pour déterminer aussi les quantités comparatives de chaleur perdue par les appareils ordinaires que l'on emploie pour les brûler.

Par M. MARCUS-BULL.

Les expériences détaillées dans ce mémoire furent commencées en octobre 1823 et continuées presque sans intermittence jusqu'en juin 1824 ; par suite d'une maladie de l'auteur, elles furent discontinuées jusqu'en mai 1825, et continuées depuis ce moment sans interruption.

L'auteur, trouvant des différences énormes entre les résultats de Lavoisier, Crawfort, Rumfort et Dalton, pensa que le mode qu'ils avaient adopté pour leurs expériences était peu convenable, et commença une série d'expériences avec un appareil particulier dans lequel il pouvait brûler de grandes quantités de combustibles; il s'est proposé de parvenir aux résultats suivants :

1° Que l'appareil dans lequel la combustion est produite soit construit de manière que toute la chaleur dégagée, ou une proportion égale de toute la chaleur dégagée, puisse être mesurée par un moyen invariable;

2° Que le corps qui reçoit la chaleur soit toujours affecté également par la communication de la même quantité de chaleur;

3° Que le milieu environnant soit à une température convenable.

L'appareil employé d'abord par l'auteur n'avait pas l'exactitude convenable; d'après les observations du docteur Hare, il y a fait des changements importants; voici la description de celui auquel il s'est arrêté :

Dans une chambre de 11 pieds sur 14 et de 9 pieds 1/2 de haut, est construite une autre chambre de 8 pieds carrés contenant 512 pieds cubes; les parois de la chambre intérieure sont formées de planches de 3 pouces sur 4; les piliers, etc., sont à mortaises avec des tenons assez larges pour dépasser de 4 pouces; le plancher est supporté par deux pièces de bois en croix : le tout assujetti par des clavettes et sans clous, excepté la porte et la fenêtre, et parfaitement ajusté.

La chambre intérieure est supportée à 6 pouces du plancher extérieur; l'air peut circuler aisément dessus; les surfaces intérieures et extérieures sont travaillées avec soin pour qu'elles soient également conductrices; le poêle est un cylindre de 12 pouces de hauteur, 4 pieds de diamètre; le cendrier a 4 pouces de profondeur et 4 de diamètre; on peut les séparer pour introduire entre eux une chambre ou pièce concave de tôle perforée de trous de demi-pouce de diamètre; à trois pouces au-dessus de cette chambre en est placée une autre entièrement renfermée dans le corps du poêle et percée de trous d'un quart de pouce de diamètre; l'intérieur du corps du poêle est destiné à recevoir un cône dont le sommet est tourné vers le bas. L'espace entre les cylindres est nécessaire dans les expériences sur l'anthracite.

Le poéle est alimenté par l'air au moyen d'ouvertures pratiquées au-dessus du cendrier : elles peuvent être fermées au moyen d'une tirette mobile qui joint très-exactement : la porte du milieu est nécessaire pour admettre l'air dans la cavité supérieure. Pour chauffer l'eau, on peut placer entre les deux cylindres un vase d'étain en forme de croissant.

Dans le cône, 3 quarts de pouce au-dessus de sa jonction avec le corps du poéle, se trouve une ouverture de 1 pouce de large et 1 pouce 1/4 de long, couverte d'une plaque mince de cuivre ; c'est par cette ouverture que l'on juge de l'état du feu.

Un tuyau de 2 pouces de diamètre, en étain très-mince, porte la chaleur dans la chambre ; les coudes ont chacun 9 pieds de long ; la longueur totale est de 42 pieds ; cette longueur étant reconnue insuffisante pour transmettre à l'air toute sa chaleur produite, et une perte de 3° ayant lieu, on y fixa une boîte de 14 pouces de long, 10 de large, et 2 huitièmes de pouces d'épaisseur, et dont l'intérieur et l'extérieur étaient noircis, et passent à travers de cette boîte ; l'air est exposé à l'action d'une surface beaucoup plus grande que celle que présente le tuyau, et le peu de chaleur entraîné se répand dans l'air de la chambre.

Les jointures des tuyaux sont très-exactement lutées avec de l'argile, et toute la surface extérieure recouverte d'un vernis noir.

Les registres pour régler l'admission de l'air dans le poéle, ont tous la même construction : ce sont des plaques circulaires de tôle de fer mince, parfaitement ajustées pour fermer l'intérieur du tuyau.

Le tuyau passe au travers de la paroi de la chambre. Dans la cheminée extérieure, près de ses extrémités, dans l'intérieur de la chambre, se trouve une ouverture snffisante pour admettre la boule d'un thermomètre : cette ouverture est fermée par une plaque mince d'étain fort, exactement fixée à la tige du thermomètre. La boule du thermomètre est placée au centre du tuyau.

Un autre thermomètre à mercure est suspendu dans la chambre ; enfin, un thermomètre différentiel de Leslie a une de ses boules dans l'extérieur et l'autre dans l'intérieur ; les boules sont garnies d'un écran fait avec une feuille mince d'étain ; le thermomètre différentiel employé marquait 20° par 1° du thermomètre à mercure.

Un tuyau muni d'un registre communique avec le foyer du poéle et y porte la quantité d'air nécessaire.

Un hygromètre formé de balles d'avoine sauvage est placé le long d'une des parois de la chambre.

Enfin, un baromètre est aussi placé dans la chambre.

La chambre extérieure a une capacité de 860 pieds cubes, en déduisant 542 pieds cubes pour l'espace occupé par la chambre intérieure et les matériaux qui la composent. Cette chambre est placée au midi et se trouve défendue des vents d'ouest par une construction qui s'avance de 10 pieds au midi : elle a une porte avec des volets à l'extérieur pour exclure, s'il est nécessaire, les rayons du soleil ; les murs de l'est et du sud sont en briques et ont 10 pouces d'épaisseur ; les deux autres côtés sont en lattes et plâtre de 4 pouces d'épaisseur, qui la séparent d'un passage à l'ouest et d'une chambre au nord. La cheminée est sur le mur de l'est ; un petit poéle est placé dans la chambre, le tuyau passe au travers du plancher ; un thermomètre à mercure mesure la température de l'air, et sur une table est placée une balance pour peser les substances soumises à l'expérience.

Voici comment les expériences ont été faites :

On a pris des quantités égales en poids de chaque substance sèche, c'est-à-dire desséchées à une température de 250° Fahrenheit. Il est nécessaire de déterminer le temps pendant lequel la combustion de chaque substance maintient la température de la chambre *intérieure* à 10° de plus que la chambre *extérieure*, et ce temps donne la chaleur relative comparée avec le temps pendant lequel une autre substance a maintenu la même différence de température. Comme la température des deux chambres est supposée restée *stationnaire*, les accroissements et les décroissements de chaleur seront égaux dans des temps égaux. On doit tenir compte de la chaleur communiquée par l'opérateur à l'air de la chambre ; après toutes ces précautions prises, ou trouve la quantité de chaleur que développe chaque combustible, et l'on remarque que cette quantité diffère moins pour des bois secs *en pied* qu'on ne le pensait ; par rapport au *volume*, les différences sont très grandes à cause de la différence de densité.

L'auteur a dressé deux longues tables renfermant les résultats auxquels il est arrivé avec 46 espèces de bois et 19 espèces de houille. Nous regrettons de ne pouvoir les joindre à cet extrait, mais leur étendue s'y oppose absolument.

A la suite de ce mémoire, le même auteur en donne un autre sur la détermination de la perte comparative de chaleur produite par les différents appareils employés habituellement pour le chauffage.

Un petit changement a été fait à la chambre intérieure pour finir ce genre d'expérience : la cheminée de la chambre extérieure étant à 12 pouces de la paroi de la chambre intérieure, sur le côté sud de celle-ci, on a pratiqué à la paroi une ouverture suffisante pour exposer la chambre intérieure au foyer de la cheminée ; les côtés, la partie supérieure et inférieure de cette ouverture ont été fermés avec des planches parfaitement jointes, et le foyer peut alors être considéré comme faisant partie de la chambre intérieure.

Tous les appareils, à l'exception du poêle, sont restés les mêmes. On choisit les appareils les plus employés et les plus convenables pour la chambre ; on n'aurait pu, sans de grands inconvénients, se servir de tous les appareils proposés pour le chauffage.

Les expériences furent conduites sur le même plan que les premières, c'est-à-dire, en déterminant le *temps* pendant lequel l'air de l'intérieur de la chambre peut être maintenu à 10° au-dessus de la température de la chambre extérieure par la combustion dans chaque appareil de quantités égales en poids de chaque combustible. Dans quelques cas, il fut nécessaire de faire usage d'une plus grande quantité de combustible pour avoir des résultats satisfaisants, mais réduits à la même échelle.

Deux tables très-étendues renferment les résultats obtenus avec 46 espèces de bois, 14 variétés de houille et 5 espèces de charbon ; la longueur de ces tables importantes ne nous permet pas de les joindre à cet extrait. Ce qui peut du reste diminuer les regrets de ne point avoir ici ces tables, et les premières que nous avons signalées, c'est que les bois employés aux expériences sont pour la plupart étrangers à nos climats : cette réflexion peut, jusqu'à un certain point, s'appliquer aux diverses houilles dont les qualités ne nous sont pas connues.

Nous croyons devoir ajouter ici une note sur les recherches sur l'application de la chaleur aux arts, que M. Clément a émises dans son cours, professé au Conservatoire des arts et métiers.

La chaleur utilisée dans les arts est celle qui résulte de la combustion ; les divers combustibles employés sont le bois et

son charbon, la houille, le coke et la tourbe ; dans la combustion, l'oxygène de l'air se combine avec ces matériaux et
donne surtout naissance à du gaz acide carbonique et à de
l'eau, ou au premier seulement, suivant la nature du combustible : sa chaleur dégagée dans cette circonstance est de
deux espèces : 1° rayonnante, elle se transmet à distance et
dans toutes les directions à travers l'air sans l'échauffer ; 2°
emportée par les gaz raréfiés qui s'échappent de la combustion, celle-ci tend à monter seulement.

·. M. Clément a donné ici la description du calorimètre de
glace, et son application à l'évaluation du calorique spécifique des corps; il a indiqué le mode d'expérience en citant la
suivante relative à l'eau : 1 kilogramme d'eau, à 75°, fond 1
kilogramme de glace à 0°, et le fait passer à 0° liquidé, d'où
l'on conclut que l'eau exige autant de chaleur pour passer de
0 solide à 0 liquide que pour passer de 0 liquide à 75°. En
faisant ici du degré thermométrique appliqué à 1 kilogramme
d'eau une unité de chaleur, M. Clément établit qu'un kilogramme de glace à 0 exige pour fondre 75 unités de chaleur
qu'il appelle *calories* ; cette unité exprime donc la quantité
de chaleur nécessaire pour élever d'un degré la température
d'un kilogramme d'eau, et, quoiqu'elle ne soit pas d'une valeur constante pour toute l'échelle thermométrique, elle est
cependant très-commode pour les calculs industriels. C'est
·ainsi, et avec le calorimètre de glace, que l'on exprime dans
le tableau suivant la puissance calorifique de divers combustibles.

	kilogr.	glace.	calories.
1 kilogr. hydrogène fond	295	× 75° =	22125
Idem charbon de bois sec.	94	× 75 =	' 7058
Id. *id.* ordinaire. .	80	× 75 =	6000
Id. coke pur.	94	× 75 =	7050
Id. houille à $\frac{1}{10}$ cendre.	84,60	× 75 =	6345
Id. *id.* à $\frac{1}{40}$ *id.*	94	× 75 =	7050
Id. *id.* à $\frac{1}{5}$ *id.*	76,80	× 75 =	5932
Id. anthracite.	98.5	× 75 =	7387
Id. bois séché au feu. . .	48,88	× 75 =	3666
Id. *Id.* à l'air.· .	38,41	× 75 =	2945
Id. tourbe, la meilleure.	26,60	× 75 =	2000

Ce tableau prouve que la houille, le coke et le charbon de
bois sont les meilleurs combustibles, et que 1 kilogramme

de ces matériaux peut fournir, par la combustion, une quantité de chaleur capable d'élever 1 kilogramme d'eau à 70,50°; ou, ce qui est la même chose, d'élever, de 1° la température de 70,50 kilogrammes d'eau; mais ce résultat ne peut être obtenu en pratique, et l'on ne compte, dans des fourneaux bien construits, que les deux tiers de ce produit.

L'on sent facilement comment on peut calculer avec ces données la quantité de charbon qui est nécessaire pour élever une masse d'eau d'un certain nombre de degrés. Soit par exemple, 1000 kilogrammes à porter de 15° à 90°, l'on aurait 1000 kilogrammes $\times$ 75 = 75000 calories : l'on diviserait ce dernier nombre par le nombre de calories que le combustible employé est capable de produire en pratique; ainsi, dans un bon fourneau, le charbon de terre de bonne qualité donne les deux tiers de 7050; soit 4700 calories; l'on diviserait donc ici 75000 par 4700, et l'on aurait, pour combustible utile, 16 kilogrammes de charbon.

La capacité de l'air pour la chaleur est quatre fois plus faible que celle de l'eau; ainsi, une calorie pourra élever 4 kilogrammes d'air de 1°, ou, ce qui est la même chose, 1 kilogramme d'air de 4°. Pour obtenir une haute température, il faut une vive combustion; mais la chaleur dégagée par les combustibles est la même en quantité dans une combustion lente que dans une combustion rapide. Le *maximum* de température qu'il est possible d'obtenir ne peut dépasser 2200° centigrades; la condition la plus favorable à l'économie du chauffage est que l'air qui alimente la combustion soit amené en proportion telle qu'il se dépouille complètement de son oxygène, ou qu'il en emporte le moins possible; il faut 10 mètres cubes d'air atmosphérique pour brûler 1 kilogramme de charbon.

L'air chaud qui s'élève dans les cheminées est la puissance mécanique qui appelle dans le foyer l'air utile à la combustion. M. Clément a utilisé la loi de Toricelli, sur l'écoulement des fluides, pour calculer le tirage des cheminées; il prend ici pour hauteur de chute celle accusée par l'inégalité de densité des gaz dans la cheminée et dans l'air environnant, et l'on sent combien cette évaluation expérimentale est entachée de causes d'erreurs. Il serait plus certain de chercher cet élément de calcul, comme 'a fait un de mes amis, avec un niveau d'eau.

On dispose ce niveau de manière que l'une des branches

plonge dans la cheminée et l'autre dans l'air extérieur. L'on a ainsi une dépression dans l'intérieur qui indique en eau la force qui fait monter l'air dans la cheminée.

Il faut, dans la construction des fourneaux, chercher à dépouiller le plus possible de la chaleur l'air chaud qui se dégage du foyer. A cet effet, si l'on veut chauffer une chaudière, il faut faire circuler l'air chaud sur ses parois avant de le laisser passer dans la cheminée.

Les cheminées doivent être construites en matières non conductrices; ainsi, les métaux ne conviennent nullement pour ce genre de construction. M. Clément pense qu'il serait très-avantageux d'établir dans les cheminées des fourneaux de machines à vapeurs, des serpentins en cuivre destinés à conduire l'eau dans les chaudières, afin d'utiliser, au profit de celles-ci, une grande quantité de chaleur que l'on perd ordinairement. Il pense que l'on pourrait économiser ainsi 1/10 du combustible.

Dans les grands établissements, il est avantageux de n'avoir qu'une grande cheminée pour plusieurs foyers. Ainsi, à Glascow, une seule cheminée sert à 50 fourneaux. Les cheminées en tôle des bateaux à vapeur sont un obstacle à la marche, et l'on cherche les moyens de remplacer, par des ventilateurs mus par la machine à vapeur, la puissance mécanique de renouvellement obtenue par ces cheminées.

M. Clément est passé ensuite aux soufflets de forge; il a indiqué les moyens de calculer la quantité d'air qu'ils peuvent donner dans un temps connu : il estime que le *maximum* de charbon consumé par un soufflet de forge ordinaire est égal à 2388 grammes par minute.

On préfère les soufflets à pistons, qui donnent des masses d'air plus considérables. Il existe à Myrthidwil, dans le pays de Galles, une usine de 14 hauts fourneaux, dont chacun fabrique 10,000 kilogrammes de fer par jour. Les soufflets à pistons y ont $2^m,745$ de diamètre; le piston frappe 12 coups par 1'; le charbon brûlé par coup de piston est de 1,11 kilogrammes : chaque soufflet consomme donc 792 kilogrammes de charbon par heure. On a essayé vainement d'appliquer en grand l'éolipyle des laboratoires, comme machine soufflante : la fonte travaillée par cette machine est de mauvaise qualité.

M. Clément a parlé ensuite des moyens d'alimenter les fourneaux à la main et par machines. Il donne la préférence aux machines, et il signale comme le meilleur l'appareil ali-

mentaire à cylindres cannelés qui brisent le charbon, et à ventilateur qui le projette sur la grille; la hauteur la plus convenable à laquelle, on doive maintenir le combustible sur la
grille est de 5 centimètres.

Le professeur est passé ensuite à la vapeur. 1 kilogramme
de vapeur peut fondre environ 8 kilogrammes de glace, et sa
chaleur spécifique est prise pour 650 calories. La chaleur se
transmet d'un corps à un autre avec une intensité qui varie
avec la différence de température.

La vaporisation des liquides croît dans les chaudières, non
pas avec la surface que le liquide présente à l'air, mais bien
avec l'étendue des surfaces de la chaudière qui sont en contact
avec le foyer ou l'air chaud. M. Clément appelle ces surfaces
surfaces de chauffe, c'est pourquoi, dans les machines à vapeur, où l'on veut produire un grand effet, on dispose les
chaudières en surfaces. L'on compte que 1 kilogramme de
charbon produit ou pratique 6 kilogrammes de vapeur d'eau,
et qu'une surface de 1 mètre carré de cuivre, chauffé économiquement et convenablement, peut donner, dans une heure,
15 kilogrammes de vapeur; l'on peut, avec ces diverses données, calculer les dimensions des fourneaux et des chaudières
nécessaires pour produire une quantité de vapeur voulue dans
un temps donné.

Des causes qui modifient ou arrêtent la combustion, ou éteignent la flamme.

Les premiers physiciens qui firent des expériences sur le
vide de Boyle remarquèrent que la flamme cessait dans un
air très-raréfié ; mais on avait diversement fixé le degré de
raréfaction nécessaire pour produire cet effet; les recherches
auxquelles s'est livré sir H. Davy sur cet objet sont très-ins-
tructives. Lorsque du gaz hydrogène, se dégageant lentement
d'un mélange convenable, est enflammé à la sortie d'un tube
de verre d'un petit orifice, comme cela a lieu, par exemple,
dans la lampe philosophique de Priesley, de manière à produire un jet de flamme d'environ 1/6 de pouce de hauteur et
qu'on l'introduit sous le récipient d'une machine pneumatique contenant de 200 à 300 pouces cubes d'air, la flamme
s'élargit à mesure que le récipient se vide d'air ; et quand
l'éprouvette indique une pression de 4 à 5 fois moindre que
celle de l'atmosphère, la flamme est à son *maximum* d'étendue; elle diminue alors graduellement ; mais elle continue

de brûler jusqu'à ce que la pression soit de 7 à 8 fois moindre, alors elle s'éteint.

Pour reconnaître si l'effet était dû au défaut d'oxygène, sir H. Davy fit usage d'un jet de flamme plus considérable, qu'il introduisit dans le même appareil : mais , à sa grande surprise, la combustion dura plus longtemps; elle avait encore lieu même quand l'atmosphère fut raréfié dix fois ; et plusieurs essais successifs confirmèrent ce résultat; en faisant brûler le jet plus large, l'extrémité du tube de verre devint rouge-blanche, et conserva une chaleur rouge jusqu'à l'extinction de la flamme. Ceci lui suggéra aussitôt l'idée que la chaleur que le tube communiquait au gaz était la cause qui faisait durer la combustion plus longtemps dans le cas où l'on employait une large flamme : les expériences suivantes vinrent appuyer cette conclusion. On roula en spirale un fil de platine autour du sommet du tube, de manière à se trouver dans le corps de la flamme et à la surmonter ; on alluma alors le jet de flamme de 1/6 de pouce de hauteur, et on fit le vide. Le fil de platine ne tarda pas à devenir rouge-blanc dans le centre de la flamme, et même il s'en fondit une petite partie vers le sommet du tube; le fil continua d'être blanc quand la pression fut devenue six fois plus petite ; quand elle le fut dix fois, il resta encore rouge dans sa partie supérieure; et tant qu'il fut d'un rouge obscur, le gaz, quoique certainement éteint au-dessous , continua encore de brûler dans la partie en contact avec le fil chaud , et la combustion ne s'arrêta que lorsque la pression eut été réduite à être treize fois moindre. .

Il paraît, d'après ce résultat, que la flamme de l'hydrogène s'éteint dans des atmosphères raréfiés, seulement lorsque la chaleur qu'elle produit est insuffisante pour entretenir la combustion, ce que l'on reconnaît avoir lieu quand elle ne peut plus communiquer au métal une ignition visible; et, comme c'est justement la température nécessaire pour l'inflammation de l'hydrogène à la pression ordinaire, il paraît que sa *combustibilité* n'est ni diminuée ni augmentée par la raréfaction produite par la diminution de pression.

D'après cette manière de voir, relativement à l'hydrogène, il s'ensuivrait que parmi les autres corps combustibles, ceux qui exigent le moins de chaleur pour leur combustion doivent brûler dans un air plus raréfié que ceux qui en exigent davantage; et ceux qui développent beaucoup de chaleur dans leur

combustion doivent, toutes choses égales d'ailleurs, brûler dans
un air plus raréfié que ceux qui en produisent peu. Toutes
les expériences faites depuis confirment ces conclusions.

Ces faits n'infirment point ce que l'expérience nous a ap-
pris, que l'air active d'autant moins la combustion qu'il est plus
raréfié; aussi voyons-nous le bois brûler d'autant plus rapidement en hiver dans les cheminées que l'air est plus froid et
sec. Si l'air humide est moins propre à la combustion, ce n'est
point directement à l'eau même qu'il contient qu'on doit attribuer cet effet, mais bien à la raréfaction qui est en raison directe de l'humidité de l'air, ou, si l'on veut, de l'eau qu'il
contient. Voilà pourquoi l'air humide est moins propre à la
combustion que l'air sec.

ARTICLE 11.

De l'Air atmosphérique.

Dans un ouvrage dans lequel la combustion joue un si
grand rôle, nous croyons indispensable de parler de l'air, de
cet agent, sans la présence duquel cette même combustion ne
saurait avoir lieu. Son étude et la connaissance de ses propriétés importent d'ailleurs infiniment au poélier, au fumiste,
etc.

On donne le nom d'*atmosphère* à cette masse gazeuse, formée de tous les corps susceptibles de rester à l'état de gaz
au degré de pression et de température sous lequel nous vi-
vons, ainsi que d'une foule d'autres substances solides, très-
divisées et suspendues dans ce fluide aériforme. Le nom d'*air*,
ou d'*air atmosphérique*, est consacré, au contraire, au gaz qui,
abstraction faite de toutes les exhalaisons, les vapeurs, etc.,
qu'il contient, entoure le globe terrestre, s'élève à une hauteur
inconnue, pénètre dans les abîmes les plus profonds, fait partie
de tous les corps et adhère à leur surface. Sans le secours de
ce fluide élastique, le végétal ni l'animal ne sauraient vivre.
Nous allons énumérer ses principales propriétés.

Pesanteur de l'air. Aristote avait connu cette pesanteur qui
fut niée par ses successeurs, jusqu'à Galilée, Toricelli et Pascal.
Omnia præter ignem pondus, avait dit le philosophe grec;
*signum cujus est utrem inflatum plus ponderis quam vacuum ha-
bere.* Il avait constaté aussi qu'en dissolvant de l'eau il devenait plus léger : *cum enim aqua ex aere est orta, gravior est.* L'é-
paisseur de la couche d'air atmosphérique qui environne la
terre ne saurait être exactement déterminée, puisque sa den-

sité varie suivant son élévation. On l'évalue cependant de 15 à 17 lieues; le poids ou la pression de cette couche équivaut à celui d'une colonne d'eau de 32 pieds ou d'une de mercure de 28 pouces. Or, comme le poids d'un pied cube d'eau est égal à 64 livres, on n'a qu'à multiplier 64 par 32 et l'on obtiendra 2,048 pour celui d'une colonne d'eau de 32 pieds carrés.

En multipliant ensuite la surface de la terre, évaluée à 5,547,800,000,000,000 pieds carrés par 2,048, l'on a pour produit 11,361,894,400,000,000,000 qui est la valeur approchante avec laquelle l'air comprime la masse des corps terrestres. Il est aisé de voir que nous serions écrasés par cet énorme poids, si les couches latérales et inférieures de l'air ne jouissaient pas d'une égale pression qui sert d'équilibre à la pression supérieure, comme l'eau de la mer, des fleuves, etc., nous en offre un exemple; c'est sur cette pesanteur de l'air et sur sa dilatation ou sa compression qu'est fondée la théorie du baromètre.

Compression de l'air. L'air est si compressible qu'on peut lui faire occuper un très-petit volume, soit par une forte pression, soit par une grande diminution de température; mais, dès que l'un ou l'autre viennent à cesser, il reprend plus ou moins vite son premier état. On peut donc, par l'action du calorique, augmenter prodigieusement le ressort de l'air en lui faisant occuper un plus grand espace et le rendant ainsi beaucoup plus léger, comme on pourra le voir dans l'article suivant :

Dilatabilité de l'air. L'air peut se dilater de trois manières : 1° par une diminution de pression ; 2° en dissolvant de l'eau ; 3° par l'action du calorique ; il résulte des expériences faites, dans le même temps, par M. Gay-Lussac, en France, et M. Dalton, en Angleterre, que tous les fluides aériformes, soit gaz permanents, soit vapeurs, chauffés de 0° à 100°, se dilatent dans le rapport de 100 à 137,5, par conséquent, l'augmentation de volume est de 37,5 ; en divisant par 100, l'augmentation pour chaque degré de thermomètre est de 0,375.

L'air dissout d'autant plus d'eau qu'il est plus dense et plus chaud; il est alors d'autant plus rare qu'il contient plus d'eau en dissolution; voilà pourquoi l'air humide est moins propre à la combustion que l'air sec qui, sous le même volume, offre plus de poids.

L'air n'éprouve aucune décomposition par la plus haute ou par la plus basse température ; tous les corps combustibles

Poëlier-Fumiste. 5

sont succeptibles de lui enlever l'un de ses principes constituants, l'oxygène.

Composition. L'air fut considéré par les anciens philosophes
comme un élément; Démocrite entrevit sa composition; il en
fut de même d'Hypocrate, de Pline, de Newton, Boyle, Hooke
et Mayow. La connaissance de cette importante découverte
était réservée au génie d'un homme dont le nom est devenu
l'emblême de la science, des talents et des vertus. En effet,
guidé par son génie et par les importants travaux de Schèele
et de Priestley, Lavoisier parvint, en août 1774, à opèrer la
décomposition de l'air, source de la naissance de la chimie
pneumatique et des nombreuses vérités qu'elle a fait éclore.
Lavoisier reconnut que l'air était un mélange de

> Air vital ou oxygène. 79
> Azote. 21
> _____
> 100

Ces expériences répétées depuis en Egypte, en France, en
Angleterre, en Espagne, etc., par MM. Berthollet, Davy, Gay-
Lussac, de Humboldt, Julia de Fontenelle, de Marty, Campy
fils, Regnault, etc., n'ont montré dans l'air que 21 oxygène
et 79 azote.

La connaissance de ces deux gaz se rattache trop à celle de
l'air pour ne pas les faire connaître.

De l'Azote.

Le gas azote est incolore et insipide; son odeur est un peu
fade quand il a été dégagé des substances animales; il est impropre à la combustion et à la respiration; son poids spécifique est de 0,957; il entre dans la composition de l'air pour
79/100.

De l'Oxygène.

Le gas oxygène est incolore, inodore, insipide; son poids
spécifique est à celui de l'air :: 1,1025 : à 100; il est le seul
gas propre à la respiration et à la combustion, et c'est à sa
présence dans l'air atmosphérique que celui-ci doit être considéré comme l'agent indispensable de la combustion. Si l'on
plonge un animal ou un corps en ignition dans l'azote, le premier meurt aussitôt et le second s'éteint; dans le gaz oxygène
il vit beaucoup plus longtemps que dans l'air, et le corps en
combustion y brûle rapidement en répandant une vive lumière et une grande chaleur; bien plus un corps qui est presque éteint s'y rallume promptement.

Nous ne pousserons pas plus loin cet examen ; nous nous bornerons à dire que l'oxygène, en s'unissant aux métaux, les convertit en oxydes (rouilles ou terres métalliques), et qu'en s'unissant à d'autres substances, il forme entre elles une classe d'acides connue sous le nom d'*oxalides*.

Il est aisé de voir que l'air n'est agent de la combustion que par l'oxygène qu'il contient, et que, plus l'air sera dépouillé de ce gaz, comme celui qui a déjà servi à la combustion et qui s'échappe par le tuyau des cheminées, moins il sera propre à cette opération.

Circulation de l'air dans un appartement où il y a du feu.

L'air le plus chaud occupe la partie supérieure, en vertu de la légèreté qu'il a acquise. S'il peut entrer de l'air frais par quelque endroit, il s'établit dans l'appartement deux courants en sens contraires, l'un d'air froid, à la partie inférieure, l'autre d'air chaud, à la partie supérieure : le premier se dirige vers le foyer, l'autre s'échappe au dehors. Tout le monde sait qu'étant auprès du feu, on sent sur les jambes un air froid qui se glisse par dessous les portes ; c'est pour l'éviter qu'on dispose des paravents derrière soi. On peut se convaincre facilement de l'existence de ces deux courants, en plaçant, près de la porte, une bougie allumée sur le plancher, et une autre à la partie supérieure : on verra leurs flammes agitées en sens contraires.

Auprès des tuyaux d'un poêle, il y a toujours un courant ascendant d'air dilaté ; c'est ce courant qui frappe les spirales de papier que les enfants suspendent au tuyau sur des fils-de-fer, et les fait tourner.

C'est l'air dilaté qui, en s'élevant dans le tuyau d'une cheminée, entraîne avec lui les fumées et les diverses substances volatiles qui s'échappent du combustible ; on conçoit qu'il doit y avoir un certain rapport entre la largeur du tuyau et le degré de chaleur qui se développe au foyer, pour que la construction soit parfaite. Il est bon en général, que le tuyau soit très-étroit, parce qu'alors l'air dilaté s'échappe avec plus de vitesse.

ARTICLE 12.

De la Fumée.

On donne le nom de *fumée* à une production gazeuse, opaque, diversement colorée, qui se dégage souvent des corps, surtout quand leur combustion est incomplète, comme le bois, le charbon, etc., dans nos foyers. La fumée est formée :

1° Des produits gazeux de la combustion, acide carbonique et eau en vapeur;
2° De l'azote de l'air qui a servi à la combustion;
3° Des gaz combustibles qui ont échappé à la combustion;
4° Des charbons très-fins qui se volatilisent;
5° D'acide acétique;
6° D'huile empyreumatique.

La fumée, en passant sur des corps froids, s'y condense en partie et s'y dépose sous forme de suie tandis que les gaz azote, acide carbonique, etc., se dégagent. M. Reichembach qui a fait une étude approfondie de la suie, y a découvert la *créosote*, le *capnomore*, l'*eupione*, la *parafine*, le *picamare*, etc., substances qui doivent, par conséquent, exister dans la fumée.

CHAPITRE II.

ARTICLE PREMIER.

Causes de l'ascension de la fumée.

La fumée d'un feu allumé en plein air s'élève rapidement parce que la chaleur du foyer, en la raréfiant, la rend *spécifiquement* (1) plus légère que l'air; elle est, à l'égard de l'atmosphère, ce qu'est à l'égard de l'eau un morceau de liège, qui, plongé à une certaine profondeur dans cette eau et abandonné ensuite à lui-même, remonte à la surface. C'est aussi pour cette raison que les ballons s'élèvent dans l'atmosphère. Pour rendre cet effet sensible, Rumfort a dit : « Si l'on mêle de petites balles ou de gros plombs à giboyer avec des pois, et qu'on secoue le tout dans un boisseau, le plomb se séparera, il se logera au fond du vase et forcera, par sa plus grande pesanteur, les pois à se mouvoir de *bas en haut* contre leur tendance naturelle, et à occuper la partie supérieure du mélange.

« Si l'on met dans un vase de l'eau et l'huile, et qu'on les mêle bien ensemble, aussitôt qu'on aura cessé d'agiter ce melange, l'eau, comme le plus pesant des deux liquides, descendra au fond du vase, et l'huile, chassée de sa place par l'excès

(1) C'est-à-dire que de deux volumes égaux, l'un d'air atmosphérique, l'autre de fumée, celui-ci pesera beaucoup moins.

du poids de l'eau, s'élèvera et finira par surnager tout entière à la surface de ce liquide.

« Si l'on plonge dans l'eau une bouteille pleine d'huile, ouverte par le haut, l'huile s'élèvera hors de la bouteille, et, traversant l'eau sous la forme d'un filet continu, elle s'étendra sur sa surface.

« Il en arrivera de même toutes les fois que deux fluides de *densités* différentes, c'est-à-dire, dont le poids, à volume égal, est différent, ce qu'on appelle aussi *pesanteur spécifique,* seront en contact ou mêlés ensemble; le plus léger sera soulevé de bas en haut par la tendance du plus pesant à descendre. »

Si l'on met en contact deux quantités d'un même fluide à des températures différentes, celle qui sera la plus chaude ou la plus raréfiée, étant spécifiquement plus légère que la portion froide, occupera la surface supérieure du mélange. Que l'on place une bouteille d'eau chaude colorée au fond d'un vase plein d'eau froide, l'eau chaude s'élèvera à la surface et sera remplacée dans la bouteille par l'eau froide. C'est encore ainsi que l'air froid d'un appartement occupe toujours la partie inférieure, et l'air chaud la partie voisine du plafond.

La différence de pesanteur spécifique de l'air et de la fumée est donc une des principales causes de son ascension; mais, dans les cheminées, une seconde cause vient se joindre à la première et augmenter la rapidité du mouvement ascensionnel.

L'air du canal ou tuyau d'une cheminée est ordinairement plus chaud, plus raréfié, et par conséquent moins pesant que l'air extérieur; la colonne d'air qui est dans la cheminée est poussée de bas en haut par la colonne de même hauteur, mais plus pesante, qui est hors de l'appartement, ce qui détermine un courant ascendant dont la rapidité est proportionnelle à la différence de pesanteur de ces deux colonnes; ce courant entraîne la fumée déjà en mouvement, et lui ajoute une nouvelle vitesse.

Ces deux causes de l'ascension de la fumée ne sont pas constantes, et n'agissent pas toujours dans le même sens. Ainsi, à mesure que la fumée s'éloigne du foyer, elle perd de sa chaleur; sa pesanteur spécifique augmente, et peut même devenir plus grande que celle de l'air environnant; alors la fumée descendra dans l'air, s'il est en repos. On voit par là que, sous le rapport de cette première cause, la hauteur de la cheminée a des bornes.

La seconde cause est aussi variable ; car la vitesse du courant dépend en même temps de la différence de température entre les deux colonnes d'air et de leur hauteur, d'où l'on conclut que, sous le seul rapport de la vitesse du courant, la hauteur de la cheminée ne devrait pas avoir de limites.

Par la combinaison des causes ascensionnelles, on explique pourquoi la fumée, en général, monte plus vite la nuit que le jour, l'hiver que l'été, quand le feu est en pleine activité que quand on l'allume, dans les appartements bas que dans ceux élevés ; pourquoi enfin elle descend souvent dans l'appartement, à midi, pendant l'été, etc.

Nous verrons dans la suite quelles sont les causes accidentelles ou particulières qui modifient les deux causes générales ci-dessus énoncées, et contrarient ou favorisent l'ascension de la fumée.

ARTICLE 2.

Du mouvement de l'air dans les tuyaux de cheminées.

Les tuyaux de cheminées placés au-dessus des foyers sont destinés à recueillir les gaz produits par la combustion, et à leur procurer les moyens de s'échapper sans se répandre dans la pièce que l'on échauffe. Pour que la fumée et les autres produits se dirigent dans ces conduits, il faut qu'il s'y établisse naturellement un courant ascendant qui force une partie de l'air de la chambre à se porter vers l'ouverture du tuyau, et à s'échapper avec la fumée. Nous allons d'abord examiner comment le courant peut être établi (1).

Un foyer de cheminée surmonté d'un tuyau a, par cette addition, deux communications avec l'air extérieur ; l'une par les fissures de l'appartement, l'autre par l'ouverture supérieure du tuyau de la cheminée. Si l'on imagine un plan horizontal A B (*Pl.* I, *fig.* 2), passant par le sommet du tuyau de la cheminée, il déterminera la hauteur de deux colonnes d'air ; l'une, B D, dans l'intérieur du tuyau, et l'autre, A C, placée à l'extérieur du bâtiment ; un second plus horizontal, C D, mené par le point où se fait la combustion, déterminera la hauteur de ces deux colonnes qui sont évidemment égales en hauteur. Il résulte des lois de la statique des fluides, que deux colonnes de même hauteur et de même densité se font équilibre ; mais que, si l'une d'elles est plus dense que l'autre,

_____
(1) Extrait des observations contenues dans le Mémoire de Glavelia, publié dans le *Dictionnaire de Physique*, tome II de l'*Encyclopédie méthodique*.

l'équilibre sera rompu, et celle qui aura plus de densité sou-
lèvera l'autre.

Si l'on suppose que l'air extérieur et celui du tuyau de la
cheminée sont de même nature, comme l'air froid est plus
dense que l'air chaux, il en résultera que, selon que l'air du
tuyau sera plus froid ou plus chaud que l'air extérieur, la
pression exercée sur le foyer sera plus petite ou plus grande
que celle de l'air extérieur; et de là, dans le premier cas,
l'existence d'un courant ascendant dans le tuyau de cheminée, par la plus forte pression exercée par l'air extérieur; et,
dans le second cas, un courant descendant dans le tuyau occasioné par la plus grande pression de l'air que le tuyau
contient.

Ces deux courants sont assez généralement observés dans
les tuyaux de cheminées dans lesquels on ne fait pas de feu ;
et cela, selon que l'air de l'intérieur de l'appartement avec
lequel ces tuyaux communiquent est plus ou moins chaud que
l'air extérieur. Lorsque l'air est plus chaud, celui des tuyaux
qui y communique participant à cette température, il en résulte un courant d'air ascendant ; si au contraire, l'air intérieur est plus froid, il s'établit un courant descendant.

Franklin, en conséquence de ce principe, avait annoncé
qu'il se formait journellement dans les tuyaux des cheminées
un courant d'air ascendant qui commence vers les cinq heures
du soir et qui dure jusque vers les huit ou neuf heures du
matin; à cette heure, le courant s'interrompt, et l'air intérieur se balance avec l'air extérieur; ensuite l'équilibre se
rompt, et il succède un courant descendant qui dure jusqu'au
soir. Ce célèbre physicien s'exprime ainsi :

« Pendant l'été, il y a, généralement parlant, une grande
différence de la chaleur de l'air à midi et à minuit, et conséquemment une grande différence par rapport à sa pesanteur
spécifique, puisque plus l'air est échauffé, plus il est raréfié.
Le tuyau d'une cheminée, étant entouré presque entièrement
par le reste de la maison, est en grande partie à l'abri de l'action directe des rayons du soleil pendant le jour, et de la
fraîcheur de l'air pendant la nuit; il conserve donc une température moyenne entre la chaleur des jours et la fraîcheur
des nuits, et il communique cette même température à l'air
qu'il contient. Lorsque l'air extérieur est plus froid que celui
qui est dans le tuyau de la cheminée, il doit le forcer, par
son excès de pesanteur, à monter et à sortir par le haut. L'air

d'en bas qui le remplace, étant échauffé à son tour par la chaleur du tuyau, est également poussé par l'air plus froid et plus pesant des couches inférieures, et ainsi le courant continue jusqu'au lendemain où le soleil, à mesure qu'il s'élève, change par degré l'état de l'air extérieur, le rend d'abord aussi chaud que celui du tuyau de la cheminée (et c'est alors que le courant commence à vaciller), et, bientôt après le rend même plus chaud. Alors le tuyau étant plus froid que l'air qui y pénètre, le rafraîchit, le rend plus pesant que l'air extérieur, et conséquemment le fait descendre ; celui qui le remplace d'en haut étant refroidi à son tour, le courant descendant continue jusque vers le soir, qu'il balance de nouveau, et change de direction, à cause du changement de la chaleur de l'air du dehors, tandis que celui du tuyau qui l'avoisine se maintient toujours à-peu-près dans la même température moyenne. »

Franklin ajoute encore une observation : c'est que, si la partie du tuyau d'une cheminée qui s'élève au-dessus du toit de la maison est un peu haute, et qu'elle ait trois de ses côtés successivement exposés à la chaleur du soleil, savoir ceux qui sont exposés au levant, au midi et au couchant, et que le côté tourné au nord soit défendu des vents froids du nord par les bâtiments attenants, il pourra souvent arriver qu'une telle cheminée soit si échauffée par le soleil qu'elle continue à tirer fortement de bas en haut pendant toutes les vingt-quatre heures, et peut-être pendant plusieurs jours de suite. Si on peint le dehors de cette cheminée en noir, l'effet en sera encore plus grand, et le courant plus fort.

Clavelin, savant caminologiste, a cherché à vérifier, par l'expérience, l'existence et la loi de ces deux sortes de courant ; il résulte de ses observations que l'ordre et la durée de ce phénomène présentent beaucoup d'anomalies; que cependant le courant descendant de la nuit est assez régulier depuis cinq à six heures du soir jusqu'à huit ou neuf heures du matin ; mais que le courant ascendant du jour est loin de présenter autant de régularité, même dans les temps calmes.

Ces phénomènes nous font concevoir la raison pour laquelle, quand plusieurs tuyaux de cheminées se trouvent réunis en une seule masse, la fumée de celles où le feu est allumé descend souvent dans les autres, et remplit ainsi les appartements.

En appliquant aux tuyaux des cheminées dans lesquelles

on fait du feu, la théorie des mouvements ascendants et descendants, occasionés par la différence de densité entre l'air
extérieur et celui des tuyaux de cheminées, on voit que, dès
que le combustible du foyer commence à s'enflammer, il attire, pour entretenir la combustion, l'air qui communique à
la partie la plus basse de l'air extérieur, conséquemment celui
de la chambre; par sa combinaison avec le combustible, il
se dégage de la chaleur qui échauffe l'air en contact avec le
combustible; celui-ci échauffé s'élève naturellement dans le
tuyau qui est placé au-dessus du foyer; il se forme également plusieurs produits plus légers que l'air atmosphérique
qui s'élèvent également; enfin, il se forme quelques produits
plus denses, lesquels, au degré de chaleur qu'ils ont acquis
en sortant du foyer, sont encore plus légers que l'air de la
chambre. L'air échauffé et les produits de la combustion communiquent de la chaleur à l'air du tuyau; bientôt celui-ci est
assez échauffé pour que la colonne de fluide qui remplit le
tuyau de la cheminée soit plus légère que celle de l'air extérieur, alors le courant ascendant s'établit, et il acquiert une
vitesse d'autant plus grande que la pesanteur de sa colonne
diffère plus de celle de l'air extérieur, ou autrement qu'elle
acquiert plus de légèreté.

Les résultats du mouvement de l'air dans les tuyaux de
cheminées, expliqués d'après ce principe : que tout fluide plus
léger que l'air de l'atmosphère s'élève en proportion de la différence de sa pesanteur spécifique, comme tout fluide plus pesant tombe par l'effet de la même pesanteur, ont beaucoup
d'analogie avec ceux que présentent les siphons : en effet, on
sait que, quand les branches d'un siphon remplis d'un fluide
plus pesant que l'air atmosphérique sont égales, l'équilibre se
maintient; quand l'une est plus courte que l'autre, comme A B
et B C (*Pl.* 1, *fig.* 4 *bis*), le fluide s'écoule rapidement par l'extrémité C de la plus longue branche, et entraîne le liquide contenu dans la plus courte C; maintenant, que l'on renverse le
siphon, et que ces branches soient dirigées en haut, il deviendra alors pour les fluides plus léger que l'air de l'atmosphère,
ce qu'il était auparavant pour les liquides plus pesants qu'elle;
le fluide léger s'élevera par la branche la plus longue, et la
colonne la plus longue entraînera la colonne la plus courte,
selon les lois inverses de la gravitation.

Cette théorie établit en peu de mots tout le système de la
caminologie; elle est parfaitement démontrée par les expé-

riences que Clavelin a faites avec le tuyau imaginé en 1686, par Dalesme, qui a été décrit dans le *Journal des Savants* de la même année, et dont M. de la Hire rendit compte à l'Académie des Sciences (1).

Dalesme composa sa machine de plusieurs tuyaux de fonte ou de tôle de fer, B C D (*Pl. I, fig.* 3), d'environ 11 à 14 centimètres (4 à 5 pouces) de diamètre, qui s'emboîtent l'un dans l'autre ; elle se tenait droite au milieu de la chambre, sur une espèce de trépied fait exprès. A, est le lieu où l'on fait le feu : en y mettant deux petits morceaux de bois, on observe qu'il n'y a aucune apparence de fumée ni en A, ni en B. On ne peut en approcher la main de moins de 33 centimètres (1 pied), à cause de la grande chaleur. Si l'on tire du feu de l'un des morceaux de bois, il fume à l'instant ; mais il cesse de fumer dès qu'on le remet dans le foyer. Les combustibles les plus puants ne produisent pas la moindre odeur dans cette machine, et tous les parfums s'y perdent, ce qui n'arrive cependant que quand le feu qui est en A est bien allumé, et que le tuyau B D est fort chaud ; de sorte que l'air qui entretient la combustion ne peut entrer que par l'ouverture A, et ne frappe que sur le feu qui est à découvert ; par ce moyen, la flamme et la fumée sont entraînées en bas vers l'intérieur du tuyau, et sont obligées de traverser le combustible.

Pour que la combustion puisse s'opérer sans fumée, il faut que l'ouverture A soit proportionnée à l'ouverture B ; il faut encore que l'ouverture A ne soit pas trop grande. Il paraît que ces rapports de grandeur ont empêché que l'on ne tirât de cette machine tout le parti que sa découverte semblait en faire espérer. Au reste, c'est probablement à cette invention que l'on doit l'idée des allendiers, que l'on a établis comme foyers de plusieurs grands fourneaux ; c'est encore aux propriétés de ce système que l'on doit les fourneaux et foyers fumivores.

Revenons aux expériences que Clavelin a faites avec cette machine, à laquelle il a fait subir quelques changements pour la rendre propre aux expériences qu'il s'est proposées.

Il conserva partout la partie horizontale D D (*Pl.* I, *fig.* 4), sur laquelle est soudé le bout du tuyau A faisant office de foyer ; mais aux extrémités de cette partie il adapta deux tuyaux verticaux B et C, dont il varia la direction. Dans le nombre

(1) Tome X, ann. 1686, *Transact. philos.*, n° 181.

d'expériences qu'il a faites avec cet appareil, deux surtout méritent une attention particulière.

Première expérience. Lorsque les extrémités d'un tuyau horizontal sont garnies de deux branches verticales de la même longueur, le courant du réchaud placé entre deux, en A sur le tuyau horizontal, se partage en deux, et sort par les deux branches ; mais si l'une de ces branches est maintenue froide, l'autre étant chaude, le courant s'établit de l'une à l'autre, descendant par la branche froide, ascendant par la branche chaude ; si l'on plonge celle-ci dans l'eau froide, le courant change et descend pour remonter de l'autre côté ; si l'on supprime l'une des branches, l'air entre alors par cette extrémité du tuyau, monte et sort par la branche restante. Cet effet du refroidissement d'une des branches de ce poêle sur la direction du courant est applicable à un grand nombre de phénomènes de la caminologie.

Seconde expérience. La partie horizontale du tuyau et la position du foyer restant les mêmes, si l'on bouche l'une des branches et que l'on fasse mouvoir l'autre jusqu'à ce qu'elle soit horizontale E, l'air qui alimente le foyer entre par la branche ainsi couchée, la flamme et la fumée s'élèvent au-dessus du foyer : si alors on redresse peu-à-peu la branche qu'on avait couchée horizontalement, au lieu d'un seul courant ou en aura deux dans la capacité du même tuyau, l'un entrant, l'autre sortant. Plus on élève cette branche, plus le courant sortant devient fort. Enfin, lorsqu'elle fait, avec la partie horizontale de la machine, un angle de 35 à 40°, le courant entrant sans cesse, et le courant sortant, le seul en activité, remplit toute la capacité du tuyau ; alors la flamme et la fumée plongent absolument dans le foyer.

D'après d'anciens règlements, les tuyaux des cheminées devaient avoir, à Paris, 1 mètre (3 pieds) de long sur 30 centimètres (10 pouces) de large, et ceux des cuisines, de 1 mètre 50 à 1 mètre 60 centimètres (4 pieds et demi à 5 pieds) de long sur 30 centimètres (10 pouces) de large.

Dès 1624, Savot avait observé que, dans ces sortes de tuyaux, il s'établissait deux courants d'air : l'un ascendant, l'autre descendant. Clavelin a depuis également remarqué que la colonne de fumée pèse moins en général sur les côtés que vers son centre ; qu'il en résulte que, lorsque les ouvertures qui fournissent l'air au foyer sont exactement fermées, il s'établit un courant d'air descendant sur l'un des côtés du

tuyau, tandis que la colonne de fumée s'élève dans l'autre
partie, que c'est là une des causes qui font fumer les cheminées : de sorte que beaucoup d'entre elles fument par les angles, quoique la fumée paraisse monter librement. Clavelin
fait voir que, pour obvier à cet inconvénient, il faut rétrécir
l'issue du tuyau jusqu'au point où l'impulsion de la colonne
de fumée sur son centre ou sur ses côtés soit nulle ou très-
légère.

Il est difficile d'indiquer une largeur constante pour les
tuyaux de cheminée ; cette largeur doit être en proportion de
la masse de vapeur fuligineuse et de l'air que le tuyau doit
recevoir. Ces conduits ne doivent pas être assez resserrés pour
donner lieu, en aucun temps, à la poussée par la chaleur, ni
assez larges pour qu'il puisse s'y établir deux courants, l'un
ascendant, l'autre descendant.

On a cru, pendant longtemps, que le dévoiement des
tuyaux de cheminée contribuait à les faire fumer ; c'est pourquoi on avait autrefois pris le parti d'adosser l'un sur l'autre
les tuyaux des divers étages qui se correspondaient ; mais on
reconnut bientôt que cette méthode avait deux inconvénients :
1° que les tuyaux élevés verticalement étaient plus sujets à
fumer ; 2° qu'en les adossant les uns sur les autres, on dimi-
nuait l'étendue des étages supérieurs. Depuis lors on a pris le
parti de dévoyer sur leur élévation sans diminuer la solidité
de leur construction, de manière que toutes leurs ouvertures
se rejoignent pour sortir au-dessus du toit.

Quelque crainte qu'on eût, dans l'origine, que cette direction
oblique et tortueuse des tuyaux ne fût un obstacle à l'acen-
sion de la fumée ou une cause fréquente d'incendie, l'expérience a fait connaître que cette disposition n'apportait par
elle-même aucun de ces inconvénients, pourvu que le tuyau
n'eût rien dans son étendue qui pût arrêter la fumée. Aujour-
d'hui, on contourne les tuyaux de mille manières ; on fait
faire à la fumée plusieurs circonvolutions pour échauffer les
appartements ; on la fait descendre, monter ; on la divise pour
la faire passer dans différents conduits, qui se réunissent ensuite dans le tuyau principal, comme dans le calorifère d'Olivier, les cheminées de Desarnod, de Curaudeau, etc.

Rumford a proposé de rétrécir l'ouverture des cheminées
près du foyer, comme nous le verrons, afin d'augmenter la
rapidité du courant. Ce mode, que l'on a perfectionné de nos
jours dans les foyers que l'on établit en avant des cheminées,

obtient un grand succès lorsqu'il est employé avec les précautions qu'il exige.

Le rétrécissement de l'ouverture inférieure des cheminées paraît en contradiction avec le système opposé des larges *hottes* que l'on employait anciennement : l'une et l'autre manière a ses avantages et ses inconvénients. Les hottes réunissent sur une grande surface les produits de la combustion et toutes les vapeurs qui se forment au-dessus du foyer; elles les dirigent vers le tuyau, mais elles ne s'opposent pas à l'effet des courants descendants qui, comme on l'a déjà dit, s'établissent ordinairement dans les tuyaux qui ont une grande largeur. Les rétrécissements obligent la masse d'air, de gaz et de vapeur, qui se dirige vers le tuyau de la cheminée, à se resserrer dans le passage étroit qui se présente, à acquérir dans ce passage une grande vitesse, laquelle augmente celle de l'ascension; ils s'opposent, par la petitesse des ouvertures, au refluement descendant. L'air froid de l'appartement ne peut pas se réunir en aussi grande abondance avec les produits de la combustion, d'où il résulte, 1° une moins grande consommation d'air, une moins grande rentrée d'air froid et un moins grand refroidissement; 2° les produits de la combustion étant refroidis par l'air de l'intérieur qui s'y mêle, ont une plus grande force ascensionnelle, et le tirage en est mieux établi; mais aussi se répand-il une bien moindre quantité de chaleur dans la pièce.

Clavelin semble préférer l'usage des hottes à celui du rétrécissement du tuyau près du foyer. Il observe qu'une des dispositions les plus importantes et les moins connues jusqu'ici, consiste à donner aux tuyaux de cheminée une forme pyramidale, et que la base de ces tuyaux, prise à six ou sept pieds au-dessus du foyer, ait un tiers de plus que son issue à l'extrémité supérieure, en sorte que la totalité du système du tuyau soit composée de deux pyramides, l'une inférieure, de 2 mètres à 2 mètres 30 centimètres (6 à 7 pieds) de haut, à compter de la tablette du chambranle, ayant pour base l'air du foyer, et pour sommet la base de la pyramide supérieure; la seconde, immédiatement au-dessus de celle-là, ayant pour base son sommet, pour sommet une ouverture d'un tiers moindre que sa base.

Quoique Clavelin paraisse préférer la forme de tuyau que nous venons d'indiquer, il ne rejette pas pour cela l'usage des petites ouvertures; car il résulte de ses expériences, que le rétrécissement des ouvertures qui fournissaient l'air et de celles

Poêlier-Fumiste.　　　　　　　　　　6

qui donnent au dehors issue à la fumée, accélère le mouvement
de l'air affluent et celui de l'ascension de la fumée; que cette
accélération du mouvement est telle que, jusqu'à un certain
terme fixé par l'expérience, la masse d'air fournie, ou de fumée émise par des ouvertures étroites, se trouve supérieure à
celle que fournit une ouverture plus grande.

Un des résultats principaux que l'on doit se proposer d'obtenir pour empêcher la fumée de pénétrer dans les appartements, c'est un bon et un fort tirage dans les tuyaux de cheminée. Ce tirage est d'autant plus grand que la pression de la
colonne d'air qui communique par le tuyau est plus faible que
celle qui communique par les fissures. Or, cette grande différence dans la pression peut s'obtenir de deux manières : 1°
par le plus grand échauffement des matières fuligineuses qui
s'élèvent dans le tuyau, 2° par la plus grande hauteur du
tuyau.

Clavelin a observé (1), 1° que la chaleur de la fumée
s'accroît par l'augmentation de la consommation du bois,
mais non pas dans une proportion correspondante, au moins
si l'on en juge par le rapport du thermomètre; 2° que la
chaleur dans le tuyau de la cheminée, toutes choses absolument égales d'ailleurs, est d'autant plus forte que la chambre
où se fait la combustion est moins grande; 3° que la chaleur
diminue sensiblement à mesure que la fumée monte, et que cette
diminution est d'environ un degré du thermomètre (de Réaumur) par pied d'ascension; qu'en conséquence, il est des cas
où, selon la hauteur de la cheminée ou la température de l'air,
la fumée, parvenue au sommet du tuyau, doit être à la température de l'atmosphère; mais l'auteur observe que les gaz
qui forment la fumée, étant à une température égale à celle
de l'atmosphère, ne lui sont pas cependant équipondérables;
ce qui est vrai à quelques égards.

Quant à la hauteur des cheminées, il prouve qu'au-dessous
de 5 mètres (15 pieds), les tuyaux de nos cheminées ne suffiraient que difficilement à entretenir le courant nécessaire; et
pour que le système soit sûr, il faut que l'issue du tuyau soit
élevée à-peu-près de 10 mètres (30 pieds) au-dessus de l'air
du foyer.

(1) *Ann. de Chimie*, tome XXXIII, page 172, an 8.

ARTICLE 3.

Détermination de la vitesse du tirage dans les tuyaux de cheminées.

Pour déterminer la vitesse du courant ascendant de la fumée dans les tuyaux des cheminées, on ramène les effets du tirage aux mêmes lois que l'écoulement d'un liquide, c'est-à-dire, que sa vitesse est la même que celle d'un corps grave tombant d'une hauteur égale à la différence de hauteur des deux colonnes; en effet, la différence de pesanteur de la colonne de fluide élastique contenu dans le tuyau de la cheminée, à celle de la colonne d'air extérieur, ou la diférence de hauteur de ces deux colonnes supposées, réduites à la même densité, est la pression motrice qui détermine la vitesse d'ascension.

Cela posé, il sera facile de calculer la vitesse du tirage lorsqu'on connaîtra la température de l'air contenu dans le tuyau de la cheminée, sachant que la dilatation de l'air, pour chaque degré centigrade, est de 0,00375 de son volume à zéro, ou pour 100 degrés, de 0,375.

Nous allons éclaircir cela par un exemple : supposons que la température extérieure soit à zéro;

La température dans le tuyau de la cheminée à 100 degrés;

La hauteur de la cheminée soit de 100 mètres;

La section horizontale du tuyau de la cheminée soit de $0^m,50$;

Les volumes étant en raison inverse des densités, on aura :

100 (air extérieur) : 137,5 (volume de l'air intérieur) : : x : 100.

D'où x, densité cherchée, $= 71$.

La colonne d'air extérieur à zéro étant de 100 mètres, celle intérieure sera représentée par 71^m, ce qui fait une différence de 29 mètres; la vitesse due à cette pression sera 4,43

$\times \sqrt{29} = 23^m,84$ (1). Pour connaître la quantité d'air qui

---

(1) Etant donnée la hauteur d'où un corps est tombé, il sera facile de calculer la vitesse acquise au moyen d'une proportion.

Soit, par exemple, 3 mètres; ce corps en tombant de 4m,904, acquiert une vitesse de 9m.808, on aura :

$$\sqrt{4^m,904} : \sqrt{3} : : 9^m.,808 : x,$$

d'où $x = 4,43 + \sqrt{3}$, ou $7^m,67$ par seconde.

En général, il suffit, comme on le voit par le résultat de cette proportion, de multiplier la racine de la hauteur par 4,43.

passera en une seconde, il faudra multiplier la surface de la section du tuyau de la cheminée par $23^m,84$; or, dans cet exemple, nous avons supposé que cette section était de $0^m,50$ carrés, on aura donc : $23,84 \times 0^m,50 = 11^m,92$; quantité plus que suffisante pour brûler un demi-kilogramme de charbon par seconde.

Ce calcul est établi en supposant que l'air qui a servi à la combustion n'a pas changé de pesanteur, mais cette différence est assez considérable pour qu'on y ait égard ; on compte qu'il éprouve, par sa combinaison avec le charbon ou, *carbone*, une augmentation de 1 kilogramme par 20 mètres cubes d'air, sans acquérir plus de volume si la température est la même, et, comme 20 mètres cubes d'air pèsent environ 26 kilogr., ils augmentent donc de 1/26 ; ainsi il faudra compter $71 + 1/26 = 73,73$, ce qui réduira à $26^m,27$ la différence des deux colonnes d'air, et donnera une rapidité de $4,43 + \sqrt{26,27} = 22^m,21$ au lieu de $23^m,84$.

Une autre circonstance à laquelle il faut également avoir égard, c'est qu'il n'y a environ que la moitié de l'oxygène de de l'air qui soit employée : il faut donc faire passer un volume d'air double, et, dans ce cas, il ne faudrait augmenter que de 1/52 le poids de la colonne intérieure.

ARTICLE 4.

Du renouvellement de l'air nécessaire à la combustion.

Nous avons déjà vu que l'air est un des principaux agents de la combustion. Pour que le foyer reçoive celui qui lui est nécessaire, il faut qu'il en pénètre dans l'appartement une quantité assez abondante pour alimenter la combustion ; ainsi, dans un appartement que l'on chauffe, il doit donc exister des ouvertures qui établissent des communications entre l'air extérieur et l'air de l'appartement. Mais les moyens ordinaires de chauffage, par les cheminées ou par les poêles, ne remplissent nullement cette condition, et il faut que les joints des portes et des fenêtres fournissent l'air nécessaire à la combustion ; et, comme les courants qui s'établissent par ces joints ont une très-grande vitesse, et forment ce qu'on appelle des *vents coulis* (1), qui occasionnent des rhumes et autres mala-

_____

(1) Franklin cite, à propos de ces courants, le proverbe chinois : « Il faut éviter le « vent qui se glisse par un passage étroit avec autant de soin que la pointe d'une « flèche. » Tome II, page 89.

dies, il faut pourvoir au remplacement de cet air par le moyen indiqué par Gauger, et qui consiste à pratiquer sous le plancher un conduit qui amène l'air du dehors, pour le verser derrière le contre-cœur, ou sur une des faces du poêle, d'où, après s'être échauffé, il se répand dans l'appartement. Ce procédé procure deux grands avantages, celui de remplacer l'air enlevé de l'appartement par de l'air pur et chaud, et de prévenir entièrement les vents coulis. Nous insisterons sur cet objet lorsque nous traiterons en particulier des différents modes de chauffage.

Les moyens indiqués pour introduire de l'air extérieur sont : les *vasistas*, les *ventilateurs*, les *moulinets*, etc.

Il est presque inutile de dire que ces moyens de se procurer de l'air nouveau ont plus d'inconvénients encore que les fissures des portes et des fenêtres, parce qu'ils introduisent un torrent d'air froid. Cependant, comme il peut être indispensable, dans des constructions déjà faites, de placer des conduits d'air pris à l'extérieur, et que la situation de ces ouvertures peut avoir une grande influence sur l'échauffement de l'appartement, nous ferons remarquer que, l'air chaud étant plus léger que l'air froid, si l'on place les ouvertures d'introduction d'air dans les parties élevées, l'air froid qui entre, à cause de sa pesanteur, doit nécessairement descendre : en traversant les couches d'air supérieures, il s'échauffe et il parvient sur le sol à une température qui le rend un peu plus supportable ; mais, si les ouvertures d'introduction sont placées dans le bas, près du sol, l'air, en entrant, conserve sa température et exerce sur les jambes une sensation de froid d'autant plus grande que la température extérieure est plus basse.

ARTICLE 5.
De la Ventilation

Dans un lieu fermé, l'air, continuellement aspiré et expiré et altéré par les émanations de toute espèce, devient impropre à la respiration et nuit à la santé s'il n'est fréquemment renouvelé ; les bases suivantes devront servir à établir les calculs relatifs à la ventilation.

On compte que 95 mètres cubes d'air atmosphérique, qui contient 21|100 d'oxygène, peuvent suffire à la respiration d'une personne pendant vingt-quatre heures ; mais, pour que la respiration soit agréable, on quadruple cette quantité, ce

qui fait 380 mètres cubes en vingt-quatre heures. Ainsi, dans une
chambre de grandeur quelconque, si l'on veut que le renouvellement de l'air s'y fasse d'une manière continue, il faudra,
pour alimenter la respiration d'une seule personne, que l'introduction, comme la sortie, soit de 16 mètres cubes par
heure.

Ce n'est pas le manque d'oxygène qui donne lieu aux in-
dispositions que beaucoup de personnes éprouvent dans les
salles de spectacles, les hôpitaux et les autres lieux de grandes réunions d'hommes (1); on a fait l'analyse de l'air lorsqu'il était devenu impropre à la respiration, et que, par
suite, il causait des accidents plus ou moins graves; la proportion d'oxygène dans cet air n'avait pas diminué d'un vingtième; or, les mêmes individus n'éprouvaient pas la moindre
indisposition en respirant un air qui ne contenait que les $\frac{4}{5}$
de l'oxygène qui constitue l'air ordinaire. Il est donc bien démontré qu'on ne peut attribuer au défaut d'oxygène les mauvais effets que nous éprouvons en respirant l'air des lieux où
un grand nombre de personnes sont rassemblées : on pense
que ces effets sont dus aux miasmes qui y sont répandus en
vapeurs. En effet, si dans ces endroits publics où la respiration est gênée, et dans lesquels on n'a pas établi de circulation d'air, on suspend un ballon rempli de glace, la vapeur
répandue dans l'air se condensera sur toute sa surface extérieure, et le liquide que l'on pourra recueillir (dans une petite cuvette placée sous le ballon), mis dans un flacon bouché
et exposé à une température de 25° centigrades, éprouvera
promptement une fermentation putride; et, en débouchant
le flacon, ils s'en exhalera une odeur fétide.

Il est donc bien important d'établir une ventilation pour
renouveler l'air, soit d'une manière continue, soit périodi-
quement: dans tous les cas, il est indispensable de pouvoir
mesurer la quantité d'air introduite dans un temps donné; on
y parviendra par le procédé suivant: Pour évaluer la vitesse
d'un courant d'air ou d'un courant de gaz quelconque, il
faut tout simplement produire une petite bouffée de noir de
fumée ou de tout autre corps coloré et très-léger, à l'entrée
d'un tuyau d'une longueur déterminée et dans lequel passe le
courant dont on se propose de connaître la vitesse. On observe bien exactement, par la sortie de la poudre noire, le temps

---

(1) Extrait du Dictionn. enchrol., tome 5, article Assainissement.

qu'elle aura employé à parcourir la longueur du tuyau, et il est bien clair que ce sera la mesure de la vitesse du courant. On peut d'ailleurs répéter cette expérience plusieurs fois de suite, et prendre une moyenne qui présente encore plus de probabilité d'exactitude.

Ayant obtenu la vitesse de l'air, on aura la quantité introduite dans un temps donné, en mesurant la section du canal par lequel l'air passe (ou la section du passage le plus étroit, s'il n'est pas égal partout) et multipliant la surface de cette section par la vitesse de l'air. Exemple : soit un conduit de forme prismatique rectangulaire, de 100 décimètres de longueur, dont la section présente un carré de 2 décimètres de côté, et par conséquent de 4 décimètres de surface ; la vitesse de l'air qui passe dans ce conduit étant supposée égale à 1 mètre par seconde, on aura :

En multipliant d'abord la surface de la section par longueur, $4 \times 100 = 400$, c'est-à-dire une colonne égale à 400 décimètres cubes ; or, la vitesse étant de un mètre ou dix décimètres par seconde, toute la longueur du tube sera parcourue en dix secondes, et donnera 400 décimètres cubes, ou 40 décimètres par seconde : en multipliant la surface de la section par la vitesse, on aurait eu le même résultat. En effet, $4 \times 10 = 40$; donc la formule indiquée doit donner des résultats exacts.

Nous avons vu que, pour alimenter la respiration d'une seule personne, il fallait 16 mètres cubes d'air atmosphérique par heure ; ainsi, dans une réunion de 200 personnes, il sera nécessaire de renouveler 3,200 mètres cubes d'air par heure. Si l'on examine les moyens de ventilation établis dans quelques salles de spectacles, on ne sera pas surpris de l'odeur fétide que l'on y respire, surtout dans les parties supérieures où se porte l'air vicié dont le mélange avec les vapeurs exhalées forment une masse légère qui s'élève au sommet de la salle.

Les moyens suivants de ventilation peuvent être employés avec succès : 1° Dans les salles de spectacles et les lieux de grande réunion, dont la forme est ordinairement celle d'une voûte au sommet de laquelle est une ouverture circulaire fermée par un vitrage, on le disposera à charnières, de manière à pouvoir faire les fonctions de registre qu'on ouvrira à volonté au moyen d'une corde roulée sur une poulie à laquelle est attaché un poids.

2° Pour les appartements , on pourra en chasser l'air vicié en pratiquant dans la cheminée et à la hauteur du plafond un trou d'environ un décimètre de diamètre. Il s'établira par cette ouverture un courant d'autant plus rapide que l'air contenu dans.le canal de la cheminée sera plus chaud , et qui emportera l'air qui contient des émanations nuisibles à la respiration. Si ce courant, par sa rapidité et sa proximité de la cheminée, devenait incommode , on pourrait , pour éviter son impression, adapter au trou un tuyau de fer-blanc , de zinc ou de carton , que l'on ferait aboutir à l'endroit de l'appartement le moins fréquenté.

Si l'appartement est chauffé par un poéle, ce trou en ralentira un peu le tirage , c'est pourquoi il ne faut pas le faire très-grand ; mais , si c'est par un feu de cheminée, l'effet de ce ralentissement ne sera pas sensible.

Un autre moyen de ventilation proposé par Tredgold , nous paraît parfaitement remplir son objet : si l'on place dans une cheminée l'une des branches d'un siphon renversé, assez près du feu pour que l'air dans cette branche devienne plus chaud que celui de l'autre branche, il s'établira un mouvement ; l'air montera dans la branche échauffée et se portera dans la cheminée ; un courant descendra dans la branche froide et entraînera l'air de la chambre.

Pour rendre utile l'application de ce principe, il faut que l'ouverture de la branche froide du siphon soit près du plafond de la chambre ; la partie la plus basse de la courbe doit être , autant que possible, au-dessous du point où la chaleur s'applique ; et l'ouverture par laquelle l'air s'échappe dans la cheminée doit être faite de manière que la suie ne puisse pas .tomber dans le tuyau : il doit aussi y avoir un registre au haut du tuyau pour régler la ventilation. Soit donc, *Pl.* I, *fig.* 13, A l'ouverture du tuyau avec son registre vers le plafond de la chambre ; C la place où la branche placée dans la cheminée est en contact avec le côté ou le derrière du foyer ; B la partie base du siphon, et D l'ouverture de la branche dans la cheminée, et qui est recouverte par un cône renversé pour la garantir de la suie. Un tube de cette espèce peut se placer facilement dans l'angle de la cheminée ou dans le mur ; la branche qui se trouve dans la cheminée doit être assez rapprochée du combustible pour pouvoir recevoir une quantité suffisante de chaleur.

Lorsque, par une cause quelconque, l'air d'un appartement a été infecté de miasmes putrides, la substitution d'un nouvel air ne suffit pas toujours, il faut alors des agents chimiques pour les neutraliser : on emploie avec succès le dégagement du gaz acide hydrochlorique, qu'on obtient en mêlant de l'acide sulfurique étendu d'eau avec du sel marin ; on pose ce mélange sur un réchaud, et on laisse l'appartement fermé pendant vingt-quatre heures ; après quoi, on renouvelle l'air.

On parvient bien mieux encore à désorganiser les émanations animales par le chlore et les chlorures de chaux ou de soude. Il n'est pas inutile de prévenir qu'il faut user de ce moyen avec certaines précautions que les circonstances indiquent d'elles-mêmes, et il suffit de se rappeler que ce gaz antiputride est lui-même délétère. En Angleterre, on emploie beaucoup l'acide nitrique à cet usage (1).

Les fumigations de sucre, de genièvre, et l'évaporation du vinaigre surtout, que l'on recommande fort souvent comme antiputrides, sont loin d'avoir l'énergie des agents ci-dessus, ils ne changent rien à la nature des miasmes.

CHAPITRE III.

ARTICLE PREMIER,

Des Combustibles employés pour le chauffage.

Longtemps, en France, le bois a été le seul aliment de chauffage ; sa consommation en est devenue si considérable, et nos forêts ont été tellement appauvries par les coupes extraordinaires faites pour les constructions maritimes et les travaux de défense, durant nos longues guerres, qu'elle se trouve aujourd'hui hors de proportion avec les produits de nos forêts, dont le nombre et l'étendue, d'ailleurs, ont diminué pour faire place à des cultures plus productives. On ne sera pas étonné de ce que nous avançons lorsqu'on saura que, dans la seule ville de Paris, on consomme encore annuellement, pour le chauffage seulement, un million de stères de bois (environ 500,000 voies), dont la valeur est de 15 millions de francs ; cela explique la hausse toujours croissante du prix auquel le bois à brûler s'élève ; et ce combustible deviendrait bientôt insuffisant à nos besoins, si la nature ne nous offrait

_____

(1) *Dictionn. technol.*, tome 1, article *Assainissement.*

d'immenses ressources dans les mines de houille ou charbon
de terre exploitées ou susceptibles de l'être dans beaucoup de
départements de la France. Ce combustible remplace le bois
avec avantage dans les besoins domestiques; quelques localités trouvent encore une autre ressource dans des tourbières.
La tourbe procure une chaleur douce; on peut l'employer
avec succès dans le chauffage des habitations.

Enfin, depuis quelque temps, on emploie avec avantage,
à Paris, le *coak* ou *coke* (charbon de houille), qui projette
beaucoup de chaleur rayonnante, et qui ne donne ni mauvaise odeur, ni fumée (1).

Le choix du combustible est une chose fort importante, car,
à quantités égales, tous ne donnent pas les mêmes quantités
de chaleur. Le tableau suivant fera connaître la valeur calorifique de chacun, en indiquant le nombre de kilogrammes
d'eau que peut élever d'un degré centigrade un kilogramme
de combustible; ou, ce qui revient au même, le nombre de
degrés qu'un combustible pourrait donner à un kilogramme
d'eau.

(1) D'après les expériences faites par M. Debret, architecte de l'Académie royale
de musique, il résulte que : de deux cheminées placées dans des circonstances absolument semblables, aux deux extrémités du foyer de l'Opéra, l'une a été chauffée avec du
bois, et l'autre uniquement avec du coke; deux thermomètres étaient placés près de
chaque cheminée, de manière à marquer seulement la température de la pièce.

La température extérieure était à 4 degrés au-dessus de la glace, et celle du foyer à 9
degrés. Les cheminées allumées ont produit les résultats suivants :

Cheminée chauffée par le bois.		Cheminée chauffée par le coke.	
	degrés.		degrés.
A cinq heures.	9	A cinq heures.	9
A six heures.	10	A six heures.	12
A sept heures.	11	A sept heures.	14
A huit heures.	13 1/2	A huit heures.	16
A neuf heures.	15 1/2	A neuf heures.	17 1/2
A dix heures.	16	A dix heures.	18
A dix heures et demie.	17	A dix heures et demie.	19

La température moyenne a donc été pendant la soirée, pour l'extrémité du foyer
chauffé par le bois, de 13 degrés, et pour celle du foyer chauffé par le coke, de 16 degrés.
Si de la différence de ces deux termes on déduit le degré de température du point
de départ, c'est-à-dire 9 degrés, on trouve que le bois a augmenté la chaleur existante
de 4 degrés, tandis que le coke l'a augmentée de 7 degrés, c'est-à-dire que ce dernier combustible a produit un effet double de l'autre. Cependant on avait dépensé 3
francs 50 c. pour chauffer avec le bois, et seulement 1 fr. 80 c. pour chauffer avec le
coke. (Le prix du coke est supposé de 60 fr. la voie, ou quinze hectolitres, et celui du
bois de 40 fr. la voie ou double stère.)

COMBUSTIBLES ESSAYÉS.	Rumford.	Laplace.	Clément. Desormes.
Bois de chène sec. . .	3146	»	3666
— de hètre sec. . . .	3600	»	3666
— id. séché à l'air. .	3300	»	2945
— de peuplier sec. . .	3700	»	3666
— id. séché à l'air. . .	3460	»	»
Charbon de bois. . . .	»	7226	7050
Houille contenant 0,2 de terre.	»	»	5935
— première qualité, 0,02 de terre.	»	»	7050
Coke contenant 0,1 de terre.	»	»	6345

Rumfort a de plus observé qu'on peut évaporer des quantités égales d'eau, présentant des surfaces égales, et par conséquent produire des températures égales, par

403 livres de coke.
600 — de houille.
600 — de charbon de bois.
1,089 — de bois de chêne.

ou, en volume, par

17 livres de coke.
10 — de houille.
40 — de charbon.
22 — de chêne.

Puissance calorifique du bois.

M. E. Chevandier a publié en 1844 un grand travail entrepris depuis longues années sur la composition élémentaire des bois et sur leur puissance calorifique. Ce travail qui renferme des données précieuses pour le chauffage en général et pour le poélier-fumiste en particulier, se résume dans les conclusions suivantes :

1° Le poids d'un stère de bois de feu est en général indépendant pour chaque espèce de bois de l'âge des arbres et des circonstances qui ont influé sur leur végétation; mais il

varie suivant que le stère est composé de bûches provenant
de la tige, des branches ou de jeunes brins.

2° La composition de chaque espèce de bois, écorce comprise, peut être considérée comme constante.

3° Il est donc toujours possible de remplacer, soit dans les
calculs sur la production des forêts, soit dans ceux qui sont
relatifs aux emplois du bois comme combustible, l'expression
si vague de stère par un nombre exprimant, soit le poids réel
du bois contenu dans un stère, soit le nombre d'unités de
chaleur que sa combustion pourra produire.

Comme on le voit, ce travail complète la définition chimique du stère que j'avais déjà essayé d'établir dans quelques
circonstances limitées.

Mes expériences ont porté sur 936 stères comprenant neuf
espèces de bois, le hêtre, le chêne, le charme, le bouleau, le
tremble, l'aulne, le saule, le sapin et le pin. Ces bois ont été
coupés non-seulement dans des terrains géologiquement différents, mais aussi dans toutes les circonstances de fertilité
et d'exposition qui se sont rencontrées dans les 4,000 hectares
de forêts sur lesquels j'ai opéré. J'ajouterai que toutes les précautions ont été prises pour rendre parfaitement compara-
bles et aussi exactes que possible les expériences faites sur le
terrain, et fournir ainsi aux opérations du laboratoire une
base assez sérieuse pour justifier les conclusions auxquelles
elles pourraient conduire.

Mes premières opérations ont eu pour but de déterminer le
poids de bois parfaitement sec contenu dans un stère des différentes essences forestières. Pour tous les bois feuillus, je suis
arrivé sans exception à ce résultat, que les différences qui
ont lieu sont complètement indépendantes de l'âge des arbres,
de l'exposition et de la qualité du terrain dans lequel ils ont
végété.

Ce fait, qui étonne au premier abord, s'explique cependant facilement quand on réfléchit que les arbres dont l'accroissement rapide est favorisé par la bonne qualité du sol et
par l'exposition, et dont le bois est probablement d'une pesanteur spécifique moindre que celui des arbres de même espèce, contrariés dans leur accroissement par des influences
contraires, que ces arbres, dis-je, sont en général très-droits,
d'une écorce lisse, se fendant bien, tandis que ceux dont la
végétation a été pénible, sont souvent contournés, d'une écorce
rugueuse, et se fendant d'une manière irrégulière. Il en résulte que, lorsque, après avoir coupé les arbres et les avoir mis

en bûches, on vient à les empiler pour en former des stères, il y a presque toujours une plus grande quantité de vides dans ceux composés de bois venus lentement, et on conçoit dès-lors que cette différence compense et au-delà celles qui pourraient résulter des variations de pesanteur spécifique correspondante aux circonstances qui ont favorisé ou retardé la végétation.

Pour les bois résineux, au contraire, l'exposition et le degré de fertilité du sol paraissent réagir sur le poids du stère. C'est qu'en effet le plus ou moins de rapidité dans le développement de ces bois ne modifie, en général, leur forme extérieure qu'en l'amenant à se rapprocher davantage de celle d'un cylindre ou de celle d'un cône, et dès-lors l'influence de la densité sur le poids du stère peut se manifester, tandis que dans les bois feuillus elle était marquée par l'irrégularité des contours.

Toutefois, le poids du stère des bois résineux paraît tout-à-fait indépendant de l'âge des arbres, et les différences dues à l'exposition sont renfermées dans des limites assez étroites pour pouvoir être négligées. En effet, elles ne s'écartent que de 3 à 5 pour 100 des moyennes déduites de toutes les expériences réunies, et sont par conséquent presque renfermées dans les limites d'erreurs que comportent les expériences faites en grand sur le sujet que je traite ici, quelles que soient du reste les précautions dont on les ait entourées. J'ai été amené par ces considérations, à faire pour chaque espèce de bois, et pour les qualités différentes dans chaque espèce, la moyenne entre tous les poids trouvés, et à adopter le chiffre qui en est résulté comme poids moyen du stère.

En se reportant au tableau où tous ces résultats sont énumérés, on verra que, pour les bois feuillus, le poids d'un stère de même essence, mais de qualités différentes, doit être rangé dans l'ordre suivant, en commençant par le plus lourd :

1° Bois de quartiers ; 2° rondinages provenant de jeunes brins ; 3° rondinages provenant de branches. Pour les bois résineux, au contraire, 1° rondinages provenant de jeunes brins ; 2° rondinages provenant de branches ; 3° bois de quartiers.

Pour déterminer la composition élémentaire, j'ai fait ensuite un grand nombre d'analyses dans les circonstances les plus variées de sol, d'exposition, d'âge et de grosseur, pour chaque espèce de bois.

Le hêtre, le chêne, le charme, le tremble et le saule ont donné constamment des résultats d'une concordance remarquable.

Dans le bouleau, il s'est présenté quelques variations dues

Poêlier-Fumiste. 7.

à la propriété qu'a l'écorce de ce bois, d'acquérir quelquefois dans les terrains sablonneux un développement considérable.

L'aulne a présenté de même une variation de 1 pour cent en carbone ; et enfin la proportion de resine contenue dans le sapin et le pin a paru influer aussi sur les chiffres des analyses.

Toutefois, la constance des résultats trouvés dans presque toutes les circonstances et pour le plus grand nombre des essences, le peu d'importance des variations qui ont lieu et qui ne s'élèvent en moyenne qu'à 1 pour cent de carbone, m'ont amené à réunir toutes les analyses faites pour les neuf espèces de bois dont je me suis occupé, et à prendre pour chacun de ces bois la moyenne comme représentant la composition élémentaire.

La quantité de carbone dépasse 51 pour cent pour les bois résineux, le bouleau, l'aulne et le saule ; elle dépasse 50 pour cent pour le chêne et le tremble, et enfin elle est comprise entre 49 et 50 pour cent pour le hêtre et le charme.

La quantité d'hydrogène libre s'élève, pour le bouleau et l'aulne, à 10 pour cent ; elle diminue dans le tremble et le saule, et pour le chêne, le hêtre et le charme, elle n'est plus que de 6/10 à 7/10 pour 100.

Dans les bois résineux, elle est de 9/10 pour 100. Cette proportion d'hydrogène libre est si considérable et en même temps si uniforme dans les différents bois, qu'elle vient confirmer encore toutes les preuves déjà données de la décomposition de l'eau dans la végétation.

La quantité d'azote varie en moyenne de 1 à 8/10 pour 100 dans les différents bois ; quelquefois dans le même bois les variations ont été plus considérables, ce qui s'explique du reste facilement par la nature même des substances azotées qui viennent s'interposer entre les couches ligneuses.

Puissance calorifique d'un stère de bois.

Pour arriver à la détermination de la puissance calorifique d'un stère des différents bois, je suis parti de cette base que les principes constituants de l'eau, et qui font partie de la composition du bois, peuvent être considérés comme ne produisant pas de chaleur, soit qu'on les suppose réunis à l'état d'eau, soit que la combinaison qu'ils formaient change d'état pendant que la combustion a lieu.

J'ai admis, en outre, que le carbone et l'hydrogène en excès, contenus dans tous les bois, dégagent, lorsqu'ils sont combinés en une proportion quelconque, la même quantité de calorique que s'ils étaient isolés.

Ceci posé, connaissant, d'une part, le poids du bois sec contenu dans un stère des différents bois, et, d'autre part, les quantités de carbone et d'hydrogène en excès qui entrent dans la composition de chacun d'eux, j'en ai déduit le poids de carbone et d'hydrogène en excès contenus dans le stère.

Multipliant ensuite ces poids par les nombres qui représentent le pouvoir calorifique de l'hydrogène et du carbone, la somme de ces deux produits m'a donné un nombre exprimant à son tour la puissance calorifique du stère d'une manière absolue.

Pour avoir la relation des nombres obtenus ainsi pour chaque espèce de bois, ou autrement dit le pouvoir relatif, j'ai divisé successivement ces nombres par le plus élevé de tous, et j'ai obtenu ainsi une série de coefficients qui m'ont servi à établir le tableau de la valeur des différents bois considérés sous le rapport de la quantité de calorique que peut dégager, par la combustion, un stère de chacun d'eux.

Dans ce tableau, le stère de bois de quartiers de chêne à glands sessiles occupe le premier rang; le stère de bois de pin le dernier. Leurs pouvoirs calorifiques sont comme dix à sept. Et si, en ne s'attachant qu'aux bois de quartiers, on cherche comment ils doivent être classés, on trouve l'ordre suivant :

1° Chêne à glands sessiles; 2° hêtre; 3° charme; 4° bouleau; 5° chêne à glands pédonculés; 6° aulne; 7° sapin; 8° saule; 9° tremble; 10° pin.

Je dois toutefois faire observer que si l'on voulait faire employer dans la pratique les nombres résultant de mes expériences, pour calculer la quantité de bois nécessaire pour produire un effet donné, il faudrait en déduire :

1° La quantité de calorique correspondant à la température à laquelle les gaz produits par la combustion, y compris l'eau de composition, sont abandonnés dans l'atmosphère ou cessent de produire un effet utile ;

2° La quantité de calorique nécessaire pour volatiliser et porter à la même température l'eau hygrométrique, toujours contenue dans les bois, et dont j'ai fait abstraction dans mes calculs.

La quantité d'eau de composition contenue résulte de mes expériences, de même que les quantités de carbone et d'hydrogène. Quant à l'eau hygrométrique, on n'a jusqu'à présent que des données générales et peu précises.

ESSENCES.	Poids d'un stère de bois sec.	CARBONE contenu dans un stère.	Hydrogène libre contenu dans un stère.	PUISSANCE calorifique d'un stère.	COEFFICIENTS pour la puissance calorifique d'un stère.
	kilog.	kilog.	kilog.		
glands sessiles (bois de quartiers).	380	188,27	2,54	1,437,666	1,0000
bois de quartiers).	580	187,20	2,64	1,433,349	0,9970
les deux variétés confondues (bois artiers).	371	183,81	2,48	1,403,614	0,9763
(bois de quartiers).	370	179,73	2,28	1,367,449	0,9511
(bois de quartiers).	338	171,92	3,65	1,358,792	0,9461
glands pédonculés (bois de quar-.	559	177,86	2,40	1,358,188	0,9447
(quartiers et rondins mêlés).	352	168,87	3,58	1,334,505	0,9282
(quartiers et rondins mêlés).	361	175,35	2,23	1,334,318	0,9281
(rondinage provenant de brins).	318	161,75	3,43	1,278,272	0,8891
(rondinage provenant de brins).	312	158,89	2,94	1,240,833	0,8631
les deux variétés confondues (ron- de brins).	317	157,05	2,12	1,199,306	0,8342
rondinage provenant de brins).	314	154,68	2,18	1,184,386	0,8238
(bois de quartiers).	293	149,52	2,98	1,175,052	0,8173
(quartiers et rondins mêlés).	291	148,50	2,86	1,167,028	0,8117
e (rondinage provenant de brins).	313	152,04	1,94	1,157.164	0,8049
(rondinage provenant de branches).	304	149,76	2,11	1,146,692	0,7976
(rondinage provenant de bran-).	287	146,15	2,70	1,141,195	0,7937
(rondinage provenant de brins).	288	144,41	2,88	1,134,938	0,7894
ndinage provenant de brins).	283	144,66	2,63	1,128,092	0,7847
ndinage provenant de branches).	281	143,63	2,61	1,120,016	0,7790
(bois de quartiers).	277	141,06	2,61	1,101,589	0,7665
e (rondinage provenant de bran-).	208	144,75	1,84	1,101,439	0,7661
(quartiers et rondins mêlés).	285	142,28	2,14	1,094.096	0,7610
au (rondinage provenant de bran-).	269	136,82	2,90	1,081,209	0,7520
(rondinage provenant de brins).	276	137,79	2,07	1,059,483	0,7369
ole (quartiers et rondins mêlés).	273	134,56	2,57	1,053,601	0,7328
, les deux variétés confondues (ron- age de brins).	277	137,24	1,85	1,047,938	0,7289

ARTICLE 2.

Comparaison des différents combustibles sous le rapport de l'économie (1).

« D'après les règles générales que nous allons tracer, il sera facile à chacun de reconnaître, dans le pays qu'il habite, quel est le combustible auquel il doit donner la préférence sous le rapport de l'économie. Nous appliquerons ces règles à quelques exemples.

» Nous nous bornerons à faire observer que la préférence doit toujours être donnée au combustible qui produit le plus de chaleur, qui dure le plus longtemps au feu, et qui coûte le moins cher ; ce qui dépend des productions de chaque pays.

» Comme le bois se trouve partout, son usage est le plus généralement répandu ; mais, dans les pays où l'on peut se procurer facilement de la houille, le bois lui est inférieur sous tous les rapports. Il en est de même dans les lieux où se trouve la tourbe ; elle est préférable au bois, quoiqu'elle ne le soit pas à la houille. Il faut faire attention que nous ne parlons ici que de la tourbe crue et non carbonisée.

» Pour apprécier convenablement l'avantage qu'une espèce de combustible peut avoir sur les autres, on ne doit pas les comparer par leur volume, mais bien par leurs poids, parce que le feu dure plus ou moins longtemps, à raison de la quantité de matière qu'on soumet à son action. Or, la quantité de matière s'évalue par le poids et non par la place qu'elle occupe. On sait, par exemple, qu'un quintal de tourbe crue ne coûte qu'environ 1 fr. 20, tandis que le même poids de houille se paie le double. Il ne faut pas encore juger par les prix ; car il est possible qu'il soit plus avantageux, plus économique, d'employer la houille de préférence à la tourbe, si, pendant la combustion, le quintal de houille présente plus d'activité, et que la durée surtout surpasse celle de deux quintaux de tourbe. Nous allons rapporter le résultat des expériences qui ont été faites par un homme respectable, dans la vue d'éclaircir ce point important.

» Dans un rapport fait par M. *Gillet de Laumont*, à la Société royale et centrale d'Agriculture, on voit qu'avec un poids égal de bois de chêne, de tourbe d'Essonne et de houille

---

(1) Extrait du septième volume de l'*Encyclopédie moderne*, publié en 1825.

du Creusot, l'évaporation de l'eau, dans le même fourneau, a lieu dans les proportions suivantes :

» L'évaporation produite par le bois de chêne étant comme 4, celle produite par la tourbe est comme 5, et celle produite par la houille est comme 10.

» Il résulte donc qu'en préférant la tourbe au bois, on gagne un cinquième, et qu'en employant la houille, on gagne la moitié sur la tourbe et les trois cinquièmes sur le bois de chêne.

» Comparons actuellement le prix de ces trois combustibles ; nous ne ferons entrer dans nos calculs, ni le prix du transport, ni celui du sciage de bois, ni les autres menus frais qui sont à la charge du consommateur : c'est à chaque particulier à prendre en considération une dépense qui varie selon les circonstances.

» Au prix auquel le bois s'est vendu, et que nous prenons ici pour notre règle, le quintal revient environ à 2 francs, tandis que celui de la tourbe ne vaut qu'un franc ; ce qui fait que la tourbe présente un bénéfice de moitié, ou cinq dixièmes, relativement au prix. En ajoutant ces cinq dixièmes aux deux dixièmes que M. de Laumont a trouvés de bénéfice par l'emploi de la tourbe, on voit qu'à Paris il y a une économie des sept dixièmes à user de la tourbe de préférence au meilleur bois.

» Pareillement on doit préférer la houille au bois de chêne ; car, d'après le même rapport, elle gagne les six dixièmes sur le bois. A l'égard du prix, le quintal de houille vaut 2 fr. 50, tandis que le quintal de bois ne coûte que 2 fr. ; c'est un cinquième, ou deux dixièmes de bénéfice en faveur de ce dernier. Par conséquent, si, des six dixièmes gagnés par la houille sur le bois, on déduit deux dixièmes ou un cinquième qu'elle perd sur le prix, elle offre encore une économie de quatre dixièmes, ou deux cinquièmes, sur le bois de première qualité que l'on brûle à Paris.

» La tourbe est plus économique que la houille ; car, d'après les bases que nous donne le même rapport, la houille gagne moitié sur la tourbe, c'est-à-dire que deux quintaux de tourbe produisent le même effet qu'un quintal de houille ; mais un quintal de houille coûte 2 fr. 50 c., tandis que deux quintaux de tourbe crue ne coûtent que 2 francs : donc la tourbe présente un cinquième d'économie sur la houille.

» Tous ces calculs ont été faits pour Paris, mais ils doivent servir d'exemple pour les différents lieux dans lesquels on se trouve.

» Concluons de ces expériences, qu'à Paris la tourbe crue est le plus économique de tous les combustibles; qu'après la tourbe vient la houille, ensuite le charbon de tourbe, puis le bois; et qu'enfin le plus dispendieux et le plus dangereux de tous les combustibles pour les mauvais effets de la vapeur qu'il répand, c'est le charbon de bois. »

ARTICLE 3.

Extrait d'une Notice sur le chauffage avec la houille, lue à la Société d'Encouragement, dans la séance du 14 octobre 1812; par M. DE LA CHABEAUSSIÈRE.

On reproche à la houille de répandre une odeur désagréable dans les appartements, et de déposer sur les meubles une poussière noire très-ténue; on a prétendu que ces inconvénients suffisaient pour faire rejeter ce combustible, quoiqu'on soit convaincu de la grande économie de son emploi; on n'a pas fait attention, sans doute, que ces effets étaient dus à la manière vicieuse dont on dispose la houille sur la grille.

Pour bien dresser un feu de houille, il est indispensable de placer d'abord sur le fond de la grille quelques menus bois de branchage, des copeaux, etc., qu'on charge, à la hauteur de 54 à 81 millimètres (2 à 3 pouces), de morceaux de houille, sans trop les presser, afin que l'air et la flamme puissent circuler librement entre eux; ensuite on allume le menu bois; bientôt la flamme embrase la houille, et, lorsqu'elle est en incandescence, on achève de charger la grille.

On place devant la cheminée, à partir du haut de la grille, une plaque de tôle garnie d'un crochet qui s'engage dans un piton scellé dans la partie supérieure de la cheminée; lorsque toute la masse est en feu, on enlève cette plaque, afin que la chaleur se répande dans l'appartement, et que le courant d'air moins actif n'accélère pas trop la combustion.

Le feu étant ainsi disposé, il suffira de jeter une seule fois, dans la journée, un peu de houille sur celle déjà enflammée, pour alimenter le foyer pendant douze à quatorze heures.

Il n'est que trop ordinaire qu'on charge la grille tout d'un coup et avec une pelle, et qu'on se serve indifféremment de houille grosse et menue; le vice de cette méthode est sensible : la flamme, étant comprimée et ne trouvant pas d'issue par

le haut de la grille, est refoulée dans l'appartement, et entraîne avec elle de la fumée et une poussière noire très-fine
qui couvre les meubles et pénètre jusque dans les armoires,
suivant qu'elle y est déterminée par le courant d'air.

Quelques personnes croient favoriser la combustion en four-
gonnant le feu; mais cette opération, en divisant et brisant
la houille, la fait tomber dans les interstices qui s'obstruent,
ralentit la combustion, intercepte le passage de l'air, et occasionne le refoulement de la flamme et de la fumée.

En général, il ne faut presque jamais toucher à un feu
de houille, à moins que celle-ci ne s'agglutine trop et forme
une voûte au haut de la grille, qu'on soulève alors légèrement
et qu'on brise à l'aide d'un instrument de fer nommé *tisonnier*.

On reproche encore à la houille de donner un feu sombre
et de brûler sans flamme. Cependant, lorsqu'elle est bien
embrasée, elle donne une flamme assez brillante qu'on peut
augmenter, si on désire, en jetant sur la grille quelques morceaux de bois.

Il résulte une économie considérable du chauffage avec la
houille, puisque avec 25 kilogrammes de houille, on peut alimenter le feu depuis huit heures du matin jusqu'à dix heures
du soir, tandis qu'un semblable feu, fait avec du bois, exige,
pendant le même temps, 37 à 38 kilogrammes de ce combustible. Les 25 kilogrammes de charbon de terre, formant un
demi-hectolitre environ, coûtent, à Paris, 1 fr. 25 c., au
lieu que les 37 kilogrammes de bois coûteront 3 francs ; c'est
donc une économie de 58 pour 100 environ.

L'intensité de la chaleur produite par la houille est telle
que, dans deux appartements, l'un chauffé avec le bois, l'autre avec la houille, le thermomètre de Réaumur est monté à
10° dans le premier, tandis qu'il a marqué 14° dans le second,
toutes circonstances égales d'ailleurs.

Le prix élevé des grilles et des poéles qu'on surcharge
d'ornements inutiles est un obstacle, pour le particulier éco-
nome, à l'adoption du chauffage avec la houille; mais on
peut construire, à peu de frais, une grille à charbon dans une
cheminée déjà existante, et faire servir les poéles ordinaires
à recevoir la houille, en y faisant quelques légers changements.

Pour cet effet, M. de La Chaubeaussière conseille de prendre onze barres de fer de 18 millimètres (8 lignes) en carré,
et de 435 millimètres (16 pouces) de longueur, qu'on fait scel-

ler de 54 millimètres (2 pouces) de chaque bout dans le mur de brique qu'on élève parallèlement aux côtés de la cheminée ; le poids de ces onze barres est de 18 à 20 kilogr.

On place six de ces barres parallèlement à 18 millimètres (8 lignes) les unes des autres pour former le fond de la grille, et à 216 millimètres (8 pouces) environ au-dessus de l'âtre ; on en dispose cinq autres les unes sur les autres au-dessus de la première, en laisant un intervalle de 18 millimètres (8 lig.) entre chacune d'elles, et en les posant sur la vive arête, ensuite on élève les murs de briques à la hauteur du manteau de la cheminée.

Il résulte de cette disposition un parallélogramme de 325 millimètres (12 pouces) de longueur, sur 216 millimètres (8 pouces) de hauteur, et 180 millimètres (6 pouces 8 lignes) de profondeur, élevé de 216 millimètres (8 pouces) au-dessus du sol. Cette grille, dont on peut varier les formes, est susceptible de recevoir 25 kilogrammes de houille, suffisant pour chauffer un appartement de 5 mètres 33 centimètres (16 pieds) en carré pendant douze à quatorze heures. Pour plus d'économie, on peut en réduire les dimensions d'un tiers.

On peut pratiquer dans les murs de revêtement des ouvertures ou petits jours carrés, qu'on séparera du foyer de la grille par une épaisseur de briques seulement ; ils peuvent servir à divers usages.

Comme on n'a pris qu'une partie du renfoncement de la cheminée pour cette construction, on rejoindra le devant par un revêtement en briques disposé angulairement, comme dans les cheminées à la *Rumfort*. On fera sceller dans la partie supérieure de la cheminée un piton destiné à recevoir le crochet de la plaque de tôle mentionnée plus haut, et dont les dimensions doivent être égales à celles de la grille ; cette plaque s'appuie sur le premier barreau de la grille.

On peut faire servir les poêles au même usage ; mais dans ces cas, il faut y ajouter un gril à pieds qui s'élève jusqu'au niveau de la porte du poêle. Au-dessus de ce gril on pratique une seconde porte, par laquelle on introduit la houille, qui doit être arrangée avec les mêmes précautions que dans les grilles des cheminées ; quand le combustible est embrasé, on ferme cette porte. La naissance du tuyau conducteur de la fumée devra être immédiatement au-dessus du gril.

La houille des cheminées et des poêles n'est en combustion

qu'au bout d'une heure, mais on n'a plus besoin d'y toucher du reste de la journée.

On adapte à l'un des barreaux de la grille de la cheminée un crochet ayant la forme du chiffre 2, sur lequel on place une rondelle de fer destiné à supporter des pots, cafetières, etc., devant le feu; mais, comme l'activité de ce feu est telle qu'il a bientôt calciné les pots de terre, M. de La Chabeaussière conseille d'employer les vases de métal.

Un avantage précieux dans l'emploi de la houille c'est de garantir de toute crainte d'incendie, parce que la suie qu'elle produit, et qui est plus dépouillée de parties inflammables que celle du bois, ne s'attache [guère aux parois des cheminées, ou retombe lorsqu'elle est trop amoncelée, sans prendre feu; ainsi on n'a pas besoin de ramoner aussi souvent les cheminées; les cendres de houille, ne contenant point de carbonate de potasse, ne peuvent servir aux lessives comme celles de bois; on les emploie quelquefois pour fumer les terres.

On connaît deux espèces principales de houille : la houille grasse et la houille sèche, qui s'enflamment plus ou moins facilement; le combustible fossile, connu sous le nom d'*anthracite*, brûle plus difficilement. Pour rendre l'usage de la houille plus commode, l'auteur conseille d'en faire des boules qui ont l'avantage de coûter moins de façon que les briquettes, mais qu'on doit briser en deux ou trois morceaux pour qu'elles s'enflamment plus facilement.

Pour faire des boules ou briquettes, on mêle de la houille menue avec de la terre argileuse, dans la proportion de 15 kilogrammes d'argile pour 80 kilogrammes de houille; on y ajoute 20 kilogrammes d'eau, et on opère le mélange avec les pieds et les mains; on en forme ensuite des boules de 10 à 16 centimètres (4 à 6 pouces) de diamètre; un enfant peut en faire par jour 250, qui suffisent pour alimenter pendant huit à dix jours une grille des dimensions ci-dessus indiquées.

Il importe peu que ces boules soient sèches quand on les met au feu, car l'ardeur de ce feu fait bientôt évaporer l'humidité qu'elles contiennent; il en résulte le même effet qu'on remarque sur le foyer des forgerons, qui, en humectant leur feu, en concentrent la force. Ces boules produisent aussi un très-bon effet dans les poêles.

Malgré les frais de fabrication des boules, on trouvera qu'il y a encore plus d'économie à s'en servir que de la houille pure, et qu'elles présentent autant d'avantages sous le rapport de l'intensité de la chaleur. Un enfant, en moins d'un mois, peut préparer la provision de six mois, et il est peu de localités où l'on ne trouve l'argile propre à la fabrication.

Le grand avantage de dépenser moins et de conserver le bois, d'ailleurs si utile aux constructions, aux usines et à la marine, mérite bien qu'on s'occupe sérieusement de consommer de la houille ; ce serait même un moyen de tirer un bon parti du produit de nombre de houillères, où la houille menue, et surtout celle qui ne s'agglutine pas au feu, est regardée comme peu utile.

CHAPITRE VI.

DES CHEMINÉES.

ARTICLE PREMIER.

Des moyens de chauffage en général.

Tout appareil de chauffage se compose en général d'un foyer où doit se faire la combustion, et d'un conduit ou tuyau pour l'évacuation de la fumée ; il doit remplir les conditions suivantes : 1° *produire le plus grand effet calorifique d'une quantité de combustion donnée ;* 2° *conserver l'air de l'espace échauffé, sain, respirable et sans mélange de fumée ou d'odeur désagréable.*

Pour remplir la première de ces conditions, il faut donner à l'appareil la forme la plus propre à utiliser la chaleur développée par la combustion, et le construire avec des matières qui soient bonnes conductrices du calorique, si le foyer est renfermé comme dans les poêles, ou qui possèdent le plus le pouvoir réflecteur, si le foyer est ouvert, comme dans les cheminées.

Pour satisfaire à la seconde condition, il faut que l'air de l'espace échauffé soit renouvelé de manière à fournir, en outre de l'air nécessaire pour alimenter la combustion, 16 mètres cubes d'air par heure pour chaque personne (*voyez* l'art. *Ventilation*, page 65), et que l'ouverture du canal qui doit livrer passage au courant d'air qui a servi à la combustion soit réglée de manière à ce que ce courant d'air puisse entraîner avec lui tous les produits gazeux qu'elle développe.

Nous ferons remarquer que la chaleur donnée par un foyer

peut se répandre de plusieurs manières : 1° par rayonnement; 2° en traversant les parois de l'appareil ou celles du conduit du courant d'air qui a traversé le foyer.

D'après ces bases et les descriptions que nous donnerons des meilleurs appareils de chauffage, dont les résultats ont été constatés par l'expérience, il sera facile d'en faire construire de semblables, ou d'en composer avec les éléments que nous avons réunis, en les disposant pour les différentes localités.

ARTICLE 2.

Des Cheminées ordinaires (1). (Pl. II, fig. 1 et 2.)

Les cheminées n'échauffent une pièce d'appartement que par *rayonnement*, et n'utilisent qu'une très-faible portion de la chaleur développée par la combustion; il est facile de s'assurer, par l'expérience suivante, que la chaleur rayonnante n'est qu'une très-faible partie de la chaleur totale : si on approche la main d'un des côtés de la flamme d'une bougie à une très-petite distance, on ne sentira que fort peu de chaleur, tandis que, si on la met au-dessus ; même à une distance assez grande, on pourra à peine l'y tenir (2). Or, dans une cheminée, toute la chaleur portée par la partie supérieure de la flamme est entraînée par le courant d'air qui s'élève dans le tuyau dont l'ouverture présente généralement une surface beaucoup trop grande ; il s'établit un courant d'air ascendant si considérable, que l'atmosphère de la chambre est entraînée et renouvelée avant même d'être échauffée, et une cheminée, dans ce cas, est plutôt un ventilateur qu'un moyen calorifique.

En effet, un tuyau de cheminée présente ordinairement une surface de 0^m25, ou un quart de mètre carré ; et, en supposant que la vitesse moyenne du courant d'air chaud dans ce canal soit de 2 mètres par seconde, ce qui est très-peu, il en passera par le conduit 0,50, ou un demi-mètre cube par se-

---

(1) C'est pour nous conformer à l'usage que nous avons conservé au mot *cheminée* l'acception qu'on lui donne communément d'être l'endroit où l'on fait le feu dans une maison, une chambre, une pièce d'appartement, et où il y a un tuyau par où sort la fumée. Pour plus de clarté, nous diviserons par la suite les cheminées en deux parties bien distinctes, savoir : *le foyer*, qui est celle qui reçoit le combustible, où le calorique se dégage, et d'où il se répand dans la pièce à échauffer, et *le tuyau de la cheminée*, qui est le conduit servant à l'évacuation de la fumée et de tous les produits gazeux de la combustion.

(2) La chaleur a plus d'intensité au sommet de la flamme que sur les côtés, et cela dans le rapport de 12 à 1.

On peut le vérifier par l'expérience suivante : approchez un papier de la flamme, si on le présente du côté il ne s'allumera qu'à 1/96 de pouce de distance, et, si on le présente au sommet, il prendra feu à 1/8 de pouce.

Poêlier-Fumiste.   8

conde, 30 mètres cubes par minute, et 1800 mètres cubes par
heure. Ainsi, l'air d'un appartement de 100 mètres cubes de
capacité serait renouvelé en entier dix-huit fois pendant une
heure. On conçoit qu'une telle circulation doit occasioner un
refroidissement considérable.

Enfin, une expérience faite dans une chambre contenant
100 mètres cubes d'air, chauffée par une cheminée ordinaire,
a donné pour résultat une élévation moyenne de température
de 2 degrés et demi centigrades, et on avait brûlé 12 kilogrammes de charbon de terre; ce qui, d'après les calculs, a
démontré que le charbon avait donné plus de mille fois la
quantité de chaleur qui serait nécessaire pour échauffer le
même espace, s'il n'y avait eu aucune déperdition (1).

Les cheminées sont donc des appareils de chauffage bien im-
parfaits; aussi, depuis longtemps, s'est-on occupé des moyens de les améliorer. Gauger fut le premier qui fit connaître,
dans sa mécanique du feu, les moyens d'utiliser une plus
grande quantité de calorique rayonnant, en faisant remarquer
qu'un feu de cheminée pouvait échauffer une chambre par
ses rayons directs et par ses rayons réfléchis, et que ceux-ci
étaient entièrement perdus dans les cheminées ordinaires : il
proposa de rétrécir le fond des cheminées et de leur donner
une forme parabolique ; il apporta encore d'autres perfectionnements pour amener de l'air chaud dans les appartements.
Nous en parlerons en donnant la description des inventions
de ce physicien, dont les idées ont été reproduites de nos
jours comme des découvertes.

ARTICLE 3.

Cheminées de Gauger. (Pl. I, fig. 5.)

Pour remédier en grande partie au défaut des cheminées à
jambages parallèles et d'équerre sur le contre-cœur, Gauger
a proposé de donner à chaque jambage la forme d'une demi-
parabole, en plaçant les foyers F F de ces courbes à une distance de 60 centimètres (22 pouces) [qui est la demi-lon-
gueur d'une bûche à Paris], et il adopte cette forme, par la
raison que tous les rayons qui partent du foyer d'une parabole
se réfléchissent parallèlement à l'axe, de manière que, si le
feu était placé à chaque centre des deux demi-paraboles, la
chaleur se réfléchirait dans la chambre par des rayons parallèles.

(1) *Nouveau Dictionnaire technologique*, 1823.

Il proposa en outre de revêtir de tôle, de fer ou de cuivre
poli, les surfaces paraboliques, afin de mieux réfléchir les
rayons de calorique; enfin, pour diminuer la masse d'air entraînée par le courant ascendant et en augmenter la vitesse,
il prescrivit de réduire à 30 à 33 centimètres (10 à 12 pouces) l'ouverture du tuyau de la cheminée; et, pour régler le
tirage, conserver la chaleur pendant la nuit, éteindre le feu
des cheminées, etc., il plaça à l'embouchure du tuyau une
trape à bascule.

Par ces dispositions, les dimensions de l'enceinte du foyer
étaient réduites, la majeure partie de la chaleur rayonnante
était réfléchie dans la chambre, et la quantité de calorique
entraînée par le courant d'air qui s'élève dans le conduit de
la fumée était considérablement diminuée; ainsi, Gauger
avait presque satisfait à la première condition du problème;
aussi, nous verrons que ces changements dans nos foyers ont
été proposés depuis par Rumford, avec quelques modifications, quand nous parlerons des foyers qui portent le nom de
Cheminées à la Rumford.

Quant à la seconde condition, il y satisfait complètement
en laissant un espace entre la maçonnerie et les plaques de
fer qui forment les parois intérieures de la cheminée, et dans
lesquelles il fait circuler de l'air amené de l'extérieur, qui,
après s'être échauffé pendant sa circulation, se répand dans
l'appartement par des ouvertures latérales formant bouches
de chaleur. Ce moyen réunit le triple avantage de renouveler l'air de l'appartement, de l'échauffer par ce renouvellement, et de fournir de l'air chaud à l'embouchure de la cheminée, ce qui rend le courant ascendant beaucoup plus rapide, facilite l'évacuation de la fumée, et évite l'inconvénient
de l'introduction de l'air extérieur par les fissures des portes
et des fenêtres, qui occasionne des vents coulis. Enfin, pour
activer la combustion et suppléer à l'usage du soufflet ordinaire, il place sous le sol un tuyau qui établit une communication directe entre l'air extérieur et le foyer; l'air du dehors,
puissamment appelé vers le lieu où se fait la combustion,
produit l'effet d'un soufflet continu; mais ce moyen a l'inconvénient très-grave d'amener un courant continuel d'air
froid dans le voisinage du foyer (1).

(1) Ce soufflet a reparu, en 1835, avec quelques modifications, sous le nom de *gardes-
feu et chenets soufflants* (*), dans un mémoire publié par M. U. de Latour, dans le-

(*) *Gardes-feu et chenets soufflants*, brochure in-8° de 32 pages.

Le rétrécissement des foyers étant avantageux sous beaucoup de rapports, on pourrait faire aux anciennes cheminées
les changemens indiqués par Gauger, en y apportant quelques modifications que nous allons indiquer.

Il est à remarquer que Gauger conservait encore à ses cheminées de grandes dimensions, et qu'il supposait que la combustion avait lieu en deux points de son foyer, distants entre
eux de 60 centimètres (22 pouces); cette supposition était
loin de la réalité, il est plus exact d'admettre que la combustion se fait sur un seul point situé au milieu de l'âtre ;
dans ce cas, au lieu de deux demi-paraboles raccordées par
la surface plane du contre-cœur, on aurait une seule et même
courbe *a b c* (*Pl.* I, *fig.* 5), et tout ce qui enveloppe le foyer
aurait la forme nécessaire pour pouvoir réfléchir toute la chaleur rayonnante de la partie postérieure du foyer qui se trouverait plus avancé dans la chambre et placé en F. Une autre
modification, non moins importante à faire, serait d'adopter,
au lieu d'une surface parabolique, la forme d'une niche en
paraboloïde de révolution.

Pour être entendu de tous les lecteurs, nous allons faire
connaître le tracé et les propriétés de la parabole.

La parabole est une courbe (*Pl.* 1, *fig.* 15) dont tous les
points sont autant éloignés d'un point fixe F, qu'on appelle *foyer*, que d'une droite de X Z, dont la position est connue et qu'on nomme *directrice*, c'est-à-dire que, pour chaque
point M, par exemple, menant la ligne M H perpendiculaire
sur X Z, on aura toujours F M égale à M H.

Si du point M on abaisse une perpendiculaire sur F H,
l'angle F M O sera égal à l'angle O M H, qui lui-même est
égal à R M N ; d'où il suit que l'angle F M O est égal à
l'angle R M N : ainsi donc, un rayon incident F M, partant

quel il propose de faire arriver l'air extérieur dans le garde-cendre qu'on place ordinairement au-devant du foyer, au moyen de conduits établis à cet effet, et de le faire
verser sur le feu par une ouverture pratiquée vers le milieu du garde-cendre ; une
disposition analogue à celle-ci pourrait être adaptée aux chenets ordinaires, en y faisant quelques changements que l'auteur indique. Ce moyen, considéré comme pouvant
remplacer les soufflets ordinaires, ne remplit pas l'objet qu'on se propose, parce que,
plus la combustion sera vive, plus la vitesse du courant d'air dirigé sur le feu sera
grande, par conséquent la combustion sera d'autant plus excitée qu'elle en aura moins
besoin ; le contraire arrivera précisément lorsqu'on allumera le feu, c'est-à-dire qu'au
moment où le *vent* sera le plus nécessaire il n'en arrivera pas, parce qu'il y aura trop
peu de différence entre la température de l'air intérieur et celle de l'air extérieur pour
que la vitesse du courant d'air soit sensible ; mais ce moyen, considéré comme étant
destiné à renouveler l'air de l'appartement, et à fournir celui nécessaire à la combustion, est préférable à beaucoup de procédés employés par les fumistes, parce que l'air
peut arriver échauffé dans le voisinage du foyer.

du point F et arrivant en M, sur la concavité de la courbe, se réfléchira suivant la direction M R parallèle à l'axe A P de la courbe. En faisant la même construction pour tout autre point que le point M, on obtiendra toujours, pour la direction du rayon réfléchi, une parallèle à l'axe A P.

Cette propriété de la parabole a fait appliquer la forme de cette courbe aux réflecteurs des phares, des lanternes, etc., pour recevoir la lumière émanée d'un foyer et la réfléchir en un faisceau de rayons parallèles à l'axe, au lieu de les renvoyer suivant une foule de directions divergentes.

Comme il peut être utile de l'appliquer aussi à la construction des foyers de cheminée, nous allons donner des procédés pratiques très-simples de tracer une parabole d'après des dimensions données et d'après lesquelles on pourra disposer des patrons ou gabaris qui serviront à régler, en les appliquant sur la maçonnerie, la forme à donner aux foyers.

Tracé de la parabole.

Soit X Z (*Pl.* 1, *fig.* 15) la directrice, et F le foyer de la courbe; par un point H pris à volonté sur la ligne X Z, abaissez la perpendiculaire H R, joignez les points F et H, et divisez cette ligne F H en deux parties égales en O; par ce point et perpendiculairement à F H, menez la ligne O M, le point M de rencontre avec la ligne H R appartiendra à la courbe. En effet, par cette construction, le triangle F M H est isocèle, et F M égale M H.

Moyens de décrire une parabole par un mouvement continu.

Sur une droite *f* D prise pour axe (*Pl.* 1, *fig.* 14), faites *f a* = *a* F, fixez au point *f* une règle D B qui coupe l'axe *f* D à angle droit; à l'extrémité C d'une autre règle E C, attachez un fil fixé au foyer F, par son extrémité opposée; ensuite faites mouvoir la règle C E le long de D B, en tenant toujours le fil F M C tendu par le moyen d'un crayon ou d'une pointe M, qui décrira une parabole.

M. de la Chabeaussière a réalisé ces idées en faisant construire sa cheminée *grotte* dont nous donnons ci-après la description.

ARTICLE 4.

Cheminée en grotte de M. de la Chabeaussière (1).

« M. de la Chabeaussière a fait construire, dans le local où la Société d'Encouragement tient ses séances, une cheminée que l'auteur nomme *cheminée grotte*, et qui est destinée à brûler de la houille. Elle est construite d'une seule pièce en terre crue, malaxée avec de la bourre, de manière qu'en la plaçant dans une autre cheminée de construction ordinaire, elle peut servir sur-le-champ. La terre se cuit peu à peu par le feu qu'on y fait. Elle présente un vide parabolique de 57 centim. (21 pouces) de hauteur sur 37 centim. (14 pouces) de large et 16 centim. (6 pouces) d'enfoncement. Les parois ont 8 centim. (3 pouces) d'épaisseur. La fumée est aspirée par une ouverture de 8 à 10 centim. (3 à 4 pouces) de diamètre, pratiquée à son sommet sur le devant.

» Le combustible se place sur une grille de fer isolée, dont le sol est cintré comme le vide de la cheminée; un grillage perpendiculaire à retour d'équerre est adhérent à la grille plate : ce retour a 10 centim. (4 pouces) de hauteur. Trois pieds, de 15 centim. (5 pouces 1/2) de hauteur, soutiennent cette grille, et forment un espace propre à recevoir un grand courant d'air et à contenir les cendres, qui peuvent être recueillies dans une capsule mobile posée sur l'âtre.

» Un souffleur ordinaire en tôle est fixé près la barre du manteau de la cheminée.

» Il est reconnu, dit le rapporteur de la commission chargée d'examiner cette cheminée, que de toutes les formes adoptées jusqu'à présent pour la construction des cheminées propres à brûler le charbon de terre, celle-ci paraît une des meilleures.

» Elle offre d'ailleurs un grand avantage par la facilité qu'on a de la placer et de l'ôter à volonté, sans avoir besoin d'un maçon pendant plus d'une heure, si l'on ne veut pas la placer soi-même. Dans tous les cas, les frais de construction ne peuvent pas dépasser 4 à 5 francs, non compris la grille, qui coûte 6 fr. en fer forgé, et un tiers de moins en fonte.

» Avec 20 briquettes de houille, qui coûteront au plus 75 à 80 centimes, ou 8 kilogrammes (15 à 16 livres) de charbon de terre pur, on peut se procurer un très-bon feu durant 12 à 15 heures.

(1) *Bull. de la Soc. d'enc.*, quinzième année.

» En augmentant les proportions d'une semblable cheminée, la construisant en briques cimentées avec de la terre argileuse, et en conservant la forme parabolique, on pourrait y brûler du bois mis sur des chenets, ou un mélange de bois, de houille ou de briquettes, ainsi qu'on le fait dans plusieurs grandes maisons qui ont adopté ce mélange, comme procurant une chaleur plus forte.

» Si l'on ne voulait pas se renfermer dans une stricte économie, et donner encore plus de solidité à la grotte, on pourrait la faire couler en fonte, et en y adaptant par des agrafes deux plaques de même métal pour remplir la face antérieure des cheminées déjà établies où l'on voudrait la poser ; un peu de terre argileuse colorée en noir par du molybdène (ou toute autre substance), fermerait les interstices qni pourraient exister entre ces plaques. Dans ce cas, et pour tirer un meilleur parti du calorique qui traverse si facilement les pores du fer, l'auteur propose de construire derrière la grotte et les plaques un massif en briques, à 54 mill. (2 pouc.) de distance et de même forme, lequel, fermé à la partie supérieure, ne permettra pas au calorique dégagé dans cet intervalle de communiquer avec le tuyau de la cheminée. Ce calorique pourra être refoulé dans l'appartement à l'aide d'une ouverture pratiquée au bas d'une des plaques, ou même des deux.

» Cette nouvelle cheminée serait susceptible de recevoir des ornements comme celles employées eu Belgique, et serait moins coûteuse.

» L'aspiration de la fumée par le tuyau ou souffleur se fait avec tant de force qu'elle ne peut point refluer dans l'appartement, non plus que les cendres du charbon de terre, si nuisibles à la propreté des meubles. L'activité de ce tirage est bien moins entretenue par l'air de l'appartement que par deux ventouses placées sous le manteau de la cheminée ; aussi l'on n'a pas l'inconvénient d'avoir les talons glacés en se chauffant le devant du corps.

» Ces deux ventouses, d'un très-petit diamètre, fournissent deux colonnes d'air froid qui arrive avec un mouvement d'autant plus rapide que le foyer dégage plus de chaleur et met plus tôt en expansion le volume d'air surabondant au besoin du combustible.

» Une portion de cet air dilaté tourne au profit de l'appartement, mais une autre partie est entraînée avec la fumée par un mouvement un peu trop rapide dans la cheminée,

d'où elle s'élève jusqu'au faîte sans être contrariée par les
deux petites colonnes d'air froid qui se sont établies d'elles-
mêmes dans l'intérieur du large tuyau vertical. Peut-être
éprouverait-elle plus d'opposition si la cheminée était fortement dévoyée. L'auteur a depuis établi une autre cheminée
dans laquelle il a remplacé le souffleur par une ouverture de
37 centim. (14 pouc.) de long sur 8 à 10 centim. (3 à 4 pouc.)
de large, pour le passage de la fumée ; il a supprimé en même
temps les deux ventouses. D'après cette modification, l'air de
l'appartement entretient presque seul la combustion ; aussi la
houille devient-elle plus difficile à allumer, et peut répandre
un peu d'odeur dans la pièce, si l'on n'apporte pas les plus
grands soins dans l'arrangement du combustible (1).

« Dans le premier cas, où le courant d'air froid est trop
accéléré par les ventouses pour permettre l'expansion complète de l'air chaud dans l'appartement, il est facile de le
modérer à l'aide d'un registre, ou en en supprimant une, et
prolongeant celle qui resterait, jusqu'à la base du foyer,
à l'aide d'un tube de fer. Ce moyen pourrait peut-être remédier complètement au léger inconvénient qui résulte d'une
trop grande quantité d'air froid.

» Quelques personnes objecteront à l'auteur que la construction de sa cheminée n'en permet pas le ramonage ; mais
il en coûtera si peu de soins et de dépenses pour la démonter
et déplacer quelques briques, que cette objection n'en peut
pas plus empêcher l'usage que celui d'un poêle dont on ôte
presque toujours les tuyaux pendant l'été. »

Pour éviter l'inconvénient de l'introduction de l'air par les
fentes des portes et des fenêtres, qui occasionne un refroidissement dans les appartements, et pourvoir au remplacement
de l'air qui monte dans le tuyau de la cheminée, il faut,
comme le propose M. de la Chabeaussière, réserver un espace
derrière le foyer, y faire entrer l'air extérieur, qui s'échauffe
en circulant dans cet espace, et le faire sortir chaud dans l'appartement au moyen de bouches de chaleur ; mais il est à remarquer que, dans ce cas, la forme parabolique perd de son
importance.

Après avoir fait connaître les modifications apportées par
Rumford, nous reviendrons sur celles qu'on pourrait faire subir aux cheminées ordinaires, en adoptant le principe du re-

(1) Ce foyer, ainsi modifié, serait très-propre à brûler du coke, qui ne donne ni
mauvaise odeur, ni fumée. (Note de l'auteur du Manuel.)

nouvellement de l'air par de l'air chaud, modifications qui nécessitent des changements plus considérables dans les cheminées, par conséquent plus de dépense, et qui, pour cette raison, ne pourraient être généralement accueillies.

Au reste, les cheminées, à quelque degré de perfection qu'on les fasse arriver, seront bien inférieures aux poêles ou cheminées de métal placés isolément dans les appartements; et il demeure certain que l'on ne parviendra à utiliser la plus grande quantité de chaleur possible qu'au moyen de calorifères bien construits.

ARTICLE 5.

Cheminée de Franklin.

Le célèbre Franklin, bien convaincu de l'imperfection des cheminées ordinaires, s'est proposé d'y remédier, en faisant construire un appareil connu sous les noms de *cheminée à la pensylvanienne* ou de *chauffoir de Pensylvanie*, dans lequel la fumée parcourt un long trajet dans l'intérieur même du chauffoir, et dépose ainsi une partie du calorique qu'elle entraîne en s'échappant; il ajouta à cet avantage celui de renouveler l'air de l'appartement par un courant d'air chaud.

Cet appareil est une espèce de caisse en fonte *e r z y* (Pl. III, *fig.* 17 et 18), dont on a enlevé le devant pour laisser *voir le feu*, et qu'on place dans une cheminée ordinaire. Dans l'intérieur de cette caisse, et à une distance de 8 à 10 centim. (3 à 4 pouces) du fond, *z y*, s'élève un réservoir *a b c d*, également en fonte (*fig.* 17), dont la coupe, suivant la largeur de la cheminée, est représentée par les mêmes lettres (*fig.* 18), formant contre-cœur et destiné à recevoir l'air extérieur par l'ouverture inférieure *t, t'*, et à le verser chaud dans la chambre par l'ouverture supérieure *u* (*fig.* 18).

Ce réservoir ne s'élève pas jusqu'à la hauteur de la plaque supérieure *x*, un espace de 5 à 8 centim. (2 à 3 pouc.) est ménagé pour laisser passer la fumée qui, arrivée là et ne trouvant pas d'autre issue, tourne par-dessus le sommet du réservoir, et descend par-derrière en suivant le passage *b y*, entre la plaque du fond de la caisse et le dos du réservoir; les plaques du réservoir, en s'échauffant, communiquent leur chaleur au courant d'air qu'il contient, et, pour que celui-ci acquière une température assez élevée avant de se répandre dans la chambre, on l'oblige à faire plusieurs circonvolutions, ainsi que l'indique la direction des flèches placées dans les séparations *ik, lm, no, pq, rs* (*fig.* 18), pratiquées dans le réservoir.

La fumée, après son mouvement descendant, trouve au bas du fond une ouverture *y*, et reprend sa direction ascendante dans le canal *yz*, qui la conduit dans le tuyau de la cheminée.

Pour éviter toute communication entre la chambre et la cheminée, il faut fermer, par une cloison, l'espace compris entre la plaque supérieure *x* de la caisse de fonte, et le dessous de la tablette *f*. Et, afin de pouvoir faire monter le ramoneur dans le tuyau de la cheminée, il faut pratiquer dans cette cloison une grande ouverture qu'on fermera au moyen d'une trape à bascule *c'*, qui doit être placée de manière qu'en l'ouvrant et appuyant son extrémité supérieure sur le contre-cœur de la cheminée, elle ferme l'espace *yz*, en sorte que la suie que le ramoneur fait tomber arrive sur la partie *x* et n'entre pas dans les canaux de circulation de la fumée.

Cet appareil, utilisant une plus grande quantité de chaleur dégagée par la combustion, offrait une économie qu'on peut évaluer à la moitié du combustible qu'exige une cheminée ordinaire; et, comme il jouit en outre de la propriété d'amener un air nouveau dans l'appartement sans causer de refroidissement, il fut reçu du public avec empressement; mais on éprouva, à cette époque, quelques difficultés pour faire fondre les différentes pièces qui le composent, et l'on doit depuis à *Désarnod* d'en avoir facilité l'exécution, et d'y avoir fait des améliorations qui en ont répandu l'usage. (*Voyez* ci-après les cheminées à la *Désarnod*).

Franklin s'est efforcé de combattre une opinion répandue généralement et qui consiste à croire que les poêles de fer répandent une odeur désagréable et sont malsains. Franklin dit que, si on s'est plaint de la mauvaise odeur répandue par ces poêles, elle ne peut provenir du fer même, mais de la malpropreté dans laquelle on tient les poêles en général. Pour les tenir propres, il suffit de les nettoyer avec une brosse trempée dans une lessive faite avec des cendres et de l'eau, ou avec une bonne eau de savon.

Le fer chaud ne donne point de mauvaise odeur; en effet, les forgerons des fourneaux de forge, qui versent ce métal en fonte pour le mouler, n'en ont jamais senti la moindre odeur: cela est constaté par la bonne santé dont jouissent ceux qui travaillent le fer, comme les forgerons, les serruriers, etc.; le fer est même très-salutaire au corps humain : c'est une vérité reconnue par l'usage des eaux minérales, par les bons effets de l'usage de la limaille d'acier dans plusieurs maladies, et par l'experience que l'on a que l'eau même des serruriers, où ils trempent leurs fers chauds, est avantageuse à la santé du corps.

Le savant Désaguliers rapporte une expérience qu'il a faite pour éprouver si le fer chaud exhalait quelques vapeurs malsaines. Il prit un cube de fer, percé de part en part d'un seul trou, et, après l'avoir poussé à un degré de chaleur très-élevé, il y adapta un récipient si bien épuisé d'air par la machine pneumatique, que tout l'air qui rentrait pour remplir le récipient était obligé de passer par le trou qui traversait le fer chaud; il mit alors dans le récipient un petit oiseau qui respira cet air sans donner le moindre signe de malaise.

En 1788, la Société royale de médecine, dans un rapport sur les foyers de Désarnod, qui sont également en fonte, termine ainsi son rapport au sujet de l'insalubrité attribuée à ce métal : « Nous pouvons assurer avec vérité que, dans les chambres où nous avons vu ces foyers en expérience, quoiqu'on eût fermé toutes les ouvertures, nous n'avons senti aucune émanation qu'on pût attribuer à la fonte. Bien plus, quoique, dans l'un de ces âtres, on bûlât du charbon de terre non épuré et absolument chargé de tout son bitume, nous n'avons nullement senti l'odeur de ce charbon. »

Enfin, M. Thenard, dans un rapport fait à l'Institut, dans le troisième trimestre de 1820, prouve que l'usage des tuyaux de poéles en tôle, et même ceux de cuivre, sont sans danger pour la santé.

Malgré l'opinion imposante de Franklin, de Désaguliers, de Désarnod et de M. Thenard, il n'en est pas moins avéré aujourd'hui que le fer, la fonte ou les métaux qui sont portés à une chaleur rouge exercent une action insalubre sur la santé, par deux causes qui sont faciles à concevoir.

Les métaux chauffés au rouge dans un lieu clos, en élevant beaucoup et subitement la température de l'air, augmentent aussi notablement sa capacité pour la vapeur d'eau. Il en résulte que cet air sec soutire cette vapeur aux corps environnants, à nos membranes muqueuses et à tous nos organes et leur enlève une humidité nécessaire au jeu de leurs fonctions, et nous cause une souffrance, ce malaise qu'on éprouve dans les lieux chauffés par des poéles en fonte ou en fer, où la flamme frappe directement sur le métal et le fait rougir.

En second lieu, l'expérience a démontré qu'il flotte constam-

ment dans l'atmosphère, et surtout dans les capacités closes où
sont renfermés des hommes ou des animaux, des matières animales légères et imperceptibles qui en se déposant sur les surfaces du métal portées au rouge s'y brûlent en répandant cette
odeur qui caractérise les matières animales en combustion
et en y mélangeant des gaz qui rendent l'air à la fois odorant
et insalubre si l'on n'a pas le soin d'établir un bon système
de ventilation. On se fait difficilement une idée de la petite
quantité de matières animales qui doivent se brûler ainsi pour
incommoder les habitants d'une chambre ou d'un appartement chauffé ainsi par le rayonnement de surfaces métalliques
portées au rouge.

Article 6.

Cheminée de Désarnod.

Les cheminées de Désarnod (*Pl.* III , *fig.* 1, 2 et 3), connues sous le nom de *foyers économiques et salubres*, sont construites en fonte et établies sur les principes du chauffoir de
Pensylvanie de Franklin; elles n'en diffèrent qu'en ce qu'il
y a, dans le foyer de Désarnod, en outre du réservoir vertical
à air, un second réservoir horizontal, placé sous l'âtre et destiné à augmenter la quantité d'air chaud répandu dans l'appartement, ainsi que dans quelques perfectionnements apportés dans la disposition et la construction des différentes
pièces qui composent l'appareil, et au moyen desquels on
peut le monter et le démonter avec beaucoup de facilité, pour
le transporter d'un lieu dans un autre par pièces détachées.

Le réservoir à air horizontal forme la base de la cheminée;
il est placé dans une boîte comprise entre les plaques A B et C D.
La première est posée sur des tasseaux en briques qui permettent à l'air extérieur d'arriver par un conduit établi sous le
plancher, et de circuler librement sous la cheminée. Cet air
passe ensuite par des ouvertures O O, pratiquées dans une
plaque située entre celle A B et C D, et suit plusieurs sinuosités kl, lk, formées par des séparations verticales et parallèles, au moyen de lames en fonte; après ce trajet, il s'introduit
entre deux autres plaques, xx, formant un réservoir vertical
placé dans l'intérieur de ces cheminées, d'où il s'échappe chaud
par deux ouvertures pratiquées latéralement et correspondant avec le réservoir xx, pour se répartir dans plusieurs cylindres verticaux, yyy, établis à l'extérieur sur deux des côtés,
et desquels ils sort pour se répandre dans l'appartement par

des bouches de chaleur garnies d'un couvercle à charnière qu'on peut ouvrir ou fermer à volonté.

Pour régler l'accès de l'air et en diriger à volonté un courant plus ou moins rapide, sur la combustion, comme on le ferait avec un soufflet, deux plaques P et Q, mobiles et glissant dans des rainures, sont placées sur le devant de l'appareil et sont haussées ou baissées au moyen d'une manivelle M, fixée à l'axe d'un cylindre sur lequel s'enroule une chaîne qui suspend les plaques mobiles, et qui sont arrêtées à la hauteur voulue par une roue à rochet.

La fumée, comme dans le chauffoir de Franklin, s'élève jusqu'à la plaque supérieure de l'appareil, passe derrière le réservoir vertical xx et descend jusqu'à la base, où elle trouve, à droite et à gauche, deux ouvertures par lesquelles elle s'échappe en passant par deux tuyaux qui se réunissent en R, pour arriver dans celui de la cheminée en maçonnerie.

Un registre z, placé entre le fond et le réservoir xx, est dirigé par un régulateur, règle l'ouverture du passage de la fumée, modère aussi l'activité de la combustion, tout en laissant voir le feu, et sert, conjointement avec les plaques à coulisse, à intercepter toute communication entre l'air de la chambre et le dehors par le canal de la cheminée, soit pour, conserver la chaleur, soit pour arrêter les progrès d'un incendie.

Des saillies réservées dans l'intérieur des plaques latérales de la cheminée permettent d'y placer une grille, de sorte qu'on peut y brûler de la houille ou du bois.

Cette construction a un inconvénient, c'est que les parois latérales doivent être remplacées au bout de quelques années, parce qu'elles se trouvent constamment en contact avec le feu, qui élève la fonte à une haute température, et leur épaisseur n'est pas assez forte pour résister à une action qui se renouvelle chaque jour. Pour éviter cet inconvénient et faire disparaître les cylindres qui compliquent et qui embarrassent les abords de l'appareil, on les a supprimés et remplacés par une double enveloppe, en laissant un espace de quelques pouces entre elle et la première, et dans laquelle l'air amené de l'extérieur circule et se répand ensuite dans la chambre au moyen d'ouvertures latérales formant bouches de chaleur. Il résulte de cette disposition un avantage, qui est de prolonger la durée des appareils, parce que les plaques, par l'effet de la circulation de l'air pris extérieu-

rement et qui les frappe constamment, sont maintenues à
une température moins élevée et telle qu'elle ne peut pas altérer la fonte, comme cela avait lieu avant cette modification.

Les cheminées de Désarnod peuvent se placer dans l'intérieur des cheminées ordinaires; mais, pour utiliser une plus
grande quantité de la chaleur des combustibles, elles doivent
être en entier dans l'intérieur des chambres : si on les éloi-
gnait assez du corps de la cheminée ordinaire, en y adaptant
une longueur de tuyaux assez grande pour que la fumée en
sortît constamment au-dessous de 100°, la chaleur utilisée
équivaudrait à-peu-près aux neuf dixièmes de celle développée par la combustion.

Dans leur état ordinaire, d'après les expériences comparatives qui ont été faites pour 100 kilogrammes de combustible
brûlés dans une cheminée ordinaire, on n'en a brûlé que
33 kilogrammes pour obtenir la même température : ainsi, la
cheminée de Désarnod économise les deux tiers du combustible.

ARTICLE 7.

Cheminée de Curaudau.

La cheminée de Curaudau, représentée Pl. III, fig. 8, se
compose d'un foyer A, dont le rétrécissement vers la partie
supérieure est destiné à conduire les produits développés par
la combustion dans un fort tuyau de fonte BC ; arrivés là, le
courant gazeux se divise en deux parties pour parcourir ensuite et successivement, de haut en bas, les divers conduits
qui y sont pratiqués, avant de parvenir au tuyau principal M.
L'air, par son contact avec toutes ces surfaces métalliques,
s'échauffe dans les espaces P, P, P, et se répand dans la chambre par des bouches de chaleur.

Les expériences comparatives faites par le bureau consultatif des arts ont démontré que 33 kilogrammes de combustible, brûlés à la cheminée de Curaudau, donnaient autant
de chaleur que 100 kilogrammes brûlés dans une cheminée
ordinaire.

Deuxième cheminée de Curaudau.

Séparer entièrement le foyer où se fait la combustion du
tuyau qui sert à concentrer le calorique, en ayant soin de
donner aux parois du foyer l'inclinaison la plus propre à
réfléchir la chaleur rayonnante et à diriger les gaz dans un

tuyau central ; porter dans le système des tuyaux de tôle la facilité de l'emboîtement et la distribution nécessaire pour retenir toute la chaleur et la transmettre promptement ; enfin, couserver aux cheminées leur forme ordinaire, tel est le but que s'est proposé l'auteur, en plaçant sa cheminée dans une autre en maçonnerie derrière une glace, après en avoir recouvert le parquet d'un tissu. Par cette disposition, l'air qui se trouve échauffé dans l'espace que la glace recouvre est continuellement déplacé et renouvelé.

ARTICLE 8.

Cheminée à la Rumford. (Pl. II.)

Le moyen employé par Rumford consiste à diminuer la profondeur de la cheminée, afin de placer le foyer en avant et le mettre dans une position propre à envoyer dans la chambre la plus grande quantité de calorique rayonnant, de donner aux faces latérales ou jambages une obliquité telle que les rayons directs qu'elles reçoivent se réfléchissent dans l'intérieur de l'appartement ; enfin, de rétrécir l'ouverture inférieure du tuyau de la cheminée, pour déterminer un plus grand tirage et empêcher la cheminée de fumer.

Soit ACDB (*Pl.* II, *fig.* 1) l'intérieur d'une cheminée ordinaire ; au lieu de disposer les côtés AC et BD parallèlement entre eux, et perpendiculaires au contre-cœur CD, il leur donne une obliquité telle que ces côtés fassent avec ce contre-cœur un angle de 135° (un angle droit et demi).

Par cette disposition, le contre-cœur ou la plaque *i k* (*fig.* 3) se trouve réduit à-peu-près au tiers de la largeur primitive du fond de la cheminée, ou de celle que conserve encore sa partie antérieure *ab*, à laquelle on ne change rien. Il est facile de voir que la portion de chaleur rayonnante qui vient frapper les jambages obliques *a i* et *b k* est réfléchie dans la chambre.

En portant en avant le contre-cœur de la cheminée, on porte en même temps le foyer du côté de la chambre, et on rétrécit l'ouverture de la gorge *d e* (*fig.* 6). Cette ouverture, d'après un grand nombre d'expériences, doit être seulement de 10 centim. (4 pouces) pour les cheminées de dimensions ordinaires, et de 12 à 13 centimètres (4 pouc. 1|2 à 5 pouc.) pour les cheminées destinées à chauffer de très-grandes pièces, soit qu'on y brûle du bois, de la houille ou de la tourbe.

Rumford fait remarquer qu'on pourra trouver extraordi-

naire que, pour des cheminées de dimensions beaucoup plus
grandes, il prescrit d'augmenter à peine la profondeur de la
gorge; mais il assure qu'il a vu de ces sortes de cheminées
réussir parfaitement en ne leur laissant que 10 centimètres
(4 pouces); d'ailleurs, il faut faire attention que la capacité
de l'entrée du tuyau de la cheminée ne dépend pas seulement
de sa profondeur, mais bien de ses deux dimensions prises
ensemble, et que, dans les grandes cheminées, la longueur de
l'ouverture est plus considérable.

Pour donner passage au ramoneur qui doit monter dans
la cheminée par la gorge *d e* (*Pl.* II , *fig.* 6), Rumford fait
pratiquer dans le milieu du massif *m c k l* , et à une distance
de 27 à 29 centim. (10 à 11 pouces) au-dessous de la gorge
ou du manteau, une ouverture d'environ 32 centim. (1 pied) de
largeur; mais, comme ce passage augmenterait en cet endroit
la profondeur de la gorge, il le fait recouvrir en maçonnerie
sèche, de briques ou de pierres taillées exprès; et chaque fois
qu'on veut faire le ramonage, on enlève ces pierres, qu'on
replace ensuite avec beaucoup de facilité.

Pour éviter cette opération, on peut placer à la gorge *d e*
(*Pl.* II , *fig.* 13) de la cheminée, un registre à bascule, ou
trappe de tôle ou de fer coulé, fixée à charnière en E, de
sorte qu'on peut augmenter ou diminuer à volonté l'ouverture du passage de la fumée. Ce moyen présente encore l'a-
vantage de pouvoir retenir la chaleur dans la chambre lorsque le feu est éteint, en fermant entièrement cette trappe.
(Voyez *Trappes à bascule.*)

Le nouveau contre-cœur ou massif *c, m, k, l* (*Pl.* II, *fig.* 6),
ainsi que les nouveaux jambages latéraux, doivent être élevés
jusqu'à 13 ou 16 centim. (5 ou 6 pouces) au-dessus du point V,
où commence le tuyau vertical de la cheminée, et leur maçonnerie, suivant l'auteur, doit être terminée horizontalement,
pour éviter le refoulement de la fumée; parce que, dit-il,
il est beaucoup plus difficile au vent qui descend de trouver
et de forcer son chemin par le passage étroit qui se présente,
lorsqu'aucune inclinaison n'y conduit.

Rumford fait arrondir la partie antérieure *d a* de la gorge
(*fig.* 14), au lieu de la laisser plate, et dit qu'il faut faire en
sorte qu'elle présente une surface lisse et sans aspérités.

Il recommande aussi de revêtir les parois de ses cheminées,
d'un crépissage qu'on rendra lisse et poli, et qu'on conservera
blanches ou qu'on peindra au blanc, afin d'obtenir le plus

de chaleur réfléchie possible, et de se bien garder d'y mettre une couche de noir, comme on le fait ordinairement, cette dernière couleur absorbant tous les rayons de calorique qui frappent la surface qui en est enduite; il ne faut laisser en noir que les parties qui sont atteintes par la fumée, et qu'il est impossible de conserver blanches.

Depuis quelque temps on emploie, pour garnir les jambages, des carreaux en faïence blanche; ce moyen est fort bien entendu, d'abord à cause que la surface des carreaux est blanche et bien polie, et qu'en outre la faïence est une substance qui est un des plus mauvais conducteurs de la chaleur.

Ce revêtement en faïence devrait être adopté dans toutes les cheminées bien construites; il est peu coûteux, très-durable, donne un aspect de propreté au foyer, et remplit parfaitement bien l'objet qu'on se propose. S'il arrive que quelques parties de ces carreaux soient noircies par la fumée, en les lavant, on les fera redevenir blanches.

Rumford indique l'emploi des chenets pour brûler du bois; mais, dans beaucoup de foyers, on les remplace par des massifs de maçonnerie $m\,m$ (*Pl.* II, *fig.* 4) de 10 à 13 centim. (4 à 5 pouces) d'élévation au-dessus de l'âtre, entre lesquels on réserve une ouverture V d'environ 32 centim. (1 pied) (un peu moins que la longueur du bois scié) pour donner passage, par-dessous le combustible, au courant d'air qui doit alimenter la combustion, qui, se trouvant resserré dans ce canal, acquiert une très-grande vitesse et entretient le feu toujours clair.

Pour utiliser une plus grande quantité de calorique rayonnant dans les appartements, on prend le soin d'entretenir la combustion sur la partie antérieure seulement des bûches, en couvrant de cendres toute la portion de surface qui est tournée vers le contre-cœur de la cheminée.

D'après tout ce qui précède, il est facile de voir que Rumford a travaillé sur les idées de Gauger, qui conseillait le rétrécissement des foyers, en leur donnant la forme la plus propre à augmenter la quantité de chaleur rayonnante dans l'appartement, et qui prescrivait la réduction des dimensions du tuyau de la cheminée, afin de diminuer la consommation de l'air qui se trouvait entraîné avec le courant de la fumée. On doit cependant à Rumford d'avoir fait un grand nombre d'expériences qui ont fait adopter les changements qu'il a proposés et qui procurent sur les cheminées ordinaires une

économie d'environ les trois cinquièmes du combustible.
(*Voyez* les expériences faites sur différents appareil de chauffage.)

Tracé des cheminées à la Rumford.

Soit A C D B (*Pl.* II, *fig.* 3), le plan d'un foyer ordinaire,
joignez les points A et B par une ligne droite, sur le milieu
de laquelle vous élèverez la perpendiculaire *cd*, qui rencon-
trera le milieu *d* du contre-cœur.

On appuiera un fil à plomb sur la face antérieure de la
gorge en *d* (*fig.* 5), et immédiatement au-dessus de la ligne
c d (*fig.* 3), et on marquera le point *e*, où le plomb tombera.

Du point *e* vers celui *d*, on portera en *f* une distance de 4
pouces, qui sera l'endroit où doit être placé le nouveau contre-
cœur.

Par le point *f*, on mènera la ligne *g h* parallèle et égale au
tiers de A B, ce qui donnera les points *h* et *i*; par ces points,
on mènera les lignes droites *k* B et *i* A, qui détermineront
les directions des jambages.

Si on voulait disposer la cheminée pour recevoir une grille
à brûler de la houille, on déterminerait la longueur de la
ligne *k i* en portant de *f* en *k* d'un côté, et *f* en *i* de l'autre,
la moitié de la distance *c f*. Si la largeur A B est à peu-près
le triple de la largeur du contre-cœur *i k*, on ne changera
rien à cette ouverture, et il faudra joindre *i a* et *k b*, pour
avoir les directions des jambages. Si la distance A B est plus
grande que trois fois le nouveau contre-cœur, il faudra la réduire de cette manière : du point *c*, milieu de A B, on prendra
c a et *c b* égales à une fois et demie la largeur du contre-
cœur *i k*; et on mènera des lignes de *i* en *a* et de *k* en *b*, qui
indiqueront le direction des jambages.

On placera ensuite la grille, dont les dimensions, pour une
chambre de grandeur moyenne, doivent être de 16 à 21 centimètres (6 à 8 pouces) de largeur, ainsi que l'indiquent les
figures 7, 8 et 9, *Pl.* II. — L'épaisseur du front de la cheminée
en *a* (*fig.* 9) n'étant que de 10 centim. (4 pouces), si l'on en
ajoute 10 centim. (4 pouces) pour le vide du canal, la profondeur *b c* du foyer ne serait que de 21 centim. (8 pouces),
ce qui ne suffirait pas; on a donc pratiqué une niche *c e* pour
recevoir la grille.

Comme il arrive souvent qu'on n'a pas d'instruments pour
faire un angle de 135 degrés, voici la manière de le tracer :
sur une planche d'environ 50 centim. (18 pouces) de large et
de 10 centim. (4 pieds) de long, ou sur une table ordinaire,

tracez trois carrés égaux A, B, C (*fig.* 12), de 32 à 37 centimètres (12 à 14 pouces) de côté, puis tirez les diagonales
d f et *c f* des carrés C et A, ces diagonales feront avec le côté
c d du carré B l'angle de 135° cherché. On pourra faire un
patron avec deux règles, et cet instrument servira à tracer la
direction des jambages sur l'âtre.

Les cheminées qui ont de la disposition à fumer exigeant que
les jambages y soient placés moins obliquement, relativement
au contre-cœur, que dans celles qui n'ont pas ce défaut, on
pourra faire plusieurs patrons sur des angles différents. Celui
n° 1 sera employé pour donner la disposition la plus convenable, lorsque rien ne s'y opposera; le n° 2 servira pour un
plus petit angle, *d c e;* enfin, le n° 3, pour les cheminées très-
disposées à fumer, aura son angle *d c i* encore moins ouvert.

Quelquefois la naissance *d* de la gorge se trouve très-loin
du feu, comme dans les figures 13 et 14; alors la cheminée
est sujette à fumer; pour parer à cet inconvénient, il faut la
baisser, en ajoutant une traverse ou soubassement en briques
ou en plâtre, soutenue par une barre de fer, comme on le
voit en *h* (*fig.* 18).

Explication des figures.

Figure 1re. Plan d'une cheminée ordinaire.
A B, ouverture de la cheminée sur le devant.
C D, le contre-cœur ou la plaque.
A C et B D, les jambages latéraux.
Fig. 2. Elévation de face d'une cheminée ordinaire.
Fig. 3. Plan de la cheminée (*fig.* 1), perfectionnée.
a b est la nouvelle ouverture; *i k*, le contre-cœur; *a i* et
b k, les nouveaux jambages.
e est le point où tombe le fil à plomb appliqué sur la face
antérieure du tuyau de la cheminée. On fait *e f* de 4 pouces,
et la face du nouveau contre-cœur doit être perpendiculaire
sur la ligne *e f*. Le nouveau contre-cœur et les jambages sont
représentés en maçonnerie de briques, et l'espace entre la
nouvelle construction et l'ancienne en maçonnerie de moellons.
Fig. 4. Elévation de la cheminée, dont le plan est la figure 3.
Fig. 5, *Pl.* II. Coupe verticale d'une cheminée ordinaire
avec une partie de son tuyau.
Fig. 6. Coupe verticale de la même cheminée perfectionnée.

h l est le nouveau contre-cœur ; *l i*, la porte en briques ou en grès qui ferme le passage du ramoneur ; *d i*, la gorge de la cheminée réduite à 10 centim. (4 pouces; *a*, le manteau ; et *h*, la maçonnerie ajoutée pour diminuer la hauteur de l'ouverture du devant.

Fig. 7. Plan d'un foyer avec une grille placée dans une niche, et où la largeur primitive A B du foyer est considérablement diminuée.

a b est l'ouverture du devant après le changement ; et *d*, le dos de la niche dans laquelle la grille est placée.

Fig. 8. Elévation de la cheminée ci-dessus.

Fig. 9. Coupe verticale de la même cheminée.

c d e est la coupe de la niche ; *g*, la porte du ramoneur, fermée par une plaque de grès ; *f* est la maçonnerie nouvelle ajoutée au manteau pour le baisser.

La figure 10 indique comment les jambages doivent être disposés lorsque le devant des montants *a* et *b* n'avance pas autant que les montants A et B de la cheminée.

La figure 11 indique comment on doit disposer la largeur et l'obliquité des jambages relativement à celle du contre-cœur, lorsqu'on est obligé de faire celui-ci très-large pour y placer le bois.

La figure 12 représente le patron destiné à tracer la direction des jambages.

La figure 13 indique la manière de rabaisser le devant d'une cheminée lorsqu'il est trop élevé, au moyen d'une maçonnerie *b* et d'une garniture de plâtre.

La figure 14 indique la même opération faite avec une garniture de plâtre seulement.

Nous répèterons encore que les cheminées, et même les poéles, seront toujours des appareils défectueux tant qu'on n'adoptera pas le principe de faire circuler de l'air extérieur sur les parois du foyer, et de le faire sortir ensuite par des bouches de chaleur, après s'être échauffé pendant sa circulation. Ce moyen, qui réunit, comme nous l'avons dit, le triple avantage de renouveler l'air des appartements, de les échauffer en même temps et de fournir de l'air chaud à l'embouchure de la cheminée, qui occasionne un courant ascendant beaucoup plus rapide, et facilite l'évacuation de la fumée, devrait être appliqué à tout appareil de chauffage destiné à être placé dans le lieu à chauffer ; car, pour que l'air nécessaire à la combustion et celui destiné à remplacer la masse d'air entraîné dans le tuyau de la cheminée, puisse entrer dans l'appartement, il faut qu'il existe des fissures en assez grand nombre ; et alors on provoque l'introduction dans l'appartement de courants d'air froid, qui exercent sur le corps une sensation d'autant plus grande que la température extérieure est plus froide. Le procédé qui a le moins d'inconvénients, mais qui occasionne toujours un grand refroidissement dans l'appartement, est alors de faciliter l'introduction de l'air du dehors par des conduits placés vers le plafond. (Voyez l'article *Ventilation*, page 65.)

ARTICLE 9.

Des·perfectionnements à apporter dans les cheminées à la Rumford.

Pour éviter les inconvénients que nous venons d'indiquer, et utiliser une plus grande quantité de calorique, on pourrait construire les côtés du foyer avec des plaques de tôle, ou mieux, de fer fondu : cela serait plus durable, en réservant un intervalle ou espace creux entre les plaques et la maçonnerie du foyer de la cheminée, qui recevrait l'air extérieur au moyen d'un conduit, et qui le répandrait chaud dans la chambre au moyen de *bouches de chaleur*. Soit A, B, C, D (*Pl.* I, *fig.* 3), le plan d'une cheminée ordinaire, on remplacerait les massifs de Rumford par deux plaques obliques *a e* et *f d*, et on placerait la plaque du contre-cœur jointivement suivant *e f*. Cette disposition laisserait un espace creux *i i* qui serait recouvert à la hauteur de la tablette de la cheminée, ou plus haut, si l'on veut faire la dépense nécessaire, de manière que l'air placé dans l'espace *i i* ne communique pas avec le tuyau de la cheminée. On disposera des compartiments *e k*, *f k* derrière la plaque du contre-cœur, et on établira au bas d'un des jambages de la cheminée en *g*, soit au moyen d'un conduit sous le plancher, soit au moyen d'un petit tuyau placé dans l'angle du mur, une communication entre l'espace *i i* et l'air extérieur, qui, après s'être échauffé par son contact avec les plaques de fonte, sortira par une ou plusieurs ouvertures placées en haut dans le jambage opposé *h*, formant bouches de chaleur. Il s'établira ensuite un courant de bas en haut qui échauffera la chambre presque autant qu'un poêle. On n'aura plus alors de courant d'air froid dans la chambre, et on pourra la fermer exactement de toutes parts.

ARTICLE 10.

Cheminée de M. Debret.

La cheminée de M. Debret (*Pl.* I, *fig.* 6, 7 et 8), est construite en briques ; son principe repose sur celui du poêle
du même auteur, dont nous parlerons au chapitre VII, lequel
consiste dans la circulation de la fumée comme dans les
poêles suédois.

L'avantage qu'elle présente, est de pouvoir s'établir en un
seul jour et s'adapter à toute espèce de cheminée.

Pour l'établir (1), on incline d'abord la plaque de manière
qu'une ligne tirée de son sommet, tombe à 16 ou 21 centim.
(6 ou 8 pouces) de sa base, et on élève de chaque côté, pour la
soutenir, un petit massif en briques, qui se termine en mou-
rant au sommet de la plaque : c'est entre ces deux massifs qu'est
le foyer ; on établit ensuite au-dessus de la plaque une voûte
qui, montant derrière le chambranle, bouche toute communication avec la cheminée. Sur les côtés du foyer sont aussi
deux couloirs, un intérieur et descendant, l'autre postérieur
et ascendant, qui viennent passer derrière la voûte et se terminer dans la cheminée ou dans le tuyau qui en ferait l'office.

Le feu étant allumé, la fumée se répand dans les côtés,
descend dans l'un des couloirs, où elle dépose une partie de
son calorique, puis elle remonte dans l'autre couloir, où elle
n'est plus que tiède, et où elle trouve enfin une issue dans la
cheminée.

L'auteur affirme qu'avec cette cheminée on peut faire un
aussi grand feu que l'on veut, sans craindre l'incendie, et
que l'on peut y brûler des substances animales sans qu'elles
répandent de mauvaises odeurs. Pour la ramoner (ce qui est
très-rare, par la raison que la suie se ramasse à la voûte où
elle est brûlée), il suffit de réserver dans le couloir antérieur
un carreau mobile qu'on déplace à volonté.

ARTICLE 11.

Cheminées dites *perfectionnées*.

Beaucoup de cheminées employées aujourd'hui consistent
tout simplement dans des dispositions intérieures semblables
aux cheminées de Rumford, et placées dans un avant-corps

---

(1) *Description des Brevets d'invention*, tome IV.

construit en tôle, en maçonnerie, enduit de peinture, recouvert de tablettes en marbre et garni d'un carrelage en faïence sur les jambages intérieurs.

On établit, sur le devant de la cheminée, une plaque glissante verticale destinée à régler l'entrée de l'air et à amener un courant vif pour activer la combustion. Cette plaque se hausse ou se baisse à l'aide d'un cylindre perdu dans la maçonnerie, sur lequel s'enroulent les chaînes qui la suspendent et qu'on met en mouvement au moyen d'une manivelle placée extérieurement, et à laquelle est adaptée une roue à rochet pour l'arrêter à volonté.

L'avantage de cette construction est de mettre à profit une partie de la chaleur absorbée par les parois du foyer, et de renvoyer cette chaleur dans l'appartement. Des expériences faites sur ces sortes de cheminées ont démontré qu'en général elles ne donnent pas une écomonie très-marquée dans l'emploi du combustible, ainsi que nous allons le prouver, en faisant connaître le rapport de la Société d'encouragement sur les cheminées de M. Lhomond.

ARTICLE 12.

Cheminées dites *Parisiennes*, de M. Lhomond.

(Extrait du Rapport fait à la Société d'Encouragement pour l'industrie nationale, dans la séance du 5 janvier 1825.)

Après avoir examiné la cheminée que propose M. Lhomond pour remplacer, sans déposer leur chambranle, celles qui existent maintenant, de quelques dimensions qu'elles soient, le comité des Arts économiques a reconnu que ce remplacement peut s'opérer facilement en trois heures, parce que, tous les matériaux nécessaires à la construction se trouvant disposés d'avance, on n'a plus qu'à les mettre en place. La cheminée qui a été établie dans le local même des séances n'a demandé que cet espace de temps pour être confectionnée de manière à ne laisser rien à désirer à l'inventeur.

Cette cheminée se compose d'un contre-cœur et de deux côtés bâtis en briques de champ, réunies par du plâtre. Celles du contre-cœur sont surmontées par des briques debout, presque mobiles, parce qu'elles ne sont jointes ensemble que par très-peu de plâtre, et que le moindre effort les déplace : elles se trouvent inclinées en devant et soutenues par une barre de fer pour rétrécir le passage de la fumée. Lorsqu'on

veut ramoner la cheminée, ces briques et la barre qui les soutient s'enlèvent facilement, et le ramoneur touve une ouverture suffisante pour passer. Un châssis de fer, garni de deux
plaques de tôle, de 50 à 55 centim. (18 à 20 pouces) de hauteur, de 44 centim. (16 pouces) de large, placé à 21 centim.
(8 pouces) en avant du contre-cœur, et appuyé sur les côtés,
forme le complément du foyer; trois planches de stuc taillées en trapéze, appliquées à la naissance intérieure du chambranle dans son pourtour, viennent s'appuyer sur le châssis,
et forment des angles peu inclinés, qui permettent la réflexion de la chaleur dans l'appartement. M. *Lhomond* a,
comme *Désarnod*, employé un registre vertical pour ouvrir à
moitié, au quart; ou fermer à volonté l'orifice du foyer, et
donner par là au volume d'air qu'on veut y faire entrer toute
l'activité qu'on désire : aussi, on n'a pas besoin d'employer
le soufflet pour entretenir ou augmenter la combustion. Les
plaques qui remplissent le châssis sont en tôle au lieu de
fonte, et la crémaillère de M. *Désarnod* est remplacée par
deux contre-poids cachés sous les planches de stuc. Le moindre effort suffit pour lever ou baisser les plaques qui gisent
l'une sur l'autre. L'auteur a placé à la base du foyer, de
chaque côté du châssis, une plaque de tôle arrondie à son extrémité supérieure, pour éviter la dégradation du stuc. Cette
cheminée, suivant M. *Lhomond*, a l'avantage d'économiser
les *trois cinquièmes* du combustible, d'empêcher la fumée dans
les appartements, et de ne coûter, toute posée, que 50 à 80
francs, suivant sa dimension.

Le comité des arts économiques a voulu connaître, par
expérience, les propriétés que l'auteur attribue à sa cheminée.
Il s'est convaincu qu'elle chauffe très-bien, en économisant
beaucoup de combustible, mais non dans la proportion des
trois cinquièmes; il croit pouvoir assurer que le feu étant
bien conduit, on peut être chauffé comme dans une cheminée ancienne avec près de moitié du combustible qu'on y
employait (1). Quant à sa propriété d'empêcher la fumée
d'être refoulée dans les appartements, le rapporteur du comité ne pensait pas qu'elle la possédât complètement : cette
cheminée remédie en partie à cet inconvénient, mais ne le

(1) D'après cela, les cheminées de M. Lhomond seraient moins économiques que celles
de Rumford, avec lesquelles elles ont beaucoup de ressemblance, et qui coûtent encore
moins à établir, puisque, d'après l'expérience (*voyez* Chap. XI), sur 100 kilogrammes
de combustible employés à obtenir une certaine température dans un espace donné,
on n'en a brûlé que 39, pour obtenir la même température dans le même espace,
avec une cheminée à la Rumford, et qu'il en faudrait 50 avec celle de M. Lhomond.
(*Note de l'auteur du Manuel.*)

fait plus disparaître en totalité. Il est même des circonstances
où le tirage n'étant pas assez fort, il y a refoulement d'air
dans l'appartement ; mais on y remédie au moment même, en
levant ou baissant la porte, suivant le besoin. M. Lhomond,
pour parer à cet inconvénient, a imaginé une forme de mître
dont il se promet le succès le plus complet. Il est à désirer
qu'il ne se soit pas trompé dans son espérance, car il aurait
vaincu une difficulté qui n'a pu encore être levée jusqu'à ce
jour.

La forme de cette cheminée est fort agréable ; sa surface,
blanche et lisse, réfléchit facilement les rayons du calorique,
et permet à ceux qui l'entourent d'en recevoir l'influence ;
seulement, on pourrait désirer qu'elle fût d'une matière plus
dure que le stuc ; mais on peut la remettre à neuf pour une
faible somme, lorsqu'elle sera dégradée. Cette cheminée a
beaucoup d'analogie avec d'autres qui sont déjà connues ;
mais elle en diffère en quelques points : elle réunit une
grande partie des avantages de celles dites de *Désarnod*.
Son prix est bien inférieur, et par conséquent plus à la portée
de tout le monde.

ARTICLE 13.

Cheminée dite *Calorifère*.

Cette cheminée, qui a donné des résultats très-satisfaisants
dans plusieurs endroits où elle a été construite, se compose :
1o (*Pl.* 1, *fig.* 24) d'un réservoir à air *a a*, placé sous le
foyer qui reçoit l'air extérieur par le conduit *b* ; 2o (*fig.* 25)
d'une plaque en fonte *x*, qui recouvre le réservoir à air
froid *a a* ; de deux grands espaces vides *g g*, situés latéralement au foyer, et dans lesquels s'élèvent deux tuyaux en
métal mince *b i*, dont l'ouverture inférieure communique
avec le réservoir d'air froid, lesquels se croisent en dessous
de la tablette de la cheminée, en traversant la partie supérieure du foyer ; par cette disposition, l'air que ces tuyaux
contiennent s'échauffe, et la dilatation dans cette partie détermine un courant de bas en haut, qui fait verser dans
l'appartement l'air échauffé par les deux autres extrémités *k k*,
formant bouche de chaleur. Ainsi, l'air nécessaire à la combustion et à la respiration est amené chaud dans l'appartement ; 3o (*fig.* 26) d'une plaque *d*, mobile, sur une charnière, et qui a pour objet principal d'activer ou de modérer

la combustion et de donner plus ou moins d'ouverture au passage de la fumée qui se rend dans le canal c. Cette plaque, étant fermée entièrement, suivant la position 1, d, peut servir à conserver la chaleur de l'appartement lorsque le feu est éteint, ou à intercepter tout courant d'air dans l'intérieur du tuyau de la cheminée, en cas d'incendie. Lorsque cette plaque est entièrement ouverte, elle occupe la position 1, 2.

Les lettres i i indiquent l'emplacement des deux tuyaux tracés sur la figure 25, et désignés par les lettres b i.

La figure 27 représente l'élévation de face de la cheminée.

ARTICLE 14.

Cheminée anglaise perfectionnée par MM. ATKINS et H. MARRIOTT (1).

Cette invention consiste : 1° à remédier aux cheminées qui fument ; 2° à économiser le combustible et à régulariser la chaleur qui se dégage des foyers ou grilles destinées au chauffage ou à la cuisine.

Les auteurs proposent de brûler la fumée qui se dégage des foyers, au moyen d'une caisse ou réservoir rectangulaire qu'on fixe au foyer. La forme la plus convenable pour ce réservoir à charbon se voit *Pl. IV, fig.* 8, qui présente l'élévation d'un foyer ou fourneau à registre sur l'échelle d'un 12me. La figure 7 offre la coupe du même appareil. Le fond de cette caisse à charbon doit s'incliner en avant sous un angle très-obtus, communiquer avec le foyer par un orifice A, à travers la plaque de derrière. Ce réservoir à charbon peut être fermé supérieurement, soit par une porte à coulisse ou à charnière, soit par une porte circulaire tournant sur son centre, comme on le voit en B. Cette porte peut être attachée à l'intérieur ou à l'extérieur de la plaque postérieure du foyer ; on fait à travers cette dernière plaque une ouverture demi-circulaire d'un diamètre un peu moindre que celui de la porte ; celle-ci peut tourner aisément sur son axe au moyen d'une clef, et doit être ajustée de manière à fermer presque hermétiquement le réservoir.

On peut encore fixer le réservoir à charbon au foyer par d'autres moyens que les auteurs indiquent, principalement pour l'usage de la cuisine.

(1) *Repertory of patent inventions;* janvier 1826, page 8.

Voici, d'après eux, la manière d'opérer pour brûler la fumée : supposez qu'il faille alimenter de combustible une grille
ou un foyer quelconque, muni d'un réservoir à charbon, au
lieu de jeter le charbon à la manière ordinaire au-dessus du
feu, il faut le jeter derrière, dans le réservoir à charbon, et
fermer immédiatement la porte ou le couvercle; aussitôt que
le charbon qu'on vient de jeter arrivera au fond du réservoir
et se trouvera en contact avec le combustible enflammé, il se
dégagera aussitôt une fumée dense et noire qu'on observe toujours en pareil cas. Cette fumée, ne pouvant s'échapper par
la porte supérieure du réservoir, est forcée de passer à travers
des matières en combustion à la partie inférieure du foyer,
avant d'arriver au tuyau de cheminée, et de s'y élever. Par
cette opération, la matière combustible, c'est-à-dire la vapeur du goudron, le carbone et le gaz hydrogène carboné,
s'enflamment instantanément, en se combinant avec l'oxygène
de l'atmosphère; tandis que l'azote de l'air commun, ainsi
que le gaz ammoniaque et l'acide carbonique, s'élèvent rapidement dans la cheminée, sans déposer de suie d'une manière sensible. Les auteurs font ensuite des applications de
leur appareil aux fourneaux de cuisine; ils s'étendent surtout
sur l'usage d'un poêle qu'ils appellent *thermo-régulateur*, de
leur invention. Enfin, il faut remarquer : 1° que l'on empêche presque entièrement les cheminées de fumer, en consumant la portion combustible de la fumée, en accélérant en
même temps la dispersion du reste; 2° que la suie qui se dépose dans le tuyau de la cheminée ne monte pas au quart de
la quantité ordinaire; conséquemment on obviera à la fois
au danger qui accompagne les cheminées malpropres, et aux
inconvénients de l'emploi des ramoneurs; 3° que la construction de leurs fourneaux ou foyers économise une grande
quantité de combustible, en utilisant beaucoup de calorique,
qui, dans les poêles ordinaires, se perd immédiatement par la
cheminée; 4° que la chaleur absorbée par les matériaux non
conducteurs de leur poêle perfectionné, étant dissiminée peu
à peu dans l'air d'un appartement, le chauffera plus uniformément que par un poêle ordinaire.

Si l'on a égard à la chaleur supplémentaire dégagée par la
combustion de la fumée, et si l'on tient compte du calorique
conservé par les matériaux de ce poêle, l'économie du combustible s'élève de 1/3 à 1/2 de la quantité nécessaire pour
maintenir un appartement à une température donnée.

Enfin, le tuyau auxiliaire à air fixé au poêle thermo-régulateur permet d'aérer un appartement et d'y maintenir en tout temps une température à peu près uniforme.

ARTICLE 15.

Description d'une nouvelle Cheminée économique à foyer mobile (1).

Le seul mérite de cette cheminée, que l'auteur, M. *John Cutler*, annonce être très-économique, est d'avoir un foyer qui se lève et se baisse à volonté, et maintient le combustible constamment à la même hauteur; elle est entièrement en fonte, et ressemble aux cheminées ordinaires à charbon de terre. Le prince régent d'Angleterre l'avait fait établir dans son palais de Carleton-House.

Pour faire usage de la nouvelle cheminée, on fait descendre le fond mobile, on remplit de charbon le foyer inférieur, formé de ce fond et des plaques, on en met également dans le foyer supérieur, et on l'allume; la combustion est favorisée par le courant d'air qui traverse l'ouverture; celui qui passe par la petite ouverture y enlève la cendre du foyer et sert à activer le feu. A mesure que le charbon se consume, on presse sur la broche, on dégage le déclic, et, par le moyen de la manivelle, on fait tourner les pignons et l'axe, et on élève ainsi la barre et la plaque mobile chargée de combustible. Lorsqu'on veut éteindre le feu, il suffit de descendre le fond mobile dans le foyer inférieur, qui, étant privé d'une communication directe avec le tuyau de la cheminée, ne permet pas au charbon de brûler.

L'auteur pense qu'au lieu de faire monter le charbon dans le foyer, on pourrait établir le réservoir au-dessus ou à côté, et le faire descendre par un plan incliné.

Quant aux dimensions de ces cheminées, elles sont arbitraires; on peut les établir dans toutes les localités; elles offrent de l'économie et l'avantage de se débarrasser de la poussière noire et extrêmement ténue qui s'élève de la houille en combustion et salit les meubles des appartements.

ARTICLE 16.

Cheminée à double foyer, par MANSARD.

Cette cheminée est économique; on peut l'employer avantageusement dans les maisons neuves en les construisant. Sup-

(1) *Bulletin de la Société d'Encouragement*, quinzième année, page 102.

posons une pièce adossée à un cabinet d'étude ou à une
chambre à coucher. Veut-on faire passer le feu d'une pièce
dans l'autre, il ne faut que faire tourner le foyer tout entier
avec le feu. Cela se fait facilement, parce que le foyer porte
dans la partie supérieure sur une vis sans fin, jouant dans un
châssis de fer qui traverse le conduit de la cheminée, et dans
la partie inférieure, cette cheminée mobile porte sur un pivot scellé au plancher. Toute cette machine tourne avec la
plus grande facilité sur ces deux points d'appui, et elle s'ajuste
exactement au parement de la cheminée.

ARTICLE 17.

Autre Cheminée à double foyer.

Voici une autre cheminée à double foyer moins compliquée,
et dont la dépense de construction est bien inférieure à celle
ci-dessus ; le foyer, étant ouvert, est commun aux deux pièces qu'il convient d'échauffer ; dans le milieu du tuyau, à 7
ou 8 pieds ($2^m,50$) du sol environ, selon que l'exige la différence de hauteur des plaques, est une poulie portée sur un
châssis de fer scellé dans les languettes ; une chaîne roule dessus, et, à son extrémité, sont attachées deux plaques de fonte
qui font contre-poids l'une à l'autre, sont maintenues et
glissent dans des coulisses placées aux quatre angles intérieurs
du tuyau.

Lorsqu'on veut disposer le feu pour en jouir dans une des
deux pièces, l'on baisse la plaque de derrière. Elle forme alors
le fond du foyer de la cheminée ; celle de devant se trouve
élevée ; son bord inférieur arrive de niveau au-dessous du
manteau.

Lorsqu'au contraire on veut changer le feu et le faire servir pour la pièce opposée, l'on baisse la plaque qui était rele-
vée, et elle devient à son tour le fond de la cheminée. Tout
ce mécanisme n'est pas plus difficile à concevoir que celui de
deux seaux qui montent au moyen d'une poulie et d'une
chaîne ; il n'y a que les coulisses de plus.

Cette cheminée, en raison de sa simplicité, est susceptible
d'être exécutée partout.

ARTICLE 18.

Cheminées à la Prussienne.

Ces cheminées sont construites en tôle, et sur des dimensions plus petites que les cheminées ordinaires, de manière à

pouvoir y être logées ; le devant est très-bas, et l'extrémité
supérieure terminée en pyramide ou en cône tronqué, et qui
s'introduit dans le canal de la cheminée en maçonnerie, est
couronnée par un couvercle ou trappe qui s'ouvre et se ferme
à volonté pour régler le tirage. Le peu d'économie qu'elles
présentaient dans l'emploi du combustible, et leur peu de
durée, en ont beaucoup diminué l'usage.

ARTICLE 19.

Cheminées à la Nancy.

Ces cheminées ont beaucoup de ressemblance avec les cheminées à la prussienne : comme celles-ci, elles sont en tôle,
et disposées de manière à être placées facilement dans une
cheminée ordinaire ; elles ont la forme d'un petit pavillon
carré, d'où pendent de chaque côté comme deux rideaux à demi
tirés et arrêtés, qui servent de jambages. Avant que Rumford eût fait connaître ses cheminées, on faisait un grand
usage de celles à la Nancy, surtout en Lorraine ; mais, depuis,
on a reconnu qu'elles étaient bien inférieures, pour l'économie du combustible, aux cheminées ordinaires modifiées, et
on les a abandonnées.

ARTICLE 20.

Cheminée à devanture en carreaux de verre (1).

Afin de supprimer le courant d'air qui enlève une si grande
partie de la chaleur d'un appartement chauffé par un foyer
de cheminée, mettre l'appartement a l'abri de la fumée et
conserver la vue du feu, M. Arnolt, médecin anglais, a fait
fermer sa cheminée en plaçant sur le devant un châssis en fer
garni de carreaux de verre pareils à ceux que l'on met aux
fenêtres, et ajusté de manière à intercepter toute communication de l'air de l'appartement avec le foyer. L'air nécessaire
à la combustion entre par un conduit qui vient aboutir sur le
devant du combustible, et dont on règle l'ouverture au moyen
d'une soupape, pour accélérer ou ralentir la combustion.

Ce châssis en fer doit être établi de manière qu'une partie
puisse s'ouvrir, afin de pouvoir placer le combustible dans le
foyer, arranger le feu, etc. ; à cet effet, un ou plusieurs carreaux peuvent être à charnières ; ou bien on compose le châssis de deux parties, dont l'une est glissante, et se lève ou se

(1) *Journal des Connaissances usuelles et pratiques*, mars 1817.

baisse à volonté à l'aide d'un mécanisme semblable à celui adapté aux cheminées à la Désarnod.

Les carreaux de verre du châssis apportent quelque obstacle au passage de la chaleur rayonnante ; mais ce désavantage est amplement compensé par la conservation de la chaleur produite dans l'appartement.

Il faut avoir soin que le châssis soit assez éloigné du feu pour qu'une chaleur trop subite ne fasse pas éclater les vitres, ou que le chute des tisons ne les brise. Afin d'éviter cet inconvénient, il faut placer devant les carreaux, du côté du feu, un treillage en fil de fer ou de laiton à grosses mailles.

Quant au renouvellement de l'air de l'appartement, on peut l'opérer en ouvrant les vitres à charnières du châssis ou en levant la plaque glissante de temps en temps et en laissant introduire l'air extérieur par les moyens que nous avons indiqués à l'article *Ventilation*, ou mieux, en établissant le châssis sur le devant d'une cheminée, telle que celle de Rumford perfectionnée. Les bouches de chaleur serviront à verser de l'air nouveau dans l'appartement.

ARTICLE 21.

Cheminées perfectionnées, par HIORT.

L'auteur a obtenu, le 8 novembre 1825, une patente pour la fabrication des briques des cheminées. Ce sont des prismes dans l'intérieur desquels un trou cylindrique est pratiqué, et dont chaque assise, coupée en quatre parties égales, est formée ainsi par la réunion de quatre briques ; il est facile d'apercevoir que cette patente est calquée sur le brevet d'invention, pris antérieurement à Paris par M. Gourlier, architecte. M. Hiort prépare en outre des briques semblables, dont l'une des faces planes d'une assise, au lieu d'être horizontale et parallèle à l'autre, est coupée obliquement comme une brique de voûte ; en sorte que, plaçant plusieurs des assises, les côtés minces en contact, soit à la partie inférieure, soit à la partie supérieure, soit d'un côté ou de l'autre, en posant alternativement dans la même direction un côté mince et un côté épais de chaque assise, on dirige à volonté un conduit de cheminée suivant toutes sortes de sinuosités, ou dans une ligne droite : enfin, l'auteur propose d'élever dans l'intérieur des cheminées rectangulaires anciennement construites, des conduits cylindriques avec ses briques moulées ; de cette manière, on aura un tirage plus constant et plus de facilité à opérer le ramonage mécanique, surtout si, comme il le suppose, les briques sont vernissées dans la tranche qui fait partie du conduit intérieur.

ARTICLE 22.

Cheminée économique mise à l'abri de la fumée;
par ARNUT (Pierre).

(Brevet d'invention.)

Planche V, figure 1re, coupe verticale de face.
Figure 2, vue extérieure de profil.
Fig. 3, coupe verticale de profil.
Figure 4, plan d'une portion de la cheminée.
Fig. 5, plan du foyer et coupe de la maçonnerie.
Fig. 6, 7 et 8, vue extérieure et coupe verticale, sur deux sens, du haut de la cheminée, surmontée du capuchon destiné à l'empêcher de fumer.
Figure 9, plan du capuchon.

Ce nouveau genre de cheminée est formé de tubes ronds ou carrés *a*, occupant très-peu d'espace et se plaçant dans l'épaisseur de la maçonnerie, qui n'offre d'ailleurs rien de particulier sur celle des cheminées ordinaires. ·

Les cheminées à la Rumford se font avec une embase en fer et non en pierre, composant un petit fourneau muni de deux portes semblables à celles des poêles, par lesquelles on allume le feu sans qu'on ait besoin de souffler; car aussitôt qu'on ouvre ces deux petites portes, dont une se voit en *b*, fig. 2, l'air s'introduit et allume le feu avec précipitation,

Pour établir le mouvement ascensionnel de la colonne d'air et empêcher la fumée de se communiquer dans l'appartement, on fait tomber un registre sur le devant de la cheminée, que l'on relève aussitôt que le courant est établi; alors, quelle que soit la quantité de feu qui existe, la fumée ne peut se faire jour ni pénétrer dans l'appartement de quelque manière que ce soit.

La partie qui s'élève au-dessus du manteau de la cheminée est de 66 centimètres (2 pieds) de largeur d'ouverture en dedans jusqu'à 25 centimètres (9 pouces) de profondeur, les tubes vont en diminuant par cinquième jusqu'au sommet, ce qui réduit le tuyau de la cheminée, y compris la maçonnerie, à 55 centimètres (20 pouces) de volume; on voit que, par ce moyen, on évite le désagrément de dévoyer les cheminées dans cette immense quantité d'appartements qui composent une grande maison.

Au-dessus de chaque cheminée est une tête c, à quatre faces, munies chacune d'une porte à charnière d, qui se ferme à tous vents, de manière à ce que l'air ne puisse s'introduire dans le tuyau, ce qui garantit la cheminée des désagréments provenant du voisinage d'une cheminée plus haute qui, très-souvent, communique l'action du vent dans celles qui se trouvent plus bas, et introduit ainsi la fumée dans les appartements.

Au-dessous de cette tête sont établis, dans l'épaisseur de la maçonnerie, des courants d'air qui permettent d'en changer à volonté, de sorte qu'un appartement qui ne serait pas destiné à cet usage recevrait, quel que soit l'emploi qu'on en ferait, le courant d'air qui lui serait nécessaire pour le rafraîchir et le préserver de la fumée.

ARTICLE 23.

Cheminée dite fumicalorique, *qui préserve de la fumée en même temps qu'elle renvoie beaucoup plus de chaleur que les autres dans les appartements où elle se trouve; par* LECOUSTINIER DE COURCY.

(Brevet d'invention.)

Le moyen employé pour empêcher cette cheminée de fumer, et pour lui faire rendre plus de chaleur aux appartements, consiste à boucher totalement son tuyau au-dessus de l'âtre ou foyer, en établissant sous la tablette un réservoir dans lequel la fumée est reçue pour y déposer la plus forte portion du calorique qu'elle contient, avant de se rendre, pour s'échapper, dans un ou deux conduits à soupapes, pratiqués à cet effet dans les côtés de l'âtre ou dans les jambages de la cheminée.

La chaleur se communique en outre par une, deux ou trois ouvertures pratiquées sous la base du foyer.

ARTICLE 24.

Cheminées portatives en tôle, en fonte, ou en terre cuite, qui se placent dans les cheminées ordinaires, et qui sont revêtues intérieurement d'une couche de ciment et partie combustible; par M. Julien LEROY.

(Brevet de perfectionnement et d'addition.)

Ces cheminées sont composées d'une enveloppe extérieure de tôle, de fonte ou de terre cuite; l'intérieur est revêtu

d'une couche de ciment composée de terre franche, de poussier, de mâchefer, de terre glaise et de plâtre. La propriété
de ce ciment est d'être en partie combustible, c'est-à-dire
que le charbon ne s'éteint pas par son contact.

La forme de ces cheminées, comme le montrent les dessins figures 14, 15, 16, 17 et 18, planche V, est celle d'une
niche dont les courbes sont paraboliques; la grille est posée
transversalement sur le devant et s'élève jusqu'aux deux tiers
de sa hauteur.

Les propriétés principales de ce genre d'appareils sont :

1° De pouvoir s'introduire dans les autres cheminées, même
dans celles dites à la *prussienne*, sans qu'on soit obligé à aucune réparation préalable, et de se transporter d'une cheminée dans une autre, lors même qu'elle contient du feu;

2° De rendre les chenets et le garde-feu inutiles;

3° De répandre trois fois plus de chaleur que les cheminées connues, avec la même quantité de combustible, et de
diriger vers les pieds la chaleur qui se communique dans
l'appartement; cet effet provient de ce qu'il n'y a pas de
courant d'air, comme dans toutes les cheminées à grille ou à
ventouses;

4° D'être propres à l'usage de la cuisine par l'emploi du
charbon de terre qui, pendant sa combustion, ne répand aucune odeur;

5° De pouvoir être employées dans tous les grands établissements qui exigent les soins de feutiers;

6° De pouvoir garantir de la fumée par le plus ou le moins
d'introduction, d'abaissement ou d'élévation de ces chemi-
minées; cette propriété est due à ce qu'elles sont fumivores
à plus des deux tiers de leur hauteur, et que la courbe supérieure étant très-échauffée, dilate davantage la fumée, qui
déjà est rendue à une hauteur suffisante pour qu'elle ne re-
descende pas, quand d'ailleurs sa dilatation est la cause première de sa vitesse ascensionnelle.

C'est ce principe dont l'application sert de bases aux cheminées à tuyaux formant poêle, tel qu'on le voit fig. 19, 20,
21, 22, 23 et 24. Ce même principe amène naturellement
à imaginer une plaque de cheminée, soit en tôle, soit en fonte,
garnie du ciment dont il a été parlé plus haut, et dans le
genre de celle que l'on voit par l'inspection des fig. 25, 26,
27 et 28. Cette plaque, que l'on aperçoit sous la lettre *a*,
et à laquelle on donne une courbe parabolique, se trouve

mobile en *b*, de manière à pouvoir s'incliner plus ou moins à l'aide d'une crémaillère *c;* par cette disposition, la chaleur est réfléchie, et la plaque échauffée donne à la fumée plus d'intensité et au tuyau de la cheminée plus d'aspiration. Cette plaque peut être construite en grille et garnie avec le même ciment. Il peut y avoir également une grille parallèle à la plaque de cheminée, dans laquelle on mettrait du charbon de terre qui viendrait s'appuyer sur les bûches qui se trouveraient dans le foyer.

Le charbon de terre a l'inconvénient de faire beaucoup de poussière, à cause de la quantité de cendre qui résulte de sa combustion ; j'enlève cette cendre, en évitant la poussière, au moyen du seau représenté fig. 29 et 30, qui sert lui-même de pelle. Au fur et à mesure que la cendre s'introduit dans ce seau, le couvercle se ferme hermétiquement, et, comme la cendre est remplie d'une grande quantité de charbon déjà carbonisé, qu'il est économique de brûler, il se trouve à sa hauteur une grille postiche qui sépare la cendre des morceaux carbonisés.

Les figures 31 et 32 représentent, sur deux faces, un gril destiné à tenir les viandes entre ces deux parties, et à les faire cuire verticalement, en les accrochant aux barreaux de la cheminée.

ARTICLE 25.

Cheminée portative fumivore perfectionnée, entièrement en métal, par M. André MILLET.

(Brevet d'invention.)

Cette cheminée est destinée à être logée dans une cheminée ordinaire d'appartement, de manière à en occuper l'espace et à la boucher entièrement sans qu'il soit nécessaire d'employer aucune espèce de maçonnerie, et sans qu'on soit obligé de faire aucune démolition pour l'enlever. Toutes les parties qui la composent sont en métal, et les faces qui se présentent à la vue, lorsque cette cheminée est en place, et qui sont destinées à renvoyer dans l'appartement la chaleur du foyer, peuvent être en tôle, en cuivre, et même en plaqué.

Explication des Figures.

Figure 33, planche V, vue de face de cette cheminée.
Figure 34, vue de profil.

Figure 35, coupe verticale de profil par le milieu de la chéminée.

Figure 36, section horizontale à environ 15 pouces au-dessus de l'âtre.

a b c, cadre en métal formant la partie antérieure qui s'emboîte exactement entre les chambranles et le manteau d'une cheminée ordinaire d'appartement. Ce cadre est formé de deux montants *a c* assemblés à onglet à leur extrémité supérieure par la traverse *b*; les deux montants *a c* sont élevés sur les embâses *d e*, également en métal, et posant à terre.

f, g, deux plaques en métal formant les côtés latéraux de la cheminée, et disposées convenablement pour renvoyer la chaleur dans l'appartement; ces plaques sont, à leur arête supérieure, reployées et rivées sur une troisième plaque *h*, figure 32 et 35, formant le contre-cœur.

i, k, deux plaques découpées de manière à former ornement; ces plaques, qui sont appliquées contre les côtes *g*, de la cheminée, posent à terre, et sont repliées par le bas de manière à embrasser et serrer les plaques *f g*.

l, cadre en métal formé de trois pièces réunies à onglet, et déterminant l'ouverture du foyer suivant la longueur du bois.

m, deux boîtes verticales formant coulisses : elles sont formées chacune d'une plaque de tôle ployée en quatre endroits et présentant deux rebords sur l'un desquels est soudé l'un des montants du cadre intérieur *l*.

n, o, deux plaques placées l'une derrière l'autre, et dont les extrémités latérales sont logées dans les boîtes *m*, où elles montent et descendent à volonté.

La plaque *o* porte, par derrière, deux ressorts à deux branches qui appuient contre la face intérieure des boîtes *m*, et obligent la plaque *o*, sur laquelle ils sont fixés, à exercer contre la plaque *n* une pression suffisante pour empêcher cette plaque de descendre d'elle-même dans les coulisses *m*.

Une chaîne *p*, figure 35, est attachée d'un bout à l'extrémité supérieure et sur le milieu de la plaque *n*, et de l'autre bout à un anneau *q* fixé au milieu de la plaque *o*.

r, bouton attaché au bas de la plaque *o*, et à l'aide duquel on élève et on abaisse à volonté la plaque *o* dans la coulisse *m*; cette plaque, en s'élevant, rencontre le bord *s*, figure 35, rabattu au sommet de la plaque *n* et oblige cette plaque à s'élever jusqu'à ce qu'elle rencontre le dessous d'une traverse *t*,

figures 34 et 35, qui assemble les extrémités supérieures des
boîtes à coulisses *m*. Dans ce cas, la cheminée se trouve entièrement bouchée; lorsqu'au contraire, on abaisse la plaque
o, en appuyant sur le bouton *r*, cette plaque descend seule
jusqu'à ce que la chaîne *p* se trouve tendue; alors elle entraîne avec elle la plaque *n*, de sorte que, quand le bouton *r*
est arrivé sur le sol, l'ouverture du foyer, déterminée par le
cadre *l*, se trouve entièrement bouchée.

Au lieu de se servir du moyen que l'on vient d'indiquer
pour manœuvrer les plaques *n*, *o*, on pourrait faire usage d'une
ou de deux chaînes guidées par des poulies; ces chaînes seraient
attachées d'un bout aux plaques *n*, *o*, et porteraient à l'autre
bout un contre-poids.

u, figure 35, enveloppe en fonte destinée à boucher entièrement la cheminée par derrière; elle est formée d'une
plaque de fonte arrondie par le haut, et dont l'extrémité supérieure repose sur la traverse *t*. Les deux côtés de cette
plaque sont recourbés à angle droit, de manière à former une
boîte ouverte d'un côté pour recevoir entre ses côtés latéraux
les deux rebords *v* de derrière les boîtes à coulisses *m*, comme
le montre la figure 4, où l'on voit, en plan et en ponctué, un
fragment des deux côtés de l'enveloppe ou capote *u*.

x, figures 2, 3 et 4, écrous servant à réunir, d'une manière
invariable, les rebords des plaques *f*, *g*, *h* avec les trois parties *a*, *b*, *c*, qui composent le cadre extérieur, et avec les bases *d*, *e*, sur lesquelles repose ce cadre.

y, figures 34 et 35, bande de tôle fixée horizontalement contre la face intérieure des boîtes à coulisses *m*; elle est courbée
à angle droit à chacune de ses extrémités pour embrasser ces
boîtes et en maintenir l'écartement. L'extrémité inférieure du
contre-cœur *h* est assemblée sur cette bande de tôle par des
clous rivés.

z, figures 34 et 36, deux attaches en fer servant à former et
consolider l'assemblage des côtés *f*, *g* de la cheminée avec les
boîtes à coulisses *m*.

Les avantages de cette cheminée sur toutes celles adoptées
jusqu'à présent consistent:

1° Dans la facilité qu'elle a de pouvoir se placer, sans aucune espèce de maçonnerie, dans toutes les cheminées d'appartement existantes, dont l'ouverture est égale ou est moindre que les dimensions du cadre *a*, *b*, *c*, que l'on peut d'ailleurs

démonter à volonté pour le remplacer par un cadre plus haut et même plus large ;

2° Dans l'avantage qu'elle présente de pouvoir être emportée d'un endroit dans un autre sans qu'on soit obligé de faire aucune espèce de démolition ;

3° Dans la disposition des ressorts appliqués contre le derrière de la plaque *a* qui procure une douceur, une régularité et une facilité extrêmes dans la manœuvre des deux plaques *n, o*, qui ne peuvent, par ce moyen, ni faire de bruit, ni vaciller en aucune manière par l'action du vent refoulé dans la cheminée ;

4° Enfin, dans la disposition de l'enveloppe mobile ou capote *u*, qui, par sa forme de capuchon, oblige la flamme à dévorer complètement la fumée, avant que cette fumée ne s'échappe de côté au-dessus de la plaque *n* pour se rabattre sur le derrière du contre-cœur, où elle dépose encore un reste de chaleur qui tourne en partie au profit de l'appartement.

L'enveloppe ou capote *u* se rejette tout-à-fait en arrière avec la main contre le mur qui forme le fond de la cheminée de l'appartement pour faciliter le ramonage et le service de la cheminée.

Premier brevet de perfectionnement et d'addition, du 28 août 1828.

Ces perfectionnements consistent : 1° à supprimer, si l'on veut, dans la cheminée représentée par les figures qui précédent, toute la partie avancée désignée par les lettres *a, b, c, d, e, f, g, h, i, k, l*, afin de permettre à chacun, tout en faisant usage de la cheminée fumivore portative, de faire établir cette partie avancée en métal, en maçonnerie, en faïence, et en général d'une manière quelconque, suivant les localités et les goûts ; 2° dans le moyen de faire jouer les deux plaques disposées verticalement à coulisse en avant du foyer et servant à régler la quantité d'air qu'il convient de donner à la combustion par un poids à coulisse logé d'une manière invisible dans l'épaisseur du contre-cœur, et remplaçant les ressorts placés derrière la plaque *o* des figures qui précèdent.

Explication des figures qui représentent ces changements.

N. B: Pour rendre cette explication plus claire, et pour qu'on puisse mieux établir la comparaison entre les nouvelles dispositions et les anciennes, nous placerons les lettres qui se trouvent déjà dans ces quatre premières figures sur les parties des figures

suivantes qui sont les mêmes et qui sont déjà décrites. Nous ne parlerons alors que
des changements qui seront indiqués par des lettres différentes.

Figure 37, vue de face de la cheminée fumivore portative
perfectionnée.

Figure 38, coupe de profil par le milieu.

Sur le derrière de l'enveloppe ou capote de fonte u, on a
pratiqué un renfoncement a^2, qui se trouve recouvert et masqué par une plaque de tôle ou de fonte b^2, qui se loge dans une
feuillure pratiquée au pourtour du renfoncement ; cette
plaque, portant une poignée c^2, qui permet de l'enlever et
de la remettre à volonté, est retenue en place par quatre petits tourniquets d^2, qui sont attachés d'un bout sur la face
intérieure de la capote u, et que l'on fait tourner à volonté
avec le premier doigt et le pouce.

e, poids glissant à plat sur la plaque b dans toute la longueur
de la boîte invisible a^2 jusqu'à ce qu'il soit arrêté par le fond
f^2 de cette boîte.

g^2, chaîne attachée d'un bout au poids e^2 ; son autre extrémité porte un crochet h^2 en forme d'S qui s'accroche à un
piton fixé à la plaque mobile o ; en faisant monter le bouton
r, le poids descend et la plaque demeure suspendue à toutes
les hauteurs où on la place. L'extrémité supérieure de la
plaque inférieure o, venant à rencontrer le rebord s formant la
partie supérieure de la première plaque mobile n ; si l'on continue à élever le bouton r, on fait monter à la fois les deux
plaques n, o qui se trouvent toujours suspendues à toutes les
hauteurs de leur course.

Lorsque, dans le mouvement ascensionnel des deux plaques n, o, le rebord s de la plaque n rencontre la face de dessous de la traverse t, la cheminée se trouve entièrement bouchée, et l'air extérieur ne peut plus y pénétrer ; dans ce cas,
la base du poids e^2 repose sur le fond f^2 de la boîte a^2.

La chaîne g^2 passe sur la poulie i^2 qui tourne sur son axe,
dont les tourillons sont retenus sur la capote u.

k^2, crochet servant à réunir à volonté la capote u avec la
boîte à colisse m ; il y en a un pareil de chaque côté de la
cheminée intérieurement.

Lorsqu'on veut nettoyer cette cheminée, on sépare la chaîne
g^2 de la plaque o en décrochant l'S ou crochet h^2 ; le poids
descend alors dans le fond de la boîte ; ou bien, si on le préfère, on accroche l'S au crochet c^2, et le poids demeure suspendu au milieu de la boîte. Soit que l'on agisse de l'une ou

de l'autre de ces deux manières, lorsqu'on a décroché la chaîne
g^2 de la plaque *o*, on repousse la capote *u* en tenant la poignée c^2; on rejette cette capote en arrière, et le ramoneur se
trouve avoir suffisamment de place pour s'introduire dans le
tuyau de la cheminée et y faire son service.

Deuxième brevet de perfectionnement et d'addition, du 28 avril 1829.

Ce perfectionnement consiste dans l'addition d'une plaque
de tôle ou de fonte mobile pouvant s'éloigner ou se rapprocher à volonté du contre-cœur, et établissant un double courant d'air qui a la propriété d'enflammer avec la plus grande
promptitude le combustible, dont on peut, à son désir, renvoyer toute la chaleur dans l'appartement.

La figure 39 représente, en coupe verticale de profil, une
cheminée semblable à celle figure 6, munie de ce perfectionnement qui est représenté par des lignes courbes ponctuées *a, b*.

La figure 40 montre de face une portion de la plaque mobile qui compose le nouveau perfectionnement.

a, figures 39 et 40, équerre en fer ou en fonte, dont une des
branches est courbe ; il y en a une semblable de fixée contre
la face intérieure de chacun des côtés de la cheminée.

b, plaque mobile d'une courbure qui correspond à celle de la
branche supérieure de chacune des équerres *a*; elle est destinée à établir à volonté le double courant d'air ou tirage ; son
extrémité supérieure pose simplement contre les extrémités
supérieures des équerres *a*, et sa base repose , à droite et à
gauche de la cheminée, sur la branche horizontale des équerres.

c, bouton ou poignée que l'on fixe à un endroit quelconque de la plaque *b*, et qui sert, à l'aide de la pincette, à
faire courir à volonté cette plaque le long des branches horizontales des deux équerres.

Il résulte de cette nouvelle disposition qu'en tirant à soi graduellement le bouton *c*, on augmente à volonté le passage *d,*
par où s'opère le principal tirage. La limite de la grandeur
de ce passage est fixée par l'angle de deux branches des équerres *a* contre lequel vient s'arrêter la plaque mobile *b*; l'ouverture *d* diminue, et elle se trouve tout-à-fait bouchée lorsque
le bord inférieur de la plaque *b* vient appuyer sur la plaque
b^2 du renfoncement a^2. Dans ce cas, le tirage qui avait lieu

par l'ouverture *d* n'existe plus, toute la chaleur est renvoyée dans l'appartement par la plaque *b*, et la fumée qui s'élève du foyer trouve en *e* une issue de 27 millimètres (1 pouce) de large sur toute la longueur de la plaque *b*, comprise entre les deux équerres par où elle s'échappe dans le tuyau de la cheminée.

Cheminées portatives de M. MILLET. — *Rapport de* M. DEROSNE.

Dans la cheminée primitive de M. Millet, ainsi que dans celles de M. Désarnod, l'issue pour la fumée restait toujours la même, quelle que fût l'ouverture que l'on donnât aux plaques mobiles de la devanture.

Les dispositions de la cheminée nouvelle de M. Millet sont telles que, lorsqu'on lève les plaques de cette devanture, on rétrécit d'autant l'issue de la fumée, et on parvient à ne donner à cette issue que le strict nécessaire.

Dans d'autres cheminées, déjà très-multipliées, on se sert bien d'une plaque mobile qui donne à l'issue de la fumée telle ouverture que l'on veut, mais elles ne réunissent pas l'avantage de celles de M. Désarnod, c'est-à-dire celui des plaques mobiles qui permettent de donner immédiatement le degré de tirage que l'on désire; aussi présentent-elles fréquemment l'inconvénient de fumer au moment où l'on allume le feu, c'est-à-dire où le courant d'air n'est pas encore établi.

Dans les cheminées primitives de M. Millet, comme dans celles de M. Désarnod, en baissant les plaques mobiles, on déterminait bien le tirage immédiat, mais alors on ne voyait pas ou presque pas le feu; lorsqu'on levait ces plaques, l'issue pour la fumée restant toujours la même, on avait l'inconvénient des cheminées ordinaires, c'est-à-dire qu'il s'établissait au-dessus du combustible un grand courant d'air en pure perte pour la combustion, et qui ne servait qu'à évacuer sans cesse le calorique qui devrait rester dans l'appartement, joint à l'inconvénient de produire souvent de la fumée.

Avec la modification apportée par M. Millet, une fois que le tirage est bien déterminé, on lève plus ou moins les plaques, on rétrécit par conséquent proportionnellement l'ouverture pour l'issue de la fumée, et alors il n'y a plus une évacuation aussi considérable d'air chaud que celle qui a lieu dans les cheminées ordinaires.

Les dispositions adoptées par M. Millet sont telles que le ré-

trécissement de cette issue pour la fumée est tout-à-fait facultatif, c'est-à-dire qu'on peut la fermer tout-à-fait, ou seulement partiellement. Mais, comme il pourrait être dangereux
de fermer entièrement l'issue d'une cheminée contenant encore de la braise ou des charbons incandescents, jamais, dans
celles de M. Millet, la fermeture n'est complète par le simple
jeu des plaques à coulisses : de sorte que, par maladresse ou
inadvertance, on ne peut pas donner lieu à des accidents toujours graves. La fermeture complète de la cheminée ne peut
avoir lieu que par suite d'une volonté bien prononcée et au
moyen de deux verroux qu'on ne peut manœuvrer que par un
mouvement spécial tout-à-fait indépendant du jeu des plaques
mobiles : cette fermeture complète ne doit avoir lieu que lorsqu'il n'y a plus du tout de feu, et pour empêcher le renouvellement de l'air dans l'appartement quand on cesse momentanément de l'habiter. Cette nouvelle disposition, très-
ingénieuse, donnée à l'appareil de M. Millet, lui procure
donc l'avantage de chauffer réellement mieux que ses cheminées primitives, et même que les autres cheminées connues,
qui ne font pas en même temps fonctions de poêles, comme
celles de Désarnod et autres.

Persuadé que le bas prix est une des conditions essentielles
que doit réunir tout appareil qu'on veut rendre populaire,
M. Millet s'est efforcé de conserver ce précieux avantage à sa
nouvelle cheminée, qui peut se placer à volonté dans toutes les
anciennes cheminées moyennant une dépense très-modique.

La partie essentielle de cet appareil, qu'il appelle *contre-
cœur*, se vend seule 40 francs, et, quelles que soient les dimensions des cheminées, il se charge de l'établir, avec une
devanture en plâtre, moyennant 5 francs, et moyennant 10
francs pour une devanture en marbre factice, plus 3 francs
pour les jours et les croissants en cuivre; de sorte que, pour
45 francs au moins et 53 francs au plus, on peut avoir l'appareil de M. Millet placé dans les plus grandes cheminées.

M. Millet établit à volonté des devantures en tôle, fonte,
cuivre et plaqué; mais ce travail, étant une affaire de fantaisie et de luxe, se paie à part, et il n'en fait mention ici que
pour mémoire.

Un très-grand avantage de la cheminée de M. Millet est
donc de constituer un meuble qui, comme un poêle, peut s'enlever à volonté et être replacé moyennant une très modique
somme, ce qui en permet l'acquisition aux plus médiocres
fortunes.

ARTICLE 26.

Cheminée fumifuge, par M. Michel Ouoo.

(Brevet d'invention.)

DESCRIPTION.

Figure 41, vue de face d'une cheminée surmontée de l'appareil destiné à l'empêcher de fumer.

Figure 42, coupe horizontale montrant le plan de l'âtre,

a, plaque en fonte horizontale sur laquelle se fait le feu.

b, 2° plaque en fonte placée verticalement au fond de la cheminée pour recevoir la flamme.

c, 3° plaque en fonte placée verticalement à la distance de 8 à 11 centimètres (3 à 4 pouces), plus ou moins, de la plaque *b*, exactement ajustée par 6 vis. Afin d'empêcher l'attraction de l'air, on pratiquera du côté *de* un dormant en plâtre ; d'ailleurs cette planche peut être tout incrustée, mais, dans ce dernier cas, elle est beaucoup plus incommode pour le ramonage.

f, ouverture réservée au sommet de la plaque *c*.

g, porte ouverte, aux côtés de laquelle s'élèvent obliquement de petits murs *h* en maçonnerie qui tiennent à la plaque *b*.

Figure 43, petit tirant en cuivre à vis, tenant à un registre de forme triangulaire placé à l'ouverture *f*, et servant à régler le courant d'air de la cheminée.

i, fig. 41, tuyau cylindrique en briques de 36 centimètres (14 pouces) de diamètre, surmonté d'une calotte.

k, calotte qui porte 4 tuyaux *l* recourbés en contre-bas et par lesquels sort la fumée.

Figure 44, plaque circulaire en fer percée de 4 trous ronds, et munie d'une petite barre de fer fixée à cette plaque par 4 clous, ayant une vis à chacune de ses extrémités. Cette plaque se place horizontalement et intérieurement au fond du tuyau ; sa fonction est d'empêcher l'air d'entrer avec violence par les tuyaux dominés par le vent ; c'est ce qui fait que l'air qui entre par la petite porte *g*, étant raréfié par le feu, tout l'air est repoussé avec violence, et la fumée sort avec la plus grande facilité.

La girouette n'est sur la calotte que pour le coup-d'œil ; cependant, si une cheminée était dominée par les vents et par sa mauvaise construction, surtout celle des grandes cuisines, on devrait placer un tuyau proportionné à la cheminée et une calotte mobile avec un seul tuyau sur lequel il y aurait une girouette soudée, le tout en fer et disposé comme la figure 45; dans ce cas, la plaque *fig.* 44 sera remplacée par celle que l'on voit *fig.* 46, qui n'est autre chose qu'un cercle avec une barre servant d'appui à l'axe de la calotte.

ARTICLE 27.

Appareil fumifuge propre à être adapté, à peu de frais, à toutes les cheminées pour les empêcher de fumer, par M. Raymond GASTON.

(Brevet d'Invention.)

Figure 47, sommet d'un tuyau ordinaire de cheminée muni de l'appareil fumifuge vu en élévation.

Figure 48, plan de la fig. 47.

a, cylindre présentant la partie supérieure de la cheminée.

b, cylindre enveloppant la tête du tuyau *a*.

c, espace réservé entre le cylindre extérieur *b* et le tuyau *a* de la cheminée.

d, supports du cylindre *b* scellés au pourtour du tuyau *a* de la cheminée.

e, *f*, *g*, trois demi-cylindres creux placés sur le sommet du cylindre *b*, et formant mitres; les deux demi-cylindres *f*, *g* sont recouverts par le troisième *c* qui est plus grand.

Effets. La colonne d'air qui est renfermée dans le tuyau *a* de la cheminée, étant plus ou moins comprimée, se dilate nécessairement lorsqu'elle est parvenue à l'orifice supérieur de ce tuyau et qu'elle entre dans le cylindre *b*, qui lui présente une capacité plus grande qui l'environne de tous côtés, et qui s'oppose à l'action de l'air extérieur, principale cause de la fumée.

Mais, l'objet le plus puissant pour empêcher la fumée, c'est que le tuyau *b* descend d'un tiers environ de sa hauteur plus bas que le sommet du tuyau *a*; alors l'air, resserré dans l'espace vide annulaire *c*, se trouve forcé de prendre la direction verticale; il a, par cela même, beaucoup plus de force et contribue puissamment à chasser la fumée dès qu'elle arrive dans le grand cylindre *b*.

Indépendamment de cela, l'orifice intérieur du tuyau de la cheminée qui communique avec l'air de l'appartement reoit la fumée resserrée par une plaque disposée obliquement et dirigée vers le centre du foyer à la distance d'un tiers à-peu-près de la profondeur du devant de la cheminée, à partir de son manteau supérieur jusqu'au foyer. L'air, ainsi comprimé, agit avec plus de force ; il entre plus rapidement avec la fumée dans le tuyau *a* qui renferme la colonne d'air raréfié par le feu et s'élève beaucoup plus facilement vers l'orifice extérieur du tuyau *b* par lequel il s'échappe sans difficulté.

Si l'orifice extérieur de la cheminée avait la forme triangulaire, comme le montrent, en élévation et en plan , les figures 49 et 50, les demi-cylindres concaves qu'on voit en *e, f, g,* fig. 47 et 48, se répéteraient plusieurs fois, comme le montre la fig. 49, sur l'enveloppe du tuyau de la cheminée qui, dans ce cas, au lieu d'être cylindrique, aurait les figures d'une boîte rectangulaire.

ARTICLE 28.

Cheminées irlándaises.

F. GRAY (Traité pratique de Chimie appliquée aux arts) rapporte que M. Buchanan, dans son Essai sur l'Economie du combustible, dit qu'en débarquant en Irlande, il fut frappé de l'excellente construction de la cheminée de l'auberge où il logea. Il crut d'abord qu'elle était de l'invention de l'hôte ; mais, à son grand étonnement, il trouva de ces cheminées partout. Les figures 51 et 52 nous les montrent l'une vue de front, l'autre une section verticale de ces cheminées bien calculées pour remédier à l'ennui de la fumée et économiser le combustible. Le foyer a beaucoup de largeur et peu de profondeur , afin de présenter à la chambre la plus grande surface de feu , d'où il résulte plus de rayonnement, et conséquemment plus de chaleur. La partie supérieure de la cheminée est partiellement fermée par des plaques de grès qui forment une voûte, et dans le mur de derrière on a pratiqué une niche ovale , comme on le voit fig. 52 ; enfin, l'on donne à la gorge une section très-petite , afin d'augmenter la vitesse du tirage et accélérer la marche de la fumée.

ARTICLE 29.

Cheminée du Staffordshire.

A Birmingham et dans les environs de cette ville, si éminemment manufacturière, on trouve à-peu-près le même système de cheminées. La figure 53 (même ouvrage) indique la manière dont sont placées les grilles qui servent à brûler la houille ou le coke. La place destinée à recevoir la grille des cheminées ordinaires est ici complètement bouchée par un mur élevé dans la partie du manteau ; on n'y laisse qu'un petit passage pour la fumée, un peu au-dessus de la grille, qui, comme on le voit, s'avance de toute sa profondeur dans l'intérieur de la chambre. Les dimensions du passage pour la fumée ne varient guère en raison de celles de la grille ; terme moyen, elles sont d'environ 27 centimètres (9 pouces) en carré.

Lorsque le réduit destiné à la grille est trop grand, quand, par exemple, on désire de la cuisine d'une vieille maison de faire un salon, ou bien encore que l'on veut économiser le combustible, on fait construire un tuyau derrière la grille qui va se rendre à la gorge de la vieille cheminée, et les espaces latéraux servent d'étuves ou d'armoires pour les substances qui ne peuvent être exposées à l'humidité sans se détériorer.

Cette méthode est bien préférable pour les foyers ouverts sur lesquels on brûle la houille ou le coke, à celle de Rumford. A la coûtume générale de vouloir voir la flamme des foyers, il a fallu sacrifier économie, convenance et propreté. Cependant, tout le monde peut se convaincre que le chauffage, au moyen de poêles, de bouches de chaleur, par les tuyaux à vapeur, etc., est préférable, sous plusieurs rapports, à la méthode des foyers ouverts qui donnent lieu à une si grande déperdition de calorique. Bien plus, les courants d'air qui s'établissent dans les chambres chauffées par des cheminées sont si défavorables qu'il arrive souvent qu'on est brûlé par-devant, tandis qu'on est gelé par derrière; ce qui, en d'autres termes, annonce une grande différence de température, même dans un petit espace de la pièce, inconvénient que n'ont pas les poêles.

ARTICLE 30.

Cheminée de sir George d'Onesiphorus Paul.

La cheminée-poêle de sir George Onesiphorus Paul, dont on fait usage à la prison de Gloucester, est un appareil curieux qui peut servir à la fois de cheminée ouverte, de poêle et de ventilateur.

La figure 54 en donne une vue en perspective.

a, est le foyer dont les dimensions sont moyennes;

b, est une grille qu'on y place, dont les côtés *n n* la dépassent de 68 millimètres (2 pouces 1/2).

c c, sont deux portes battantes qui ferment le cendrier.

d d, deux portes semblables qui ferment le devant de la grille:

e, porte qui ferme le dessus de la grille lorsqu'on veut obtenir un fort tirage ; la fumée se dirige alors par l'ouverture *h*, et la porte sert à réchauffer des plats au besoin.

f, est une barre plate qui se projette de 68 millimètres (2 pouces 1/2) en avant de la grille et sert de panneau pour les portes supérieures et inférieures ;

g g, ouverture du cendrier communiquant avec des tuyaux pour le passage de l'air, ouvrant par derrière ou sur les côtés.

h, ouverture dans le conduit de derrière qui sert de passage pour la fumée quand la porte *e* est fermée.

i, double registre qui sert à fermer le conduit de derrière quand la grille est ouverte, ou le conduit de devant, quand le tirage par derrière devient nécessaire, ou enfin pour empêcher la chaleur de s'échapper par la cheminée.

Les trous *g g* doivent être munis de rebords saillants de quelques centimètres (pouces), qui reçoivent les tuyaux pour le passage de l'air, et on adapte en *g g* à l'intérieur des portes qu'on ferme quand celles de la grille sont ouvertes ; en effet, dans ce dernier cas, il n'y a presque point de tirage à travers les tuyaux, et la poussière ou la cendre les traverserait sans cette précaution et se répandrait dans la chambre. Les tuyaux fixés dans les rebords se prolongent dans une direction quelconque, soit de bas en haut, où ils vont assainir les chambres inférieures, soit vers le plafond de la chambre même où est le foyer ou toute autre chambre supérieure.

Il est nécessaire, dans tous les cas, de diriger de bas en haut la première pièce du tuyau, afin d'empêcher les étincelles des petits charbons allumés de descendre dans les chambres inférieures lorsque le tuyau total est dirigé de haut en bas. L'expérience a démontré que la pente était assez forte pour prévenir les accidents, en élevant la partie inférieure du tuyau à la hauteur du bord supérieur des rebords qui le reçoivent. Le peu d'élégance de cette cheminée est sans doute un grand obstacle à ce qu'elle soit adoptée ; il nous paraît cependant facile de remédier à ce défaut.

ARTICLE 31.

Perfectionnement de Perkins dans les cheminées des Forgerons.

Si la science mérite nos respects, c'est surtout lorsqu'on la fait servir à l'assainissement des travaux de ces hommes vraiment utiles qui supportent les charges les plus pénibles de la société, et participent si faiblement à ses avantages, Aussi, quoique M. Perkins n'ait fait qu'appliquer aux ateliers de forgerons le principe de Rumford sur la construction des cheminées, la philantrophie ne lui en doit pas moins de la reconnaissance.

Dans les forges ordinaires, le manteau de la cheminée est placé à 2 ou 2 mètres 60 centim. (6 où 8 pieds) au-dessus du foyer, et le courant d'air ne s'établit que très-difficilement, la fumée a eu le temps de se dissiper avant d'être entraînée par le courant d'air chaud : de là des maladies assez fréquentes ; M. Perkins place la cheminée derrière le foyer, et le courant d'air une fois établi, toute la fumée, tout l'acide sulfureux se trouvent emportés par le courant.

M. Darcet avait employé, plusieurs années auparavant, une cheminée d'appel pour enlever les vapeurs mercurielles des ateliers de Dorme, construite d'après le même principe.

ARTICLE 32.

Moules, ustensiles et procédés propres à confectionner des cheminées et fourneaux, entièrement en matières combustibles destinées à brûler pendant plusieurs jours; pour le chauffage des habitations et la fonte des métaux; par JULIEN LEROY, *mécanicien.*

(Brevet d'invention.)

Les figures 55, 56, 57, 58, 59, 60, 61 et 62, planche VI, représentent les différentes formes de plusieurs briquettes dont l'assemblage symétrique peut former une voûte en demi-ruche : on en voit un exemple dans le plan *fig.* 63.

Pour former la base de cet assemblage, on pose sur l'âtre sept briquettes ; sur celles-ci, on en pose six autres, de manière à ce que les jointures ne se rapportent pas sur ces dernières ; ou en pose cinq de la même manière, ensuite quatre, trois, deux et une : si on voulait que la voûte fût plus élevée, on pourrait doubler le premier rang de sept.

On observera que ces briquettes ont une inclinaison hors de la perpendiculaire d'environ 14 millimètres (6 lignes), comme le montre la figure 57 ; il faut avoir soin, dans la construction de la voûte, que la partie supérieure de la briquette de dessous se rapporte exactement à la partie inférieure de la briquette qu'on pose dessus, ce qui détermine la courbe de la voûte ; cette forme indispensable pour l'édification de la courbe ne se trouve point dans les briquettes ovales, dont la figure n'est propre à aucune construction.

Pour obtenir des voûtes plus ou moins ouvertes, ou plus ou moins hautes, on peut varier la hauteur de ces briquettes et l'inclinaison de leurs côtés sur leur plus grande largeur.

Toutes ces briquettes, qu'on peut faire de quelque dimension que ce soit, se fabriquent dans des moules en fonte.

La figure 64 montre, en élévation, un modèle de construction dans le genre dont on vient de parler.

Les figures 65 et 66 représentent, en plan et en élévation, une construction dans le même genre, faite avec des briquettes de hauteur double, dont trois, quatre ou cinq, suivant leurs différentes dimensions, suffisent pour établir un feu.

Les figures 67, 68 et 69 représentent de face, en coupe, de profil et en plan, une grande voûte, d'une seule pièce, appelée particulièrement *cheminée combustible*. Pour allumer cette cheminée, on place en avant d'elle une grille semblable à celle que l'on voit en plan (*fig.* 70), qui est en fil-de-fer avec support pour marmite, ou la grille en fer forgé, que l'on voit par-dessus et de profil (*fig.* 71 et 72), laquelle a trois pieds et un support pour marmite.

On enfile dans les trous *a* (*fig.* 71), pratiqués dans le dernier barreau de la grille, de petits cylindres en fer, dont une extrémité pointue va se planter dans la briquette ; l'autre extrémité demeure appuyée sur le barreau au travers duquel le cylindre a passé.

Tout étant ainsi disposé, on jette par l'ouverture *b* (*fig.* 67 *et* 68), qui se trouve au sommet de la cheminée, entre la voûte et la partie supérieure de la grille, des boules de charbon qui ont été formées dans le moule que l'on voit *fig.* 73 ; on y jette également des morceaux de charbon de terre concassés, ensuite on place au bas de la cheminée, et sous le charbon dont elle est remplie, deux petits tisons enflammés; la matière prend feu sans qu'on s'en inquiète; les boules s'enflamment, et bientôt elles enflamment la voûte qui répand des torrents de chaleur. Lorsqu'on veut éteindre le feu, on retire et on disperse les boules qui brûlaient dans le creux de la cheminée, et tout s'éteint à l'instant.

Ce qu'il y a de remarquable, c'est que la voûte, après avoir brûlé tout un jour, n'est consumée qu'à la surface; une ligne, tout au plus, de matière brûlée se détache en poudre blanche, de manière qu'une voûte qui serait tous les jours enflammée peut durer quinze jours et plus.

Ces cheminées, pour être à la portée de tout le monde, se feront de différentes dimensions et avec différentes matières combustibles, telles que tourbes, mottes de tan, etc.

On pourra établir aussi de toutes les formes des fourneaux à réverbères et autres, en matières combustibles mêlées avec l'argile.

La figure 74 représente, fermé, le moule dans lequel se fabriquent les cheminées combustibles semblables à celles de la figure 67; la figure 75 représente le même moule ouvert.

Pour confectionner une cheminée combustible à l'aide de ce moule, on mouille de la poudre de charbon de terre, on la pétrit en pâte et on la jette par couches qu'on frappe et qu'on serre les unes après les autres dans le moule fermé. Lorsque ce moule est plein jusqu'au bord, on lisse la surface avec un cylindre, on retourne le moule, puis on lève les crochets qui tiennent ses deux parties attachées; la partie antérieure se relève, comme le montre la figure 75, en tournant autour de son pivot ou charnière, c, où elle est attachée à la partie postérieure; on tient cette partie antérieure dans la position horizontale, et en même temps on tire la partie postérieure de manière à dégager la cheminée combustible qui reste toute formée sur une planche préparée à cet effet.

Les deux parties de la tête du moule à boules (*fig.* 68) ont chacune une partie plate et saillante, l', sur laquelle on frappe pour bien entasser les boules lorsqu'on les fabrique.

Les figures 76 et 77 représentant, en élévation et en coupe, une briquette longue de 65 centimètres (2 pieds), dans laquelle la partie supérieure de la face antérieure avance de toute la profondeur des voûtes, la partie supérieure de la face postérieure suivant la même courbure. On peut, au moyen de ce genre de briquettes, remplacer avec avantage, sous le rapport de l'économie et de la production de la chaleur, les bûches qu'on place au fond des grands foyers. Cette briquette est susceptible de prendre toutes les formes et dimensions qu'on jugera être les plus avantageuses; les moules avec lesquels on les fera sont toujours en fonte.

On pourrait, au besoin, placer devant cette briquette une grille, et y faire du feu avec les boules ou les morceaux de charbon de terre dont il a été parlé plus haut.

Les figures 78 et 79 montrent, de face et de profil, un poêle en tôle construit de manière qu'on peut enchâsser la cheminée combustible dedans.

Les figures 80 et 81 représentent, l'une de face et l'autre de profil, une briquette *d*, de forme carrée, devant laquelle est une grille *e*, semblable à celle qui se met devant la cheminée combustible, si ce n'est qu'elle a sur ses côtés des barreaux fixés à angles droits avec la face de devant, qui la tiennent écartée de la briquette d'une distance au moins égale au diamètre des boules et des morceaux de charbon de terre qui doivent former le foyer. Cette même grille peut aussi se mettre devant la briquette figures 76 et 77.

Les figures 82 et 83 montrent, de face et en coupe de profil, une cheminée qu'on a bouchée avec du plâtre, en y laissant un vide de la forme et de la dimension de la cheminée combustible. On place dans ce vide une grille de même forme, mais plus petite, de manière à ce qu'il reste un espace entre le plan voûté qui dessine les barreaux de la grille et le plan voûté qui dessinait le vide. Une plaque de métal couvre la face extérieure de cet espace, qu'on remplit avec de la pâte de charbon de terre; le feu s'allume comme dans les autres voûtes : on place devant une grille, pour maintenir les boules et morceaux de charbon de terre concassé; un tuyau communiquant avec la cheminée conduit la fumée au dehors; la plaque de métal s'ouvre en *f g*, en tournant sur ses gonds placés en *h i*.

Les figures 84 et 85 montrent l'élévation et la coupe d'un fourneau formé par l'accolement de deux cheminées combustibles élevées sur un lit de briques, dans lequel on a pratiqué des jours qu'on bouche à volonté pour établir un ou plusieurs courants d'air, avec l'ouverture circulaire que la forme des voûtes détermine en haut du fourneau. Ce fourneau contient intérieurement un massif de briques assez élevé pour soutenir l'objet exposé à l'action du feu dans le point de la plus active combustion; vis-à-vis de ce point est pratiquée une ouverture qu'on ouvre et qu'on ferme à volonté.

La figure 86 représente un fourneau pareil au précédent, mais d'une seule pièce.

Dans la figure 87, on voit un fourneau construit sur les mêmes principes, mais qui peut avoir 1 mètre 62 centimètres (5 pieds) de haut, et qui est cerclé dans sa hauteur et dans sa largeur avec des bandes de fer, et qui peut servir à la fonte des métaux en grand avec plus de promptitude et d'économie qu'avec les fourneaux ordinaires employés à cet usage.

Des fourneaux d'une plus grande dimension, formés de pièces rapportées, pourront être appliqués à la fonte des métaux en grand et des statues colossales en bronze.

ARTICLE 33.

Machine thermanémique propre à tirer un grand parti de la chaleur perdue dans les tuyaux de cheminée; par LAIGNEL *(Jean-Baptiste-Benjamin).*

(Brevet d'invention.)

Explication des figures qui représentent un ventilateur à froid et à chaud.

Figure 88, coupe verticale de la machine thermanémique, destinée à servir comme ventilateur à froid et à chaud.

Figure 89, plan ou vue par-dessus cette machine.

a, caisse de forme cubique.

b, clapets ouvrant extérieurement pour laisser sortir l'air : ces ouvertures ont 77 millimètres (2 pouces 10 lignes) de large et 20 millimètres (9 lignes) de haut.

c, côté de derrière de la machine vu intérieurement.

d, clapets ouvrant intérieurement pour pomper l'air; ils peuvent se placer sur les côtés, par-dessus ou par-dessous, selon le besoin, et doivent être très-légers.

e, plateau libre et très-léger, de tout le diamètre de la caisse.

f, levier à bascule servant à mettre le plateau *e* en action.

g, tringle pour faire agir le levier *f*.

h, supports de la bascule *f*.

i, petits supports destinés à fixer le plateau à la tringle *g*.

Effets que peut produire ce ventilateur.

Supposons que la caisse cubique *a* ait 2 mètres 92 centimètres (9 pieds) de côté, que les deux clapets aient la même dimension en carré sur 82 centimètres (2 pieds et demi) de haut, et que les 4 autres pieds (1 mètre 30 centimètres) soient réservés pour la course et l'épaisseur du plateau, on obtiendra, par heure, une quantité considérable de pieds cubes d'air : nous allons à l'instant en donner les calculs.

Pour pouvoir faire monter et descendre le plateau *e*, il faut mettre, à l'opposé du bras ou tringle *g* de la bascule *f*, un poids égal au plateau, et, si on a de la place, il vaut mieux se servir d'une seconde caisse toute pareille à la première : on obtiendra, de cette manière, un résultat double.

On peut donner très-facilement, par heure, deux mille coups, c'est-à-dire élever et baisser deux mille fois le plateau. Partant de ces données, qui sont réelles, il s'ensuivra que la caisse ayant 9 pieds de long sur 9 pieds de large, et 3 pieds trois quarts de course, on aura, en élevant le piston, trois cents pieds cubes, en le baissant, trois cents, en totalité, six cents, nombre qui, multiplié par deux mille, donne, pour une heure, un million deux cent mille.

Si l'on fait usage de deux caisses, on obtiendra un résultat de plus de deux millions de pieds cubes, et seulement par la force d'un homme ; plus les ouvertures sont grandes, et moins il faut de force pour que l'on arrive à ne faire que déplacer l'air.

Ainsi, au moyen de cette machine, il sera facile de renouveler l'air plusieurs fois par heure dans quelque lieu que ce soit, tels que prisons, hôpitaux, vaisseaux, salles de spectacle, carrières et mines de houille, et, par là, de dissiper les gaz inflammables, etc.

En y adaptant des poêles ou tuyaux de chaleur, on obtiendra un air atmosphérique sec et chaud, qui pourra être utile dans les temps humides, et, pendant l'hiver, dans les hôpitaux, les salles de spectacle et les sécheries ; dans ce dernier cas, on pourra sécher très-promptement et avec moins de combustible; et, en plaçant ces deux machines en face l'une de l'autre et au milieu des côtés de la sécherie, il s'ensuivra que l'air, entrant par les deux points opposés, viendra se réunir au milieu, et en faisant encore sortir par les autres côtés de la machine, l'air se répandra très-promptement partout dans la sécherie et fera sécher bien plus vite.

Cette machine thermanémique, faisant alors les fonctions de ventilateur, est, à volonté, foulante et aspirante, ou seulement foulante, ou simplement aspirante, et son grand produit peut être diminué autant qu'on le veut, soit en donnant moins de coups à l'heure, soit en tenant les clapets plus ou moins ouverts.

Des expériences faites publiquement avec un ventilateur de 6 pieds de long sur 6 pieds de large et 18 pouces de course au plateau, ont prouvé qu'à 30 pieds, une feuille de papier à pot suspendue à un fil est toujours tenue horizontale par le courant d'air sortant par les ouvertures de cette machine.

ARTICLE 34.

Cheminée d'appartement; par MM. Charles et Auguste
POUILLET.

(Brevet d'invention.)

Planche IX, figure 229. Cet appareil se compose d'une plaque en fonte dont la figure 232 donne une vue de face, et la figure 233 une vue de profil : cette plaque forme contre-foyer.

Deux autres plaques, figure 234, sont solidement fixées à ce contre-foyer et placées dans une position parallèle pour former les deux côtés de l'appareil.

Une quatrième plaque, dont la figure 235 donne une vue de profil et la figure 231 une vue de face, est réunie aussi aux pièces précédentes, mais ajustée de manière à pouvoir se démonter facilement, car elle doit l'être chaque fois que l'on veut ramoner. Elle est placée, comme on le voit dans la figure 234, où elle est désignée par *a*, en avant et dans la partie supérieure des plaques, de manière à ne former avec celles-ci que la prolongation du tuyau.

La figure 234 donne le profil de tout l'appareil : on voit en *d* une plaque circulaire placée au-dessus de la combustion pour en recevoir les rayons calorifiques et les réfléchir dans la pièce. Derrière cette plaque s'en trouve une autre *c*, également circulaire et qui forme régulateur ; elle est maintenue à chaque bout par une tringle *d*; ce sont ces deux tringles qui la dirigent dans sa course. Ces pièces *b*, *c*, *d*, sont réunies pour former une seule et même partie, qui est ajustée de manière à présenter le plus de facilité possible pour être démontée.

Voilà la description des pièces principales, de celles qui établissent le système; quant aux autres, nous n'en ferons pas mention dans cette description, puisqu'elles sont indépendantes du système.

Les dimensions de toutes les pièces dont il vient d'être question varient selon la puissance que l'on veut donner à l'appareil, et les pièces d'ornement varient aussi suivant la valeur qu'on veut lui donner.

L'air passe, comme on le voit, dans un coffre en tôle placé derrière le contre-foyer, et va sortir par sa partie supérieure, au moyen d'un tuyau placé à cet effet et auquel on adapte la bouche de chaleur.

ARTICLE 35.

Système de foyer ; par M. J. FOURNIER.

(Brevet d'invention.)

Si l'on place de l'eau à proximité d'un foyer, et plus spécialement sous sa grille, de telle manière que la combustion s'établissant et l'eau se trouvant chauffée, la vapeur qui se dégage soit obligée de traverser ledit foyer, il en résulte augmentation de chaleur et économie, la combustion du gaz hydrogène carboné qui se forme produisant une quantité de calorique bien supérieure à celle absorbée pour opérer la décomposition de l'eau, la position de la grille entre l'eau évaporée et le foyer augmentant la quantité de gaz hydrogène rendu libre, l'oxygène de l'eau se fixant sur le fer de ladite grille, porte au rouge.

Le renouvellement du combustible ne devient nécessaire qu'à de longs intervalles, par suite de la modération apportée dans la combustion par la présence de la vapeur d'eau.

Ce système de foyer, applicable dans tous les cas où on veut obtenir augmentation de chaleur, économie et durée du combustible, fait l'objet de la demande du brevet d'invention.

Description d'un appareil de chauffage dit hydrocalorifère *comme modèle d'application de ce système.*

L'hydrocalorifère se compose d'une enveloppe en tôle *a* (Pl. IX, *fig.* 236), recouverte d'un couvercle mobile *b* dont le bouton sert à ouvrir et fermer à volonté une bouche de cha-

leur tournante; sur la face de ladite enveloppe, est une porte
à coulisse *c*. Une tubulure *d*, placée derrière l'enveloppe au-
dessus du couvercle, sert à emmancher les tuyaux *e*, dans
l'un desquels est une soupape servant à modérer le tirage,
s'il y a lieu. Cette enveloppe est découpée à jour dans sa
partie inférieure *f*, pour livrer passage à l'air extérieur.

Le foyer se compose d'un corps en tôle *g* (figure 237) fermé
par-dessous, sur lequel est pratiquée une ouverture *h*, dont
la partie inférieure est garnie d'une grille à jour *i*; cette
ouverture est d'ailleurs fermée par une porte à coulisse *k*.
Immédiatement au-dessous de cette ouverture est une grille
horizontale *l*; des ouvertures *n n' n''* ménagées au-dessous de
la grille donnent passage à l'air. Le haut du foyer est fermé
par un couvercle *m*. Une tubulure *o* est placée par derrière,
au-dessous dudit couvercle, et sert au dégagement de la fumée.

Ce foyer, ainsi disposé, est mis dans l'enveloppe, de manière à ce que les portes se trouvent en regard, ainsi que les
tubulures. On ferme enfin l'enveloppe de son couvercle. On a
préalablement rempli d'eau le fond du foyer jusqu'à la hauteur des ouvertures *n n' n''*, et placé le combustible au-dessus
de la grille.

Dans l'emploi de ce calorifère, les cendres formées pendant la combustion tombent dans la partie qui contient l'eau,
et ne se répandent pas au dehors.

ARTICLE 36.

Cheminée perfectionnée; par M. J.-B. BEVIÈRE.

(Brevets d'invention.)

Planche IX, *fig.* 238. Le contre-cœur 2 forme, avec les
côtés 3, un angle ouvert de 126 degrés; la plaque 1 est inclinée en avant de ces degrés, et forme, avec le contre-cœur,
un angle de 149 degrés; elle est mobile, afin qu'on puisse, en
la renversant, donner passage au ramoneur. Les parties supérieures des côtés 4, que l'on nomme goussets, sont inclinées
l'une vers l'autre de 25 degrés, ou forment avec les côtés
un angle de 155 degrés. La planche 5 est aussi inclinée. Se
rapprochant vers la plaque par son bord inférieur, les goussets à l'intérieur ne s'élèvent pas au-delà de ce bord de la
planche, et la plaque n'atteint même pas complètement ce
niveau.

Au milieu de la barre de fer qui soutient la planche 10, est fixée, avec un piton, une espèce de crémaillère 9, qui passe dans une porte en tôle attachée à la plaque 8.

Quant aux différentes dimensions de ces parties, elles peuvent être appréciées facilement avec le secours de l'échelle de proportion, et il est inutile de dire qu'elles pourraient varier selon l'exigence des lieux.

La profondeur de la cheminée, sa hauteur, sa largeur, les diverses inclinaisons des parties qui la composent, ont été combinées de manière à se prêter tout à la fois aux résultats suivants : resserrer le foyer et le passage de la fumée ; réfléchir la chaleur dans l'appartement ; faire correspondre le centre du foyer au centre de l'entrée du tuyau, et s'accommoder à la grosseur et à la longueur du bois.

La planche abaissée, les côtés resserrés par les goussets ne permettent pas à la fumée de s'égarer loin du foyer, et le centre de ce foyer correspondant au centre de l'entrée du tuyau, le plus simple courant d'air suffit pour maintenir la fumée dans son ascension perpendiculaire jusqu'au bord de la planche où elle trouve un plus vaste espace pour la recevoir, sans rencontrer d'obstacles, puisque les goussets ne s'élèvent pas au-delà des bords de cette planche.

Avec ces seules conditions, loin d'avoir jamais eu besoin de ventouses, on a toujours pu clore la plus grande partie des ouvertures que laissent les portes et les fenêtres mal jointes.

Mais si ces ouvertures, fermées en trop grand nombre, renouvelaient l'inconvénient de la fumée, on trouverait encore, dans la mobilité de la plaque, le moyen d'y remédier. Il suffirait de l'écarter un peu des parois sur lesquelles elle repose, et de la fixer à ce point avec la crémaillère.

Le feu étant fort en avant, rayonne dans presque toutes les parties de l'appartement ; en outre, l'évasement de cette cheminée, ses différentes faces, sa plaque inclinée en avant renvoient la chaleur en tous sens et surtout sur le parquet, région toujours la plus froide. Si cependant on était obligé de tenir la plaque un peu ouverte, ainsi qu'on l'a dit, ce serait sans aucun doute aux dépens de la chaleur ; mais aussi, comme on ne perdrait de cette chaleur que précisément autant qu'il en faut pour l'entraînement de la fumée, on aurait encore toute celle qu'il est possible d'avoir.

Enfin, la possibilité de se bien clore sans craindre la fumée, et, par suite, le peu de tirage de la cheminée, dispensent d'un aussi grand feu, rendent la combustion plus lente, et procurent une économie, la plus grande, peut-être, qu'on puisse obtenir.

Il est inutile d'indiquer ici les diverses matières que l'on peut employer pour la confection de ces cheminées ; elles peuvent varier selon les lieux et les convenances. Pour les parties intérieures, on doit préférer des briques revêtues d'une légère tôle, et pour les parties extérieures, de plâtre uni, marbré ou de stuc. On peut employer aussi le cuivre poli, la faïence ou toute autre substance préférable, soit comme moins bon conducteur de la chaleur, soit à tout autre titre.

Brevet d'addition et de perfectionnement.

Dans le système de cheminée décrit plus haut, tous les efforts de l'inventeur tendaient à éviter la fumée et à renvoyer le plus de chaleur possible, d'où résultait l'économie. Ce dernier perfectionnement rend ces résultats plus remarquables, et y ajoute encore.

Pris dans son ensemble, ce perfectionnement consiste dans un faisceau de tuyaux prenant l'air froid à l'extérieur et le versant chaud dans l'appartement. Ces tuyaux sont placés en dedans de la cheminée, sur les goussets, et, par conséquent, au-dessus de la flamme : ils sont couverts d'une planche de tôle. Le tout est complètement enfermé dans un encaissement bâti en briques, dont le dessus est fermé par un couvercle, dans lequel sont pratiquées deux ouvertures parallèles, étroites et longues, pour donner passage à la fumée. Un appareil en tôle fixé sur le couvercle permet de fermer plus ou moins ces ouvertures à volonté.

On ne s'est d'abord servi que de mesures déterminées ; mais on peut les faire varier : la grosseur des tuyaux, la distance qui les sépare, leur longueur, et jusqu'à leur nombre, peuvent être plus ou moins grands. Il pourrait, en outre, se rencontrer des circonstances qui obligeraient à certains changements : avec un manteau de cheminée trop bas, par exemple, il faudrait, pour gagner de l'espace, abaisser les tuyaux plus près des goussets, et, par suite, diminuer la hauteur de la plaque, peut-être même y pratiquer une ouverture dans laquelle passerait la crémaillère,

Nous ne croyons pas nécessaire de nous étendre davantage sur des modifications de ce genre : on conçoit qu'elles ne changent rien au système ; elles mettent seulement à même d'en rendre l'application plus générale.

Le principal moyen de nettoyer cet appareil consiste à le démonter ; ce qu'il faut toujours faire quand il s'agit de ramoner la cheminée, et voici comme on y procède :

On ôte le tuyau-bouche. Passant le bras dans l'intérieur de la cheminée par l'ouverture qu'il laisse, on sépare la tige de métal de son collet, et on la repousse ; on lève le couvercle et on le fixe contre la muraille avec le tourniquet ; revenant ensuite au foyer, on renverse la plaque ; on ôte la crémaillère, et on déboîte le faisceau de tuyau-prise-d'air.

Cette dernière opération peut se faire, quoique la planche de tôle touche à l'encaissement par ses extrémités, parce que cette planche conservant un mouvement de va-et-vient sur les tuyaux, comme on l'a vu, ceux-ci, de leur côté, peuvent avoir le même mouvement sur la planche. On tourne le faisceau de champ, en même temps qu'on l'élève au-dessus de l'encaissement, ayant soin que la planche de tôle ne soit pas du côté de la muraille ; on le dresse debout dans cette position, et on le retire de la cheminée. Le ramoneur a alors le champ libre, et le tout peut se nettoyer à fond. On remet l'appareil comme on l'a ôté, commençant par où on avait fini. Lorsqu'on replace le tuyau-bouche, il entre ordinairement dans le faisceau sans difficulté, parce que ses bords sont un peu resserrés, et que ceux du tuyau qui le reçoit sont évasés en tulipe ; mais si l'on rencontrait quelque obstacle, on passerait le bras dans le tuyau-bouche même, et avec la main on les ajusterait bout à bout. Cette opération, qui ne peut pas se faire dans le modèle, s'exécute facilement dans la cheminée.

Il est un second moyen, plus simple, d'opérer le nettoyage. On ôte le tuyau-bouche, comme on l'a dit, et avec un balai formé de quelques plumes dures, on nettoie le passage de la fumée. On lève le couvercle, dont on nettoie le dessous ; on balaie de droite et de gauche, et jusque sous l'autre partie du couvercle, la suie ou plutôt la cendre qui peut se trouver sur la planche de tôle, pour la faire tomber sur les tuyaux ; revenant au foyer, on passe en tous sens, entre les tuyaux, une aile d'oie, dont la courbe favorise cette opération, et on les

nettoie jusqu'à la planche de tôle. Ce moyen vaut presque
l'autre. Au reste, l'appareil ne se salit pas très-vite. Une partie
de la suie y est brûlée par la flamme, à mesure qu'elle s'y dépose. Si on le désirait, une porte fermant bien, pratiquée dans
le côté de la cheminée au-dessus de la prise d'air, et assez
grande pour qu'on pût y passer le bras, serait plus commode
èt dispenserait d'ôter le tuyau-bouche.

Dans l'usage, le faisceau pourrait aller seul pour ceux qui
le désireraient; il donne déjà, de cette façon, beaucoup de
chaleur, et loin d'occasioner la fumée, il est prouvé qu'il s'y
oppose, même à part l'air qu'il fournit à la chambre. L'encaissement, joint au faisceau, pourrait à la rigueur être séparé de l'appareil en tôle qui sert à fermer les ouvertures du
couvercle.

Les avantages de ce perfectionnement sont très-grands.

1° La cheminée, combinée de manière à renvoyer beaucoup de chaleur, en reçoit une nouvelle puissance de réverbération; les tuyaux achèvent de fermer presque tout passage
à la chaleur rayonnante, il n'est plus guère de point dans le
foyer d'où elle ne soit renvoyée, et le courant d'air qui traverse ce foyer étant beaucoup plus faible, entraîne, par conséquent, beaucoup moins de chaleur; ce qui augmente encore
d'autant la réverbération.

2° L'air extérieur balayant continuellement la chaleur que
renferment les tuyaux et tendant sans cesse à les refroidir,
entretient, par cela même, comme on sait, leur aptitude à
s'emparer de celle qui les entoure, et qui, échappée du
foyer, est arrêtée de nouveau dans les détours de l'encaissement.

3° Dans un foyer construit d'après de bons principes, la
chaleur reçue par l'âtre, les côtés, le fond, n'est pas une chaleur perdue, et il n'est pas difficile de comprendre que la
soutirer par des tuyaux n'est pas tout profit. Ici, au contraire,
la chaleur recueillie par les tuyaux n'avait aucune utilité,
chassée qu'elle était au dehors par le courant. C'est une chaleur considérable acquise sans nouveaux frais, et qui constitue
un des principaux avantages de ce perfectionnement.

4° Le petit bois, plus commun que l'autre et moins re-
cherché, acquiert, par cet appareil, plus d'importance: en peu
de minutes, quelques brins de fagots, par exemple, réchauffe-
ront mieux l'atmosphère d'une chambre que du gros bois ne

le pourrait faire dans un temps plus long avec une cheminée
ordinaire.

5₀ La chambre ayant beaucoup moins d'air à fournir à la
cheminée et en recevant de chaud qu'elle ne recevait pas,
peut être mieux close encore ; de plus, les tuyaux ne rougissant pas, ou très-difficilement, l'air qu'ils procurent n'est
point altéré et renouvelle celui de la pièce, sans inconvénient
pour la santé.

6° Cet appareil rend les feux de cheminée à peu près impossibles. Il faut que la flamme soit bien forte pour qu'on en
voie sortir, de temps à autre, un faible filet par les ouvertures du couvercle. Hors ce cas, le feu laisse l'intérieur de la
cheminée au-dessus de l'appareil entièrement ténébreux. On
a pu constater ce résultat au moyen d'un carreau de vitre
placé dans un des côtés de la cheminée, et qui servait à l'inventeur à reconnaître l'effet de ses diverses expériences.

ARTICLE 37.

Calorifère et Cheminée à courant d'air, de M. F. D. HUREZ.

(Brevet d'invention.)

Pl. IX, *fig.* 238 et 239. Cet appareil est composé de cylindres
concentriques *a* et *a'* : le premier *a* est en tôle de 2 millimèt.
d'épaisseur, il forme l'extérieur du corps et reçoit les portes et
les bouches de chaleur.

Le second *a'* est en cuivre de 2 millimètres d'épaisseur, son
diamètre est moindre que celui en tôle, dans une proportion
telle que l'on puisse obtenir entre eux un espace *i*, que l'on
remplit d'un corps non conducteur, tel que du poussier de
charbon.

La paroi intérieure, c'est-à-dire concave, du cylindre en
cuivre, est polie ; nous en donnerons plus loin la raison.

Dans l'intérieur du cylindre *a'*, on place le foyer *b* et *b'*,
comme on le voit par la coupe de l'appareil. Il se compose de
plusieurs pièces : le siège de la grille *b* et le cylindre *b'*, et
enfin la partie inférieure *b''*, qui supporte ces deux pièces. Le
cylindre *b* est surmonté de sept tuyaux ; on en voit une disposition particulière dans la figure 239. La partie supérieure
de ces tubes correspond avec la boîte *b'*, on voit en *b''* un passage dans lequel l'air vient circuler en arrivant d'un côté par
d'', et s'échappant par l'ouverture pareille que lui est diamé-
tralement opposée ; *b'''* est une seconde boîte que l'on remplit de corps non conducteurs.

Poêlier-Fumiste. 13

Tout ce fourneau, c'est-à-dire *b b' b"* et les tuyaux *c c c*, etc.,
est en fonte de fer de 14 millim. (6 lignes) d'épaisseur ; *c* est
une calotte légèrement sphérique, en fonte de fer, sur laquelle
viennent poser les tubes. Cette calotte se fixe, au moyen de
vis, sur la partie supérieure du cylindre *b*, auquel on a ménagé un rebord à cet effet ; la forme primitive des tubes était
celle indiquée par la figure 1re, mais l'expérience nous a conduit à des résultats bien préférables en adoptant les cônes ren-
versés de la figure 239.

Jeu de l'appareil.

Le feu se fait, comme on le voit, en coupe dans le cône *b'* ;
l'air vient l'alimenter en passant par une ouverture *e e* pratiquée sur le devant du tiroir aux escarbilles, qui se meut dans le
socle du calorifère. Le calorique se dégage dans le cylindre *b* ;
il vient frapper la calotte sphérique *c*, passe par les tubes *c c c*,
auquel ainsi qu'à tout ce qui est en contact avec lui, il communique une très-haute température. Toute cette fonte, dont la
surface est grande en raison du système tubulaire employé,
émet une prodigieuse somme de calorique dans l'espace *o*,
où l'on établit un courant d'air atmosphérique par les tubes
inférieurs *d'* et les bouches de chaleur *d*. L'air s'y échauffe
rapidement et à un haut degré, car le calorique émis par les
parois en fonte des tubes du foyer et du cylindre est reflété
sur ces mêmes parois par le pouvoir du cylindre poli *a'*, d'où
il résulte un mouvement incessant des molécules calorifères
que l'air entraîne à son passage.

Le cylindre réflecteur en cuivre est doublé d'une épaisseur
de poussier de charbon de bois de 70 millim. (2 pouces 1½),
afin de ne laisser échapper que le moins de chaleur possible.
D'après une expérience de 4 heures, lorsque l'air chaud, conduit
à 4 mètres (12 pieds) de loin par des tuyaux de 11 centimètres
(4 pouces) de diamètre, non garnis de corps non conducteurs,
élevait en 1 minute le mercure d'un thermomètre à 125° centigrades, l'enveloppe extérieure de l'appareil était à peine tiède.

Nous avons, pendant la même expérience, présenté aux
bouches de chaleur auxquelles nous avions mis un prolongement de petit tuyau de tôle de 22 centim. (8 pouces 2 lignes) ;
nous avons présenté, dis-je, une cuillère en alliage de plomb
et étain, dont la fusion a été opérée en 1 minute 35 secondes,
toujours avec une section de 11 centim. (4 pouces) de diamètre.

Cette combinaison des pouvoirs réfléchissant, absorbant et

émissif des corps avec la réunion de ce système tubulaire, et la dernière disposition, surtout, de mes tubes sur cette calotte et leur réservoir à air brûlé, m'ont conduit à un résultat qui est bien au-dessus de ce que l'on a obtenu jusqu'à présent.

C'est sur l'application de ces principes que je fonde les droits à la prise d'un brevet d'invention et de perfectionnement, soit que je monte des appareils de grandes dimensions, tels que l'on puisse chauffer les théâtres, les édifices publics, ou que je trouve convenable de créer des petits modèles pour le commerce.

La cheminée fig. 240 et 241 est construite d'après les mêmes principes. C'est le pouvoir réflecteur des corps polis qui joue le plus grand rôle; les parois en cuivre sont polies avec soin d'un côté, tandis que de l'autre elles sont doublées par une couche de poussier de charbon de bois.

En examinant les angles d'incidence par rapport au placement du combustible sur les chenets, on trouvera que les angles de réflexion projettent les molécules calorifères dans l'appartement avec une grande intensité, en raison du parfait poli des pièces.

Brevet d'addition et perfectionnement.

» L'addition que j'apporte, et dont je déclare me réserver le privilège pendant toute la durée de mon brevet relatif à mon calorifère réflecteur, a pour but de permettre dans les calorifères que je fabrique, l'anthracite ou houille sèche, aussi bien que le bois ou la houille grasse.

» A cet effet, je fais descendre au milieu de mes calorifères un cylindre creux, métallique, d'un diamètre proportionné à celui du poêle et à sa hauteur, de manière que l'extrémité intérieure de ce tube soit maintenue à une certaine distance de la grille du foyer.

» Quant à l'extrémité supérieure de ce tube, elle vient ouvrir soit au haut du calorifère, soit en inclinant sur la face externe de sa circonférence, ou de l'un de ses côtés, s'ils sont carrés ou à pans coupés.

» Cette ouverture supérieure horizontale ou latérale sert à charger le foyer d'anthracite; mais aussitôt le chargement fait, il faut la boucher soigneusement avec un simple ou un double tampon afin d'empêcher la fumée de passer par cette ouverture et de gêner le tirage.

» Je me réserve en outre, pour empêcher ce tube de trop

s'échauffer, de diriger un courant d'air froid, modifiable à volonté, autour de ce cylindre, comme il est indiqué par les flèches sur le dessin annexé à la présente description de ce calorifère réflecteur à anthracite.

» Je me réserve enfin de pouvoir envelopper ce système complet d'appareil propre à la combinaison de l'anthracite dans les usages d'économie domestique, d'une chemise ou enveloppe de poêle à foyer fermé ou ouvert, de telle forme qu'il me conviendra, faisant consister ma découverte à l'application spéciale de ce cylindre aux appareils du chauffage domestique alimentés par l'anthracite. »

Dessins.

Figures 242 et 243, *a* passage d'air pour alimenter le foyer.
b, passage d'air pour repousser la chaleur et refroidir le foyer.
c, réservoir du combustible.
d, couvercle pour charger le réservoir.
e, réservoir du poussier de charbon.
f, grille d'intérieur de foyer.
g, soupape pour alimenter plus ou moins le feu.

ARTICLE 38.

Cheminée ouverte à foyer mobile, à ventilateur et courant d'air, propre à brûler toute espèce de charbon de terre ou de coke en évitant la fumée; de M. P. VERNUS.

(Brevet d'invention.)

Pl. IX, *fig.* 247, A B C D. Cheminée vue de face.

E, grille ou foyer mobile pouvant avancer sur le devant de la cheminée, de 10 centimètres (3 pouces 9 lignes), sans rien déranger au reste de l'appareil, par le moyen des galets *o o*, figure 248, dont deux sont placés de chaque côté de ce foyer et agissent à volonté sur la coulisse *p*, de manière à ce que l'ouverture du tuyau de la cheminée pour l'absorption de la fumée, soit toujours la même (de 10 sur 36 centim. (3 pouces 9 lignes sur 13 pouces) de large; cette grille s'arrête d'elle-même contre la plaque *q*, qui sert de contre-cœur au foyer par l'arrêt V.

r r', *s s'*, plaques de fer écrouies en *t*, pour former une double enveloppe à l'extérieur de l'appareil, servant à chauffer l'air froid, qu'on répand dans l'appartement, à volonté, par les deux lunettes ou bouches de chaleur F, F'.

Il existe au fond du foyer, en H, une porte de 10 centimètres (3 pouces 9 lignes) de hauteur sur 16 centim. (6 pouces) de largeur, laquelle s'ouvre en dedans de ce foyer pour nettoyer les ordures et la suie qui proviennent de la combustion, et les empêcher à la longue d'obstruer le passage de la fumée.

Les petites flèches indiquent le passage de la fumée.

h, clef ou registre pour modérer le tirage de la cheminée.

Désignation des figures.

Figure 247, vue du devant du foyer de la cheminée toute montée.

Figure 248, profil de la cheminée de côté, coupée perpendiculairement sur son milieu, pour expliquer sa construction, sa double enveloppe, son récipient de chaleur et son tuyau de combustion pour le passage de la fumée.

Figure 249, profil et coupe de la cheminée vue par-dessus, pour montrer les tuyaux de chaleur F, F'.

Pour faire nettoyer la cheminée, on retire l'appareil pour livrer passage au ramoneur. Il se trouve, sous le foyer mobile, derrière le cendrier en W, qu'on a cru inutile de dessiner dans les figures, afin de ne pas les compliquer, une ouverture libre de 35 centim. (13 pouces) de longueur sur 3 centimètres (1 pouce 2 lignes) de hauteur, pour donner passage à l'air froid de l'appartement, afin de chauffer cet air froid qui se répand ensuite, suivant le besoin, par les bouches de chaleur F, F'.

Cet air froid a l'avantage d'accélérer la combustion sur la grille et, en même temps, de chauffer l'appartement; c'est par ce moyen qu'on évite que la cheminée refoule la fumée à l'intérieur lorsqu'elle n'a pas un bon tirage, ce qui arrive assez fréquemment dans beaucoup de cheminées, mal construites et dont le tirage est mauvais.

ARTICLE 39.

Cheminée perfectionnée, par M. J. GAUTIER.

(Brevet d'invention.)

On a bien amélioré, dans ces dernières années, les cheminées mobiles ou portatives et les calorifères employés pour le chauffage des appartements; mais, il faut en convenir, la construction des cheminées fixes, celles qu'on établit lors de la construction même de la maison, est restée jusqu'ici dans une stagnation presque complète.

En effet, on a peu fait dans ce genre, jusqu'à ce jour, pour mieux utiliser la chaleur, des foyers fixes, dont la plus grande partie est entièrement perdue et sans profit pour l'intérieur des pièces que l'on veut chauffer.

Il sera facile de voir, par le dessin de notre cheminée représentée dans les figures 250 à 253, *Pl.* IX, que, au lieu de laisser échapper la flamme, la fumée et l'air chaud directement dans le conduit vertical de la cheminée, comme cela a lieu dans toutes les cheminées construites jusqu'ici, je les oblige au contraire, à parcourir un grand espace, qu'ils échauffent au profit de la pièce où mon système est établi.

Ainsi, les côtés latéraux et le dessous de la cheminée sont autant de carneaux dans lesquels circulent la flamme et la fumée avant de s'échapper au conduit vertical; il en résulte que les parois et le bas de la cheminée sont élevés à une très-haute température et répandent dans l'appartement une forte chaleur, telle qu'on ne pouvait jamais l'obtenir par les dispositions ordinaires, avec une quantité donnée de combustible.

Comme le canal inférieur se prolonge assez avant dans la pièce, on peut, en mettant les pieds sur la plaque qui le recouvre, profiter de la chaleur sans être obligé de les exposer tout proche du foyer, ce qui est extrêmement avantageux; car, dans le plus grand nombre de circonstances, ce sont surtout les pieds qui souffrent du froid et que l'on veut particulièrement chauffer : avec ma cheminée, on a cet avantage tout en profitant de la chaleur rayonnante que dégage le foyer.

Cette disposition de cheminée est d'autant plus commode qu'elle peut s'appliquer, dans tous les appartements en construction, avec la plus grande facilité et sans augmentation sensible de dépense : elle peut également, et à très-peu de frais, s'appliquer aux cheminées existantes, sans détruire en aucune manière les ornements extérieurs qui peuvent l'accompagner.

Le tirage y est toujours très-actif, par conséquent on n'a aucune crainte que la fumée se répande dans l'intérieur de la pièce, et il ne forme presque aucun dépôt de suie dans les carneaux, dont le ramonage, d'ailleurs, peut se faire sans aucune difficulté, parce que des ouvertures, fermées par des couvercles circulaires, sont, à cet effet, ménagées, dans la plaque qui recouvre le canal inférieur et sert de base ou de fond au foyer.

La construction de ce nouveau système de cheminée peut être faite soit en brique, comme on les construit généralement, soit en fonte, en fer, en tôle, soit en toute autre matière : je puis aussi les disposer de manière à établir des courants d'air autour des carneaux de flamme et de fumée, de manière à recevoir, dans l'intérieur de la pièce, de l'air chaud constamment renouvelé.

En résumé, il résulte de cette disposition nouvelle de cheminée :

1° Avantages sous le rapport de la chaleur utilisée ;

2° Economie très-grande sous le rapport du combustible.

Ce sont deux points capitaux qui sont regardés comme de la plus grande importance dans l'industrie domestique.

Explication du dessin.

Planche IX. La figure 250 représente une élévation, vue de face, de la nouvelle cheminée, qui, à l'extérieur, présente exactement le même aspect que les cheminées ordinaires.

Figure 251, plan vu au-dessus de la dite et de la plaque qui recouvre le canal et qui s'avance sur le devant de la cheminée.

Figure 252, section verticale et transversale faite suivant la ligne 12 de la fig. 250, pour montrer le canal inférieur et l'un des carneaux latéraux dans lesquels circulent la flamme et l'air chaud.

Figure 253, autre coupe verticale faite perpendiculairement à la précédente et suivant la ligne 3, 4 de la fig. 251 ; elle montre bien la communication du foyer avec le carneau latéral de droite et celle du carneau opposé avec le conduit qui se rend à la cheminée commune.

Les mêmes lettres désignent les mêmes parties dans chacune de ces figures.

a, plaque de fonte ou de fer, de forme rectangulaire, placée au niveau du plancher pour recouvrir le canal inférieur, dans lequel se rendent la flamme et la fumée ; cette plaque peut être en toute autre matière, telle que marbre, etc ; elle est percée de plusieurs ouvertures, savoir :

1° Une grande ouverture carrée *a*, pour l'évider dans toute la partie correspondante au foyer, dont le dessus est en briques.

2° Deux ouvertures rectangulaires *b*, ménagées de chaque côté de la précédente, pour communiquer des canaux latéraux au canal inférieur.

3° Deux orifices circulaires c, qui permettent de nettoyer l'intérieur des conduits ; ces orifices sont constamment fermés par des bouchons ou couvercles de fonte, de tôle ou de cuivre, tels que ceux représentés en d sur le plan, fig. 24 ; ils entrent à feuillure dans les orifices, de manière à se mettre à fleur avec la surface de la plaque.

b, Canal inférieur formé dans l'épaisseur même du plancher, au-dessous de la cheminée : il met en communication le conduit latéral de droite d avec celui de gauche e. Construit en briques, comme le montre le dessin, et recouvert de la plaque métallique a, ce canal peut être construit aussi bien en fonte ou en tôle ou de toute autre matière.

On voit, par les figures du dessin, qu'il est soutenu par des brides en fer c, dont les extrémités coudées sont engagées dans les solives du plancher qui les supporte.

Dans le cas où la maçonnerie serait remplacée par une caisse de fonte ou de tôle, les rebords mêmes de cette caisse pourraient reposer sur les pièces de bois qui forment l'encadrement de la cheminée pour supprimer les brides c.

D, conduit latéral de droite communiquant, par sa partie supérieure en f, avec le foyer en F, et, par le bas, avec le canal inférieur b, comme l'indique la coupe, fig. 253.

e, second canal latéral faisant communiquer le canal inférieur avec le conduit vertical qui amène la fumée au dehors.

Ces deux conduits latéraux sont, comme l'indique bien le dessin, ménagés dans l'épaisseur même des parties latérales de la cheminée, qui, du reste, présente, à l'extérieur, la même forme, la même disposition que les cheminées ordinaires et peut recevoir les mêmes ornements.

Le conduit incliné g, qui met le canal e en communication avec le canal vertical allant au dehors, peut être plus ou moins oblique, suivant la disposition de celui-ci, par rapport à la cheminée ; en tout cas, on peut toujours le construire de telle sorte qu'un ramonage facile puisse y être fait, comme on peut aussi nettoyer, avec la plus grande facilité, les carneaux ou conduits latéraux et le canal inférieur.

f, foyer construit à la manière ordinaire ; seulement il ne communique pas directement avec le conduit vertical, qui se rend au dehors, comme dans les autres cheminées construites jusqu'ici, mais il est en communication, par l'orifice supérieur f, avec le canal latéral de droite d, fig. 253.

Ainsi, il est aisé de voir, par cette dernière figure, que la

flamme et tous les gaz résultant de la combustion se rendent d'abord dans ce canal *d*, ne trouvant pas d'autre passage que celui *f*; ils redescendent donc le long de ce canal pour
se précipiter dans le canal inférieur *b*, qu'ils échauffent très-
fortement, au point qu'il est impossible d'endurer la main
sur la plaque *a*.

De ce canal inférieur, qu'ils parcourent complétement, ils
remontent par le second carneau *e*, dans le conduit incliné
g, et de là se rendent au dehors.

A la jonction du canal *e* et du conduit *g*, ou un peu plus
bas, si on le juge convenable, on place un tiroir ou registre
qui règle le tirage de la cheminée, et peut encore servir,
dans le cas où, par négligence ou défaut de ramonage, le feu
prendrait dans l'intérieur des carneaux ou conduits, à l'éteindre immédiatement en fermant entièrement toute communication.

Cette précaution sera presque toujours inutile, parce que,
comme les ouvertures ménagées dans la plaque d'assise *a* permettent d'introduire dans l'intérieur des carneaux un balai ou
un râcloir, on peut toujours les nettoyer grossièrement de
temps à autre, et éviter par là toute crainte que le feu ne
prenne à la suie déposée.

Pour mieux utiliser encore la chaleur du foyer, il est facile
de concevoir que, par la disposition que j'ai adoptée, il suffirait de prolonger le canal inférieur bien avant dans la pièce,
en formant une séparation en brique, en fonte ou en tôle, au-
dessous et dans le milieu de la plaque de recouvrement *a* :
celle-ci serait elle-même plus longue de toute la quantité
qu'on le jugerait nécessaire.

On peut aussi s'arranger pour que les conduits d'air qui entourent les carneaux et principalement tout le canal inférieur,
débouchent dans la pièce, du côté opposé à la place de la
cheminée : il en résulterait ainsi l'avantage de profiter de toute
la chaleur de cet air avant qu'il ne se rende au foyer pour
alimenter le combustible.

De cette sorte, on n'a pas seulement le grand avantage d'a-
voir la plus grande partie de chaleur provenant directement
du foyer, mais encore celui de profiter de celle de l'air venant de l'extérieur et constamment chauffé par les parois des
canaux.

ARTICLE 40.

Chauffage à circulation d'air, applicable aux cheminées et aux calorifères, par MM. HOMMAIS et LE PROVOST.

(Brevet d'invention.)

Beaucoup de personnes se sont occupées de modifier les appareils de chauffage ; il en est résulté une multitude de systèmes divers, offrant des avantages plus ou moins considérables, mais présentant des modes de construction assez distincts pour former des appareils nouveaux, quoique les principes de ces combinaisons rentrent presque toujours les uns dans les autres.

Le principe sur lequel nous avons basé ces nouveaux appareils, est de profiter de la chaleur d'un foyer pour chauffer de l'air pris à l'extérieur, de le faire circuler dans des parties chauffées par le foyer et le répandre dans les diverses pièces d'un appartement qu'il échauffe, sans, toutefois, faire plus de feu que dans un foyer ordinaire, et de plus, nous profitons de cet air chauffé pour empêcher le foyer de fumer comme une cheminée, et pour augmenter le tirage d'un calorifère.

Pour appliquer cette disposition à une cheminée, nous plaçons dans le vide formé dans les unes un appareil imitant, pour ainsi dire, la forme de ce vide ; mais il peut exister un espace entre l'appareil et les murs sans nuire aux résultats : de plus, dans de certains cas, nous le préférons pour éviter un refroidissement par contact.

Suivant les localités, nous disposons un ou plusieurs conduits pour amener l'air, soit en le prenant dans les escaliers, les caves et même à l'extérieur. Cet air est amené dans l'appareil par les contours des côtés latéraux et inférieurs formés par deux plaques laissant entre elles un espace de 8 à 10 centimètres (3 à 4 pouces) environ, garni de diaphragmes qui laissent facilement circuler l'air entre leurs parois ; ils peuvent être exécutés en fonte, tôle, maçonnerie, ou enfin par la réunion de différentes matières pour former un appareil ; par exemple : en prenant de la fonte pour la plaque inférieure et pour former le contre-cœur, des bandes de tôle pour former les diaphragmes, et des briques pour le reste ; enfin, nous nous réservons le droit de combiner ces différents métaux, suivant les circonstances ou la volonté des acheteurs.

Ce qui forme une des bases caractéristiques de ce système, c'est que nous ménageons une ouverture longitudinale, sur le devant de l'appareil, qui en occupe toute la longueur et n'a qu'une très-étroite dimension en hauteur ; elle est pratiquée à la partie inférieure et est recouverte par une lame munie d'un bouton extérieur à l'aide duquel on peut faire mouvoir la lame qui ouvre ou ferme cette espèce de bouche de chaleur.

L'air, en passant dessous et autour des côtés latéraux et dessus le foyer, s'échauffe en laissant une partie de cet air sortir pour l'ouverture inférieure, ce qui empêche la fumée de se répandre dans l'appartement et la force à prendre une direction ascensionnelle dans le conduit de la cheminée.

L'excédant de l'air chaud, qui en est la plus grande partie, se dégage, en outre, par des tuyaux placés à la partie du coffre à compartiments ou à diaphragmes formant le contre-cœur de la cheminée.

Cette combinaison a été couronnée d'un plein succès au Havre, où nous avons fait nos expériences. Avec un feu ordinaire, fait dans un de ces appareils, nous sommes parvenus à chauffer trois pièces, à l'entière satisfaction de toutes les personnes qui en ont été témoins.

De quoi nous concluons que si nous avons d'aussi bons résultats avec une cheminée qui, naturellement, ne peut donner tout le calorique contenu dans le combustible ; en fermant l'appareil, c'est-à-dire en faisant un calorifère sur le même principe et avec les mêmes éléments, nous devons obtenir beaucoup d'avantages.

Planche IX, figure 254 à 258, le dessin représente une de nos cheminées que nous nommons cheminée-calorifère.

Les mêmes lettres désignent les mêmes objets dans les différentes projections :

Figure 254, élévation vue de face.

Figure 255, section ou coupe horizontale faite suivant la ligne Y Z.

Figure 256, coupe verticale faite par le milieu de la figure 254.

Figure 257, coupe verticale faite par le milieu de la partie formant le fond ou contre-cœur de la cheminée.

Figure 258, coupe horizontale faite par le milieu de la partie placée sous le foyer.

a, a, a, gros mur dans lequel on a ménagé l'espace vide pour y pratiquer une cheminée.

On voit qu'avec le mur de refend *b,* il se trouve trois pièces à chauffer; elles peuvent l'être, soit toutes trois ensemble, soit les unes après les autres, suivant le besoin ou la volonté; mais ce second mode est le plus convenable en ce que, la température une fois amenée au degré voulu, il ne reste plus qu'à l'entretenir, ce qui peut se faire facilement, malgré un grand abaissement de température dans l'atmosphère.

c, c, plaque inférieure où se fait le feu : la partie inférieure est garnie de diaphragmes *d, d,* entre lesquels circule l'air qui entre par le conduit *c.*

Une partie de cet air s'échappe par la petite ouverture *f,* qui occupe toute la longueur du devant de la cheminée. Nous avons dit que cet orifice pouvait être muni d'une lame garnie d'un bouton permettant d'ouvrir ou fermer ce passage à volonté.

g, g, g, contre-cœur formé de deux plaques entre lesquelles sont rivés ou fondus des diaphragmes forçant l'air de la partie inférieure à circuler dans cet espace avant de se rendre par les conduits *h* et *i* dans la pièce qu'il doit échauffer.

Si l'on voulait conduire l'air chaud au loin, il suffirait de le laisser s'élancer dans des tuyaux totalement isolés du mur pour éviter les pertes de calorique, et, en ouvrant ou fermant les bouches de chaleur, on chaufferait, à volonté, même une pièce éloignée de l'appareil.

Il est bien entendu que l'air peut aussi circuler dans l'espèce de gousset placé au-dessus du foyer, et que cette partie peut être munie de diaphragmes comme les côtés latéraux ; de plus, il est facultatif de faire correspondre ces divers courants d'air les uns avec les autres, ou de les diviser suivant la volonté ou le besoin des localités où seront installés nos appareils.

Il doit être bien entendu aussi que les dimensions relatives des différentes parties des appareils devront varier en raison des espaces dans lesquels ils seront construits, de même que les matériaux qui doivent entrer dans leur construction; car nous désirons pouvoir en exécuter en fonte, en tôle et même en maçonnerie, si nous y trouvons de l'avantage ou de l'économie.

On comprend bien aussi que ces appareils peuvent avoir un tablier en tôle de tous genres de construction, et que les devantures sont susceptibles de recevoir toute espèce de décorations et de luxe désirables.

Pour l'appropriation de ce système à un calorifère proprement dit, nous pensons employer le même principe, c'est-à-dire que nous fermerons l'appareil en lui laissant une porte, et que nous ferons circuler l'air et la fumée jusqu'à ce qu'elle soit seulement à la température juste suffisante pour s'échapper de l'appareil.

ARTICLE 41.

Cheminée aspirante, de M. J. N. DOFFRY.

(Brevet d'invention.)

Cette cheminée aspirante, qui est susceptible de changer de forme, comme l'indiquent les figures 259 à 263, *Pl.* IX, comporte les dispositions suivantes :

a, espèce d'entonnoir sans être percé, destiné à recevoir l'air qui viendrait du haut de la cheminée et le chasser des deux côtés de la machine par trois pieds en fer posés en enfourchement seulement sur le bord du haut de la machine.

b, ouverture du haut de la cheminée aspirante : cette ouverture se trouve toujours moitié moins grande que celle du bas.

c, bas de la cheminée aspirante (une fois plus large que l'ouverture *b*) où est fixée une traverse en fer très-étroite, à laquelle est pratiqué, dans le milieu de sa longueur, un trou non entièrement percé; ce trou reçoit la pointe du pivot de la vis d'archimède, et une autre traverse est placée en haut de la cheminée aspirante à la lettre *b*, pour recevoir l'autre bout du pivot de la vis.

d, renflement de la base de la machine servant à recevoir la fumée qui aurait de la peine à monter.

e, ouverture de la base où entre la fumée pour être conduite en haut par la vis : elle est plus étroite que le renflement *d*; c'est pour cela que le feu est maître de l'air.

La fumée qui se joue dans le relargi *d* est repoussée par le feu aussitôt qu'elle veut descendre, et reprend son cours pour ne plus reparaître; ce jeu se fait continuellement sans présenter le moindre inconvénient.

f, vis d'archimède ou sans fin qui tourne, à l'aide du feu dans les cheminées qui n'ont pas de courant d'air, et à un mouvement perpétuel dans celles qui ont un faible courant d'air ; et, en ajoutant une petite poulie dans le bras de la vis, c'est suffisant pour faire marcher un tourne-broche : cette vis empêche la fumée de descendre et elle l'attire toujours en montant ; une fois qu'elle a dépassé le haut de la machine, cette même fumée ne peut plus descendre, parce que l'ouverture *b* est plus étroite que l'ouverture *e*.

g, enveloppe renfermant l'appareil qui se trouve dans le tuyau du poêle : cette enveloppe doit toujours être une fois plus grosse que le tuyau.

Toutes les cheminées, quelles qu'en soient les dimensions, seront toujours sans saillie sur le derrière; il ne faut pas que la base de la machine soit placée plus haut qu'à 1 mètre à 1 mètre 50 centimètres (3 pieds à 4 pieds 6 pouces) à partir de l'âtre, et que le vide restant de chaque côté de la machine soit bouché au niveau de la base.

Il suffit, jusqu'à ce que le feu soit allumé, d'établir un courant d'air par une porte ou par une croisée.

Ainsi, cette invention comprend un mécanisme, dit cheminée aspirante, susceptible de prendre toutes formes et toutes dimensions, destiné à éviter la fumée dans les divers appareils de chauffage, cheminées, poêles, calorifères, etc.

ARTICLE 42.

Mode de fermeture des appareils de chauffage,
Par M. P. DESCROIZILLES.

(Brevet d'invention.)

On ne peut généralement, dans les divers appareils de chauffage pour les appartements, jouir de la vue du feu sans perdre beaucoup de chaleur, et pourtant on préfère les cheminées aux poêles et aux calorifères. Il manquait donc un moyen facile et commode de rendre les cheminées susceptibles de chauffer aussi économiquement que les poêles et calorifères. Ce moyen nous semble avoir été trouvé par M. Descroizilles, qui est parvenu, en outre, à donner aux foyers des poêles et calorifères la gaîté de ceux des cheminées sans leur faire rien perdre de leur puissance de chauffe.

Ce procédé consiste à mettre aux cheminée des portes ou des rideaux en tissus métalliques très-fins et très-serrés de fils-de-fer ou de cuivre; le n° 100, par exemple; au lieu de ces portes et rideaux pleins et mobiles qui ne servent qu'à al-

lumer le feu ; comme à substituer des portes de ces tissus
aux portes pleines des poêles et calorifères. Dès que la flamme
brille, le tissu ou réseau disparaît presqu'entièrement à la
vue; mais comme par sa finesse il ne laisse qu'un très-faible
passage à l'air, il en résulte qu'il ne s'introduit dans le foyer
que la quantité d'air nécessaire à la combustion et que, par
conséquent, l'air brûlé ne peut s'échapper qu'à une température très-élevée, comme cela arrive dans les foyers fermés :
en sorte qu'en disposant dans les cheminées et derrière le
foyer, des appareils métalliques comme ceux dont se composent les poêles et calorifères masqués par la devanture, le métal peut, comme dans ces derniers, communiquer la chaleur
qu'il reçoit de l'air brûlé à l'air ambiant, et, comme eux,
fournir de la chaleur dans une ou plusieurs pièces, suivant
l'importance du foyer et de l'appareil calorifère. Il est bien
évident que la substitution des portes de tissus aux portes
pleines des calorifères ne fera rien perdre à ceux-ci de leur
puissance.

En donnant ces explications, qui sont la base du procédé,
il devient superflu d'entrer dans le détail des moyens d'exécution; car ils dépendent d'une variété de circonstances si
considérables qu'il serait trop long d'entrer dans le détail des
diverses applications qui peuvent en être faites; toutefois,
pour une plus facile intelligence, nous allons donner quelques
exemples généraux.

Figure 263, Pl. IX. Cheminée dite cheminée-poêle, à rideaux qui se montent avec une manivelle ou par une patte
avec des contre-poids.

On a simplement substitué aux plaques pleines qui constituent ordinairement ces rideaux, des châssis de tôle ou de
cuivre qui encadrent et maintiennent tendus des tissus serrés, de la même manière que cela se pratique pour les garde-feu, mais en employant des rivets au lieu de soudure
pour maintenir et joindre ces tissus et ces châssis.

Les feuilles glissent l'une sur l'autre comme dans les rideaux ordinaires; mais il est préférable de ne mettre, autant
que possible, qu'un seul châssis au lieu de plusieurs, afin
d'éviter les barres transversales qui viendraient intercepter
par places la vue de la flamme.

Cette disposition, en laissant voir la flamme, fournit cependant, comme un rideau plein quand il est abaissé, un puissant tirage, et, comme on tient toujours le tissu métallique

baissé, il en résulte que les cheminées sont infiniment moins sujettes à fumer ; il devient indispensable même de les munir toutes d'un registre ou d'une clef, comme on le fait pour les poêles, afin de modifier le tirage, qui deviendrait trop actif quand le feu est bien allumé. Indépendamment des avantages que nous venons de signaler, ces nouvelles fermetures sont encore une garantie contre les chances d'incendie, puisqu'elles ne permettent à aucuns charbons ni étincelles de s'échapper du foyer.

Figure 264, cheminée à foyer mobile.

Cette mobilité, qui n'a d'autre but que de permettre de pousser le foyer derrière les rideaux pleins qu'on baisse pour allumer, devient désormais inutile ; le foyer restera toujours avancé, et la place qui lui était réservée sera occupée par l'appareil calorifère.

Le rideau plein est remplacé, comme on le voit, par un châssis de tissu métallique qui tombe en recouvrement sur le foyer, en forme de trappe à tabatière, et qu'on ne relève que pour allumer le feu.

L'air nécessaire à la combustion entre par-dessous les chenets, et un peu aussi à travers le tissu, ce qui l'empêche de trop chauffer et fournit de l'air pour enflammer la fumée.

Figure 265, cheminée a brûler de la houille, qu'on peut aussi employer à la combustion du bois en substituant une grille à une autre.

Cette grille ou coquille, représentée ici à barreaux placés horizontalement, si elle affleure les panneaux de la cheminée, n'a besoin que d'un châssis plat, suspendu, à charnières de haut en bas, et venant battre sur le bord de la coquille, afin de ne permettre à l'air d'entrer dans la cheminée ou le calorifère qu'en passant à travers le combustible ; si, au contraire, la coquille était en saillie, carrée ou arrondie, la porte ou le châssis serait fait en conséquence pour accompagner ces formes et muni de joues pour venir s'appuyer sur les panneaux et fermer le passage à l'air sur les côtés.

Figure 266, poêle ou calorifère, dont le foyer est figuré saillant et à coquille, à barreaux perpendiculaires.

La porte en tissu peut être en forme de trappe à charnière ; en faisant avancer une partie carrée pour la fixer, elle tombe sur les bords de la coquille de la manière représentée fig. 264. Dans le cas de foyers cintrés, à fleur ou saillants, des appareils ronds ou en ovale, on pourra avoir des portes cintrées, à charnière sur les côtés, comme les portes pleines des poêles et calorifères ; ou bien d'autres portes cintrées, se fixant par crochets, au-dessus du foyer, comme on le fait pour les cheminées belges, qui sont munies de portes de plusieurs longueurs, qu'on change à volonté.

On place, pour allumer, la grande porte qui descend sur la grille qui contient le charbon, et quand le feu est bien pris, ou la remplace par une autre qui découvre le feu de 20 à 25 centim. (7 pouces 5 lignes à 9 pouces 3 lignes) au-dessus de la grille, et l'on en a même une troisième qui, lorsque la cheminée a du tirage, laisse 30 centimètres (11 pouces 1 ligne) d'ouverture au-dessus de la grille.

Avec le système que nous exposons, on est débarrassé de cet attirail de portes; on n'en a qu'une grande qui laisse voir le feu en entier.

Ces divers exemples et explications nous semblent suffisants pour les cas que peuvent présenter les appareils de chauffage domestique. Nous passerons aux appareils industriels, tels que fourneaux de chaudière ordinaire et à vapeur.

Tous ces fourneaux dont le foyer est fermé par une porte en fer ou en fonte, très-lourde et qui, cependant, est souvent brûlée par le calorique rayonnant et par les flammes réunies qui viennent la battre et qui en même temps détruisent les maçonneries dans lesquelles elle est scellée, gagneront beaucoup à la substitution des portes métalliques, plus légères et qui auront l'avantage :

1° De ménager la maçonnerie ;

2° De permettre de voir, sans rien ouvrir, si le feu a besoin d'être alimenté ou tisonné ;

3° D'introduire au-dessus de la masse en combustion, assez d'air pour enflammer les gaz qui, sans cela, échapperaient à cette combustion, en sorte que les fourneaux brûleront plus de fumée ;

4° Enfin, de perdre beaucoup moins de calorique rayonnant, perte qui, avec les portes fermées, avait aussi l'inconvénient de gêner le chauffeur.

Nous croyons inutile d'entrer dans des détails de construction; ce qui a été dit pour les foyers domestiques doit suffire: il ne nous reste qu'une observation importante à faire, c'est que, dans le cas d'un tirage trop considérable, on pourra mettre plusieurs feuilles de tissus l'une sur l'autre afin de diminuer l'introduction de l'air ; le but n'étant pas ici de voir complètement le feu, mais de s'assurer de l'état de la combustion.

ARTICLE 43.

Cheminée calorifère, de M. P. DESCROIZILLES.

(Brevet d'invention.)

Avant de donner la description de mes appareils, je vais exposer les principales conditions qu'ils remplissent et qui établissent les principes constituant l'invention :

1° Le combustible est graduellement échauffé et presque poussé jusqu'à sa réduction en coke ou carbone avant d'occuper la place où il doit être consumé.

2° Les gaz, se développant sous la présence de l'air, ne peuvent passer dans la cheminée sans avoir traversé un brasier ardent, sans s'y enflammer, par conséquent, et se brûler complètement, étant toujours accompagnés d'une quantité d'acier suffisante indépendamment de celui qu'ils peuvent rencontrer dans leur parcours dans le foyer.

3° Introduction du combustible dans le foyer sans ouvrir de porte et par conséquent sans abaissement de température du foyer, comme cela a lieu lorsque le combustible est lancé à la pelle sur la grille.

4° La houille, lorsqu'on emploie ce combustible, ne pouvant s'enflammer que lorsqu'elle est presque à l'état de coke et à une température déjà très-élevée, ne se soude pas, quelque grasse qu'elle soit, et est toujours dans un état de division qui permet un facile accès à l'air, quoiqu'on opère sur une couche plus épaisse que d'ordinaire, ce qui permet d'obtenir et de conserver un foyer à une température bien plus élevée que de coutume, c'est-à-dire constamment au rouge-blanc.

5° Possibilité de brûler petite ou grande quantité de combustible, avec une même activité, dans le même foyer, dont on peut, à son gré, diminuer la surface sur laquelle s'opère la combustion.

6° Foyer à flamme toujours blanche et propre à l'éclairage et chauffage à la fois et par le même feu.

Planche X, figure 267. *a*, trémie pour l'introduction du combustible.

Figures 267 et 268. *e, e, e,* grille verticale en forme de porte à deux battants, servant à soutenir le combustible et à l'introduction de l'air.

b, b, b, voûte en briques réfractaires passant au-dessus de la grille horizontale et en contre-bas de la partie supérieure de la grille verticale e, e, e, supportant d'un côté la trémie, d'autre côté les bouilleurs et n'occupant, du reste, que le quart environ du foyer, afin de soustraire le moins possible de métal à l'action du calorique rayonnant.

Pour allumer ce foyer, on ouvre la grille e, et l'on recouvre de combustible, à la pelle, toute la grille horizontale d, d' jusqu'à la hauteur du centre inférieur de la voûte b; on place du menu bois sur le devant, sous la trémie, on allume, on ferme la grille e, on remplit le foyer et la trémie, le feu s'étend de l'avant à l'arrière, et, quand le tout est bien embrasé, on passe un ringard à travers la grille verticale dont l'écartement est fait en conséquence, on glisse cet instrument sur la grille horizontale et l'on pousse à l'arrière le combustible enflammé du devant, qui est remplacé par celui qui tombe naturellement de la trémie, en sorte que le plus ou le moins d'alimentation dépend du degré d'activité qu'on met à opérer ces déplacements, qui ont, en outre, pour but de rompre les masses et faciliter l'accès de l'air.

On conçoit que le combustible, dans un foyer ainsi disposé, pourvu d'un tirage suffisant, ne peut s'enflammer, quelque chauffé qu'il soit, que lorsqu'il peut remonter de l'air, et qu'ici, la combustion ne pouvant se faire que dans la direction e e', fig. 268, les gaz développés par l'action du calorique rayonnant au-dessus de cette ligne sont entraînés, avec l'air que fournit la grille e, pour la voûte b, à travers le brasier qui semble l'obstruer, et qu'ils arrivent ainsi à une très-haute température, telle que leur inflammation ne peut manquer d'avoir lieu ; que les vapeurs d'eau qu'ils peuvent entraîner avec eux ne peuvent manquer d'y être décomposées, et que, loin qu'il y ait fumée produite, il y a plus grand produit de chaleur.

Lorsqu'on veut cesser le feu, on laisse la trémie se vider, mais on a soin de fermer son couvercle g, et, quand la couche de combustible découvre la grille e, on la couvre par la porte pleine o, en sorte que l'air extérieur ne peut plus entrer que par la grille horizontale; enfin, si l'on veut conserver du feu, on ferme la porte du cendrier f, on abaisse le registre, mais sans le fermer complètement, afin de ne pas étouffer le feu, et le lendemain tout est encore prêt pour recommencer une nouvelle chauffe.

Comme je l'ai dit, en précipitant la chute du combustible, qu'on pousse de l'avant à l'arrière, on active la combustion ;

on peut aussi, comme dans les autres fourneaux, la ralentir en
abaissant le registre de la cheminée, comme cela se pratique
d'ordinaire ; mais ce moyen, le seul que nous ayons aujour-
d'hui, est vicieux, parce que l'on n'obtient le résultat que par
une combustion plus lente et, par conséquent, un abaissement de température.

J'ai obvié à cet inconvénient par un nouveau moyen qui
est encore une partie intégrante de mon invention ; c'est un
refend mobile r qui glisse entre le cendrier, la grille horizontale et les côtés dans toute la hauteur et la largeur, et qui
peut être ainsi mu d'une extrémité à l'autre du foyer; lorsqu'on veut donc diminuer la consommation d'un quart ou
d'un tiers, on le glisse au tiers ou au quart de la grille, en
sorte qu'il laisse, entre le fond et lui, un espace du tiers ou du
quart, comme on le voit en r, s. On a soin, en tisonnant, de
ne pousser le combustible que jusqu'au point r; on abaisse
le registre de la cheminée pour proportionner la puissance
du tirage au besoin de la surface réduite, en sorte que la
combustion se fait toujours dans les mêmes conditions favorables, avantage que nul n'avait encore obtenu.

La construction de mes foyers pour les cheminées domestiques, fourneaux de cuisine, fours, poêles et calorifères, est absolument la même, avec cet avantage remarquable, qu'ils offrent
la possibilité d'une haute température, de chauffer avec plus
d'économie et de ne pas priver de la vue du feu, et c'est à bien
plus forte raison que l'on jouit de cet avantage dans mes
foyers chauffant et éclairant, puisqu'ils offrent deux points
lumineux à la fois et toutes les conséquences d'un parfait
calorifère.

La figure 269 montre un de ces foyers dans une baie de
cheminée : la flamme sortant du foyer ou du dessous de la
voûte peut aller directement dans le conduit de la cheminée
si l'on ouvre la soupape k; mais, si l'on ferme cette soupape, la
flamme est forcée de descendre dans le tuyau g, qui est percé
à sa partie inférieure, de deux côtés des ouvertures n, d'où
deux tuyaux coudés la portent aux deux ouvertures b supérieures à la soupape k, et de là dans le conduit de cheminée :
on peut d'ailleurs faire faire à la flamme tel nombre de circuits que l'on veut avant de la ramener aux points b, et obtenir ainsi un parfait calorifère pour chauffer, par un seul
foyer, plusieurs points voisins ou superposés. La difficulté, au
commencement de l'opération, de déplacer la masse d'air

froid remplissant les nombreux conduits que doit parcourir
la flamme quand la cheminée, froide elle-même, n'en peut
que difficilement déterminer l'enlèvement, a rendu la soupape *k* très-utile, parce que, dès que l'action directe a déterminé le mouvement nécessaire, on peut la refermer, et tout
le reste est enlevé rapidement ; ce moyen est précieux pour
toute espèce de calorifère un peu compliqué, afin d'éviter
toute lenteur au commencement de l'opération et l'émission
de la fumée par les jonctions des tuyaux, inconvénient que
j'éprouverais moi-même, parce que mes foyers ne sont fumivores que lorsqu'ils sont complètement allumés. Cette cheminée calorifère, revêtue d'une enveloppe ronde ou de toute
autre forme, c'est mon poêle.

La figure 270 représente un fourneau de cuisine, dessus en
fonte pour les casseroles, grille devant pour les rôts, quel que
soit le combustible employé ; four métallique servant d'âtre au
foyer et parcouru par la flamme, et chaudière pour l'eau pour
les besoins du ménage.

La figure 271 offre un foyer chauffant et éclairant : la
flamme, à sa sortie de la voûte, passe au point *p, t,* débordant
par son collet, au pied duquel sont de petits trous pour l'introduction de l'air extérieur qui vient allonger la flamme,
l'aviver et tempérer la chaleur développée dans la cloche de
cristal ou de toute autre matière translucide *u,* couronnée par
la cheminée *v,* qui détermine le tirage du foyer et l'introduction de l'air autour de la flamme.

Dans les baies de cheminées trop peu élevées pour placer
une trémie, on peut la supprimer ainsi que dans les fourneaux,
en se contentant d'alimenter plus souvent par la porte *t,* qui
ne permet pas l'introduction de l'air extérieur s'il l'on n'a pas
attendu jusqu'à laisser découvrir la grille verticale.

ARTICLE 44.

Moyens d'utiliser une plus grande partie de la chaleur des cheminées.

Ces moyens sont basés sur cette propriété de l'air : c'est
qu'il devient plus léger à mesure qu'il est échauffé, et qu'il
occupe alors la partie supérieure des appartements ; les couches inférieures sont, par conséquent, toujours plus froides.
Profitant de cette observation, MM. Lenormand et Chevalier
ont proposé de remplacer la bûche en terre cuite, qu'on place

ordinairement à Paris sur le derrière du foyer, par une bûche creuse eu fonte qui se pénétrerait plus promptement de la chaleur fournie par le combustible, pour la reverser ensuite dans l'appartement, en établissant un courant d'air dans l'intérieur de la bûche. Pour remplir ce but (1), on se procure un tuyau de fonte creux de 14 centimètres (5 pouces) de diamètre, d'une longueur de 8 à 11 centimètres (3 à 4 pouces) moindre que la largeur de la cheminée; à ses deux bouts on y réserve deux tourillons creux, de 3 à 5 centimètres (18 à 24 lignes) de long, afin que le tout puisse entrer dans la cheminée et se placer comme bûche du fond. Les auteurs préfèrent ce tuyau carré, afin qu'il prenne mieux son assiette sur l'âtre et près du contre-cœur. A l'un des deux tourillons, on ajuste un tuyau en tôle qui l'embrasse et traverse la paroi de la cheminée qu'on a fait percer : ce tuyau déborde de 27 à 34 millimètres (1 à 2 pouces) dans la chambre, et porte à son extrémité une soupape qu'on ouvre ou ferme à volonté pour donner passage ou non à l'air.

Si la chambre reçoit assez d'air, on n'aura pas besoin de le prolonger plus loin ; mais, si l'air n'était pas suffisant, on le prolongerait autant que cela serait nécessaire, pour prendre l'air extérieur. Dans ce cas, la soupape dont on vient de parler serait inutile.

A l'autre tourillon, on place un petit tuyau semblable, qui, à 5 ou 7 centimètres (2 ou 3 pouces) de la cheminée, s'élève verticalement jusqu'à la hauteur de 2 mètres à 2 mètres 50 centim. (6 à 8 pieds); si rien ne gène, ou s'il ne produit pas à ce point un mauvais effet. Dans le cas contraire, on le prolonge par terre contre le mur, pour le faire élever ensuite verticalement dans l'angle le plus près, où l'on peut le masquer parfaitement.

La *fig.* 19, *Pl.* III, montre de face les dispositions de cet appareil.

On voit en A le gros tuyau; BB, les deux tourillons; C, le tuyau de tôle garni de sa soupape, comme une bouche de chaleur, lorsqu'il prend l'air dans la chambre, ou qui se prolonge sans soupape lorsqu'il va prendre l'air à l'extérieur.

Le tuyau D est coudé à quelques pouces de la cheminée, et s'élève en E lorsque rien ne s'y oppose, ou se prolonge en ligne droite jusqu'au coin le plus près, où il se coude, pour se

_____
(1) *Extrait du Bulletin des Sciences*, sect. *Techn.*

relever de 2 mètres 27 centim. à 2 mèt. 5o centim. (7 à 8 pieds) de long contre le mur, où l'on peut le masquer facilement.

Lorsqu'on prend l'air à l'extérieur, il faut placer une soupape tournante dans le tuyau ascendant E, de la même manière qu'on les place dans les tuyaux de poêle ordinaire, et qu'on désigne sous la dénomination de *clef*.

Il est facile de faire concevoir comment le tirage s'établit dans cet appareil. La soupape C étant ouverte, de même que la clef, s'il y en a une au tuyau E, aussitôt que le feu brûle devant le tuyau A, ce tuyau s'échauffe; l'air qu'il contient et qui est en équilibre avec celui de l'intérieur de la chambre, s'échauffe aussi et devient plus léger que d'abord; il cherche à occuper la place supérieure dans le tuyau D, E, et fait place à de nouvel air froid qui entre par l'extrémité C; l'air chaud sort par l'extrémité supérieure du tuyau E, se mêle avec celui de l'appartement et le réchauffe.

Ce procédé peut être appliqué à toute autre cheminée que celle en tôle, prise pour exemple. Il est facile de le construire dans toute cheminée, sans être obligé de percer les murs; on place les deux côtés du tuyau, à chacun des tourillons, un tuyau coudé qui se dirige vers la chambre, et de là au-dehors de la cheminée, par un, deux ou trois tuyaux coudés; on les fait aller contre les murs, et on les dirige où l'on veut. Il suffit que le tuyau E ait une hauteur verticale de 2 ou 3 mètres (7, 8 ou 9 pieds).

Un second moyen, fort analogue à celui qui précède, et basé sur les mêmes principes, a été publié dans le tome II de la *Bibliothèque physico-économique*, année 1788, page 216. A la place de la plaque de fer qui garnit toute cheminée, dit l'auteur de cette invention, je fis creuser le mur d'environ 10 centim. (4 pouces) de profondeur; la largeur et la hauteur de cette niche doivent être déterminées par la longueur et le nombre des cylindres que je vais indiquer. Dans la niche, je fis placer, les uns au-dessus des autres, cinq tuyaux de fonte semblables à ceux qui servent à la conduite des eaux, de manière qu'entre eux et le fond de la niche, que j'avais garni de tôle, il y eût autant de distance qu'entre chacun d'eux, c'est-à-dire environ 14 millim. (6 lignes). J'observai de mettre plus en avant de la moitié de son diamètre au moins, le cylindre inférieur, de manière qu'il pût servir à porter la bûche de derrière. Sous l'âtre à feu, ou de quelque côté que ce soit, on pratique un petit courant de 27 millim. (1 pouce) de diamètre, qui aille souffler dans chacun des cylindres, par une communication percée dans la maçonnerie, des deux côtés de la niche. Aux extrémités opposées des cylindres, correspond un tuyau qui sort dans la chambre par le côté de la cheminée. Observez, ajoute l'auteur, que j'avais divisé en deux mon courant d'air, afin que, soufflant du côté gauche dans trois cylindres, et du côté droit dans les deux autres, les deux côtés de la cheminée jetassent également de l'air échauffé.

Ce procédé est économique et entretient et renouvelle l'air des appartements.

ARTICLE 45.

Moyen d'empêcher l'odeur des cheminées de cuisine de se transmettre dans les appartements.

Quand les cuisines se trouvent placées sous les appartements et sur les mêmes paliers qu'eux, il arrive communément que leur odeur se transmet dans ces appartements. Pour remédier à cet inconvénient, on ménage, dans la partie supérieure du tuyau de cheminée, au niveau du plafond de la cuisine, une ouverture ou petite porte par où toute l'odeur s'échappera, si la partie supérieure de la porte est un peu plus basse que le plafond; pour rendre le moyen infaillible et le mettre à l'abri de tous les effets de changements de temps, il faut faire aboutir à cette ouverture un tuyau de tôle qui monte le long et jusqu'au haut de la cheminée; on pratique pour cet objet une cheminée séparée (1).

CHAPITRE V.

ARTICLE UNIQUE.

Des causes qui font fumer les cheminées, et remèdes à y apporter.

Franklin porte au nombre de neuf les causes qui occasionnent la fumée des cheminées; elles diffèrent les unes des autres, et demandent par conséquent des remèdes différents (2).

« 1° *Les cheminées ne fument souvent, dans une maison neuve, que par un simple défaut d'air* (3). La strucrure des

---

(1) *Brevets expirés*, tome III.
(2) Extrait d'une lettre écrite par Franklin à Ingenhouse.
(3) Nous avons vu, qu'il passait par le cœur d'une cheminée présentant une surface d'un quart de mètre, 18,000 mètres cubes d'air par heure; lorsque cette quantité ne peut

chambres étant bien achevée, et sortant des mains de l'ouvrier, les jointures du parquet, de toutes les boiseries et des
lambris sont très-justes et serrées, et d'autant plus peut-être
que les murs, n'étant pas entièrement desséchés, fournissent
de l'humidité à l'air de la chambre, ce qui tient les boiseries
gonflées et bien closes ; les portes et les châssis des fenêtres
étant travaillés avec soin, et fermés avec exactitude, font que
la chambre est aussi close qu'une boîte, et qu'il ne reste aucun passage à l'air pour entrer, excepté le trou de la serrure,
qui, quelquefois même, est recouvert et comme fermé.

Maintenant, si la fumée ne peut s'élever qu'en se combinant
avec l'air raréfié, et si une colonne pareille d'air qu'on suppose
remplir le ruyau de la cheminée, ne peut monter, à moins que
d'autre air ne vienne reprendre sa place, et si, par conséquent,
un courant d'air ne peut point entrer dans l'ouverture de
la cheminée, rien n'empêche la fumée de se répandre dans la
chambre. Si l'on observe l'ascension de l'air dans une cheminée qui en est bien fournie, par l'élévation de la fumée, ou par
une plume qu'on ferait monter avec la fumée ; et si l'on considère que, dans le même temps qu'une pareille plume s'élève
depuis le foyer jusqu'à l'extrémité de la cheminée, une colonne
d'air égale à celle qui est contenue dans le tuyau doit s'échapper
par la cheminée, et qu'une égale quantité d'air doit lui être
fournie d'en bas par la chambre, il paraîtra absolument impossible que cette opération ait lieu si une chambre bien close
reste fermée ; car, s'il existait une force capable de tirer constamment autant d'air de cette chambre, elle serait bientôt
épuisée, de même que la cloche d'une pompe pneumatique ;
et aucun animal ne pourrait y vivre.

» Ceux, par conséquent, qui bouchent toutes les fentes dans
une chambre pour empêcher l'admission de l'air extérieur,
et qui désirent cependant que leurs cheminées portent en haut
la fumée, demandent des choses contradictoires et en atten-
dent l'impossible. C'est cependant dans cette position que j'ai
vu le possesseur d'une maison neuve, désespéré, et prêt à la
vendre à un prix bien au-dessous de sa valeur, la regardant
comme inhabitable, parce qu'aucune cheminée de ses cham-

être fournie par les fentes des portes, des fenêtres, ou par un conduit pratiqué à cet
effet, l'air intérieur se dilate, et il y a réaction de l'air extérieur sur le haut de la
cheminée ; quelquefois même il s'établit dans le tuyau de la cheminée un double courant, l'un ascendant, l'autre descendant ; ce dernier remplace l'air entraîné par le tirage, de là les cheminées qui fument lorsque les portes et fenêtres sont exactement
fermées. (*Dictionnaire technologiste*, tome v).

bres ne transmettait la fumée au dehors, à moins qu'on ne laissât la porte ou la croisée ouverte.

» *Remède.* — Quand vous trouverez, par l'expérience, que l'ouverture de la porte ou d'une fenêtre rend la cheminée propre à faire monter la fumée, soyez sûr que le défaut d'air extérieur était la cause qu'elle fumait; je dis l'*air extérieur*, pour vous tenir en garde contre l'erreur de ceux qui vous disent que la chambre est vaste, qu'elle contient une quantité d'air suffisante pour en fournir à une cheminée, et qu'il n'est pas possible, conséquemment, que la cheminée manque d'air. Ceux qui raisonnent ainsi ignorent que la grandeur de la chambre, si elle est bien close, est, dans ce cas là, peu importante, puisqu'il n'est pas possible que cette chambre puisse perdre une masse d'air égale à celle que la cheminée contient, sans y occasioner autant de vide; ce qui demanderait une grande force pour le produire; d'ailleurs, on ne peut pas vivre dans une chambre où un tel vide existerait par une perte continuelle de tant d'air.

« Comme il est donc évident qu'une certaine portion d'air extérieur doit être introduite, la question se réduit à connaître la quantité qui est absolument nécessaire; car on veut éviter d'en admettre plus qu'il n'en faut, comme étant contraire à l'intention qu'on se propose en faisant du feu, c'est-à-dire d'échauffer la chambre. Pour découvrir cette quantité, fermez la porte par degrés, pendant qu'on entretient un feu modéré, jusqu'à ce que vous aperceviez, avant qu'elle soit entièrement fermée, que la fumée commence à se répandre dans la chambre; ouvrez alors un peu, jusqu'à ce que vous remarquiez que la fumée ne se répand plus; tenez ainsi la porte, et observez l'étendue de l'intervalle ouvert entre le bord de la porte et le jambage; supposons que la distance soit de 14 millim. (6 lignes), et que la porte ait 2 mètres 60 centim. (8 pieds) de hauteur, vous trouverez alors que votre chambre demande un supplément d'air égal à 96 demi-pouces, c'est-à-dire à 3 décimèt. 51 centim. carrés (48 pouces carrés), ou à un passage de 21 centim. (8 pouces) de long sur 16 centim. (6 pouces) de large. La supposition est un peu forte, parce qu'il y a peu de cheminées qui, ayant une ouverture modérée et une certaine hauteur de tuyau, demanderaient plus de la moitié de l'ouverture supposée : effectivement, j'ai observé qu'un carré de 16 centim. (6 pouces), ou 2 decimèt. 62 centim. carrés (36 pouces carrés), est un milieu assez juste qui peut servir pour la plupart des cheminées.

« Les tuyaux fort longs ou fort élevés, et qui ont des ouvertures petites et basses, peuvent, à la vérité, être fournis suffisamment d'air à travers une ouverture moins grande, parce que, pour des raisons que j'exposerai ci-après, la force de légèreté, si l'on peut parler ainsi, étant plus grande dans de pareils tuyaux, l'air froid entre dans la chambre avec une plus grande vitesse, et, par conséquent, il en entre plus dans le même temps. Cela a cependant ses limites ; car l'expérience montre qu'aucun accroissement de vitesse ainsi occasioné ne peut rendre l'introduction de l'air, à travers le trou de la serrure, égale en quantité à celle que produit une porte ouverte, quoique le courant d'air qui entre par la porte soit lent, et au contraire très-rapide à travers le trou de la serrure.

» Il reste maintenant à considérer comment et quand cette quantité d'air extérieur doit être introduite, de manière à produire le moins d'inconvénients ; car, si on laisse entrer l'air par la porte ouverte, il se porte de là directement vers la cheminée, et on éprouve le froid au dos et aux talons, tant qu'on reste assis devant le feu. Si vous tenez la porte fermée, et que vous ouvriez un peu votre fenêtre, vous éprouverez le même inconvénient. On a imaginé diverses inventions pour remédier à cet inconvénient : par exemple, on a introduit l'air extérieur à travers des canaux conduits dans les jambages de la cheminée. L'orifice de ces canaux étant dirigé en haut, on s'est imaginé que l'air emmené par ces tuyaux étant dirigé vers le haut, doit forcer la fumée à monter dans le tuyau de la cheminée. On a aussi pratiqué des passages pour l'air dans la partie supérieure du tuyau de la cheminée pour y introduire l'air dans la même vue ; mais ces moyens produisent un effet contraire à celui qu'on s'est proposé ; car, comme c'est le courant constant d'air qui passe de la chambre à travers l'ouverture de la cheminée, dans son tuyau, qui empêche la fumée de se répandre dans la chambre, si vous fournissez au tuyau, par d'autres moyens ou d'une autre manière, l'air dont il a besoin, et surtout si cet air est froid, vous diminuez la force de ce courant, et la fumée, en faisant effort pour entrer dans la chambre, trouve moins de résistance.

» L'air qui manque doit donc être introduit dans la chambre même, pour prendre la place de celui qui s'échappe par l'ouverture de la cheminée. Gauger, auteur très-ingénieux et très-intelligent, qui a écrit sur cet objet, propose, avec discernement, de l'introduire au-dessus de l'ouverture de la cheminée; et, pour prévenir l'inconvénient du froid, il conseille de le faire parvenir dans la chambre à travers les cavités tournantes pratiquées derrière la plaque de fer qui fait le dos de la cheminée et les côtés du foyer, et même sous l'âtre; il s'échauffera en passant sous ces cavités, et, étant introduit dans cet état, il échauffera la chambre au lieu de la refroidir. Cette invention est excellente en elle-même, et peut être employée avec avantage dans la construction des maisons neuves, parce que ces cheminées peuvent être disposées de manière à faire entrer convenablement l'air froid dans de pareils passages; mais, dans les maisons qu'on a bâties sans se proposer de telle vues, les cheminées sont souvent situées de manière qu'on ne pourrait leur procurer cette commodité sans y faire des changements considérables et dispendieux : les méthodes aisées et peu coûteuses, quoique moins parfaites en elles-mêmes, sont d'une utilité plus générale; telles sont les suivantes :

» Dans les chambres où il y a du feu, la portion d'air qui est raréfié devant la cheminée change continuellement de lieu, et fait place à d'autre air qui doit être échauffé à son tour; une partie entre et monte par la cheminée, le reste s'élève et va se placer près du plafond. Si la chambre est élevée, cet air chaud reste au-dessus de nos têtes, et il nous est peu utile, parce qu'il ne descend pas avant qu'il ne soit considérablement refroidi.

» Peu de personnes pourraient s'imaginer la grande différence de température qu'il y a entre les parties supérieures et inférieures d'une pareille chambre, à moins de l'avoir éprouvé par le thermomètre, ou d'être monté sur une échelle jusqu'à ce que la tête soit près du plafond. C'est donc dans cet air chaud que la quantité d'air extérieur qui manque doit être introduite, parce que, en s'y mêlant, la froideur est diminuée, et l'inconvénient qui résulte de cette quantité devient à peine sensible (1).

« 2º Une seconde cause qui fait fumer les cheminées, est *leur trop grande embouchure dans les chambres;* cette embouchure peut être trop large, trop haute, ou toutes les deux ensemble. Les architectes, en général, n'ont pas d'autres idées des proportions de l'embouchure d'une cheminée, que celle qui se rapporte à la symétrie et à la beauté, relative-

_____

(1) *Voyez*, pour les moyens d'introduire de l'air extérieur, l'article *Ventilation*.

ment aux dimensions de la chambre, pendant que les vraies proportions, relativement à ses fonctions et à son utilité, dépendent de principes tout-à-fait différents; et cette proportion des architectes n'est pas plus raisonnable que ne le serait la dimension des degrés ou des marches d'un escalier, prise selon la hauteur d'un appartement, plutôt que selon l'élévation naturelle des jambes d'un homme qui marche ou qui monte. La vraie dimension donc de l'ouverture d'une cheminée doit être en rapport avec la hauteur du tuyau; et, comme les tuyaux, dans différents étages d'une maison, sont nécessairement de diverses hauteurs ou longueurs, celui de l'étage d'en bas est le plus haut et le plus long, et ceux des autres étages sont en proportion plus courts, de façon que celui du grenier se trouve le moindre de tous. Comme la force d'attraction est en raison de la hauteur du tuyau rempli d'air raréfié, et comme le courant d'air qui entre de la chambre dans la cheminée doit être assez considérable pour remplir constamment l'embouchure, afin de pouvoir s'opposer au retour de la fumée dans la chambre, il s'ensuit que l'embouchure des tuyaux les plus longs peut être plus étendue, et que celle des tuyaux plus courts doit être aussi plus petite; car, si une cheminée qui ne tire pas fortement a une ouverture large, il peut arriver que le tuyau reçoive l'air qui lui est nécessaire par un des côtés de cette embouchure, qui admet un courant particulier d'air, pendant que l'autre côté de l'embouchure, étant dépourvu d'un courant semblable, peut permettre à la fumée de se répandre dans la chambre.

« Une grande partie de la force d'attraction dans le tuyau dépend aussi du degré de raréfaction de l'air qu'il contient, et cette raréfaction dépend elle-même de ce que le courant d'air prend son passage à son entrée dans le tuyau le plus près du feu. Si ce courant, à son entrée, est éloigné du feu, c'est-à-dire s'il entre des deux côtés de l'embouchure lorsqu'elle est fort large, ou s'il passe au-dessus du feu lorsque l'ouverture de la cheminée est fort haute, il s'échauffe peu dans son passage, et par conséquent l'air contenu dans le tuyau ne peut différer que peu en raréfaction de l'air atmosphérique qui l'environne, et sa force d'attraction, c'est-à-dire la force avec laquelle il entraîne la fumée, est par conséquent d'autant plus faible; de là vient que, si l'on donne une embouchure trop grande aux cheminées des chambres des étages supérieurs, ces cheminées fument; d'un autre côté,

si on donne une petite embouchure aux cheminées des étages
inférieurs, l'air qui entre agit trop directement et trop violemment, et en augmentant ensuite l'attraction et le courant
qui montent dans le tuyau, la matière combustible se consume trop rapidement.

Remède (1). — Comme différentes circonstances se com-
binent souvent avec ces objets, il est difficile d'assigner les
dimensions précises des embouchures de toutes les cheminées. Nos ancêtres, en général, les faisaient beaucoup trop
grandes ; nous les avons diminuées, mais elles sont souvent
encore d'une plus grande dimension qu'elles ne devraient
l'être ; car l'homme se refuse facilement à des changements
trop grands et trop brusques.

« Si vous soupçonnez que votre cheminée fume par la trop
grande dimension de son ouverture, resserrez-la en y plaçant
des planches mobiles, de manière à la rendre par degrés plus
basse et plus étroite, jusqu'à ce que vous remarquiez que la
fumée ne se répand plus dans la chambre. La proportion
qu'on trouvera ainsi, sera celle qui est convenable pour la
cheminée, et vous pourrez ainsi la faire rétrécir par le maçon;
cependant, comme en bâtissant les maisons neuves on doit
hasarder quelques tentatives, je ferais faire des embouchures,
dans les chambres d'en bas, d'environ 2 décimèt. carrés (30
pouces carrés) et de 48 centim. (18 pouces) de profondeur, et
celles dans les cheminées d'en haut seulement de 1 décimèt.
carré (18 pouces carrés), et d'un peu moins de profondeur;
je diminuerais l'ouverture des cheminées intermédiaires, en
proportion de la diminution de la longueur des tuyaux.

« Il faut que toutes les cheminées aient presque la même
profondeur, leurs tuyaux devant presque toujours être d'un
volume propre à laisser entrer un ramoneur (2).

« Si dans les chambres grandes et élégantes, la coutume
ou l'imagination demande l'apparence d'une cheminée plus

(1) Le prolongement vers le bas du soubassement, suivant e f (Pl. I, fig. 12), par
une planche de plâtre soutenue par une tringle de fer, empêche souvent une cheminée
de fumer, parce qu'on met un obstacle à l'entrée, dans la cheminée, d'une trop grande
quantité d'air qui ne sert pas à la combustion, et qui refroidissait le courant ascendant
de manière à diminuer la force du tirage. Le rétrécissement dans le sens horizontal,
d'après le tracé de Rumfort, par la même raison, est souvent un moyen efficace.
Par le surbaissement du soubassement, il en résulte une moindre disposition à fumer,
mais on a moins de chaleur dans l'appartement. (*Note de l'auteur du Manuel*).
(2) Cela n'est plus indispensable dans beaucoup de villes, où l'on construit des tuyaux
de cheminées beaucoup plus petits que ceux que prescrivent les anciens règlements,
on les ramone à l'aide d'un fagot. (*Voyez* Chapitre III.)

grande, on pourrait lui donner cette grandeur apparente, par des décorations extérieures en marbre, etc.

« 3° Une troisième cause qui fait fumer les cheminées, est un *tuyau trop court*. Cela arrive nécessairement dans quelques cas, comme quand on construit une cheminée dans un édifice peu élevé; car, si on élève le tuyau beaucoup au-dessus du toit, pour que la cheminée tire bien, il est alors en danger d'être renversé par le vent, et d'écraser le toit par sa chute.

« *Remède* (1). — Resserrez l'embouchure de la cheminée, de manière à forcer tout l'air qui entre à passer à travers ou tout près du feu; par là, il sera plus échauffé et raréfié; le tuyau lui-même sera échauffé, et l'air qu'il contiendra aura plus de ce qu'on appelle *force de légèreté*, c'est-à-dire que l'air y montera avec force, et maintiendra une forte attraction à l'embouchure.

« Le cas d'un tuyau trop court est plus général qu'on ne se l'imaginerait, et souvent il existe où l'on ne devrait pas s'y attendre; car il n'est point extraordinaire, dans des édifices mal bâtis, qu'au lieu d'avoir un tuyau pour chaque chambre ou foyer, on plie et l'on incline le tuyau de la cheminée d'une chambre d'en haut, de manière à le faire entrer par le coté dans un tuyau qui vient d'en bas. Par ce moyen, le tuyau de la chambre d'en haut est moins long dans son cours, puisque l'on ne doit compter sa longueur que jusqu'à sa terminaison dans le tuyau qui vient d'une chambre d'en bas. Le tuyau qui vient d'en bas doit aussi être considéré comme étant abrégé de toute la distance qui est entre l'entrée du second tuyau et l'extrémité des deux réunis; car toute la partie du second tuyau qui est déjà fournie d'air, n'ajoute point de force à l'attraction, surtout quand cet air est froid, parce qu'on n'a point fait de feu dans la seconde cheminée. Le seul remède aisé est de tenir alors fermée l'ouverture du tuyau dans lequel il n'y a point de feu. (*Voyez* chap. VI, l'article *Trappes à bascule.*)

« 4° Une quatrième cause, très-ordinaire, qui fait fumer les

(1) Dans un tuyau trop court le tirage n'a pas assez de force pour vaincre la plus petite cause du refoulement de la fumée; le même inconvénient aurait lieu si le tuyau était assez long pour trop refroidir la température de la fumée; le remède serait de prolonger le tuyau en maçonnerie, et si cela n'est pas possible, de l'allonger au moyen d'un tuyau de tôle; enfin, dans le cas où cela serait insuffisant, on augmentera le tirage en calculant exactement l'ouverture à donner au tuyau de la cheminée, pour livrer passage à l'air nécessaire à la combustion, ainsi que nous l'avons indiqué Chap. VII, et on ajouterait encore à ce moyen en établissant sur le haut du tuyau un des appareils fumifuges décrits Chap. VI. (*Note de l'auteur du Manuel.*)

cheminées, est *qu'elles se contrebalancent les unes les autres* (1), ou plutôt qu'une cheminée a une supériorité de force par rapport à une autre, construite soit dans la même pièce, soit dans une pièce voisine ; par exemple, s'il y a deux cheminées dans une grande chambre, et que vous fassiez du feu dans les deux, les portes et les fenêtres étant bien fermées, vous trouverez que le feu le plus considérable et le plus fort vaincra le plus faible et attirera l'air dans son tuyau pour fournir à son propre besoin ; et cet air, en descendant dans le tuyau du feu le plus faible, entraînera en bas la fumée et la forcera de se répandre dans la chambre. Si, au lieu d'être dans une seule chambre, les deux cheminées sont dans deux chambres différentes, qui communiquent par une porte, le cas est le même pendant que cette porte est ouverte. Dans une maison bien close, j'ai vu la cheminée d'une cuisine d'un étage inférieur, contre-balancer, quand il y avait grand feu, toutes les autres cheminées de la maison, et tirer l'air et la fumée dans les chambres aussi souvent qu'une porte qui communiquait à l'escalier était ouverte.

« *Remède*. — Ayez soin que chaque chambre ait les moyens de fournir elle-même, du dehors, toute la quantité d'air que la cheminée peut demander, de sorte qu'aucune d'elles ne soit obligée d'emprunter de l'air d'une autre, ni dans la nécessité d'en envoyer.

« 5° Une cinquième cause qui fait fumer les cheminées, c'est quand le sommet de leur tuyau est *dominé par des édifices plus hauts ou par des éminences*, de sorte que le vent, en soufflant sur de pareilles éminences, tombe, comme l'eau qui surpasse une digue, quelquefois presque verticalement, sur le sommet des cheminées qui se trouve dans son passage, et refoule la fumée que leur tuyau contient.

« *Remède*. — On emploie ordinairement, dans ce cas, *un tournant* ou *gueule de loup*, ou l'un des appareils fumifuges

(1) Lorsque l'une des deux cheminées manque d'air pour fournir à son tirage, il faut y pourvoir par les moyens que nous avons indiqués à l'article *Ventilation*, p. 65, en donnant à chacune séparément l'air qui lui est nécessaire. Les ventouses établies dans les tuyaux de cheminées n'obvient pas toujours à cet inconvénient, parce que l'air, trouvant plus de facilité à passer dans l'ouverture du tuyau de la cheminée voisine que par le canal de la ventouse, continue à suivre ce chemin. Il faudrait donc faire des ventouses aussi grandes qu'un tuyau de cheminée, ce qui serait possible ; cependant, si l'on réduisait celui-ci à la largeur qui lui est strictement nécessaire, on éviterait alors le contre-balancement. Souvent on l'évite encore en *mariant* les cheminées au-dessus du toit, c'est-à-dire qu'on établit un conduit oblique qui, du tuyau le moins élevé, va rejoindre le plus haut, où les deux orifices se confondent en un seul, de sorte que l'air ne peut plus descendre par l'un quand il monte par l'autre. (*Not. de l'aut. du Man.*)

décrits au Chapitre VI, qui recouvre la cheminée au-dessus et aux trois côtés, et qui est ouvert d'un côté ; il tourne sur un pivot, et, étant dirigé et gouverné par une aile, il présente toujours le dos'au vent courant. Je crois qu'un tel moyen est en général utile, quoiqu'il ne soit pas toujours certain ; car il peut y avoir des cas où il est sans effet. Il est plus certain d'élever ou allonger, si on le peut, les tuyaux de cheminées, de manière que leurs sommets soient plus hauts, ou au moins d'une hauteur égale à l'éminence qui les domine. Comme un *tournant* ou *gueule de loup* est plus aisé à pratiquer et moins coûteux, on peut l'essayer premièrement. Si j'étais obligé de bâtir dans une semblable situation, j'aimerais mieux placer les portes du côté voisin de l'éminence, et le dos de la cheminée du côté opposé ; car alors la colonne d'air qui tomberait du haut de l'éminence presserait l'air d'en bas dans l'embouchure des cheminées, en entrant par des portes ou par des ventouses de ce côté, et tendrait ainsi à contre-balancer la pression qui se fait de haut en bas dans ces cheminées, dont les tuyaux seraient alors plus libres dans l'exercice de leurs fonctions.

« 6º Il y a une sixième cause qui fait fumer certaines cheminées, et qui est l'inverse de la dernière mentionnée ; *c'est lorsque l'éminence qui domine le vent est placée au-delà de la cheminée.* Supposons un bâtiment dont l'un des côtés soit exposé au vent et forme une espèce de digue contre son cours ; l'air, retenu par cette digue, doit exercer contre elle, de même que l'eau, une pression, et chercher à s'y frayer un passage ; et trouvant le sommet de la cheminée au-dessous de celui de la digue, il se précipitera avec force dans son tuyau pour s'échapper par quelques portes ou quelques fenêtres ouvertes de l'autre côté du bâtiment ; et, s'il y a du feu dans une pareille cheminée, la fumée sera repoussée en bas et remplira la chambre.

« *Remède.* — Je n'en connais qu'un, qui est d'élever le tuyau plus haut que le toit et de l'étayer, s'il est nécessaire, avec des barres de fer ; car une gueule de loup, dans ce cas, n'a point d'effet, parce que l'air qui est refoulé, pèse par en bas, et s'insinue dans la cheminée, dans quelque position que son ouverture se trouve placée.

« J'ai vu une ville dans laquelle plusieurs maisons étaient exposées à la fumée par cette raison ; car les cuisines étaient bâties par derrière et jointes, par un passage, avec les maisons,

et, les sommets des cheminées de ces cuisines étant plus bas
que les sommets des maisons, tout le côté de la rue, quand le
vent souffle contre leur dos, forme l'espèce de digue dont
nous avons parlé ; et le vent, étant ainsi arrêté, se fraie un
chemin dans ces cheminées (surtout quand elles ne contiennent qu'un feu faible), pour passer à travers la maison dans la
rue. Les cheminées des cuisines ainsi fermées et disposées ont
un autre inconvénient : si, en été, vous ouvrez les fenêtres
d'une chambre supérieure pour y renouveler l'air, un léger
souffle de vent, qui passe sur la cheminée de vos cuisines, du
côté de la maison, quoique pas assez fort pour refouler la fumée en bas, suffit pour l'amener vers vos fenêtres, et pour en
remplir la chambre ; ce qui, outre ce désagrément, dégrade
les meubles.

« 7° La septième cause comprend les cheminées qui, quoique bien conditionnées, fument cependant à cause *de la situation peu convenable d'une porte*. Quand la porte et la cheminée sont du même côté de la chambre, si la porte, étant dans
le coin, s'ouvre contre le mur, ce qui est ordinaire, comme
étant alors, lorsqu'elle est ouverte, moins embarrassante, il
s'ensuit que, lorsqu'elle est seulement ouverte en partie, un
courant d'air se porte le long du mur de la cheminée, et, en
outrepassant la cheminée, entraîne une partie de la fumée
dans la chambre. Cela arrive encore plus certainement dans le
moment où l'on ferme la porte ; car alors la force du courant
est augmentée et devient très-incommode à ceux qui, en se
chauffant auprès du feu, se trouvent assis dans la direction
de son cours.

» *Remèdes.* — Dans ce cas, les remèdes sautent aux yeux
et sont faciles à exécuter : ou bien mettez un paravent intermédiaire appuyé d'un côté contre le mur, et qui enveloppe
une grande partie du lieu où l'on se chauffe ; ou, ce qui est
préférable, changez les gonds de votre porte, de sorte qu'elle
s'ouvre dans un autre sens ; et que, quand elle est ouverte,
elle dirige l'air le long de l'autre mur.

« 8° Une huitième cause est celle d'une chambre où on ne
fait pas habituellement du feu, et qui se trouve quelquefois
*remplie de la fumée qu'elle reçoit au sommet de son tuyau, et
qui descend dans la chambre*. Quoiqu'il ait déjà été question
des courants d'air qui descendent dans des tuyaux froids, il
n'est pas hors de propos de répéter ici que les tuyaux de cheminées, sans feu, ont un effet différent sur l'air qui s'y trouve,

suivant leur degré de froid ou de chaleur. L'atmosphère, ou l'air ouvert, change souvent de température; mais des rangées de cheminées, à couvert des vents et du soleil par la maison qui les contient, retiennent une température plus uniforme. Si, après un temps chaud, l'air intérieur devient tout-à-coup froid, les tuyaux chauds et vides commencent d'abord à tirer fortement en haut, c'est-à-dire qu'ils raréfient l'air qu'ils contiennent en l'échauffant; cet air donc monte, et un autre plus froid entre en bas pour prendre sa place; celui-ci est raréfié à son tour, il s'élève, et ce mouvement continue jusqu'à ce que le tuyau devienne plus froid, ou l'air extérieur plus chaud; ou si les deux ensemble ont lieu, alors ce mouvement cesse. D'un autre côté, si, après un temps froid, l'air extérieur s'échauffe brusquement et devient ainsi plus léger, l'air qui est contenu dans les tuyaux froids, étant alors plus pesant, descend dans la chambre, et l'air plus chaud qui entre dans leur sommet se refroidit à son tour, devient plus pesant, et continue à descendre; et ce mouvement continue jusqu'à ce que les tuyaux soient échauffés par le passage de l'air chaud à travers eux, ou que l'air extérieur lui-même soit devenu plus froid. Quand la température de l'air et du tuyau de la cheminée est à-peu-près égale, la différence de chaleur dans l'air entre la nuit et le jour est suffisante pour produire ces courants; l'air commencera à monter dans les tuyaux à mesure que le froid du soir surviendra, et ce courant continuera jusqu'à peut-être neuf à dix heures du matin suivant. Lorsque ce courant commence à balancer, et à mesure que la chaleur du jour augmente, ce courant se dirige du haut en bas et continue jusque vers le soir; et alors il est de nouveau suspendu pour quelque temps; mais bientôt il commence à monter de nouveau pour toute la nuit, comme je viens de le dire. Maintenant, s'il arrive que la fumée, en sortant des tuyaux voisins, passe au-dessus des sommets des tuyaux qui tirent dans ce temps vers le bas, comme c'est souvent le cas vers midi, une telle fumée est nécessairement entraînée dans ces tuyaux et descend avec l'air dans la chambre.

» Le remède est de fermer parfaitement le tuyau de la cheminée par le moyen d'une trappe à bascule.

» 9o Enfin, la neuvième cause a lieu dans les cheminées qui tirent également bien, et qui donnent cependant quelquefois de la fumée dans les chambres, celle-ci étant entraînée *en bas par des vents violents qui passent sur le sommet de leurs tuyaux*, quoiqu'ils ne descendent d'aucune éminence qui domine. Ce cas est le plus fréquent, lorsque le tuyau est court et que son ouverture est détournée du vent ; et il est encore plus désagréable quand cela arrive par un vent froid, parce que, quand vous avez le plus besoin de feu, vous êtes obligé de l'éteindre. Pour comprendre ce phénomène, il faut considérer que l'air léger, en s'élevant pour obtenir une libre issue par le tuyau, doit pousser devant lui et obliger l'air qui est au-dessus de s'élever : dans un temps de calme ou de peu de vent, cela est très-manifeste ; car alors vous voyez que la fumée est entraînée en haut par l'air qui s'élève en colonne au-dessus de la cheminée ; mais, quand un courant d'air violent, c'est-à-dire un vent fort, passe au-dessus du sommet de la cheminée, ses particules ont reçu tant de force, qu'elles se tiennent dans une direction horizontale, et se suivent les unes les autres avec tant de rapidité, que l'air léger qui monte dans le tuyau n'a pas assez de force pour les obliger de quitter cette direction et de se mouvoir vers le haut, pour permettre une issue à l'air de la cheminée. Ajoutez à cela, que le courant d'air, en passant au-dessus du tuyau qu'il rencontre d'abord, ayant été comprimé par la résistance du tuyau, peut s'étendre lui-même sur l'ouverture du tuyau et aller frapper le côté intérieur opposé, d'où il est réfléchi vers le bas d'un côté à l'autre.

» *Remède.* — Dans quelques endroits, et particulièrement à Venise, où il n'y a point de rangées de cheminées, mais de simples tuyaux, la coutume est d'élargir le sommet de ce conduit, en lui donnant la forme d'un entonnoir arrondi. Quelques-uns croient que cette forme peut empêcher l'effet dont je viens de parler, parce que l'air, en soufflant au-dessus d'un des bords de cet entonnoir, peut être dirigé ou réfléchi obliquement vers le haut, et sortir ainsi par l'autre côté en raison de cette forme : je n'en ai point fait l'expérience, mais j'ai vécu dans un pays très-sujet aux vents, où on pratique tout le contraire, les sommets des tuyaux étant rétrécis en haut de manière à former, pour l'issue de la fumée, une fente aussi longue que la largeur du tuyau, et seulement large de 10 centim. (4 pouces). Cette forme semble avoir été imaginée dans la supposition que l'entrée du vent serait par là empêchée ; peut-être s'est-on imaginé que la force de l'air chaud qui s'élève, étant d'une certaine façon condensée dans une ouverture étroite, pourrait être par là augmentée de manière à vaincre la résistance du vent. Ceci n'arrivait cependant pas toujours ; car, quand le vent était au nord-est, et que son souffle était frais, la fumée était précipitée par bonds dans la chambre que j'occupais ordinairement, de manière à m'obliger de transporter le feu dans une autre ; la position de la fente de ce tuyau était, à la vérité, nord-est et sud-ouest ; si elle avait été dirigée au travers, par rapport à ce vent, son effet aurait peut-être été différent; mais je ne puis rien assurer sur cet objet. Ce sujet mérite bien qu'on le soumette à l'expérience : peut-être qu'un tournant ou *gueule de loup* aurait été avantageux; mais on ne l'a point essayé. »

CHAPITRE VI.

DES MITRES ET DES APPAREILS FUMIFUGES.

ARTICLE PREMIER.

Des Ouvertures extérieures des tuyaux de Cheminées.

Comme les cheminées ne fument que parce qu'il s'établit un courant descendant dans le tuyau, que ce courant empêche la fumée de s'élever, et qu'il la fait refluer dans l'intérieur des appartements, toutes les personnes qui se sont occupées des moyens d'empêcher les cheminées de fumer, ont porté leur attention vers les ouvertures supérieures, et comme elles ont supposé que l'interruption du courant ascendant était occasionée par le mouvement de l'air extérieur, et particulièrement par les vents qui se dirigeaient dans ces ouvertures, elles ont imaginé un grand nombre de moyens, souvent très-compliqués, et qui ont à peine survécu à leurs auteurs : de nos jours, ces moyens ont été beaucoup simplifiés, et nous ferons connaître les appareils dont l'usage a constaté les bons résultats.

Nous ferons d'abord remarquer qu'en couvrant la bouche supérieure des tuyaux, il est évident qu'on empêche la pluie, la grêle et la neige de pénétrer dans l'intérieur des tuyaux ; mais, comme il faut ménager un passage à la fumée, au moyen d'ouvertures latérales, le vent s'introduit facilement dans ces ouvertures lorsqu'elles ne sont pas recouvertes, et l'on n'est point à l'abri du refoulement de la cheminée.

Les vents soufflent suivant plusieurs directions, et tous, si on en excepte les vents verticaux ascendants et descendants, peuvent pénétrer dans les tuyaux par les ouvertures latérales, tandis qu'il n'existe que les vents verticaux obliques descendants qui puissent pénétrer dans les ouvertures supérieures, soit directement, soit par réflexion. Or, il est facile de conclure que beaucoup moins de directions de vent doivent pénétrer par le débouché supérieur que par les ouvertures latérales; mais le vent qui s'introduit par la bouche supérieure descend nécessairement dans le tuyau, soit directement, soit par une suite de réflexion; tandis que les courants horizontaux et les courants ascendants qui pénétrent par les faces latérales, sortent nécessairement par les autres ouvertures. Ainsi, quoique le vent puisse pénétrer par les faces latérales dans un plus grand nombre de directions, un moins grand nombre sont susceptibles de produire des courants descendants que par l'orifice supérieur.

Clavelin et un grand nombre de fumistes conseillent de diminuer l'ouverture supérieure du tuyau, de façon qu'elle ne soit que le tiers environ de l'ouverture totale : on obtient cette diminution au moyen des *mitres*. Le courant de la fumée, s'échappant par une ouverture étroite, n'en acquiert que plus de force pour vaincre les obstacles qui s'opposent à sa sortie.

Depuis longtemps on fait usage, au-dessus des puits de mines et de quelques cheminées, d'un tuyau horizontal ou d'un quart de sphère, tournant sur un axe au gré du vent. Comme l'ouverture de ces machines est toujours opposée à sa direction, il est impossible qu'il s'introduise dans le tuyau, ce qui favorise la sortie du courant ascendant.

Dans le siècle dernier, on ne s'est guère occupé que des moyens d'empêcher les vents de s'introduire dans le tuyau de la cheminée, et d'arrêter par là le mouvement du courant ascendant; il est cependant un autre objet dont il était essentiel de s'occuper en même temps, c'était de favoriser le mouvement ascensionnel qui a lieu dans l'intérieur du tuyau, en employant la force des vents eux-mêmes.

On a déjà vu que la diminution de l'ouverture de la bouche du tuyau, par le moyen de mitres, accélérait la vitesse de la fumée et favorisait le mouvement ascensionnel; mais ce moyen n'est pas le plus efficace, ni le seul qu'on puisse employer. Vollon en imagina un qui paraît préférable : c'est de couvrir le tuyau de la cheminée d'un chapeau qui laisse autour de l'ouverture un vide par lequel la fumée puisse s'échapper. Delyle-de-Saint-Martin, lieutenant de vaisseau, présenta à l'Académie des Sciences, en 1788, sous le nom de *Ventilateur*, une machine analogue à celle de Volton, propre à aspirer l'air des tuyaux de cheminée, des hôpitaux, des mines, etc. Des expériences ont été faites avec cette machine, représentée *Pl.* 1, *fig.* 33. Par le moyen d'un soufflet A, ou de toute autre machine soufflante, on dirigeait un courant d'air sur un double chapeau CC, placé sur le sommet d'un tuyau B ; on voyait aussitôt la flamme d'une bougie E, attirée. Ayant comparé, dans quelques circonstances, la vitesse du courant d'air qui sortait du soufflet, et qu'on nomme *courant aspirant*, avec celui de l'air qui entrait dans le tuyau F G, pour sortir par-dessous les chapeaux C, et qu'on nomme *courant d'air aspiré*, on a trouvé que, lorsque le premier parcourait 5 m. (15 pieds) par seconde, le second parcourait 1 m. 60 (5 pieds), c'est-à-dire qu'il avait environ le tiers de sa vitesse. La même expérience, répétée sur un tuyau recouvert d'un seul chapeau, produit un résultat semblable. Ce moyen paraît donc plus efficace que ceux que l'on avait indiqués auparavant ; car il forme un obstacle à l'entrée du vent dans la cheminée, il rétrécit l'ouverture du tuyau, et favorise la vitesse de la fumée qui en sort. Enfin, il a, par-dessus tous les autres, l'avantage d'aspirer l'air et d'établir un mouvement ascensionnel, lorsque ce dernier et les vapeurs contenues dans la cheminée sont calmes et tranquilles. M. Molard a ajouté à ce système une lentille D, qui a le double avantage d'empêcher que les eaux pluviales ou les vents verticaux pénètrent dans le tuyau, et d'augmenter en même temps l'énergie du courant d'air aspirant.

Une cause assez commune de la fumée des cheminées, c'est l'action des rayons solaires. On remarque presque généralement que, si les cheminées sont ouvertes par le haut, et que les rayons solaires puissent pénétrer dans l'intérieur du tuyau, on voit la fumée refluer dans l'appartement, quoique peu d'instants avant la pénétration des rayons le tirage fût parfaitement établi.

On peut expliquer ainsi le résultat de l'action des rayons solaires : aussitôt que ces rayons entrent dans le tuyau, ils échauffent les parois intérieures ; et bientôt un courant d'air extérieur se porte de toutes parts vers le lieu échauffé pour remplacer l'air qui l'environne, et qui, échauffé par le con-

tact, s'élève. Parmi tous ces courants, il en existe qui viennent
obliquement, en descendant, se précipiter vers l'endroit
échauffé; une partie de l'air des courants incidents s'échauffe
et s'élève, une autre partie se réfléchit dans l'intérieur, et par
une suite de réflexions il produit un courant descendant qui
entraîne une partie de la fumée, et la fait refluer vers le foyer
et se répandre dans l'appartement. Plus la surface éclairée par
les rayons solaires est échauffée, plus les courants qui y arrivent ont de vitesse, et plus les courants et descendants ont de
force, conséquemment plus le refoulement est considérable.
Or, comme l'intérieur du tuyau est toujours coloré en noir
par la suie, et que le noir absorbe plus la chaleur que toute
autre couleur, il s'ensuit que le courant d'air refluant est d'autant plus grand que la couleur de l'intérieur du tuyau est plus
noire, que les rayons solaires éclairent une plus grande surface de l'intérieur du tuyau.

ARTICLE 2.

Danger des mitres en plâtre (1);

Les reproches que l'on peut faire aux mitres en plâtre sont:
qu'aux époques des grands vents il n'est que trop fréquent
qu'il arrive que la chute des mitres ou de leurs deux tuiles
menace la vie des passants; la légèreté des mitres en plâtre
présentant moins de résistance au vent que ne le font par leur
poids celles en grès, ajoute encore aux chances des accidents
et les multiplie. Si aux coups de vent succèdent des neiges et
des gelées qui empêchent de monter sur les toits, on ne peut
alors réparer le haut des tuyaux de cheminées, et l'on est
privé de faire du feu dans la saison où il est le plus nécessaire,
parce que quelquefois les deux tuiles, n'étant que peu scellées
par un enduit de plâtre, tombent l'une sur l'autre et ferment
l'orifice du tuyau.
Pour remédier en partie à cet inconvénient, on a coulé des
mitres en plâtre d'une seule pièce avec des fantons en fer,
mais elles conservent encore l'inconvénient de ne pas durer
plus de deux ans, attendu que le plâtre offre peu de résistance
aux variations de la température, et que d'ailleurs leur défaut
de légèreté n'est pas corrigé.

(1) Bulletin de la Société d'Encouragement, septième année.

ARTICLE 3.

Des mitres en terre cuite.

Convaincu des inconvénients précédents, Fougerolles a proposé des mitres en terre cuite, qui offrent la plus grande résistance, et qui réunissent à l'avantage de la solidité celui d'une moindre dépense, à cause de leur durée.

Pour donner toute la solidité désirable aux mitres, Fougerolles y a formé dans le bas une partie en arrachement, il en a fait une de même dans la portion inférieure des tuiles à double crochet, destinées à être fixées sur ses mitres. Les trous qu'il a pratiqués pour recevoir des crampons de fer, soit qu'on veuille obtenir une plus grande solidité, soit pour les pays où l'on ne peut se procurer du plâtre, ne laissent rien à désirer, d'autant plus que le plâtre peut alors s'employer intérieurement, ce qui le préserve entièrement de l'influence de l'atmosphère.

Pour éviter aussi l'inconvénient de l'eau qui pourrait s'insinuer et s'infiltrer entre la terre cuite et le plâtre, et qui retomberait ainsi dans le tuyau de la cheminée, il a formé au bas des mitres un rebord qui recouvre le *solin*; et le plâtre, s'adaptant sous ce rebord, s'y trouve entièrement à l'abri. Cette précaution ajoute encore à la solidité.

ARTICLE 4.

Nouvelle mitre de cheminée en terre cuite; par M. CHEDEBOIS.

(Brevet d'invention.)

Avantages de cette mitre.

Cette mitre est construite en terre cuite, appelée *grès de Picardie*, que la pluie ne peut détruire ; elle a les propriétés suivantes :

1º Elle empêche que les eaux pluviales ne pénètrent dans l'intérieur des cheminées et ne détruisent leurs tuyaux par par l'effet de l'humidité ;

2º Elle garantit, à l'extérieur, les plinthes et le couronnement des cheminées, au moyen d'un larmier qui renvoie les eaux sur la pente formée pour les recevoir, au lieu de couler entre la mitre et le solin, inconvénient grave qui ré-

sulte toujours de l'emploi de toutes les espèces de mitres dont
on a fait usage jusqu'à présent ;

3° Elle facilite, en tout temps, à la fumée le moyen de
se dégager , sans obstacle , du tuyau de cheminée , et de rendre sans effet les ouragans et les coups de vent les plus violents, au moyen d'une division intérieure formant deux compartiments ou passages , par l'un desquels la fumée trouve
toujours et incessamment un libre cours ;

4° Elle offre aux propriétaires de maisons une économie
considérable dans leurs dépenses.

*Explication des figures de la Planche 25 qui représentent
deux de ces mitres.*

Planche VI, figure 90, coupe verticale par le milieu de
l'une de ces mitres.

Figure 91, élévation extérieure d'une seconde mitre.

Nota. Les mêmes parties, dans chacune de ces figures, sont représentées par les
mêmes lettres.

a, couronnement bombé par-dessus, avec listel convexe,
au-dessus duquel est un champ qui couvre la mitre , et sert
à empêcher la pluie de tomber dans la cheminée.

b, ouverture pratiquée sur les deux faces pour le passage
de la fumée.

c, planche de séparation tenant avec le couronnement, et
divisant l'intérieur de la mitre en deux parties ou conduits
pour la fumée ; cette séparation a l'avantage de rendre nul l'effet des bourrasques et des plus violents coups de vent sur la
fumée, qui, dans le cas où elle se trouve refoulée dans l'un
des conduits, trouve toujours un passage dans le conduit qui
lui est opposé.

d, larmier dégagé du dessous , destiné à empêcher l'eau de
couler dans la maçonnerie qui fait le scellement de la mitre,
avec enduit en pente de dessus, servant à l'écoulement de
l'eau et à préserver ainsi de toute humidité les fermetures intérieures.

e, fermeture intérieure qui reçoit la mitre en-dessus de
la cheminée.

f, plinthe ou couronnement formant saillie sur le corps de
cheminée.

Mitre de cheminée à cône mobile, appelé cylindre-cône-fumi-
fuge, *propre à empêcher la fumée de se répandre dans les*
appartements; par ERARD (Sébastien).

(Brevet de perfectionnement et d'importation.)

Cette invention consiste à adapter sur le haut de la cheminée un tuyau surmonté d'un bonnet ou mitre en cône mobile
en tous sens, dont suit l'explication, avec figures.

Explication des figures.

a, fig. 92, Pl. VI, bonnet conique qui se suspend par une
ouverture pratiquée à son sommet; il est libre d'agir en tous
sens, comme une cloche, et obéit au moindre coup de vent, de
quelque côté qu'il se présente. Sa forme circulaire le met dans
l'état de ne pouvoir être atteint que sur un seul point, qui
est celui qui produit l'effet dont on vient de parler, et dont
on voit un exemple dans cette première figure. Le vent, soufflant dans la direction de la ligne *b*, pousse le bonnet contre
le tuyau *c*, établi sur le sommet *d* de la cheminée. Par cet
effet même, le vent ne peut plus s'introduire dans l'intérieur
du tuyau *c*, dont l'extrémité du côté du courant d'air se
trouve bouchée par le bonnet; tandis qu'au contraire, du côté opposé, la sortie de la fumée se trouve protégée par une
plus grande ouverture que celle qui existe dans le cas où il
n'y a pas de coup de vent.

Les figures 93 et 94 représentent, en élévation et en plan, le
sommet du tuyau *c* de la fig. 92, surmonté de trois tringles *e*,
qui se réunissent en cône à leur sommet, où elles portent un
petit arbre vertical *f*, sur lequel s'enfile le sommet du bonnet
a, fig. 92, qui vient reposer librement sur une partie sphérique *i*, pratiquée sur le petit arbre *f*, pour servir de point
d'appui à ce bonnet.

La matière dont cette mitre est composée est tout-à-fait in-
différente.

Pour empêcher le bruit qui pourrait se faire entendre dans
le cas où le vent viendrait à pousser trop violemment le bonnet contre le sommet du tuyau *c*, on dispose, au bord supérieur de ce tuyau, un cercle *g*, fig. 92, que l'on soutient par
des ressorts *h*, et que l'on peut même garnir, au besoin, avec
quelque matière non susceptible de rendre du son.

Appareils et procédés propres à la cuisson, et fabrication des mitres de cheminée en grès ; par MARÉCHAL (J.-B.-P.)

(Brevet d'invention.)

FOUR A CUIRE LES MITRES.

Ce four a environ 10 ou 13 m. (30 ou 40 pieds) de longueur sur à peu près 1 m. 30 (4 pieds) de large aux extrémités et 2 m. 60 (8 pieds) au milieu ; sa base, qui pose à terre, offre une pente de 2 m. 60 à 3 m. 25 (8 à 10 pieds) du côté où on allume le feu. La voûte de ce four a, au milieu de sa longueur, 2 m. 60 à 3 m. (8 à 9 pieds) de haut, et la hauteur, à chacune de ses extrémités, n'est que de 1 m. 60 (5 pieds); ses extrémités sont contenues par 4 piliers en briques, qui permettent l'enfournement des marchandises.

Manière de fabriquer les mitres de grès.

On fait fouler aux pieds de la terre propre à faire du grès, on en prend ensuite un morceau, que l'on étend sur un cadre de bois, de l'épaisseur d'environ 23 millim. (10 lignes), posé sur une plate-forme en planches. Cela fait, on retire le cadre, et on renverse, avec la plate-forme, la plaque de terre sur un moule fait en planches de bois et représentant une mitre. Lorsqu'on veut faire une mitre, on ajoute à la base de ce moule un châssis rectangulaire, dans lequel on enfile le moule jusqu'à sa base ; ce châssis est destiné à recevoir la terre que l'on a renversée sur le moule, à fixer l'épaisseur et à retirer la mitre de dessous le moule.

Pour former le larmier au pourtour de la mitre, on a un larmier en bois, que l'on pose, en différentes fois, autour de la mitre ; on obtient de cette manière une contre-partie en terre semblable aux larmiers que l'on pratique aux chaperons de murs de clôture ; ce larmier, qui se fait en même temps que la mitre, est construit de manière que les eaux pluviales ne peuvent filtrer entre la terre cuite et le scellement en plâtre et en chaux au pourtour de la mitre ; ce qui est important pour la conservation des cheminées.

Quant aux ouvertures pratiquées aux mitres, on les coupe avec un couteau ordinaire, et, pour avoir le dessus de la mitre couvert, on a quelques moules qui sont également couverts. Les tuyaux ronds se tournent comme la poterie ordinaire ; les ouvertures se font également avec un couteau. Les mitres que l'on fait de cette manière ont toutes sortes de formes.

Premier brevet de perfectionnement au sieur FOUGEROLLES, *propriétaire du brevet du sieur* MARÉCHAL, *pour les mitres de
cheminée en toutes sortes de terres glaises pouvant recevoir
des tuyaux en tôle.*

Ces perfectionnements consistent à mouler, comme à l'ordinaire, les mitres que l'on destine à recevoir les tuyaux en
tôle dans des moules de plâtre ou de tôle, formés de 2, 3 ou
4 pièces, portant un bout de colonne à leur partie supérieure, et ayant à leur base une forme rectangulaire avec
rebord pour permettre d'opérer le scellement.

On peut également mouler ces mitres dans des moules en
bois, en plâtre ou en tôle, sur lesquels on enfilera, comme
une bague, un châssis rectangulaire qui descendra jusqu'en
bas des moules pour recevoir les plaques de terre qu'on renverse sur ces moules. Ce châssis servira en outre pour enlever
la mitre lorsqu'elle sera ressuyée.

Ces espèces de mitres peuvent se faire avec toutes sortes de
terres glaises, et se cuire dans tous les fours à poteries, à
tuiles, etc.

*Deuxième brevet de perfectionnement pour l'addition aux
mitres d'une gouttière qui les préserve de la pluie.*

Lorsque le rebord de la mitre est un peu essuyé, on le ploie
dans un morceau de bois, à diverses reprises, dans toute la
longueur de la mitre : cette pièce de bois est une règle portant une petite feuillure pour ployer la terre qui forme la
partie pendante du rebord servant à garantir de la pluie le
scellement de la mitre.

ARTICLE 5.

APPAREILS FUMIFUGES.

*Appareil propre à empêcher les cheminées de fumer;
par M.* NÉRY.

Figure 95, planche VI. Elévation extérieure de cet appareil.
Figure 96. Plan ou vue par-dessus.
Figure 97. Coupe verticale par le centre.
Figure 98. Section horizontale suivant la ligne ponctuée
A B, fig. 97.

Cet appareil consiste en une espèce de tuyau o, en forme

de pyramide quadrangulaire, dont chaque face a une ouverture par laquelle l'air extérieur s'introduit dans le tuyau pour accélérer la vitesse de la fumée, et, par conséquent, augmenter le tirage. Ces ouvertures se voient en $b, c, d, e, fig. 97$; celle e se voit aussi dans la $fig.$ 95.

A chacune de ces ouvertures est ajustée, à charnières, une espèce de volet bombé f, destiné à rétrécir, fermer ou bien ouvrir entièrement l'ouverture, suivant que le produit de la masse de la fumée qui passe, par sa vitesse, est supérieure ou moindre que celui de l'air extérieur.

Chaque volet, dans sa plus grande ouverture, rencontre une petite broche g, plantée au milieu de chaque face pour lui servir de point d'arrêt, et l'empêcher de se rabattre au-delà de la moitié de l'épaisseur du tuyau; les deux volets, coupés de profil, dans la $fig.$ 97, indiquent cette position.

L'ouverture par laquelle s'introduit l'air extérieur et celle par laquelle s'échappe la fumée sont de même grandeur.

On voit que, chaque face du tuyau étant munie d'un volet semblable, ces volets doivent se croiser et former ainsi un courant d'air extérieur d'autant plus rapide, constant et uniforme, qu'il croît si le tirage diminue, et qu'il diminue lui-même, au contraire, si celui-ci augmente.

Ces espèces de volets, se prolongeant bien au-dessus de la hauteur des ouvertures pratiquées sur le côté, empêchent l'air extérieur de venir refouler la fumée dans la cheminée, et, par leur position inclinée, viennent au contraire accélérer sa vitesse et favoriser le tirage, qui est des plus rapides.

Le tuyau a doit être scellé et assujetti de différentes manières, selon les cas : ainsi, il sera posé, tantôt carrément, tantot diagonalement, suivant qu'il sera nécessaire d'obvier à l'introduction de l'air qui, d'après la direction du vent, occasionne ordinairement plus ou moins de fumée dans l'appartement; il peut être en plâtre, en briques ou de toute autre matière, et faire partie de la cheminée elle-même, dont il serait le prolongement naturel; il peut aussi être fait séparément et se placer sur la cheminée.

Les dimensions de cet appareil sont variables; elles dépendent de la position de la cheminée, des hauteurs et de l'action plus ou moins grande des vents, et encore de l'étendue de l'appartement où se trouve le foyer, et, enfin, de l'ouverture plus ou moins grande de ce foyer lui-même.

Appareil pour empêcher les cheminées de fumer.

Cet appareil est formé d'une plaque de tôle creusée en gouttière dans le sens de sa largeur, qui est d'environ 10 centim.
(4 pouces), et courbée en angle droit dans le sens de sa longueur,
qui a environ 32 centim. (un pied); on l'adapte après la grille
de la cheminée, dans laquelle brûle le charbon de terre, le seul
combustible employé en Angleterre; cette disposition, déterminant un courant d'air dans la direction du tuyau de la cheminée, empêche celle-ci de fumer. Au surplus, les explications données à ce sujet par l'inventeur sont insuffisantes pour
se faire une idée complète de l'appareil.

*Appareil propre à prévenir le refoulement de la fumée dans
l'intérieur des appartements, et à éteindre le feu de la cheminée à laquelle il est appliqué; par* BOUILHÈRES.

Cet appareil ne diffère, en principe, de celui connu sous
le nom de *gueule-de-loup*, que parce qu'il a la forme d'un
casque muni d'une visière, qui, étant baissée, ferme le sommet de la cheminée et éteint le feu dans le cas d'incendie.

ARTICLE 6.

Appareils appelés fumifuges, *qui s'appliquent sur les cheminées pour empêcher l'action du soleil et des vents de la faire
fumer; par* DÉSARNOD.

(Brevet d'invention.)

Le premier de ces appareils, nommé T *fumifuge*, et représenté en élévation figure 99, Pl. VI, en coupe verticale fig. 100,
et en coupe horizontale et renversée figure 101, suivant la
ligne A-B, figure 99, a, aussi bien que les quatre autres, la
propriété d'empêcher l'action du soleil, dont la pesanteur
des rayons refoule la fumée lorsqu'ils la pénètrent presque
perpendiculairement.

Cet appareil ne laisse aux vents, de quelque côté qu'ils
viennent, aucun moyen de s'introduire dans la cheminée;
sa forme lui donne la propriété de la faire glisser sur des
courbes qui les précipitent et les obligent même à se ré-
fracter aux deux endroits par où s'échappe la fumée, qui
peut alors sortir sans obstacle.

Le second appareil, appelé *triangle fumifuge*, et représenté
de la même manière que le précédent, par les figures 102,

103, 104, se place au haut d'un tuyau rond d'environ 11 centim. (8 pouces) de diamètre, disposé d'avance sur la cheminée que l'on garantit de la fumée; il pare tous les coups de vent, et forme aspiration de bas en haut.

Le troisième appareil, ou *globe fumifuge*, représenté de même, figures 105, 106, 107, se place comme le précédent; il reçoit dans son intérieur la fumée qu'il laisse échapper par des orifices opposés au vent.

Le quatrième appareil, dit *bascule fumifuge*, représenté de trois manières, figures 108, 109, 110, a la propriété de se fermer par le vent même, du côté où il arrive, et de laisser un libre passage à la fumée du côté opposé.

Enfin, le cinquième appareil, désigné sous le nom de *lanterne fumifuge*, et représenté par les trois figures 111, 112, 113, est divisé en seize parties égales, dont huit forment alternativement des ouvertures verticales; cet appareil est recouvert par une zône pleine qui l'entoure à une distance convenable pour garantir les ouvertures des effets du vent, de manière à ne laisser échapper la fumée que par-dessus ou par-dessous, selon son action.

Ces cinq appareils doivent être employés séparément, suivant les cas; ils peuvent se placer indistinctement sur la même mitre ou base qui leur est commune.

Le bas de cette mitre est un parallélogramme de la grandeur ordinaire du haut des tuyaux de cheminées, dans lequel la mitre est enfoncée jusqu'au cordon *a*.

Le haut se termine par une emboîture d'un carré parfait, propre à recevoir celui des appareils qu'on lui destine, et qui peut être placé dans un sens ou dans un autre, selon les localités, c'est-à-dire, selon l'espace que peuvent laisser les corps environnants.

Un maçon ordinaire peut, en une heure de temps, sceller un de ces appareils sur le tuyau d'une cheminée.

ARTICLE 7.

Nouveau moyen de consumer la fumée; par M. NEUVILLE.

Déjà, pour obtenir une combustion plus parfaite de la fumée dans les fourneaux, on fait arriver sur la flamme, à la naissance de la cheminée, une lame d'air froid qui vient fournir assez d'oxygène pour la compléter, au moins en grande partie. L'auteur a cru nécessaire de déterminer, par un tirage artificiel, l'arrivée d'une plus grande quantité de cet air; pour cela, il place à la partie inférieure de la cheminée, et au-dessus de l'ouverture par où s'introduit l'air froid, un venti-lateur à force centrifuge, qui aspire, par le mouvement de la rotation qui lui est imprimée, et l'air brûlé du foyer et celui qui est nécessaire à l'entière combustion de la fumée. Ce moyen pourrait, peut-être, servir avec succès à produire un plus fort tirage dans les cheminées peu élevées, ou, lorsque la chaleur de l'air brûlé n'est pas assez considérable pour lui donner une légèreté suffisante et une ascension rapide.

ARTICLE 8.

Moyen de rendre les fourneaux fumivores; par M. POLOUSKI.

Ces sortes de fourneaux ne peuvent ordinairement servir que pour les grands établissements, vu qu'ils occupent beau-coup de place et coûtent des sommes considérables. Leur cons-truction exigeant, en outre, des ouvriers très-habiles, tant en serrurerie qu'en maçonnerie, il n'est pas étonnant qu'ils soient entièrement inconnus dans les petites usines. Les tra-vaux de M. Polouski ont pour but d'utiliser ces sortes de fourneaux dans ces dernières, et voici les procédés qu'il em-ploie. Dans ceux où la fumée se précipite vers la soupape, il ouvre cette soupape par en haut et par en bas, y adapte une grille en fil de fer, couverte de charbon ardent, puis il ferme la soupape; quand le fourneau est bien allumé, il retire la grille, jette le charbon dans le four et ferme la soupape. Au-dessous de cette soupape, M. Polouski pratique en bas du tour un vasistas à pène, qu'il n'ouvre que lorsqu'il est temps de retenir la cendre tombée par les ouvertures de la grille, et qu'il referme immédiatement après cette opération.

Cette expérience réitérée a convaincu M. Polouski qu'en chauffant le fourneau pendant 24 heures de suite, il était né-cessaire de changer quatre fois le charbon de bois, tandis qu'il était inutile de changer celui de terre; que, lorsque le baromètre était à 81 centim. (30 pouces), et que le thermo-mètre marquait 13 degrés, la chaleur intérieure de la cham-bre n'étant que de 12°, le fourneau ordinaire allumé s'élevait à 19° 1/2 par l'effet du fourneau de son invention.

ARTICLE 9.

*Moyen de condenser la fumée et les vapeurs délétères qui s'élè-
vent des fourneaux dans diverses fabrications, et se répandent
dans l'atmosphère; par M. JEFFREYS.*

Dans les recherches que l'auteur a faites pour atteindre le
but qu'il se proposait, il n'avait d'abord en vue que de se débarrasser des vapeurs sulfureuses et arsénicales que l'on obtient toujours dans les hauts fourneaux pour les opérations
minéralogiques, et principalement dans la réduction des usines. Ces vapeurs délétères se répandant dans l'atmosphère,
et, étant portées au loin par l'action du vasistas, préjudi-
ciaient à la santé des habitants et à l'agriculture. De là des
réclamations continuelles et des procès interminables et ruineux en dommages et réparations.

Les premiers essais que fit M. Jeffreys lui réussirent au-delà
de ses espérances, et non-seulement il parvint à condenser la
fumée et les vapeurs délétères, mais il s'aperçut que cette
condensation établissait un courant d'air rapide qui activait
considérablement le foyer; il mit à profit cet avantage que ce
nouveau moyen lui offrit, et il est parvenu à économiser beaucoup de temps dans des opérations manufacturières.

Son appareil, très-simple, est représenté en coupe, fig. 114,
Pl. VI. Les lettres B B désignent la cheminée verticale d'un
fourneau ordinaire; son orifice supérieur est fermé par un
couvercle A, ce qui force la fumée de passer dans le conduit
horizontal C, et de là de descendre dans un canal vertical D,
en suivant la direction indiquée par les flèches; ce canal est
surmonté d'un réservoir D, plein d'eau. Le canal vertical D
est fermé par un fond en métal percé de petits trous comme
ceux d'un crible, afin que la pluie fine qui s'échappe du réservoir se répande dans toute son étendue. Cette pluie froide
entraîne dans sa chute la fumée ou les vapeurs métalliques
provenant du fourneau, les condense et sort par l'orifice F.
Le réservoir E est constamment alimenté par une quantité
d'eau suffisante pour remplacer celle qui s'écoule à travers le
crible.

Quoique la figure 114 suppose une distance assez grande
entre les tuyaux B D, réunis par le canal latéral C, on conçoit qu'on pourrait les rapprocher de manière à n'être séparés
que par une simple cloison; l'effet serait également sûr; ou

bien on pourrait placer le tuyau D à une distance quelconque
de la cheminée B, et donner à celle-ci une direction plus ou
moins inclinée, sans que son tirage soit ralenti; mais, dans
tous les cas, il faudra avoir soin de faire passer la fumée immédiatement au-dessous du réservoir E, afin que la condensation s'opère complétement.

Si l'on considère qu'il existe entre l'eau et l'air une attraction mutuelle; que tous les corps dilatés par la chaleur se
contractent par l'effet du froid, et que leur chute est accé-
lérée en raison de la hauteur d'où ils tombent, on concevra
aisément, en appliquant ces principes d'une manière convenable, qu'on parvient à faire passer dans les fourneaux, même
sans le secours des soufflets, un courant d'air plus fort que
celui qu'on obtient à l'aide de ces instruments.

Le principe une fois bien conçu, on sent combien il est facile d'en faire les applications; dans toutes les circonstances,
où cette application pourra avoir lieu, on ne peut imaginer
de positions où les deux conditions indispensables ne puissent
se rencontrer naturellement, ou artificiellement, c'est-à-dire,
dans des cas où l'on serait obligé de faire une petite construction semblable à celle que présente la figure, à quelque distance du fourneau que ce soit.

Ce nouveau moyen est extrêmement simple, il peut être
appliqué avec avantage dans la fabrication de la soude artificielle, et les manufacturiers de Marseille, qui ont eu à soutenir tant de procès ruineux, à cause des préjudices immenses
que les vapeurs d'acide hydrochlorique, qui émanent de leurs
fabriques, causent aux agriculteurs qui les avoisinent; ces
manufacturiers pourront trouver, dans les procédés de M. Jeffreys, des moyens de se débarrasser de ces vapeurs délétères:
ce sera un nouveau procédé qu'on pourra ajouter à ceux qu'a
proposés M. Pajot-Descharmes.

ARTICLE 10.

*Cylindre creux ou appareil destiné à empêcher le refoulement
de la fumée par les coups de vent; par M. André* MILLET.

(Brevet d'invention.)

Cet appareil, que la fig. 115, Pl. VI, représente en élévation
extérieurement, consiste en un cylindre de tôle étamée ou ver-
nie, dont la partie supérieure a est légèrement bombée, et
dont la partie inférieure présente un col b de 21 centim;

(8 pouces), qui doit s'ajuster sur le bout d'un tuyau de cheminée d'un égal diamètre, et boucher entièrement le haut de la cheminée, de manière que toute la fumée puisse arriver dans l'espèce de tambour à jour que présente l'appareil.

Ce cylindre doit être percé, dans toute sa surface, de trous présentant une bavure en dehors, et dont la réunion offre l'aspect d'une râpe à sucre.

Pour que cet appareil, étant placé au sommet d'une cheminée, puisse y bien remplir son objet, on place à 1 m. 60 ou 2 m. (5 ou 6 pieds), au-dessus de l'âtre, une planche de tôle percée de la même manière que le cylindre, en observant de mettre la bavure en dessus.

Par ce moyen, la fumée sort et ne rentre pas, et les appartements se trouvent garantis de tout refoulement.

ARTICLE 11.

Appareil fumifuge de M. PIAULT.

L'objet de cet appareil est d'empêcher le vent de s'introduire dans le tuyau de la cheminée, et de garantir de l'action du soleil une partie de l'intérieur du tuyau.

Il se compose d'une cloison a (Pl. I, fig. 35) qui partage transversalement le tuyau de la cheminée; elle pénètre dans son intérieur d'environ 32 centim. (1 pied), et s'élève au-dessus de la même quantité.

De deux portions de murs b b, dont chacune s'élève des faces longitudinales de la cheminée, elles viennent s'unir à angle droit, mais chacune en sens contraire, aux extrémités de la cloison transversale, de sorte que ces deux portions de mur, unies à la cloison et de la même hauteur qu'elle, ont la forme d'un Z.

Les ouvertures de la cheminée sont indiquées par les lettres c c.

On perfectionnerait peut-être cette construction en donnant aux faces de la cloison, et à celles des portions de la cheminée qui s'y unissent, une inclinaison telle, que le vent soit réfléchi dans un sens opposé à celui de l'ouverture de la cheminée.

Dans les tuyaux de cheminées ordinaires, le vent est justement réfléchi dans l'intérieur de cette ouverture.

Au reste, cet appareil a été construit sur un grand nombre de cheminées, et toujours avec succès (1).

(1) Bulletin de la Société d'Encouragement, première année.

ARTICLE 12.

Des tuyaux T fumifuges (1).

Pour éviter certains vents violents qui pourraient faire refouler la fumée dans les appartements, empêcher la pluie, etc.,
d'entrer dans le tuyau de la cheminée, enfin; empêcher la
cheminée de fumer, on place très-souvent des tuyaux (*Pl.* I,
fig. 39) dont la forme ressemble à celle d'un T, et qui présentent des ouvertures *a b c*, pour l'évacuation de la fumée.
L'efficacité de ce moyen consiste en ce que le courant de la
fumée, s'échappant par une ouverture beaucoup plus étroite
que celle d'un tuyau ordinaire de cheminée, acquiert plus
de force pour vaincre les obstacles qui s'opposaient à sa
sortie.

ARTICLE 13.

Construction de tuyaux fumifuges, ayant deux ouvertures et portant une girouette qui dirige ces ouvertures à l'opposé du vent; par M. PALISSOT.

Ces tuyaux, qui sont représentés tout montés par la fig. 116,
Pl. VII, sont formés de deux parties : la partie inférieure A,
fig. 116, 117, qui est en plâtre et en fonte de fer, se réunit à
la cheminée par la base B, qui a 65 centim. (2 pieds) de long sur
une largeur qui est égale à celle des mitres ordinaires de cheminée ; elle se réduit à son sommet C, qui est circulaire, à 27 cent.
(10 pouces) de diamètre ; cette première partie est munie entièrement de deux traverses en fer, sur lesquelles se trouve établie la tringle verticale D, sur laquelle doit pivoter la seconde
partie E du tuyau, laquelle est en tôle ou en cuivre ; son extrémité supérieure est recourbée et surmontée d'une girouette

---

(1) M. Désarnod a présenté, en 1817, à la Société d'encouragement, plusieurs appareils fumifuges pour lesquels il a obtenu un brevet de quinze ans. Ces appareils consistent, 1° en un T fumifuge composé d'un tuyau vertical en tôle, surmonté d'une portion de tuyau carrée et cintrée, dont les deux extrémités sont ouvertes pour laisser
échapper la fumée ; 2° d'un globe en tôle, percé, sur toute sa circonférence, d'orifices
sur lesquels sont ajustés de petits tubes coniques, surmontés chacun d'une calotte assez
éloignée de l'ouverture pour donner passage à la fumée ; 3° d'une lanterne divisée intérieurement en seize parties égales, dont huit forment alternativement des ouvertures ;
elle est entourée d'une zône pleine, à une distance convenable pour garantir ces mêmes
ouvertures des effets du vent, et de manière à ne laisser échapper la fumée que par-
dessous ou en dessus, selon la direction du vent ; 4° d'un triangle fumifuge ; 5° d'une
bascule qui a la propriété de se fermer du côté d'où vient le vent, et, par ce moyen, de
laisser échapper la fumée du côté opposé. Chacun de ces appareils s'adapte à une base,
espèce de mitre analogue à celles en plâtre, et y est solidement scellé.
(*Rapp. à la Soc. d'Enc., séance du 25 mars 1818.*)

F, qui a pour objet de tenir dans une position opposée à la l'action du vent les deux ouvertures G, H, destinées à livrer passage à la fumée; l'ouverture G n'a rien de particulier sur celle qui est placée de la même manière dans les tuyaux ordinaires; mais l'ouverture H réunit deux avantages: le premier, c'est d'activer le courant d'air, et le second, c'est qu'elle livre passage à la fumée, qu'un violent coup de vent pourrait refouler dans l'intérieur.

Le tuyau E va en augmentant vers son extrémité inférieure, où le diamètre est de 40 centim. (15 pouces); cette extrémité recouvre la mitre A de 16 centim. (6 pouces), en laissant entre elle et la mitre un intervalle de 11 millim. (5 lignes), qui contribue encore puissamment à activer le courant d'air.

Le tuyau E est garni comme la mitre A, intérieurement de deux traverses en fer, dans lesquelles passe la tringle D, et ce tuyau pivote sur la traverse supérieure.

A l'extrémité supérieure de la tringle D, sont pratiquées deux mortaises I, pour recevoir des clavettes servant à fixer les deux parties ensemble; cet assemblage rend l'appareil capable de résister à la violence du vent.

ARTICLE 14.

Des gueules-de-loup à girouette.

La construction la plus simple de cet appareil est celle indiquée Pl. I, fig. 34; elle se compose d'un tuyau rond de tôle a b c d, que l'on fixe sur le sommet du tuyau de la cheminée, et qui devient ainsi l'ouverture par où sort la fumée;

De deux traverses de fer e et f auxquelles une tige verticale h h est solidement fixée;

D'un autre tuyau d'un diamètre plus grand, i h l m, armé également de deux traverses g g : celle inférieure est percée d'un trou pour laisser passer librement la tige verticale h h; celle supérieure a une crapaudine pour recevoir l'extrémité supérieure de la tige h h, qui est taillée en pivot à l'effet de laisser tourner facilement tout le tuyau i k l m.

La partie o du tuyau i k l m a été enlevée et présente une ouverture r s t u, pour laisser échapper la fumée.

La partie supérieure l m est recouverte et est surmontée d'une plaque de tôle verticale v x, partant du centre et dirigée du côté de l'ouverture o.

Lorsque le vent vient frapper la plaque v x, elle tourne

comme une girouette, et entraîne dans son mouvement tout le
tuyau *i k l m*, de sorte que son ouverture se trouve constamment dirigée du côté opposé d'où vient le vent; il en résulte
que non-seulement le vent n'empêchera pas la fumée de sortir
mais en facilitera la sortie.

Quelquefois cet appareil a la forme représentée *Pl.* I, *fig.*
32), c'est-à-dire qu'il est formé de deux tuyaux coudés *a* et *b*
dont la disposition intérieure est la même que celle de la
figure précédente.

On a cherché à rendre le vent favorable au courant ascendant de la fumée; et on y a réussi de plusieurs manières.

La première consiste à ajouter à l'appareil un entonnoir
f g (*fig.* 38), dans lequel le vent, en s'introduisant par l'ouverture *g*, sort par l'extrémité du tube *f*, et établit un courant dans le tube *a b*, s'il n'y en a pas; on lui donne plus de
vitesse s'il y en a un.

La seconde consiste à placer dans l'intérieur du cylindre
b c (*fig.* 32) une hélice de tôle, de fer ou de cuivre *a b c* (*fig.*
40), montée sur un axe *a i*, dont l'extrémité est armée d'un
moulinet également de tôle, et dont les ailes sont en surfaces
gauches comme celles d'un moulin à vent. Le moulin mis en
mouvement par la force du vent, fait tourner l'axe sur lequel
l'hélice est fixée, et établit un courant dans le tuyau *b c* qui
facilite l'ascension de la fumée; il faut que l'hélice tourne dans
le sens convenable, car elle contrarierait le tirage si elle avait
un mouvement de rotation opposé.

On a construit, sur les principes de l'appareil, l'essai dont
nous avons donné la description, et pour suppléer au tuyau
tournant, un appareil (*Pl.* I, *fig.* 37), qui se compose de
deux cônes *a* et *b*, placés au sommet du tuyau *d*, qui communique avec le tuyau de la cheminée, et d'une couverture *f*
pour recevoir les eaux pluviales; voici l'effet de cette disposition : lorsque le vent frappe les surfaces inclinées *a* et *b* des
deux cônes (1), il change de direction en se rapprochant de la
direction verticale, et établit à l'orifice *c* une diminution de
pression atmosphérique qui favorise le tirage.

(1) On a trouvé que l'inclinaison de 60 degrés est la meilleure.
En effet la direction des vents généraux ou vents alisés qui règnent dans nos contrées
fait un angle de 15° avec l'horizon; et, pour que ce vent soit réfléchi de manière à déterminer un courant ascensionnel dans le sens vertical, après avoir frappé une surface,
il faut que les éléments de la surface qui reçoit le vent fassent avec l'horizon un angle
de 60°. Ainsi les générations ou les crêtes des cônes qu'on place sur les cheminées, doivent avoir cette direction pour obtenir le plus grand effet possible.

Des trappes à bascule.

Une trappe à bascule consiste en une plaque de tôle *a b* (*Pl.* I, *fig.* 9), portée par un châssis en fer et ajustée au moyen de deux gonds ou de deux tourillons formant charnières et donnant la facilité de lever à volonté la plaque de tôle au moyen d'une tige qui y est fixée, et qu'on arrête dans une crémaillère *c d*.

Les dimensions de cette trappe doivent être égales à celles du tuyau de la cheminée pour le boucher exactement; son emplacement ordinaire est à la gorge, ainsi que l'indique la figure 9, afin de pouvoir la manœuvrer commodément.

Cette trappe réunit plusieurs propriétés fort utiles, telles que : 1° de servir à régler le tirage du tuyau de la cheminée, en l'ouvrant plus ou moins, de manière à ne laisser que le passage strictement nécessaire pour l'évacuation de la fumée.

2° En la fermant complètement, de conserver la chaleur dans l'appartement, soit le jour, soit la nuit lorsqu'il n'y a plus qu'un brasier dans le foyer, ou que le feu est éteint.

3° Elle empêche encore que la fumée des cheminées voisines n'entre dans une chambre dans laquelle on ne fait pas de feu, comme cela arrive fréquemment.

4° Enfin, elle peut servir à éteindre le feu dans une cheminée en fermant tout accès à l'air dans l'intérieur du tuyau embrasé.

La dépense que l'établissement de cette trappe occasionne est si peu de chose, qu'il devrait y en avoir dans tous les tuyaux de cheminées.

Appareil empêchant la fumée, par M. H. LEROUX.

(Brevet d'invention.)

Cet appareil se place au bout des cheminées et peut s'adapter à toutes celles qui existent, quelles que soient leurs formes et leurs dimensions, et même à tous les tuyaux de poêle ou de cheminée.

Il consiste en quatre portes, qui n'ont d'autre moteur que le vent : les unes se ferment pour s'opposer à son action, au moment même où celles placées du côté opposé s'ouvrent pour laisser échapper la fumée; son mécanisme est tel que, si fle vent vient à changer de direction, les portes placées du côté où il souffle se ferment aussitôt et laissent ouvrir celles qui se trouvent en face, de sorte que le vent, ne pouvant plus s'introduire dans la cheminée, ne peut plus la faire fumer.

Ainsi, c'est le vent lui-même qui préserve des accidents que, jusqu'à ce jour, il n'a que trop souvent occasionés en soufflant le feu des foyers jusque sur les meubles des appartements.

Quoique quelques-unes des portes soient toujours ouvertes pour donner issue à la fumée, la tête de la cheminée se trouve cependant suffisamment ouverte pour qu'on n'ait plus à craindre aucune émanation extérieure.

ARTICLE 17.

Aspirateur de la fumée, par M. M. A. CONTZEN.

(Brevet d'invention.)

Pl. X, les fig. 272 à 276, A B D F H P, représentent deux cônes superposés l'un sur l'autre et réunis. La partie I K représente le tuyau qui, prolongé autant que l'exigeront les circonstances, dans les milieux où l'effet doit se produire, amènera l'air, la fumée ou les vapeurs à enlever. La partie B C D F G H représente les ailes, ou un volume circulaire, qui obligeront l'appareil à présenter aux vents l'ouverture A P Q. Dans les deux premiers cônes tronqués, il en est introduit un troisième, également tronqué, qui se trouve indiqué dans le plan en coupe de l'appareil par les lettres a, b, c, d; ce cône est réuni aux deux premiers par un bourrelet fermant hermétiquement en Q P, et de telle sorte que les sommets tronqués E e aient le même axe.

Le tuyau I K est composé de deux pièces, l'une attachée à demeure à l'appareil (voyez *fig.* 273, aux points f, g); l'autre dans laquelle la première entre librement pour donner à l'appareil la facilité de tourner au gré des vents.

La partie N O n'existera que lorsque, au lieu de se servir du vent, on emploiera la vapeur pour produire le vide.

Les pattes ou crochets M L sont destinés à fixer l'appareil sur les endroits où il doit opérer.

Toutes les parties de cet appareil pourront être construites indistinctement en fer, cuivre, zinc, bois ou toute autre matière. Seulement, chaque ouverture devra, quelle que soit l'importance de l'appareil, conserver, avec toutes les autres,

une proportion symétrique, telle qu'elle se trouve indiquée
sur les plans.

Mode d'action de l'appareil par le vent.

Si l'on fixe par les points L M de l'appareil A C G P perpendiculairement un tuyau I K, sur une cheminée ou tout autre point exposé au vent, la plus petite agitation dans l'air le fera tourner dans la douille *l m n o;* l'ouverture circulaire A Q P se présentera au courant d'air par l'effet du volume plus grand B C'G A. Le vent introduit par cette ouverture A Q P, sortira avec une extrême rapidité par les ouvertures plus petites *e* et E : ce mouvement rapide entraînera l'air compris dans la portion circulaire *p q;* alors l'air ou les vapeurs qui se trouveront dans le tuyau *x* ou dans les milieux où il plongera, monteront dans la proportion *p q*, d'où ils seront entraînés pour être remplacés par d'autres qui, à leur tour, seront entraînés de la même manière. Cet effet sera renouvelé constamment tant que soufflera le vent. Ainsi, au moyen de cet appareil, les phénomènes qui, concourent le plus ordinairement au renvoi de la fumée dans les appartements serviront au contraire à l'enlever entièrement.

Mode d'action de l'appareil par la vapeur.

En fermant hermétiquement l'ouverture R Y, et faisant arriver le tuyau Z dans le cône A B C D, puis introduisant par ce tuyau de la vapeur, cette vapeur, en s'échappant rapidement par les ouvertures *e,* T, déterminera le vide dans la portion circulaire *p, q,* et l'aspiration s'opérera par le tuyau X dans les milieux où il se trouvera.

ARTICLE 18.

Moyen d'empêcher la fumée dans les appartements,
par M. F. FONTAISE.

(Brevet d'invention.)

Planche X, fig. 277, le procédé consiste à placer au foyer *l* de la cheminée prussienne une grille *d* à la place du contre-cœur, et un peu plus élevée que la première ; à fermer la partie intérieure de la cheminée au moyen d'une plaque de tôle *f;* le courant d'air s'établit alors par la grille *d,* oblige la fumée à prendre une direction horizontale et à passer entre la devanture *f* et *h* derrière la prussienne, et s'échappe dans la cheminée par la base *g.* Un régulateur *e,* placé entre deux coulisses c pour le maintenir, et ayant un tambour h sur lequel s'enroule la chaîne faisant monter ou laissant descendre le régulateur contre la grille, sert à modérer la force du tirage; un réservoir de chaleur b, placé près de la grille d, augmente la chaleur dans les appartements au moyen du courant d'air qui s'établit par le soupirail a; l'air chaud du réservoir passe dans le tube i et s'échappe par la bouche de chaleur k; enfin, un garde-cendre m reçoit les fragments de charbons enflammés qui peuvent tomber de la grille et se dirigent dans le tiroir n.

Le procédé est le même pour les cheminées, quoique le foyer soit circulaire; la fumée, après avoir subi le contour du serpentin n, s'échappe par les ouvertures où se trouvent placés les régulateurs h; les deux passages par où s'échappe la fumée sont séparés par un prisme i en maçonnerie, dont l'arête supérieure est f; une ouverture à coulisse i oblige la vapeur provenant de la cuisson des aliments placés sur les lunettes o, de s'échapper par cette ouverture.

Ce procédé résume les améliorations suivantes : brûler des charbons durs, tourbes ou autres combustibles en usage, sans qu'il y ait à craindre de fumée dans les appartements, quelle que soit la position des cheminées.

ARTICLE 19.

Appareil propre à empêcher les cheminées de fumer; par M. J. DALMAS.

(Brevet d'invention.)

Les fig. 277 à 279, Pl. X, représentent cet appareil, qui se place au sommet des tuyaux construits sur les toits des maisons ; il est composé de trois pièces fixées l'une dans l'autre : la première, de forme conique, a, à la base, 50 cent. (18 pouc.) de diamètre et 25 centim. (9 pouces 4 lignes) au sommet; son élévation est de 50 centim. (18 pouces); les ventouses de cette même pièce ont, dans l'intérieur, 8 centim. (3 pouces) de diamètre sur 30 centim. (11 pouces) de hauteur.

La hauteur des tuyaux par où sort la fumée est de 40 centimètres (14 pouces) sur 10 centim. (4 pouces) de diamètre.

La pièce supérieure, de même forme que celle sur laquelle elle s'adapte, a 25 cent. (9 pouc. 4 lig.) à la base et 12 cent. (4 pouc. 5 lig.) au sommet, sur 35 cent. (13 pouc.) d'élévation; les ventouses ont 5 cent. (22 lig.) de diamètre à l'intérieur sur 16 cent. (6 pouc.) de hauteur; le diamètre des tuyaux de cette pièce

ést de 5 cent. (22 lig.), et la hauteur, de 20 cent. (7 pouc. 5 lig.).
La troisième pièce est le tuyau posé au sommet de l'appareil; son
diamètre est de 8 cent. sur 35 cent. (3 pouc. sur 13) de hauteur.

ARTICLE 20.

Ventilateur fumivore, par M. J. P. JALLADE.

(Brevet d'invention.)

Cet appareil (Pl. X, fig. 279, 280) peut être exécuté en tôle
ordinaire, en tôle galvanisée, en cuivre, en zinc ou en fer-
blanc, de même que l'on peut lui donner des dimensions différentes, suivant l'emplacement qu'il doit occuper.

Il est composé de douze lames *i* tournées en spirales, dont
l'ensemble intérieur et extérieur forme un cône tronqué; ces
lames sont rivées ou soudées, dans le bas et dans le haut, sur
des cercles *h* ainsi que sur les quatre montants *l;* ces quatre
montants seront, dans certains cas, remplacés par un cercle
horizontal *s.*

Le profil des lames indiquées sur le plan est une ligne
droite : l'inventeur a, depuis, modifié cette forme et leur
en a donné une autre, qui consiste en deux gorges faites
sur les bords, celle extérieure en-dessous, celle intérieure en-dessus; cette forme donne plus de force à l'air intérieur pour faire tourner l'appareil, et empêche l'air extérieur de s'introduire dedans. Dans le haut est une espèce de
vase auquel on peut donner toute espèce de forme pour orner
l'appareil ; ce vase contient, en-dessous, une crapaudine en
verre *e*, qui est posée sur un pivot en fer *c*, dont le haut est
terminé par une pointe aiguë et acérée, et qui sert d'axe de
rotation à l'appareil : le pivot est supporté, par le bas, par
trois branches *d*, qui viennent rejoindre les bords d'un tuyau
en tôle *b*, de forme conique, sur lesquels elles sont vissées.

Pour empêcher l'appareil de sortir de la ligne verticale,
on a placé, vers le milieu, un conducteur composé d'une virole *t* et de quatre branches *e* qui viennent rejoindre les
quatre montants *l* ou le cercle horizontal *s*.

Le fumivore ainsi disposé peut être placé sur les tuyaux en
tôle, sur les mitres, tel qu'il est représenté sur la figure, ou
simplement scellé sur les souches de cheminées ; aussitôt placé,
il prend un mouvement de rotation causé par l'ascension de
l'air intérieur et par le courant de l'air extérieur qui le
font tourner toujours dans le même sens; en raison de la

forme des lames indiquées par la fig. r, l'air extérieur ne peut plus s'introduire dans la cheminée, ce qui, quelquefois, fait rabattre la fumée dans les appartements ; l'air intérieur et la fumée qu'il contient se trouvent projetés au loin par le mouvement de rotation de l'appareil, ce qui tend à faire le vide dans la cheminée et produit un fort tirage.

On peut, en ajoutant dans la partie supérieure des fumivores un engrenage v, utiliser cette force motrice pour faire marcher des tourne-broches , en le plaçant dans l'intérieur de la cheminée, ou pour toute autre chose analogue.

On peut l'employer comme ventilateur en le plaçant dans la partie supérieure des bâtiments qu'on voudrait ventiler ; il donnerait à l'air un mouvement ascensionnel qui le forcerait à se renouveler, ce qui, dans ce cas-là, peut rendre cet appareil très-utile pour les hospices, les salles de spectacle, les ateliers, etc.

Il y a des établissements réputés insalubres qui, par son emploi, pourraient être considérablement assainis ; on pourrait, en faisant partir les mauvaises odeurs par la partie supérieure des bâtiments, éviter qu'elles ne se répandent au pourtour et en rendre le voisinage moins incommode.

On peut aussi, en le plaçant sur des tuyaux de ventouses qu'on établit pour les fossés d'aisances, produire un tirage considérable dans le tuyau , ce qui empêcherait la mauvaise odeur de sortir par le siège et de se répandre dans les intérieurs.

ARTICLE 21.

Appareil empêchant la fumée ; par M. F. J. MULLER.

(Brevet d'invention.)

Jusqu'à ce moment beaucoup de tentatives ont été faites pour empêcher les cheminées de fumer, et peu ou point d'appareils ont atteint ce but : je crois avoir sensiblement amélioré les combinaisons qui ont été imaginées à ce sujet.

Pour faciliter l'intelligence de ma découverte, je crois pouvoir me borner à donner quelques explications sur le dessin.

Planche X. Les figures 281 à 284 représentent deux tuyaux de forme cylindrique ou carrée.

a, maçonnerie qu'il est nécessaire d'établir à l'extrémité supérieure de la cheminée ou du bâtiment pour maintenir l'un des tuyaux en place ; on le fait entrer dans le corps de la maçonnerie, et il y est maintenu au moyen de crampons en fer, ou de toute autre manière. Ce tuyau est percé d'un certain nombre de trous, depuis *b* jusqu'à *c*, par lesquels la fumée passe dans le second tuyau, d'où elle s'échappe dans l'atmosphère par les ouvertures *d*.

Par cet arrangement, quelles que soient la violence du vent, de la pluie, et même l'action du soleil, la fumée ne peut être refoulée, puisque le second tuyau est fermé à son extrémité supérieure par une plaque *e*, de même métal que le tuyau; cette plaque est rendue mobile au moyen de tringles que l'on retient par des clavettes, afin de faciliter, au besoin, le nettoyage de l'intérieur du tuyau.

Dans le cas où le corps de la cheminée serait mal construit, de manière à empêcher l'ascension de la fumée, je place, à l'intérieur, un ventilateur *f*, qui est mis en jeu par la fumée elle-même et en facilite l'évacuation dans l'atmosphère; d'ailleurs, ce ventilateur a encore pour objet d'accélérer ou activer le tirage du foyer, s'il en manque.

La figure 282 représente un appareil composé de trois tuyaux; sa construction ne diffère pas essentiellement de celui que je viens de décrire; le tuyau principal *g* y reçoit d'abord la fumée, qui s'échappe, par les ouvertures *h*, dans le second tuyau; de là elle passe dans le troisième tuyau, qui enveloppe les deux premiers, par les ouvertures *h, m, j, j* d'où elle se rend dans l'atmosphère par les ouvertures *i* ou *j* pratiquées dans le haut et le bas de ce dernier tuyau.

Il est bien entendu que, en cas de besoin, on peut adapter un ventilateur à cet appareil, soit pour faciliter le tirage du foyer, soit pour l'ascension de la fumée.

La figure 283 représente un appareil à deux tuyaux : le tuyau principal, c'est-à-dire celui qui entre dans la partie supérieure de la cheminée, est également percé des trous *l, l*, par lesquels la fumée se rend dans le second tuyau *m*; par cette disposition, l'influence du vent, de la pluie ou du soleil, ne peut exercer aucun refoulement, et la fumée s'échappe dans l'atmosphère par les ouvertures, *n, n*.

La figure 284 représente le tuyau principal de toutes les figures auquel est adapté le ventilateur *f*.

ARTICLE 22.

Fumifuge de M. DAY.

La figure 285, Pl. X, représente ce fumifuge perfectionné. A est la base, B le corps, qui est formé de plaques C, C, C dis-

posées suivant une forme sphéroïdale, et présentant des ouvertures spirales ou rainures D, D entre elles. Ces ouvertures
présentent une surface double de celle de la section de la
cheminée, et les plaques C, C sont unies entre elles par de
petites brides c, c et par les couronnes.

ARTICLE 23.

Fumifuge ou mitre de KITE.

Cette mitre se compose d'un tuyau conique, Pl. X, fig. 286,
surmonté d'un triple chapeau 1, 2, 3, dont le troisième
seul est clos par-dessus et rond. Ces chapeaux présentent
tout autour une sorte d'auvent sous lequel arrive le vent et
s'échappe la fumée. Le vent qui frappe sur le corps du tuyau
ou la face supérieure de l'auvent est d'abord réfléchi sur sa
face intérieure du même côté, puis il vient frapper sur la face
intérieure de la partie opposée, après avoir traversé diamétra-
lement le corps et en entraînant la fumée, et enfin se réfléchit
sur ce même corps ou sur la face supérieure de l'auvent pour
sortir et dissiper la fumée dans l'atmosphère. Les lignes au
pointillé dans la figure indiquent la marche du vent et de la
fumée. Ce même effet a lieu, quel que soit le vent qui souffle,
puisque l'appareil est circulaire.

CHAPITRE VII.

ARTICLE PREMIER.

*Moyen pour déterminer les dimensions des tuyaux
de cheminées.*

Lorsque la hauteur d'une cheminée est fixée, on part de
cette limite pour déterminer les dimensions du passage de la
fumée, ou de la section du tuyau de la cheminée ; car, plus
une cheminée est élevée, moins la section de son tuyau devra être grande pour brûler une quantité de combustible donnée en un temps déterminé, parce que l'air montera beaucoup plus vite. Supposons, par exemple, qu'on se propose
de brûler 80 kilogrammes de charbon par heure ; que la
cheminée ait 20 mètres de hauteur, et que la température intérieure dans le tuyau de la cheminée soit de 150 degrés.

Nous avons déjà dit qu'il fallait 20 mètres cubes d'air par
kilogramme, ce qui fait pour 80 kilog. 1,600 mètres cubes,

L'air, à 150 degrés, sera dilaté de $150 \times 0,0375 = 1^m,563$, un mètre deviendra donc $1^m,563$.

La colonne de la cheminée qui a 20 mètres n'équivaudrait qu'à $\dfrac{20}{0,64} = 12^m,80$.

En ajoutant l'augmentation de 1126 due au carbone combiné, elle équivaudra à $12^m,80 + \dfrac{12\ 50}{26} = 13^m,30$.

Ainsi, l'excès de la colonne extérieure sera de $20^m - 13^m,30 = 6^m,70$.

La vitesse due à la pression de $6^m,70$ est de $4,43 \times \sqrt{6,70} = 11^m,45$ par seconde, et par heure $11^m,45 \times 3600 = 41220^m$. La section horizontale de la cheminée devra donc être de $\dfrac{1600}{41220} = 0^m,0388$, environ un carré de deux décimètres de côté.

Ces résultats ne sont pas rigoureusement applicables, parce que toutes les données sont variables, la nature et la qualité du combustible, les différentes températures de l'atmosphère, les vents, les rayons du soleil, la suie, etc., etc.; et, pour ne pas être au-dessous de l'ouverture nécesaire au passage de la fumée, il faudra quadrupler la surface de la section trouvée par le calcul. Il est préférable, d'ailleurs, d'avoir un tuyau de cheminée plutôt trop large que trop étroit, vu qu'il est facile de le diminuer au moyen d'une trappe à bascule.

ARTICLE 2.

Vices de construction des Cheminées.

« Les cheminées construites en plâtre, dit M. Guyton-Morveau (1), n'offrent point de solidité; les meilleurs ouvriers conviennent qu'il faut les reconstruire tous les 20 ou 25 ans au plus, c'est-à-dire qu'après une aussi courte durée il faut démolir au moins tout ce qui s'élève hors du toit, découvrir une partie des combles pour placer les échafauds, et exposer les plafonds, les boiseries, etc., à être dégradés par les pluies; le plus souvent, sans attendre ce terme, on est obligé de les réparer, de remailler les écaries qui se détachent, et de boucher les crevasses qui s'y forment; elles sont d'autant

(1) Annales de Chimie, 1807, tome LXIV. — Bulletin de la Société d'Encouragement, n° 42, page 155.

moins sûres, que ce n'est pas seulement dans la partie qui
s'élève au-dessus des toits qu'il se forme des crevasses, il s'en
forme aussi dans leurs parois inférieures, presque toujours
recouvertes de lambris, de papiers de tenture, etc., de sorte
qu'on n'est averti que quand la fumée commence à prendre
cette route, et par les traces qu'elle laisse de son passage. Ces
dégradations sourdes sont si communes, même dans les cheminées construites ou refaites depuis peu d'années, que l'on
ne peut trop s'étonner que les incendies qu'elles peuvent occasioner ne soient pas plus fréquents. Les anciens règlements
défendent expressément d'approcher des cheminées aucun
bois, sans qu'il y ait au moins 16 centimètres (6 pouces) de
charge ; ne serait-ce pas surtout aux cheminées élevées tout
en plâtre, que l'on devrait faire une sévère application de
cette disposition ? Le plâtre est la matière la moins propre à
construire des cheminées, quand il n'est pas simplement employé à assembler et à revêtir des matériaux d'une plus grande
tenacité ; l'eau des pluies, et celle qui s'élève avec la fumée,
l'attaquent très-promptement ; la chaleur de l'intérieur lui fait
éprouver une dessiccation, ou pour mieux dire, un commencement de calcination qui détruit insensiblement la liaison de
ses parties.

» Ce n'est pas tant parce que les tuyaux en plâtre coûtent
moins que ceux en briques, que l'on adopte ce genre de construction ; ce qui détermine cette préférence, c'est la commodité
qu'il présente pour construire avec moins d'épaisseur, pour
placer plusieurs tuyaux sur une même ligne, pour les dévoyer
sans les soutenir hors de leur aplomb ; pour les adosser enfin
les uns aux autres, sans faire de trop grandes saillies dans
les appartements.

» Les cheminées construites sur ces dimensions *sont très-
sujettes à fumer;* le seul moyen de s'en garantir est de réduire les tuyaux de conduite à des dimensions telles qu'ils
soient en proportion de la masse de vapeurs fuligineuses qu'ils
doivent recevoir ; qu'ils ne soient pas assez resserrés pour donner lieu, dans aucun temps, à la poussée par la chaleur ;
qu'ils ne soient point assez grands pour qu'il puisse s'y établir
deux courants, l'un ascendant, l'autre descendant ; pour qu'enfin les vapeurs et les gaz à demi-condensés ne deviennent pas
incapables de résister à la pression de l'atmosphère et à l'impulsion du moindre vent.

» Ces principes sont tellement ignorés de la plupart des

constructeurs, que, lorqu'il s'agit d'échauffer·l'antichambre,
c'est-à-dire la plus grande pièce de la maison, où le feu est
communément le premier allumé et le dernier éteint; ils placent un gros poêle dans une niche, et ne donnent d'issue à la
fumée que par un tuyau de 11 à 14 centimètres (4 à 5 pouces)
de diamètre; tandis que, dans d'autres pièces moins vastes, où
l'on ne consomme pas souvent la moitié du bois; la fumée est
reçue dans un canal de 97 centimètres (3 pieds) de long sur
27 centimètres (10 pouc.) de large, c'est-à-dire ayant dix-sept
fois plus de capacité.

» Le remède le plus généralement employé, c'est les *ventouses*, c'est-à-dire le rétrécissement du tuyau par une cloison
mince que l'on pratique dans l'intérieur, le plus souvent jusqu'à la hauteur du toit, ou du moins jusqu'au grenier. On croit
que l'effet de cette construction est de ramener dans l'appartement l'air que ce conduit reçoit d'en haut par une petite ouverture latérale : il est bien plus dans la diminution de la capacité du tuyau : on en a là preuve si l'on bouche l'orifice
inférieur d'une ventouse, ce qui arrive fréquemment, soit en
changeant la forme des âtres, soit pour n'avoir plus à supporter l'incommodité d'un torrent continuel d'air froid.

» Le moyen de remédier à la fumée par les ventouses contribue à diminuer la solidité des cheminées et donne lieu à de
graves accidents; car quelle solidité peut-on donner à de
larges et minces carreaux de plâtre qu'on est obligé de placer
après coup dans un tuyau de 27 centimètres (10 pouces), dont
il faudrait crever un côté pour les loger dans des écharpe-
ments, et qu'on ne fixe que par un léger jointoiement sur des
parois à peine depouillées de suie? Les crevasses, les *déjoints*
ne tardent pas à s'y former par l'action de la chaleur et des vapeurs *aqueuses*. On en a là preuve dans les démolitions de
toutes les cheminées ainsi cloisonnées. Que la fumée prenne
cette route, il s'y dépose, à la longue, de la suie que le ramoneur ne peut faire tomber; et à la première étincelle, le
foyer est d'autant plus dangereux, que la flamme est portée
par le trou de la ventouse plus près de la charpente, quelquefois même au-dessous du toit. »

ARTICLE 3.

*Des différents moyens de remplacer les tuyaux rectangulaires
des cheminées.*

L'idée de remplacer les lourds tuyaux carrés en maçonnerie
qui occupent un grand espace dans les appartements, est

assez ancienne et a été l'objet des recherches de plusieurs
artistes. En 1809, M. *Brullée* (1) imagina d'appliquer des
tuyaux en terre cuite à une cheminée; avant lui, M. Olivier
avait employé le même moyen pour ses calorifères, et l'on
connaît des cheminées de *Désarnod* qui se terminent par un
gros tuyau montant. D'ailleurs, depuis longtemps on fait usage
de poêles dont le tuyau inférieur passe dans les appartements
supérieurs pour les échauffer. On peut citer à cet égard le
poêle ventilateur que Curaudau a appliqué avec succès au
chauffage des ateliers de la manufacture de porcelaine de M.
Nast.

Une colonne creuse, en terre cuite, semblable à celle que
l'on met sur les poêles, est placée sur le [milieu de la tablette
dans la cheminée de M. Brullée, ou sur chacun des côtés, et il
propose]de la plolonger dans tous les étages supérieurs, de manière qu'en supposant qu'il y eût une cheminée au rez-de-
chaussée; une au premier étage et une au second, il y aurait
au rez-de-chaussée au moins un tuyau composé de tronçons
de colonnes isolées du mur ; au premier étage il y aurait deux
tuyaux, et second étage il y en aurait trois. Cette construction
permettrait de remplacer les gros murs par des cloisons couvertes
de plâtre, de 21 cent. (8 pouc.) d'épaisseur, ou des murs bâtis en
pierre ou en briques de 27 cent. (10 pouces), et de gagner ainsi
65 cent. (2 pieds) d'emplacement dans la longueur des appartements. Elle aurait en outre l'avantage de garantir des incendies
qu'occasionnent les tuyaux ordinaires de cheminées ; d'assurer aux propriétaires une économie assez considérable sur les
dépenses de construction ; de supprimer les têtes de cheminées, les mitres et leurs murs dosserets qui excèdent les combles des bâtiments, et dont la chute, occasionée par les
grands vents, expose les passants à de fréquents accidents.

Il est hors de doute que des tuyaux des cheminées en terre
cuite, fabriqués avec soin, n'auraient pas les défauts des tuyaux
actuels. En employant quelques précautions pour leur faire
traverser les planchers; ils offrent le moyen de placer des
cheminées presque partout dans les maisons déjà construites.
En isolant les tuyaux des murs, ils laisseront dégager plus de
calorique que les tuyaux ordinaires. En les engageant dans les
murs et les revêtissant de plâtre, ils seront plus solides et oc-
cuperont moins d'espace. Enfin, ils participeront à plusieurs

(1) *Bulletin de la Société d'Encouragement*, neuvième année.

des avantages reconnus généralement aux tuyaux de petite dimension construits en briques, en usage à Lyon et dans plusieurs autres villes ; ils pourront être ramonés avec une corde et un fagot de ramée.

Néanmoins, ces constructions peuvent causer de fréquents incendies ; si la suie, amassée dans ces conduits, vient à prendre feu, la haute température, développée tout-à-coup, fait fendre ou tomber en éclats une partie du tuyau, et la flamme peut pénétrer jusqu'aux pièces de bois les plus voisines et gagner ensuite tout le reste de la maison. Pour éviter ce danger, on a proposé de vernir l'intérieur de ces tuyaux, comme on vernit la poterie ordinaire servant à la cuisson des aliments, afin que la suie ne s'attache pas avec autant de facilité aux parois du tuyau ; mais ce moyen ne présente pas encore assez de sécurité, et on préfère faire usage de tuyaux en fonte qui réunissent à une grande solidité l'avantage de pouvoir utiliser une partie de la chaleur que la fumée emporte, parce que, comme on le sait, la fonte est meilleur conducteur du calorique que les briques et le plâtre.

Enfin, M. Gourlier (1) a imaginé, en 1824, de former des tuyaux au moyen de briques cintrées d'un quart de cercle chacune, dont quatre, réunies, présentent un cylindre creux, de 21 à 24 cent. (8 à 9 pouces) de diamètre, et un carré de 43 cent. (16 pouces), y compris leurs angles extérieurs. On leur fait couper liaison en les superposant ; on les réunit par un léger coulis de plâtre et un enduit de même matière, ce qui donne dans la partie la plus mince, c'est-à-dire la plus cintrée à la face du mur, au moins 8 cent. (3 pouces) d'épaisseur. Ces briques, représentées planche I, figure 23, sont de deux modèles ; elles se terminent par des angles à l'extérieur, se lient parfaitement avec les moellons, parce qu'elles jettent des harpes qui les y attachent : on peut former plusieurs tuyaux semblables et contigus, qui font corps ensemble et se consolident les uns les autres.

Le diamètre donné aux tuyaux de M. Gourlier ne permet pas à un enfant de s'y introduire pour les ramoner ; mais il y remédie facilement à l'aide d'un cylindre plein, attaché à une chaîne qu'on introduit par l'orifice supérieur pour le laisser couler jusqu'au bas. Les crevasses qui pourraient se faire à la longue par le joint des briques, sont faciles à réparer ; enfin,

(1) Exposition des produits de l'industrie française, en 1827.

comme ces tuyaux ne font point saillie dans les appartements, comme ceux qui sont adossés aux murs, et qu'ils occupent peu d'espace, ils ne peuvent nuire ni aux dispositions qu'on y veut faire, ni à leur régularité; ils offrent des moyens plus faciles de placer les planchers et les solives d'enchevêtrure.

CHAPITRE VIII.

DES POÊLES.

ARTICLE PREMIER.

Les poêles sont un moyen de chauffage beaucoup plus parfait que les cheminées ordinaires; ils utilisent une plus grande quantité de calorique, laquelle, d'après les expériences (*voyez* Chap. XI), est dans le rapport de 19 à 122; c'est-à-dire qu'un poêle est *six* fois plus économique qu'une cheminée ordinaire; il a en outre l'avantage de fumer très-rarement, parce que le tirage est beaucoup plus énergique; cependant la supériorité des poêles est fort peu marquée quand on les compare aux cheminées perfectionnées, telles que celles de Désarnord : elle ne se trouve plus que dans le rapport de 19 à 25.

Les poêles jouissent de la propriété de ne pas exiger un renouvellement d'air aussi considérable que les cheminées, parce qu'il n'y a, d'après leur construction, que l'air nécessaire à la combustion, qui est entraîné dans les tuyaux; après avoir passé au travers du feu.

Lorsque les ouvertures qui existent dans l'appartement ne laissent pas entrer une quantité beaucoup plus considérable d'air que celui aborbé par la combustion, le renouvellement de l'air est trop peu abondant, il en résulte une gêne dans la respiration des personnes qui habitent l'appartement où est le poêle, et c'est pour cette raison qu'on reproche à ce mode de chauffage de produire une chaleur *étouffante*, ce qui ne doit pas être entendu par une chaleur trop forte; on peut remédier à cet inconvénient en construisant le poêle comme nous l'indiquerons à l'article 17. On évitera par cette disposition les courants d'air froid et une grande perte de chaleur; ce moyen consiste à faire circuler de l'air pris au-dehors autour des faces du poêle ou des tuyaux pour se répandre dans l'appartement après s'être échauffé.

Nous venons de dire qu'un poêle aspire une beaucoup moindre quantité d'air de l'appartement, qu'une cheminée, parce que le soupirail par lequel le courant entre dans l'appareil est réduit à de très-petites dimensions qu'on peut encore diminuer à volonté au moyen d'un petite porte à coulisse; de sorte qu'il ne consomme guère au-delà de ce qui est indispensable pour alimenter la combustion; et il est même possible d'éviter que l'air nécessaire à la combustion soit pris aux dépens de l'appartement, en établissant un conduit qui prenne l'air à l'extérieur, et qui l'amène à la porte du foyer pour le diriger sous le combustible; une porte qui se fermerait hermétiquement et placée dans un endroit quelconque du poêle servirait à introduire le combustible, et à surveiller le feu.

Dans un grand nombre de pays, principalement dans ceux dont les hivers sont très-froids, comme dans le nord de l'Europe, les poêles placés dans les appartements ont dehors ou dans une autre chambre l'ouverture par laquelle on met le combustible, et par laquelle arrive l'air nécessaire à la combustion; par ce moyen on est parfaitement échauffé, avec peu de combustible, et il ne peut s'introduire d'air froid par aucune fente, parce qu'il n'en sort pas de la chambre qu'il faille remplacer, mais on y est réduit à respirer constamment le même air, et pour ne pas y être incommodé, il faut avoir recours aux moyens que nous avons indiqués à l'article *Ventilation.*

Dans les deux cas ci-dessus, on n'aurait plus à renouveler dans l'appartement que l'air nécessaire à la respiration.

On pourrait disposer un poêle de manière à voir le feu comme dans une cheminée, en appliquant un châssis vitré sur une de ses faces, ou en faisant la porte plus grande, et en y plaçant des carreaux de vitres, ainsi que nous l'avons indiqué pour les cheminées.

Enfin, un poêle a encore l'avantage du fumer beaucoup plus rarement qu'une cheminée, parce que le tirage étant plus fort, oppose un obstacle plus difficile à vaincre aux différentes causes qui occasionnent le refoulement de la fumée; cependant, s'il en existait d'assez puissantes pour fair fumer les poêles, les remèdes seront les mêmes que ceux que nous avons indiqués pour les cheminées.

ARTICLE 2.

De la matière des Poêles.

La chaleur produite par un poêle se transmet en traversant ses parois, et la quantité de calorique émise dépend du plus ou moins de conductibilité de la matière dont il est formé; on devra préférer le métal à toute autre substance; le fer est préférable au cuivre sous le rapport de l'économie dans la dépense. Quant à la faïence, comme elle est du nombre des corps mauvais conducteurs, on devrait en abandonner l'emploi.

On est dans l'usage de remplir avec des briques la partie de l'intérieur des poêles qui n'est pas destinée au combustible; du métal remplirait beaucoup mieux l'objet qu'on se propose; le seul inconvénient qu'il y aurait serait un surcroît de dépense.

ARTICLE 3.

De la forme des Poêles.

Les poêles en usage sont ronds ou carrés; les premiers ont l'avantage de s'échauffer partout également, parce que les parois sont, sur toute la circonférence, à égale distance du feu, et par conséquent s'échauffent également dans toutes les directions, tandis qu'un poêle carré, s'échauffant davantage dans le milieu des côtés que dans les angles, échauffe inégalement dans son voisinage. D'ailleurs, la combustion ayant lieu généralement au centre de la capacité, le poêle cylindrique doit produire un peu plus de chaleur que le carré, à cause de la perte de calorique qu'éprouvent les rayons qui ont plus de chemin à parcourir pour atteindre la surface qu'ils doivent pénétrer.

Enfin, sous le rapport de la durée des deux appareils, le poêle rond l'emporte encore sur le carré, parce que, dans celui-ci, l'inégalité d'échauffement de ses surfaces peut en occasioner la rupture, ce qui se remarque généralement dans les poêles de faïence, tandis que ce désavantage n'a pas lieu dans le poêle rond, d'une manière aussi sensible du moins.

ARTICLE 4.

De l'épaisseur des parois des Poêles.

On peut diviser les poêles en deux parties, sous le rapport de l'épaisseur de leurs parois : la première, à parois minces, la seconde, à parois épaisses. Il est facile de concevoir que plus les parois sont épaisses, plus le calorique éprouve de difficulté à pénétrer, et moins, par conséquent, il y a de chaleur produite dans l'appartement ; car, si les parois, par exemple, avaient 65 ou 97 centimètres (2 ou 3 pieds) d'épaisseur, jamais la surface extérieure n'arriverait à la chaleur rouge avec nos feux ordinaires. Il est vrai qu'il s'accumulerait une plus grande quantité de calorique, qui se répandrait ensuite lentement dans la chambre, sans perte dans l'appartement. Or, il arriverait que l'air intérieur du poêle serait beaucoup plus échauffé par le contact des parois, et que le courant emporterait continuellement une plus grande quantité de chaleur dans le conduit de la cheminée, ce qui se reconnaîtrait à l'extrême chaleur que contracterait le bout du tuyau qui aboutit à la cheminée ; il faut ajouter la diminution de mouvement ou de force qu'éprouveraient les rayons de calorique à la rencontre des parois presque impénétrables. Il paraît donc hors de doute qu'il y a réellement, par l'effet de ces deux causes, une perte de chaleur avec des parois très-épaisses.

D'un autre côté, lorsque les parois sont minces, elles s'échauffent plus promptement ; le calorique se répand avec plus de vitesse dans l'appartement, mais aussi il s'échappe avec plus de facilité.

Nous conclurons donc qu'à dépense égale de combustible, avec des parois minces, il y a moins de perte de chaleur, et que l'appartement est promptement échauffé ; ce qui convient aux pays froids où cette sorte de poêle est en effet plus en usage. Qu'avec des parois épaisses, il y a plus de perte de calorique ; mais qu'on a un réservoir de chaleur permanente qui se verse lentement dans l'appartement, de manière à y entretenir une température plus égale ; et que cette sorte de poêle convient aux climats tempérés et où l'économie est d'une importance moins grande.

ARTICLE 5.
Des tuyaux de Poêles.

La chaleur contenue dans le courant d'air brûlé est si considérable qu'on peut *doubler* la chaleur que produirait un poêle de métal, en adaptant à l'appareil des tuyaux suffisamment longs, et la *tripler* si le poêle est en faïence. Ces tuyaux doivent être faits en métal le plus mince possible, pour que la chaleur passe plus promptement au travers de leurs parois.

Cette longueur a cependant des limites, parce que, si la température de l'air brûlé, à sa sortie du tuyau de la cheminée, se rapprochait de la température de l'air extérieur, le tirage n'aurait pas lieu.

Le tirage est souvent diminué et la combustion ralentie dans un poêle, par les coudes que l'on fait faire aux tuyaux d'un poêle, parce que la vitesse du courant d'air brûlé est moindre que lorsqu'ils ne font pas d'angles entre eux. Ce ralentissement du courant est dû au frottement contre les parois et au choc qui a lieu dans les angles à chaque changement de direction. Il résulte cependant un avantage de cette disposition de tuyaux coudés, c'est que la fumée dépose dans l'appartement une plus grande partie de sa chaleur avant d'arriver dans le tuyau de la cheminée.

Lorsque le tirage ne sera pas assez énergique et que la combustion n'aura pas assez d'activité, il faudra donc diminuer le nombre des coudes ou la longueur des tuyaux, ou enfin, placer des tuyaux faits avec une matière du nombre des mauvais conducteurs du calorique ; mais ce moyen fera perdre beaucoup de chaleur dans l'appartement.

ARTICLE 6.

Poêle construit sur les principes des Cheminées suédoises, avec bouches de chaleur, par GUYTON-MORVEAU (1).

Avant de donner la description de ce poêle, M. Guyton-Morveau entre dans quelques explications sur le calorique et sur la manière de l'obtenir : 1° *On ne produit de chaleur qu'en proportion du volume d'air qui est consommé par le combustible ;* 2° *la quantité de chaleur produite est plus grande avec une égale quantité du même combustible, lorsque la combustion est plus complète ;* 3° la combustion est d'autant plus complète que la partie fuligineuse du combustible est plus longtemps arrêtée dans des canaux où elle puisse subir une seconde combustion ; 4° il n'y a d'utile dans la chaleur produite, que celle qui se répand et se conserve dans l'espace que l'on veut échauffer ; 5° la température sera d'autant plus élevée dans cet espace, que le courant d'air qui doit se renouveler pour entretenir la combustion sera moins disposé à s'approprier, en le

(1) Extrait des *Annales de Chimie*, an x, tome XLI.

traversant, une partie de la chaleur produite. De là plusieurs
conséquences évidentes : 1° Il faut isoler le foyer des corps
qui pourraient communiquer rapidement la chaleur. Toute
celle qui sort de l'appartement est en pure perte, si elle n'est
conduite à dessein dans une autre pièce; 2° la chaleur ne
pouvant être produite que par la combustion, et la combustion ne pouvant être entretenue que par un courant d'air,
il faut attirer ce courant dans des canaux, où il conserve la
vitesse nécessaire, sans s'éloigner de l'espace à échauffer, de
manière que la chaleur qu'il y dépose s'accumule graduellement dans l'ensemble du fourneau isolé, pour s'en écouler
ensuite lentement, suivant les lois de l'équilibre de ce fluide;
3° le bois consommé au point de ne plus donner de fumée, il
est avantageux de fermer l'issue de ces canaux, pour y retenir
la chaleur qui serait emportée dans le tuyau supérieur par
la continuité du courant d'un air nouveau, qui serait nécessairement à une plus basse température; 4° enfin, il suit du
cinquième principe, que, toutes choses d'ailleurs égales, on
obtiendra une température plus élevée et qui se soutiendra
bien plus longtemps, en préparant dans l'intérieur des poêles,
ou sous l'âtre des cheminées et dans leur pourtour, des tuyaux
dans lesquels l'air tiré de dehors s'échauffe avant de pénétrer dans l'appartement pour servir à la combustion, ou pour
remplacer celui qu'elle a consommé; c'est ce que l'on a nommé
bouches de chaleur, parce qu'au lieu d'envisager leur principale destination, on pense assez communément qu'elles ne
sont faites que pour donner, par ces issues, un écoulement
plus rapide à la chaleur produite. Cette opinion n'est pas absolument sans fondement, puisqu'il en résulte une jouissance
plus actuelle en quelques points, et que l'air qui en sort n'a
changé de température qu'en emportant une portion de la
chaleur qui aurait séjourné dans l'intérieur. Cependant ceux
qui les proscriraient comme contraires à l'objet le plus essentiel, qui est de la retenir le plus longtemps possible, ne
font pas attention qu'avec la possibilité de fermer ces issues,
en interdisant par une simple coulisse la communication avec
l'air du dehors, il est facile d'en retirer tous les avantages
sans aucun inconvénient; ajoutons que, dans les appartements resserrés ou exactement fermés, cette pratique devient
indispensable, si l'on ne veut rester exposé à des courants
d'air froid, et faire une part de combustible pour restituer la
chaleur qu'ils absorbent continuellement.

L'expérience a prouvé que le poêle de M. Guyton-Morveau présente une économie de 30, 40 et jusqu'à 50 pour cent sur le combustible. Le service en est très-facile; il consiste à mettre à la fois tout le bois que peut contenir le foyer, qui est très-petit; à n'y introduire que du bois scié d'égale longueur, et dès qu'il a brûlé, à fermer la coulisse destinée à arrêter la communication des canaux de circulation avec le tuyau de la cheminée; par ce moyen, toute la chaleur que le combustible a pu produire reste dans ces canaux, et n'en sort que lentement et seulement pour se répandre dans l'appartement; au lieu qu'un morceau de bois qui n'aurait pas brûlé en même temps obligerait de laisser cette coulisse ouverte, et que le courant d'air nécessaire à la combustion emporterait dans le tuyau de la cheminée la plus grande partie de la chaleur produite. A la suite de ces observations, l'auteur donne la description de ce poêle.

La figure 16, *Pl.* I, représente le poêle vu de face; sa hauteur est de 1 mètre 64 centimètres (61 pouces), non compris le vase qui est un ornement indépendant, simplement posé sur la table supérieure; sa largeur est de 85 centimètres (31 pouces 1/2).

Sa profondeur, de 58 centimètres (21 pouces 1/2). Son élévation peut, sans inconvénient, être portée à 2 mètres (6 pieds), ou être réduite à celle des poêles de laboratoire portant un bain de sable à la hauteur de la main.

Les deux autres dimensions sont déterminées par celle des briques destinées à former les canaux intérieurs de circulation, qui doivent elles-mêmes être dans des proportions données pour que la fumée y passe librement, et cependant qu'il n'y entre pas avec elle une quantité d'air capable d'en opérer la condensation ou d'abaisser la température au-delà du degré nécessaire à son entière combustion.

V V sont les garnitures extérieures des deux bouches de chaleur.

M M, ouvertures du poêle par lesquelles entre l'air qui doit sortir par les bouches de chaleur. On les ferme lorsque l'on tire l'air du dehors par un tuyau caché sous le pavé, ce qui est bien plus favorable au renouvellement de l'air respirable de l'appartement, et prévient le danger des courants d'air froid attiré par le foyer, ce qui devient nécessaire toutes les fois que le volume d'air de la chambre n'est pas suffisant pour

fournir à la fois à la consommation du foyer et à la circulation dans les tuyaux de chaleur.

La figure 17, *Pl.* I, est le plan de la fondation de l'âtre à
la hauteur du poêle, sur la ligne A B, *fig.* 16.

l l sont les parties vides pour recevoir et porter l'air dans les
compartiments où il doit s'échauffer avant de sortir par les
bouches de chaleur, soit qu'il arrive tout simplement par les
ouvertures M M de la figure Ire.

(Figure 18). Plan à la hauteur de la ligne C D de la figure
16, c'est-à-dire au-dessus de la porte du foyer; *n n* sont les
doubles plaques de fonte formant les compartiments dans
lesquels l'air doit recevoir l'impression de la chaleur du foyer.

o o, le vide que ces plaques laissent entre elles.

· (Figure 19). Coupe en face sur la ligne I K, *fig.* 18. Les
flèches indiquent la direction de la fumée dans les canaux de
circulation de la partie antérieure.

On y retrouve les plaques de fer *n n* dans leur situation
verticale, avec les languettes qui en forment les compartiments de chaque côté du foyer. Une de ces plaques est représentée de face, *fig.* 22.

T est une ouverture réservée au bas du quatrième canal de
circulation pour établir, s'il est nécessaire, le tirage de l'air
dans le foyer, en y brûlant quelques brins de papier ou autre
léger combustible.

La porte de cette espèce d'appel ou de pompe à air doit
fermer exactement. Il suffit, pour remplir cette condition, de
tailler une portion de brique que l'on perce pour recevoir une
poignée, et sur laquelle on fixe un morceau de fer battu en
recouvrement.

(Figure 20). Plan à la hauteur de la ligne E F de la figure 16.

· (Figure 21). Coupe en travers sur la ligne G H de la figure 18, qui fait voir la hauteur du foyer et la première direction de la flamme.

V indique la disposition des tuyaux de chaleur. Les lignes
ponctuées donnent le profil des cloisons qui forment les quatre grands canaux de circulation.

Le tuyau R, qui porte la fumée des canaux de circulation
dans la cheminée, et dans lequel se trouve la clef qui sert à
intercepter la communication, est un tuyau de poêle ordinaire
en tôle; mais il y aurait de l'avantage à n'employer, pour la
partie dans laquelle joue la coulisse ou le disque obturateur,

qu'une matière moins conductrice de la chaleur, par exemple
un tuyau, fait exprès, en terre cuite.

Le coude que forme ce tuyau, pour aller gagner celui de
la cheminée, indique que la première condition est que le
corps du poêle soit entièrement isolé du mur, et à 25 centimètres (16 pouces) du point le plus rapproché de la niche.

S est un prolongement du tuyau vertical qui entre dans la
cheminée; il est destiné à recevoir l'eau qui pourrait se condenser dans la partie supérieure, afin qu'elle ne pénètre point
dans l'intérieur du poêle. Le couvercle qui termine ce prolongement donne la facilité de nettoyer le tuyau sans le démonter.

Les lignes ponctuées formant l'espace carré Q, indiquent
la place où l'on peut pratiquer une niche ou une espèce de
petite étuve qui remplace avantageusement le massif qui
occuperait sans cela le même espace. Toutes ces figures étant
tracées sur une même échelle, on n'aura pas de peine à conserver les proportions dans toutes les parties.

La construction de ce poêle n'est au surplus ni difficile ni
dispendieuse; pour les parois extérieures, on n'a besoin que de
carreaux de faïence, tels qu'on les emploie pour les poêles
ordinaires, c'est-à-dire minces dans leur milieu, et portant un
rebord tout autour, qui sert à leur donner plus d'assise. On
les fixe également par une lame de métal en forme de ceinture. Le derrière peut être élevé tout simplement avec des briques; le vase placé sur la table de marbre ou de pierre qui
le termine n'est qu'un ornement.

Dans le cas où l'on ne voudrait pas de bouches de chaleur,
toute la construction de l'intérieur pourrait se faire avec des
briques d'un échantillon convenable assemblées avec de la
terre à four délayée, et posées de champ pour les canaux de
circulation, sans autres fers qu'une plaque de fonte au-dessus
du foyer; la porte et son châssis à la manière ordinaire.

La dépense qu'occasionne de plus l'établissement des bouches de chaleur se réduit aux quatre plaques de fonte portant
languettes et rainures pour former les compartiments représentés *fig.* 17; tout le reste se fait avec de la tôle roulée et
clouée, qui, une fois noyée dans la maçonnerie, ne peut laisser de fausses issues à l'air.

Les plaques de fonte, coulées à rainures, sont bien connues
depuis que l'on a adopté les poêles à la Franklin. Si l'on était
embarrassé de s'en procurer, il y a deux manières d'y suppléer.

La première, par des bouts de tuyaux de fonte que l'on place verticalement à côté l'un de l'autre, qui servent ainsi de parois intérieures au foyer, et communiquent de l'une à l'autre par de petits canaux inférieurs et supérieurs pratiqués en maçonnerie.

La seconde manière n'exige que des plaques ordinaires, c'est-à-dire unies, dont la fonte soit seulement assez douce pour souffrir le forêt; on y perce des trous pour fixer, par des clous rivés, des lames de fer battu, pliées en équerre sur leur longueur, qui remplacent parfaitement les rainures et languettes en fer coulé. Comme elles ne sont jamais exposées à l'action de la flamme, il n'y a pas à craindre qu'elles se déjettent.

On jugera aisément que cette dernière méthode est la plus avantageuse, en ce qu'elle prend moins d'espace et cependant présente plus de surface pour recevoir l'impression de la chaleur et la communiquer à l'air circulant.

En terminant la description de ce poêle, l'auteur ajoute, que près de deux années d'expérience lui ont fait connaître les bons effets de ses proportions.

Il est placé dans une pièce qui tire ses jours, du côté du nord, qui a 47 mètres carrés (12 toises 1/3) environ de superficie, et dont le plafond est élevé de 4 mètres 25 centimètres (13 pieds).

On y brûle chaque jour, en une seule fois, une bûche de 28 à 30 centimètres (10 à 11 pouces) de tour, sciée en trois, ou l'équivalent en bois de moindre grosseur. On ferme la coulisse de la porte du foyer, et on tourne la clef R, *fig.* 6, aussitôt que le bois est réduit en charbon. Dix heures après, on jouit encore, dans toute la pièce, d'une température au-dessus de la moyenne; et le thermomètre centigrade placé à 36 centimètres (plus de 13 pouces) de distance des côtés du poêle, s'élève rapidement à 16 ou 17 degrés.

Pour faire mieux connaître à quel point on peut porter, pour cette construction, l'économie du combustible et la conservation de la chaleur, l'auteur rapporte encore une expérience qu'il a répétée en plusieurs circonstances et qui lui a toujours donné, à très-peu près, les mêmes résultats.

Le thermomètre étant dans la pièce entre 9 et 10 degrés (il n'y avait pas eu de feu la veille), on mit dans le foyer, à l'ordinaire, la bûche sciée en trois, vers les onze heures du matin ; et à 9 heures.de l'après-midi, on y remit la même quantité de combustible.

Le thermomètre, placé à la distance ci-dessus indiquée, marquait :

à 4 heures............................... 42 degrés.
à 5 37
à 7 34
à 9 31
à minuit................................. 26

On ne pouvait encore poser la main sur le métal qui fait la bordure des bouches de chaleur. La boule du thermomètre ayant été placée vis-à-vis l'une de ces bouches, à 8 centimètres (3 pouces) environ de distance, il s'éleva, en quatre minutes, à 35 degrés.

Le lendemain, à 9 heures du matin, le thermomètre, qui avait été replacé à la même distance de 35 centimètres, était à 22 degrés.

Enfin, à midi, c'est-à-dire vingt et une heures après qu'on eut cessé d'y remettre du bois, dix-huit heures après que l'on eût tourné la clef, tout étant réduit en charbon, le thermomètre se tenait entre 18 et 19 degrés. On le présenta alors à 2 centimètres seulement de distance de l'une des bouches de chaleur, en moins de six minutes il s'éleva à 26 degrés.

ARTICLE 7.

Poêles de DÉSARNOD.

Les poêles en fonte de Désarnod sont établis sur les mêmes principes que ses cheminées ; comme elles, ils reçoivent l'air extérieur et le transmettent chaud dans les appartements. Les essais comparatifs qu'on en a faits ont démontré qu'au lieu de 100 kilog. de combustible brûlés à une cheminée ordinaire, il n'en faut que 15 3/4 pour obtenir la même température.

ARTICLE 8.

Poêles de CURAUDAU.

Les poêles de Curaudau sont construits d'après les mêmes procédés que ses cheminées ; la figure 6, Pl. III, représente la coupe d'un de ces poêles : A est la porte du foyer. Les gaz résultant de la combustion s'élèvent, descendent et remontent

en circulant autour des chicanes qu'ils rencontrent, ainsi
que l'indiquent les flèches tracées sur le dessin, et se réunissent ensuite dans le tuyau M, tandis que l'air chaud est
répandu dans l'appartement par les bouches de chaleur B B CC.

D'après les expériences comparatives faites par le Bureau
consultatif des Arts (*Voyez* Chap. XI), il résulte que 100 kilog.
de combustible brûlés dans une cheminée ordinaire peuvent
être remplacés par 20 kilog. 3/4 avec le poêle ci-dessus.

L'auteur de ces poêles en a construit d'autres qui échauffent
et opèrent la cuisson des aliments ; ainsi que des fourneaux-
poêles avec des chaudières, dont le but est d'échauffer à la
fois l'endroit où ils sont placés, de procurer de l'eau chaude
et de faire cuire des légumes.

ARTICLE 9.

Poêle économique de M. J.-B. BÉRARD (1).

Le poêle, proprement dit, est un parallélipipède porté par
quatre pieds. La capacité est divisée en deux étages d'inégale
hauteur par une cloison horizontale : l'étage inférieur est
destiné à faire un four, le supérieur est occupé en partie par
le foyer, et en partie par deux caisses moins hautes que cet
étage : les faces latérales du poêle sont fermées par deux
portes qui bouchent les entrées du four inférieur, et des
deux caisses qui servent aussi de four. La façade du poêle
reçoit, dans son milieu, une ou deux portes, pour fermer
l'ouverture du foyer ; en dessous de ces portes est une
petite tablette horizontale. La face horizontale et supérieure
du poêle est percée de deux trous, destinés à recevoir des
casseroles ou des marmites. La face verticale du derrière du
poêle est percée, près de ses angles supérieurs, de deux trous,
où sont adaptés deux tuyaux de fumée qui en reçoivent deux
autres coudés, à angles droits, lesquels sont réunis par un
troisième ; du milieu de ce dernier s'élève un tuyau vertical,
qui, après avoir formé un angle droit, aboutit à la cheminée.
Reprenons séparément chacune des parties de l'ensemble :

1° A A B B C C D D (*fig.* 1 et 2, *Pl.* IV) est un parallélipipède dont l'arête A A, longueur du poêle, est de 63 centimètres (23 pouces) ; l'arête A B, sa hauteur, de 45 centimètres
(16 pouces) ; l'arête A C, sa profondeur, de 30 centimètres

---

(1) Extrait d'un excellent Mémoire de M. J. B. Bérard, sur le Chauffage, publié par
ordre du ministre de l'Intérieur.

(11 pouces). Les fonds supérieur et inférieur ont, tout le tour, un rebord ou une saillie qui excède le parallélipipède de 1 centimètre 1/2 (7 lignes). C'est sur ces rebords des faces horizontales qu'ont été clouées les deux faces verticales du devant et du derrière, et la partie supérieure des faces latérales, qui, à cet effet, ont été reployées à angles droits.

2° E E est un pan horizontal ou cloison, qui partage le parallélipipède en deux étages, dont l'inférieur, destiné à faire un four, a une hauteur A E de 8 centim. (3 pouces). Cette cloison a été reployée à angle droit pour être clouée sur les faces de devant et de derrière, et elle porte sur ses côtés latéraux un rebord vertical E F de 4 centimètres (18 lignes).

3° Au-dessus de la cloison EE sont deux portes M M P P et N N P P qui ferment l'entrée du foyer, dont la largeur M M ou N N est de 19 centim. (7 pouces), et la hauteur M P ou N P de 12 centim. 1/2 (4 pouces 8 lignes). La façade du poêle porte intérieurement, autour de l'ouverture de deux portes, un rebord ou une battue, qui sert à la fois à la renforcer et à recevoir ces portes. Les rebords verticaux ont une largeur de 1 centimètre (5 lignes), et les deux horizontaux de 2 centim. (9 lignes). La porte supérieure porte aussi un rebord pour recevoir l'inférieure. Celle-ci est percée en bas de deux yeux ou trous de 3 centim. (14 lignes) de diamètre, qui forme deux soupiraux qu'on ferme à volonté, au moyen d'une clef ou manivelle commune aisée à concevoir. Enfin, ajoutons que les deux portes sont l'une et l'autre distantes de 10 centimètres (4 pouces) des fonds supérieur et inférieur du poêle.

4° Sur chacune des deux faces latérales du poêle est une porte qui occupe toute la largeur de cette face, et dont la hauteur A I est de 36 centim. (13 pouces); par chacune de ces portes on a introduit dans l'intérieur du poêle une caisse prismatique F H G I, dont la profondeur F H est de 22 centim. (8 pouces 2 lig.), la hauteur F I de même dimension, et la largeur de 28 centim. (10 pouces 4 lig.): ces caisses ont, tout autour, un rebord de 1 centim. (5 lig.) de large pour s'appliquer, d'une part, contre deux règles verticales qui renforcent les arêtes A I, et, d'autre part, contre le rebord E F de la cloison, ainsi que contre un autre petit rebord que portent les faces latérales I B D I, qui, à cet effet, ont été reployées deux fois à angles droits. Dans cette disposition, les caisses sont comme suspendues et isolées dans la capacité du poêle, en sorte qu'il y a en dessous un vide de 4 centim. (18 lignes), dans

lequel s'introduisent des charbons et des cendres; en dessus
un vide de 10 centim. 1/2 (4 pouces) destiné aux casseroles, et
latéralement, entre les caisses et le devant ou le derrière du
poêle, un autre vide de 2/3 centim. (3 lignes 1/2), où peut circuler la flamme. Enfin, l'intervalle des deux caisses, qui forme
proprement le foyer, est de 18 centim. (6 pouces 8 lignes) ;
ajoutons encore que pour faciliter l'entrée du bois par les
trous à casseroles, l'arête supérieure G a été retranchée par
un plan incliné de 45 degrés, qui ajoute à la caisse une nouvelle face de 4 centimètres (18 lignes) de largeur.

Z est la tête d'une petite barre qui traverse les grandes
faces verticales du poêle et les faces parallèles des caisses afin
de les assujétir fixement. Cette barre, qui reçoit à son autre
extrémité un écrou, se retire à volonté, quand on veut enlever
les caisses pour les réparer.

S est un trou de 3 centim. (14 lig.) de diamètre, percé dans la
face de la caisse la plus voisine de la façade du poêle. Ce trou,
qui se ferme à volonté par une petite plaque qui tourne sur
un pivot, sert à évacuer dans le foyer les vapeurs des aliments qui cuisent dans la caisse, et peut être appelé *trou aspirateur*, parce qu'en effet le foyer aspire fortement par ce
trou l'air de la caisse lorsque sa porte est fermée.

5° Le fond supérieur B B D D du poêle est percé de deux
trous de 24 centim. (9 pouces) de diamètre, et séparé par un
intervalle de 4 centim. (18 lignes . Ces deux trous, qui reçoivent les casseroles, sont doublés en dessous par un anneau
plan ou couronne circulaire qui forme, pour l'un des deux
trous, un rebord de 1/2 centim. (3 lignes), et, pour l'autre,
un rebord de 1 centim. (5 lignes). Ces rebords ou retraites
servent à recevoir des couvercles circulaires et plans, qui sont
formés de deux cercles découpés pour faire les trous. Ces deux
couvercles portent une anse ou poignée.

6° T T sont les ouvertures des tuyaux de la fumée. Ces trous,
dont le diamètre, ainsi que celui des tuyaux, est de 11 centim.
(4 pouces), sont éloignés de 3 centim. (14 lig.) des faces latérales du poêle. De ces trous partent deux tuyaux horizontaux
de 12 centim. (4 pouces 5 lig.) de long, qui se rejoignent par
un troisième, du milieu duquel s'élève la branche verticale.

Enfin, les tuyaux de la fumée sont prolongés dans l'intérieur du poêle de 8 à 10 centim. (3 à 4 pouces), pour obliger
la flamme et la fumée de passer près du centre des trous à
casseroles avant de gagner l'entrée de ces mêmes tuyaux,

K est un axe vertical passant à travers le tuyau horizontal, recevant un écrou par un bout, ayant la forme d'une clef par l'autre bout K, et portant un cercle ou disque qui, suivant sa position, ferme à volonté l'ouverture du tuyau et le passage au courant d'air.

7° En dessous de la porte M M de la façade du poêle est une tablette horizontale de 33 centimètres (1 pied) de long sur 20 centim. (5 pouces 5 lignes) de large; elle est portée par deux crochets qui entrent dans deux pitons fixés au poêle. Deux ailes latérales et verticales, en forme d'arcs-boutants, servent à la rendre plus solide. Il règne dans son pourtour un rebord ou couronnement de 3 centim. (14 lignes) de hauteur, lequel n'empêche pas la porte de s'ouvrir entièrement.

8° Le poêle est porté par quatre pieds Y Y de 22 centimètres (8 pouces) de hauteur : l'un de ces pieds est plus court de 2 centim. (9 lignes), et reçoit une vis qui, en s'allongeant, va atteindre le plancher, quelque inégal qu'il soit. Par ce petit mécanisme très-simple, on procure au poêle la stabilité qui manque d'ordinaire à tous les meubles portés par quatre pieds.

9° Le poêle est fait avec de la tôle de trois espèces : la première, de 1 millim. (1/2 ligne) environ d'épaisseur pour les parties de la carcasse qui doivent avoir de la solidité et suffisamment de durée; savoir : le dessus, le devant; le derrière, et la cloison qui reçoit les cendres; la seconde, de 1/2 millim. (1/4 ligne) pour les parties qui souffrent moins, comme le fond inférieur, les portes latérales et la tablette; la troisième, de 1/3 millim. (2/3 ligne) d'épaisseur, pour les parois des caisses, qui peuvent se réparer aisément, et qui ont besoin de transmettre facilement le calorique dans leur capacité.

Des usages et des effets du poêle économique.

1° Lorsqu'on a introduit deux ou trois morceaux de bois dans le foyer par l'une ou l'autre des deux ouvertures du fond supérieur du poêle, et qu'on y a mis le feu, on voit bientôt la combustion s'accélérer par l'effet du courant rapide qui s'établit au soupirail; la flamme et la fumée se séparent en deux, enveloppent les caisses, et gagnent les tuyaux de la fumée; les caisses sont alors plongées dans une atmosphère embrasée qui lance le calorique par leurs cinq faces dans leur capacité. Si alors les deux trous supérieurs sont fermés par deux casseroles, si l'on a placé dans les caisses deux plats rectangulaires pleins d'aliments quelconques, et sur la ta-

blette de devant un pot, on a la satisfaction de voir cuire
à la fois tous ces cinq mets. Lorsque deux seront arrivés à une
parfaite cuisson, on pourra les insinuer dans le four inférieur
et les remplacer par de nouveaux ; on aura alors sept plats
cuisant à la fois, et par un feu modéré.

2° La chaleur est si forte dans les caisses que, pour empêcher que la partie la plus voisine du foyer ne brûle, il faut
appliquer en cet endroit un rectangle incliné de tôle, qui
serve d'écran à cette face dans la moitié de sa hauteur.

Avec cette précaution, la pâtisserie, la viande, etc., y cuisent
également et plus promptement que dans les fours ordinaires.

3₀ Le four inférieur sert très-bien, non-seulement pour y
entretenir chaud, mais encore pour faire prendre croûte en
dessus aux mets qu'on y place dans ce dessein sous ce foyer.

4° La tablette sert très-bien aussi à faire cuire un rôti,
lorsqu'on ouvre la porte inférieure du foyer, à faire du café,
etc., etc.

5° Les caisses, tant que les portes en sont fermées, ne laissent échapper aucune odeur, surtout si l'on a eu l'attention
d'ouvrir les trous aspirateurs par lesquels les vapeurs sont
aspirées dans le foyer aussitôt que formées.

6° Lorsqu'on veut ajouter du bois par l'un ou l'autre des
deux trous à casseroles, la flamme et la fumée se dirigent du
côté qui n'est pas ouvert, et il n'entre aucune fumée dans
l'appartement, avantage qui n'a lieu dans aucun des poêles
percés d'une seule ouverture par-dessus.

7° Veut-on transformer le poêle en une cheminée, on n'a
qu'à ouvrir la porte inférieure du foyer, et même toutes deux ;
on a alors le plus possible de chaleur dans l'appartement,
mais moins dans les caisses. Ce qu'il y a de remarquable
dans ce cas, c'est qu'il ne sort aucune fumée par les portes ;
cela vient de ce que les contre-courants qui produisent les
tourbillons de fumée à l'ouverture des tuyaux, sont empêchés
par les caisses de ramener la fumée jusqu'aux portes. Si, au
lieu de deux tuyaux, on n'en avait qu'un placé au milieu et
vis-à-vis le foyer, on perdrait cet avantage, sans compter que
les casseroles seraient bien moins chauffées.

8° Veut-on concentrer la chaleur dans un des côtés du
poêle pour y accélérer la cuisson, on n'a qu'à tourner la clef
du tuyau opposé.

9° Lorsque le poêle n'est pas occupé à cuire dans les caisses,
il faut avoir soin d'ouvrir et de renverser sur le derrière les

portes latérales : la chaleur se répandra sans obstacle dans l'appartement, et il y aura moins de perte de calorique.

100 Au moyen d'une cloison de tôle que l'on place au milieu de la hauteur des caisses, on se procure à volonté un étage de plus, qui sert à placer d'autres aliments.

110 Si on trouvait les tuyaux à fumée embarrassants, soit pour le coup-d'œil, soit pour tout autre motif, on pourrait les diriger sous le plancher pour les ramener ensuite dans le tuyau de la cheminée. Le poële ressemblerait alors, sous ce rapport, à la cheminée de Franklin, et conserverait néanmoins tous les avantages qu'il a sur elle.

On pourrait, au lieu de réunir les deux tuyaux en un seul, les diriger séparément chacun au tuyau de la cheminée.

Si, au lieu de bois, on veut brûler de la houille, il n'y a. qu'à placer une grille au fond du foyer.

ARTICLE 10.

Poêles fumivores de M. THILORIER (1).

L'auteur a eu pour objet de détruire la fumée et mettre à profit les éléments qui la constituent ; son procédé consiste à soustraire le combustible du contact de la flamme et à l'échauffer néanmoins à un degré suffisant pour qu'il donne, par distillation, l'hydrogène et les autres matières volatilisables qu'il peut contenir. Ces matières inflammables, qu'il désigne sous le nom de *fumée*, sont aspirées par un fourneau qui contient un combustible en ignition, ou qui est suffisamment échauffé par une combustion précédente pour que la fumée, en le traversant, puisse s'y enflammer. ,

C'est dans ce fourneau que la fumée combinée avec l'air et élevée à un degré de température suffisant, se consume en totalité, et ne produit pour tout résidu qu'une vapeur sans odeur, sans couleur, composée d'eau, d'azote et d'une très-petite portion d'acide carbonique.

La flamme, produite par la combustion de la fumée élève la température du fourneau ; la distillation s'accélère et se continue sans interruption jusqu'à ce que le combustible, si c'est du bois, soit réduit à l'état de charbon parfait, ou à un état voisin de la carbonisation, si c'est de la houille ou de la ' tourbe.

(1) Description des machines et procédés spécifiés dans les brevets d'invention, de perfectionnement, etc., tome III.

ARTICLE 11.

Premier Poêle fumivore de M. THILORIER (1).

La figure 7, Pl. III, est la coupe d'un poêle fumivore sur lequel on brûle du bois, de la houille ou de la tourbe, sans qu'il en résulte ni odeur, ni fumée visible.

a, corps du poêle en faïence ou en terre cuite, de forme cylindrique ; il est ouvert par le haut, et terminé à sa partie inférieure par un tronc de cône creux *b*, en forme d'entonnoir.

c, grille à larges barreaux posée sur la base supérieure du tronc de cône.

d, autre grille à barreaux serrés, placée à la base inférieure du tronc de cône.

e, petite ouverture par où l'on fourgonne ; on la bouche, soit avec de la terre, soit avec une porte de tôle.

f, tuyau ajusté à la base inférieure du tronc de cône ; sa partie inférieure est fermée par un bouchon *g*, à recouvrement pareil au couvercle d'une tabatière, qui sert en même temps de cendrier.

h, tuyau horizontal fixé à celui *f*, et portant à son extrémité un tuyau vertical *i*, qui peut être considéré comme le tuyau du poêle ; il est fermé par le bas avec un bouchon *k*, pareil à celui *g* du tuyau *f*.

Pour allumer le poêle, on met de la braise sur la grille inférieure *d*, qu'on recouvre ensuite avec du charbon froid ; on met en même temps dans le bouchon *k* une feuille de papier légèrement chiffonnée, que l'on allume à l'instant qu'on met le bouchon ; quelques charbons allumés au lieu de papier produiraient le même effet, qui est de raréfier l'air dans le tuyau de la cheminée, afin d'établir le courant nécessaire à la combustion. Ces dispositions faites, on entend presque aussitôt le charbon pétiller, et, comme il brûle à flamme renversée, il n'en résulte aucune odeur désagréable dans l'appartement.

A mesure que le feu gagne le charbon de la partie supérieure, on en remet de nouveau jusqu'à ce que l'entonnoir *b* soit plein ; alors on place la grille supérieure *c*, on met par-dessus une boîte de tôle *l*, ouverte par le haut, qui laisse

(1) Description des machines et procédés spécifiés dans les brevets d'invention, de perfectionnement, etc., tome III.

quelques centimètres de distance entre elle et les parois intérieures du corps du poêle, et qu'on remplit de morceaux de
bois sec coupés à la hauteur du poêle. Aussitôt que ce bois
commence à répandre des vapeurs, on ferme le haut du poêle
avec un couvercle en tôle *m*, dont le rebord entre dans une
gorge remplie de sablon, pratiquée sur le pourtour supérieur
du corps du poêle.

Le couvercle *m* étant en place, on ouvre une porte latérale
n, qui sert à alimenter la combustion et à renouveler le combustible au besoin.

Le bois renfermé dans la boîte *l* se carbonise parfaitement,
et fournit plus de charbon qu'il n'en faut pour recommencer
une nouvelle carbonisation ; d'où il résulte qu'indépendamment de la chalenr nécessaire pour chauffer un appartement,
on retire encore, du bois employé à cet effet, une quantité de
charbon qu'on peut regarder comme bénéfice.

Si l'on n'a besoin que d'une chaleur modérée, on ne met
dans l'entonnoir du poêle que quelques pelletées de braise,
alors on ne fait point usage de la boîte *l*, mais on range deux
ou trois petites bûches sur la grille. Ces bûches étant charbon-
nées, on fait tomber le charbon dans l'entonnoir, et on le
remplace par d'autres bûches.

Si, au lieu de bois, on n'avait que de la houille ou de la
tourbe, même sous forme de poussière, on mettrait ce combustible dans la boîte *l*, qui, en se carbonisant comme le bois,
donne une espèce de gâteau d'une substance charbonneuse
qu'on retire, qu'on brise, et dont on pose les morceaux sur la
grille supérieure, où la combustion s'achève sans donner la
moindre odeur.

La porte latérale *n* sert de modérateur à la combustion ;
par son moyen on règle à volonté la combustion, qu'on
amène graduellement jusqu'à extinction totale du feu sans
inconvénient, en tenant cette porte tout-à-fait fermée. Alors,
la chaleur concentrée dans le poêle est telle que, deux heures
après l'étouffement, le poêle, fût-il même en tôle, peut être
rallumé en ouvrant simplement la porte.

L'auteur de cet appareil s'est attaché particulièrement,
dans cette description, à faire sentir les dispositions intérieures des poêles fumivores, sans s'occuper, pour le moment,
de leur extérieur, qui est susceptible de prendre toutes les
formes agréables qu'on voudra.

ARTICLE 12.

Deuxième Poêle fumivore de M. THILORIER.

Ce poêle fumivore (*Pl. III, fig.* 5) a la forme d'un autel antique, supporté par un trépied dont la partie inférieure soutient un candélabre tronqué. Il se compose, 1° d'une calotte *a*, en métal, dans laquelle on met la braise; la partie supérieure est garnie d'une grille à larges barreaux, et le fond d'une grille serrée; 2° d'un four *b*, dans lequel circule la chaleur; 3° d'un tube de verre *c*, ou de métal, établissant communication de la calotte au four; 4° d'une cloison *d*, inclinée pour amener les cendres vers l'issue *e*; 5° d'un trou *f*, pratiqué dans la cloison pour le passage du courant d'air; 6° d'un tuyau *g* de conduite pour le courant d'air établi sous le parquet et communiquant à la cheminée; 7° d'un trépied *h*, servant de support au poêle; 8° d'une porte *i*, ménagée dans le bas de la cheminée, et au moyen de laquelle on établit le courant en raréfiant l'air avec un peu de charbon allumé; 9° du couvercle du poêle *k*, en forme de calotte, ayant une porte au moyen de laquelle on règle le tirage ou l'activité du feu. Le tube *c*, qui établit la communication entre le foyer *a* et le four *b*, étant en verre, on voit circuler la flamme renversée, dont on peut d'ailleurs varier la couleur à l'aide de divers combustibles. Le candélabre du four *b* sert à la fois de cendrier et de magasin à la chaleur qui se répand dans la pièce. Le tuyau d'aspiration pratiqué sous le parquet et dans l'épaisseur des murs est ordinairement construit en briques. M. Thilorier a apporté à ce poêle des améliorations qui consistent, 1° à supprimer la calotte ou couvercle *l*, ainsi que la grille à larges barreaux; 2° à les remplacer par un couvert plat, criblé et garni dans son milieu d'un tuyau métallique de 7 à 8 centim. (2 pouces 7 lig. à 3 pouces) de diamètre, sur 1 ou 2 mètres (3 ou 6 pieds) de hauteur, dont la partie inférieure, traversant le foyer et la grille, vient s'ajuster avec un tube de verre de même diamètre, qui se prolonge jusqu'à un décimètre (3 pouces 9 lig.) de l'entrée du four *b*. De cette manière, il se trouve placé dans le centre du grand tuyau de verre *e*, dont le diamètre est triple, et la flamme, forcée de passer dans l'intervalle ménagé entre ces deux tuyaux, y prend diverses nuances bleuâtres, très-agréables à la vue, et le courant d'air apporté par le tube du milieu contribue à compléter la combustion de la fumée.

Si l'on voulait donner à ces poêles plus de hauteur et la forme d'une colonne d'un ordre quelconque dont le fût serait en verre, et le chapiteau et le foyer alimentés par de l'air pris dans la pièce supérieure, on pourrait varier à l'infini la décoration d'un appartement, et le faire paraître environné d'une colonnade flamboyante, dont les colonnes seraient autant de poêles communiquant tous au tuyau aspirateur commun g.

Un perfectionnement a été apporté à ce second poêle de M. Thilorier : il ne laisse subsister que le plancher du foyer b, qui sert du support au cylindre de verre, que l'on prolonge à cet effet ; il supprime la calotte k, ainsi que la grille à larges barreaux, ou il couvre au besoin cette dernière calotte d'un couvercle criblé et percé en son milieu pour recevoir un bout de tuyau de 7 à 8 centim. (2 pouces 7 lig. à 3 pouces) de diamètre. Ce tuyau est de métal, il s'ajuste dans la partie supérieure avec un tube de même diamètre, et de 1 ou 2 mètres (3 ou 6 pieds) de hauteur ; sa partie inférieure traverse la grille, disposée dans son milieu en forme d'anneau, et adaptée à un tube de verre de même diamètre placé au centre du grand cylindre, dont le diamètre est environ triple de celui du tube. L'extrémité inférieure du petit tube de verre repose sur un cercle de métal suspendu à un décimètre (3 pouces 9 lig.) du plancher. Si l'on met dans la calotte du charbon de bois, on obtiendra une flamme bleuâtre, visible, en forme de nuages, dans l'espace contenu entre le grand et le petit cylindre.

ARTICLE 13.

Moyen d'améliorer les poêles ordinaires de faïence, proposé par M. THILORIER.

Pour éviter aux personnes qui ont des poêles en faïence de faire la dépense d'un appareil complet, M. Thilorier propose de placer dans l'intérieur d'un poêle ordinaire, l'appareil indiqué par la figure 9, Planche III, dont voici l'explication :

a, boîte en tôle où l'on met le bois qu'on veut carboniser.

b, boîte au charbon ou trémie.

c, grille sur laquelle tombe le charbon à mesure qu'il se consume.

d, porte du poêle.

e, fourneau dans lequel on met le bois ou la braise pour allumer le poêle.

f, passage par où circule la flamme autour de la boîte *a*.

g, tuyau d'aspiration.

h h, gouttières remplies de sablon, pratiquées tout autour du poêle pour recevoir les bords du couvercle *i*.

Le dessus *k* d'un poêle étant enlevé, on ajuste dans l'intérieur, et à demeure, la boîte de tôle ou de fonte décrite ci-dessus, laquelle a la même forme que le poêle, et descend jusqu'à la porte du fourneau.

Cette boîte est divisée en deux parties *a* et *b*, formées par une cloison parallèle à la porte du fourneau.

La partie *b*, placée du côté de la porte, est à jour par le bas, et terminée par une grille suspendue, qui se prolonge à un décimètre (3 pouces 9 lignes) de distance environ sous la partie *a*. Cette portion de la boîte est une trémie qui fournit sans cesse un nouveau charbon, à mesure que celui qui est tombé sur ce gril se consume.

La seconde partie *a* de la boîte est pour recevoir le bois de que l'on veut carboniser.

Le fourneau est construit de manière à ce que la flamme puisse circuler autour de la boîte avant qu'elle s'échappe par le tuyau d'aspiration *g*, qui est disposé comme celui du poêle précédent.

Il en est de même du couvercle de tôle *i*, que l'on recouvre, si l'on veut, avec la table de marbre ou de faïence *k*, qui recouvrait précédemment le poêle.

Dans un poêle de ce genre, la fumée se tamise à travers le charbon froid qui remplit la trémie, et elle ne prend feu que lorsqu'elle est descendue au niveau de la porte.

Pour diminuer et éteindre le feu à volonté, on se sert d'une clef ordinaire placée dans le tuyau, et si l'extinction n'est pas brusque, aucune fumée ne se répand dans l'appartement.

Ce sont les poêles de M. Thilorier qui ont élevé la température à un plus haut degré, dans les expériences faites par ordre du ministre de l'intérieur. (*Voyez* chapitre XI.)

ARTICLE 14.

Poêle de M. DEBRET, *à Troyes* (Pl I, Fig. 28 *et* 29) (1).

a, grille du foyer.

b, cendrier de 16 centimètres (6 pouces) de large et de 24 centim. (9 pouces) de profondeur; il se forme au moyen

(1) Description des machines, procédés, etc., dans les brevets d'invention, tome IV.

d'une porte que l'on ouvre plus ou moins, à volonté, suivant la quantité d'air que l'on veut introduire sous la grille pour allumer et donner de l'activité au feu.

e, espèce d'entonnoir renversé, placé au-dessus du foyer et recevant directement la chaleur pour l'introduire dans le tuyau rond ou carré *d*, ajusté à sa partie supérieure, et s'élevant à 1 mètre ou 1 mètre 30 centimètres (3 ou 4 pieds), et même plus, au-dessus du poêle.

Le tuyau *d*, servant de cheminée, conduit la fumée dans la boule ou sphère creuse *e*, d'où elle descend dans un cylindre creux *f*, de 24 centim. (9 pouc.) de diamètre, et dans le réservoir *g* ; de là, elle est introduite dans le réservoir inférieur *h*, par les quatre ouvertures rectangulaires *i*, où elle trouve enfin son issue au dehors par le tuyau *j* ; *k*, plancher du cendrier, servant en même temps de fond au réservoir *h*.

l, second plancher, au niveau de la grille *a*, qu'il supporte, en même temps qu'il sert de fond au réservoir *g* ; c'est sur ce plancher que sont pratiquées les quatre ouvertures *i*, par où la chaleur est introduite dans le réservoir *h*.

m, tablette ou dessus de poêle, percée dans son milieu d'un trou de 24 centimètres (9 pouces) de diamètre, pour recevoir la partie inférieure du tuyau *f*.

Lorsque l'on a placé le bois sur les charbons allumés, disposés sur la grille, on ferme le foyer hermétiquement, au moyen d'une porte, et l'air nécessaire pour alimenter le feu n'est introduit sur la grille que par l'ouverture du cendrier.

Cet appareil, dont le principe repose sur la circulation de la fumée, comme dans les poêles suédois, G. Moreau, est formé d'une boîte en tôle et peut être rond ou carré, à volonté.

ARTICLE 15.

Poêle VOYENNE.

Le poêle que M. Voyenne a construit dans la salle du conseil de la Société d'Encouragement, ressemble, pour la forme, au poêle suédois ; il lui ressemble surtout par les circuits que la fumée est obligée de parcourir dans cet appareil ; mais il est moins massif, plus portatif et revient à meilleur marché. Le foyer est entouré d'une double enveloppe dans laquelle il arrive de l'air, tiré soit de l'appartement, soit du dehors ; lequel air, réchauffé en passant sur le coffre renfermant le foyer, va sortir dans la chambre par une bouche de chaleur.

M. Voyenne a senti que, pour naturaliser en France le
poêle suédois, il fallait diminuer la lenteur avec laquelle
ses parois massives se pénétrent du calorique, et son poêle
procure une chaleur rapide, mais de peu de durée, parce que
le climat de la France ne nécessite pas ordinairement la continuité de cette chaleur. En effet, son appareil s'échauffe
assez rapidement, pour qu'au moyen de 4 kilogrammes t
quart de bois, il soit chaud à n'y pas tenir la main au bout
d'un quart d'heure; il conserve néanmoins sa chaleur environ
quatre heures. La promptitude de l'échauffement tient, 1º au
peu d'épaisseur des parois; 2º à l'addition de la bouche de
chaleur; 3º à la présence d'une caisse en fonte, qui renferme
le foyer. Il est clair encore que le courant d'air dont nous
avons parlé, et qui, après avoir passé sur le foyer, s'échappe
par un orifice supérieur, enlève une certaine quantité de calorique, et hâte par conséquent le réchauffement de la chambre,
ou le refroidissement du poêle. Ce refroidissement, qui pourrait être un inconvénient dans les poêles où l'on recherche la
lenteur, est, dans l'appareil nouveau, un avantage appro-
prié au pays que nous habitons. A l'extrémité du conduit
d'air, M. Voyenne place un vase rempli d'eau pour absorber
ce que la chaleur pourrait avoir d'âcre et de nuisible. La
bouche de chaleur peut être placée à volonté, soit à la partie
la plus élevée du poêle, soit à sa partie moyenne, soit tout-
à-fait en bas. Dans cette dernière position, on perd un peu
de la promptitude du courant d'air; mais la chaleur, en circulant dans la partie basse de l'appartement, s'y distribue
avec plus d'égalité, ce qui d'ailleurs est commode pour se
chauffer les pieds. Le courant d'air établi au travers du poêle
contribue à mettre en mouvement l'air de la chambre; et,
lorsque ce courant est formé par l'activité du dehors, l'air
atmosphérique de l'appartement se trouve renouvelé par le
concours de celui venant de l'extérieur. Les commissaires nommés par la Société d'Encouragement ont été d'avis que le poêle
de M. Voyenne est bien combiné avec les besoins du public;
que sa construction est calculée d'après les principes de la
saine physique et confectionnée avec soin.

D'après des expériences comparatives, faites au Conservatoire des Arts et Métiers, en 1808, le poêle de M. Voyenne a
réalisé autant de chaleur qu'un appareil de Curaudau mis
aussi en expérience. (*Voy.* Chap. XI.)

ARTICLE 16.

Poêle en fonte de fer, à circulation d'air chaud, par M. Fortier (1).

Le poêle de M. Fortier est d'une forme ronde ; il est formé, à l'extérieur, de deux corps superposés, d'un socle, d'un laboratoire en trois pièces, d'un couvercle, et d'une porte de foyer avec un registre demi-circulaire pour régler l'entrée de l'air. L'intérieur se compose de deux plaques de fonte du diamètre du poêle, munies chacune d'une double gorge au porteur, dans laquelle s'enchâssent les pièces du laboratoire et du socle. L'une de ces plaques forme la base du foyer ; l'autre, la partie supérieure. Deux contre-plaques posées verticalement, et distantes entre elles de 16 centimètres (6 pouces), complètent le foyer, qui a 19 centimètres (7 pouces) de hauteur, 16 centimètres (6 pouces) de largeur, et 41 centimètres (15 pouces) de profondeur. Aux deux principales plaques horizontales, sont pratiquées des ouvertures par lesquelles passe l'air pris sous le poêle, et qui s'échauffe le long des parois du foyer, sans communiquer avec l'intérieur de celui-ci. Une espèce de coffre sans fond, ou cylindre creux, plus étroit de 8 centimètres (3 pouces) que le diamètre du poêle, pose dans des rainures, sur la plaque supérieure du foyer. Ce coffre laisse, entre lui et le corps du poêle, un espace vide de près de 5 centimètres (2 pouces) ; c'est cet espace que parcourt en totalité la fumée, à l'aide de petites cloisons enchâssées dans des rainures qui la forcent à suivre la route qui lui est tracée, pour sortir ensuite près de l'extrémité supérieure, où se trouve un tuyau de tôle qui lui donne issue. Ce poêle, comme on voit, n'a pas besoin de cercle pour maintenir les pièces qui le composent. Chacune d'elles entre dans des rainures qui la fixent solidement ; à peine a-t-on besoin de terre argileuse pour remplir les interstices : aussi on peut le monter et démonter facilement, ce qui convient aux ménages sujets à changer souvent de logement.

Le rapporteur dit que le poêle a été mis en activité avec du bois fendu en petits morceaux d'environ 20 centimètres (7 pouces) de long ; on a placé dans l'intérieur une marmite contenant 2 livres et demie de viande et environ 3 pintes d'eau, et au-dessus, dans une casserole de fer étamé, du veau et des légumes ; ce dernier vase, porté sur une espèce

(1) Extrait du Rapport fait à la Société d'Encouragement, année 1820.

de trapèze en fonte, posé sur trois saillies adhérentes au coffre; le tout a été recouvert du chapiteau du poêle, et le feu allumé n'a pas tardé à échauffer les parois de tout l'appareil. Un thermomètre de Réaumur, placé dans l'intérieur par une des bouches de chaleur pratiquées sous le couvercle, a marqué, au bout de trente-cinq minutes, 75 degrés, et a monté jusqu'à 85 degrés en une heure; enfin, au bout d'une heure et demie, la viande était presque cuite. L'air de l'appartement a monté à 17 degrés, celui de l'atmosphère étant à 8; 3 kilogrammes un quart de bois ont été brûlés pendant ce temps; mais on a diminué alors l'activité du feu, et les viandes ont achevé leur cuisson à une chaleur moins forte. L'étendue que présentent à l'air froid les surfaces de ce poêle, intérieures et extérieures, destinées à lui transmettre le calorique dont elles s'imprègnent, est environ de 4 mètres carrés.

Le rapporteur fait observer que, si l'on a employé 3 kilogrammes un quart de bois dans une heure et demie, ce qui ferait 24 kilogrammes pour douze heures, c'est que M. Fortier a voulu montrer qu'on pouvait cuire avec rapidité la viande dans son poêle, et qu'en conséquence, il l'a chargé de bois outre mesure; mais il aurait pu obtenir cette cuisson moins rapidement, et n'employer, en trois heures, que la même quantité de bois.

D'après les remarques faites, par le rapporteur, à M. Fortier, il a fait les additions suivantes à son poêle : 1° il a pratiqué plusieurs ouvertures à la base, au lieu de la faire porter sur des tasseaux pour donner entrée à l'air; 2° il a formé, sous le couvercle, un conduit communiquant au tuyau de tôle, pour y laisser passer la vapeur des mets en cuisson, dont l'odeur se répandait dans l'appartement; 3° enfin, il a pratiqué au tuyau de tôle qui conduit la fumée au-dehors, une petite porte par laquelle on peut, avec une lumière ou un morceau de papier enflammé, faire appel à l'air de l'intérieur du poêle, qui, sans cette addition, aurait pu être refoulé quelquefois dans l'appartement, lorsqu'on allume le feu.

Si l'on considère ce poêle sous le rapport de l'économie du combustible, on trouve qu'il brûle moins de bois que beaucoup d'autres, en chauffant bien et très-promptement; mais, ce qu'il y a de plus avantageux pour les ménages ordinaires, qui ne craignent point d'être chauffés par l'intermédiaire de la fonte, c'est qu'ils peuvent préparer les mets nécessaires à leur nourriture sans brûler sensiblement plus de bois; ce qui présente une double économie.

ARTICLE 17.

Poêle à tuyau renversé.

L'inclinaison des tuyaux vers le bas n'empêche point le tirage; on peut même les renverser et donner au conduit toutes les inflexions possibles, sans que cela fasse fumer, lorsque le tirage est établi à l'aide d'un fourneau d'appel. En effet, il est facile de reconnaître que cela doit avoir lieu, si on se rappelle ce que nous avons dit, article 2, chap. II, que le tirage dépend, en dernière analyse, de la différence de hauteur entre le point où l'air entre dans le foyer et celle où il sort de la cheminée, et de la différence de température.

On fait actuellement beaucoup de poêles qu'on place au milieu d'une pièce, d'un café, etc., dont le conduit pour la fumée est recourbé pour le faire passer sous le carrelage, et aller gagner le tuyau de la cheminée; de sorte qu'il n'y a aucune apparence de tuyaux. Ces poêles sont disposés de la manière suivante : l'intérieur est partagé en deux parties; la première *g* (*pl.* 1, *fig.* 10) est le foyer; la seconde, *h*, est un conduit destiné au passage de la fumée. Ces deux parties sont séparées par une cloison *c d*, qui s'élève du fond jusqu'à 8 ou 10 centim. (3 ou 4 pouces) de la partie supérieure du poêle. Au-dessous du sol est un autre conduit horizontal *f*, communiquant à celui *h*, et qui aboutit au tuyau de la cheminée. La fumée, après avoir frappé la partie supérieure *i k* du poêle, redescend dans le conduit *h* et se rend dans le canal *f*, et de là dans le tuyau de la cheminée.

a b est la porte par laquelle est introduit le combustible, qui a un soupirail *b* à sa partie inférieure, pour laisser passer l'air nécessaire à la combustion, et qui doit toujours arriver au-dessous du combustible.

Il est préférable de faire ce poêle en tôle ou en fonte; et, si on le trouve plus agréable, on pourra le revêtir de faïence. Mais il est indispensable, pour ne pas tomber dans l'inconvénient indiqué, de réserver un espace entre la fonte et l'enceinte de faïence, dans lequel on amenera, au moyen d'un conduit, de l'air extérieur qui s'échauffera et se répandra dans la pièce au moyen de bouches de chaleur; quelquefois on prend l'air froid dans le bas de la chambre par des ouvertures conservées dans le socle du poêle; cet air, en s'échauffant, tend à s'élever et à sortir par les bouches de chaleur placées vers le haut du poêle; il s'établit ainsi une circulation qui ajoute à la chaleur utilisée; mais l'effet obtenu par ce moyen n'est pas assez sensible; il vaut beaucoup mieux, sous le rapport de la quantité de chaleur obtenue et de la salubrité, faire arriver de l'air de dehors.

ARTICLE 18.

Poêles Suédois.

L'emploi des poêles dans les parties septentrionales de l'Europe est d'une nécessité absolue : ils conservent longtemps leur chaleur et n'exigent guère qu'un sixième du combustible qu'on brûlerait dans une cheminée ordinaire; plus la surface d'un poêle est considérable, plus la chaleur est grande; il ne faut donc pas s'étonner de les voir quelquefois occuper toute la hauteur d'un appartement avec une largeur et une profondeur proportionnées à la première dimension.

La figure 118, Pl. VII, représente une des faces d'un poêle de ce genre : *a* est le gueulard ou la porte qui sert à introduire le combustible et à allumer le feu : cette porte est ordinairement munie d'un petit guichet qui ferme à coulisse.

La figure 119 est une section de ce poêle faite vers le tiers de sa longueur, du côté où est située la porte de la figure 118;

b est la cavité où l'on place le combustible et que l'on peut nommer le *foyer* : il est séparé de la cavité *c*, laissée, au-dessous du poêle, par un plancher de terre;

d d sont des cavités qui amassent et conservent la chaleur et que la fumée traverse;

e est une autre cavité qui n'a point de communication avec les autres, et que, par conséquent, la fumée ne traverse pas; elle est placée au sommet du poêle et sert ordinairement de séchoir; mais, comme la poussière s'y attache, il est préférable de terminer le poêle par une surface plane.

La figure 120, qui est une autre section du poêle, fait encore mieux concevoir sa construction et la direction que prend la fumée; les chicanes *k k*, ainsi que le toit *k*, sont en briques ou en terre cuite. On voit que les chicanes se projettent à l'intérieur des trois quarts environ de la longueur totale; leurs extrémités *l l* sont soutenues par des pièces de fer fixées dans le poêle. Par ce moyen, le passage de la fumée n'est point interrompu, et on la voit suivre le courant d'air. Le cours de la fumée est rendu encore plus sensible par la figure 121, qui est une section de la partie du poêle la plus éloignée de la porte.

m m sont les conduits pour la fumée; de niveau avec la partie supérieure de la cavité, et dans le dernier des conduits, est une petite trappe *n* qu'on a le soin de fermer lorsque le combustible est carbonisé; ce qui, en arrêtant la combustion, contient la chaleur à l'intérieur du poêle, d'où elle se répand dans l'appartement; mais comme, lorsque l'atmosphère est très-froide, elle pourrait venir refroidir toute la partie du poêle située au-deessus de cette trappe, on pratique une seconde trappe à la partie extérieure de la cheminée située au-dessus du toit de la maison; et, au moyen d'une tige de fer et d'un petit mécanisme facile à imaginer, ces deux trappes peuvent être fermées de l'intérieur avec beaucoup de promptitude et de facilité.

Cependant le moyen qu'on emploie le plus ordinairement pour fermer cette ouverture consiste à y enfoncer un bouchon de terre cuite dont les bords, dépassant les parois du trou, entrent dans une gouttière qui l'entoure; on recouvre le tout avec du sable; on introduit le modérateur par une porte pratiquée dans les parois du poêle qu'on ferme elle-même par un plateau de terre; toute la masse du poêle repose sur des piliers ou sur une petite voûte, de sorte qu'elle est élevée de quelques pouces au-dessus du sol; on allume d'abord, dans le fond du foyer, un peu de paille ou quelques copeaux, afin d'échauffer l'intérieur ou de créer un courant; puis on empile le bois sur le devant du foyer du côté, et on l'allume; le courant qui s'est déjà établi, dirige aussitôt la fumée dans son conduit. On ferme d'ailleurs la porte *a* en laissant le guichet ouvert; le courant d'air qui le traverse frappe sur le milieu ou sur la partie inférieure du combustible et ne tarde pas à le faire flamber. Le but de cette construction est évident. On se propose d'y retenir la flamme et l'air échauffé le plus longtemps possible, en leur faisant traverser de longs conduits et en multipliant, autant que possible, les surfaces échauffantes.

C'est dans ce but que le poêle est élevé au-dessus du niveau du sol et qu'on l'isole autant que possible. On a remarqué que le fond et le derrière du poêle contribuaient pour une moitié à l'effet total, et l'effet du fond, tout seul, est au moins égal à celui des deux surfaces antérieure et postérieure. Lorsque les chambres sont petites, un poêle de cette espèce suffit pour en chauffer deux à la fois. Chez les particuliers un peu aisés, ces poêles sont placés dans le voisinage des passages et des corridors de la maison, de sorte que les domestiques peuvent les entretenir sans entrer dans les appartements; d'ailleurs on évite ainsi la poussière et les cendres.

Ce système de poêles est infiniment préférable aux grands poêles des ateliers, tant sous le rapport de la production de chaleur, que sous celui de l'économie de combustible : on pourra peut-être objecter que la chaleur de ces poêles est malsaine, et qu'en dissipant continuellement l'humidité du corps, elle donne lieu à des maux de tête et fatigue les yeux. En admettant qu'il en soit ainsi, on peut y remédier en plaçant sur le poêle un vase de terre ou de verre plein d'eau et présentant une large surface et peu de profondeur ; l'eau, en s'évaporant, redonne à l'atmosphère de la chambre l'humidité dont la chaleur du poêle l'aurait privée. L'on a remarqué que, lorsque ces poêles étaient employés au chauffage des serres d'orangers, les arbres jaunissaient et perdaient leurs feuilles lorsqu'on ne pouvait pas renouveler l'air très-souvent ; ce qui, dans les grands froids, n'est point sans danger pour les plantes. Le vase d'eau précité remédie à ces inconvénients en rendant à la serre l'humidité nécessaire à la vie de ces arbres.

Il paraît, d'après les restes des maisons romaines qu'on trouve en Angleterre, que celle des bains, ou du moins la partie nommée *hypocaustum*, était chauffée d'après ce principe. Il n'y a de différence qu'en ce que l'appareil était placé au-dessous du parquet de la chambre ; il y avait une porte à-peu-près au niveau du sol par laquelle on introduisait le combustible et qui servait d'entrée aussi au ramoneur. Trois flancs, et quelquefois une partie du quatrième, étant contigus au sol, il n'y avait que peu de perte de chaleur, et presque toute la force du feu se portait à la partie supérieure et échauffait la chambre située au-dessus.

ARTICLE 19.

Conduit de chaleur des Chinois.

On retrouve à peu près le mode de chauffage précité dans les parties septentrionales de l'Asie, en Chine et en Tartarie, par exemple. Les poêles fermés des Chinois sont, pour la plupart, situés comme ceux des Romains, au-dessous de la chambre à échauffer. La figure 122, Pl. VII, en offre la construction.

a est un grand trou creusé dans le sol pour le cendrier qui y entre tout entier ;

b, ouverture à la partie supérieure du cendrier, assez grande pour qu'un homme puisse y descendre et le nettoyer, et qui laisse en même temps passer l'air qui entre dans le foyer ;

c, gueulard du foyer qu'on laisse ordinairement ouvert ;

d, regard ouvrant dans le foyer, qu'on ne ferme pas non plus : à la partie postérieure du foyer est un long passage étroit disposé non horizontalement comme dans les fourneaux de fondeur, mais verticalement, et sa hauteur est presque égale à celle du foyer. La fumée et l'air échauffé, après avoir traversé ce passage, se rendent dans un conduit principal *f*, très-profond et très-étroit, qui traverse presque toute la largeur de la chambre au-dessous du parquet, et qui communique à deux bras qui, de son milieu, s'étendent à doite et à gauche, presque jusqu'aux autres côtés de la chambre.

Ce conduit en croix est recouvert en briques, mais, d'espace en espace, ses flancs sont percés d'ouvertures qui laissent passer la fumée. Plus généralement, on ne perce ces ouvertures que dans la seconde branche, celle qui vient croiser le conduit *f* ; le parquet de la chambre est double : le premier n'est le plus souvent que de l'argile et du sable bien battus ensemble ; le second, maintenu à quelques pouces au-dessus du premier par des briques cubiques placées de distance en distance, est pavé avec de grands carreaux en terre cuite ; entre ces deux planches, on laisse deux conduits horizontaux *ll* à chaque extrémité de la chambre qui reçoivent par un de leurs bouts *m m* la fumée et l'air échauffé qui ont circulé sous le parquet et les déchargent dans la cheminée *n n* ; on prend le plus grand soin pour bien cimenter les dalles du parquet supérieur, afin de fermer tout accès à la fumée. Dans les appartements royaux, les carreaux sont en porcelaine ; ils ont 65 centim. (2 pieds) en carré et on en met deux rangs les uns sur les autres, de telle sorte que les joints des carreaux inférieurs ne correspondent point avec ceux des carreaux supérieurs : il y a, d'ailleurs, plusieurs méthodes pour construire ces *koa-kang* et *ti-kang*, comme les Chinois les nomment.

Dans les maisons riches, on place le fourneau dans la cour, adossé contre le mur qui regarde le nord, ou bien encore dans la salle où se tiennent les domestiques, et qui précède la grande chambre ; les cheminées sont à l'extérieur.

Dans les maisons pauvres, on bâtit le fourneau et les conduits de la cheminée dans la chambre même ; il sert à faire bouillir de l'eau pour la famille et ne laisse pas que de contribuer au chauffage ; les riches ne brûlent que du bois ou une espèce de houille qui ne donne point de fumée et est très-combustible ; les classes moyennes emploient de la houille en fragments comme du gros sable et mêlée à une espèce d'argile jaune sous forme de briquettes.

Les pauvres gens de la campagne brûlent ce qu'ils peuvent trouver ; le plus souvent c'est du genêt, de la paille et même de la bouse de vache sèche. C'est au père Grammont, mission-naire, que l'on doit ces détails ; il ajoute qu'à Pékin, où la température est en hiver de 9 à 13 degrés de Réaumur au-dessous de zéro, les maisons, qui sont la plupart tournées vers le midi, conservent par ce moyen une température intérieure de 7 à 8 degrès R. (environ 10° C.), quoique les fenêtres aient ordinairement, au lieu de vitres, du papier huilé et laissent un passage à l'air du dehors pour la ventilation.

ARTICLE 20.

Conduits à fumée pour les serres chaudes.

Le moyen le plus généralement adopté se rapproche beau-coup de celui des Chinois ; quand les serres ne sont pas bien grandes, on peut l'y appliquer avantageusement ; mais, pour les serres très-longues, il vaut mieux augmenter leur nombre que leur dimension. Il est en effet reconnu que, lorsqu'on leur donne plus de dimension, ils s'éloignent d'une telle dis-tance du mur de la serre qu'une grande partie de la chaleur est perdue, sans compter celle que nécessite le chauffage de la grande quantité de briques qui les constituent ; les petits fourneaux peuvent, au contraire, entrer en grande partie sous les murs ou le plancher de la serre ; dans les localités où l'on n'a d'autre combustible que de la tourbe, du bois, ou dè mauvaise houille, on doit nécessairement donner de grandes dimensions au fourneau. Dans ceux, au contraire, où l'on peut se procurer de bonne houille, du coke ou du charbon de bois, on doit toujours ne leur donner que des dimensions peu gênantes ; enfin, l'expérience a démontré qu'en général ces dimensions doivent toujours être en raison inverse de la puis-sance calorifique du combustible dont on fait usage. Les four-neaux doivent être placés à environ 32 ou 65 centim. (1 ou 2 pieds) au-dessous du niveau du conduit, afin de faciliter la circulation de l'air chaud et de la fumée qui tendent toujours à s'élever. On donne à la porte du foyer de 27 à 30 centim. (10 à 12 pouc.) en carré ; ce foyer a de 65 centim. à 1 m. 30 (2 à 4

pieds) de long, sur 48 à 65 cent. (1 pied 1/2 à 2) de largeur et
de hauteur ; cela dépend de la qualité du combustible, c'est-à-
dire suivant la bonté de la houille, etc. On connaît une foule
de méthodes pour la construction des conduits : en Angleterre, les flancs des conduits horizontaux sont ordinairement
formés de briques placées sur leur bord et recouverts par des
tuiles, soit de la plus grande largeur du conduit, soit seulement
de 27 millim. (1 pouce) plus étroites, qu'on assujettit alors avec
du mortier, qui remplit aussi l'espace laissé entre le bord de la
tuile et le bord extérieur du conduit. Toutes les pierres qui
peuvent résister à la chaleur sans se fendre peuvent être employées et doivent même être préférées à la tuile, parce qu'elles
ont moins de joints qui peuvent donner issue à la fumée, au
détriment des plantes. On creuse souvent la surface supérieure de ces pierres et l'on remplit d'eau cette cavité pour la
réduire ainsi en vapeur au profit de ces végétaux. On doit faire
attention que les conduits donnent une chaleur uniforme ,
afin que les chaleurs et la végétation soient égales sur tous
les points. Dès que la fumée est parvenue à une assez grande
distance du foyer pour que la température soit au-dessous de
212° Fahrenheit, il est avantageux d'employer des tuyaux de
fonte pour les conduire ; ceux-ci donnent plus de chaleur, et
cela dans cette partie du conduit qui en a le plus besoin, parce
qu'elle est la plus éloignée du foyer. Par la méthode ordinaire, qui consiste à employer de mauvais conducteurs dans
toute la longueur du conduit, une partie de la chaleur se perd,
et la fumée s'échappe à une haute température. On emploie
quelquefois seuls les conduits de fonte, à cause de leur durée;
mais, alors, on les fait reposer dans le sable ou dans un massif
de maçonnerie.

La dimension des conduits est ordinairement de 37 à 48
centim. (14 à 18 pouces) sur 24 centim. (9 pouces) d'intérieur
pour un foyer de 65 centim. (2 pieds) de long, 48 centim.
(18 pouces) de haut et autant de large, où l'on brûlerait de la
houille de première qualité ; c'est à la partie postérieure du
mur de derrière qu'on place les fourneaux, si l'on consulte
l'élégance. Ils seraient cependant beaucoup mieux placés contre le mur de devant, de manière à entrer d'une bonne longueur dans la chambre, sans y faire d'angle ; car, en matière
de végétation, l'agréable doit le céder à l'utile ; les conduits
sont ordinairement 'dirigés autour de la serre ; ils partent
d'un point situé à une petite distance du parapet, courent le

long du côté où ils entrent, puis en face de la serre, puis sur le côté opposé au premier; et, dans les serres étroites, ils retournent dans le mur et derrière. Dans les grandes serres, au contraire, ils se rendent au milieu; dans quelques-unes, enfin, ils reviennent s'étendre le long de la branche initiale et au-dessus d'elle. Cette méthode est préférable dans les serres étroites. La puissance des conduits dépend en si grande partie de leur construction, du combustible employé, de la manière dont la serre est couverte, de l'arrangement des vitres, qu'il n'y a guère de rapport à donner entre la grandeur de la serre et la quantité de combustible à employer. En général, il vaut mieux une chaleur moindre qu'un excès. On se sert quelquefois de conduits souterrains qui viennent se rendre dans une cheminée placée au milieu de la serre où elle s'élève au milieu d'arbres et arbustes qui la cachent. Cette méthode est bonne pour les serres détachées et qui ont beaucoup de vitrages.

ARTICLE 21.

Poêles de nouvelle construction, par FONZY.

(Brevet d'invention.)

Le principe de ces poêles consiste en un plateau inférieur et circulaire a, fig. 123, Pl.VII, monté sur des pieds; au milieu est un cylindre creux b pour recevoir une marmite surmontée d'un second plateau c, au centre duquel est une corbeille d à jour contenant du combustible; cette corbeille est enveloppée de toutes parts par une clocle en fonte e qui se ferme avec une ou deux portes à charnières f décorées; la cloche est munie, à sa partie supérieure, d'un tuyau g pour la sortie de la fumée, et d'un vase h, plus ou moins élégant, qui sert à la décorer.

Sous le plateau inférieur a est un cendrier i, dont on voit le plan fig. 124, et qui est surmonté d'une grille, fig. 125, qui se loge dans une coulisse pratiquée sous le plateau a.

Entre les deux plateaux a et c est une série de casseroles k qui sont plus ou moins larges, et qui ont la forme de tiroir conique.

Au lieu de deux plateaux, il peut y en avoir un plus grand nombre montés de la même manière que ceux dont on vient de parler, et placés horizontalement sur des cylindres creux, comme on le voit en élévation fig. 126; dans cette figur e, la moitié des casseroles, entre les deux plateaux inférieurs, sont remplacées par un vase demi-circulaire *l*, contenant de l'eau, et destiné, à l'aide du tube *m*, à fournir de la vapeur à des cylindres *n* munis de soupapes.

Des cylindres *o* placés à droite sur un tréteau *p* reçoivent et conduisent la vapeur.

Ce poêle peut encore se disposer comme dans la *fig.* 127, où la colonne *q* est surmontée d'un four circulaire *r*.

La figure 128 représente, en plan et en élévation, un plateau circulaire garni, monté sur pivot et roulettes, et destiné à être servi sur table.

ARTICLE 22.

Poêle perfectionné, par M. BUSCH.

Ce poêle, formé de cinq ou six pièces de fer de fonte polies, est cylindrique : son foyer est très-près du sol, dont il est séparé par le cendrier ; ainsi, jusqu'à présent, il n'offre rien de particulier, mais dans l'intérieur se trouvent des canaux en pierre destinés à la circulation de la flamme et de la fumée, et c'est dans la construction de ces canaux que gissent les perfectionnements apportés par M. Busch; il résulte d'un rapport du colonel d'artillerie, Kellner, au prince Frédéric de Prusse, et d'une note de M. Flock, chimiste à La Haye, qu'après avoir soumis ce poêle à différentes expériences, ils ont reconnu qu'il chauffe plus promptement que les poêles ordinaires, et qu'il dépense un tiers de moins de combustible ; qu'il conserve sa chaleur beaucoup plus longtemps et contribue à la salubrité par un tirage très-actif fait dans les couches inférieures de l'air de l'endroit où il est placé ; qu'il brûle complètement le combustible, car il ne laisse en cendre, avec le charbon de terre, que $1/25$ du combustible employé, et on ne retrouve dans ces cendres que peu de carbone; qu'il brûle également bien les tourbes; enfin qu'il produit peu de suie, et pare ainsi aux inconvénients de l'inflammation de cette matière dans les tuyaux : tant d'avantages réunis nous font regretter vivement qu'une description exacte de ce poêle ne nous mette pas à même de l'apprécier, les notes que nous avons ne faisant qu'énoncer les expériences auxquelles il a été soumis et la supériorité qu'il présente. M. Busch construit des fourneaux d'après le même système, et il annonce dépenser également très-peu de combustible.

ARTICLE 23.

Appareil de chauffage et de cuisson économique, par
M. DARCHE.

(Brevet d'invention.)

Description de ces appareils.

Figure 129, Pl. VII, coupe verticale et longitudinale d'un poêle de nouvelle construction.

Figure 130, plan de ce même appareil.

Pour établir cet appareil, on prend un poêle dont le trou à marmite ait 22 centimètres (8 pouces) environ de diamètre; on y adapte une bassine *a*, de forme circulaire, qui s'ajuste exactement dans le trou du poêle, et dont la profondeur est de 81 millim. (3 pouces); dans cette première bassine, qui est à demeure, et dont le rebord est à angle droit avec le fond, se trouve une seconde bassine *b*, mobile, ayant la figure d'un tronc de cône renversé, dont le diamètre de la plus grande base est de 21 centim. (8 pouces), pendant que celui de la petite base n'est que de 13 centim. (5 pouces), ce qui laisse régner près du fond, entre les deux bassines, un intervalle de 41 millim. (1 pouce 1/2) que l'on voit en *c*.

Au centre du fond de la première bassine *a*, est pratiqué un trou de 13 centimètres (5 pouces) de diamètre, qui se trouve bouché par le fond de la deuxième bassine *b*, et dans le flanc de la bassine *a*, sont deux trous de 81 millim. (3 pouces) d'ouverture pratiqués à 27 millim. (1 pouce) de distance l'un de l'autre. En cet endroit est une soupape *d*, dont le manche ou la poignée se trouve en *e*; cette soupape oblige le calorique à circuler entre les deux bassines de droite à gauche pour gagner le tuyau de la cheminée *f*; lorsque ce qu'on a mis sur le feu reçoit une trop forte chaleur, on porte le manche de la soupape de *e* en *g*, et alors la chaleur est moins forte.

Appareil à un trou avec circulateur à soupape.

Dans cet appareil, que l'on voit en coupe verticale et en plan, *fig.* 131 et 132, le calorique, après avoir frappé les parois intérieures du foyer *a*, s'introduit par l'ouverture *b*, se divise pour passer en *c*, circule en *d*, se réunit en *e*, passe en *f*, se divise de nouveau en *g*, circule dans la capacité *h*, se ramasse enfin en *i*, et s'échappe par le tuyau *k*.

Quand ce qu'on a mis sur le feu se trouve trop fortement échauffé, on lève la soupape *l*.

Poêle avec circulateur à double évolution.

Dans ce poêle, que les figures 133 et 134 représentent ; l'une en coupe verticale, l'autre en plan, la circulation du calorique se fait comme dans l'appareil précédent ; mais au moment où le calorique, dans l'appareil précédent, entre dans le tuyau ; ici il s'engage en *a*, dans le circulateur à double révolution, se divise et circule en *b*, passe en *c*, de là en *d*, *e*, *f*, se rassemble en *g*, et s'échappe par le tuyau *h*.

Appareil à deux trous avec four sous le foyer et circulateur labyrinthe.

Dans cet appareil, que les figures 135 et 136 montrent l'une en coupe et l'autre en plan, la chaleur s'introduit de la même manière que dans le précédent, pour le premier trou, mais, pour passer dans le second trou, elle s'engage dans le conduit *a*, circule en *b*, *c*, *d*, *e*, *f*, *g*, et gagne le tuyau *h*.

Pour diriger le feu sous le four, on ouvre la soupape *i*, et on ferme la soupape *k*.

Appareil dans le genre du précédent, mais à deux fours.

Les figures 137 et 138 représentent cet appareil, l'une en coupe et l'autre en plan. La figure 139 le montre de face, extérieurement.

Le second four *a* est placé au-dessous du second trou.

Cet appareil est muni d'un circulateur à vapeur adapté au premier trou à marmite et d'un circulateur à double révolution appliqué au second trou.

Le feu se dirige vers le four placé sous le foyer, en ouvrant la soupape *b*, et fermant celles *c* et *d*; pour le four qui est sous le second trou, on ouvre la soupape *d* en tenant fermée celle *b*, lorsqu'on n'a pas besoin de feu sous les fours, on ferme les soupapes *b*, *d*, et l'on ouvre celle *c*.

En manœuvrant les soupapes *e*, *f*, on dirige le calorique au pourtour des marmites.

Poêle en fonte à deux marmites.

Ce poêle se voit en coupe verticale et en plan, figures 140 et 141 ; dans son intérieur est pratiqué un espace *a*, qui va en rétrécissant par le bas et dans lequel est placé le foyer *b*, qui a la forme d'un auge de maçon.

Cette disposition est applicable à la plupart des poêles en fonte ordinaires dits *comtois* ou autres.

Le calorique, après avoir frappé les parois intérieures du foyer *b*, entre en *c*, se divise en *d*, circule en *e*, et s'échappe par le tuyau *f*.

Lorsque la chaleur est trop forte, on ouvre la soupape *g*.

Fourneau potager à trois fours.

Les figures 142 et 143 représentent ce fourneau, la première en coupe verticale, et la deuxième en plan.

Le calorique, après avoir frappé l'intérieur du foyer *a*, s'introduit par les passages *b*, fermés par des soupapes; ces passages étant ouverts et les autres fermés, la chaleur circule en *c, d, e*, et s'échappe par le tuyau *f*.

Si la chaleur se trouve trop forte sous le trou *q*, on ouvre la soupape *h*; si c'est sous le trou *i* que la chaleur est trop forte, on ouvre la soupape *k*; les deux autre soupapes *l, m* sont pour régler le degré de chaleur sous les marmites *n, o*.

Pour diriger le feu sous le four de droite, on ouvre la soupape *p*, et on ferme les soupapes *q*; pour le diriger vers le four de gauche, on ouvre la soupape *r* et on ferme la soupape *q*; si l'on veut faire passer la chaleur sous le four inférieur, on ouvre la soupape *s*, qui, en même temps, ferme le passage *t*.

Poêle calorifère.

Les figures 144 et 145 représentent ce poêle en coupe verticale et en section horizontale.

Dans cet appareil, le calorique, après avoir frappé les parois extérieures du foyer *a* s'introduit par le trou *b*, se rend ensuite en *c* et en *d*, s'élève et passe dans l'étage supérieur, et parcourt tous les étages successivement.

Appareil propre au chauffage économique des fers à repasser.

Cet appareil, que l'on voit en élévation et en plan, figures 146 et 147, peut s'exécuter de toutes les formes possibles, selon les poêles ou fourneaux sur lesquels il doit être appliqué; l'économie de ce système consiste dans les empreintes *a* destinées à recevoir les fers que l'on veut chauffer.

Il convient de donner le moins d'épaisseur possible aux surfaces sur lesquelles doivent reposer les fers pendant qu'ils chauffent.

Autre appareil.

Dans l'appareil que les figures 148 et 149 montrent en coupe verticale et en plan, le calorique, après avoir frappé l'intérieur du foyer *a*, s'introduit par le trou *b*, circule en *c, d, e*, et s'engage dans le tuyau *f*; lorsqu'on veut conduire le feu au second trou à marmite, on porte la soupape *g* vers le trou *h*; alors le calorique entre par le trou *b*, gagne le conduit *i*, circule dans l'espace *k, l, m*, et gagne le tuyau *f*.

Il faut observer, dans cet appareil, que le fond intérieur est en quatre morceaux, et qu'il est applicable aux poêles ordinaires.

Monture de fourneaux en fer.

Les figures 150 et 151 représentent extérieurement, en élevation et en plan, une monture de fourneau en fer à laquelle s'appliquent une grille et un circulateur à fourneau.

Explication des figures détachées, à l'aide desquelles les poêles et fourneaux dont on vient de voir l'explication et les poêles à marmites ordinaires sont rendus économiques.

Figure 152, plan d'une partie auxiliaire communiquant du foyer au tuyau.

Figure 153, plan d'un fond intérieur à double entaille, s'appliquant au-dessus des foyers.

Figure 154, plan d'un fond intérieur à une seule entaille, qui s'applique au-dessus des foyers.

Figure 155, plan d'un circulateur à soupape.

Figure 156, plan d'un circulateur à double révolution et à soupape.

Figure 157, plan d'un circulateur à labyrinthe.

Figure 158, plan d'une grille à charbon de bois ayant environ 54 millimètres (2 pouces) de profondeur.

Figure 159, bassine en tôle, à fond mobile.

Figure 160, plan d'un tiroir circulateur s'appliquant sous les fours.

Figures 161 et 162, coupe verticale et plan d'un circulateur à vapeur, applicable au poêle en fonte, figure 137. Ce circulateur se pose de bout; il reçoit la chaleur intérieurement et extérieurement; l'eau dont il doit être rempli, lorsqu'on le met au feu, est promptement mise en ébullition par le calorique, qui, dans d'autres poêles, est perdu; la vapeur peut s'utiliser dans diverses fabriques, et, pour les ménages, on peut l'employer comme l'appareil connu sous le nom d'*appareil Lemare*. Le foyer, en forme d'auge à maçon, est applicable aux fourneaux d'épicier pour brûler le café.

Premier Brevet de perfectionnement et d'addition,
du 18 juillet 1829.

Ces perfectionnements consistent :

1º Dans la disposition d'un poêle-fourneau avec four en tôle et dessus une ardoise;

2º Dans la combinaison de deux petits poêles économiques, à la portée de toutes les fortunes, avec trous pour une ou deux marmites;

3º Dans la construction d'un petit fourneau économique pouvant être considéré comme un perfectionnement de celui connu sous le nom de *fourneau d'Harel*;

4º Enfin, dans des changements apportés dans la méthode de chauffer les fers à repasser.

Description du Poêle-Fourneau avec dessus en ardoise.

Figure 163, coupe longitudinale, par le milieu de cet appareil, dans son ensemble.

Figure 164, plan ou vue par-dessus.

Figure 165, coupe transversale faite par la ligne ponctuée A B, figure 164.

Figure 166, autre coupe transversale faite par la ligne ponctuée C D, figure 164.

Cet appareil est disposé pour brûler du charbon de bois ou du bois à volonté; la combustion s'opère dans l'intérieur du foyer *a*, dont le derrière est adossé à un four en tôle *b* qui reçoit la chaleur de ce même foyer.

Si c'est du bois que l'on brûle, on introduit ce combustible dans le foyer *a* par la porte dont l'ouverture est en *c*, et on le place sur une chevrette comme dans un poêle ordinaire.

La partie supérieure du foyer est percée d'un trou circulaire *d*, dans lequel s'ajuste le fond d'une marmite destinée à recevoir la chaleur du foyer; d'un côté de cette ouverture circulaire et dans le sens de la longueur de l'appareil est pratiquée une entaille rectangulaire *e*.

Quand on fait usage du charbon de bois au lieu de bois, on ajuste dans le trou circulaire *d* et dans son entaille *e* une grille, figure 158; on place le charbon sur cette grille, laquelle s'élève et s'abaisse à volonté, au moyen d'un pied en métal placé au-dessous, dont le sommet a la forme d'un triangle pour porter la grille, et dont le corps, qui rentre en lui-même pour se raccourcir et se rallonger comme on veut, présente l'aspect d'un pied de table dit *à la Tronchin*. La partie mobile de ce pied peut se fixer à la hauteur convenable, soit à l'aide d'une vis de pression, soit au moyen de l'engrenage d'un pignon dans une crémaillère, soit par tout autre moyen connu, pour arrêter un corps mobile contre un corps fixe. Cette disposition, qui permet à la grille du foyer de monter et descendre à volonté, a pour but de maintenir toujours le feu à la même distance du fond du vase que l'on expose sur le fourneau, quelle que soit la quantité de ce vase qui pénètre dans l'ouverture pratiquée dans ce fourneau pour la recevoir.

La chaleur du bois qui s'élève du foyer *a*, ou celle du charbon qui est placé sur la grille, a une profondeur d'environ 54 millim. (2 pouces), frappe le fond de la marmite ajustée dans l'ouverture circulaire *d*, s'échappe par l'entaille rectangulaire *e*, pratiquée sur le devant de l'ouverture et circule dans la partie supérieure du fourneau comprise entre les deux plaques en tôle *f* recourbées d'équerre et lui servant de couloir. Sur ces deux couloirs est posée une plaque *g*, en métal, dans laquelle sont pratiqués deux trous circulaires ou lunettes destinés à recevoir chacun une marmite, et correspondant l'un à l'ouverture *d* du foyer, et l'autre à l'ouverture *h* faite au sommet du four.

On place dans l'ouverture *h*, comme on l'a dit pour l'ouverture *d*, une grille qui reçoit du charbon, lorsqu'on fait usage de ce combustible au lieu de bois, et, quand c'est du bois que l'on brûle, on a soin de boucher le trou *h* avec un couvercle.

La chaleur, après avoir parcouru l'espace supérieur compris entre les deux couloirs *f*, descend verticalement par l'ouverture *i*, réservée entre le derrière du four et la partie intérieure de l'enveloppe extérieure *k* du fourneau, qui peut être en matière quelconque, et descend dans le tuyau de la cheminée en passant par le trou *l*.

La partie inférieure du derrière du foyer est percée, dans toute son épaisseur, d'un trou que l'on ouvre et ferme à volonté au moyen d'une soupape décrivant un arc de cercle, ou d'un registre dont la tige ou manche, qui traverse le fourneau ou l'enveloppe, est brisée et porte une poignée ou anneau *m*, figure 165, au moyen de laquelle on manœuvre cette soupape pour l'ouvrir et la fermer, selon que l'on veut ou qu'on ne veut pas faire passer la flamme sur le fond du four.

A la partie supérieure du derrière du foyer, et tout près du

four, est pratiquée une large ouverture qui se ferme plus ou
moins, à volonté, par une soupape en tôle *n* qui permet, lorsque la marmite placée sous le trou *d* du foyer est trop fortement chauffée, de diriger une plus ou moins grande quantité
de chaleur, provenant du foyer, sous la seconde marmite disposée au-dessus du trou *h* pratiqué dans le sommet du four.

La soupape *a a*, comme celle qui est placée au-dessous, et
que l'on vient de décrire, une tige à laquelle est attachée une
poignée *o*, qui est saillante en dehors de l'enveloppe du fourneau, et qui sert à manœuvrer cette soupape en lui faisant
décrire un arc de cercle.

Une ouverture carrée est pratiquée latéralement dans l'enveloppe pour former l'entrée du four; elle doit, comme l'ouverture ou entrée *c* du foyer, se fermer à volonté par une
porte en tôle, montée à charnière et ayant, au milieu, un registre destiné à alimenter la combustion.

p, trou pratiqué dans toute l'épaissseur du fond de l'enveloppe *k* pour introduire dans l'intérieur du fourneau un courant d'air qui circule d'abord entre le bord de l'enveloppe et
un plaque de tôle *q*, au-dessus de laquelle le fond du four est
monté sur quatre cales. Cet air passe ensuite sous le foyer,
s'élève à droite et à gauche de ce foyer dans une espace réservé à cet effet de chaque côté entre le dit foyer et l'enveloppe, et enfin, après qu'il s'est emparé, dans ses passages, de
la chaleur que lui a communiquée le fourneau, il arrive dans
les couloirs *f*, en parcourt toute l'étendue et sort chaud par
les deux bouches de chaleur *l*.

Une plaque recouvre le fourneau lorsqu'on a enlevé les
marmites de dessus, et donne à cet appareil l'apparence et les
propriétés d'un poêle à four.

A l'un des bouts du fourneau, et en avant de l'ouverture *c*,
on adapte une partie de cheminée portative en métal ou
toute autre matière.

Le foyer de ce poéle-fourneau n'ayant pas besoin d'être
aussi grand que ceux des cheminées, dans ce cas on ferme seulement l'ouverture *c* par des lames mobiles et par des moyens
déjà employés pour fermer les cheminées. A cet effet, on rac-
courcit le foyer pour loger le cylindre et les lames destinées
à fermer et ouvrir ladite ouverture en remplacement de la
porte à charnière et du registre dont il est parlé plus haut.

Ayant reconnu que l'ardoise avait la propriété de très-bien
résister au feu, j'ai pensé que cette matière remplacerait avec

avantage, pour former des dessus de poêles, le marbre, qui
a l'inconvénient de se fendre par l'action du feu.

Poêle ayant la forme presque cubique.

Figure 167, coupe verticale de ce poêle par le milieu.
Figure 168, plan.

Ce poêle est composé intérieurement d'un foyer *a* qui occupe toute son étendue ; la première moitié de ce foyer, du
côté de la porte qui est en *b*, est à nu jusqu'au couvercle ; et
la moitié de derrière est surmontée d'une voûte en double
fond incliné *c*, que j'appelle *régulateur supérieur à soupape*,
au-dessus de laquelle se trouve placé le trou *f* du tuyau de la
cheminée qui est opposé à la porte du poêle. La voûte *c* est
percée dans son milieu et dans toute son épaisseur, d'une ouverture qui est bouchée par une soupape en tôle qui est disposée et qui se manœuvre de la même manière que la soupape désignée sous la lettre *n* dans la figure 163.

Ce poêle est recouvert par un dessus semblable à celui dont
il a été question dans la description du poêle précédent ; il
peut être en terre, en faïence, en marbre ou ardoise ; il est
percé d'un trou situé au-dessus de la partie du foyer non recouverte d'une voûte pour recevoir une marmite à rebord *g*
qui bouche parfaitement le trou et dont le fond pénètre dans
l'intérieur du poêle : cette marmite reçoit en dessous et au
pourtour l'action du feu provenant du bois placé dans le
foyer.

La soupape *d* n'est autre chose qu'un régulateur de chaleur
qui s'ouvre plus ou moins à volonté ; elle a pour objet de laisser échapper, quand on veut, par le tuyau *f* de la cheminée,
l'excès de calorique nécessaire pour chauffer la marmite au
degré convenable.

Autre poêle.

Dans ce poêle que la figure 169 représente en coupe verticale et longitudinale, et que la figure 170 montre en plan,
une partie du foyer n'est pas, comme dans le poêle précédent,
surmontée d'une voûte, et le trou *a* du tuyau de la cheminée
est percé tout-à-fait dans le bas, du côté du poêle opposé à
la porte *b* du foyer. Ce trou est masqué par une espèce d'impasse *c*, que j'appelle *régulateur inférieur à soupape* ; cette impasse a la forme d'un fer à cheval faisant corps avec le foyer ;
de sorte que la chaleur émanée du combustible placé en *d*

dans le foyer, venant frapper le fond de cette impasse, se trouve ramenée en avant.

Le derrière de l'impasse c, qui est à une certaine distance du trou a de la cheminée pour ne point empêcher la sortie de la fumée, est percé d'un trou correspondant directement avec celui du tuyau de la cheminée; ce trou est bouché par une soupape e que l'on ouvre plus ou moins, à volonté. Cet appareil est recouvert par un dessus en ardoise percé de deux trous ou lunettes pour recevoir un même nombre de marmites; l'une de ces marmites est située au-dessus du foyer d, où elle reçoit directement la chaleur du bois, et l'autre est placée directement au-dessus de l'impasse c qui lui renvoie la chaleur dont elle peut avoir besoin : c'est lorsque cette chaleur est trop intense que l'on ouvre la soupape e d'une quantité convenable pour qu'elle laisse échapper, par le tuyau de la cheminée, la quantité de cette chaleur qui pourrait excéder les besoins.

Dans ce poêle, aussi bien que dans les précédents, lorsqu'on ne fait point usage des marmites dont il a été question, on doit les remplacer par des bassines ou par tous autres vases qui en remplissent absolument les conditions, surtout à l'égard de là partie de ces vases qui entre dans l'intérieur du poêle.

Petit Fourneau économique destiné à remplacer le Fourneau dit Fourneau d'Harel.

La figure 171 montre ce fourneau en coupe verticale avec sa marmite, et la figure 172 le fait voir en plan sans sa marmite.

a, cendrier percé au centre d'un trou cylindrique qui, à partir du milieu de sa hauteur, s'élargit en cône jusqu'à la base; ce trou s'élargit également par le haut, mais c'est suivant quatre entailles formant la croix : l'une de ces entailles présente une échancrure b sur le bord supérieur de la pièce; une pareille échancrure c est pratiquée dans le bord de la base de cette même partie du fourneau; elle est destinée à l'introduction de l'air dans le cendrier pour l'alimentation de la combustion.

La seconde partie d de ce fourneau, qui est percée au centre pour recevoir la grille et le charbon d'un trou correspondant à celui du cendrier, se pose sur ce cendrier; ces deux pièces, que l'on pourrait cimenter ensemble de manière à n'en former qu'une seule, doivent être enveloppées par un cylindre en tôle dont le bord supérieur porte le cordon circulaire ménagé au milieu de la hauteur de la marmite *e* dont le fond descend sur la partie *d*. Cette disposition forme un petit fourneau économique portatif, à la portée des fortunes les plus modiques.

Nouveaux moyens de chauffer les fers à repasser.

Le premier de ces moyens, déjà énoncé dans ma première description, consiste à percer à jour les places destinées à recevoir les fers et à fermer chaque trou par une espèce de bassine dont le fond est une plaque en fonte mince destinée à recevoir les fers pendant le temps qu'ils chauffent ; ces bassines plongent dans l'intérieur du foyer, selon les poêles ou fourneaux auxquels on applique cette disposition. A chaque fer, entre la poignée et la plaque, j'adapte une plaque en tôle ; de sorte que les fers étant sur les bassines, cette plaque en ferme le haut, à l'effet d'en concentrer davantage la chaleur.

Autre appareil préférable aux précédents.

Dans ce nouvel appareil, les fers que l'on met chauffer posent à plat sur une plaque mince circulaire et horizontale ; ils sont tous recouverts, à l'exception de leur poignée, par une autre plaque parallèle à la première, et l'ouverture que ces plaques laissent entre elles est bouchée à la circonférence par un cercle en métal qui s'applique contre le bord extérieur de chaque plaque, ce qui concentre la chaleur sur les fers sans trop échauffer les poignées qui restent exposées à l'air.

Cet appareil peut se poser, à volonté, sur la plupart des poêles construits pour recevoir des marmites, sur les fourneaux et au-dessus des foyers ; il tient lieu de dessus de poêle, et, comme il est portatif, il permet qu'on le remplace, quand on veut, par une chaudière ou marmite ; il s'applique très-bien sur la plupart des foyers à circulation décrits dans mon premier brevet.

Poêle disposé pour faire chauffer des fers à repasser et muni d'une enveloppe qui empêche d'être incommodé de la chaleur lorsqu'on s'en approche.

Figure 173, coupe verticale de cet appareil.

Figure 174, plan, par-dessus, le couvercle étant enlevé.

a, corps du poêle en maçonnerie, que l'on peut aussi faire en tôle ou en fonte.

b, foyer établi sur une plaque en fonte *c,* qui repose sur un rebord pratiqué dans la maçonnerie, et qu'on enlève à volonté par le haut de l'appareil, pour la placer ensuite au besoin, comme nous aurons occasion de le voir plus loin.

d, partie cintrée en fonte de fer, s'avançant du fond du foyer pour ramener la chaleur sur le devant, avant qu'elle se rende dans l'espace *e,* pour enfiler le tuyau de la cheminée.

f, plaque en tôle ou en fonte s'enfilant par la partie supérieure du poêle et reposant sur un rebord pratiqué dans la maçonnerie. Cette plaque est échauffée fortement, dans toute son étendue, par le calorique qui se dégage du combustible placé en *b,* et elle communique sa chaleur aux fers à repasser *g,* qui sont placés dessus sans aucune précaution.

h, couvercle en tôle ou autre matière, fermant aussi bien que possible, au-dessus des fers à repasser, la partie supérieure du poêle qui forme un four ; le couvercle peut s'enlever à volonté, lorsqu'on veut prendre ou remettre les fers ; à cet effet, il est réuni au poêle au moyen d'une charnière, ou bien il porte une poignée ou un bouton qui permet de l'enlever comme un couvercle de marmite.

i, enveloppe en tôle, que l'on peut faire également en cuivre, en fonte, en fer-blanc, en poterie, etc. C'est un cylindre ouvert par le bas et qui a, à son extrémité supérieure, un rebord intérieur *k,* formant une lunette dans laquelle vient s'ajuster et affleurer le couvercle *h.* Cette enveloppe est percée, en avant de la porte du poêle (que l'on peut voir dans les figures), de deux ouvertures, comme nous l'avons dit au commencement de cette description.

On conçoit facilement qu'au moyen de cette disposition l'enveloppe *i* peut s'enlever comme une cloche, lorsqu'on veut, dans des temps froids, profiter de la chaleur du poêle, sans rien déranger des autres parties de l'appareil.

Application du poêle à enveloppe que l'on vient de décrire, à la cuisson des aliments et autres substances ainsi qu'au chauffage des liquides.

Il est aisé de voir qu'au lieu de placer des fers à repasser dans le four qui forme la partie supérieure du poêle, on peut y mettre soit de la pâtisserie, soit différentes sortes de mets qu'on y veut faire cuire, soit enfin de l'eau ou tout autre liquide qu'on voudrait y faire chauffer ; on peut même y établir, à volonté, une marmite ou une chaudière. Quand on fera usage d'une marmite, la plaque *f*, qui forme le fond du four, sera percée d'un trou rond *l* (*fig.* 173), dans lequel entrera la marmite, et comme, dans ce cas, le fond de la marmite descendra assez bas, au lieu de faire le feu en *b*, qui se trouverait trop élevé, on établira le foyer en *m*, pour chauffer le fond de cette marmite.

Quand ce sera une chaudière qu'on mettra sur le fourneau, il faudra enlever préalablement la plaque *f*, que l'on rétablira en place lorsqu'on voudra de nouveau faire chauffer des fers à repasser, et on bouchera le trou pratiqué au centre de cette plaque avec une rondelle du diamètre de ce trou et de l'épaisseur de la plaque, pour pouvoir poser des fers dessus.

Appareil de cuisine qui se pose sur un feu découvert ou à air libre, et qui est surmonté d'un tuyau formant tirage.

Cet appareil, que la fig. 176 montre en coupe verticale de côté, est composé d'une espèce de trépied *a*, ayant deux fonds *b*, *c*, percés chacun d'un trou cylindrique, ou d'autre forme, pour recevoir la marmite ou chaudière *d*, qui se fixe ou non sur le trépied.

La chaleur et la fumée qui se dégagent du combustible placé en *e*, soit sur un fourneau ordinaire, soit sur l'âtre d'une cheminée, soit sur le sol à découvert, vont frapper contre le fond de la marmite et contre le dessous de la plaque *c*, qui forme le fond inférieur de la tête du trépied, et, comme cette même plaque est percée d'un trou en *f*, la chaleur et la fumée, attirées par le tuyau *g*, qui s'élève sur le trépied, se répandent dans l'espace ménagé entre les deux fonds *b*, *c*, pour échauffer la marmite qui traverse cet espace en fermant hermétiquement le fond *b*; c'est après avoir parcouru cet espace, formant étuve, que la fumée s'élève et s'avance par le tuyau *g* qui l'attire.

Le même moyen s'exécute particulièrement pour brûler du charbon au moyen de l'appareil, *fig.* 150 et 151, et des objets de détail, *fig.* 158 et 159.

La grille, *fig.* 158, se place dans le dessous de la carcasse en fer de l'appareil, *fig.* 150 et 151, comme cela se pratique aux fourneaux portatifs dont la carcasse est en bois.

A la figure 159 s'adapte un tuyau de 5 centim. (2 pouces) de diamètre environ, et elle se pose au-dessus de la grille, le tuyau se met à l'opposé du bec. Les vases que l'on met sur le feu passent par l'ouverture du haut, et le fond vient poser sur la grille qui porte le feu, ce qui forme étuve et empêche les vases de renverser lorsque le charbon vient à se consommer.

Tuyau à circulation de chaleur, destiné à établir un chauffage en tirant parti de la chaleur perdue des poêles, fourneaux, cheminées, etc.

Ce tuyau qui est bouché à ses deux extrémités et que l'on voit extérieurement en élévation, *fig.* 177, en plan par-dessus, *fig.* 178, et en plan par-dessous, *fig.* 179, est formé d'un tube d'environ 16 centim. (6 pouces) de diamètre sur une longueur arbitraire, en tôle, en cuivre, en faïence ou en toute autre matière, dont l'intérieur est à compartiments pour la circulation de la chaleur et de la fumée.

Dans la partie inférieure de ce tuyau est une petite cloison verticale *a*, *fig.* 177 et 179, qui partage en cet endroit le tuyau en deux parties égales, *b*, *c*, jusqu'à une hauteur d'environ 48 centim. (18 pouces) au-dessus de terre ; tout le reste du tuyau, dont la figure 178 montre le plan, est divisé en trois parties égales par les cloisons *d*, *e*, *f*, d'inégales longueurs. Cet appareil est encore muni, extérieurement, de deux bouts de tuyau *g*, *h*; le tuyau *g*, qui est placé au bas de l'appareil, à la hauteur indiquée par le cercle ponctué *g*, *fig.* 177, sert à établir la communication entre le tuyau à circulation et un foyer placé à un endroit quelconque, afin d'amener dans ce tuyau la chaleur qui s'élèverait et s'échapperait en pure perte de ce foyer.

Quant au bout du tube *h*, placé horizontalement au sommet du tuyau à circulation, il est destiné à l'évacuation de la fumée après qu'elle a parcouru tous les compartiments du tuyau à circulation et qu'elle y a déposé presque toute la chaleur dont elle était pourvue à sa sortie du foyer.

Comme on le voit, cet appareil ou tuyau à circulation de chaleur n'est autre chose qu'un tuyau ordinaire, auquel j'ai donné une disposition intérieure, qui le rend propre à retenir le plus longtemps possible la chaleur qui s'échappe en pure perte d'un foyer quelconque pour lui faire procurer un chauffage supplémentaire, soit dans la chambre même où se trouve le foyer, soit dans une salle voisine.

ARTICLE 24.
Perfectionnement dans les poêles.

La plupart des poêles et des cheminées de Désarnod même, dit l'auteur d'un article du *Dictionnaire technologique*, page

370, article *Calorifère à l'air*, sont susceptibles de produire autant d'effet que les meilleurs calorifères, à l'aide de cette disposition fort simple dont la figure 4, Pl. III, présente un exemple. Il suffit de prolonger le plus possible les tuyaux en tôle ou en cuivre, en les faisant passer dans des conduits en briques ou d'autres tuyaux dont le diamètre fût plus grand de 10 centim. (4 pouces), en sorte qu'il restât un intervalle libre de 5 centim. (2 pouces) environ. L'extrémité B A de la seconde enveloppe se prolonge de bas en haut près du poêle (ou relativement aux cheminées de Désarnod, passe sous le foyer pour sortir par les bouches de chaleur), afin que l'air dilaté en cet endroit, par la chaleur que le foyer lui communique, s'élève en raison de la légèreté relative, et détermine un tirage qui appelle l'air à l'autre extrémité E H du tuyau : il est utile de recourber vers le bas la double enveloppe, de peur que l'air chaud ne déborde par ce bout. Les choses ainsi disposées, lorsque le poêle et les tuyaux sont chauds, on conçoit que l'air extérieur est constamment appelé du dehors au dedans, et qu'il s'échauffe par degrés, en passant d'un bout à l'autre de la double enveloppe, en même temps que les produits de la combustion se refroidissent graduellement aussi en communiquant leur chaleur au tuyau, qui la transmet au courant d'air.

Lorsque, dans le lieu qu'on se propose d'échauffer, il est inutile de renouveler l'air, l'embouchure de la double enveloppe, au lieu de communiquer avec l'air du dehors, est pratiquée dans l'intérieur, en *b*, par exemple. Le courant d'air chaud a lieu dans le même sens, et il s'établit dans la chambre une circulation d'air qui ramène sans cesse dans la double enveloppe l'air dont la température est plus basse, et répand, dans l'intérieur de la chambre, la chaleur enlevée à toutes les surface chauffées par les produits de la combustion.

Le tuyau et la double enveloppe peuvent être placés sous le carrelage dans toute leur longueur, et, en supposant même qu'ils fissent plusieurs circuits autour de la pièce que l'on veut échauffer, cette disposition est ordinairement la plus commode, puisque les conduits de chaleur ne tiennent alors aucune place. Il est bien aussi que la combustion soit alimentée par l'air extérieur, et que le foyer soit au dehors ; on évite par là les pertes de chaleur qui auraient lieu si l'on était obligé d'ouvrir les portes de l'étuve pour arranger le feu.

ARTICLE 25.

Moyen d'augmenter la chaleur des poêles, par M. CONTÉ (1).

Le perfectionnement au moyen duquel ce savant augmente la chaleur d'un poêle, est ingénieux par sa simplicité et par l'effet qu'il produit. Il consiste en un tuyau de tôle, d'un diamètre inférieur à celui par lequel s'échappe la fumée; il est placé dans l'intérieur du grand tuyau, et parallèlement avec lui : les deux extrémités de ce petit tuyau traversent le grand, et ses bords sont soudés de manière que la fumée ne puisse pas s'échapper. Les deux bouts du petit tuyau sont entièrement ouverts, et l'air peut y circuler librement : d'après cela, il est aisé de concevoir que, les tuyaux étant dans une situation verticale, la fumée qui passe dans le grand tuyau échauffe le petit qu'il embrasse; l'air froid entre dans celui-ci par l'extrémité inférieure, le traverse, s'y échauffe, et, devenant plus léger, monte et en sort par le haut, de façon qu'il s'établit dans la chambre un courant continuel d'air chaud. Ce simple appareil peut s'appliquer aisément à tous les poêles, en y pratiquant deux coudes, soit au tuyau de fumée, soit au tuyau de chaleur; la dépense est bien peu considérable, car elle se borne à un tuyau de tôle d'un petit diamètre.

L'invention de M. Conté réunit l'avantage d'être simple, peu coûteuse, de pouvoir être exécutée par tous les ouvriers, et de remplir le but de chauffer promptement et avec économie.

ARTICLE 26.

Poêle-fourneau de M. HAREL (2).

Le poêle-fourneau de M. Harel est construit d'après celui de M. Bouriat. Comme celui de ce dernier, il est en terre cuite; sa forme est cylindrique, sa capacité arbitraire; il est cerclé d'une bande de fer placée à sa partie supérieure; il a une porte en tôle fixée comme à tous les poêles. On y substitue une fermeture en terre qu'on enlève à volonté, et qu'on enlève par la cafetière-porte, de l'invention de M. Cadet-de-Vaux. Le tuyau s'adapte dans la partie supérieure opposée à la porte, ou sur l'un des côtés. Le haut du poêle est ouvert en entier; on ferme cette ouverture d'un couvercle en terre,

(1) *Bulletin de la Société d'Encouragement*, an XII, page 180.
(2) *Bulletin de la Société d'Encouragement*, 1806.

qui, étant fixé dans des rainures, prévient la sortie de la fumée. On substitue à ce couvercle une capsule en tôle, lorsqu'on veut faire chauffer des fers à répasser ou établir un bain de sable ; à la place de cette capsule, on met une marmite ayant vers le milieu de sa surface extérieure un rebord saillant qui ferme toute la circonférence de l'ouverture du poêle. On peut aussi se servir d'une marmite ordinaire, en adaptant un cercle de tôle au bord de l'ouverture du poêle ; on place sur la marmite, pour la fermer, un seau de fer-blanc qui contient une assez grande quantité d'eau bientôt échauffée par la vapeur ; et, soit qu'on se serve de ce seau, soit qu'on couvre la marmite d'une autre marmite en terre de même diamètre, mais moins profonde, on peut mettre dans l'intérieur et au-dessus du bouillon en ébullition, une boîte en fer-blanc soutenue par des pattes qui portent sur les bords de la marmite. Cette espèce de casserole contient les viandes ou légumes que l'on veut apprêter ; ils cuisent très-bien par l'effet de la vapeur. Ce poêle, auquel on peut adapter les mêmes appareils qu'au fourneau Bouriat, ou à la plupart de ceux inventés par De Rumford, a la même tirage que les poêles ordinaires ; ce qui l'assimile aux poêles suédois, c'est que, dans l'intérieur, à peu près à moitié de sa hauteur, il existe un support circulaire sur lequel s'établit un couvercle de terre, portant à son centre un anneau de fer, pour qu'avec un crochet on puisse l'enlever et le replacer à volonté. Le couvercle, fait en forme d'assiette plate et épaisse, a une échancrure dont le diamètre est à peu près le même que celui du tuyau du poêle. La flamme et le calorique frappent d'abord le dessous de ce couvercle, et trouvent une issue par son échancrure ; mais à huit ou neuf décimètres (2 pieds 5 pouces à 2 pieds 9 pouces), on place un second couvercle au-dessus du premier, et construit de même, quoique d'un plus grand diamètre ; la portion échancrée de celui-ci se place à l'ouverture opposée du tuyau et à celle du couvercle inférieur, ce qui établit la circulation du calorique dans l'intérieur du poêle.

ARTICLE 27.
Des Fourneaux d'appel.

Lorsque la fumée doit suivre un long conduit horizontal, ou redescendre pour aller gagner un tuyau de cheminée et prendre son mouvement ascendant, on est souvent obligé d'allumer *un feu léger*, soit au pied du tuyau où doit commencer le mouvement ascensionnel, soit à quelque distance du foyer pour déterminer le commencement du tirage; l'ouverture réservée pour cet effet est ce qu'on nomme *fourneau d'appel*. Comme le but est de produire le premier mouvement, quelques copeaux, une poignée de paille ou une feuille de papier, suffisent pour obtenir cet effet, sans lequel la fumée, qui est plus légère que l'air contenu dans le conduit descendant ou horizontal, ne pourrait établir un courant pour arriver à la cheminée montante, tant que l'air de celle-ci une fois mis en mouvement par la chaleur produite par la flamme des copeaux, du papier, etc., doit être remplacé par l'air du conduit. Aussitôt que l'impulsion du mouvement est donnée, on ferme exactement l'ouverture par laquelle on a introduit les corps enflammés, au moyen d'une porte en tôle placée à cet effet.

ARTICLE 28.

Poêle à maximum d'effet; par M. J.-B. MORIN.

(Brevet d'invention.)

Les principes de la combustion sont tellement positifs, que les résultats que l'on doit obtenir par leur application, devraient être constamment les mêmes.

Cette uniformité dans les résultats ne peut toutefois être produite qu'autant qu'on réunit les différentes circonstances qui doivent accompagner la combustion, autant en théorie que dans la pratique; ce n'est donc que par la combinaison de tous les éléments de leurs rapports réciproques, qu'on peut arriver aux résultats prévus.

Il faut, en conséquence, suivre exactement les règles de la théorie pour atteindre le maximum des avantages qu'elle promet.

Dans ce but, en combinant tous les principes établis, nous allons fixer les conditions de construction de chaque calorifère pour qu'il puisse produire les résultats attendus.

Ces conditions de construction doivent généralement être toujours les mêmes, quelle que soit la destination du calorifère que l'on construit, excepté dans certains cas impérieux, comme nous l'expliquerons plus tard.

Les conditions à accomplir sont :

1° De chauffer l'air de l'appartement sans le changer ou de le remplacer par l'air pris extérieurement, et, dans l'un et l'autre cas, d'en employer une partie pour la combustion ;

2° D'entretenir une chaleur égale dans toutes les parties de l'appartement ;

3° D'employer exclusivement la fonte pour la surface de chauffe ;

4° De construire chaque calorifère de manière à ce que toutes ses parties, comme surface de chauffe, grille, cendrier, quantité de combustible, soient en rapport avec la capacité de l'air à chauffer, ainsi qu'avec le degré de chaleur auquel doit arriver cet air dans un temps donné ;

5° Que les conduits de la fumée se puissent nettoyer facilement ;

6° Que l'air à moitié brûlé et la fumée doivent circuler dans un même conduit, brisé autant que possible, pourvu toutefois que cela n'altère pas le tirage;

7° De conserver aux conduits une position verticale ;

8° Que l'air à chauffer, soit qu'on le prenne dans l'appartement ou au dehors, environne les conduits de la fumée et la surface de chauffe, de manière à pouvoir se renouveler avec une vitesse convenable pour absorber toute la chaleur qui émane de ces surfaces;

9° Que dans les circonstances ordinaires le combustible donne 79 $\%$ pour le chauffage de l'appartement et 21 $\%$ pour le tirage;

10° Enfin, que chaque calorifère soit d'une application facile à tous les emplois auxquels on le destine ; que de plus, il soit transportable, qu'il occupe peu d'espace, qu'il soit à l'abri du danger du feu et du désagrément de la fumée.

Toutes ces conditions sont indépendantes des formes extérieures, qui varient selon le goût ou les localités.

Nous citerons quelques exemples pour donner l'idée du développement technique de ces théories et faire connaître le mode de construction pour chaque cas particulier.

Chaque calorifère doit être composé de deux parties distinctes :

1° De la partie intérieure ou corps, qui contient le cendrier, la grille, le foyer, les surfaces de chauffe;

2° De la partie extérieure ou de l'enveloppe qui entoure le corps et qui doit pouvoir en être facilement séparée.

Du corps.

La construction du corps doit être déterminée par la capacité de l'air à chauffer dans un temps et à un degré donnés ;

comme aussi de l'espèce de combustible qu'on veut employer. Nous adopterons pour point de départ de notre application 3o degrés centigrades de chauffage pour les différentes capacités des pièces à chauffer et par heure, indiquant le mode de construction des calorifères qui devront produire ce résultat.

La table suivante indique les différentes dimensions à donner au corps ou partie intérieure.

TABLE N° 1,

Contenant les différentes dimensions du corps, l'espèce de combustible ainsi que la quantité d'air nécessaire pour la combustion, afin de chauffer, par heure, un appartement à 30 degrés centigrades.

CAPACITÉ de l'appartement en mètres cubes.	ESPÈCE de combustible.	QUANTITÉ de combustible en kilogr.	Surface de chauffe en décim. carrés.	Surface de la grille en décim. carrés.	Air nécessaire pour la combustion en mètres carrés.
50	houille.	0,1612	40	0,403	3,22
	coke.	0,1454		0,415	2,61
	bois sec.. . . .	0,1650		0,529	2,63
	charbon de bois.	0,1325		0,377	1,38
75	houille.	0,2418	60,7	0,604	4,85
	coke.	0,2181		0,633	3,92
	bois sec.. . . .	0,3945		0,492	3,94
	charbon de bois.	0,1987		0,551	3,57
100	houille.	0,3225	81,4	0,680	6,45
	coke.	0,2908		0,850	5,23
	bois sec.	0,5250		0,657	5,26
	charbon de bois.	0,2650		0,753	4,77
125	houille.	0,4031	101,7	1,007	9,67
	coke.	0,3635		1,038	6.54
	bois sec.. . . .	0,6475		0,821	6,77
	charbon de bois.	0,3312		1,129	5,96

CAPACITÉ de l'appartement en mètres cubes.	ESPÈCE de combustible.	QUANTITÉ de combustible en kilogr.	Surface de chauffe en décim. carrés.	Surface de la grille en décim. carrés.	Air nécessaire pour la combustion en mètres carrés.
150	houille.	0,4857	122,1	1,209	9,67
	coke.	0,4562		1,246	7,85
	bois sec.. . . .	0,7890		0,985	7,89
	charbon de bois.	0,5975		1,129	7,15
200	houille.	0,6450	162,8	1,612	12,90
	coke.	0,5816		1,661	10,46
	bois sec.. . . .	1,0520		1,314	10,52
	charbon de bois.	0,5300		1,506	9,54
300	houille.	0,9675	244,2	2,418	19,35
	coke.	0,8724		2,492	15,70
	hois sec.. . . .	1,5780		1,971	15,78
	charbon de bois.	0,7950		2,259	14,21
400	houille.	1,2900	325,6	3,224	25,80
	coke.	1,1600		3,323	20,93
	bois sec.. . . .	2,1040		2,628	21,04
	charbon de bois.	1,0600		3,012	19,08
500	houille.	1,6120	407	4,030	32,25
	coke.	1,4540		4,154	26,17
	bois sec.. . . .	2,6300		3,281	26,30
	charbon de bois.	1,5250		3,765	23,86

Les dimensions indiquées dans la table qui précède, sont indispensables pour établir le maximum d'effet utile sans avoir égard à l'effet nuisible.

Les vitres qui éclairent les appartements absorbent une quantité quelconque de chaleur qu'il est nécessaire de remplacer pour maintenir le degré de température voulu.

Ainsi, comme un mètre carré de surface de vitres absorbe pendant une heure 300 unités de chaleur, en supposant qu'il

existe une différence de 30 degrés centigrades entre la température du dedans et celle du dehors, nous aurons la table
n° 2, qui établit pour chaque mètre carré de surface de vitres, le calcul de ce qu'il faut ajouter à la table n° 1, pour
la capacité de chaque appartement.

Surface des vitres en mètres cubes.	ESPÈCE de combustible.	Quantité de combustible en kilog.	Surface de chauffe en décim. carrés.	Surface de la grille en décim. carrés.
1	houille.	0,096	10	0,29
	coke.	0,087		0,50
	bois sec. . . .	0,157		0,24
	charbon. . . .	0,079		0,27
2	houille.	0,193	20	0,58
	coke.	0,174		0,60
	bois sec. . . .	0,315		0,48
	charbon. . . .	0,159		0,54
3	houille.	0,290	50	0,87
	coke.	0,261		0,90
	bois sec.	0,475		0,72
	charbon. . . .	0,238		0,87

Exemple :

Ayant à chauffer, par heure, un appartement de 100 mètres cubes, à 30 degrés, et les vitres présentant une surface
de 4 mètres, nous aurons pour la houille :

Kilog. de houille.	Décim. carrés de surface de chauffe,	de la grille.
0,3225	81,4	0,806
0,3840	41,0	0,960
Total. . 0,7065	122,4	1,766

On devrait donc brûler, dans ce même calorifère, 8,478 kilogrammes de houille pour entretenir une constante température de 30 degrés centigrades.

Il est bon d'observer que la surface de chauffe qui est exposée au rayonnement du combustible fait passer trois fois
autant de chaleur que la surface qui n'est exposée qu'au contact du couvert de la chaleur. Ainsi, dans l'exemple ci-dessus,
supposant le 1/8 de la surface de chauffe, c'est-à-dire $\dfrac{121,4}{8}$
$='$ 15, 1 décimètres carrés, exposé au rayonnement, et 121,4
— 15, 1 = 106, 3 décimètres carrés seulement en contact de
la chaleur, alors, pour développer le même degré de chaleur
dans l'appartement, il ne faudra qu'une surface de chauffe
de = 71,2 décimètres carrés.

Le développement de la surface de chauffe est établi sur
le principe que chaque mètre carré de surface de fonte, placé
dans la position la plus convenable, fait passer 300 unités de
chaleur par heure ; et comme l'appareil que nous décrivons a
pour but de retirer 79 pour cent de chaleur de chaque espèce
de combustible, le développement de la surface de chauffe
devra être en rapport avec le combustible qu'on doit brûler.
Par exemple, un kilog. de houille produit 600 unités de chaleur, pour en employer utilement 4752 et en faire passer
dans la cheminée 1248 pour entretenir le tirage; alors la
surface de chauffe doit être de 1,584 mètres carrés pour chaque kilogramme de houille. La table n° 1 est calculée sur
cette base.

Ce calcul assure un tirage assez grand pour tous les appartements, car la vitesse de l'air sera de 1, 5 mètre par seconde et il s'échappera avec 130 degrés centigrades de chaleur.

De l'enveloppe.

L'enveloppe et ses dimensions constituent la partie la plus
essentielle d'un calorifère, car le corps, même chauffé à la
plus haute température, ne pourrait communiquer utilement
sa chaleur si on ne lui donne pas une enveloppe susceptible
d'absorber cette chaleur.

Il est démontré que chaque corps chauffé communique
lentement sa chaleur, ne chauffe les corps environnants qu'en
raison de leur distance, et que ce même degré de chaleur ne
peut s'établir partout.

Cette communication de chaleur d'un corps à l'autre s'établit avec plus de rapidité si les deux corps mis en contact
diffèrent beaucoup de température.

D'un autre côté, si on n'absorbe pas promptement la chaleur

d'un corps ou foyer chauffé à une haute température, cette chaleur concentrée à l'intérieur, sera emportée par l'air qui traverse le combustible et se perdra dans le conduit de la fumée.

La condition essentielle est donc d'absorber avec vitesse la chaleur du corps intérieur pour qu'il puisse en acquérir une nouvelle du combustible et la communiquer rapidement et avec suite à son enveloppe qui à son tour la répand dans l'appartement.

C'est pour arriver à ce but que M. Morin a disposé son enveloppe de manière à ce que l'air froid y pénètre par la base ; qu'en remontant entre les deux parties du calorifère, il absorbe la chaleur du corps intérieur et la répande autour de l'appareil en sortant par le haut.

En effet, un mètre de surface de chauffe fait passer dans une heure 300 unités de chaleur, qui peuvent chauffer 200 mètres cubes d'air à 15 pour 100. Mais pour cela il faut trouver moyen d'absorber la chaleur du corps intérieur. Ainsi, en faisant passer, comme nous l'avons déjà dit, 200 mètres cubes d'air par heure, cet air froid pourra facilement prendre la chaleur du corps intérieur. Il convient pour cela qu'il passe 55, 5 décimètres cubes d'air par l'enveloppe, en sorte que l'espace qui la sépare du corps intérieur doit être 55, 5 décimètres carrés de section, en supposant à l'air une vitesse de un mètre par seconde.

On absorbera beaucoup mieux la chaleur du corps intérieur en faisant passer, deux fois par heure, l'air à chauffer entre ce corps intérieur et l'enveloppe ; il en résultera un chauffage plus prompt dans l'appartement, quoiqu'à un moindre degré, et, dans ce cas, la vitesse de l'air étant d'un mètre par seconde, l'espace entre l'enveloppe et le corps sera de 11, 1 décimètres carrés de section.

Il est rigoureusement nécessaire que l'enveloppe soit placée à la distance que nous venons d'indiquer, car si elle se trouvait plus rapprochée, elle s'échaufferait trop et réfléchirait sa chaleur contre le corps intérieur sans que l'air qui circule entre eux suffise à l'absorber, et cette chaleur serait emportée avec le courant d'air nécessaire à la combustion dans le conduit de la fumée. D'un autre côté, si l'enveloppe se trouvait trop éloignée du corps, on n'obtiendrait pas un courant d'air assez rapide pour absorber et répandre dans l'appartement la chaleur du corps intérieur.

La même exactitude de mesures doit être observée pour les

conduits de la fumée, qui doivent être placés de manière à ce que l'espace qui les sépare soit double de celui qui existe entre le corps intérieur et l'enveloppe pour que leur rayonnement mutuel n'influe pas sur l'absorption de la chaleur par le courant d'air.

L'air, ainsi que nous l'avons dit déjà, doit entrer par-dessous et sortir par le haut de l'enveloppe au moyen d'ouvertures ou bouches de chaleur; ainsi, en partant des mêmes données que ci-dessus, chaque mètre carré de surface de chauffe exige une section d'ouverture de 11, 1 décimètres carrés, tant pour le bas que pour le haut.

TABLE N° 3,

Indiquant l'espace entre le corps et l'enveloppe ainsi que la section des ouvertures de l'entrée et de la sortie de l'air pour chaque mètre carré de la surface de chauffe, en supposant une chaleur de 15 degrés centigrades pendant trente minutes.

SURFACE de chauffe en mètres carrés.	CAPACITÉ de l'enveloppe du corps en décimètres carrés.	SECTION DE L'OUVERTURE pour l'air en décim. carrés.	
		Entrée de l'air.	Sortie de l'air.
1	111,0	11,1	11,1
2	222,0	22,2	22,2
3	333,0	33,3	33,3
4	444,0	44,4	44,4
5	555,0	55,5	55,3

Les trois tables ci-dessus donnent les diverses dimensions d'après lesquelles doivent être construits tous les calorifères pour pouvoir économiser 79 °/₀ de combustible employé pour un chauffage à 3o degrés centigrades.

Les exceptions mentionnées plus haut, et qui peuvent occasioner quelques changements dans la construction, auront lieu dans divers établissements ou appartements où l'on vou-

dra le renouvellement de l'air au détriment du combustible ;
alors la quantité du combustible à brûler est en rapport avec
la quantité d'air que l'on changera dans un temps donné, et
l'on trouvera également dans nos tables les dimensions à donner à toutes les parties du calorifère.

La respiration d'un seul homme nécessite par heure

6,937 mètres cubes d'air.

L'éclairage d'une flamme 0,800   *Idem.*

————

7,737

Supposant un appartement dans lequel se trouvent cent
hommes et huit flammes d'éclairage pendant douze heures,
on aura besoin de 603, 7 $\times$ 6,4 $=$ 700, 1 mètres cubes d'air
à échanger dans deux heures ou 350 mètres cubes par heure :
cette opération oblige à brûler 19, 4 kilog. de houille, toutes
les dimensions du calorifère étant telles d'ailleurs qu'elles
sont indiquées à la table n° 1, pour cette quantité de houille ;
nous ferons observer cependant que 19, 4 kilog. donnent 921888 unités de chaleur, qui suffiraient pour chauffer
à 30 degrés centigrades un appartement de 960, 3 mètres
cubes ; alors on pourra utiliser cette dépense de combustible
pour chauffer les appartements voisins en ne changeant l'air
que dans celui où cela est nécessaire.

Ces observations s'appliquent aussi à tous les calorifères de
cuisine, dont on peut utiliser de la même manière le calorique
qui s'échappe en pure perte.

Application.

Pl. X, *fig.* 287 et 288. Poêle ordinaire pour chauffer à 30°
centigrades et à feu fermé un appartement de 100 mètres
cubes ; la surface de vitesse est de 1 mètre carré ; l'air doit
être pris de l'intérieur de l'appartement ; le combustible est
de la houille, et la chaleur doit être entretenue pendant douze
heures au même degré. D'après les tables, la surface de
chauffe est de 161, 4 décimètres cubes.

La surface de la grille . . . . 1,0 décim. cub.
La capacité entre l'enveloppe et le corps 170,1
Les ouvertures pour l'entrée et la sortie
de l'air 17,9
Le combustible à brûler dans les douze heures, 13 kilog.

A, foyer ; *a*, grille ; *b*, porte pour charger le combustible :
elle est fermée par une plaque en fonte G ; vis-à-vis de cette

porte est une autre porte *e* attenante à l'enveloppe; *f*, boîte à recevoir les cendres.

A la partie supérieure du foyer, faisant partie du corps, sont deux conduits de fumée B, B', dont le premier porte un un registre *c*, qu'on peut régler par une clef sortant à l'extérieur.

L'autre tuyau B' communique avec d'autres conduits de fumée D, D' D'' D''', jusqu'à la sortie de l'enveloppe, pour s'échapper de la cheminée ; dans ce tuyau, qui est adapté à celui D'', il y a un second registre qui ressort aussi à l'extérieur et qui sert à fermer entièrement le poêle quand on a assez de chaleur.

Le conduit B communique avec le conduit D''', et cette disposition a pour but de faciliter à la fumée sa sortie avec un fort tirage en ayant soin d'ouvrir le registre *c* au moment où on allume le feu et avant que les autres conduits soient chauffés. Lorsque la chaleur s'est communiquée à tous, le courant de fumée s'établit dans les tuyaux D', D'', D''', en fermant le registre *c*.

Les conduits sont fermés du haut et du bas par de petites plaques en fonte à coulisse qui permettent de les nettoyer facilement.

Le cendrier est tellement enveloppé par le corps, qu'en fermant la boîte à cendre on intercepte toute communication de l'air, comme en ouvrant cette boîte, on peut augmenter ou diminuer le tirage à volonté.

Toutes ces pièces composent le corps ou partie intérieure du calorifère qui, à son tour, est entouré par une enveloppe reposant sur des pieds et ouverte par le bas et par le haut. Si l'on voulait employer l'air extérieur pour absorber et répandre dans l'appartement la chaleur du corps, on fermerait l'enveloppe par le bas et on introduirait l'air du dehors par les conduits dont nous avons donné plus haut les dimensions.

Figures 289, 290 et 291, cheminée ou calorifère à foyer ouvert, construite pour les mêmes localités que le poêle.

A, foyer; *a* grille; *f*, boîte à cendres; *a'*, grille du devant, dépassant le calorifère. Dans le haut du foyer sont deux ouvertures B, B' desquelles partent les tuyaux D, D', D'', D''', dont la disposition est à peu près la même que dans le poêle avec deux registres C et B.

L'enveloppe peut être ouverte par le bas comme en S, ainsi qu'il est indiqué *fig.* 287, pour faire circuler l'air de l'appartement, ou fermée si l'on veut avoir l'air du dehors qui alors pénètre par les tuyaux Z, Z, Z ; les registres et les ouvertures du bas de l'enveloppe permettent donc de faire circuler à volonté l'air de l'appartement ou d'attirer celui du dehors.

Dans la figure 289, les dimensions de la grille sont augmentées, parce qu'il serait impossible qu'un foyer ouvert, d'une aussi petite surface que celle des tables, brûlât dans le temps voulu la quantité de combustible nécessaire. Si le degré de chaleur montait trop, il y aurait convenance à employer cette chaleur au chauffage des appartements voisins.

Figure 292, poêle, pour chauffer un appartement d'une capacité de 125 mètres cubes avec une surface de vitres de 7,3 mètres carrés.

On peut, d'après les figures précédentes, s'expliquer celle-ci, sans qu'il soit besoin d'en donner une nouvelle description.

Figures 293 et 294, calorifère destiné à chauffer plusieurs appartements à la fois, et pouvant être placé dans un corridor, un vestibule ou, plus convenablement encore, dans une cave.

A, principal corps de foyer avec conduit en tête servant à introduire le combustible et fermé par une porte placée à l'extérieur de l'enveloppe.

b, grille du foyer.

B, tuyaux conducteurs de la fumée, liés entre eux par d'autres tuyaux C, C, C.

Les tuyaux B sont fermés par le haut et par le bas au moyen de couvercles que l'on peut ôter pour faciliter le nettoyage, ils reposent sur des appuis.

Le corps est entouré d'un mur en brique réfractaire qui a des ouvertures voûtées à sa base G, G, G, par lesquelles on peut introduire l'air à chauffer, au moyen de conduits, et opérer le nettoyage.

Au sommet de l'ouverture H, en brique, par laquelle passe l'air chauffé, sont adaptés les conduits de l'air chauffé pour le distribuer dans les divers appartements.

Le développement de ce corps est de 1020,8 décimètres carrés, ce qui suffit pour chauffer à 30 degrés centigrades, 730 mètres cubes d'air, et avec une surface de vitres de 29 mètres carrés.

Figure 295, calorifère à feu ouvert, qui peut être placé dans les cheminées ordinaires.

B, cheminée, comme elles sont généralement construites aujourd'hui, et dans laquelle est placé le foyer du calorifère en C.

A, conduit pour mener la fumée dans la cheminée principale de la maison, c'est-à-dire celle qui est la plus facile à ramoner.

Du foyer C sortent deux autres conduits de fumée D, D, communiquant ensemble par le haut E.

F, autre conduit pour faire sortir la fumée dans la cheminée; il porte un registre G, qui sert à régulariser la sortie de cette fumée, soit en la faisant circuler, soit en la portant de suite dans la cheminée A.

Le devant de ce calorifère est construit en tôle mince formant l'enveloppe que l'on peut décorer par des colonnes ou tout autre ornement; les trois côtés intérieurs de l'enveloppe sont garnis en brique réfractaire.

L'enveloppe présente ainsi l'aspect d'une cheminée ordinaire ouverte par le haut pour la sortie de l'air chauffé.

Les tuyaux D, D, et le conduit F sont fermés par le haut au moyen des couvercles qu'on enlève pour les nettoyer.

L'air pourra être pris soit en dehors, soit dans l'appartement; dans le premier cas, le cendrier doit être isolé pour que l'air qu'il attire n'ait aucune communication avec le vide qui existe entre le corps et l'enveloppe.

Au moyen de cette construction, on peut conduire la chaleur d'un étage à l'autre, par deux tuyaux qui traversent le plancher, le chauffage ayant lieu dans l'appartement inférieur seulement.

Le calorifère représente ici un développement de 200 décimètres carrés de surface de chauffe.

Figures 296, 297 et 298, calorifère destiné spécialement au service d'une cuisine, mais qui peut en même temps conduire la chaleur surabondante dans les autres appartements; le développement de surface de chauffe est de 600 décimètres carrés.

A, corps du foyer avec grille et cendrier : ce cendrier doit être isolé comme il est dit ci-dessus.

En ouvrant le registre a', la fumée sort dans la cheminée par le tuyau a; quand ce registre est fermé, la chaleur passe autour des fours, par la communication b b; ensuite elle traverse les tuyaux c, c, c, jusqu'à ce qu'elle rejoigne celui a, pour se rendre dans la cheminée ; le tout est entouré par l'enveloppe D D D , qui est fermée du bas et du haut pour n'avoir aucune communication avec l'air de l'appartement qui sert de cuisine; tout l'air qui circule entre le corps et l'enveloppe vient du dehors par des tuyaux dont les dimensions sont indiquées dans les tables. L'enveloppe présente deux étages, sur l'un desquels on fait la cuisine, et l'autre qui recouvre les tuyaux c, c, c : ils sont séparés entre eux par la ligne D' D'.

E E, conduits pour introduire l'air chaud dans les appartements.

Les fours M, M' sont fermés sur le devant avec des portes.

m, crémaillère placée dans le four le plus rapproché du foyer pour recevoir la broche.

Lorsque le travail de cuisine est fini, pour employer utilement le chauffage, on met l'enveloppe D G D', fig. 296, sur le plancher de la cuisine, en ouvrant les communications N, N et les ouvertures O, O, O, qui introduisent l'air frais ; alors, toute la chaleur émanée du calorifère peut être conduite dans les appartements. Cette enveloppe D, G, D', fig. 296, peut être faite de différentes manières et élevée au-dessus de la cuisine en forme de toit et communiquant avec l'air extérieur, par des registres qui, étant ouverts, font sortir la chaleur et l'odeur de la cuisine. Cette disposition est précieuse, principalement pendant l'été.

Avec cette construction, quand la cuisine est faite, on ferme les registres N, N, et on ajoute une partie de l'enveloppe.

Le développement de toutes les conditions posées pour obtenir 79 % de la chaleur émanée par le combustible au profit du chauffage de l'appartement, a été constaté par des expériences faites avec le calorifère fig. 287, dans une pièce dont la capacité est de 294 mètres cubes, voûtée et sans planches, de sorte qu'elle présente 1176 mètres carrés de surface de muraille ; la surface des vitres est de 7,43 mètres carrés; il y a deux grandes portes, les fenêtres ferment assez mal, en sorte que le vent pénétrait assez sensiblement dans l'appartement ; la cheminée de tirage n'avait que quatre mètres de hauteur; le poêle était placé dans un coin près d'une fenêtre par laquelle sortait le conduit en tôle de la fumée; enfin, trois thermomètres étaient placés l'un à trois mètres du poêle, l'autre au milieu de la pièce, et le troisième à 17 mètres du poêle et à une hauteur de 1,7 mètre du sol.

ARTICLE 29.

Poêle thermostat continu ; par MM. FOURNET *et* JULIEN.

(Brevet d'invention.)

Ce thermostat ou calorifère continu peut graduer le degré de chaleur, depuis le plus faible jusqu'à une plus grande élévation, dans un court espace de temps ; il donne une grande économie dans le combustible et peu d'embarras pour le service, puisqu'on peut ne l'allumer qu'une fois pour plusieurs jours, en entretenant à l'aide des soupapes un feu très-peu actif pendant la nuit.

Description des figures.

Planche X, fig. 299 et 300. Le foyer est composé d'un cylindre conique en fonte *d e f g*, au bas duquel est une grille concave *d, h, e*, et une ouverture en *r*, par laquelle on vient allumer le foyer. On peut aussi l'allumer par-dessous la grille ; ce foyer repose sur un cercle *k, l*, au-dessous duquel est une base *c i*, destinée à recevoir un tiroir *c*, dans lequel tombent les cendres, et autour duquel l'air nécessaire à la combustion arrive par-dessous ; ce foyer est enveloppé d'un cylindre en tôle ou cuivre laissant un vide entre lui et ledit foyer de fonte, dans lequel vide la flamme et la fumée circulent en sortant par l'ouverture *r* pour se rendre dans la cheminée *m*, soit par le conduit *n*, soit par le conduit *o*, ensemble ou séparément, à volonté, à l'aide des soupapes *p, q*, qui sont mues par les manivelles graduées *v, x*.

Service du thermostat.

On remplit le cylindre *d, e, f, g* avec du coke, après avoir mis sur la grille des copeaux et du bois pour déterminer l'inflammation ; on met le feu aux copeaux par les ouvertures *r* et *a* qui sont en face l'une de l'autre ; on ferme celle extérieure : dès lors, l'air de dessous traverse la grille, enflamme le bois et le coke qui le joint ; la flamme et la fumée passent alors par l'ouverture *r*, circulent autour du vide que laissent entre eux les deux cylindres pour venir passer dans la cheminée *m* à l'aide de la soupape *p* ; l'autre soupape étant fermée, par cette direction donnée à la flamme, on obtiendra rapidement une grande chaleur, et, pour modérer cette chaleur et ralentir la combustion, on fermera la soupape *p* ; on ouvrira celle *q* en même temps que la porte *a*, à l'aide d'un registre établi à cette ouverture; dans ce cas, le courant d'air, passant par l'ouverture *a*, entre au foyer par l'ouverture *r*, et se dirige par le conduit *n* et la soupape *q*, dans la cheminée *m*.

Le foyer conique, dans la proportion du plan, peut contenir trois kilogrammes de coke qui suffisent pour chauffer une pièce moyenne pendant une journée, sans être obligé de le charger de nouveau; en élevant la hauteur du cône du foyer, on peut charger le coke une seule fois pour plusieurs jours, et entretenir le feu continuellement, en diminuant, pendant la nuit, la tirée par les soupapes, comme il a été dit.

Il n'a été figuré dans le plan aucun conduit d'air froid venant du dehors ni des ventouses d'air chauffé, attendu que ces améliorations sont dans le domaine public; la direction de la cheminée principale peut également être faite de manière à passer sous le carrelage, comme cela se pratique, ou se diriger, en s'élevant, dans une cheminée, comme l'indique le plan.

ARTICLE 30.

Poêle calorifère; par M. DESROUSSEAU.

(Brevet d'invention.)

Planche XI, fig. 301. Enveloppe extérieure du poêle.

La rosace tournante *z* sert d'ouverture pour tisonner le feu, chose qui arrive très-rarement.

Figure 302. Coupe du poêle.

o, appareil fixe, en fonte ou en tôle, dans lequel on met à volonté le combustible.

Le combustible s'introduit par l'embouchure *n*.

L'appareil est couvert par un chapeau *m*.

La fumée s'échappe par le haut de l'appareil, en prenant sa circulation autour de la caisse *o*, marquée *y*, vient se dégager par l'ouverture *p*, et sort, après avoir circulé entre deux fonds *a b, i k*, par le conduit *q*, pour aller rejoindre la cheminée.

Les deux tuyaux *r* sont les deux colonnes d'air froid pour accélérer le foyer.

s, cendrier.

Figure 303. Plan suivant la ligne G H.

t t, fermeture des deux colonnes d'air pour ralentir le feu à volonté; le mouvement s'opère en tirant le bouton *v*, qui se trouve placé derrière le poêle.

Figure 304. Plan suivant la ligne *i k*.

Pour vider le poêle, on tire les deux boutons *x*, *x*, de manière à séparer la grille en deux parties égales par le moyen des coulisses placées sous le fond *i k*; le reste du combustible tombe dans le cendrier *s*.

o, caisse où on met le combustible.

Le vide *γ* est l'endroit où se concentre la fumée qui sort par l'ouverture *p*, passe ensuite entre les deux fonds *a b*, *i k*, et va joindre la cheminée par le conduit *q*.

Poêle économique perfectionné.

Ce poêle, dans lequel on brûle, à volonté, du charbon gras, du coke, du bois ou de la tourbe, a l'avantage d'être utile dans tous les pays.

Il offre une grande économie sur tous les autres poêles en usage jusqu'à ce jour, il ne consomme par durée de quatorze à vingt heures, que 8 à 12 kilogrammes de charbon gras, et il peut être constamment alimenté pour prolonger indéfiniment la durée du feu; il n'exige aucun soin, puisqu'on met tout le combustible nécessaire pour ces quatorze à vingt heures, en allumant le matin.

Ce poêle ne donne jamais aucune fumée ni poussière, ni mauvaise odeur, et la grille ne peut jamais se déranger, étant tenue par deux coulisses; il a l'avantage de pouvoir donner, au besoin, 25 degrés de chaleur et plus, et d'être réduit à la température la plus modérée, d'après le désir des personnes qui s'en servent.

On peut lui donner la forme que l'on désire sans perdre aucun des avantages du calorique; il peut être placé avec la plus grande facilité, entre deux pièces qu'il échauffe également bien; avantage que n'a offert aucun poêle économique inventé jusqu'à ce jour.

Le conduit de fumée peut être placé de manière à la faire passer sous le plancher, dans un mur ou dans les niches ou cheminées ordinaires, sans qu'il en résulte aucun inconvénient.

ARTICLE 31.

Poêle au coke; par M. P. VERNUS.

(Brevet d'invention.)

Après avoir cherché les moyens de procurer à volonté une grande chaleur, réunie à beaucoup d'économie dans la dépense du combustible, dont le prix se trouve encore assez élevé dans certaines localités, j'ai essayé d'utiliser le coke provenant de l'éclairage au gaz, et je suis parvenu à réussir au moyen du foyer dont la description suit. La dépense de combustible dans cet appareil pour chauffer un appartement assez vaste, tel qu'un café, une école, ou tout autre emplacement, serait de 7 à 8 kilogram. de coke pour douze à quinze heures.

Explication et détail du foyer.

Pl. IX, fig. 244, A a b B C c d D, socle ou caisse extérieure contenant le foyer et la grille où s'opère la combustion du coke.

Ce foyer est d'une moyenne grandeur, propre à l'effet ci-dessus énoncé. S'il s'agissait d'un établissement très-vaste, on pourrait lui donner une plus ample dimension.

E, porte pour introduire le coke dans le foyer.

I, cendrier du foyer dans lequel tombent les cendres du coke en combustion.

H, bouche de chaleur que l'on ouvre à volonté pour introduire l'air chauffé dans l'appartement, en tournant le bouton de la coulisse qui ferme cette bouche de chaleur.

Figure 245, foyer avec la grille.

E, porte pour l'introduction du coke.

F, chapiteau qui se termine en serpentin F', ou tuyau en tôle qui tourne autour du foyer et sort par derrière, après avoir décrit une espèce de spirale ; c'est par ce tuyau que passent la flamme et la fumée du foyer.

G, grille du foyer.

I, cendrier qui repose sur le fond du socle ou chemise qui enveloppe le foyer, lequel fond porte en K, K' deux ouvertures pour l'introduction de l'air froid dans l'intérieur de l'enveloppe de foyer, afin de pouvoir être répandu dans l'appartement après avoir été réchauffé par la combustion avant d'arriver à la bouche de chaleur H.

Figure 246. Griffe ou fourchette établie sur le fond du socle, agissant comme une bascule, et placée sur ce fond afin de débarrasser de temps à autre la grille des cendres qui pourraient l'obstruer, par le moyen de trois dents qui s'introduisent entre les barreaux de la grille, ce qui s'opère par une petite secousse de la main sur le bouton q, qui ressort, en dessous du tuyau, sur le derrière du socle.

Il est facile de modérer l'ardeur de ce foyer par le moyen'

d'un registre dont la clef se trouve sur le tuyau qui est derrière le socle, pour gagner le tuyau de la cheminée.

Dans un appartement où l'on voudrait, pour l'ornement, établir le foyer au milieu de la pièce, ou pourrait faire descendre le tuyau de la fumée dans l'intérieur du socle et le conduire ensuite sous le parquet ou le pavé de l'appartement, par une gargouille pratiquée exprès, de façon à ce qu'il soit tout-à-fait inaperçu.

Il faut avoir le soin que le socle soit placé de manière à ne pas porter immédiatement sur le sol de l'appartement, qu'il en soit isolé d'un centimètre (5 lignes) au moins.

Figure 244, vue du foyer tout monté dans son socle ou piédestal : on peut donner toute autre forme en conservant toujours les mêmes principes.

Figure 245, foyer intérieur avec sa grille, ses tuyaux en spirale, son cendrier et ses courants d'air.

Figure 246, bascule avec griffe pour tisonner à volonté le feu et empêcher que les cendres amassées sur la grille nuisent à la combustion du coke.

ARTICLE 32.

Poêle calorifère, de MM. BERAULT *et* MÉRY.

(Brevet d'invention.)

Cet appareil est construit en tôle et terre réfractaire ; il est élevé au-dessus du sol de 63 centimètres ; sa base ou socle porte 55 millimètres et est percée de quatre losanges destinés au passage de l'air froid.

Au-dessus de ce socle se trouve le premier fond, percé au milieu par une buse à clef, de 68 millimètres, destinée à introduire l'air froid du dehors dans tout l'appareil; la clef de cette buse a une tige en fer qui se prolonge en dehors de l'appareil et se termine par un petit bouton à bec de cane en cuivre, servant à ouvrir et à fermer cette soupape à volonté; au-dessus de ce premier fond est un second fond, destiné à supporter toute la charge de l'appareil intérieur et percé, de chaque côté, par une ouverture de 72 millimètres pour le passage de l'air froid, introduit par l'ouverture de la soupape du dessous; au-devant de l'appareil, est un tiroir en tôle, de 55 millimètres de hauteur sur 16 centimètres de largeur, destiné à recevoir les cendres du foyer placé au-dessus; au-dessus de ce tiroir, et à égale distance, est une losange à coulisse destinée à alimenter le foyer dans le cas où l'on voudrait brûler du charbon de terre ou du coke; puis, au-dessus, est la porte du foyer, de 11 centimètres de hauteur sur 16 centimètres de largeur; sur cette porte est autre petite porte à coulisse de 4 centimètres de largeur sur 30 centimètres de hauteur.

Toutes ces ferrures sont garnies de boutons en cuivre à l'intérieur; le dessous du foyer, qui porte sur le second fond en tôle, est construit en briques de 6 centimètres, agrafées aux angles et maçonnées en terre réfractaire; au-dessous du tiroir et à 56 millimètres de la losange, est une seconde maçonnerie en briques réfractaires, dont je me réserve la composition, et superposées sur la première, qui forme le sous-foyer; ces briques portent 5 centimètres d'épaisseur sur 15 millimètres de largeur, afin de laisser une retraite destinée à recevoir la grille; au-dessus du foyer et posée sur cette nouvelle maçonnerie en brique, une plaque, aussi en terre réfractaire, couvre entièrement tout le foyer et ne laisse de passage à la flamme et à la fumée que par un orifice placé au milieu de cette plaque. C'est un cylindre fait du même morceau que la plaque et portant 10 centim. de diamètre, non compris l'épaisseur de la terre; sur ce cylindre se trouve encore superposé un cône de 14 centimètres de hauteur sur 21 centimètres de diamètre; ce cône est construit de manière à ce que, se trouvant recouvert jusqu'au fond par un vase quelconque, la fumée et la chaleur circulent avec liberté depuis le foyer jusqu'à l'orifice destiné à la sortie de la fumée.

Maintenant tout cet appareil est renfermé dans un autre appelé concentrateur; c'est une chemise de tôle posée sur un fond cintré ou plutôt concave au-dessous, et qui couvre tout l'appareil du dessous depuis le cylindre et qui concentre toute la chaleur du bas, qui s'échappe au niveau du foyer par des ouvertures pratiquées dans les briques de la seconde maçonnerie, par lesquelles s'échappe le calorique rayonnant. Ces ouvertures portent un centimètre de hauteur sur 7 centim. de largeur; le double cylindre placé sur le concentrateur est à 4 centimètres de distance des parois de l'enveloppe de l'appareil; dans l'intérieur et autour du cône sont quatre tuyaux coudés, de 4 centimètres de diamètre, ayant l'un de leurs orifices au-dessous du concentrateur, pour y puiser l'air froid déjà réchauffé par la chaleur du foyer placé au-dessous, et les autres donnent entre la première et la seconde enveloppe,

vis-à-vis les quatre bouches de chaleur destinées à donner
de la chaleur au dehors ; au-dessus du concentrateur ou seconde enveloppe, où se trouvent le cône et les tuyaux, est un
second concentrateur fermant une seconde fois l'ouverture
entre les parois de la première et de la seconde enveloppe, et
ne laissant au milieu que le diamètre du cône destiné à recevoir les vases culinaires; comme il se trouve, entre le cône
et le dessus de la galerie, un espace assez considérable pour
que le vase placé sur le cône se trouve en contre-bas, j'ai
placé un premier couvercle plat, puis, au-dessus, entre les
deux trous de la galerie, un second bombé, avec un bouton
en cuivre, qui termine l'appareil.

Effets. Lorsqu'on veut brûler du bois, on ferme le losange
et la soupape du dessous : pour cette opération, j'ai imaginé
une plaque en fer, sur laquelle se trouve scellée la chevrette,
que je place sur la grille de mon foyer.

Lorsqu'on veut brûler du charbon de terre ou du coke, on
ouvre toutes les issues destinées à introduire l'air nécessaire à
l'alimentation du foyer.

Mais c'est surtout la terre carbonisée que je conseillerais
d'employer pour ces appareils, attendu qu'elle conserve la
chaleur et le feu d'une manière beaucoup plus considérable
que tous les autres combustibles.

Enfin, lorsque, le matin, on allume son feu avec quelque
combustible que ce soit, il est nécessaire de tenir la soupape
du dessus presque fermée, puis on pourra mettre dans le
cône, le vase destiné à cuire les aliments, puis ensuite, et
sans remettre d'autre combustible, lorsqu'on n'aura plus
de cuisine à faire, on ouvrira la soupape tout entière ;
l'air s'introduira dans l'appareil, et tout le calorique qui s'y
trouvait s'échappera avec rapidité et procurera une violente
chaleur, qui pourra se prolonger à douze degrés constants
pendant plus de douze heures; tout l'appareil, une fois échauffé,
conservera sa chaleur, et on pourra encore, le soir, en ajoutant
une poignée de combustible, recommencer de nouveau la
cuisine, et, le lendemain, trouver du feu et l'appareil à une
chaleur convenable, et tout cela avec 10 centimes au plus.

Il est nécessaire d'observer que le cône placé dans un concentrateur conserve une chaleur qui ne peut s'échapper; la
fumée qui s'échappe par un orifice carré de 4 centimètres,
au haut du cône, où se trouve placé le vase culinaire, est
arrêtée par une séparation placée entre le tuyau et cet ori-

fice, elle est donc obligée de faire tout le tour du cône et du cylindre pour rejoindre un petit tuyau de 3 centimètres de diamètre, qui traverse la première enveloppe, et se perdre dans la buse de 10 centimètres, qui conduit la fumée au dehors.

Détail du dessin.

Pl. XI, fig. 305 et 306 : a, socle; b, soupape de dessous; c, tiroir; d, losange; e, foyer ; f, concentrateur ; g, cône; h, cylindre ; i, tuyau placé dans le concentrateur; j, bouches de chaleur; k, premier couvercle du concentrateur; l, deuxième couvercle ; m, fermeture de l'appareil; n, galerie; o, prise d'air froid.

ARTICLE 33.

Appareil calorifère de M. J. A. CHAMPAGNE.

Les perfectionnements consistent particulièrement dans la construction du foyer d'une seule pièce en terre réfractaire ; ce mode de construction offre l'avantage de porter la chaleur à une température plus ou moins élevée, sans avoir la crainte de détériorer ou de détruire le dit foyer, ce qui arrive très-fréquemment dans la construction des foyers de poêles construits en fonte ou en briques superposées les unes sur les autres avec du mortier ou ciment et qui ont l'inconvénient de répandre une mauvaise odeur, ce qui occasionne communément des maux de tête, et de détériorer le calorifère en peu de temps; enfin mon système présente une très-grande économie de combustible, puisque, avec 20 à 30 centimes de dépense par jour, je puis chauffer convenablement une pièce de 6 à 7 mètres carrés, et entretenir une température convenable. Ce poêle peut être chauffé avec toute espèce de combustibles.

Les détails dans lesquels je vais entrer pour expliquer les dessins feront connaître, non-seulement la construction de mon poêle, mais encore les avantages qu'il présente comparativement à ceux connus jusqu'à ce jour.

Explication du dessin.

Pl. XI, fig. 307, poêle vu de face.
Figure 308, coupe sur la ligne a b.
Figure 309, coupe sur la ligne c d.
Figure 310, foyer en terre réfractaire garni de la grille

et muni de tuyaux *l* qui viennent aboutir aux bouches de chaleur *i*.

Figure 311, plaque en fonte placée à la partie inférieure et dans laquelle est pratiqué un ou plusieurs trous propres à recevoir des tuyaux par lesquels s'échappe la fumée.

Les mêmes lettres indiquent les mêmes parties dans chacune des figures.

Le poêle grand modèle est construit en tôle ou en tout autre métal.

a, corps du poéle.

b, porte du foyer.

c, petite plaque à coulisse que l'on ouvre ou ferme à volonté, afin de faciliter ou activer la combustion.

d, cendrier.

e, tirées d'air froid qui se réchauffe en passant sur les parois de la poterie en terre réfractaire *e'*, figure 20.

f, four destiné à divers usages.

g, couvercle à galerie, percé, à son extrémité supérieure, d'un grand nombre de trous par lesquels la chaleur se répand dans l'appartement.

A la partie supérieure du poêle, au-dessous du couvercle, se trouve pratiquée une cavité *j*, propre à recevoir une bouilloire ou tout autre vase contenant un liquide quelconque, de manière à le faire chauffer au degré que l'on désire.

h, tuyau par lequel s'échauffe la fumé; ce tuyau peut être remplacé par un serpentin qui recevra la fumée.

i, bouches de chaleur que l'on ouvre et que l'on ferme à volonté.

k, vis à écrou pour fixer le corps du poéle sur le pied.

Dans l'explication que je viens de donner de la figure 16, il y a différentes pièces qu'on ne voit pas, puisqu'elles se trouvent dans l'intérieur du poêle, mais on les trouvera dessinées et représentées dans les autres figures.

ARTICLE 34.

Poêle sans fumée, par M. F. DUVAL.

Ce poêle ne se charge qu'une seule fois pour toute la journée.

Il brûle la houille sans occasioner ni odeur ni fumée; celle-ci, au contraire, est brûlée avec la houille, qui la dégage et augmente ainsi la force et la durée du calorique sans augmentation de combustible.

Il peut se placer commodément partout, soit dans l'emplacement d'une cheminée, soit dans le milieu d'une pièce.

On peut jouir de la vue du feu, et cet avantage offre le
moyen de faire produire à l'appareil des effets très-agréables à
l'œil.

Description.

Pl. XI, *fig.* 312 à 317, chapiteau en tôle ou en cuivre sous
forme de caisse (elle peut être ronde ou ovale), ayant 10 ou
12 centimètres de profondeur; elle porte au milieu un trou *b*,
pour recevoir la vapeur d'acide carbonique. Les quatre trous
a, qui correspondent à ceux figurés aux quatre angles de la
table *l l*, conduisent la fumée dans les colonnes *c*, qui, elles-
mêmes, la ramènent dans un réservoir *d, d,* d'où elle sort par
le tuyau *e*, qui la rejette au dehors.

Le foyer *f f*, en terre cuite, est percé de trous *q*, pour alimenter le combustible; au-dessous de ce foyer se trouve
une grille à coulisse *h*.

La caisse en tôle ou en cuivre aura un fond troué comme
la figure, *l l*; les tubes en tôle *m, m* s'y adapteront; l'extrémité *g* donnera dans les trous du vase en terre cuite, et
l'extrémité *n* dans ceux du fond *l l*; le grand trou du milieu
o servira de correspondant au trou du vase en terre cuite, et
c'est au-dessous de ce trou *o* que se trouve placée la grille à
coulissse *h*.

Quand les tubes en tôle seront placés dans la caisse *p* et
dans le vase en terre cuite *f f*, on garnira le tout avec un mélange de terre à four, plâtre et limaille de fonte, afin de sceller tous les tubes à air dans la caisse; de cette manière, le
calorique, pénétrant toute cette masse, subsistera longtemps
après que le feu sera éteint.

Quand on voudra amener un grand courant d'air sous le
fond de la caisse *p, p,* on le prendra du dehors au moyen
d'un tuyau placé au-dessous du parquet.

Le cylindre *q* est composé de plusieurs tubes en verre
mince, d'une plus ou moins grande hauteur, réunis dans une
monture de fer; ce cylindre, d'un diamètre plus ou moins
grand, contient le gaz inflammable.

Pour préserver les tubes du contact direct de la chaleur,
on place une toile métallique à 3 ou 4 centimèt. de distance,
ce qui suffit pour empêcher l'action de la chaleur rouge sur
le verre. Cette toile métallique n'aura que le tiers de la hauteur du cylindre en tubes de verre, comme on le voit à la

lettre r: elle sera percée d'une porte s de 12 à 15 centimètres.

Le cylindre en verre sera posé au-dessus du foyer comme
un verre de lampe, avec une forte ventilation entre le verre
et la toile métallique.

Manière de conduire le feu.

Il faut remplir le vase *ff* avec de la houille ou du bois à
brûler; ensuite on met les résidus de la veille sur le nouveau
combustible, puis on met de la braise ou du menu bois sur le
dessus du foyer; on allume cette braise ou le menu bois, et
tout le combustible brûle comme une lampe, sans fumée,
pendant huit à dix heures. Si l'on veut faire du feu le soir,
on retire la grille à coulisse *h*, et le charbon en ignition
tombe en bas; on remet la grille, on charge de nouveau le
calorifère avec de la houille ou du bois, qu'on recouvre du
résidu en ignition, et le tout se met à brûler de nouveau
sans fumée.

Dans le but d'empêcher qu'un seul atome de fumée ne
vienne incommoder, nous fabriquons du poussier ou des briquettes de charbon de bois ou de coke, ou de houille, avec
de la craie ou des pierres tendres (carbonate de chaux); ce
poussier est un agent actif qui s'empare du soufre que contient la houille; on en met une couche d'environ 1 centimètre sur le talus du combustible placé, comme il est dit, dans
le calorifère.

Ce procédé peut aussi être employé avantageusement pour
le coke, qui contient beaucoup de soufre, dont l'odeur est
très-incommode, surtout lorsque les calorifères n'ont pas
beaucoup de tirage.

L'objet de notre invention est de produire au-dessus du
foyer une ventilation considérable, afin que les parties de
carbone et d'huile sortant du combustible puissent se combiner avec l'oxygène de l'air.

Si nous plaçons la houille non allumée en dessous, c'est afin
qu'il ne s'opère pas une évaporation considérable d'huile et
de carbone à la fois, matières avec lesquelles l'air ne peut se
combiner de suite, et qui forment cette fumée si désagréable
et si nuisible dans les usines.

Aussi, nous nous proposons de construire des fourneaux
d'après le même système que le calorifère ci-dessus décrit,

c'est-à-dire avec une grande évaporation d'air au-dessus du
feu. La houille étant placée en dessous au moyen d'une grille
à bascule pour renouveler le combustible et remettre en dessus celui du foyer en ignition, en plaçant dessus une certaine
quantité de même charbon de bois , de coke, de craie ou
pierre tendre (carbonate de chaux), cela donnera une flamme
claire, analogue à celle du gaz, parce que les acides sont.
absorbés au fur et à mesure qu'ils se forment.

Effets du cylindre métallique.

Nous fabriquons aussi de petits cylindres en toile métallique t, pour former des cheminées aux ballons en verre u,
aux capsules de même matière v, et qui circonscrivent le calo-.
rique sur le seul point où l'on veut le conduire.

Nous utiliserons ces cheminées de sûreté en les appliquant
aux cafetières en verre et aux appareils de même matière servant à la fabrication des produits chimiques; avec cette précaution, on empêchera les verres de ces cafetières, de tous
les appareils, de casser.

Un ballon en verre ou en porcelaine sert à recevoir le
liquide qui est mis en ébullition par une lampe, dont la
flamme est concentrée sur un seul point par un cylindre en
toile métallique.

Le jeu de ce mécanisme est arrêté à volonté, en poussant,
sur la lumière de la lampe, une soupape en tôle.

ARTICLE 35.

Nouveau poêle économique et sanitaire,
par M. PILLAUT-DE-BIL.

(Brevet d'invention.)

Ce calorifère, qui permet à la chaleur du combustible un
entier développement au profit des appartements, repose sur
le principe d'établir un réservoir de combustible au-dessus du
foyer qui alimente le feu au fur et à mesure de la combustion,
et qui empêche la chaleur de se perdre dans la cheminée ou
le tuyau de dégagement.

Planche XI, fig. 318, la partie a, qui est le couvercle de
l'appareil, est construite de manière à former une chambre ou
capacité dans laquelle s'élève les gaz ou vapeurs qui se déga-

gent du coke employé comme combustible ; ces gaz trouvent ensuite une issue suffisante et facile par le tuyau de dégagement *b*.

c, réservoir du combustible : il a la forme d'un entonnoir pour empêcher le combustible de peser sur la grille, pour régler la combustion des matières, pour couper le feu et pour empêcher la chaleur de prendre un développement dans le tuyau de dégagement.

Ce réservoir peut prendre toutes dimensions, selon l'étendue des pièces à chauffer.

d, partie qui constitue le foyer ; un courant d'air *h* est pratiqué au-dessous de la grille : c'est en donnant à ce courant d'air plus ou moins d'ouverture qu'on accélère ou qu'on ralentit la combustion. Un second courant d'air *i* est placé au-dessus de la grille pour tenir le combustible dans l'état d'incandescence lorsque le courant d'air *h* est supprimé ou entièrement fermé, et pour permettre une complète consommation des matières.

e, chambre d'aérage qui transmet à la grille l'air venant de l'ouverture inférieure.

g, cendrier ou récepteur du résidu : ce cendrier peut être fixé ou mobile ; il en est de même de l'appareil.

Pour éviter l'engorgement des cendres, on a établi une grille nouvelle *k* ayant la forme d'un cône paraboloïde ; cette grille est ainsi construite pour conserver un vide entre le pourtour de la grille et les parois de l'appareil, et éviter l'engorgement qui résulterait nécessairement de l'emploi d'une grille plate ordinaire.

La fonction de l'appareil s'effectue de la manière suivante :

Le chargement du coke se fait par la partie supérieure, en enlevant le couvercle *a* ; la charge étant faite et le réservoir plein, au-dessous, toutefois, du tube de dégagement des gaz *b*, on allume le coke à la partie supérieure à l'aide de copeaux et de braisette.

Bientôt le coke est en ignition et forme une colonne de feu dans l'appareil, qui vient établir son foyer au coup de feu, c'est-à-dire immédiatement au-dessus de la grille. Une fois le point d'ignition établi de lui-même à affleurement de la grille, le coke du dessus s'éteint pour conserver la combustion au même endroit ; alors, au fur et à mesure de la consommation, le coke descend successivement au point d'ignition pour remplacer celui qui a été consommé, et cette action se continue jusqu'à consommation complète du coke renfermé dans le réservoir c.

Ce réservoir c, peut, avec le foyer d, être composé d'une seule et même pièce, mais il est facultatif que ces deux parties soient distinctes, le foyer constituant alors un socle variable de forme, de dimensions, et susceptible de recevoir, ainsi que le réservoir, tous ornements et toute enveloppe en diverses matières ou métaux.

Ce calorifère destiné à ne brûler qu'un combustible purifié, le coke, ne consomme par heure qu'un maximum de combustible de 1 décimètre cube environ; il ne nécessite aucun dérangement pendant sa fonction, qui se règle d'elle-même en vertu de son principe physique; il permet de modérer, ralentir ou augmenter la combustion ou la chaleur au moyen de ses courants d'air, dont l'un, placé au-dessous de la grille, sert à fournir au commencement la quantité d'air nécessaire à la mise en train, tandis que celui placé au-dessus de la grille continue la combustion commencée.

Ce calorifère ne répand ni fumée, ni odeur, ni poussière; il évite tout nettoyage de tuyaux, de cheminées qu'il supprime, en dirigeant par une issue quelconque les gaz du combustible, tandis que la chaleur concentrée au point d'ignition se dégage par rayonnement au profit de la pièce.

Cette invention comprend donc un phénomène nouveau qui résulte de la disposition du calorifère; c'est que la mise en feu se fait à la partie supérieure pour se communiquer bientôt à la partie inférieure et continuer l'ignition immédiatement au-dessus de la grille, tandis que le coke placé au-dessus s'éteint pour tomber ensuite successivement sur la grille au fur et à mesure de la combustion et se mettre en ignition.

Il résulte de là que l'appareil forme un réservoir de combustible qui se consomme jusqu'à extinction, pendant un temps dont la durée n'est limitée que par la capacité du réservoir.

ARTICLE 36.

Poêle-vesta, de ROBERT-WHITE.

Il y a quelques années M. Robert-White a inventé un poêle pour brûler la houille, auquel il a donné le nom de poêle-vesta. Ce poêle ayant eu beaucoup de succès en Angleterre, nous croyons, pour en donner une idée plus complète, devoir publier ici le rapport qui a été fait par M. le doct. de Koninck au conseil de salubrité de la province de Liége, sur un poéle de ce genre perfectionné par MM. Rolland et Joiris de Liége.

« Les sieurs Roland et Joiris, propriétaires d'un brevet pour la construction de certains poéles qu'ils désignent sous les noms de *poéles économiques* et de *poéles-vesta* ou de *Robert-White*, s'étant adressés au conseil de salubrité publique afin de connaître son avis sur les inconvénients et les avantages que peuvent présenter ces appareils de chauffage, vous nous avez chargés, M. Mathelot et moi, de vous faire un rapport à ce sujet.

» La demande était accompagnée d'un avis favorable délivré par la commission médicale provinciale de Liége, et de plusieurs attestations également favorables de personnes notables de la ville qui ont fait usage des poéles susdits.

» Afin de nous rendre plus intelligibles; nous avons cru devoir commencer par vous donner une description détaillée de ces appareils, et de leur manière de fonctionner.

» Après avoir reçu les conseils de plusieurs personnes instruites, et après avoir fait un grand nombre d'essais dans le but de perfectionner et de simplifier leurs poéles; les possesseurs du breve tont adopté les dispositions suivantes; que la figure 320 de la planche XI aidera à saisir plus facilement.

» La figure représente la coupe longitudinale d'un des poéles, tels qu'ils sont construits aujourd'hui.

» L'appareil consiste principalement en deux colonnes en tôle, s'emboîtant l'une dans l'autre, dont l'extérieure est fixe, et l'intérieure mobile.

» L'enveloppe extérieure A est garnie d'un couvercle mobile B, dont les rebords plongent dans une rainure profonde HH, remplie de sable fin, afin d'empêcher, autant que possible, la fuite de la fumée et des produits gazeux de la combustion. Le fond est muni d'une ouverture centrale C, pouvant s'ouvrir ou se fermer à volonté, plus ou moins complètement, au moyen d'un registre D; cette ouverture livre passage à l'air qui doit servir à l'alimentation du foyer, et est surmontée d'un tuyau vertical E, assez court. Ce petit tuyau est principalement destiné à indiquer la direction que l'on doit donner à la colonne mobile, dans la partie inférieure de laquelle il vient s'emboîter.

» Une seconde ouverture latérale, placée à peu près au niveau du bord inférieur de la colonne intérieure, et de même diamètre que la première, sert à conduire les produits volatils de la combustion dans la cheminée, à travers un tuyau horizontale Q. Ce tuyau communique à l'intérieur, au moyen d'un coude, avec un tuyau vertical et mobile G, appliqué contre la paroi, et dont l'ouverture se trouve à peu près au quart inférieur de la hauteur totale.

» A l'intérieur de cette colonne fixe, se place la colonne mobile de même forme, mais plus étroite et plus basse, de manière à laisser un espace libre entre ses parois supérieures et latérales, et celles de la colonne extérieure.

» Cette seconde colonne, ou seau I, I, est munie d'une anse et fermée à sa partie inférieure par un diaphragme conique K, au centre duquel se trouve une ouverture dans laquelle s'engage le petit tuyau vertical de l'enveloppe extérieure. Son bord inférieur plonge dans une couche de sable fin, et empêche ainsi toute fuite de gaz de ce côté, aussi complètement que possible.

» L'ouverture du diaphragme est surmontée d'un petit tuyau L, au-dessus duquel se trouve fixé un chapeau M, afin d'empêcher la chute des cendres dans la pièce dans laquelle le poêle est placé. Un peu au-dessus du niveau du chapeau, se trouve la grille N, sur laquelle se dispose le combustible, consistant particulièrement en coke, en houille maigre, ou en un mélange bien sec de menu de cette dernière et d'argile (vulgairement *boulettes*). Tout l'espace compris entre le diaphragme et la grille sert de cendrier. Le seau est fermé par un couvercle mobile O, ayant dans son centre une ouverture un peu plus grande que celle par laquelle pénètre l'air qui doit alimenter le foyer.

» Les avantages que présente cette disposition consistent en ce que le courant d'air qui passe par le foyer devant d'abord traverser une couche assez épaisse de combustible, et ensuite se recourber sur lui-même, avant de se déverser dans la cheminée, est moins rapide et a le temps de se dépouiller plus complètement du calorique dont il s'est chargé, qu'il ne le fait dans les poêles ordinaires, dans lesquels il gagne presque toujours immédiatement la cheminée après avoir traversé le combustible.

» Ce courant peut en outre être modifié et réglé à volonté par le registre mobile, lequel possède aussi l'avantage de se trouver placé entre l'air, et le ferme complètement, comme cela a lieu pour les appareils ordinaires, dans lesquels les re-

gistres ou *clefs*, comme on les nomme vulgairement, sont en
général placés entre le foyer et la cheminée. Si, du reste, le
refoulement était à craindre, l'appareil Robert-White a l'a-
vantage de permettre, au moyen d'un tuyau X convenablement adapté à l'ouverture inférieure, d'aller puiser l'air d'a-
limentation autre part que dans la pièce dans laquelle il se
trouve, par exemple, au dehors ou dans la cave, ou dans une
citerne, construction que ne permettent point les appareils
ordinaires; mais alors une ventilation particulière pour les
appartements devient indispensable, le poêle cessant d'effectuer par lui-même le renouvellement de l'air.

» Le tirage n'étant pas fort actif, il en résulte qu'un même
feu peut durer vingt-quatre et même quelquefois trente-six
heures sans y toucher, tout en maintenant la pièce à un degré
convenable de chaleur, pourvu que l'on ait soin de proportionner la grandeur du poêle à la pièce à chauffer. Cette durée
entraîne nécessairement une grande économie de temps et de
combustion, tandis que la fermeture complète de l'appareil que
l'on charge et que l'on allume à l'extérieur, fait qu'il ne peut
en résulter la moindre poussière, alors que nos foyers ouverts
en donnent toujours beaucoup, quels que soient les soins que
l'on prenne pour l'éviter.

» Tous ces avantages, faciles à saisir en s'appuyant sur la
théorie, ont été constatés par des expériences directes, et en
outre, par des renseignements pris chez des personnes qui,
depuis deux ans, font usage des poêles Robert-White.

» Mais là ne se bornait point la mission que vous avez
confiée à vos commissaires. Il restait la question la plus importante à résoudre, à savoir, si l'emploi de ce mode de
chauffage ne présente pas des inconvénients sous le rapport
de la salubrité. Vos commissaires se sont d'autant plus particulièrement attachés à l'examen de cette question, que les
résultats auxquels il a conduit, ont été controversés par des
personnes dont il est impossible de suspecter la bonne foi et
le savoir, mais qui ont pu avoir à leur disposition des appareils plus ou moins bien construits et plus ou moins perfectionnés (1).

A cet effet, vos commissaires se sont rendus chez les con-

(1) Nous ne doutons pas que si des expériences eussent été faites avec des appareils
tels que ceux que M. R. White les a fait construire d'abord, elles n'eussent été défavorables sous le rapport de la salubrité, ses appareils étant d'une construction vicieuse
et imparfaite, et laissant échapper beaucoup de gaz produit par la combustion, ainsi
que nous avons pu le constater.

structeurs, et ont procédé à des expériences qui ont eu principalement pour but de déterminer la nature de l'air qui se trouvait dans deux pièces différentes, dans l'une desquelles avait brûlé pendant 5 heures un poêle construit de la manière que nous venons d'exposer. Cette pièce, qui se trouvait au premier étage, et qui mesurait 70 mètres cubes, a été fermée immédiatement après que le feu eut été allumé, et l'un des commissaires en ayant emporté la clef, elle n'a été ouverte qu'au retour. On a pu constater alors une augmentation de température de 11,5°, la température de la pièce étant de 34°, et celle de l'air extérieur de 22,5°, le registre n'étant ouvert qu'à demi. Aucune odeur, autre qu'une légère odeur de moisi, ne se faisait sentir dans la chambre, mais cette odeur nous a semblé pouvoir être expliquée par la circonstance que la chambre dans laquelle les expériences ont été faites, était restée inhabitée pendant quelque temps. L'atmosphère y était chaud, mais sèche; on y respirait un peu moins facilement qu'à l'extérieur, mais on n'y éprouvait aucun malaise, même après y avoir séjourné pendant une demi-heure. Une quantité de 4 litres d'air ayant été recueillie le plus près possible du poêle, et la même quantité ayant été prise en même temps à l'extérieur de la chambre, il a été facile de constater, au moyen de l'eau de chaux et de l'eau de baryte, que ces deux gaz ne contenaient que des traces d'acide carbonique, et que l'un n'en contenait pas plus que l'autre. Au reste, ce résultat était facile à prévoir, puisque, d'après la disposition de l'appareil, il serait difficile que le gaz produit par la combustion fût autre que de l'oxyde carbonique.

« Pour constater la présence du gaz oxyde carbonique, nous avons procédé à une seconde opération qui a consisté à faire passer l'air recueilli et privé d'acide carbonique, à plusieurs reprises, à travers un tube de porcelaine préalablement porté au rouge intense, afin que, s'il contenait de l'oxyde carbonique, ce dernier pût se convertir en acide carbonique au moyen de l'oxygène avec lequel il se trouvait mélangé. L'opération terminée, l'eau de chaux ni l'eau de baryte n'ont pas éprouvé le moindre trouble, et ont donné la conviction qu'aucune trace d'oxyde carbonique, ni de gaz contenant du carbone, ne se trouvait dans l'air recueilli. En présence de ces faits, il a paru inutile de procéder à d'autres expériences eudiométriques, qui n'auraient pu avoir d'autre but que de déterminer le rapport de l'oxygène à l'azote ; rapport qui devait nécessairement se trouver le même pour les deux quantités de gaz recueillies.

» Il a été opéré de la même manière sur l'air d'une seconde pièce qui se trouvait au rez-de-chaussée, et, qui, par hasard, quoique plus longue, était, à 1 ou 2 mètres près, de la même capacité que la première.

» Les résultats obtenus ont été les mêmes que dans le premier cas. Dans cette pièce, il a été allumé un feu dans un poêle de même construction que le précédent, mais converti en poêle ordinaire par l'enlèvement du tuyau vertical G, communiquant avec le tuyau horizontal, par lequel les produits de la combustion se déversent dans la cheminée.

» Au bout d'une heure, la température de la pièce a été portée de 25° à 29 degrés, sans que la moindre odeur et le moindre gêne dans la respiration se soient manifestées ; cette différence dans nos résultats peut être attribuée à ce que cette pièce étant constamment habitée, et les jointures des portes et fenêtres étant moins hermétiquement fermées que celles de la première chambre, l'air pouvait s'y renouveler plus facilement. Nous ne croyons pas que la disposition particulière de l'appareil y ait beaucoup contribué, l'air devant circuler presque aussi difficilement dans l'un que dans l'autre puisqu'il avait des obstacles à vaincre dans chacun. Il est vrai que dans l'un, il se déversait directement dans la cheminée, et que dans l'autre, il devait descendre d'abord, pour remonter ensuite.

» Mais la théorie, appuyée et basée sur l'expérience, nous démontre suffisamment, comme du reste cela a été fort bien établi dans le rapport de la commission médicale de cette ville, que la colonne d'air descendant dans l'espace circulaire autour du foyer, ne peut nullement nuire à la force ascensionnelle générale, puisque dans la branche verticale du tuyau de cheminée G, se trouve une autre colonne d'air également échauffée, qui, se mouvant en sens opposé de la précédente, lui fait exactement équilibre, et rend nulle sa tendance à altérer la direction générale du mouvement.

Ce qui précède prouve donc suffisamment que les poêles Robert-White, modifiés par MM. Roland et Joiris, et tels qu'ils les construisent aujourd'hui, ne sont pas plus nuisibles à la santé et pas plus sujets au refoulement de gaz délétères, que les poêles ordinaires.

» Cependant, comme par le tirage lent et la faible ouverture de leur foyer, le renouvellement de l'air des pièces dans lesquelles ils sont placés, ne se fait que difficilement et lentement, il est nécessaire d'y suppléer, en ayant recours à une ventilation autre que celle que produit naturellement le combustible brûlant dans une cheminée ou dans un poêle ouvert, surtout si ces pièces sont destinées à recevoir un grand nombre de personnes ou à être éclairées par un grand nombre de lumières. Dans tous les cas, l'établissement de vasistas, ou d'autres ventilateurs, sera extrêmement utile et fortement conseillé. Le résultat de ces observations conduit vos commissaires à conclure :

» 1° Que les poêles construits actuellement par MM. Roland et Joiris, sous les noms de poêles-vesta Robert-Wite, ou économiques, et conformes au croquis ci-joint, offrent des avantages sur la plupart des poêles ordinaires, sous le rapport de l'économie du combustible et de la propreté.

» 2° Que le degré de chaleur que l'on veut obtenir est plus constant que celui que donnent les poêles ordinaires, lesquels demandent à être rechargés plus souvent, et que, par conséquent, le service en est plus facile et moins désagréable.

» 3° Que, sous le rapport de la salubrité, ils ne présentent pas plus d'inconvénients que les poêles ordinaires, lorsque l'on a soin de renouveler suffisamment l'air des pièces dans lesquelles ils se trouvent placés, que, d'ailleurs, ils ne sont pas plus sujets à refouler que ceux-ci.

Note additionnelle.

• Les derniers perfectionnements apportés par MM. Roland et Joiris, à ces poêles calorifères, consistent dans l'adoption :

» 1° d'un tuyau aspirateur de l'air extérieur, indiqué par la lettre X.

» 2° D'une glissière fumivore G, du tuyau d'aspiration de la cheminée.

» 3° D'un extirpateur des gaz délétères et nuisibles à la santé Z.

» 4° D'une cuvette en terre S S fixée sur l'appareil au moyen de trois griffes, et formant un isoloir pour rafraîchir l'air de l'appartement au moyen de l'évaporation. »

ARTICLE 37.
Des bouches de chaleur.

Dans toutes les constructions pyrotechniques, les passages de l'air sont trop rétrécis ; on pourrait souvent décupler la quantité de chaleur, en portant à 25 centimètres (9 pouces) de diamètre les bouches de chaleur auxquelles on donne ordinairement 5 à 8 centimètres (2 à 3 pouces) au plus. Il est bien entendu que les conduits correspondants doivent présenter une ouverture de passage égale à celle-ci (1).

ARTICLE 38.
Bouches de chaleur en tôle sans soudure, par M. A. PIVANT.
(Brevet d'invention.)

Le mérite principal de ces nouvelles bouches de chaleur consiste dans l'économie de la fabrication, et, par suite, dans la faculté de les livrer au commerce à un prix moins élevé que les autres bouches de chaleur maintenant en usage.

La nouvelle disposition réunit à une grande légèreté une solidité incontestable. On peut les confectionner par séries de tout diamètre, suivant les appareils de chauffage auxquels elles doivent s'appliquer.

Les figures 231 à 235, *Pl.* XI, représentent différentes vues d'une bouche de chaleur en tôle de fer sans soudure ; les explications qui seront données à ce sujet se rapportent à toutes les séries.

Figure 231, bouche de chaleur fermée, c'est-à-dire garnie de sa virole et de son couvercle.

Figure 232, coupe intérieure du système en élévation.

Figure 233, plan supérieur de la bouche.

Figure 234, plan inférieur, c'est-à-dire la bouche renversée.

Figure 235, bouche de chaleur au-dessus du grillage, c'est-à-dire le couvercle ouvert et rabattu.

La forme de ces bouches est circulaire ; le couvercle *a*, au lieu d'être réparti sur toute la surface de la bouche, vient se fermer à charnière sur une portée *b*, ménagée sur tout le contour d'une lunette B. Pour consolider la charnière *c*, elle se trouve partie rivée sur le couvercle en tôle de fer A, et partie sur la lunette en cuivre B. Le couvercle en tôle A peut recevoir un ornement quelconque ; sur le dessus, on a placé à

(1) *Nouveau Dictionnaire technologiste*, t. IV, 1823.

son centre une rosace; sa fermeture sur la lunette est obtenue,
d'une manière invariable, par une poignée ou bouton *d* qui
se prolonge au-dessous du couvercle A, pour se fixer au-dessous de la portée *b* de la lunette B.

La virole E de la bouche est aussi en tôle et de forme circulaire; cette virole porte, vers le haut, un rebord qui vient se
fixer au-dessous de la gorge de la lunette B au moyen de
plusieurs tiges à vis *g, g, g,* que l'on recourbe contre le bord
de la virole.

La bouche reçoit, du reste, comme d'ordinaire, un treillage H qui est maintenu, à l'intérieur de la virole E, immédiatement au-dessous de la portée *b* de la lunette, par un fil-
de-fer adossé à l'entour de la paroi de cette virole.

On peut reconnaître combien cette disposition est favorable
à la fabrication et, par suite, à son prix de revient; la fermeture du couvercle est bien consolidée.

Cette disposition est aussi applicable aux bouches dites à
tourniquet ou à papillon.

L'absence de toute espèce de soudure dans la confection de
ces bouches, tout en diminuant le travail, est une garantie de
plus de leur solidité.

Ainsi, les avantages principaux de cette nouvelle disposition de bouches de chaleur en tôle et sans soudure peuvent
se résumer ainsi : économie de fabrication, légèreté et solidité.

ARTICLE 39.

*Système de manchon propre à la communication des tuyaux
de poêles et des calorifères avec les cheminées, par M. A.
CORBIÈ.*

(Brevet d'invention.)

Cette invention est destinée à préserver les appartements
des dégradations et inconvénients de tous genres qui résultent
du percement continuel des cheminées pour le passage des
tuyaux de communication des poêles, calorifères, cheminées
prussiennes, etc.

On sait, en effet, que dans un grand nombre d'appartements, on a coutume de placer, au commencement de chaque
hiver, des poêles et d'effectuer des percements ou déboucher
des trous anciens pour la communication des tuyaux avec
l'intérieur des cheminées; ces trous ne peuvent s'établir sans
causer des dégradations, sans endommager la tenture de la
cheminée; puis, par suite de changement de locataires, il

faut agrandir ou diminuer les ouvertures pratiquées, suivant le diamètre des tuyaux ; c'est ce renouvellement continuel de percement, de dégradation, que l'appareil simple, décrit ci-dessous, supprime entièrement.

Description de l'appareil.

Cet appareil, dessiné sous diverses vues dans les figures 236 à 240, *Pl.* XI, comprend deux parties distinctes : l'enveloppe proprement dite (ou manchon *a*), évidée sous forme cylindrique, et le tampon *b*.

Le manchon *a*, qui est la pièce fixe, se trouve scellé dans l'épaisseur de la cheminée au moment de la construction même de l'appartement, ou lorsqu'on veut y placer un appa-reil de chauffage quelconque, indépendant du foyer de la cheminée.

Le tampon mobile *b* ferme hermétiquement le trou du manchon pendant la saison d'été, et il suffit de l'enlever quand on veut placer le poêle dans l'appartement.

Ces manchons peuvent se classser par séries, suivant les dia-mètres des tuyaux ; toutefois, un seul manchon convient à tous les diamètres, c'est l'idée qu'en donne la figure 34. On suppose, dans cette figure, que le manchon *a* est fixé invaria-blement dans l'épaisseur de la cheminée ; alors, pour raccor-der cette ouverture avec le tuyau *c*, d'un diamètre plus fort ou plus faible, on confectionne une portion de virole *d*, dont une partie s'ajuste sur le tuyau *c*, et dont l'autre partie s'introduit à l'intérieur du manchon.

Le dessin représente les deux parties du manchon, l'enve-loppe *a* et le tampon *b*, dans leur simplicité primitive, c'est-à-dire, brute et sans ornement, parce que nous ne voulons indi-quer ici que le principe de l'invention, qui consiste dans un manchon placé à poste fixe dans l'épaisseur des cheminées, pour recevoir tous tuyaux de poêles ou autres appareils de chauffage, et dans un tampon qui ferme, au besoin, l'ouver-ture de ce manchon.

On concevra facilement que, selon les circonstances et le désir des acheteurs, on peut décorer et ornementer ces deux pièces, autant et de la façon qui paraîtra convenable.

Ces manchons pourront aussi être disposés par séries, sui-vant les diamètres ordinaires des tuyaux, et l'ajustement du tampon avec le manchon, quoique représenté, pour l'introduc-tion naturelle, sous forme cylindrique, de la partie mobile dans la partie fixe, recevra toute disposition pour opérer une fermeture plus ou moins commode et plus ou moins favorable.

Le caractère distinctif de cette invention réside surtout dans l'idée nouvelle d'un manchon fixe, scellé ou ajusté dans l'épaisseur des cheminéés, à la hauteur convenable pour recevoir, l'hiver, un tuyau de poêle, et l'été un tampon plus ou moins orné pour dissimuler son objet.

Légende explicative des figures.

Figure 236, vue de face du manchon *a* avec son tampon *b*.

Figure 237, vue de côté lorsque le tampon est introduit dans le manchon *a*.

Figure 238, coupe intérieure représentant l'assemblage simple de ces deux pièces.

Figure 239, plan du tampon qui est évidé à l'intérieur pour alléger son poids, et évidé à l'extérieur pour former poignée.

L'ajustement de ces deux pièces peut recevoir une portée ou, d'ailleurs, toute disposition propre à opérer leur réunion, et le tampon *b* peut recevoir toute espèce d'ornement.

L'ouverture du manchon varie à volonté, suivant les diamètres des tuyaux.

Ces deux pièces sont en fonte; elles peuvent être établies en tous métaux ou matières.

D'après cette description, on peut reconnaître que ce système de manchon est, pour les propriétaires et pour les habitations, une question de conservation, de propreté et de divers avantages qui en résultent.

ARTICLE 40.

Montage et démontage des Poêles ordinaires et de leurs tuyaux.

Les poêles, soit en fer fondu ou en tôle, soit en faïence, doivent toujours être établis sur une aire ou massif de briques ou de pierre, afin de prévenir les incendies.

Pour le montage des poêles en fonte ou en tôle, il n'est guère possible d'indiquer d'autre marche à suivre que celle qui doit résulter naturellement de la disposition qu'il faut que les pièces reçoivent les unes par rapport aux autres, et qui, comme on le sait, doivent toujours s'ajuster ou se superposer, en commençant par les inférieures, et en allant successivement jusqu'à celles du haut.

Un poêle de faïence peut être carré ou rond, et se compose ordinairement de trois parties distinctes : 1° d'une base profilée ; 2° d'un corps principal ou fût, dans lequel le foyer est pratiqué ; 3° d'une corniche également profilée qui reçoit la tablette de faïence ou de marbre, qui forme la partie supérieure ou le couronnement.

Chacune de ces parties comprend, en outre, un nombre plus ou moins grand de pièces ou carreaux, selon les dimensions du poêle, et qui sont accolées les unes aux autres : pour les poêles carrés, elles sont plates et rectangulaires, à l'exception de celles formant les angles, lesquelles doivent être, par cette raison, à deux branches comme une équerre; et dans les poêles de forme ronde, elles ont toutes, indistinctement, la courbure d'une portion du cercle.

La base et la corniche ne comprennent jamais qu'une assise chacune, tandis que le fût peut en avoir 2, 3 et même 4, selon la hauteur du poêle.

Ces sortes d'appareils s'ajustent nécessairement suivant un ordre analogue à celui observé pour la pose des poêles en fonte ou en tôle.

Ainsi, on placera d'abord la base sur l'aire en maçonnerie disposée à cet effet, puis la première assise du fût; ensuite la deuxième et la troisième, s'il y a lieu, et enfin la corniche et la tablette.

Les carreaux doivent être liés entre eux par des crampons fixés dans des trous conservés à cet effet dans les épaisseurs ; les joints se remplissent avec de la terre à four délayée, et l'ensemble du système se maintient au moyen de bandes ou brides en cuivre qui font le tour du poêle, que l'on serre avec des vis, et qui sont placées de manière à recouvrir les joints horizontaux des assises, tout en contribuant à l'ornement de l'appareil.

Quant à ce qui concerne le démontage, on conçoit qu'il doit se faire en suivant l'ordre inverse à celui indiqué ci-dessus.

L'établissement des tuyaux, soit en tôle, soit en faïence, exige surtout une attention particulière, parce qu'il n'est point indifférent d'en assembler les diverses parties d'une manière plutôt que d'une autre : aussi ferons-nous remarquer, à cet égard, qu'il faut toujours que la deuxième partie qui forme un tuyau soit introduite dans la première, la troisième dans la seconde, et ainsi de suite, afin que les infiltrations

du bistre, qui provient de la condensation de la fumée dans
les parties supérieures du tuyau, ne puissent avoir lieu par
les joints, ce qui est immanquable lorsque la disposition que
nous venons d'indiquer n'est point observée, et que les
tuyaux ont une inclinaison peu prononcée.

CHAPITRE IX.

DES CALORIFÈRES.

ARTICLE PREMIER.

On donne le nom de *calorifères* à des appareils propres à
échauffer, plus ou moins promptement et plus ou moins économiquement, les grands établissements, tels que les ateliers, les séchoirs, les salles de spectacles, les serres, les
grandes chambres, les étuves, etc., au moyen d'un seul foyer;
dans ces appareils, on peut même brûler des combustibles
économiques, mais dont l'odeur pourrait être désagréable
dans cet appartement. On peut diviser les calorifères en trois
classes :

1° Les calorifères à air;

2° Les calorifères à eau;

3° Les calorifères à la vapeur.

Ces appareils peuvent encore être rangés en deux systèmes : l'un tendant à renouveler l'air que l'on échauffe, et
l'autre à élever et maintenir la température d'une masse d'air
que l'on renouvelle.

Calorifères à air.

L'on sait que la chaleur spécifique de l'air, à poids égal,
équivaut au quart de celle de l'eau, et le poids spécifique de
celle-ci étant à celui de l'air comme 1,000 est à 1,30, l'on voit
que la chaleur spécifique de l'air est moindre que celle de
l'eau dans la proportion de o3,25 à 1,000, c'est-à-dire moin-

dire que $\dfrac{1}{3000}$; il faut donc un très-grand volume d'air pour

qu'il serve de véhicule au calorique, et échauffe différents
corps à une température donnée : il faudra donc un courant
d'air brûlé assez considérable dans l'intérieur des conduits
qui doivent transporter la chaleur et une grande masse chauf-

fante, en supposant même que l'on emploie un métal bon conducteur, tel que le cuivre.

Ainsi, dans un calorifère présentant une surface d'un mètre carré en cuivre, de deux millimètres d'épaisseur, si l'on a brûlé 6 kilogr. de charbon pour échauffer de 5o° 179 mètres cubes d'air, ou 232,7 kilogr., la chaleur passée dans l'intérieur de la chambre était de $\dfrac{232,7}{4} + 5o = 2,9o8$ unités ;

mais la chaleur dégagée par le combustible était de 6 + 7o5o unités, ou 423oo unités; donc, dans cette expérience, l'on n'avait utilisé que $\dfrac{2,9o8}{42,3oo}$ ou o,6875 de l'effet théorique. On peut obtenir de meilleurs résultats en pratique, en multipliant les surfaces échauffantes, et utiliser, par ce moyen, les o,9 de chaleur dégagée ; mais il faut, pour cela, que les produits de la combustion soient moindres que 1oo degrés lorsqu'ils sortent, et l'on n'y parvient facilement qu'en n'elevant pas la température du milieu que l'on veut échauffer de 25 à 3o degrés. Lorsqu'il est utile de renouveler l'air, en même temps qu'on l'échauffe continuellement, comme pour les salles de spectacle, les ateliers, les séchoirs, etc., on dispose les choses de manière à ce que l'air extérieur s'introduise, en passant d'abord sur les surfaces des tuyaux qui portent au dehors les produits de la combustion, en sorte que l'air le plus froid, en contact avec les surfaces qui enveloppent la fumée, la dépouille de la chaleur avec d'autant plus d'énergie que la différence de température est plus forte; cet air s'échauffe ensuite graduellement de plus en plus, en approchant davantage du foyer de la combustion près duquel il entre dans l'espace qu'il doit échauffer. La plupart des poêles, et les cheminées de Désarnod même, sont susceptibles de produire autant d'effet que les meilleurs calorifères, à l'aide de cette disposition fort simple.

Les calorifères des grands établissements, ordinairement composés de tuyaux cylindriques en fonte, scellés dans un fourneau en briques, sont placés dans une cave construite à cet effet.

Leur construction varie beaucoup ; mais ils consistent toujours en un appareil dans lequel le feu et le courant d'air brûlé sont en contact avec des conduits qui renferment de l'air qui s'échauffe et qui se répand ensuite dans les salles que l'on veut chauffer. Pour obtenir un bon résultat, il faut multiplier, autant que possible, les surfaces en contact avec la chaleur du foyer, et que la masse d'air qui passe dans les conduits soit suffisante pour établir une circulation d'air dans les salles, de manière à fournir 16 mètres cubes pour chaque individu par heure:

En général, les calorifères n'étant pas destinés à échauffer le lieu où ils sont établis, qui est ordinairement un caveau ou un endroit plus bas que les pièces à échauffer, parce que c'est la chaleur qui doit déterminer le mouvement du courant d'air, ne doivent pas, comme les poêles, être construits en matière bonne conductrice du calorique; ainsi, on fera usage de briques, pierres, etc.; et, s'ils sont en métal, on devra les envelopper avec ces matières, afin de concentrer la chaleur dans l'intérieur de l'appareil.

Quant aux tuyaux, on préférera toujours le cuivre à la fonte, attendu que ce premier métal laisse traverser plus facilement la chaleur.

On donne ordinairement aux tuyaux qui sont placés au-dessus du foyer, ainsi qu'aux trois premiers qui suivent immédiatement, 2 centimètres (9 lignes) d'épaisseur lorsqu'ils sont en fonte, et 5 millim. (2 lignes) lorsqu'ils sont en cuivre, en raison de ce qu'ils doivent supporter une température plus élevée que les autres. Ces derniers peuvent être de 2 millimètres (1 ligne); mais on peut réduire à 1 millimètre 1/2 (3/4 de ligne), et même à 1 millimètre (1/2 ligne), ceux qui sont placés au dehors du fourneau, et qui portent l'air chaud dans les pièces que l'on veut échauffer.

Les figures 30 et 31, Pl. I, représentent un calorifère à air.

La figure 31 est une coupe perpendiculaire aux axes des cylindres.

La figure 30, une autre coupe faite par un plan passant par les axes de plusieurs cylindres.

A, foyer d'où s'échappent les produits de la combustion, pour passer sous le premier rang de cylindre, remonter entre le premier et le second rang, puis entre le second et le troisième, ensuite entre le troisième et le quatrième, et jusqu'à ce qu'ils passent dessus le dernier et sous la voûte en briques, pour se rendre dans la cheminée f g.

Cette cheminée, qui a pour objet de dégager de là chaleur dans toutes les pièces qu'elle traverse, au moyen de tuyaux en cuivre f g dont elle est composée, s'élève au-dessus du bâtiment.

Dans la figure 30, les flèches indiquent les directions des courants d'air chaud dans l'intérieur des cylindres.

Dans la figure 31, les flèches indiquent les courants d'air chaud en contact avec les cylindres.

b est l'orifice par lequel l'air atmosphérique s'introduit pour passer dans des conduits ou encaissements ménagés dans la maçonnerie, d'un rang de tuyaux au rang supérieur, et communiquant avec les cylindres, où ils circulent suivant les directions indiquées par des flèches de *b* en *b'*, de *c* en *c'*, de *e* en *e'*, pour se rendre dans des tuyaux en cuivre *f g*, destinés à porter la chaleur dans les étages supérieurs.

ARTICLE 2.

Calorifères salubres, de M. OLIVIER (1).

Les avantages de cet appareil sont d'utiliser une très-grande partie du calorique développé par la combustion, sans odeur ni fumée; de laisser jouir entièrement de la vue du feu ; de donner une chaleur sensiblement graduée, et qui peut se conserver longtemps dans l'appartement ; de pouvoir arrêter le feu tout-à-coup, en cas d'incendie, en fermant les registres; de pouvoir faire chauffer un volume de 10 à 12 seaux d'eau, à l'aide d'une chaudière placée au-dessus du foyer, qui se chauffe sans augmentation de combustible; de renvoyer dans l'appartement la chaleur qui passe par des conducteurs placés derrière la glace de la cheminée, en employant des tissus métalliques; de supprimer les faîtes de tuyaux de cheminées, qui deviennent inutiles, puisque cet appareil est fumivore; de pouvoir préparer les aliments comme dans une cuisine, sans se priver de la vue du feu ; et enfin de pouvoir chauffer les étages supérieurs aux dépens de celui qui est au-dessous.

La figure 10, *Pl.* III, est l'élévation de face du calorifère dont il s'agit.

Figure 11. Plan coupé suivant *x x*.

Figure 12. Le plan du foyer.

a, foyer où se met le combustible.

b, conduits pour la flamme et la fumée, qui prennent une direction horizontale.

c, tablette qui couvre les conduits *b*.

d, contre-cœur en émail.

e, colonnes dans lesquelles s'élèvent la chaleur et la fumée,

(1) Description des machines et procédés spécifiés dans les brevets d'invention, de perfectionnement, etc., tome v.

qui, après avoir parcouru l'architrave, vont s'échapper par le tuyau de cheminée commun *f*.

g, soupape placée dans le canal du fond, et dont l'axe traverse le chambranle *h*. Cet axe fait mouvoir les soupapes placées dans l'architrave.

e', plan des colonnes *e*.

Les tables et colonnes de cet appareil sont en argile de toute espèce, émaillées en toute couleur, peintes et décorées comme la porcelaine, et même en porcelaine, pour remplacer les plaques en fonte des cœurs et contre-cœurs des cheminées.

Les foyers sont proportionnés au corps des cheminées de la manière suivante : pour du bois de 27 à 38 centimètres (10 à 14 pouces) de long, le canal doit avoir 21 centimètres sur 10 (8 pouces sur 4); pour celui de 38 centimètres sur 56 (14 pouces sur 21), 21 centimètres sur 13 (8 pouces sur 5); enfin, pour la bûche entière de 1 mètre 13 centimètres (42 pouces), le canal aura 32 centimètres sur 16 (12 pouces sur 6).

Ce calorifère, qui a été soumis à de nombreuses expériences, a donné plus de chaleur que l'appareil de Curaudau et le foyer de Désarnod, dit *de deuxième grandeur*.

Calorifère perfectionné, de M. OLIVIER.

M. Olivier a apporté les changements suivants à son premier calorifère : il place le feu dans le foyer *a* (*fig.* 13, 14, 15, et 16, *Pl.* III); la chaleur parcourt la cheminée en passant verticalement par le cœur *b* et le contre-cœur, qui est en matière émaillée, pour se rendre en *c*, où elle passe sous le foyer, et de là dans les colonne *d*, d'où elle s'échappe dans la cheminée par les conduits ou tuyaux *c*, placés dans l'épaisseur du chambranle.

Le passage *f* doit toujours rester libre pour ramoner la cheminée au besoin.

Les expériences auxquelles cet appareil a été soumis (*voyez* Chap. XI) n'ont pas justifié sa dénomination : il est très-inférieur au premier sous le rapport de l'économie; mais, comme sa construction peut permettre de le placer dans beaucoup plus d'endroits, nous avons cru bien faire d'en donner la description et les dessins.

M. Olivier a appliqué les principes des ses appareils au chauffage des grands établissements.

ARTICLE 3.

Calorifère à circulation extérieure, de DÉSARNOD.
(Figures 4, 5 et 6, *Pl.* IV.)

Le moyen à employer pour élever la température des grands
appartements à l'aide de l'air chaud, a l'avantage de mettre à
l'abri de l'incendie, d'être économique et agréable; on peut,
par des dispositions convenables, porter très-promptement
le calorique dans la pièce où l'on en a besoin. La chaleur se répand uniformément et sans aucune mauvaise odeur. Il ne peut
jamais y avoir de courant d'air froid : l'air est continuellement renouvelé, ce qui rend les appartements très-sains.

Le calorifère à circulation extérieure, dont nous allons
donner la description (1), réunit tous les avantages ci-dessus
indiqués, et les expériences faites dans de grand établissements ne laissent aucun doute sur son efficacité.

Le foyer a la forme d'une cloche ; il est muni, dans sa partie inférieure, d'une grille mobile, et il est posé sur un socle
formant un cendrier.

Le foyer à une ouverture garnie d'une gueule par où l'on
introduit le charbon. On bouche cette gueule avec un tampon qui s'y adapte et la ferme hermétiquement.

Le cendrier a aussi une porte à coulisse que l'on ouvre pour
attiser le feu et dégager la grille des cendres et des autres
matières qui l'obstruent.

Au-dessus du foyer est une espèce de lanterne ou tambour
avec lequel il communique par un collet. La fumée monte
d'abord dans cette lanterne, puis descend par six tuyaux dans
une gargouille ou canal circulaire qui entoure horizontalement
et aux trois quarts la partie inférieure du foyer. Elle remonte
de là par sept autres tuyaux dans une lanterne placée au-dessus de la première; elle s'y réunit et passe ensuite dans un
tuyau ordinaire qui aboutit au-dessus des toits.

Cet appareil est recouvert par une double enveloppe qui
ne descend pas plus bas que le canal circulaire; l'air passe
aisément dessous, circule autour du foyer et des tubes, puis
se répand dans les salles par un conduit de 3 décimètres 66
centimètres carrés (5o pouces carrés).

On place chacun de ces calorifères dans un caveau d'environ 3 mètres 3o centimètres (1o pieds) en tous sens, construit
sous la salle. Ces deux caveaux sont fermés par une porte à

(1) Extrait du *Bulletin de la Société d'Encouragement,* seizième année.

deux vantaux; mais l'air entre par deux ouvertures pratiquées en haut, et ces ouvertures peuvent s'agrandir ou se rétrécir à volonté, au moyen de coulisses.

Pour alimenter la combustion, l'air vient de l'extérieur
par un canal souterrain qui l'amène sous la grille, de manière
qu'il n'a aucune communication avec l'air du caveau; autrement, si celui-ci pouvait être attiré pour entretenir le feu, on
perdrait le calorique qu'il contient, puisque cet air irait avec
la fumée se répandre au-dessus des toits.

Si l'appareil n'avait qu'une seule enveloppe, le calorique
aurait bientôt pénétré à travers une aussi mince paroi, et la
température du caveau parviendrait à un degré d'élévation
tel qu'il ne serait pas possible d'y entrer pour le service du
calorifère; d'ailleurs les murs en absorberaient une portion
considérable en pure perte; mais la couche d'air qui passe rapidement entre les deux enveloppes s'empare de calorique qui
se dégage de la première, et la température du caveau ne
s'élève pas au-delà d'un degré supportable; déjà échauffé,
cet air circule autour du foyer, de plus de 26 mèt. (8o pieds)
de tuyaux presque rouges, et lance dans la salle un jet rapide qui a plus de 7o degrés de chaleur à l'embouchure du
conduit.

Le calorifère qui était placé dans le cirque des frères Franconi, faubourg du Temple, élevait et maintenait la température à 15 et 18 degrés pendant 5 à 6 heures, dans une salle
contenant 40 mille pieds cubes, avec la modique dépense de
4 francs pour deux fourneaux.

Dans une expérience faite en présence des commissaires de
la Société d'Encouragement, un calorifère semblable à celui du
cirque de MM. Franconi a élevé la chaleur d'une pièce contenant 8700 pieds cubes d'air, à 28 degrés au-delà de la température qu'elle indiquait, et cela en 4 heures de temps et
avec une dépense de 4 francs de combustible : ie lendemain il
y avait encore 13 degrés de chaleur produite.

Pour nettoyer les endroits où la suie peut s'engager, on a
ménagé le moyen d'y parvenir à l'aide de portes convenab!ement placées. On pénètre sans peine à travers les chemises
dans les lanternes, dans les tuyaux et dans le canal circulaire
où ils abouchent, de sorte qu'en peu de temps le calorifère
est parfaitement nettoyé au moyen de brosses et d'instruments appropriés à cet usage.

Le rapporteur ajoute : « C'est beaucoup, sans doute, d'é

chauffer rapidement un vaste espace ; mais , si l'appareil dont l'établissement occasionne déjà une forte dépense, exigeait de fréquentes réparations, le but d'économie ne serait pas atteint ; ce point essentiel n'a pas été négligé : toutes les pièces qui peuvent être détruites par l'effet de la haute température à laquelle elles sont exposées, sont en fonte, c'est-à-dire le foyer, le cendrier, les lanternes et les tuyaux servant à la circulation intérieure de la fumée; le foyer même est divisé en deux pièces, de sorte que la partie inférieure, la plus exposée à l'action du feu, peut, à peu de frais, être renouvelée, et encore doit-elle durer dix ans. Quant aux autres pièces, il est démontré, par l'expérience, qu'elles peuvent servir à plusieurs générations.

« Mais les localités ne permettent pas toujours de placer le calorifère sous la pièce que l'on veut échauffer; il y a même des circonstances où il est plus avantageux qu'il soit au-dedans; c'est ce qui a lieu lorsqu'on a besoin d'échauffer en même temps plusieurs étages, et c'est la circonstance qui se présente le plus souvent dans les manufactures où l'on a de vastes ateliers. Dans ce cas, l'appareil ne doit pas être revêtu d'enveloppes extérieures ; on doit toujours tirer du dehors l'air servant à la combustion, et cela est essentiel, afin qu'aucune partie de l'air chaud de la pièce ne soit entraînée dans le tuyau du foyer. On conduit cet air chaud dans les étages supérieurs sans employer aucuns tuyaux particuliers; on se contente de percer les planchers, de manière à établir un courant qui mêle, le plus promptement et le plus également possible, l'air chaud d'en bas avec celui des pièces au-dessus. »

La figure 4, pl. IV, représente l'élévation du calorifère vu de face.

La figure 5, le plan de cet appareil.

La figure 6 est une coupe de l'élévation suivant la ligne AB de la figure 5.

A, socle dans lequel est renfermé le cendrier, composé d'un tiroir en tôle.

B, anneau sur lequel repose la grille.

C D, cloche ou fourneau.

E, collet qui entoure le sommet de la cloche.

f, lanterne inférieure.

F, chapeau de la lanterne f.

G G, tuyaux courts descendants, au nombre de six.

H H, gargouilles dans lesquelles circule la chaleur fournie par les tuyaux G G.

I I, pièces à trous pour recevoir les tuyaux.

L L, tuyaux longs ascendants, au nombre de sept.

M, lanterne supérieure.

m, faux fond de cette lanterne.

N, chapeau de la même lanterne.

O, porte du foyer.

P, gueule ou ouverture aboutissant à la porte du foyer.

Toutes ces pièces sont en fonte de fer, les suivantes sont en tôle.

Q, tuyau à fumée ajusté sur le chapeau de la lanterne supérieure.

R R, deux cheminées ou enveloppes en tôle, divisées en seize parties ou panneaux, réunis par des cercles de fer; elles sont établies sur des supports *o o*, fixés à vis et à écrou sur le socle.

S, conducteur de l'air chaud entre les deux cheminées.

T, cendrier établi sur deux coulisseaux de fer et portant deux poignées.

Pour faciliter le ramonage, on a pratiqué un portillon U dans un socle A, deux portes *v v* aux cheminées, un tampon double dans la gueule, avec sa poignée; deux portes à chacune des lanternes, deux tampons simples sur le devant de la gargouille, une porte dans son milieu : ces quatre derniers objets n'ont pu être indiqués sur les figures.

Les mêmes lettres désignent les mêmes objets dans toutes les figures.

Lorsqu'on veut chauffer un rez-de-chaussée et des étages au-dessus, il faut préalablement construire le caveau souterrain dont nous avons parlé, de 3 mètres à 3 mètres 30 centimètres (9 à 10 pieds) en carré sur autant de profondeur, fermé par une porte à deux vantaux, laquelle est percée d'une ouverture qu'on peut augmenter ou diminuer à volonté. Un canal en maçonnerie est amené d'une distance de 4 à 5 mètres (12 à 15 pieds) et passe par-dessus la porte; il débouche sous le cendrier et fournit au calorifère l'air nécessaire pour alimenter le feu, sans que celui-ci puisse en tirer du caveau.

Pour établir l'appareil, on commence par placer le socle de fonte A bien de niveau sur une dalle de pierre, et on le calfeutre en dedans avec du plâtre et de l'argile; on pose dessus l'anneau B qui reçoit la grille C et la cloche D, qu'on surmonte du collet E et de la lanterne inférieure F.

Les quatre angles du socle portent la gargouille, qui, à son

tour, reçoit la pièce percée de treize trous I, sur laquelle on
établit les six tuyaux descendants G, qu'on place de deux en
deux dans les trous pairs; on approche leur sommet contre la
lanterne F, et on les fait entrer dans les doubles rebords de
cette lanterne, puis on pose les sept tuyaux ascendants L dans
les trous impairs, et on réunit leurs extrémités à la lanterne
M, qu'ils soutiennent. Au fond de cette seconde lanterne on
place le faux fond m, et on le ferme avec son couvercle N;
on place de même le chapeau F de la première lanterne.

Tout étant ainsi disposé, on assemble les chemises ou enveloppes de tôle, on fixe la gueule de fonte P contre la cloche,
au moyen de vis, et on surmonte le chapeau de la lanterne
M du tuyau Q, de 16 centimètres (6 pouces) de diamètre,
destiné à conduire la fumée au dehors; ce tuyau est entouré
d'un autre tuyau de 30 centimètres (11 pouces) de diamètre,
qui s'adapte au sommet de la seconde chemise, pour recevoir
et conduire la chaleur au lieu de sa distination, et qu'on
scelle dans les trous faits à la voûte des caveaux, de manière
à ne laisser échapper aucune portion d'air.

On allume avec du menu bois sec un feu clair sur la grille,
on y ajoute du charbon de terre en médiocre quantité; la
fumée s'élève d'abord au sommet de la cloche, et passe par
le collet dans la lanterne inférieure; celle-ci la divise et l'introduit dans les six tuyaux descendants, qui la portent dans la
gargouille, où elle plonge pour remonter ensuite dans les
sept tuyaux ascendants, et de là dans la deuxième lanterne,
où elle se réunit pour être conduite au-dehors par le tuyau
Q, après avoir parcouru un espace de plus de 26 mètres
(80 pieds) dans l'intérieur des chemises, et pendant ce trajet
s'être dépouillée de presque toute sa chaleur.

Les enveloppes ou chemises étant ouvertes par le bas, la
chaleur de la cloche et des tuyaux descendants et ascendants,
se faisant fortement sentir dans la première chemise, s'échapperait en grande partie par les pores, si une couche d'air
interposée entre elles et la seconde chemise ne s'y opposait.
Cette couche d'air, ayant une libre circulation de bas en
haut, s'empare sans cesse de la chaleur qui lui arrive à travers la première chemise; elle l'emporte au sommet des deux,
où se trouve le tuyau conducteur de la chaleur, dans lequel
elle se réunit avec celui de l'intérieur de la première chemise,
pour passer de là dans les lieux destinés à être chauffés.

Cependant, si, en faisant un très-grand feu, la deuxième

chemise recevait de la chaleur par l'excès de celle communiquée à l'air par la première, cette chaleur se répandrait dans
le caveau ; mais elle n'y serait pas perdue, parce que l'air
qui se précipite d'en haut par les guichets, se mêle de suite
avec celui du caveau déjà tiède, et ces deux airs, ainsi con-
fondus, entrent ensemble sous les chemises pour s'échauffer
en passant autour des surfaces brûlantes qu'elles contiennent.

Avant de mettre le feu, l'air est en stagnation dans le canal
souterrain, dans le caveau, dans l'intervalle des deux chemises, autour des tuyaux de chaleur et de fumée et de la
cloche ; mais, aussitôt qu'on allume, il met en mouvement
d'abord celui du canal souterrain qui l'alimente ; ensuite il
chauffe, dilate et raréfie l'air qui l'environne, et, dans cet
état, il s'élève rapidement par la légèreté qu'il vient d'acquérir d'une part, et de l'autre par la pression de l'atmosphère,
qui vient le remplacer à mesure par les guichets. Il en résulte
qu'il s'établit un courant tellement rapide, lorsque le feu est
allumé, qu'à 2 mètres (6 pieds) de distance on ne peut tenir
la main devant une bouche de 5o pouces carrés, par laquelle
sort l'air chaud.

ARTICLE 4.

Calorifère cubique à circulation d'air tiré de l'appartement, de
DÉSARNOD.

Cet appareil, que l'on voit de face, *fig.* 180, *Pl.* VIII, en
coupe verticale *fig.* 181, et en section horizontale *fig.* 182,
présente un cube élevé sur quatre pieds, composé de vingt-
quatre pièces de fonte et d'une porte en tôle ; on y brûle du
bois, et du charbon de terre lorsque le bois est bien allumé,
mais ce dernier combustible est préférable : il n'est propre
qu'à échauffer et remplir parfaitement ses fonctions suivant
sa grandeur.

Cet appareil est destiné pour les endroits non décorés, où
il ne s'agit que de procurer beaucoup de chaleur.

Calorifère carré en forme de piédestal, à four et à air extérieur,
chauffé au bois, à l'usage des cafés, magasins, comptoirs et
autres lieux où l'on désire une chaleur saine et abondante ;
du même.

Figure 183, vue de face de ce calorifère.
Figure 184, coupe verticale.
Figure 185, coupe horizontale.

Cet appareil est composé de vingt-sept pièces de fonte et
de deux portes en tôle, dont une pour le combustible, et
l'autre disposée en manière de table pour le four. Il tire l'air
du dehors, et brûle le bois ou le charbon de terre comme
l'appareil précédent. Il est propre à faire cuire, à chauffer et
à tenir chaud.

Calorifère en piédestal irrégulier; du même.

Figure 186, coupe verticale de cet appareil, faite suivant
un plan passant par la ligne ponctuée A'B, *fig.* 187.

Figure 187, coupe horizontale suivant la ligne C D,
fig. 186.

Figure 188, coupe horizontale par un plan passant par la
ligne E F, *fig.* 186.

Figure 189, coupe faite par un plan passant horizontalement par la ligne G H, *fig.* 186.

Cet appareil porte deux astragales, situés, l'un aux deux
tiers, et l'autre aux cinq sixièmes de sa hauteur : ils sont né-
cessités par la saillie extérieure des planchers intérieurs. Ce
calorifère est formé de quinze pièces de fonte et d'une porte
en tôle. Il tire l'air de dehors, ne brûle que du bois et n'est
propre qu'à échauffer.

*Calorifère oval ou elliptique à four et à air extérieur, chauffé
au bois et au charbon de terre, pour de grandes pièces où
l'on a besoin de beaucoup de chaleur, produite essentiellement
par l'air échauffé; du même.*

Figure 190, planche VIII, vue de face.

Figure 191, coupe horizontale.

Figure 192, coupe verticale suivant la ligne A B, *fig.* 67.

Figure 193, autre coupe verticale suivant la ligne C D,
fig. 191.

Ce calorifère est composé de trente pièces de fonte et de
trois portes en tôle.

a, fig. 192 et 190, porte du cendrier.

b, porte du foyer pour l'introduction du combustible.

c, porte pour le service du four.

dd, tuyaux servant à renouveler l'air et à augmenter la chaleur.

e, grille pour brûler du charbon de terre : on la remplace
par une plaque de fonte de même dimension, lorsqu'on veut
brûler du bois.

Poélier-Fumiste. 27.

. Cet appareil peut échauffer de grandes pièces et cuire le pain dans les temps calamiteux; il peut également servir à cuire, rôtir et tenir chauds toutes sortes de mets: il est à renouvellement d'air et ne brûle que du charbon de terre.

Calorifère circulaire, dit calorifère à ballon, à marmite et à air extérieur, *chauffé au bois et au charbon de terre, destiné aux grandes serres du Muséum d'Histoire naturelle, et propre à tous les grands établissements où l'on a besoin de chauffer d'une manière réglée, prompte et salubre; du même.*

Figure 194, *Pl.* VIII, vue de face.
Figure 195, coupe horizontale.
Figure 196, coupe verticale sur la ligne A B, *fig.* 194.

Pièces en fonte qui composent cet appareil.

a, base ou socle.
b, *c*, *d*, *e*, quatre cylindres creux formant l'enveloppe extérieure.
f, cendrier.
g, trois planchers.
h, grille.
i, ballon.
k, trémie.
l, huit tuyaux.
m, huit autres tuyaux.
n, huit courbes.
o, comble.

Le plancher inférieur *g* de ce calorifère est percé de dix-sept trous ronds, dont un grand au centre portant embase, pour recevoir la grille *h*, et seize petits placés autour avec rebords; huit de seize trous servent de supports au ballon en même temps qu'ils y conduisent l'air, et les huit autres amènent l'air directement du réservoir P au sommier *q*, où aboutissent également les huit courbes *n* sortant du ballon.

Le feu se fait sur la grille *h*, et les cendres et les scories tombent dans le cendrier *f*.

L'air extérieur, amené par un canal dans le réservoir *p*, s'introduit autour du cendrier dans les huit tuyaux *l*; il en remplit le ballon, d'où les huit courbes *n* le conduisent dans le sommier *q*, ainsi qu'on vient de le dire. De même, les huit tuyaux *m* le reçoivent du réservoir *p* et le portent de suite

dans le sommier *q*, qui, à son tour, le dégorge dans la pièce où
est le calorifère par huit bouches *r* placées au pourtour de ce
sommier entre les deux astragales supérieures *s*, *t*, fig. 194.

On conçoit 1° que les seize tuyaux *l*, *m*, étant renfermés
dans le cylindre d'enveloppe *c*, au centre duquel se trouve le
feu, doivent communiquer une grande chaleur à l'air qu'ils
contiennent; 2° que le ballon qui se trouve placé positive-
ment sur le feu, et qui se trouve enveloppé d'une fumée
presque incandescente, doit également ajouter une grande
chaleur à l'air déjà échauffé par les huit tuyaux *l* qui l'y
amènent; 3° que, tout étant chaleur dans ce calorifère, il
doit, tant par ses bouches que par toutes ses surfaces, en
procurer une très-considérable dans la pièce où il est, de
même qu'il doit la donner très-saine, d'après la quantité d'air
neuf qu'il échauffe et qu'il répand.

Cet appareil ne peut bien aller qu'au charbon de terre.

*Calorifère pour la dessiccation des poudres et salpêtres;
du même.*

Cet appareil, de forme rectangulaire, se voit de face *fig.*
201, *Pl.* VIII, de côté extérieurement *fig.* 202, et en coupe horizontale *fig.* 203; il peut être placé dans un lieu éloigné de
celui où l'on veut profiter de ses effets par une masse considérable d'air échauffé à la température que l'on veut. Cet air y
est conduit par des souterrains sans aucun rapport avec le
feu; d'ailleurs, des toiles métalliques très-serrées, interposées
de distance en distance dans son passage, assurent plus encore la tranquillité des personnes qui craignent sans concevoir et sans juger.

Ce calorifère, qui brûle le bois et le charbon, moyennant
une pièce de rechange, est composé de soixante-quatorze
pièces de fonte, qui, toutes, se montent et s'assemblent solidement par leur propre combinaison; on l'ouvre et ferme au
moyen d'une porte double portant bascules et vasistas à tourniquet. Il y a, de plus, deux ouvreaux sur les côtés pour
laisser échapper, si l'on veut, de l'air chaud dans la pièce où
il se trouve, et une grande ouverture carrée sur le comble
par où sort un torrent d'air chaud que l'on reçoit et conduit
dans le lieu qui doit servir à la dessiccation.

Si ce lieu est éloigné, les tuyaux conducteurs exigent des
enveloppes propres à ne pas laisser perdre le calorique dans
son trajet.

*Calorifère circulaire à compartiments intérieurs et à air exté-
rieur, échauffé au bois, à l'usage des bureaux et de tous les
lieux où l'on désire obtenir d'un feu ferme beaucoup de chaleur et de renouvellement d'air; du même.*

Figure 204, *Pl.* VIII, vue de face de cet appareil.

Figure 205, coupe verticale par le centre.

Figure 206, coupe horizontale faite à la hauteur de la ligne
A B, *fig.* 205.

Figure 207, seconde section horizontale prise à la hauteur
de la ligne C D; *fig.* 205.

Figure 208, troisième coupe faite horizontalement suivant
un plan passant par la ligne E F, *fig.* 205.

Cet appareil est destiné a remplacer les poêles pour échauffer les escaliers, les cafés, corps-de-gardes et autres emplace-
ments : il y en a de deux espèces, l'une pour brûler du bois,
l'autre du charbon de terre.

Ceux qui sont destinés à brûler du bois sont de trois grandeurs différentes : petite, moyenne et grande ; et ceux dans
lesquels on fait usage de charbon de terre n'ont que deux
grandeurs : moyenne et grande.

Les calorifères à brûler du bois sont composés de vingt-
trois pièces, qui sont :

Un socle ; trois planchers ; quatre cercles, dont un de rechange pour la fumée par derrière ; deux pièces droites intérieures pour la chauffe ; deux pièces cintrées, deux petites
cheminées ; sept pièces intermédiaires entre le troisième plancher et le comble ; un comble à fumée par dessus, et un comble
à fumée par derrière.

Ce calorifère est muni, en outre, d'une porte en tôle et de
cinq bouches de chaleur en cuivre qui versent l'air extérieur
qui s'est échauffé dans les différents passages qu'il a été obligé
de parcourir, toujours à côté du feu ou de la fumée, avant
de pouvoir s'échapper dans la pièce.

Le calorifère destiné à brûler du charbon de terre a quatre
pièces de plus en fonte et une porte en tôle, savoir : un cercle,
un cendrier, une grille et un fond de rechange.

Calorifère simple ; du même.

Figure 209, élévation de face.

Figure 210, coupe verticale en travers des barreaux de la
grille.

Figure 211, section faite horizontalement suivant la ligne
A B, *fig.* 209.

Cet appareil, dit *calorifère simple*, destiné aux grandes bibliothèques et aux salles publiques, est composé de quatre
pièces de fonte, qui sont : un socle, une hausse ou anneau,
une grille et une cloche; plus d'un cendrier, d'une porte et
et d'un tuyau de tôle.

Ce calorifère, ainsi composé, échauffe beaucoup la pièce
dans laquelle il se trouve; mais si l'on veut en échauffer une
ou plusieurs au-dessus, on le couvre d'une enveloppe en tôle
a, doublée, et contre laquelle vient rayonner la chaleur, qui
pénètre, échauffe et dilate l'air contenu entre cette enveloppe
et l'appareil, ce qui fait que cet air est raréfié, et que, par
sa légèreté acquise, il s'élève dans les pièces supérieures.

C'est par un appareil de ce genre que l'ancienne bibliothèque du jardin des plantes, qui contenait vingt-sept mille
pieds cubes d'air, avait été échauffée à satisfaction, tous les
hivers, depuis le mois de mars 1804, moyennant une voie
trois quarts de charbon de terre chaque année.

ARTICLE 5.

Description des Calorifères à air chaud ;
par M. WAGENMANN.

Ces calorifères sont formés de tuyaux de fonte qui circulent dans un espace clos par de la maçonnerie; ils livrent
passage à l'air provenant de la combustion, et ils échauffent
de l'air froid avec lequel ils sont constamment en contact.

Le plus grand de ces deux calorifères présente sept mouvements de tuyaux dans des plans verticaux; la figure 212,
Pl. VIII, est une coupe horizontale de ce calorifère; la chambre
de chaleur en maçonnerie est fermée par de doubles parois
entre lesquelles l'air est confiné; la figure 213 est une vue
antérieure du calorifère : on y a figuré la porte du foyer,
l'ouverture du cendrier, deux orifices pour l'arrivée de l'air
froid à échauffer, et une porte A qui permet d'entrer dans la
chambre de chaleur; la figure 214 offre la coupe transversale de la chambre à feu, et la figure 215 la coupe perpendiculaire par le milieu du poêle.

La figure 216 est le plan d'un poêle avec cinq tuyaux; le
poêle est ici de côté et en travers dans la chambre de chaleur :
cette dernière est également revêtue d'une couche de pierre

qui résiste au feu sans être séparée de la paroi principale par
une couche d'air. Les ouvertures pour l'air froid, et le canal
pour l'air chaud, sont les mêmes que dans les grands poêles.
La figure 217 est une vue devant, avec la porte du foyer
et le cendrier, les ouvertures pour l'air froid et la porte pour
entrer dans la chambre.

La figure 218 offre la perspective du poêle dans la figure
219; *a* est la coupe longitudinale d'une barre du gril; *b*, la
coupe transversale; *c*, une barre vue en dessus et en profil,
et *d*, vue devant.

La figure 220 représente la coupe d'un tuyau coudé inférieur; dans les deux figures, on aperçoit une ouverture pour
nettoyer les tuyaux; la fig. 221 est la coupe du dernier tuyau
coudé supérieur qui conduit à la cheminée; la figure 222 est
une coupe des tuyaux coudés supérieurs; la figure 223 est la
coupe du premier tuyau perpendiculaire qui repose sur le
poêle; la figure 224 est aussi une coupe des autres tuyaux
perpendiculaires.

ARTICLE 6.

Calorifère à circulation d'air chaud; par M. MEISSNER.

Ce calorifère est établi dans une petite chambre que l'auteur nomme *réservoir de chaleur*, et d'où l'air chaud se communique par des tuyaux aux pièces que l'on veut échauffer,
tandis qu'on fait repasser dans le réservoir de chaleur l'air le
plus froid qui occupe la partie inférieure de ces pièces, ce qui
établit une circulation qui embrasse toute la masse d'air dont
on veut élever la température : cette circulation ne cesse qu'au
moment où s'évanouit entièrement la différence de température dans toutes les couches d'air qui sont en communication
près ou loin du foyer. A cet effet, le courant d'air chaud, spécifiquement plus léger, passe par des tuyaux qui partent des
points les plus élevés du réservoir de chaleur, et débouchent,
à différentes hauteurs, dans la pièce à échauffer, suivant les
circonstances; au contraire, l'air froid, spécifiquement plus
pesant, s'écoule par des tuyaux qui commencent immédiatement près du sol des pièces et se terminent aux points les plus
bas du réservoir de chaleur.

On établit ce réservoir au rez-de-chaussée ou à la cave;
on peut aussi placer l'appareil dans un coin de la cuisine,
ou bien dans une cheminée commune à plusieurs apparte-

ments; dans le premier cas, le calorifère communique avec
les appartemens par de simples orifices percés dans les murs;
dans le second, la communication se fait par des tuyaux. Les
orifices et les tuyaux sont pourvus de clapets pour régler à
volonté le courant d'air, le diminuer ou même l'intercepter
instantanément; lorsqu'on a besoin de renouveler l'air, il y
a une communication entre l'atmosphère, d'une part, et le
réservoir de chaleur de l'autre; il y en a une pareille entre
l'atmosphère et chaque pièce avec les mêmes moyens pour
l'interrompre si l'on veut: ces appareils sont économiques;
d'un service commode et occupent peu d'espace.

ARTICLE 7.

Calorifère à circulation d'air, par M. A. À. LÉTURC.

(Brevet d'invention.)

On donne généralement le nom de calorifère à air à tout
appareil avec lequel on prend l'air extérieurement pour le
chauffer à une haute température, et le répandre ensuite
dans les appartements.

S'il ne s'agit que de chauffer une ou deux pièces contiguës
d'étendue limitée, on établit l'appareil dans l'une de ces
pièces, et l'air chaud est distribué par des bouches de chaleur
dans celle qui lui fait suite; la pièce où il est placé reçoit la
chaleur rayonnante qui lui est transmise à travers l'enveloppe de cet appareil, qui prend alors la dénomination spéciale de poêle de construction.

Mais, s'il s'agit de chauffer plusieurs pièces ou un grand
espace, ou bien encore des pièces situées à différents étages
d'un bâtiment, alors l'appareil, construit sur de plus grandes
dimensions, s'établit dans la cave d'où l'air s'élève et se distribue dans les étages supérieurs; c'est dans ce cas que l'appareil est plus particulièrement désigné sous le nom de *calorifère à air*.

Le poêle de construction n'est donc qu'un calorifère de
petites dimensions, avec quelques modifications de détail dans
son exécution; d'où il suit que le système qui remplira le
mieux toutes les conditions d'un bon calorifère est applicable au poêle de construction.

Les inconvénients le plus souvent reprochés aux calorifères
à air sont: l'odeur de fumée qu'ils répandent assez souvent
dans les appartements qu'ils doivent chauffer; le prix élevé
de leur construction première, et leur entretien coûteux.

Par suite, l'usage de ce mode de chauffage se trouve encore très-restreint, surtout chez les personnes de fortune médiocre. Cependant il est incontestable que de tous les moyens de bien chauffer l'intérieur d'un appartement, celui que procure un bon calorifère à air est préférable sous tous les rapports.

En effet, avec une faible dépense en combustible on peut produire une chaleur fort intense et la répandre assez uniformément sur tous les points d'un grand espace; de plus, l'air vicié des appartements est sans cesse renouvelé par l'air pur pris au dehors et que le calorifère y transmet.

Il serait donc bien important de pouvoir trouver un nouveau système de calorifère dans lequel la fumée ne pût jamais se mêler à l'air chaud, les prix de construction modérés, et les dépenses d'entretien peu considérables.

Les calorifères à air dont on se sert maintenant, peuvent être réduits à deux espèces bien distinctes.

Dans l'une, l'air est introduit dans des tuyaux en fonte placés au milieu du brasier; il s'y échauffe au passage et se rend dans un réservoir supérieur, d'où il est distribué.

L'autre espèce (dont le calorifère Désarnod est le type) fait, au contraire, passer la flamme et la fumée dans un système de tuyaux disposés dans une double enveloppe bien close, dans laquelle est introduit l'air du dehors, qui s'y échauffe par le contact des surfaces extérieures des ces tuyaux et s'élève ensuite dans le réservoir de distribution.

Dans l'un et l'autre système, les tuyaux sont assemblés à leurs extrémités par des collets qui s'emboîtent soit dans des plaques en fonte percées pour les recevoir, soit dans d'autres tuyaux faisant suite aux premiers. Ce sont ces assemblages qui offrent les imperfections qu'il importe le plus de corriger.

En effet, le seul lut que l'on puisse employer pour sceller les collets de ces tuyaux, est la terre grasse ou argile; mais, par suite de la chaleur intense à laquelle elle est exposée, elle éprouve une sorte de cuisson qui en diminue le volume; le retrait qu'elle éprouve est encore augmenté par la forte compression qu'exercent sur elle les collets des tuyaux dilatés par une chaleur rouge.

Dans cet état, la fumée ne peut trouver aucune issue par laquelle elle puisse passer pour se mêler à l'air qui doit porter la chaleur dans les appartements. Mais lorsque le refroidissement arrive, l'argile conserve le volume auquel la première chaleur l'a réduite; tandis que les collets des tuyaux, en se contractant et reprenant leur volume primitif, laissent entre eux et l'argile un vide ou fissure par où passe la fumée ; et cet effet a lieu pendant tout le temps nécessaire pour pouvoir, par une nouvelle chauffe, rétablir dans les tuyaux l'augmentation de volume qu'ils avaient acquise lors de la première.

Il est donc physiquement démontré que dans ces deux espèces de calorifères il est impossible d'empêcher que la fumée ne se mêle plus ou moins à l'air chaud, jusqu'à ce que les tuyaux aient atteint le rouge que leur donne chaque chauffe successive. Les prix de ces calorifères sont très-élevés : ceux de la première espèce, qui ont de vingt-cinq à quarante tuyaux, coûtent fort cher avec leurs accessoires; on ne peut les chauffer qu'au bois, ce qui ajoute encore à leur dépense; puisque le prix comparatif de la chauffe au bois, ou à la houille, est à peu près de 3 à 1:

Les tables en fonte percées pour recevoir les collets des tuyaux sont exposées à se fendre fréquemment à cause de l'inégale dilatation des parties alternativement pleines ou vides de ces tables.

Pour les remplacer, ainsi que les tuyaux que le feu brûle assez promptement, il est indispensable de démonter tout l'appareil ; et cette opération est fort coûteuse:

Un calorifère de cette espèce peut chauffer un volume d'air intérieur de 1,300 à 1,400 mètres cubes.

Le calorifère Désarnod, dans les mêmes proportions que celui qui précède, coûterait tout compris beaucoup plus. On les peut chauffer au charbon de terre ou au coke. Il est aussi plus économique que le précédent ; sous le rapport de son entretien, car on peut, dans ce système, remplacer chaque pièce qui viendrait à manquer, sans être obligé de tout démonter. Il lui reste cependant l'inconvénient de répandre, comme le précédent, une odeur de fumée dans les appartements qu'il chauffe. En outre, il est facile de prouver qu'il n'utilise pas tout le pouvoir calorifique du combustible employé : en effet, la couche d'air qui s'élève et circule entre les tuyaux et la double enveloppe ne reçoit le calorique que d'un côté, tandis qu'elle en perd du côté opposé. L'air froid devrait, pour un meilleur résultat, cheminer entre deux surfaces de chauffe ; et dans l'espèce sa route s'opère entre une surface de chauffe et une surface de refroidissement ; car en effet la double enveloppe, les parois des murs et le plafond du caveau

dans lequel on place le calorifère, sont des surfaces absorbantes ou de refroidissement, leur étendue est de près de 60 mètres
carrés, tandis que la surface de chauffe n'est pas de 30 mètres.

Dans le nouveau calorifère que nous allons décrire sous le
nom de *calorifère à circulation hélicoïde*, on s'est proposé :

1º De porter remède aux imperfections signalées dans les
deux premiers calorifères dont nous venons de parler.

2º D'absorber, au bénéfice de l'air que l'on veut échauffer,
une partie bien plus considérable du pouvoir calorifique du
combustible que l'on emploie.

3º D'isoler assez le courant d'air chaud de celui de la fumée,
que dans aucun cas il n'y ait possibilité de mélange.

4º Enfin de produire un appareil dont le prix d'établissement fût moindre que celui de ses devanciers, l'entretien
plus facile, moins dispendieux, et dans lequel on puisse, à
volonté, brûler du charbon de terre ou du bois.

Un calorifère de cette espèce a été comparé pour les effets
à un autre de la première espèce de 23 tuyaux.

Dans la partie supérieure du réservoir d'air chaud, ainsi qu'à
la sortie de la fumée, on avait pratiqué, dans l'un et l'autre,
de petites ouvertures avec portes, afin de pouvoir y introduire
des capsules en cuivre dans lesquelles on avait placé du plomb
et de l'étain, fusibles l'un et l'autre à des degrés de température connus.

On a brûlé dans l'ancien calorifère que nos désignerons par
b, 26 kil. de bois, et dans le nouveau *a*, 13 kil. de houille.
Une heure après avoir allumé, on a retiré les capsules des
réservoirs d'air chaud : dans l'*a*, l'étain était complètement
fondu, le plomb commençait à s'amollir, et toutes les arêtes
se trouvaient arrondies, ce qui a fait estimer la température à
250º.

Dans *b*, le plomb et l'étain étaient intacts, l'alliage de 2
de bismuth et de 1 d'étain fusible à 160º était ramolli, mais
non fondu ; la température a été estimé à 150º.

Dans *a*, la température de la fumée à sa sortie était de
160º ; dans *b* elle était de 130º.

Dans le calorifère *a* soumis à l'expérience, la fumée ne faisait que deux révolutions et demie autour de la cloche ; on lui
en fait faire quatre maintenant.

En résultat, la température de l'air chaud s'est trouvée de
100º plus élevée dans le calorifère *a* que dans celui *b*.

DESCRIPTION DU CALORIFÈRE HÉLICOÏDE.

1° *Cheminement des produits de la combustion.*

Pl. XI, *fig.* 241 et 242, *i*, porte pour introduire le combustible ; *m, a,* grille et cendrier.

a a a' a', cloche en tôle de 6 millimèt. (2 lignes 1/2) d'épaisseur, dans laquelle s'opère la combustion.

h, cloison en briques réfractaires qui force la flamme à frapper la calotte de la cloche et à redescendre ensuite dans le tuyau *k k.*

q q q, cloison en tuiles disposée en hélices autour du cylindre en tôle *b b b b,* de 4 millimètres (2 lignes) d'épaisseur.

j j j j, cheminement hélicoïde de la fumée, qui peut faire quatre révolutions autour du cylindre avant de s'échapper dans le tuyau de cheminée.

2° *Cheminement de l'air à chauffer.*

e e e, prise de l'air froid, et son cheminement pour arriver en *e'* du plan où il s'introduit dans l'espace compris entre la cloche *a a a* et celle cylindrique *b b b.*

c, c, c, diaphragmes en tôle disposés en hélice entre la cloche et le cylindre : c'est entre ces diaphragmes que l'air circule en montant, et fait quatre révolutions autour de la cloche *a,* avant de se rendre dans le réservoir de distribution *d.*

n n, tiges verticales en fer qui traversent tous les diaphragmes en tôle, et servent à les maintenir invariablement dans leur position au moyen d'une petite traverse horizontale en fer, assemblée sur ces tiges, et dont la longueur égale la largeur des diaphragmes ; ceux-ci reposent et sont fixés sur cette traverse.

g, ouverture par laquelle arrive l'air chaud dans le réservoir *d,* en glissant sur la calotte rougie de la cloche *a a a.*

p p, partie conique du réservoir d'air chaud.

p, p, p, partie cylindrique du même réservoir, entre laquelle et la maçonnerie de l'enveloppe', on laisse un vide de 12 centimètres (4 pouces 5 lignes). C'est de là que partent les tuyaux qui conduisent l'air chauffé aux bouches de chaleur.

v v, maçonnerie de l'enveloppe circulaire ; au milieu de son épaisseur et dans toute la hauteur on laisse un vide de 10 centimètres (4 pouces) de largeur. On remplit cet espace de poussière de charbon ou de sable glaiseux non conducteur *x x.*

v, voûte qui recouvre et ferme le haut de l'enveloppe; on la supporte par quelques barres de fer pour en détruire la poussée ; l'extrados est recouvert d'une couche de charbon ou de sable glaiseux. Avec quelques modifications, ce calorifère peut être transformé en poêles de toutes dimensions pour être placés dans l'intérieur des appartements, où ils auront le double avantage de répandre un courant d'air chaud dans les pièces où il seront placés et de soutirer constamment la couche d'air froid qui reste stationnaire sur la surface des carrelages ou planchers. Ils atténueront ainsi considérablement l'inconvénient des poêles ordinaires, qui est de laisser les pieds froids, tandis qu'ils échauffent le corps. Ce genre d'appareil, au contraire, aspire l'air froid qui rase le sol et le rend échauffé à la hauteur de la tablette qui couronne le poêle.

Brevet d'addition et de perfectionnement.

Le système est toujours le même, puisque l'air à chauffer est introduit dans l'appareil et y est maintenu dans son parcours entre deux surfaces de chauffe, sans rencontrer de surfaces absorbantes, et que tous les produits de flamme de fumée et de chaleur rayonnante sont absorbés au profit de l'air qui circule entre les deux cloches. Seulement, par la forme hélicoïde de ses conduits, le volume se trouvait restreint à l'ouverture que l'on pouvait laisser dans le fond inférieur des cloches, dont il fallait augmenter les proportions pour pouvoir augmenter aussi le volume d'air. Dans la disposition nouvelle, l'air étant introduit par toute la circonférence de l'appareil, et son volume étant déterminé par le vide laissé entre les diaphragmes en tôle et les parois des cloches, on peut, en donnant moins de largeur aux diaphragmes, laisser le passage libre à une plus grande quantité d'air.

Dans l'ancien système, les produits de flamme et de fumée n'ayant qu'une seule issue pour sortir de la cloche intérieure, l'action calorique détériorait promptement ce conduit ; tandis que maintenant la flamme et la fumée sont lancées dans une grande bâche en fonte par deux longues ouvertures qui n'ont qu'une très-petite largeur et paralysent l'action destructive de la chaleur.

La cloche intérieure, qui peut également être en tôle ou en fonte, s'ajuste par une double languette dans une rainure double ménagée autour de la bâche, en fonte ou en tôle, qui reçoit les produits de flamme et de fumée. Ce double ajustement, qui est le seul point de communication entre l'air chaud et les émanations combustibles, étant convenablement garni d'argile ne peut permettre aucun accès à la mauvaise odeur dans les appartements.

Les expériences faites de ce perfectionnement ont donné les résultats les plus satisfaisants sous le double rapport de l'économie de combustible et sous celui de la quantité plus grande de calorique.

Description du calorifère.

Figures 243 et 244, *a*, bouche en fonte pour introduire le combustible.

c, cendrier et courant d'air pour alimenter la combustion.

d, trémie en fonte où s'opère la combustion.

e, cloche en tôle ou en fonte recevant la chaleur rayonnante.

f, ouvertures pratiquées dans la trémie en fonte pour le passage des produits de flamme et de fumée.

g, bâche en fonte recevant la flamme et la fumée, et les conduisant autour de la cloche extérieure.

h, conduits en spirale dirigeant la fumée autour de la cloche extérieure.

i, tuyau de sortie de la fumée hors de l'appareil.

j, ouverture pratiquée pour le ramonage.

k, revêtement en brique.

l, vide laissé dans le revêtement et rempli de sable ou de charbon pilé pour empêcher l'expansion extérieure du calorique.

m, cloche extérieure en tôle.

n, diaphragme en tôle forçant l'air à se griller contre les parois des cloches.

o, air froid introduit dans le bas de l'appareil.

p, air chaud circulant dans les hélices.

q, tuyaux d'échappement de l'air chaud.

ARTICLE 8.

Calorifères pour un nouveau système de chauffage, par
M. J. F. PERRÈVE.

(Brevet d'invention.)

Mes appareils comprennent :

1° Le chauffage des appartements, lieux publics, séchoirs, etc. Ces appareils peuvent aisément s'adapter aux poêles calorifères, dont ils augmentent considérablement les effets calorifiques.

2° Le même système d'appareils, convenablement disposé, s'applique au chauffage des liquides, notamment aux bains, à la production de la vapeur, pour les machines à feu, aux distillations, évaporations.

3° Enfin, les lois du refroidissement étant les mêmes que celles du réchauffement, nos appareils, modifiés, peuvent servir de condensateurs réfrigérants.

Mon système consiste à prendre la chaleur et les produits fuligineux à la sortie du foyer pour les conduire dans des appareils disposés de manière à diviser, étendre et pour ainsi dire laminer la chaleur, de telle sorte que, en faisant passer, à plusieurs reprises, les produits de la combustion sur de grandes surfaces, j'utilise la totalité du calorique dans certains cas, et j'augmente toujours considérablement les effets utiles de la chaleur produite.

Chauffage des appartements, lieux publics, séchoirs, etc.

Pl. XI, *Fig.* 245. Au-dessus du foyer *e*, en face la gorge *ff* destinée au passage de la fumée, j'emboîte un premier cône tronqué *g*, *g*, qui a, à cet effet, à sa troncature, une gorge-tuyau *h h* ; ce premier cône ayant également à sa base une gorge *l l*, reçoit un second cône tronqué *m m*, qui, comme la première, a deux gorges : la gorge *n n*, destinée à emboîter d'autres appareils semblables, et la grande gorge *i i* de la base du cône. Ces gorges des bases des cônes s'emboîtent l'une sur l'autre, à la manière ordinaire, ou bien la gorge du cône supérieur entre dans la gorge du cône inférieur, en laissant entre elles un intervalle suffisant pour pouvoir luter avec de la terre réfractaire. C'est cette dernière disposition qui se trouve indiquée dans la figure.

Dans l'intérieur de ces deux cônes tronqués, ainsi réunis par les gorges des bases, nous mettons un troisième cône *o b*, en tôle, fonte ou terre cuite, qui vient s'appuyer extérieurement sur le premier cône, au moyen de trois supports-arêtes *k*, en fer, rivés sur le cône *o o*, quand le cône sera en fer, posés de champ, coupés de biais pour s'appuyer dans l'intérieur du premier cône *g g*, et ayant des arêtes pour maintenir le cône *o o* droit et stable dans sa position. Ces supports-arêtes seront en fonte ou en terre, faisant corps avec les cônes si les cônes sont en fonte ou en terre.

Le diamètre et la hauteur des cônes o seront tels que, ayant leurs bases renversées, ils doivent entrer dans l'intérieur des cônes g g, et que ces deux cônes, ainsi superposés intérieurement, doivent toujours, et dans tous les cas et applications dont il sera parlé ci-après, laisser entre eux, au moyen des supports-arêtes k, un intervalle suffisant, eu égard aux frottements, pour le passage de la fumée. Par suite de cette disposition, le sommet des cônes o o doit se trouver suspendu précisément au centre de la gorge-tuyau h h et un peu au-dessus, pour concourir à diviser la fumée et la chaleur provenant du foyer, afin que les produits de la combustion s'étendent également sur les surfaces intérieures des cônes.

Sur le premier appareil, ainsi disposé, nous emboîtons successivement plusieurs autres appareils semblables, au moyen des gorges-tuyaux des cônes supérieurs qui entrent dans les gorges des cônes des appareils inférieurs, en laissant entre les appareils ainsi superposés, un intervalle de quelques centimètres (pouces), plus ou moins.

Les tuyaux de communication des appareils auront les diamètres ordinaires, en raison de la quantité et de la nature des combustibles qu'on doit brûler dans le foyer.

Quant aux diamètres des appareils, ils ne peuvent être fixés ; leurs proportions et leur nombre dépendent des localités et des résultats qu'on veut obtenir.

Dans tous les cas, la gorge supérieure du dernier appareil sera toujours d'un plus grand diamètre que les gorges-tuyaux des appareils inférieurs, afin d'emboîter sur cette gorge des tuyaux de conduite pour la fumée, dont les diamètres soient assez grands pour avoir un bon tirage, ce qui est essentiel. La figure 245 représente cette dernière gorge avec des tuyaux un peu plus grands, ce qui, au surplus, n'offre pas d'inconvénient.

Les sommets des cônes o, o, étant exposés à une assez forte chaleur, principalement les cônes des premiers appareils, on peut les mettre en fonte, comme nous l'indiquons dans la figure ; dans ce cas, les petits cônes en fonte p viendront s'appuyer, au moyen d'une gorge ménagée à cet effet, dans l'intérieur des cônes o, o, qui auront alors une troncature pour les recevoir.

Pour supporter et tenir les appareils stables et empêcher l'écrasement, lorsqu'il y aura nécessité de le faire, par suite du nombre et de la grandeur des appareils, nous mettons de petits colliers en fer s s, ayant trois, quatre ou cinq montants-supports *t*, *t* rivés aux colliers; ces cônes entrent aisément dans les gorges des cônes inférieurs, et les montants-supports qui y sont attachés sont d'une hauteur suffisante pour que les appareils viennent se poser dessus.

Ces colliers pourraient être également tenus par une branche en fer qui viendrait se boulonner sur un montant en fer plat ou en bois qui supporterait tous les appareils.

On peut aussi, comme on le voit *fig.* 245, placer immédiatement au-dessus du foyer et à 24 à 27 centimètres (9 à 10 pouces) de hauteur, le premier appareil qui, dans ce cas, s'emboîterait sur le foyer même, au moyen d'une gorge d'un diamètre et d'une hauteur suffisants.

Nos appareils peuvent être en tôle, cuivre, fonte, terre cuite ou faïence.

On voit par la description que nous venons de faire de nos appareils, qu'ils sont indépendants les uns des autres, et qu'on peut en varier le nombre et la disposition

On peut encore établir des courants d'air sur les cônes supérieurs *m*, *m*, en superposant d'autres cônes *r*, *r* au moyen de bouts de tôle coupés convenablement, ce que nous indiquons suffisamment dans la figure 1re, et varier leurs formes.

Nous ne dirons rien des ornements de tout genre qu'on peut ajouter à nos appareils.

Grands calorifères.

Nos grands calorifères (*fig.* 246) ne diffèrent des appareils décrits précédemment que parce que nous transformons nos cônes intérieurs en de petites chambres *i*, *i*, en mettant des gorges de 13, 16, 18 et 21 centimètres (5, 6, 7 et 8 pouces) de hauteur aux cônes et en fermant les gorges des cônes intérieurs *i*, *i*, *i* par des couvercles *g*, *g*.

Nous mettons dans les chambres intérieures, des séparations *h*, *h*, espacées et distribuées de façon que l'air extérieur, amené par les bouches *m* qui traversent les gorges des cônes, soit forcé de passer sur toutes les surfaces des cônes-chambres intérieurs, et après s'être échauffé par le contact des parois, sorte par les bouches *m*.

Les couvercles *g*, *g* seront placés de biais et couverts d'une légère couche de cendre ou de sable, pour absorber l'eau de condensation, qui s'évapore peu après.

Nous ne dirons rien des ornements de tout genre qu'on

peut ajouter à nos appareils; ce sont des détails insignifiants dans les descriptions dont nous nous occupons.

Appareil pour chauffer les liquides, etc.

L'application de notre système au chauffage des liquides sera facile à comprendre après les descriptions qui précèdent.

Figure 247 à 251. Au-dessus du foyer *i*, nous plaçons des cônes-chaudières *a*, *a*, fermés hermétiquement dans leur partie supérieure; ces cônes-chaudières intérieurs sont entourés de secondes cuves *b*, *b*, formant anneau; ces deux cuves laissent entre elles un intervalle *cc*, suffisant pour le passage de la fumée, exactement de la même manière que dans les appareils précédents.

Le premier appareil, composé ainsi de deux cuves, dont la première, intérieure, se trouve enfermée dans la cuve-anneau, ainsi qu'on le voit dans la figure 40, se met immédiatement au-dessus du foyer, et la chaleur ainsi que la fumée sont forcées de s'étendre sur toutes les surfaces des cuves intérieures et cuves-anneaux, et, après les avoir chauffées, sortent par le tuyau *d*, *d*, plat ou rond, qui conduit les produits fuligineux sous d'autres appareils *x*, *x*.

Les deux cuves *a*, *a* et *b*, *b* communiquent entre elles par des tuyaux-nœuds *m*, *n*; le tuyau *m* amène l'eau de la cuve anneau *b* à sa partie supérieure, établit une circulation continue entre les deux cuves.

L'eau de condensation des produits fuligineux sera reçue sur le couvercle de la cuve *a*, qui, placé un peu obliquement, amènera l'eau de condensation jusqu'au tuyau à robinet *ee*, qui communiquera à l'extérieur pour la vidange, en cas de besoin.

La cuve-cône intérieure *a*, *a* sera soutenue par des supports en fer *f*, *f*; en outre de ces appuis, on mettra sur la même ligne d'autres supports-arêtes en fer *g*, placés de champ, comme nous l'avons expliqué précédemment, qui maintiendront l'écartement entre les deux cuves, en contribuant à soutenir la cuve intérieure.

A ce premier appareil nous en ajouterons d'autres semblables *x*, *x*, qui seront placés successivement à des hauteurs convenables, comme on le voit dans la figure, pour que les tuyaux de fumée qui traversent les cuves aient des pentes suffisantes.

Ces tuyaux de conduite des produits fuligineux s'emboîtent sur des bouts de tuyaux intermédiaires *h*, *h*.

Tous les appareils qui se succèdent étant disposés comme le premier, les chaudières-cônes intérieures diviseront en étendront la chaleur sur toutes les surfaces intérieures des cuves.

C'est ainsi qu'on parviendra à utiliser la totalité, à très-peu-près, de la chaleur du foyer, en mettant autant d'appareils d'un diamètre suffisant qu'il sera nécessaire dans chaque cas particulier.

. Les appareils qui, comme on le voit dans la figure 247, se succèdent à des hauteurs diverses, sont supportés par les pieds en fer *p*, *p*, maintenus par des cercles *r*, *r*, qui sont coudés et qui portent des traverses en fer *s s*, placées de champ, sur lesquelles on pose des appareils; ces traverses seront coudées d'équerre, à leurs extrémités, de quelques centimètres de hauteur, afin de tenir les appareils stables dans leurs positions.

Pour faciliter les réparations, nous fermons les cuves intérieures en rapportant une gorge intérieure plate, d'une épaisseur convenable pour être boulonnée sur les couvercles, en prenant les précautions ordinaires pour opérer de bonnes fermetures; les couvercles ont des ouvertures, *t*, *t*, fermées et boulonnées, enfin, au moyen des tuyaux-nœuds *m*, *n*, qui réunissent les cuves, il sera facile de les séparer, quand il y aura nécessité de le faire.

Ainsi, chaque appareil n'a de communication avec les appareils qui le précèdent et qui le suivent, que par un bout de tuyau *h*, qui s'ôte à volonté et ne sert qu'à établir la communication des tuyaux entre eux, pour la conduite des produits fuligineux.

La gorge supérieure du dernier appareil sera toujours, comme nous l'avons dit précédemment, d'un diamètre plus grand que les tuyaux qui précèdent, afin que ceux qu'on emboîtera sur cette gorge puissent établir un très-bon tirage, ce que nous regardons, dans tous les cas, comme un détail essentiel d'exécution.

Pour éviter les déperditions de chaleur par le rayonnement des surfaces extérieures des appareils, on pourra les entourer de cuves en bois, qui laisseront un intervalle qu'on remplira d'étoupes, charbon pilé, etc., mauvais conducteur du calorique.

Tous ces appareils qui se succèdent pourront être, au besoin, sans inconvénients, de capacité différente, communiquer entre eux par des niveaux d'eau convenablement disposés, et les liquides se rendre ensemble ou séparément dans une cuve commune, pour prendre une température égale et être, de là, distribués selon les besoins ; ces détails demeurent facultatifs, et on conçoit aisément que tout ces détails d'exécution peuvent varier à volonté.

Appareils pour la production de la vapeur pour machines à feu, évaporations, distillations.

figure 252. Pour la production de la vapeur, les appareils seront disposés comme ceux précédemment décrits pour chauffer les liquides ; il y aura seulement des modifications que nous allons faire connaître.

Les cuves des appareils seront moins élevées ; la communication des cuves-cônes intérieures avec les cuves-anneaux pourra se faire comme nous l'avons dit, par des tuyaux-nœuds, ou bien encore par des siphons *a,a,fig.* 252, dont une branche serait soudée sur le couvercle de la cuve intérieure, tandis que la seconde branche viendrait se rendre dans les chaudières-anneaux, à leur partie moyenne. Ces siphons seraient en deux parties, et le nœud qui les joindrait donnerait la facilité de les enlever et nettoyer.

Les premières chaudières, par leur plus grande proximité du foyer, sont particulièrement destinées à la production de la vapeur ; leur alimentation se fera par les appareils qui les suivront, au moyen de niveaux d'eau *b,b* convenablement disposés ; l'eau roide n'arrivera que dans le dernier appareil, qui n'est point figuré dans le dessin. Cette eau se maintiendra à un niveau constant et de là se distribuera selon les besoins des appareils.

On pourra également, si on le désire, employer le même moyen d'alimentation pour les appareils de chauffage des liquides.

La capacité des appareils, leur arrangement entre eux, leurs moyens de communication, restent facultatifs.

Chaque appareil a un tuyau *c* pour conduire la vapeur là où elle doit être utilisée.

La figure 252 ne présente que trois appareils, ce qui était suffisant pour éclairer notre description ; mais le nombre de ces appareils, ainsi que leurs capacités, sont nécessairement subordonnés aux résultats qu'on veut obtenir, etc.

Condensateur refrigérant.

Figure 253. Après les descriptions précédentes, on comprendra aisément cet appareil, qui n'est qu'ébauché dans le dessin, mais suffisamment pour l'intelligence de ce qui suit; on verra qu'on peut, par ce moyen, condenser rapidement les vapeurs et refroidir les liquides.

En effet, les vapeurs qu'on veut condenser, venant par le tuyau *a a* d'un appareil quelconque, seront reçues dans des appareils *b*, *b* disposés comme ceux du grand calorifère précédemment décrit, à l'exception que sur les cônes intérieurs *c, c* sont surperposés d'autres cônes *d, d*, au lieu de couvercles. Les vapeurs, en arrivant sous les appareils, se divisent et s'étendent, comme le ferait la fumée sur toutes les surfaces des cônes intérieurs. Ces vapeurs ne se condensent pas dans le premier appareil, mais s'élèvent dans un second, un troisième et un quatrième appareil, non représentés dans le dessin et dans lesquels elles finissent par se condenser ; nous nous sommes borné à indiquer, dans la figure 253, un appareil de chaque sorte.

Ces appareils sont enveloppés, de tous côtés, par des courants d'air froid, tant extérieurement qu'intérieurement, à la manière de nos grands calorifères. Si l'on veut que ces courants d'air aient plus de vitesse, ce qui accélèrera la condensation, on les fera communiquer simultanément à une cheminée commune *e e*, fermée dans le bas.

Nous ajouterons à ces appareil des cônes *f, f*, avec des gorges *g, g* fermées pour établir des courants d'air sur les cônes supérieurs des appareils, en ayant soin de rendre le tirage égal, en mettant des séparations *t* au-dessous des tuyaux de tirage, ce qui force l'air à parcourir l'espace nécessaire pour rendre le tirage égal.

Cette dernière disposition pourra, si l'on veut, s'appliquer aux grands calorifères.

Les eaux de condensation de chaque appareil sont arrêtées par des gorges *h, h*, disposées à cet efffet, dans l'intérieur des cônes *b, b*, et elles sont portées au dehors par des tuyaux *i, i*, qui communiquent à un conduit commun *m, m* qui amène toutes les eaux de condensation des appareils sur une série d'autres appareils *p, p*, semblables aux premiers, mais beaucoup moins grands.

Les eaux de condensation tombent, au moyen d'une petite ouverture *o*, sur le sommet des cônes intérieurs *r, r*, en se répandant également sur les surfaces intérieures des appareils, sur lesquelles les eaux de condensation finissent de se refroidir très-rapidement, étant forcées, par la disposition des cônes intérieurs, de s'étendre en lames très-minces sur de grandes surfaces qui sont en contact avec de grands courants d'air incessamment renouvelé.

Les cônes-chambres intérieurs sont supportés sur les cônes extérieurs au moyen de supports-arrêts, comme nous l'avons indiqué précédemment.

La grandeur des appareils, la distance intérieure des cônes entre eux, leur nombre, dépendent évidemment de la quantité de vapeurs à condenser.

On pourra noircir extérieurement les appareils, pour hâter le refroidissement.

Pour maintenir les appareils et éviter leur écrasement, chacun d'eux sera supporté par un collier en fer, ayant des branches qui viendront se boulonner sur un montant en fer ou en bois *s s*, disposé à cet effet, ou s'appuyer sur la cheminée, ou tous autres moyens qui rempliront le même but.

Observations générales.

Les figures n'ont point d'échelles; la raison en est simple : les dimensions absolues et même les dimensions relatives dépendent, dans chaque cas, de circonstances particulières. Nos dessins suffisent pour faire comprendre les dispositions de nos appareils, ce qui remplit le but que nous nous proposons.

Dans nos appareils, tous les combustibles peuvent être employés avec le même succès, ayant soin de donner aux foyers et aux grilles les dimensions nécessaires, ainsi qu'aux passages des produits fuligineux.

Brevet d'addition et de perfectionnement.

Dans le mémoire descriptif du brevet d'invention, j'ai montré que, au moyen de cônes intérieurs placés au centre des conduits de chaleur et superposés dans mes appareils formés de deux cônes surbaissés, j'augmentais, à volonté, les surfaces de chauffe en divisant et en étendant également les produits de la combustion sur de grandes surfaces, en lames d'une faible épaisseur, et que de cette manière je pouvais utiliser la totalité de la chaleur.

Appareils pour le chauffage des appartements.

Mes appareils en tôle et cuivre sont fabriqués au balancier ; ils sont formés, comme nous l'avons déjà fait connaître, de deux cônes surbaissés avec gorges ; ces deux cônes se joignent au moyen d'une virole intérieure, d'une hauteur convenable et ayant les mêmes diamètres, à très-peu près, que les cônes, de telle sorte que les deux cônes formant l'appareil extérieur s'emboîtent exactement à la manière d'une tabatière, et l'on peut les ouvrir et les nettoyer avec la plus grande facilité.

Ces viroles intérieures qui joignent les cônes, ainsi que les cônes intérieurs servant à diviser et à étendre les produits de la combustion, ont des hauteurs diverses en raison des diamètres des appareils et des combustibles qu'on doit brûler dans le foyer.

Comme on l'a vu dans le précédent mémoire, ces appareils calorifères se superposent, sans aucune difficulté, sur toute espèce de poêles, fer, fonte ou faïence, et leurs diamètres doivent être en rapport avec la capacité des foyers, si l'on veut obtenir le maximum d'effet utile possible.

On peut aussi placer un ou deux appareils dans l'intérieur des poêles en faïence, en remplacement des constructions qu'on y fait et en ménageant des ouvertures circulaires nécessaires aux passages de l'air froid et de l'air chaud; de cette manière les poêles serviront d'enveloppe au système.

Grands calorifères.

On enveloppe d'une chemise tout le système, en laissant des intervalles entre les appareils et la chemise pour la circulation de l'air. On met des rondelles du diamètre de la chemise entre chaque appareil, pour forcer l'air froid à passer sur toutes les surfaces de chauffe. L'enveloppe ou chemise ainsi disposée, on fera arriver l'air froid sous le foyer, et, en s'élevant, il se chauffera sur toutes les surfaces, des appareils, et se rendra au-dessous du système dans une calotte disposée à cet efffet ; l'air chaud sera distribué, par des tuyaux, dans toutes les pièces qu'on voudra chauffer.

On pourra rendre la chemise et les tuyaux mauvais conducteurs de calorique en leur donnant de doubles enveloppes, dont les intervalles seront remplis de paille hachée, de charbon pilé ou tout autre mauvais conducteur de la chaleur. Les coiffes des cheminées agrandies pourraient servir, dans certains cas, de chemises à nos calorifères.

Appareils pour chauffer les liquides.

Pour chauffer les liquides, il suffit de mettre dans la cuve qui les contient, un, deux ou trois calorifères en cuivre ou fer étamé, comme ceux que nous venons de décrire ; ces calorifères, ainsi plongés dans les liquides, chaufferont avec rapidité.

Pour rendre les appareils faciles à enlever et à nettoyer, les viroles intérieures qui joignent les cônes laisseront un intervalle, entre les gorges des cônes, suffisant pour pouvoir les fermer hermétiquement avec du blanc de céruse et du minium, afin d'empêcher les liquides contenus dans la cuve de s'introduire dans les appareils.

Le système de chauffage, ainsi composé d'un ou plusieurs calorifères, sera supporté et maintenu dans la cuve ou chaudière de manière qu'il ne puisse fatiguer la cuve. On obtiendra aisément ce résultat en supportant chaque appareil avec des chaînes en fer ou en cuivre galvanisé ou étamé, qui viendront s'attacher à des anneaux rivés, à une hauteur convenable, dans l'intérieur de la cuve.

Dans beaucoup de cas, et notamment pour les bains, les cuves à lessive, celles des teinturiers, etc., on pourra joindre une seconde cuve à la première, afin d'avoir une cuve entièrement libre. Ces deux cuves communiqueront ensemble par deux tuyaux de diamètres suffisants ; l'un placé au bas des cuves et l'autre au haut, de sorte que les eaux des deux cuves seront constamment au même niveau. Quand on chauffera la cuve placée sur le foyer et qui renfermera le système calorifère, il s'établira un courant entre les deux cuves, et les eaux des deux cuves chaufferont également, à de légères différences près.

On conçoit aisément que ce mode de chauffage des liquides peut avoir une foule d'applications utiles qu'il est inutile d'énumérer ici ; car, avec de petits appareils, on pourra chauffer de grandes masses de liquide.

Appareil pour la production de la vapeur.

Figure 254. Les mêmes appareils, décrits précédemment, mais fermés avec plus de soin, peuvent être employés. Nous ajouterons un second moyen ; il consiste à étendre également la chaleur en lames d'une faible épaisseur. La chaudière à vapeur doit former un carré long, *fig.* 255 ; le foyer *a* prend toute la largeur de la chaudière, et une partie seulement, le tiers ou la moitié, au plus de la longueur: il est encaissé au moyen d'un mur en briques placé au fond du foyer.

Les produits de la combustion, après avoir frappé et chauffé directement les parois de la chaudière *c* immédiatement superposées sur le foyer, parcourent, en chauffant les autres parties de la chaudière, le passage *b*, *b*, en briques, qui va toujours en diminuant de hauteur, jusqu'à l'entrée de la cheminée, pour forcer les produits de la combustion à s'étendre sur toute la largeur de la chaudière.

L'étranglement c, ou passage de la fumée, ne doit laisser que le passage nécessaire pour les produits de la combustion.

Des tiroirs d, d, ayant un peu moins que la largeur de la chaudière à la hauteur convenable, débouchent dans la cheminée; ces tiroirs sont placés dans l'intérieur de la chaudière, et la chaleur, étant arrêtée par les clefs ou barrages e, e, est forcée de parcourir ces tiroirs, qui ont une pente suffisante, et, de cette sorte, chauffe les liquides contenus dans la chaudière.

On sera maître du tirage en mettant les clefs ou barrages e, e mobiles, de manière à les ouvrir et fermer à volonté : on ouvre ces clefs pour allumer le feu, et, lorsque la combustion a l'activité nécessaire, on les ferme à la fois ou successivement, et alors les produits de la combustion passent sans difficulté dans les tiroirs.

On peut encore mettre au fond du foyer, dans la porte dont nous allons parler, un tuyau f, d'un diamètre convenable; ce tuyau, comme on le voit dans la figure, communique à la cheminée : on l'ouvre quand on veut allumer, et, lorsque la combustion est bien établie, on le ferme, et la fumée, n'ayant plus d'autre issue, passe par les tiroirs d, d sans difficulté.

Il est nécessaire de rendre mobile cette partie de la cheminée qui fait face au fond de la chaudière, afin de l'ouvrir et de la fermer à volonté, comme une seconde porte du foyer, pour nettoyer les tiroirs d, d qui s'obstruent assez promptement.

Distillations et Condensations.

Pour distiller, on se servira de notre système dans deux buts opposés : le premier pour évaporer, comme nous l'avons précédemment expliqué; le second pour condenser; car, dans les phénomènes de la chaleur, tout est réciproque, et les lois du réchauffement sont les mêmes que celles du refroidissement. Ainsi, on peut faire de nos appareils de bons condensateurs, soit en les plaçant dans des cuves d'eau froide, comme c'est l'usage, soit en les laissant à l'air libre, en leur donnant des surfaces suffisantes. Dans ce dernier cas, les cônes ont des gorges intérieures de quelques lignes formant le prolongement des conduits de vapeur, pour recevoir les eaux de condensation. Le cône intérieur, qui divise les vapeurs alcooliques, déversera, par un tuyau, les eaux de condensation dans la gorge du grand cône, et toutes ces eaux de condensation se rendront simultanément à l'extérieur, par des tuyaux, dans un réservoir commun à tous les appareils condensateurs, où chacun de ces condensateurs aura un réservoir séparé : dans ce dernier cas, on obtiendra de prime abord des eaux-de-vie à des degrés différents.

Toutes ces dispositions sont faciles à comprendre, faisant application de notre système de chauffage à la condensation ; les vapeurs alcooliques sont étendues, comme la fumée, sur de grandes surfaces et se condensent.

Les autres dispositions ne sont qu'accessoires et nécessitées par les besoins de recueillir et d'extraire les eaux de condensation des appareils.

Nous nous servons du moyen que nous venons d'indiquer pour extraire les eaux alcooliques de nos appareils, pour retirer les eaux de condensation qui se forment également dans nos appareils appliqués au chauffage des liquides.

Observations.

Il est souvent utile, dans l'application de notre système de chauffage, d'être maître du tirage. Dans ce cas, nous mettons deux buses au poêle ou foyer ; la première sert à emboîter des tuyaux ordinaires, et la seconde à recevoir les appareils calorifères qui communiquent au même tuyau de sortie de la fumée.

Quand on allume le foyer, on ouvre le tuyau ordinaire, et alors que la combustion est en pleine activité, on ouvre le second tuyau de la seconde buse, sur laquelle sont placés les appareils calorifères, et on ferme le premier tuyau. Le tirage étant établi, la combustion continue, et la fumée passe dans les appareils.

Ce moyen d'avoir toujours à sa disposition un bon tirage a de nombreuses applications dans notre système de chauffage.

ARTICLE 9.

Calorifère à air, de M. A. PERTUS.
(Brevet d'invention.)

Détails des dessins.

Planche XII, fig. 256, 257, 258, a, a, grand tuyau en tôle servant à conduire la chaleur dans les pièces ou appartements des étages supérieurs.

Poêlier-Fumiste. 79

b, *b*, dessus du poêle: il est d'abord couvert 'd'une plaque en tôle à laquelle on ajoute, à volonté, une seconde plaque en cuivre ou une table de marbre ou de pierre.

c, *c*, enveloppe en forte tôle du corps du poêle.

d, *d*, socle en tôle, qui sert de base et de support au poêle.

e, *e*, tiroir pour recevoir les cendres qui tombent du foyer du calorifère.

h, *h*, *h*, trois bouches de chaleur qui communiquent à l'intérieur par des petits tuyaux en tôle indiqués par des points, à trois trous pratiqués au pourtour du tambour ou réservoir de chaleur; à ces bouches de chaleur on adapte d'autres petits tuyaux en tôle, aussi indiqués par des points pour diriger la chaleur et la répandre dans les appartements voisins; on place ordinairement six bouches de chaleur à chaque poêle; ce nombre varie nécessairement selon le nombre de pièces que l'on veut chauffer.

i, clef de la soupape qui ouvre et ferme, dans l'intérieur du grand tuyau en tôle *a*, *a*, l'ouverture pratiquée dans la plaque en tôle qui forme le couronnement du tambour ou réservoir de chaleur; c'est par cette issue que s'échappe ou se retient la chaleur destinée à chauffer les appartements supérieurs.

1 1 1, masse en fonte nommée calorifère: elle est ordinairement de forme ronde ou carrée; on peut en faire de forme ronde allongée et aplatie par les deux bouts; l'intérieur est creux; sur le devant est une ouverture nommée gueulard, qui va en s'évasant jusqu'à la porte du poêle *g*, *g*, par où l'on introduit le charbon de terre, c'est là le foyer de la chaleur; au haut de la masse il y a deux trous ronds, de chaque côté, et qui traversent la masse de part en part dans son milieu; à leur ouverture extérieure, qui forme un rebord en saillie, sont adaptés deux tuyaux qui se réunissent en un seul, comme il est figuré au sommet de la masse; ce tuyau qui n'a que 54 à 81 millim. (2 à 3 pouces) à sa naissance, reçoit un autre tuyau qui, après avoir traversé le tambour, va sortir à 10 centim. (4 pouces) en dehors de la plaque qui forme le dessus du poêle; tous ces tuyaux sont en fonte ainsi que la masse.

2 2 2 2, seconde enveloppe en tôle placée dans la partie basse de l'intérieur du poêle, à une distance de 81 millim. (3 pouces) de son enveloppe extérieure: elle occupe, en hauteur, depuis le dessus du socle jusqu'au dessous du fond du tambour qui est appuyé circulairement sur l'extrémité d'en haut de cette enveloppe.

3 3 3 3, espace vide qui se trouve entre cette seconde enveloppe et la masse en fonte du calorifère, qui forme la chambre chaude et retient toute la chaleur qui sort de cette masse.

4 4, espace vide qui existe entre l'enveloppe du corps du poêle et celle de la chambre chaude : on remplit cet espace avec du sable fin ou avec de la terre jaune.

5 5, espace resté libre par où passe la chaleur de la chambre chaude, dans le tambour où elle se trouve concentrée.

6 6 6, trous pratiqués dans la partie antérieure du pourtour du tambour, qui reçoivent les tuyaux qui conduisent la chaleur de ces trous aux bouches de chaleur placées à la partie antérieure de l'enveloppe extérieure.

7, point où s'arrête le tuyau en fonte, conducteur de la fumée et où est adapté le premier tuyau en tôle qui continue le conduit de fumée jusqu'à son issue ; c'est au même point qu'est fixée la couverture du tambour qui est en tôle.

8, petit conduit en tôle, haut de 13 à 16 centimètres (5 à 6 pouces), qui prend naissance à une ouverture de forme ovale un peu allongée, pratiquée dans la couverture du tambour, et qui se termine par une soupape s'ouvrant et se fermant à volonté pour retenir la chaleur dans le tambour, ou l'introduire dans le grand tuyau en tôle qui conduit la chaleur aux étages supérieurs.

9, clef servant à ouvrir et fermer la soupape.

9 bis, ligne pointillée, indiquant l'endroit où s'arrête l'appareil qui a rapport à l'action de chauffer la pièce où le poêle est placé, ainsi que les pièces voisines au même étage.

10, continuation du tuyau en tôle conducteur de la fumée jusqu'à son issue, soit dans une gaîne de cheminée, soit au dehors : ce tuyau doit avoir un diamètre de 13 centimètres (5 pouces) environ.

11 11, continuation du grand tuyau en tôle de 32 à 35 centimètres (12 à 13 pouces) de diamètre et qui doit conduire la chaleur aux étages supérieurs, dans les pièces qui doivent être chauffées ; on perce à ce tuyau des ouvertures où l'on ajuste des tuyaux plus petits aboutissant à des bouches de chaleur que l'on dispose et multiplie selon la dimension et le nombre de pièces à chauffer. Là où cesse l'utilité de ce tuyau, il est bouché hermétiquement par une plaque en tôle, dans laquelle est pratiquée une ouverture ronde par où passe le tuyau conducteur de la fumée ; c'est

à ce point que l'on peut désigner l'issue que peut avoir ce dernier tuyau; jusque là ces deux conduits se sont élevés, à partir de la couverture du tambour, l'un dans l'autre, et c'est l'espace vide obtenu en circonférence par la différence de leurs diamètres respectifs, 10 centimètres (4 pouces) environ, qui sert de tambour ou de réservoir de chaleur pour la distribuer dans les pièces des étages supérieurs.

Figure 45, vue de la partie inférieure et intérieure de la masse en fonte du calorifère, placée où elle doit être dans le corps du poêle, et de la partie qui forme la chambre chaude.

1 1, enveloppe extérieure du socle en tôle.

2 2, enveloppe extérieure du corps du poêle en tôle.

3 3, foyer du calorifère.

4 4, masse en fonte du calorifère, qui a la forme d'un globe creux, excepté une ouverture qui est devant.

5, ouverture appelée gueulard qui communique de l'intérieur à l'extérieur, par où l'on introduit le charbon de terre.

6, porte fermant cette ouverture.

7 7, trou rond percé au fond de la masse, en fonte, et garni d'une grille par où passent les cendres pour tomber dans le tiroir placé au-dessous.

8 8, double enveloppe en tôle placée dans l'intérieur du poêle, qui prend sa base immédiatement au-dessus du socle, et se termine à la plaque de dessous du tambour, à laquelle elle sert de support dans tout le pourtour intérieur du poêle.

9 9, espace vide qui fait la chambre chaude.

Figure 46, tambour ou réservoir de chaleur placé dans la partie supérieure et intérieure du poêle, sur la plaque en tôle qui supporte ce tambour et entoure la chambre chaude située dans la partie inférieure.

1 1, enveloppe extérieure du poêle.

2, ouverture par où passe le tuyau conducteur de la fumée.

3 3, cercle indiquant la forme du tambour ou réservoir de chaleur : ce tambour commence au-dessus de la chambre chaude, d'où il reçoit la chaleur qu'il concentre pour la répartir selon que les besoins l'exigent, et se termine à 8 cent. (3 pouces) d'élévation au-dessus de la table du poêle.

4 4, fond du tambour qui est appuyé, par ses extrémités, sur la double enveloppe en tôle qui forme le pourtour de la chambre chaude.

5 5, plaque en tôle formant la couverture ou le couronnement du tambour; elle est percée d'une ouverture par où

passe le tuyau en fonte qui conduit la fumée. Le tambour a 32 à 35 centimètres (12 à 13 pouces) de hauteur sur autant de diamètre.

6 6, six tuyaux en tôle adaptés, d'une part, à autant de trous percés dans le pourtour extérieur du tambour, et, de l'autre part, à six bouches de chaleur placées au pourtour extérieur du poêle, et servant à conduire la chaleur de l'intérieur au dehors.

7 7, six bouches de chaleur, placées, comme il vient d'être dit, au pourtour extérieur du poêle, recevant la chaleur du réservoir intérieur ou tambour par six tuyaux en tôle et la répandant dans les pièces où il est besoin, par des tuyaux placés extérieurement et qui sont indiqués par des points.

Observations.

Le grand tuyau conducteur de la chaleur, qui prend son origine au-dessus de la table du poêle, est une sorte de prolongement du tambour ou réservoir de la chaleur; sa seule fonction étant de chauffer les pièces placées aux étages supérieurs, à chacun de ces étages on place un corps de tuyau en forme de globe qui établit, dans l'endroit convenable, un plus spacieux réservoir de chaleur : c'est de là que partent les bouches de chaleur qui servent à chauffer la pièce où se trouve ce réservoir, et au besoin les pièces voisines, comme il a déjà été expliqué aux figures 44 et 48; et lorsque les circonstances l'exigent, ce qui est très-rare, on peut donner une autre direction au tuyau conducteur de la fumée.

Il est bon d'observer encore que le poêle calorifère qui vient d'être décrit, est de forme ronde.

On peut également en construire de carrée. en suivant la dimension ordinaire : la largeur serait de 1 mètre (36 pouces), et la profondeur de 80 centimètres (30 pouces).

On peut adopter aussi la forme triangulaire pour occuper les angles.

La forme extérieure ne changerait rien à la construction intérieure, dont toutes les parties doivent conserver une forme ronde ou circulaire.

La dimension de chaque poêle doit nécessairement varier selon la quantité de chaleur qu'il est destiné à produire.

Les poêles carrés, placés dans de beaux appartements, peuvent être revêtus d'ornements extérieurs, tels que plaques en marbre, pour figurer des poêles de marbre, ou moulures et sculptures en métaux ou en terre cuite : ces dernières ornementations peuvent également s'appliquer sur des poêles ronds.

ARTICLE 10.

Calorifère à air, de. M. V. BENOIT.

(Brevet d'Invention.)

Ce calorifère, *Pl.* XII, *fig.* 259, 260, 261, 262, est construit et fonctionne ainsi :

Sa principale pièce est un tambour *c*, soit de fonte ou de forte tôle, se présentant sous la forme d'une boîte dont les côtés sont quatre trapézoïdes, et le dessus trois qui se réunissent sur une seule ligne horizontale formant le côté placé sur le mur. Nous ne donnerons pas ici des mesures, car il est impossible de ne point les varier, selon l'importance et le nombre de pièces que le calorifère aura à chauffer.

Le dessous dudit tambour est en arc de cloître ; cette disposition ne sera observée que pour les calorifères qui seront faits sur une grande échelle. Les lignes courbes de notre arc de cloître aboutissent à trois tuyaux qui sont percés au fond du tambour, dont deux *u* ont, en hauteur, la moitié de celle de l'appareil, et le troisième, qui est celui du milieu *t*, s'arrête à 8 centimètres (3 pouces) intérieurement du dessus *r* du tambour. Les dites lignes, passant par les deux tuyaux secondaires et ayant leur point d'intersection au centre du tuyau principal *t*, doivent y amener infailliblement la flamme. Pour les calorifères qui serviraient au chauffage d'une pièce ou de deux seulement, le tambour resterait le même pour le dessus et les côtés ; quant au fond, l'arc de cloître disparaîtrait pour faire place à une partie purement et simplement concave, et qui n'aurait que le tuyau principal *t*.

Les deux tuyaux *k*, adaptés à chaque côté latéral du tambour et encastrés dans les murs, sont destinés à porter la chaleur aux étages supérieurs ; des bouches de chaleur *j*, percées sur chacune des grandes faces, opèrent de même pour les pièces où le calorifère est établi ; un autre tuyau placé au fond du tambour et communiquant avec l'extérieur, amène l'air froid qui doit raréfier le calorique trop dense qui y est contenu et le force à sortir en *n*.

Ce tambour *c* est soutenu aux murs de ceinture *m* du calorifère par quatre tasseaux en fer qui y sont scellés.

Un cendrier *a* est placé au-dessus du plancher à une hauteur de 50 millimèt. (2 pouces), et est posé, à la même hauteur immédiatement au-dessus, une grille formée de barreaux

de fer de 1 centimèt. 1⁄2 carré (8 lignes carrées) et destinée à
recevoir le combustible. Cette grille se scelle dans des talus en
briques s, élevés de chaque côté, formant avec elle un angle
aigu, et eux-mêmes deux autres angles de chacun 35 ou 40
degrés, chiffres qui sont leurs seules variantes.

· Ces talus rétrécissent le foyer, en forment un entonnoir
d'où la flamme s'élance avec force, frappe d'une seule gerbe
le fond du tambour, contourne les quatre côtés de l'arc de
cloître, se sépare en trois autres gerbes et entre dans les tuyaux
qui y sont adaptés, en sort après avoir fortement échauffé le
tout pour suivre la route tracée par les lettres d, e, f, g, h, i.

Sous la tablette de marbre x est disposée, au-dessous, à
une distance de 8 centimètres (3 pouces), une plaque en
fonte de la longueur et de la largeur du vide du calorifère,
sur laquelle est répandue une couche de sable fin; ce sable
conserve la chaleur, l'empêche de se communiquer trop vivement au marbre, qui ne la reçoit, de cette manière, que
douce et constante. Nous nommerons cette plaque de fonte
sablier o.

· La fumée produite par la combustion s'échappe par le
tuyau l, dans lequel nous plaçons un registre ou modérateur p, qui, semblable à ceux que l'on emploie dans les tuyaux
ordinaires, est pourvu d'une verge en fer et d'un bouton en
cuivre, afin d'en faciliter le jeu; de cette façon, si l'on a
le désir de modérer la chaleur, de la concentrer dans le bas
et de n'en donner qu'une douce aux étages supérieurs, cela
devient très-facile avec cet appareil.

Le tuyau ou passage l de la fumée est séparé de la pièce où
le calorifère est construit par une cloison en briques de
champ, de 50 millimètres (1 pouce 10 lignes). Une ouverture v y est faite au-dessous du modérateur p; elle est destinée au ramonage, que l'on ferait en laissant tomber une
corde ayant à un de ses deux bouts un poids assez lourd
pour le faire descendre, et à l'autre un bouchon de paille
remplissant le diamètre du tuyau l; alors, passant le bras dans
ledit par l'ouverture laissée à cette intention, on tirerait la
corde et on opérerait facilement. Cette ouverture est fermée
par une petite porte en cuivre s'ouvrant à l'aide de charnières.

Le calorifère est disposé pour brûler du bois, du charbon
de terre, de la tourbe, etc., avantage inappréciable dans les
contrées du Nord, où le bois de chauffage est toujours cher.

Le tambour e est placé de façon qu'il n'y ait entre la base

des trois triangles formant son dessus et les murs du calorifère, qu'un vide de 3 centimètres (14 lignes), et 5 centimètres (22 lignes) entre lesdits murs et les côtés du fond du
tambour : de cette manière, la chaleur entre par 5 centimètres (22 lignes), en rencontre 3 centimètres (14 lignes) à
sa sortie, s'y presse et, ne pouvant s'échapper aussi promptement qu'elle y est entrée, séjourne et, par conséquent,
échauffe le tambour.

Nous construisons ce calorifère entièrement en briques, étant
convaincu que la brique conserve le calorique et n'est pas
bonne conductrice de la chaleur; il peut fort bien remplacer
le poêle que l'on place d'ordinaire dans les salles à manger,
où il ne tiendra pas plus d'espace que celui-ci.

On peut le placer, comme il est dit ci-dessus, dans une salle
à manger, lui ôter ses deux tuyaux k et le consacrer spécialement au chauffage de cette pièce, ou bien le construire partie
dans la salle, partie dans l'antichambre, en l'établissant dans
le mur de refend qui viendrait s'asseoir dessus, ou bien encore
lui laisser les deux tuyaux k, afin d'échauffer les étages supérieurs. Si, au rez-de-chaussée, son établissement était gê-
nant, une cave serait excellente pour cet usage, puisque, de
là, on pourrait, avec la plus grande facilité, lancer des
tuyaux de chaleur au milieu des murs et des entrevous des
planchers sans aucune crainte d'incendie, et avoir le même
degré de chaleur. Ce calorifère est le seul qui en donne un
volume considérable sous une forme aussi restreinte : il est
calculé pour en contenir continuellement dans son tambour
33 centimètres cubes et plus.

ARTICLE 11.

*Calorifères salubres et ventilateurs entièrement en fonte, et
ne rougissant pas les surfaces de chauffe, par M.* RÉNÉ
DUVOIR.

Empêcher de rougir les surfaces métalliques destinées à
chauffer l'air, afin de n'en pas altérer la composition, tel
est le problème resté jusqu'ici insoluble, avec les calorifères
à air chaud. Les calorifères à eau ou à vapeur remplissent
seuls ces conditions, mais leur prix élevé et des dispositions
locales indispensables n'en permettent pas un emploi général.

Combiner un calorifère qui réunisse les avantages des deux
systèmes sans en avoir les inconvénients, tel a été le but de
nos recherches.

Notre nouvel appareil satisfait à toutes les conditions exigées. Outre l'avantage de ne point rougir et de fournir toujours de l'air pur, cet appareil a encore, sous le rapport de sa construction, de la facilité du service et du ramonage, une grande supériorité sur tous ceux qui existent. Il est construit entièrement en fonte et présente une solidité à toute épreuve; les joints, montés à brides et à boulons, obvient à tous les inconvénients produits par la dilatation incessante des coffres et des appareils en tôle, dont le clouage laisse toujours échapper la fumée dans les réservoirs à air chaud.

La marche de l'air chaud y est en sens inverse de celle de la fumée; cette disposition est la plus avantageuse pour le refroidissement; elle permet de diminuer les surfaces de chauffe et d'utiliser le combustible aussi complètement que possible.

Le foyer est disposé de manière à brûler du coke et des houilles de toute espèce, mais l'usage de l'anthracite offre un immense avantage; avec ce combustible, on peut ne charger le foyer qu'une seul fois le matin pour douze ou quinze heures.

Il en résulte qu'un seul homme peut faire le service de vingt calorifères; il suffit de disposer les foyers le soir, pour n'avoir, le matin, qu'à allumer les feux.

Nous dirons toutefois ici, que l'anthracite est un combustible qui n'est pas encore très-répandu à Paris et dans les départements; qu'on éprouve encore quelques difficultés à se le procurer, et que son service exige des soins au commencement du chargement des calorifères; mais il faut espérer que ces inconvénients seront surmontés et qu'on ne tardera pas à avoir ce précieux combustible en abondance et à savoir le manier dans les chauffages.

Malgré des traits de ressemblance du nouveau calorifère avec plusieurs de ceux qui l'ont précédé, il est facile de voir, d'après ce qui vient d'être exposé, en quoi il diffère de ses devanciers, et la description détaillée que nous allons en donner servira mieux encore à faire ressortir ces différences. Au reste, c'est aux personnes versées dans la pratique de l'art du chauffage, ainsi que dans sa théorie, à juger jusqu'à quel point nous avons approché du but dans la structure de nos calorifères salubres et ventilateurs.

Ces calorifères conviennent tout particulièrement aux hôpitaux, bureaux, tribunaux, collèges, à tous les lieux enfin

qui exigent une température régulière et de l'air pur. On peut
facilement régler la dépense du combustible en raison de la
durée du chauffage et du nombre de pièces à chauffer.

Description du calorifère ventilateur en fonte.

La figure 263, planche XII, est une coupe verticale du calorifère.

La figure 264 est une coupe horizontale faite par plans parallèles E, F, I, L, N, et G, N.

La figure 265 est la coupe verticale perpendiculaire à la
première, faite par le plan C D, figure 3.

La deuxième porte K est destinée au chargement du foyer;
c'est par cette ouverture qu'on introduit la masse du combustible, qui, en se consumant lentement, doit dégager la chaleur nécessaire à un chauffage d'air de 12 à 15 heures.

. Dans les calorifères de différentes grandeurs la distance
entre cette porte et la grille, ainsi que le diamètre du foyer,
sont calculés pour produire des consommations déterminées
de combustible.

La partie inférieure de la cloche est garnie, jusqu'à une
hauteur qui dépasse un peu la porte de déchargement, en
briques très-réfractaires, formant le foyer proprement dit,
qui s'opposent à ce que le contact et le rayonnement du combustible en ignition fassent rougir les surfaces.

Circulation de la fumée.

Arrivés à la partie supérieure de la cloche A, les produits
de la combustion se divisent et parcourent, *en descendant;* les
deux séries de tuyaux B, C, D, E, F, et B', C', D', E', F', placés de chaque côté du foyer, et dans lesquelles la répartition
de l'air brûlé et sa vitesse sont parfaitement égales.

L'air brûlé se réunit à la partie inférieure du tambour L,
dans lequel il s'élève pour gagner le tuyau à fumée qui le
surmonte.

N, est la porte du foyer d'appel pour produire tout de
suite un bon tirage quand on allume le calorifère pour la
première fois, ou lorsqu'il s'est entièrement refroidi.

C'est aussi par cette porte qu'on opère le ramonage de la
cheminée, sans être obligé de démonter le tuyau à fumée.

Le nettoyage des tuyaux de circulation s'effectue avec la
même facilité: il suffit d'enlever les tampons T, T, qui forment
les extrémités des tuyaux,

Echauffement de l'air.

L'air arrive de l'extérieur par deux conduits M, M', qui le distribuent sous toute la longueur des tuyaux F, F'; cet air, en s'élevant, rencontre des surfaces qui se trouvent à des températures de plus en plus élevées, et s'échauffe progressivement.

Les conduits M, M', communiquent également avec les espaces circulaires compris entre la cloche du foyer A, le tambour à fumée et les enveloppes concentriques en maçonnerie, qui augmentent les surfaces de chauffe.

Tout l'air chaud se réunit à la partie supérieure du calorifère, dans un réservoir de chaleur O, d'où il s'écoule par les tuyaux P, Q, pour se rendre dans les lieux où il doit être utilisé.

Dans quelques appareils, pour diminuer les dimensions du calorifère, on supprime la construction en briques qui entoure les cylindres A, L. Cette disposition est représentée fig. 264.

En conservant au cylindre du foyer cette chemise en briques, on se réserve la possibilité d'avoir à la partie supérieure une chambre à air chaud, qui se trouve à une température plus élevée et qu'on peut employer au chauffage des pièces les plus éloignées.

Lorsqu'il est nécessaire de porter la chaleur à de plus grandes distances que celles où notre calorifère peut conduire l'air chaud, et lorsqu'il n'est pas utile ou facile d'établir plusieurs appareils, nous remplaçons les briques garnissant l'intérieur du foyer, par une chaudière destinée à établir un chauffage par la circulation de l'eau chaude pour les parties éloignées.

Calorifères ventilateurs , se plaçant dans les pièces à échauffer.

Les pièces isolées ne pouvant être échauffées au moyen des calorifères, nous avons cherché à y suppléer par des appareils se plaçant dans les pièces mêmes et chauffant de l'air, pris à l'extérieur, destiné au renouvellement de celui de la salle.

La quantité d'air à introduire se règle suivant le nombre des personnes qui doivent séjourner dans la pièce.

On s'est servi avec succès, dans plusieurs collèges, de ces appareils, qui conviennent parfaitement au chauffer des classes, des salles d'études et des dortoirs, en procurant une ventilation abondante.

Ils conviennent également au chauffage des appartements ; on peut les monter et démonter aussi facilement que tous les poêles ordinaires.

Ce système, dont M. Péclet a approuvé l'usage dans les collèges, se combine avec le système de ventilation indiqué dans l'instruction sur l'assainissement des écoles.

Description des petits calorifères à air chaud.

Les figures 266 et 267 représentent, la première, une coupe verticale ; la deuxième, une coupe horizontale, suivant x, x', (*fig.* 266) d'un calorifère du plus petit modèle.

F, F', foyer en fonte avec grille pour la combustion de la houille, et cendrier au-dessous. Les produits de la combustion s'élèvent dans le cylindre C, pour redescendre dans le cylindre en tôle C, C', qui l'enveloppe, et gagne ensuite la cheminée par un tuyau D, muni d'une clef R ; C est un couvercle en tôle qu'on peut facilement enlever pour le nettoyage de l'appareil

La porte de foyer P glisse dans les coulisses et est fixée à un contre-poids P, P', au moyen d'une chaîne qui passe sur une poulie m. Cette porte peut aussi fermer plus ou moins l'ouverture du cendrier, et produire une combustion plus ou moins active.

L'enveloppe extérieure du calorifère se compose : 1° d'un socle en tôle A, A', portant une moulure en cuivre ; 2° d'un cylindre en tôle B, B', monté sur le socle ; 3° d'un marbre K, qui recouvre l'appareil. Ce marbre peut être remplacé par un couvercle en tôle percé d'une ouverture circulaire au centre, qui correspond à un trou pratiqué dans le couvercle C, et par lequel on peut charger l'appareil par le haut ; il suffit pour cela d'ôter les couvercles qui bouchent ces ouvertures.

L'air extérieur, appelé par un canal H, arrive sous le cendrier, monte en s'échauffant contre les parois du foyer, le tambour de circulation de la fumée et l'enveloppe extérieure I qui règne sur toute la circonférence du calorifère.

Les figures 267 et 268 représentent, la première, la coupe verticale d'un calorifère de plus grande dimension, et la seconde, une coupe horizontale.

F, foyer en fonte, disposé pour brûler de la houille sur une grille g, au-dessous de laquelle se trouve le cendrier L.

G, cylindre en fonte, surmontant le foyer, bouché à sa partie supérieure par une plaque en fonte et par un couvercle en tôle, et muni latéralement d'une buse. C'est par cette ouverture que les produits de la combustion se rendent dans l'enveloppe annulaire C', dans laquelle ils descendent pour s'échapper ensuite par le tuyau à fumée D ; R est le registre de ce tuyau.

C'est un couvercle qui rend le nettoyage facile à exécuter.

Une porte à coulisse P est équilibrée par un contre-poids P, dont la chaîne passe sur la poulie m.

La cloche du foyer repose sur une plaque M, M', qui est à jour, afin que l'air appelé puisse circuler dans l'appareil. Cette plaque est supportée par un socle en fonte A.

B, enveloppe extérieure portant un marbre K, et munie de larges bouches de chaleur I.

H, canal d'arrivée de l'air extérieur. L'air qui s'échauffe surtout par un contact avec toutes les parois du tambour à fumée, dans la disposition présente, dans un petit espace, une très-grande surface, prend encore de la chaleur au foyer en fonte et à l'enveloppe extérieure qui est échauffé par rayonnement.

CHAPITRE X.

CALORIFÈRES A EAU.

Les calorifères à eau chaude sont connus depuis longtemps ; mais, ce n'est que dans ces dernières années qu'ils paraissent avoir reçu de notables perfectionnements. Comme il importe au poêlier-fumiste de connaître ces appareils, nous donnerons la description de trois appareils de chauffage à l'eau chaude, qui, aujourd'hui, ont reçu les plus nombreuses et les plus belles applications.

ARTICLE PREMIER.

Calorifère ventilateur hydro-pyrotechnique, par M. Léon Duvoir.

(Brevet d'invention.)

Planche XII, figure 270, vue intérieure du calorifère ; coupe suivant l'axe avec appareil pour un poêle.

d, foyer et sa grille.

e, cloche à eau formée par la paroi du foyer et la paroi extérieure, isolée du massif par un courant d'air a.

f, tuyaux de fumée.

g, tambours composés de deux plateaux, percés d'une quantité de trous pour recevoir les tuyaux de chaleur ; ces tambours sont formés par une tôle dans laquelle sont pratiqués dix trous pour le ramonage.

h, coupole dans laquelle se trouvent deux ouvertures pour les conduits de chaleur.

i, tuyaux d'alimentation.

j, tuyaux d'ascension.

k, tuyau de vidange avec son robinet.

l, conduit en zinc revêtu de maçonnerie et supporté par des cercles scellés dans les voûtes et gros murs.

Figure 271. Plan du calorifère sans la coupole.

m, massif ou premier briquetage du calorifère.

n, courant d'air pour empêcher le massif de s'échauffer.

o, briquetage intérieur.

p, espace consacré au ramonage et garni de tôles mobiles.

q, plateau formant les tambours percés d'une quantité de trous pour recevoir les tuyaux de chaleur.

Figure 272. Poêle octogone, vue intérieure.

r, cylindre recevant l'air du conduit en zinc *l*.

s, bouches de chaleur communiquant au cylindre *r*.

t, tuyau de pompe servant à remplir le poêle et la cloche du calorifère *e* (*fig.* 270).

v, niveau d'eau.

x, tuyau de vapeur ou trop plein, à l'extrémité duquel est un clapet *z*, s'ouvrant à 120 degrés.

Exposé.

Deux moyens de chauffage sont conjointement employés, l'air et l'eau.

L'air, introduit par quatre ouvertures *a* (*fig.* 270), dans la partie vide qui règne autour de la cloche *e*, vient frapper sous le premier plateau *q*, pénètre dans les tuyaux de chaleur, remplit l'espace réservé entre les tambours et parvient successivement dans la coupole *h*, récipient commun, d'où il prend par les ouvertures *h* la direction des localités à chauffer.

Le foyer porte, à son sommet, un tuyau de départ *f*, communiquant à ce premier tambour pour la fumée du diamètre de 40 centimètres (15 pouces).

Ce deuxième plateau, formant la partie supérieure du premier tambour, le plateau inférieur du deuxième tambour et celui supérieur du troisième ont quatre tuyaux f, de 16 centimètres (6 pouces) de diamètre, placés à angle droit, à 11 centimètres (4 pouces) de la circonférence f (fig. 271).

Les quatrième et cinquième plateaux ont, à leur centre, un tuyau de 32 centimètres (1 pied).

Les quatre tuyaux du plateau supérieur se réunissent dans la coupole à un tuyau de sortie de 32 centimètres (1 pied) de diamètre. Cette disposition force la fumée de parcourir les tambours en tous sens et d'échauffer sur tous les points les plateaux et les conduits de chaleur.

L'eau, amenée d'abord dans le poêle par le tuyau de pompe t, redescend remplir la cloche par le tuyau d'alimentation i, remonte ensuite par le tuyau d'ascension j, à l'état d'ébullition, parcourt le conduit l, en chauffant l'air qui s'y trouve, vient échauffer les parois du poêle, du cylindre et des bouches de chaleur, et augmente ainsi la densité de l'air chaud des bouches.

A ce double avantage dans le chauffage vient encore s'en joindre un plus grand, celui d'éviter et de rendre impossibles les accidents graves occasionés par les cloches à foyer ordinaire, qui, venant par l'action du feu, à se brûler ou à se casser, ont amené des incendies, cause de la perte de plusieurs édifices publics ; le foyer de mon calorifère venant à se casser ou à se brûler, l'eau qui l'environne paralyserait instantanément l'action du feu.

Dans le cas où ce mode de chauffage serait destiné pour plusieurs étages, on pratiquerait autant de séparations et de doubles tuyaux dans la partie de la cloche occupée par l'eau, afin que chaque étage ait sa partie d'eau et son niveau.

Deux tuyaux sont nécessaires pour chaque poêle.

La forme cylindrique est aussi une amélioration : en effet, la chaleur, se répandant également sur tous les points de la circonférence, n'éprouve pas la déperdition qui a lieu dans les calorifères carrés, dont les angles, quelle que soit l'intensité du foyer, n'échauffent jamais.

Depuis la date du brevet de M. L. Duvoir (25 août 1840), cet artiste a apporté de nombreux perfectionnements à ses appareils pyrotechniques et en a fait des applications multipliées dans le palais du Luxembourg, dans celui du Conseil d'Etat, à la préfecture de police, à l'Observatoire, au Conservatoire des Arts et Métiers, à la maison de Charenton, aux

églises de la Madeléine, de Saint - Germain - l'Auxerrois de
Paris et à une foule d'hospices, d'édifices et d'établissements
publics et privés, tant dans la capitale que dans les départements. Ces perfectionnements de la plus haute importance, et
qui constituent le chauffage à circulation d'eau le plus complet qu'on connaisse, n'ont pas encore été rendus publics par
la voie de l'impression; mais nous pouvons en donner une
idée en transcrivant ici en partie un rapport qui a été fait à
l'Académie de l'Industrie, par M. F. Malepeyre, sur les appareils à l'aide desquels M. L. Duvoir a chauffé le palais du
Luxembourg, où siègeait alors la chambre des Pairs.

» Le comité des manufactures de l'Académie, dit le rapport, ainsi que plusieurs membres de notre société, ont suivi
depuis longtemps avec une vive sollicitude le développement
prodigieux que M. Leon Duvoir-Leblanc a donné depuis quelques années à l'art de chauffer les grands monuments et établissements publics. Plusieurs fois déjà, depuis que M. Duvoir
s'est livré sous vos yeux aux travaux d'une industrie qu'il a
pour ainsi dire créée, vous avez applaudi à ses succès, et vous
l'avez même encouragé dans ses efforts par des récompenses.
Aujourd'hui que son système semble être arrivé à un état de
perfection remarquable, que de nombreux appareils placés
dans divers points de Paris et dans nos départements, ont
permis de constater leur efficacité, de recueillir à leur égard
les témoignages des personnes de toutes les conditions qui les
ont vu fonctionner, et ont fait sur eux des expériences et des
essais, nous croyons de nouveau devoir prendre la parole
pour vous présenter un rapport plus détaillé et plus étendu
sur le principe de la structure et les effets de ces grands et
beaux appareils pyrotechniques, et attirer votre attention sur
une industrie aussi neuve et aussi digne de tout votre intérêt.

« Depuis un temps immémorial on a chauffé et on chauffe
encore les capacités closes que nous habitons, celles où l'on
se rassemble ou dans lesquelles on fait exécuter des travaux,
soit à l'aide d'un foyer découvert, soit par le secours d'un
appareil fermé, appelé *poêle*, *calorifère* ou *fourneau*, dans
lequel on brûle le combustible. Ces modes de chauffage sont,
comme on sait, d'une extrême imperfection ; non-seulement
parce qu'on perd une quantité considérable de la chaleur,
qui se développe ainsi dans le foyer, mais en outre, parce que
l'air étant un assez mauvais conducteur de chaleur, il est à
peu près impossible de propager celle-ci à une certaine dis-

tance, soit par rayonnement, soit par transmission indirecte; et qu'on est forcé de multiplier beaucoup les appareils et les foyers lorsqu'on veut chauffer également tous les points d'une capacité d'une certaine étendue.

» Les principes de la physique ayant démontré qu'il n'était pas possible de transmettre ainsi la chaleur qui se développe dans un foyer par la combustion, à une grande distance, on a dû songer à employer d'autres moyens plus propres à remplir ce but; on a donc imaginé le chauffage, dit *à l'air chaud*, qui, comme tout le monde sait, s'exécute ordinairement en établissant un foyer à l'aide duquel on chauffe une certaine masse d'air qu'on lance ensuite à l'aide d'appels ménagés convenablement et des tuyaux de circulation, dans toutes les parties du bâtiment.

» Ce mode de chauffage pour les grandes capacités constitue déjà peut-être un perfectionnement sur les appareils vulgaires, mais il présente cependant des inconvénients, entre autres, les suivants qui en ont beaucoup restreint l'usage et l'application.

» L'air pris à la densité ordinaire n'a pas une grande capacité de saturation pour la chaleur, et par conséquent il faut en chauffer un volume très-considérable quand on veut qu'il partage cette chaleur avec une autre masse d'air froid.

» L'air chaud circule mal, c'est-à-dire qu'il est facile de le diriger en ligne droite de bas en haut, mais qu'on éprouve de graves difficultés quand il s'agit de le faire marcher horizontalement, ou en contre-bas, et de lui faire suivre toutes les sinuosités qui comportent le chauffage de nos bâtiments d'habitation.

» Si, pour hâter cette circulation, on établit des pressions ou des appels, il faut, quand on veut que ces appels soient un peu énergiques, employer une force mécanique, ou bien, si on n'a recours qu'aux différences de densité entre l'air chauffé et l'air froid, établir des tirages qui font éprouver une déperdition considérable de chaleur.

,» L'air porté à une haute température attaque par son oxygène tous les métaux plus ou moins vivement et ne tarde pas à mettre hors de service les boîtes ou tubes à chauffer l'air, les tuyaux de conduite.

» L'air en contact avec les métaux portés au rouge et versé dans les lieux d'habitation est insalubre; d'abord pour sa sécheresse extrême, et ensuite parce qu'il renferme toujours quelques matières organiques qui se sont brûlées au contact des métaux ou même des particules métalliques, qui lui communiquent cette odeur et cette insalubrité caractéristique que tout le monde lui connaît.

» Au chauffage à circulation d'air chaud, qui est impuissant quand il s'agit de grandes capacités, on a cherché ensuite à substituer celui exécuté à l'aide de la vapeur d'eau qu'on fait circuler aussi dans des tuyaux. Ce système était préférable en ce que la vapeur d'eau a une plus grande capacité de saturation pour la chaleur que l'air atmosphérique ; que cette vapeur peut être transmise à de grandes distances avec beaucoup de célérité; qu'on peut la faire cheminer dans toutes les directions, et enfin parce que l'air des lieux d'habitation ou de réunion ne se trouvait pas vicié par le contact des métaux portés au rouge ; mais ici se présentait un autre inconvénient : car, si on voulait faire parcourir à la vapeur une grande distance, on était obligé, pour qu'elle ne se condensât pas en route, de lui donner un haut degré d'élasticité, et, dans cet état de tension, non-seulement la vapeur s'échappait par les assemblages, mais de plus il y avait danger d'explosion dans les générateurs, qui fonctionnaient sous une pression bien plus élevée que celle de l'atmosphère. Enfin, avec ces températures élevées, les tuyaux de conduite, surtout ceux voisins des sources de chaleur, éprouvaient des dilatations et des contractions si brusques et si étendues, qu'ils ne tardaient pas à se déchirer, à donner lieu à des accidents et à rendre nécessaires des réparations continuelles.

» On a fait en outre aux chauffages à circulation à vapeur, un reproche très-grave et très-mérité; c'est que, quelle que soit la température extérieure, il faut toujours chauffer l'eau des chaudières et récipients jusqu'à la température de la production de la vapeur, à la tension voulue et avec l'abondance nécessaire pour transporter cette vapeur, source de la distribution de la chaleur, jusqu'aux extrémités de la conduite. En un mot, il faut consommer à peu près la même quantité de combustible, quelle que soit la température au dehors, sans qu'il soit possible de régler cette consommation sur cette température extérieure, ce qui est la source de pertes et de dépenses inutiles.

» Tous ces moyens, comme on voit, étaient parfaitement insuffisants pour chauffer les bâtiments, et leurs imperfections devenaient d'autant plus apparentes et palpables qu'il s'agissait de chauffer de plus grandes capacités ; enfin, on les accusait, avec raison, d'être très-dispendieux de premier établis_sement, d'occasioner une dépense considérable d'entretien, et de consommer beaucoup de combustible sans pouvoir atteindre le but.

» Cependant, depuis près de 60 ans on possédait un mode de chauffage, dit à circulation d'eau, dont la découverte était due à un français nommé Bonnemain, et non pas aux Anglais, ainsi qu'on l'a prétendu depuis quelque temps dans les feuilles publiques (1). Bonnemain avait trouvé que si on chauffait de l'eau dans une chaudière fermée, et que du sommet de cette chaudière on fît partir un tuyau qui, après un certain trajet, revenait à la chaudière, et qu'à son retour on le fît rentrer dans celle-ci par la partie inférieure, il s'établissait naturellement dans ces appareils une circulation de l'eau dont on pouvait profiter pour chauffer l'air des capacités à l'aide d'un seul foyer. En effet, l'eau la plus chaude s'élevant dans la chaudière à la surface entre dans le tuyau ascendant de circulation, monte et arrive à son extrémité en se dépouillant peu à peu de sa chaleur au profit de l'air en contact avec les tuyaux qu'elle parcourt et en acquérant ainsi une plus grande densité. Dans cet état, elle devient presque froide par le tuyau de retour, rentre dans la chaudière, s'y chauffe de nouveau, s'élève une seconde fois à la surface, recommence le circuit quelle avait déjà parcouru, et ainsi de suite sans qu'il soit nécessaire d'employer une force mécanique quelconque, et quelle que soit la masse d'eau qu'il s'agisse ainsi de mettre en circulation.

» Ce principe, si simple et si ingénieux, était, chose étonnante, à peu près resté stérile depuis que Bonnemain l'avait fait connaître : on l'avait bien appliqué à chauffer de très-petites capacités, telles que des serres, des orangeries, de petites fabriques, mais on n'avait pas osé en faire l'application en grand, parce qu'il présentait peut-être dans ce cas des difficultés pratiques qu'on prévoyait bien, mais qu'on ne savait comment surmonter, et de plus, parce que, sous la forme qu'on donnait aux petits appareils, il était impossible de satis-

---

(1) Nous ignorons d'après quels motifs le *Moniteur* des 26 et 27 décembre 1843, en rendant compte de la réception par la commission des travaux entrepris par M. Léon Duvoir-Leblanc dans le palais de la chambre des Pairs, cite les Anglais comme ayant contribué aux progrès du chauffage par circulation d'eau ; c'est une erreur matérielle, et tout le monde sait parfaitement que même encore aujourd'hui le chauffage des serres et des fabriques en Angleterre n'est absolument que la copie, sans perfectionnement sensible, du thermosiphon que Bonnemain avait créé, inventé et même appliqué dans l'établissement qu'il avait avant la révolution, dans l'allée des Veuves, pour l'incubation artificielle des poulets.

faire aux conditions d'un chauffage égal dans toutes les parties d'un vaste bâtiment avec un seul foyer; d'écarter tout
danger quelconque et d'arriver en même temps à une économie de combustible et de main d'œuvre, chose importante
et trop négligée dans ces derniers temps.

» C'est ce beau problème industriel, c'est-à-dire l'application du système de la circulation de l'eau au chauffage économique des plus vastes bâtiments que l'état ou les particuliers
puissent faire construire, des capacités closes des plus étendues
que les besoins publics ou industriels puissent faire établir,
que M. Léon Duvoir-Leblanc a résolu de la manière la plus
complète, la plus satisfaisante, ainsi qu'on pourra en juger
par les détails dans lesquels nous nous proposons d'entrer.

» Disons, en passant, que quelques ingénieurs ont proposé,
dans ces dernières années, des systèmes mixtes où l'on ferait
simultanément usage du chauffage à l'air chaud, à la vapeur
et à l'eau chaude, combinés deux à deux, ou tous les trois
ensemble; mais que, loin d'être des perfectionnements, ces
systèmes ont paru si peu praticables, et attestaient sous tous
les rapports si peu de jugement et d'intelligence, que l'administration et le public ont reculé avec raison devant leur
application, et qu'ils sont pour toujours tombés dans l'oubli.
Non-seulement M. Léon Duvoir-Leblanc a résolu le problème
dont nous avons parlé tout-à-l'heure, mais il est encore le
seul en France qui l'ait attaqué franchement et avec succès;
le seul qui ait fait de nombreuses et belles applications du
système de la circulation d'eaux au chauffage; le seul qui ait
rempli toutes les conditions imposées à la construction de
vastes appareils, et le seul, peut-être à Paris, dont les constructions en ce genre, au lieu d'être renversées au bout de
quelque temps, ont été, d'année en année, plus appréciées par
le gouvernement, l'administration, les ingénieurs, les savants
et les architectes. Mais, avant de nous occuper de ces appareils,
disons un mot sur une condition bien importante à laquelle
ils satisfont d'une manière à la fois large et complète, et qu'on
avait négligée beaucoup avant les travaux de M. Duvoir, ou
mieux qu'on ne savait pas comment remplir.

» L'expérience démontre chaque jour que des êtres animés
ne peuvent vivre longtemps dans un lieu clos ou confiné, si
on ne remplace pas par de l'air pur puisé au dehors celui
qui est vicié à chaque instant par leur respiration et quelques
autres actes de la vie. Ce renouvellement d'air dans un temps

donné est beaucoup plus considérable qu'on ne serait tenté
de le croire, quand on n'a pas de notions à cet égard, et les
travaux les plus récents des physiciens ont fait voir qu'il ne
devait par s'élever à moins de 20 mètres cubes par personne
adulte et par heure si on voulait entretenir la respiration
dans un état parfait d'intégrité et sans nul danger pour les
individus.

» Ce renouvellemeut de l'air auquel on a donné le nom de
ventilation avait été extrêmement négligé jusqu'à ce jour
dans la structure et le chauffage des lieux d'habitation et de
réunion, et n'est même appliqué encore sur une grande échelle
et d'une manière régulière que dans un petit nombre d'établissements publics. Dans nos habitations, le foyer qui chauffe
les appartements produisant naturellement un courant ascendant d'air par la cheminée, il s'établit un appel par dessous
les portes et croisées; ce qui en constitue, mais bien grossièrement, toute la ventilation. Dans beaucoup de grands édifices,
la ventilation ne s'y effectue pas par des moyens mieux combinés ou plus certains; dans quelques cas on a imaginé de
faire intervenir des appareils mécaniques pour opérer cette
ventilation, appareils qui, outre l'inconvénient d'exiger l'emploi d'une force pour les faire agir, ont encore le défaut, si
on ne peut pas se jeter dans des dépenses trop élevées, de
ne pouvoir être mis en action que d'une manière intermittente
et saccadée, ce qui est contraire aux principes d'une bonne
ventilation, qui doit être douce et continue.

» Enfin, on a encore imaginé des foyers d'appel placés dans
les parties supérieures des bâtiments, mais les foyers fonctionnent mal, augmentent les chances d'incendie, obligent de
porter le combustible à une grande élévation, exigent un
chauffeur spécial, et enfin rendent la ventilation très-dispen-
dieuse.

» Quelques personnes avaient pensé depuis longtemps
qu'il serait sans doute possible de combiner le chauffage avec
la ventilation, de telle manière que l'air frais qu'on emprun-
terait au dehors, qu'on chaufferait, puis se verserait dans l'intérieur des bâtiments, fût elevé à une température et en
quantité telle qu'il pût suffire à la fois à l'entretien du degré
de chaleur voulu à l'intérieur et au renouvellement de la
masse d'air nécessaire pour la salubrité. Personne, toutefois,
n'avait fait l'application de cette idée qui offrait en effet des
difficultés pratiques d'exécution devant lesquelles on reculait.

M. Léon Duvoir-Leblanc n'a pas craint d'aborder ces difficultés, et nous devons dire à sa louange que son système de ventilation combiné avec son système de chauffage est aussi complet, aussi parfait, aussi ingénieux que ce dernier et n'a rien laissé à désirer depuis qu'il a commencé à être mis à exécution. De plus, ce système non-seulement est propre à entretenir la salubrité pendant les mois froids de l'année où l'on chauffe les bâtiments, mais avec une légère modification il s'applique avec le même succès, ainsi que nous l'expliquerons plus loin, à une ventilation d'été, c'est-à-dire dans la saison où l'on éteint tous les feux, chose qu'on n'avait pas encore tentée, et dont tout l'honneur revient au sieur Duvoir.

Les établissements, monuments et édifices chauffés et ventilés jusqu'à ce jour par M. Duvoir, sont déjà nombreux, si on songe au petit nombre d'années qui se sont écoulées depuis les premiers essais qu'il a faits pour mettre son système en activité jusqu'au moment actuel. Parmi eux on compte, à Paris, le vaste palais de la chambre des pairs, le bâtiment du quai d'Orçay, où se réunissent le Conseil d'Etat, la Cour des Comptes, et les dépendances de ces deux institutions, la maison nationale pour les aliénés de Charenton, l'institution pour les jeunes aveugles, le ministère des travaux publics, celui de l'instruction publique, la manufacture des tabacs, l'Observatoire national, la préfecture de police, les serres du jardin des Plantes, celles du Luxembourg, la vaste et belle église de la Madeleine, etc.; on remarque encore des appareils de son invention à la nouvelle buanderie de l'hôpital du Val-de-Grâce et à l'hôtel des Invalides; une étuve établie à la douane de Paris, pour la préparation des toiles d'emballage en gras et éviter les incendies, etc. Dans les départements, on compte déjà les palais de justice et les prisons pénitencières des villes de Tours et de Rhodez, la préfecture de cette dernière ville, celle de Melun, de Tours, la prison pénitencière de Senlis, les hospices de Melun, Ste.-Reine, Blois, Vendôme, Brest, Corbeil, Tours, Brie-Comte-Robert, la poudrerie de Vonges (Côte-d'Or), les couvents de St.-Nicolas, de la congrégation de la Mère-de-Dieu, des Dames-de-Bon-Secours d'Issy, les bains de mer de Dieppe; enfin, beaucoup de chauffages chez des particuliers, entre autres, chez M. le duc de Montmorency, l'honorable président de notre Académie, le prince d'Arembert, le prince de Beauveau, la princesse de Bagration, MM. de Boisgelin, Rotschild, Aguado, etc., etc., et enfin plusieurs manufactures.

» Comme c'est le chauffage de la chambre des Pairs qui est à la fois le plus complet et le plus étendu, celui qui a présenté le plus de difficultés à la sagacité de M. Duvoir, tant à cause des obstacles matériels qu'il a fallu vaincre que par le peu de temps qui lui a été accordé (cinq mois) pour exécuter un aussi prodigieux travail, et enfin parce que c'est celui dont vos commissaires ont suivi le plus attentivement la construction dès l'origine et la marche depuis sa mise en activité, c'est celui que nous prendrons pour exemple, afin de donner une idée du système. Mais avant de procéder, disons que presque tous les chauffages que nous venons d'indiquer n'ont été dévolus et adjugés au sieur Duvoir par le gouvernement, les préfets, ou les administrations locales, qu'à la suite de concours sur plans et sur devis, dans lesquels il a eu à lutter contre de nombreux et par fois de puissants concurrents déjà en possession de la construction des appareils de chauffage, et que dans ces luttes publiques, qui par fois sont devenues très-vives, M. Duvoir, établi depuis peu de temps à Paris, sans autre appui, sans autre recommandation que son mérite personnel, est parvenu à démontrer victorieusement la supériorité de son système, à le faire adopter et lui assurer ainsi la sanction de l'expérience.

» Le palais du Luxembourg, tel qu'il existe aujourd'hui et avec les bâtiments qu'on y a ajoutés depuis peu, présente une capacité intérieure de 70,000 mètres cubes, fractionnés en plus de 400 pièces, salles, vestibules, couloirs, ayant les dimensions superficielles et les élévations les plus variées. Le problème à résoudre consistait à élever et maintenir la masse d'air énorme renfermée dans cette capacité à une température constante de 15° C. pendant les mois d'hiver, et quel que fut l'abaissement de la température du dehors. M. Duvoir en a entrepris la solution à l'aide d'un système unique et général de chauffage, c'est-à-dire d'un seul foyer générateur de chaleur, et qui, au moyen de l'eau chauffée et servant de véhicule à cette chaleur engendrée, la porte ensuite par circulation dans toutes les portions du bâtiment.

» Ce système unique est calculé dans ses dimensions, son étendue et ses effets, d'après les données théoriques et expérimentales, non-seulement pour chauffer toute la capacité intérieure des bâtiments, mais en outre pour y établir sur les plus larges bases la ventilation nécessaire à la complète salubrité de ceux-ci.

L'appareil qui constitue ce système se compose d'un fourneau en forme de tour ronde, établi dans un souterrain creusé
dans le sol de 3 mètres 50 centimètres (10 pieds 6 pouces) de
diamètre et 4 mètres (12 pieds) de hauteur, où l'on remarque
d'abord avec un vif étonnement un foyer qui n'a que 1 mètr.
(3 pieds) de diamètre et 80 centimètres (2 pieds 6 pouces) de
hauteur. C'est dans cette capacité réduite, la seule où l'on
opère une combustion même très-modérée, que s'engendre
toute la chaleur qui doit élever la température au degré voulu
des nombreuses subdivisions qui fractionnent l'intérieur du
palais.

» Sur ce foyer unique est placé un appareil hydropyro-
technique, composé d'une cloche en fer à doubles parois, remplie d'eau, et du sommet de laquelle part un tuyau d'ascension également unique et rempli d'eau, destiné à porter tout
d'un coup dans les parties les plus élevées du palais, l'eau qui,
par la chaleur développée dans le foyer, a reçu une élévation
de température et qui, en vertu de sa densité moindre, s'élève
alors d'elle-même au sommet de ce tuyau.

» Arrivée ainsi au point le plus élevé de son parcours, cette
eau est aussitôt répartie entre un grand nombre de tuyaux
de distribution qui la charrient dans tous les points du bâtiment qu'il s'agit de chauffer, et qui, après qu'elle s'est dépouillée de sa chaleur au profit de l'air des pièces parcourues,
la versent dans un tuyau commun, lequel la ramène à la partie
inférieure de la cloche pour la réchauffer et la faire circuler
de nouveau.

Le chauffage s'opère par la circulation de cette eau dans
8000 mètres de tuyaux de conduite tant d'ascension que de distribution de chaleur et de retour d'eau, et à l'aide de 240 poêles
distributeurs et de 100 bouches de chaleur. Les poêles qui sont
ainsi remplis d'eaux servent à échauffer au contact l'air des
pièces dans lesquelles ils sont placés; les bouches de chaleur
remplissent aussi ce but et servent en outre à amener de dehors l'air nécessaire à la ventilation des salles, qui arrive non
pas froid, mais à une température convenable.

» Cet air nouveau, et destiné à établir une bonne ventilation, est, comme on vient de le dire, emprunté au dehors;
avant d'être versé dans la pièce, il court dans des gaînes en
maçonnerie qui entourent les tuyaux de conduite d'eau et en
sens contraire à la direction où celle-ci circule (1), de ma-

_____

(1) Ce moyen pour chauffer l'air, en le faisant courir dans des gaînes en sens con-

nière que s'échauffant à la course : comme s'exprime M. Duvoir, c'est-à-dire acquérant une plus haute température à mesure qu'il avance ou a parcouru un plus long trajet dans la
gaîne, il peut être versé à la température requise dans les
pièces qu'il s'agit de chauffer et dont il faut peu à peu renouveler l'air pour la ventilation. Plus une pièce est vaste, plus
aussi on y multiplie pour la chauffer les poêles distributeurs
ainsi que les bouches de chaleur, et plus aussi par conséquent
la ventilation est puissante.

, » Après avoir ainsi décrit d'une manière trop sommaire
peut-être, mais que les bornes restreintes d'un rapport nous
obligent d'adopter, le bel appareil de chauffage établi dans
le palais du Luxembourg, par M. Léon Duvoir-Leblanc,
nous avons pensé qu'on serait bien aise de trouver ici un
résumé des avantages généraux que son système présente,
avantages que vos commissaires se sont appliqués à reconnaître et à constater.

» 1° Le système est parfaitement simple, puisqu'il repose
sur un mode unique de chauffage, sur un seul appareil générateur qui chauffe avec efficacité, et ventile avec énergie
toutes les parties, même les plus reculées et les plus obscures
du palais.

» 2° Il est éminemment économique, et c'est ce qu'a démontré un fait décisif, avec les anciens appareils à air établis
dans le palais, qui se composaient de 22 calorifères et d'un très-
grand nombre de poêles, cheminées et foyers divers qu'on
était obligé d'entretenir ; on dépensait en combustible et
main-d'œuvre pour cet objet environ 38,000 fr. chaque année, plus 16,000 francs de réparations annuelles ; avec cette
somme le chauffage était extrêmement imparfait, et même nul,
dans presque la moitié des bâtiments. Enfin, il n'y avait aucune trace d'un mode quelconque de ventilation. Avec ce système établi par M. Duvoir, toutes les pièces ou salles, le musée,
l'orangerie, la serre, les vestibules, les couloirs etc., sont
chauffés et amenés uniformément à la température toujours
égale de 15°, quelle que soit la température extérieure, et cela
pour la somme annuelle de 12,900 fr., plus 2000 fr. de réparations annuelles ; et ici, messieurs, il ne peut y avoir de
déception sur ce chiffre de 12,900 fr., puisque c'est celui-là

traire de l'eau des tuyaux chauffeurs, n'avait jamais été employé avant M. Duvoir qui
en est l'inventeur, du moins nous ne l'avons vu mentionné nulle part ou appliqué dans
les nombreux chauffages établis à Paris que nous avons eu occasion de visiter.

même fixé par M. Duvoir, et pour lequel il s'est lié et engagé
envers l'administration par un marché de douze années con-
sécutives : du reste nous reviendrons plus loin sur ce sujet.
Faisons remarquer, en passant, que le système de M. Duvoir
présente cet avantage qu'on ne chauffe qu'en raison de la
température qui règne à l'extérieur, et que la consommation
du combustible y est constamment proportionnelle au degré
de froid de la saison, avantage qui ne se rencontre pas dans
la plupart des modes de chauffage encore en usage.

» 3° Ce système présente un mode très-perfectionné de
chauffage, qui remplit toutes les conditions qu'on avait vainement tenté de réaliser jusqu'à ce jour; c'est ce qu'il est
facile de démontrer.

» D'abord la main-d'œuvre y est réduite à sa plus simple
expression, puisqu'elle se borne au transport du combustible au foyer, au chargement et nettoyage de celui-ci, et
qu'il n'y a ni appareil mécanique de soufflerie ou d'appel,
ni ventilation artificielle, ni pompe alimentaire, etc., qu'on
introduisait autrefois et qu'on introduit encore aujourd'hui
dans les grands chauffages pour établissements publics, en
France, en Angleterre et en Allemagne, et qu'il n'y a qu'un seul
chauffeur, chargé du soin du foyer et d'ajouter de temps à autre
un ou deux litres d'eau dans la chaudière une fois chargée.

» En second lieu, il permet de régler la température de
la manière la plus parfaite dans toutes les portions du palais.
C'est ce qu'on comprendra aisément après les explications où
nous allons entrer.

» Dans les anciens systèmes à foyer répartis en différents
points d'une capacité, ou dans ceux où on élève la température de l'air au moyen de son contact avec des corps chauffés
directement par le feu, par de la vapeur ou de l'eau en circulation, on n'avait pu parvenir jusqu'à présent à régler la
température, parce que, d'une part, c'est impossible avec un
simple rayonnement d'air chaud, et de l'autre, quand il y avait
circulation d'eau, parce que l'habitude où l'on était d'emprunter, comme dans le thermosiphon, de la chaleur aux tuyaux
de circulation tant dans sa partie ascendante que dans la
branche qui fait retour, obligeait de faire suivre à la première
portion tantôt une marche à peu près horizontale, qui ne
donne toujours qu'une circulation imparfaite, tantôt un grand
nombre de sinuosités pour satisfaire à tous les besoins du service, sinuosités qui apportaient des obstacles considérables à

cette circulation, laquelle, se ralentissant dans les tuyaux, faisait perdre ainsi à l'eau sa force ascensionnelle et impulsive,
la dépouillait, dès la première partie du parcours, de la plus
grande partie de la chaleur qu'elle avait acquise et en abaissait
la température à celle extérieure bien avant qu'elle eût atteint
les tuyaux de retour. Il en résultait qu'on avait des tuyaux
de circulation à température très-élevée dans une faible portion des bâtiments, et des tuyaux totalement dépouillés de
chaleur dans toutes les autres, et que, malgré des soins conti-
nuels, des dispositions particulières, et la multitude des appareils
qu'on était obligé d'employer, il était bien rare qu'on arrivât
à égaliser les températures dans un édifice un peu étendu.

» M Duvoir a suivi une voie différente, qui constitue une
véritable invention et une ère nouvelle dans l'art difficile du
chauffage par circulation d'eau. Pour vaincre d'un seul coup
tous les obstacles, il a porté, du premier jet, l'eau chauffée
dans la chaudière, au point culminant ou le plus élevé de sa
conduite; puis là, aidé par les lois de la pesanteur et mettant
à profit la pression de la colonne d'eau dont il disposait, il a
réparti ses tuyaux de distribution alimentés ainsi d'eau très-
chaude, et qui n'avait encore rien cédé ni rien perdu dans
son ascension, dans toutes les parties des bâtiments en leur
faisant suivre sans difficulté toutes les sinuosités, les différences de niveaux, les rampements suivant des plans verticaux ou inclinés, qui l'obligeaient de parcourir l'état des constructions, l'architecture, ou les décorations intérieures, où
enfin les besoins du service.

» Voilà déjà un moyen très-ingénieux pour pouvoir dissé-
miner ou mieux distribuer la chaleur dans tout le vaisseau
d'un vaste palais; mais ce n'est pas là le seul dont M. Duvoir
dispose pour arriver à cette bonne distribution, et qui, plus
est, pour ne distribuer dans chaque pièce ou dans chaque point
qu'une chaleur voulue.

» Il arrive par fois que la circulation de l'air dans les tuyaux
distributeurs, quand ils sont librement ouverts dans le tuyau
d'ascension, peut devenir plus active dans l'un d'eux que dans
les autres; il en résulte une sur-élévation de température
dans les salles ou pièces que ce tuyau dessert. Quelquefois
aussi un échauffement de l'air extérieur, l'apparition du soleil,
la réunion d'un grand nombre d'individus dans une même
pièce close, exigent qu'on y abaisse la température; dans ce
cas, les autres appareils sont inefficaces pour satisfaire à cette
condition ou même dangereux; ils ferment les bouches de

, chaleur, ce qui n'abaisse la température qu'avec une extrême lenteur et même pas du tout, quand il s'agit de salles où se trouvent réunis un grand nombre d'individus.

» Avec l'appareil de M. Duvoir, ou arrive au but de la manière la plus efficace et la plus prompte, à l'aide d'une disposition simple mais ingénieuse, qui fait fonction de régulateur pour toutes les parties du palais, et est placé au point culminant de la conduite d'eau. Quand la température s'élève trop dans une pièce, ou lorsqu'on veut la modérer, il n'y a aucun travail mécanique à opérer dans la pièce; le contre-maître seul, sur l'avis qui lui en est donné, n'a qu'à tourner du degré déterminé par l'expérience et les repaires, une manivelle correspondant au tuyau du distributeur de chaleur dans cette pièce, et aussitôt la circulation moins vive et l'afflue d'eau chaude moins considérable qu'auparavant amènent, dans un temps donné, moins d'unités de chaleur dans la capacité; et comme les mêmes déperditions pour le rayonnement, les fuites de l'air et la ventilation qui marche toujours son train, ont toujours lieu, il en résulte en peu d'instants un abaissement de température d'autant plus prompt que les bouches qui amenaient de l'air chaud, peuvent amener de l'air froid.

» Ainsi, avec l'appareil dont on doit l'invention à M. Duvoir, on obtient d'une part distribution égale de la chaleur dans toutes les subdivisions d'un bâtiment et graduation à volonté de cette chaleur dans telle de ces subdivisions qu'on désire. Mais ces résultats, quelque nouveaux qu'ils soient, ne suffiraient pas encore pour la répartition la plus avantageuse de la chaleur dans chacune de ces subdivisions, salles ou pièces, et cette répartition, telle que l'a établie ce constructeur, n'est pas une des inventions les moins ingénieuses de son système; elle s'exécute de la manière que nous allons indiquer.

» Quand on lance de l'air chauffé dans une capacité, une salle par exemple, si cet air est plus chaud que celui de la pièce, il s'élève aussitôt au sommet, s'étale en couche ou nappe horizontale, déplace celui plus froid qui s'y trouvait et le force à descendre dans les parties inférieures. Il résulte de cet état d'équilibre statique, qui s'établit entre les couches d'air de température inégale d'une même pièce, un inconvénient grave que tout le monde connaît fort bien; c'est que tandis que les couches placées à la partie supérieure ont une température élevée, celles inférieures dans lesquelles ont été ordinairement plongées celles qu'il importerait le plus de maintenir

chaudes, restent au contraire froides ou ne s'échauffent qu'a-
près un long espace de temps, et avec une consommation
énorme de combustible. Tout le monde d'ailleurs a ressenti
cette sensation pénible que font éprouver les couches d'air
froid qui descendent ainsi, et le désagrément des appels incom-
modes et irréguliers d'air qui s'opèrent par suite au niveau
des planchers et par-dessous les portes et fenêtres.

» Dans les systèmes anciens de chauffage, l'égale répartition
de la chaleur dans toute l'étendue d'une même pièce était
donc une chose impossible à atteindre, parce qu'on ne pouvait
y régler la température; qu'il n'y avait pas, la plupart du temps,
de ventilation suffisante, et que les appels s'y faisaient de la
manière la plus arbitraire. Dans le système de M. Duvoir, au
contraire, cette distribution s'établit d'elle-même et sans effort, et tout dépend de la manière dont il place les bouches
qui divisent l'air chaud dans la pièce, ainsi que les orifices
à l'aide desquels il appelle continuellement l'air le plus
froid et l'évacue au dehors. Ces orifices se trouvant, dans son
système, placés à la partie basse et près du parquet, il en résulte que c'est toujours l'air le plus dépouillé de chaleur qui
se trouve évacué, et que l'air chaud descend ainsi par nap-
pes successives pour chauffer les parties basses et suffire aux
déperditions produites par les appels.

» Remarquons à ce sujet que les lois de la saine physique
indiquaient que c'étaient aussi ces couches inférieures et froides, celles au niveau du plancher où se rassemble l'acide carbonique produit par la respiration ainsi que d'autres matières miasmatiques, qui avaient besoin d'être évacuées,
et que dans les autres systèmes où l'on voulait établir un
simulacre de ventilation, on dissipait d'un côté l'air chaud en
l'évacuant à la partie supérieure, et on laissait accumuler les
miasmes à la partie inférieure, sans qu'il y ait possibilité de
s'en débarrasser par cette voie.

» On voit en résumé que dans le système de M. Duvoir,
y a d'abord distribution égale de la chaleur dans toute la
capacité des pièces, et ensuite évacuation continuelle de l'air
vicié, accumulé dans les parties les plus basses de la pièce,
et enfin réchauffement des courants d'air qui pourraient s'établir par les ouvertures des portes ou des fenêtres, et qui ne
causent plus aucun malaise par suite d'abord de l'élévation de
température qu'ils acquièrent par leur mélange avec l'air
chaud descendant, et ensuite de la douceur et de la modération

des appels. Nous considérons l'application industrielle que
M. Duvoir fait ainsi des principes de la physique, pour établir continuellement une égalité de température dans tous les
points d'une masse d'air renfermée dans une capacité close,
comme très-heureuse et donnant un autre caractère distinctif
de nouveauté à son système de chauffage.

» 4° Ce système est parfaitement salubre, et il l'est indépendamment de toute disposition accessoire, puisque la ventilation est intimement liée au chauffage ; qu'elle s'opère
avec de l'air frais emprunté au dehors, venant s'échauffer au contact des tuyaux renfermant l'eau chaude dont la
température est à peine élevée, terme moyen, à 100° ; que
c'est cet air ainsi chauffé qui établit et entretient la température des pièces en même temps que son affluence, ou plutôt son
volume est calculé pour produire la ventilation la plus étendue, celle que les expériences les plus récentes des chimistes
ont considérée comme surabondante pour le libre exercice
des facultés vitales chez les êtres vivants à sang chaud.

» Notons ici que beaucoup de systèmes de chauffage encore en activité opèrent une ventilation très-imparfaite,
il est vrai, à l'aide du tirage qui a lieu par les cheminées destinées à enlever les produits de la combustion dans les foyers ;
systèmes essentiellement condamnables d'abord par les frais
énormes d'établissement qu'ils exigent et leur faible puissance, ensuite par une vue organique qui consiste en ce que les
tirages qui s'établissent au contraire lors des changements de
temps, refoulent par les conduits de la ventilation les produits
de cette combustion et les gaz jusque dans l'intérieur des bâtiments et les salles habitées qu'ils détériorent et rendent extrêmement insalubres.

» 5° Le mode de chauffage de M. Duvoir ne présente aucun danger quelconque, c'est ce qu'il est facile de concevoir
par les motifs ci-après.

» On n'a pas à craindre d'incendie, puisque le fourneau est
tout en brique et enseveli dans un souterrain profond et que
nulle autre part il n'y a de foyer ou de feu.

» La chaudière ou cloche ne peut faire explosion, car, indépendamment de ses soupapes de sûreté, l'eau n'y est pas à une
température élevée ; la pression à laquelle celle-ci est soumise
n'atteint jamais celle de l'atmosphère, même pour les bâtiments les plus élevés, c'est-à-dire que cette eau est à une température de 112 à 120° ; d'ailleurs cette chaudière est essayée

à la pompe hydraulique sous une pression infiniment supérieure à celle qu'elle doit supporter, et quand même il s'y manifesterait une fuite ou une fissure, il n'en résulterait pas grand dommage dans le souterrain voûté où le fourneau est établi; l'eau chaude seulement s'écoulerait dans celui-ci sans nulle avarie pour les bâtiments.

» Quant aux tuyaux de circulation d'eau, qui ont 25 millimètres (11 lignes) de diamètre et 8 millimètres (4 lignes) d'épaisseur, ils présentent toute espèce de sécurité, car la pression la plus haute qu'ils puissent éprouver est celle équivalente au poids de deux atmosphères. Or, M. Duvoir ne laisse pas percer un seul de ses tuyaux, qui sont en matériaux excellents, sans l'avoir soumis à la presse hydraulique à une pression de vingt-deux atmosphères. De plus, leurs assemblages à vis et avec mastic, au nombre de plus de 2400, sont serrés avec une très-grande force, et dans le cas où il se déclarerait une fuite, non-seulement elle serait facile à constater et à réparer, mais en outre ils pourraient crever, sans que pour cela le palais en éprouvât de détérioration, car alors la portion d'eau seule supérieure à la crevasse s'écoulant dans les greniers et dans des couloirs voûtés établis à cet effet, se rendrait au souterrain du fourneau, où elle serait reçue sans danger (1).

» 6° Le service est parfaitement assuré dans les grands établissements publics qui sont chauffés avec les appareils du système de M. Duvoir. En effet, la simplicité des moyens et des pièces, la solidité avec laquelle ces derniers sont établis, y rendent les réparations très-rares. Les tuyaux de circulation d'eau, les gaînes, les poêles, fonctionnent sans fatigue, parce qu'on a fait la part de la dilatation des matériaux et que cette dilatation est bien faible à cause du peu d'élévation de la température de l'eau de circulation; il n'y a donc que les parois ou la cloche, qui, avec le temps ou par accident, peuvent éprouver des avaries; or, cette circonstance n'exerce aucune influence sur la régularité du service, attendu que dans tous ses chauffages M. Duvoir a la précaution d'établir un fourneau auxiliaire renfermant, comme le premier, un foyer et une cloche de même dimension et communiquant par les

(1) Les commissaires ont tenu à constater la fausseté d'une allégation qu'on a fait circuler dans le public à l'occasion du chauffage du Conseil d'Etat au quai d'Orsay, où, disait-on, les fuites des tuyaux avaient pourri tous les planchers; l'un d'eux, délégué à cet effet, a constaté que depuis l'établissement de ce chauffage, qui date de six années, il n'était arrivé rien de semblable, que tous les planchers se trouvaient intacts et dans un état d'intégrité parfaite, et qu'il n'y avait que la plus insigne mauvaise foi ou la calomnie qui aient pu inventer et répandre de pareils bruits.

moyens les plus simples avec les conduits de circulation.
Quand l'un des fourneaux exige quelque réparation, on allume l'autre, et le service se fait avec, et sans interruption,
pendant qu'on restaure le premier. Jusqu'à présent le service
n'a jamais été suspendu un seul instant par accident dans les
nombreux chauffages établis par M. Duvoir, circonstance importante qui donne à son système une nouvelle supériorité sur
tous les autres, où des réparations toujours nouvelles, et la plupart du temps fondamentales, compromettent à chaque instant
les besoins du service.

    » Nous avons cherché, dans l'examen précédent, à vous faire
saisir les avantages généraux, nombreux et réels, à notre avis,
qui distinguent le système de chauffage de M. Duvoir, et les caractères de nouveauté et d'invention qu'ils ont présentés à vos
commissaires; nous allons nous efforcer maintenant de justifier
encore par quelques autres considérations la bonne opinion
que vous vous êtes peut-être déjà formée de ce mode de
chauffage.

    » La circulation dans des conduits suffisamment épais, dis-
posés avec intelligence, comme l'a fait M. Duvoir, et bien assemblés, de l'eau portée à une température uu peu supérieure à 100°, est le seul procédé qui réussisse pour porter au
loin la chaleur d'un foyer ; ainsi, dans les appareils établis
antérieurement, l'eau part bien à une haute température;
mais les dispositions sont si mal prises, qu'elle se dépouille
promptement, comme nous l'avons déjà dit, de sa chaleur et
parcourt à l'état froid une portion notable de son circuit. Chez
M. Duvoir, l'eau de circulation, par exemple, lorsque la température extérieure est à 15° au-dessous de zéro, part à 120° et
n'a perdu que 40° quand-elle est parvenue au terme de sa
course, c'est-à-dire qu'elle rentre dans la chaudière à 80°, ainsi
que nous avons eu occasion de le constater. Cette circulation
rapide s'opère comme il a été dit, au palais du Luxembourg,
dans un conduit qui présente en somme un développement
de plus de 8000 mètres, et il existe entre le foyer de chaleur et
le poêle le plus extrême du palais, une longueur de conduits
de plus de 900 mètres, que, suivant les besoins, M. Duvoir
pourrait porter beaucoup plus loin dans d'autres circonstances,
sans crainte de voir échouer son système de chauffage, ce qui
donne à celui-ci un caractère de généralité, d'étendue et de
grandeur, auquel nous n'étions pas accoutumés avec les autres
appareils établis jusqu'à présent par les ingénieurs, les architectes et les industriels.

» Le système de chauffage de M. Duvoir est susceptible des applications les plus variées, et l'expérience l'a démontré jusqu'à la dernière évidence. Ainsi, indépendamment du palais, des musées, des ministères, des grands établissements publics, nous le voyons installé avec le plus grand succès dans les serres et les orangeries. A cet égard vos commissaires ont visité avec le plus grand intérêt plusieurs serres du jardin des plantes, qui sont chauffées par ce moyen, et entre autres celle aux orchidées, plantes délicates des régions tropicales, qui exigent une température un peu élevée, douce et humide. Cette serre chauffée auparavant par plusieurs poêles ordinaires ou calorifères, exigeait beaucoup de soin et d'attention, tandis que depuis qu'un foyer unique et un bon système de circulation d'eau opèrent le chauffage, le service est devenu très-prompt et très-facile. Il y a plus, c'est qu'avec ce système les plantes jouissant, par la ventilation établie à l'intérieur, d'un renouvellement continuel d'air et d'un mouvement doux que leur procurent les courants d'air qui règnent à l'intérieur, se trouvent ainsi plus rapprochées de l'état de nature, et par conséquent dans un état de santé beaucoup plus satisfaisant. D'ailleurs, on peut remarquer que ce mode de chauffage perfectionné paraît être extrêmement avantageux pour ces sortes de bâtiments, puisqu'il dispense en grande partie du service de nuit, sans qu'on ait à craindre un refroidissement préjudiciable à la santé ou à la vie des plantes. Au reste, tous les jardiniers des serres, tant du jardin des plantes que du Luxembourg, que vos commissaires ont interrogés, ont été unanimes dans leurs témoignages sur les avantages que procure ce nouveau mode de chauffage.

» L'application qui a déjà été faite du système Duvoir aux hospices, aux hôpitaux, aux prisons pénitencières, en a fait ressortir d'une manière bien remarquable toute la supériorité pour ces sortes d'établissements. Il est en effet facile de voir qu'il est le seul jusqu'à présent qui soit parvenu à établir une égale distribution de chaleur dans toute l'étendue d'un vaste bâtiment, quel que soit le nombre des subdivisions dans lesquelles il se trouve partagé ; que c'est aussi le seul qui égalise la température dans toute la capacité de chacune de ces subdivisions, grande ou petite, et enfin que seul il opère une ventilation suffisamment énergique dans ces établissements où le renouvellement d'air, trop négligé jusqu'à ce jour, est une condition d'une rigoureuse nécessité. Enfin, il présente une particularité tout-à-fait remarquable et précieuse pour les maisons de détention, c'est qu'il ne permet pas, comme plusieurs autres systèmes adoptés jusqu'ici, de communication entre les détenus par les conduits de chaleur ni ceux destinés à la ventilation.

» Les lieux de réunion, les amphithéâtres, les salles de spectacle, les fabriques, les manufactures, où l'air est si souvent sujet à être vicié, retireront aussi de grands avantages de l'application de ce système. Il en sera de même pour ceux où l'on redoute le chauffage direct à foyer découvert de crainte d'incendie; de ceux où l'industrie a besoin d'opérer la dessiccation prompte de diverses substances, la fixation de certaines couleurs, la macération de quelques corps à des degrés fixes de température, des cristallisations, des réactions chimiques déterminées, etc., etc.

» Une des plus belles applications en ce genre qui ait été faite par M. Duvoir, est le chauffage de la poudrerie de Vonges (Côte-d'Or). Dans cet établissement, ainsi que dans tous les autres semblables, on sait qu'on se sert pour sécher les poudres, de tarares ou autres appareils mécaniques de ventilation qui exigent l'emploi d'un moteur puissant, et généralement d'un cours d'eau. La sécherie dans une poudrerie est ordinairement placée à une certaine distance des autres bâtiments de fabrication, afin de prévenir, autant qu'il est possible, les causes d'accidents. Or, cette disposition est à la fois onéreuse et incommode pour l'Etat : elle est onéreuse, parce qu'elle oblige d'établir des canaux de dérivation pour les eaux qui doivent mettre en action les appareils mécaniques de sécherie, et incommode en ce que, pendant les gelées en hiver, les travaux se trouvent suspendus. Le chauffage à circulation d'eau chaude avec ventilation, de M. Duvoir, remédie de la manière la plus complète à ces inconveniens. Dans ce chauffage, la construction des canaux de dérivation est inutile, et on sèche par une ventilation abondante les poudres en tout temps, avec rapidité et sans avoir à redouter le moindre danger d'incendie ou d'explosion, du moins de la part du système.

» Nous avons dit, en parlant du chauffage des serres, que l'entretien de la chaleur pendant la nuit exigeait peu de soin, et c'est là encore un des traits les plus caractéristiques de l'appareil de M. Duvoir. En effet, l'expérience a démontré qu'avec la masse d'eau dont il dispose, on peut cesser le feu sans que pour cela cet appareil cesse de fonctionner encore pendant un certain temps. La température baisse, il est vrai, graduellement dans les pièces chauffées, mais avec tant de lenteur qu'au bout de douze heures, après cessation du feu, elle n'a fléchi que de 5 à 6 degrés dans ces pièces, sans que la ventilation soit un moment suspendue. On conçoit, en conséquence, combien de pareils avantages sont précieux pour certains établissements publics et privés, qui sont, pour ainsi dire, chauffés sans frais pendant la nuit et où s'entretient à l'intérieur pendant tout ce temps un air salubre et respirable.

» Puisqu'il est question de ventilation, nous pensons qu'il n'est pas hors de propos de citer quelques expériences qui ont été faites à ce sujet, le 5 avril 1843, par la commission chargée de la réception des travaux de la maison des aliénés de Charenton, commission qui se composait de MM. Gay-Lussac, Seguier, de Noue, Grillon-Regnault, le directeur de l'établissement et l'architecte qui a dirigé les travaux des nouvelles construtions.

» Dans ces expériences, on a fait usage du petit anémomètre perfectionné, et avec son secours on a constaté, en se servant de la formule commune, les faits suivants :

» 1o Pour les cellules les plus éloignées du centre du chauffage, qui offrent une capacité de 36 à 38 mètres cubes, l'instrument appliqué aux bouches d'écoulement a constaté qu'il s'écoulait un volume d'air de 67 mètres cubes 10 par heure.

» 2o Pour les cellules les plus rapprochées, qui offrent la même capacité, l'expérience et le calcul ont démontré que ce volume d'air écoulé était de 119 mètres cubes 13 par heure.

» De façon que le renouvellement total de l'air de la cellule a lieu par la ventilation en 32 minutes dans les premières, et en 19 minutes dans le second.

» 3o Dans les salles et dortoirs les plus éloignés du centre, dont la capacité intérieure est de 30 mètres cubes, l'anémomètre a indiqué un écoulement d'air de 290 mètres cubes 20 par heure, c'est-à-dire un renouvellement complet de l'air des salles à-peu-près toutes les heures.

» 4o Enfin, dans les salles les plus rapprochées du foyer, qui ont la même capacité, cet écoulement a été de 607 mètres cubes 75 d'air par heure, ou deux renouvellements par heure de la totalité de l'air de chaque salle.

» M. Robinet, membre de l'académie de médecine, professeur qui s'est beaucoup occupé de ventilation à l'occasion des magnaneries, a fait, dans divers établissements chauffés par M. Duvoir, à l'aide de l'anémomètre, des expériences qui sont pleines d'intérêt : c'est ainsi qu'il a constaté que, chez M. Godfroy, fabricant de toiles peintes, à Puteaux, dans un séchoir présentant une capacité de 753 mètres cubes, il ne fallait à l'aide du système de M. Duvoir que 11 minutes environ pour renouveler entièrement tout l'air intérieur ; que dans l'amphithéâtre de l'Observatoire qui cube 1535 mètres, 23 minutes suffisaient avec la ventilation établie pour renouveler entièrement la masse d'air dans cette localité ; qu'au séchoir de l'hôpital du Val-de-Grâce, qui a une capacité de 378 mètres cubes, cette masse d'air était complètement évacuée en 8,3 minutes et même en 5 1/2 minutes, et remplacé par un volume semblable d'air nouveau. Ces résultats sont attestés par M. Payen et le B. Seguier de l'Institut, le chef de bataillon du génie Lemoine, M. Hericart de Thury, conseiller d'Etat, inspecteur général des mines, etc.

» Nous croyons qu'en présence de pareils résultats, dont il n'existait pas d'exemple avant l'invention et la mise à exécution du système de M. Duvoir, on ne peut plus contester la parfaite salubrité de son mode de chauffage et une ventilation qui peut dépasser de beaucoup celle qu'on a considérée par expérience comme suffisante pour satisfaire largement à toutes les éventualités et à tous les besoins.

» Jusqu'à ce jour, dans l'établissement des appareils de chauffage, si on avait négligé la ventilation pendant l'hiver et à l'époque où l'on fait du feu, on avait encore bien moins songé à faire servir ces appareils, lorsque les feux sont éteints, à une ventilation pendant l'été : c'est une idée qui appartient à M Duvoir, et qu'il a realisée avec le plus grand succès à l'Observatoire national, où une foule d'auditeurs vont ainsi écouter les leçons du célèbre professeur à une époque de l'année où la température extérieure est très-élevée (30 degrés). A l'aide de ses appareils de ventilation d'hiver appliqués à la ventilation d'été, de quelques kilogrammes de glace et d'un très-petit foyer d'appel, cette ventilation estivale s'établit de la manière la plus régulière et la plus économique, au grand avantage du professeur et de ses auditeurs, au point que, dans diverses circonstances, la température de la salle qui renfermait près de 1,000 personnes a diminué de 10 degrés, et est devenue trop basse pour le professeur et ses élèves, qui s'en sont plaints hautement. On conçoit du reste combien un pareil renouvellement d'air serait agréable dans la saison chaude, dans les théâtres, les salles de réunion où généralement, à cette époque, on éprouve un malaise considérable, causé par la chaleur et une circulation d'air qui est à-peu-près nulle.

» Les appareils de M. Duvoir ont exigé pour leur établissement, et avant d'être portés à l'état de perfection où ils se trouvent aujourd'hui, beaucoup d'expériences, d'essais, de détermination et de calculs. C'est ainsi qu'il a fallu connaître la force à donner à la cloche, aux tuyaux de conduite, calculer le diamètre de ceux-ci en raison de la place qu'ils occupent dans la conduite ; le diamètre variable des gaînes d'air chaud, suivant les distances à parcourir, la surface des bouches qui versent la chaleur dans les pièces, leur nombre, la capacité des poéles-chauffeurs, la disposition la plus avantageuse à donner aux tuyaux distributeurs d'eau chaude pour que la circulation ne s'y contrarie pas, afin qu'ils aient tous au besoin une part de l'eau affluente proportionnelle au travail qu'ils doivent exécuter. Or, nous devons dire que M. Duvoir a acquis sur ce sujet une si grande expérience pratique qu'il lui arrive rarement d'être obligé de modifier ses plans et ses devis, et qu'il arrive toujours du premier coup, sans tâtonnement et sans délais, au but qu'il s'était proposé. C'est du reste ce que démontre la réception immédiate de tous ses travaux par les commissions nommées à cet effet, par les autorités où les administrations, et entre autres, celles instituées pour le palais du Luxembourg, et celles pour la maison de Charenton, l'église de la Madeleine, le bâtiment du quai d'Orsay, l'Observatoire national, et qui, dès les premières expériences, n'ont pas hesité à donner leur approbation et leur assentiment à ce beau système.

» Nous avons dit précédemment que le système de chauffage inventé par M. Duvoir était économique, mais peut-être resterait-il quelque doute à cet égard, si nous ne cherchions à appuyer notre assertion par quelques preuves décisives. Nous ferons choix pour la démontrer, du chauffage du palais du Luxembourg et de celui de l'établissement des jeunes aveugles.

» Le palais du Luxembourg était auparavant chauffé par un système à air chaud et vapeur, composé de 8 calorifères principaux et d'une multitude d'autres, ainsi que de poêles et de cheminées répandues en divers points. La dépense totale pour l'établissement de ces appareils s'était élevée à

250,000 fr. ; et, comme ils ne chauffaient guère que la moitié du palais, il aurait fallu doubler cette somme pour avoir un chauffage égal à celui qui existe aujourd'hui ; toutefois, pour rester en dessous des évaluations, on se contentera d'ajouter moitié en sus, ce qui aurait produit une dépense totale de francs 375,000

D'après le tableau inséré au *Moniteur*, les frais de combustible, avec ses appareils, s'élevaient annuellement à 38,000 fr., qui, en ajoutant moitié en sus par le motif indiqué ci-dessus, donnent pour la dépense annuelle. 57,000

Les frais annuels d'entretien s'élevaient à 16,000 fr. et moitié en sus. 24,000

La dépense générale à la fin de la première année. 456,000

Or, si on suppose un chauffage de 12 années, tel que l'a entrepris par un marché M. Duvoir, on aurait le calcul suivant :

1o Frais de premier établissement de l'appareil. 375,000

2° Chauffage et entretien annuel 81,000 pendant douze ans. 972,000

3° Intérêts simples pendant 11 ans de la somme de 375,000. 206,250

4° Intérêts simples et décroissants de la somme annuelle de combustible et entretien. . 247,000

Somme totale dépensée à la fin de la 12e année par les anciens appareils. 1,800,250

Dans le système de M. Duvoir on a dépensé, en comprenant les travaux extraordinaires et imprévus de maçonnerie auxquels l'état vicieux des parties inférieures du palais du Luxembourg a donné lieu, une somme de 240,000

Les frais de chauffage s'élèvent par marché à 12,900 fr., et, en y comprenant quelques feux de parade et autres, à un total de 18,900

De façon que la dépense totale de la première année a été de 258,900

On aura donc pour le chauffage des douze années :

1° Frais de premier établissement. . . . 240,000

2º Intérêts simples de cette somme pendant
onze ans. 132,000
3o Frais de chauffage annuel 18,900 fr. pour
12 ans. 226,800
4o Frais d'entretien annuel à raison de 2,000
fr. par an par marché, mais ne devant être payés
que pendant onze années. 22,000
5º Intérêts simples et décroissants des frais de
combustible annuel (18,900). 57,645
6º Intérêts des frais d'entretien (2,000). . . 5,500

Somme totale de déboursés au bout de 12 années. 683,945
De façon que le mode de chauffage établi au
palais du Luxembourg procurera à l'Etat, au bout
de douze années, une économie de. 1,116,355

» Nous n'entrerons pas dans des détails aussi étendus relativement à l'établissement des jeunes aveugles, et nous nous
bornerons à dire que dans l'ancien système de chauffage la
dépense au bout de douze années se serait élevée, pour l'établissement des appareils, le combustible, l'entretien et les intérêts, à la somme de 965,773
Tandis que dans le système établi par M.
Duvoir, cette somme ne sera que de 734,834

C'est-à-dire qu'il y aura pour l'Etat économie
de 230,939

» Si on récapitule ainsi les sommes économisées à l'Etat ou
aux hospices dans les chauffages ci-dessus, dans ceux du
Quai-d'Orsay, de la maison de Charenton, de l'hôtel du pré-
fet de police, de la manufacture des tabacs, des hospices,
prisons, préfectures des départements, etc., etc., on arrive
ainsi à une économie de près de quatre millions de francs,
dont l'Etat bénéficiera simplement par l'adoption du système
de chauffage de M. Duvoir, et sans compter beaucoup d'autres avantages matériels qu'on comprendra aisément par la
lecture de notre rapport.
» Avant de terminer ce rapport, nous avons pensé, s'il n'a
porté dans vos esprits la conviction la plus intime sur la
supériorité du système de chauffage et de ventilation qu'on
doit à M. Duvoir, que vous vous laisserez peut-être ébranler
par les témoignages de personnes toutes compétentes dans

cette matière, qui ont désiré, dans diverses occasions, rendre un hommage public à la vérité. Ces témoignages, qui sont nombreux et dont nous déposons les copies sur le bureau, émanent les uns des ministres et autres hommes d'Etat, de savants distingués, de membres de nos académies; de commissaires du gouvernement, d'employés supérieurs et enfin des architectes attachés aux monuments chauffés par M. Duvoir, et qui ont pu suivre pas à pas ses travaux, constater chaque jour l'efficacité du chauffage, la puissance de la ventilation, la simplicité du système, la solidité et les avantages réels qu'ils présentent. Toutes ces pièces confirment les faits que nous avons énoncés, et leur donnent le plus haut degré d'authenticité et de certitude.

» Arrivés au terme de la tâche que vous nous aviez imposée, nous aurions désiré résumer en peu de mots les caractères et les avantages du système de chauffage que M. Duvoir a établi avec tant d'habileté et de succès, et en quelques années, dans un si grand nombre de localités différentes; mais nous avons considéré que ce rapport lui-même n'en était déjà pour ainsi dire qu'une simple récapitulation, et que nous pouvions nous borner à vous répéter que ce système est aujourd'hui arrivé à son état de perfection; qu'il remplit à moins de frais que tous ceux connus jusqu'à présent, et d'une manière bien plus efficace et plus complète, toutes les conditions d'un excellent chauffage; qu'il se trouve combiné de la manière la plus heureuse, avec un système énergique, toujours actif, de ventilation, et qu'enfin, dans plusieurs de ses détails, il présente des applications extrêmement ingénieuses de lois de la physique, dont on n'avait point encore songé à faire usage dans la pratique. »

ARTICLE 2.

Système de chauffage, de M. BARRY.

Dans une des séances de l'année 1847, de l'Institut royal de Londres, M. Faraday, physicien d'un grand mérite, a cru devoir entrer dans quelques explications étendues sur le nouveau système adopté par M. Barry pour le chauffage de la chambre des pairs en Angleterre, système qu'il a eu occasion d'examiner en détail en sa qualité de commissaire délégué par l'autorité pour sa réception, et qu'il considère comme une application ingénieuse des principes de la physique.

« Le plan de M. Barry, dit-il, pour chauffer et ventiler

les trois salles ou capacités dont se compose la chambre des
Pairs, savoir : la chambre royale d'attente, la salle des séances
de la chambre et les tribunes publiques, consiste d'abord à
produire un courant d'air élevé à une certaine température
et à le faire passer sous le plancher imperméable de ces pièces ;
ensuite à le faire monter dans un réservoir au sommet du
bâtiment, d'où il est déversé et répandu en grande abondance,
mais d'une manière imperceptible aux yeux, si ce n'est par
la sensation de chaleur qu'on éprouve dans les trois salles
ou capacités qui composent la chambre ; en second lieu, à
évacuer l'air vicié par la respiration, et à le rejeter avec une
grande rapidité dans l'atmosphère.

» Pour arriver à ces résultats, M. Barry a disposé ses appareils, 1° pour chauffer les bâtiments, à travers un plancher
imperméable, ainsi qu'étaient chauffés les bains romains ; 2°
pour établir un système de courant d'air ; pour faire passer
par minute 400 mètres cubes d'air qui suivent une marche
donnée, et avec une vitesse déterminée.

» Reprenons maintenant une à une chacune de ces dispositions :

» 1° Mode de chauffage. Une caisse à vapeur, qui emprunte
celle-ci à une chaudière du système de lord Dundonald, est
traversée par un certain nombre de tubes à air qui sont solidement établis et mastiqués : c'est l'air qui passe à travers ces
tubes qui charrie la chaleur. Cet appareil, ainsi que son fourneau, est placé sous les tribunes publiques, et le courant d'air
chaud passe sous le plancher, imperméable à l'air de ces tribunes, sous celui de la salle des séances, et enfin sous celui de la
chambre d'attente. Avec la chaleur qu'il a reçue, l'air a acquis un certain degré de force motrice dans les portions verticales des passages qu'il parcourait, force qui le fait marcher
en avant jusqu'à ce qu'il parvienne à la chambre qui lui sert
de réservoir, et qui, comme on l'a dit, est placée au sommet
du bâtiment. De là, cet air est déversé en nappe ou courant
contenu le long des murs ou parois des pièces où il descend
incessamment, et où il peut être respiré sans effort et sans
prise d'air accessoire par les personnes qui peuplent ces pièces.
La diffusion graduelle de cet air s'accomplit au moyen des
courants dont il va être question.

» 2° Système de courants. Ces courants sont produits en
soumettant l'air à des températures inégales. En descendant
le long des parois intérieures des murs de chacune de ces

pièces chauffées, cet air se dépouille en partie de sa chaleur, soit par son contact avec ces parois plus froides, soit en passant devant les fenêtres, les portes, etc., ce qui augmente nécessairement la vitesse de sa chute. En tombant au niveau du plancher, où il arrive dans un état vicié et détérioré par suite de la respiration, de la combustion, etc., il se réchauffe en coulant au niveau de ce plancher qui est chauffé, et vient, de tous les points de la salle, affluer au centre, point où il se relève en une colonne qui passe par une ouverture percée dans le plafond de cette pièce, et par lequel il est rejeté dans une cheminée d'appel.

» 3° *Tirage.* C'est par cette cheminée d'appel que l'air vicié est évacué, au moyen d'un tirage opéré par une force motrice particulière. Cette force motrice est empruntée à un jet de vapeur du système de Bell (mais dont le véritable inventeur est Pelletan), et elle fonctionne de telle façon que la vapeur produite sous une pression de 2 kilogrammes 300 au-dessus de la pression atmosphérique met en mouvement 217 fois son volume d'air.

» Diverses autres dispositions de détail servent à régler la vitesse de l'air de manière à prévenir toute autre ventilation locale ou partielle provenant des autres appartements, et de nature à contrarier sa marche constante. De plus, la caisse de vapeur qui en hiver sert à chauffer sera remplie avec de l'eau d'un puits en été, afin de rafraîchir l'air servant à la ventilation.

« En définitive, ajoute M. Faraday, on peut résumer en peu de mots, ainsi qu'il suit, les avantages qu'on doit attendre de ce système de chauffage et de ventilation :

» 1° Inutilité des ventilations ou prises locales ou partielles d'air froid.

» 2° Absence des inconvénients que présente, pour le chauffage régulier, la distribution de la chaleur et la décoration intérieure, l'existence de ces prises d'air.

» 3° Disparition des mouvements de dispersion de la poussière et de la boue qui peuvent se trouver sur le plancher des salles, mouvements qui sont occasionés par des courants qui rendent l'air impur et insalubre.

» 4° Répartition égale et permanente de température sans avoir à craindre de changements brusques chez celle-ci.

» 5° Enfin, danger moindre des incendies. »

Nous regrettons beaucoup que les journaux anglais, aux-

quels nous empruntons ce qui précède, ne soient pas entrés
dans des détails plus étendus et plus précis sur le système de
chauffage et de ventilation de M. Barry, qui, en effet, offre
quelques dispositions ingénieuses, mais sur lequel aussi nous
aurions peut-être pu alors présenter d'utiles observations qui
auraient fait ressortir quelques-uns des défauts qu'il présente,
et qu'il sera peut-être difficile de corriger sans renverser en
partie le système.   F. M.

Chauffage à l'eau chaude, par M. PERKINS.

Pendant longtemps on a essayé de chauffer les grands bâtiments, les vastes ateliers ou les établissements publics, à
l'aide de l'eau chaude circulant dans des tuyaux de conduite
d'après le système du thermosiphon de Bonnemain; mais ce
moyen de chauffage qui s'opérait à la simple chaleur de l'eau
bouillante, a présenté dans son origine des inconvénients tellement graves qu'il n'a, pendant longtemps, recu des applications que sur une échelle restreinte. Plus tard, les moyens se
sont perfectionnés et on n'a pas même craint d'élever la température et la pression de l'eau à un degré bien supérieur à
celui de l'eau bouillante. Parmi les modes de chauffage de ce
genre, il est nécessaire de faire mention de celui qui a été inventé par M. Perkins, parce qu'il est maintenant employé
dans un grand nombre d'établissements publics en Angleterre,
et qu'on a cherché à le propager avec quelques succès sur le
continent.

L'appareil que Perkins a imaginé pour opérer le chauffage
à une haute température se compose d'une suite non inter-
rompue de tuyaux qui partent d'un point et y reviennent
après avoir circulé dans tous les points qu'il s'agit de chauffer,
ainsi que cela se pratique dans les chauffages ordinaires, par
circulation d'eau ou de vapeur. Mais ce qui distingue cet appareil, c'est qu'ici ces tuyaux n'ont qu'un très-petit diamètre,
que le récipient où s'opère le chauffage du liquide est exactement fermé, et enfin que ce liquide, qui est ordinairement
l'eau, est porté en sortant du foyer à une très-haute température. Une partie de la conduite des tuyaux qui circulent
est placée dans un fourneau, le reste se rend dans les pièces
qu'il s'agit de chauffer, y serpente et revient sur lui-même
dans des caisses ouvertes aux deux extrémités, où il chauffe l'air
destiné à servir au chauffage et à la ventilation.

On trouve la description du système de chauffage de M.

Perkins dans plusieurs ouvrages sur les sciences et l'industrie, mais la plus complète et la mieux raisonnée, est celle qu'on lit dans la deuxième édition du *Traité sur la chaleur*, de M. E. Peclet, tome second, page 263. Nous l'emprunterons donc à cet excellent ouvrage, que le poëlier-fumiste consultera toujours avec beaucoup de fruit.

Disposition générale des appareils.

La figure 269, *Pl.* XII, représente la disposition la plus simple des appareils dont il est question. Le circuit *a b c d e f g h i k* est exactement fermé. A, B, C sont trois spirales à bases circulaires ou carrées formées par le tube : l'une, A, est placée dans un foyer, les autres dans les pièces qui doivent être échauffées; *m* est un vase dans lequel se fait l'expansion de l'eau ; *n* est un orifice pour le dégagement de l'air quand on remplit l'appareil.

Dans l'appareil indiqué (*fig.* 270), l'eau chaude descend simultanément par quatre tubes qui forment les quatre serpentins des deux étages échauffés.

La figure 271 représente un calorifère dans lequel l'eau descend par deux tubes, dont chacun parcourt deux hélices logées dans des intérieurs de cheminées.

On comprend facilement les dispositions qu'il faudrait employer pour chauffer de l'air extérieur qui serait ensuite introduit dans les différentes pièces.

Dimension des tuyaux.

Les tuyaux ont 25 centimètres (9 pouces) de diamètre extérieur, 10 centimètres (4 pouces 5 lig.) de diamètre intérieur, et ordinairement 4 mètres (12 pieds) de longueur. Avec ces dimensions ils peuvent supporter une pression supérieure à 3000 atmosphères.... Les tuyaux sont essayés à la presse hydraulique sous une pression de 200 atmosphères, mais il sont quelquefois soumis à une pression beaucoup plus grande.

Mode de jonction des tuyaux.

La figure 272 représente la fermeture d'un tuyau à un de ses bouts. Le tuyau est taraudé, et son extrémité est taillée en biseau : il est recouvert d'un écrou dont le fond est plat. En serrant fortement l'écrou, le biseau du tuyau entre dans le fer de l'écrou et forme un joint parfaitement étanché.

On voit, figure 273, la méthode qu'il faudrait employer pour

fermer un orifice percé dans un vase de fer terminé par une
surface plane. La partie inférieure du talon de la vis présente
un biseau circulaire dont l'arête, par un fort serrage, s'applique exactement sur la surface plane du vase.

Les figures 273, 274 et 275 représentent le mode de
jonction de deux tuyaux réunis bout à bout; les deux extrémités des tuyaux sont taraudées dans le même sens; le
bout de l'un est plat, celui de l'autre est en biseau. On
les réunit par un écrou taraudé, à gauche dans un bout
et à droite dans l'autre; en serrant l'écrou, les tuyaux ne pouvant pas tourner, tendent à se rapprocher, et par un fort
serrage on obtient un joint parfait. J'ai vu des tuyaux dans
lesquels le biseau de l'un d'eux avait pénétré de près de 1 millimètre dans le plan qui terminait l'autre.

Un autre mode de jonction est indiqué dans les figures 276
et 277, mais il est plus compliqué, plus cher et moins solide.
Les deux tuyaux sont garnis chacun d'un bourrelet, et ils sont
réunis par une pièce de fer qui a extérieurement la forme
de deux cônes par leurs bases, contre lesquels les deux tuyaux
sont fortement serrés par deux écrous à boulons qui traversent deux étriers appuyés sur les bourrelets.

On voit dans la figure 278 le mode de jonction d'un tube à
angle droit sur un autre. La jonction a lieu au moyen d'une
pièce de fer intermédiaire sur laquelle le premier et les deux
branches du dernier sont fixés par le moyen indiqué fig. 272.

La figure 279 représente le mode de jonction employé pour
réunir deux tuyaux parallèles. Les deux tuyaux communiquent par une pièce de fer doublement conique, sur laquelle
ils sont fortement serrés par un étrier garni de boulons.

Vase d'expansion.

Ce tube court et d'un plus grand diamètre que les tubes
de circulation est placé à la partie la plus élevée du circuit.
Sa capacité doit être au moins de 15 centim. (5 pouces 7 lignes)
de la capacité totale des tubes. A côté du tube d'expansion
se trouve un tube d'une moindre hauteur, destiné à faire écouler l'air quand on remplit l'appareil d'eau. Les orifices du
vase d'expansion et du tube à air se ferment par la disposition indiquée figures 269 et 270.

Remplissage de l'appareil.

On pourrait remplir l'appareil en versant simplement de
l'eau par le tube d'expansion, le tube à air étant ouvert; mais

comme les tubes n'ont qu'un très-petit diamètre, il serait à
craindre qu'il ne restât de l'air dans l'appareil, circonstance
qui l'empêcherait de marcher et qui pourrait produire de
graves accidents. On opère généralement le remplissage au
moyen d'une pompe foulante, qui sert ensuite à essayer l'appareil sous une pression d'au moins 200 atmosphères. On introduit longtemps par le tube d'expansion, ou par le tube à
air, de l'eau qui sort par celui des deux orifices qui reste ouvert.

Robinets.

Lorsque la partie du circuit qui descend du sommet de la
colonne ascendante, renferme plusieurs branches, l'eau circule simultanément dans toutes, comme nous l'avons déjà
remarqué plusieurs fois, et tous les calorifères partiels sont
chauffés. On a essayé différentes dispositions pour arrêter le
mouvement de l'eau dans un ou plusieurs de ces tuyaux, mais
on n'a rien obtenu de satisfaisant. On trouve dans l'ouvrage
anglais de M. C. J. Richardson la disposition représentée par
les figures 281 et 282 pour établir à volonté la circulation dans
deux des trois tuyaux A, B et C, au moyen d'un piston dont
la tige passe à travers une boîte à étoupes et qui est manœu-
vré par un levier. Mais cet appareil n'est pas employé ; les
boîtes à étoupes ne peuvent supporter ni une aussi grande
pression ni une aussi haute température. Dans tous les appareils on chauffe toujours tous les embranchements.

Fourneaux.

On a reconnu par expérience que la longueur des tubes
renfermés dans le foyer devait être à peu-près un sixième de
la longueur totale du circuit. Les fourneaux sont disposés de
différentes manières. Dans la figure 271 les tubes sont contournés en hélice à base carrée ; la flamme, à la sortie du foyer,
parcourt la moitié des tubes en montant, et l'autre moitié en
descendant ; une petite roulette verticale dirige ce mouvement.
Dans la figure 270 les tubes sont dirigés par couches horizontales ; une d'elles sert de grille, les autres, placées au-dessous
de la seconde, sont traversées par la flamme en descendant ;
dans cette dernière disposition le mouvement de l'eau chaude
doit être en sens contraire de celui de l'air brûlé.

Les figures 283, 284 et 285 représentent le fourneau employé
dans les calorifères du Musée britannique. La figure 283 est
une perspective de l'appareil, en supposant qu'on ait enlevé

le mur de devant. La figure 284 est une coupe verticale suivant la ligne $x\,x'$ (*fig.* 285), et la figure 285, une coupe suivant la ligne jj' (*fig.* 284). Le foyer est alimenté par la partie supérieure ; l'air brûlé parcourt un canal qui fait le tour du foyer et dans lequel circulent les tubes.

Dans les appareils qui existent en Angleterre, la température des tuyaux, à la partie supérieure du circuit, est ordinairement de 300 à 400° Fahrenheit, à peu près 150 à 200° centigrades ; à la partie inférieure de la colonne descendante, près du foyer, elle n'est que de 60 à 70° centigrades. Ces températures correspondent à des pressions de 4 à 15 atmosphères seulement. Mais comme dans le foyer les tubes sont portés au rouge, les pressions intérieures peuvent devenir beaucoup plus considérables ; si l'eau atteignait la température du rouge obscur qui correspond à peu près à 500°..... la pression s'élèverait à 857 atmosphères.

Malgré tous les soins apportés dans la fabrication des appareils et les essais sous des pressions incomparablement supérieures à celles qu'ils supportent habituellement, il paraît qu'ils perdent toujours un peu ; car, d'après les renseignements recueillis près de M. Perkins lui-même, il faut ajouter, tous les huit ou dix jours, à peu près un demi-litre d'eau dans les grands appareils. On ne sait d'où proviennent ces pertes, car on n'aperçoit aucune fuite.

On ne donne jamais aux tubes un développement total qui excède 150 à 200 mètres, afin que la circulation s'établisse convenablement, à moins qu'il n'y ait plusieurs embranchements et que la hauteur de l'appareil ne soit considérable.

Dans le Musée britannique toutes les circulations sont simples ; mais un fourneau sert pour deux appareils. Dans ces derniers temps il y avait 18 fourneaux et 36 circuits, qui ont coûté 90,000 francs.

En Angleterre on compte 65 centimètres (2 pieds) de longueur de tuyaux pour échauffer 100 pieds cubes de capacité, ce qui revient à peu près à 5 centimètres (2 pouces) de surface de chauffe pour 4 mètres cubes, ou à 1 mètre carré pour 180 mètres cubes.

MM. Gandillot établissent ces calorifères à raison de 9 fr. le mètre courant de tubes, tout compris.... Les appareils sont simples, faciles à placer et à diriger ; mais comme chaque circuit ne peut avoir qu'une longueur limitée, ce mode de chauffage ne peut être employé que pour échauffer des pièces voi-

sines du foyer, et dont les surfaces de refroidissement ne dépassent pas une certaine étendue. D'après M. Gandillot, dans
les appareils qu'il construit, la pression ne dépasse pas 5
atmosphères; les surfaces de chauffe transmettent deux fois
plus de chaleur que dans le chauffage à vapeur, et le courant, pour une hauteur de 4 à 5 mètres, peut avoir 450 mèt.
de développement; d'après cela un seul foyer pourrait chauffer des pièces voisines ordinaires ayant de 6000 à 7000 mètres
cubes de capacité. Ce mode de chauffage peut être avantageux dans un grand nombre de cas.

CHAPITRE XI.

CHAUFFAGE A LA VAPEUR.

ARTICLE PREMIER.

Ce mode de chauffage, dont les appareils reçoivent souvent
le nom de *calorifères à vapeur*, réunit les avantages de tous
les procédés en usage, sans en avoir les inconvénients, il
convient particulièrement aux grands établissements renfermant des matières très-combustibles, et surtout aux bibliothèques publiques, etc.

L'appareil est composé d'une chaudière fermée et de plusieurs tuyaux ou conduits destinés à porter la chaleur dans
les différents étages de l'établissement.

Pour bien remplir son objet, la chaudière doit être en
cuivre, qui est un des meilleurs conducteurs de la chaleur;
le fond en doit être mince, afin de mieux transmettre la chaleur et de porter plus promptement l'eau à l'ébullition, et
il n'en est que plus durable, parce qu'il n'est pas nécessaire
de l'exposer à un feu ardent. Ce fond doit présenter une surface assez étendue pour recevoir toute l'action du feu, qui
doit en enlever la chaleur constamment au-dessus de 100 degrés centigrades. Une trop grande surface ne produirait pas
de vapeur; trop petite, l'effet deviendrait insuffisant.

Quant à la forme de la chaudière, elle est très-variable;
les plus communes, en Angleterre, sont celles appelées *chaudières en charriot*; elles sont rectangulaires, avec un sommet
semi-cylindrique; le fond est ordinairement courbé, la concavité tournée au feu. Quelquefois aussi on donne de la cour-

bure aux côtés; mais il paraît que la forme cylindrique a des avantages marqués sur les autres, et doit être préférée.

Les tuyaux pour conduire la vapeur se font ordinairement en fonte de fer, quelquefois en cuivre; celui-ci, étant plus coûteux, est généralement moins en usage. Cependant on doit l'employer dans les séchoirs, parce que le fer gâte le linge.

Les dimensions de la chaudière et des tuyaux se règlent sur la quantité de chaleur dont on a besoin et d'après les données suivantes :

1º Une chaudière de cuivre, de 2 ou 3 millim. (1 ou 1 1/2 ligne) d'épaisseur, produit 40 à 50 kilogrammes de vapeur par heure et par mètre carré de surface exposée au feu d'un foyer ordinaire, pour la production desquels on brûle 6 à 7 kilogrammes de houille.

2º Dans les tuyaux destinés à porter la chaleur, et dont l'épaisseur est de 1 millimètre 1/2 (1 ligne), la vapeur condensée est égale *en poids* à 1,2 kilogramme pour chaque mètre carré par heure; la quantité de chaleur qui en résulte équivant à $1,2 \times 650$ degrés ou 780 unités; ou à celle de 100 mètres cubes d'air, dont la température serait élevée de 25 degrés.

Un résultat pratique, reconnu en Angleterre, démontre qu'il faut 1 mètre carré de fonte ayant 2 centimètres (9 lig.) d'épaisseur, chauffé constamment par la vapeur, pour élever de 20 degrés la température de 67 mètres cubes d'air.

Avec ces données, il est facile de déterminer les dimensions de la chaudière propre au chauffage par la vapeur, d'une pièce d'une grandeur donnée, ainsi que l'étendue de la surface des tuyaux, la quantité de combustible à dépenser par heure, etc.

Supposons, par exemple, que toute la masse de l'air à échauffer par heure, y compris le renouvellement, soit de 1000 mètres cubes, et que sa température doive être élevée de 20 degrés, on dira : 1000 mètres cubes d'air pèsent 1300 kilogrammes, qui équivalent, à cause de leur moindre chaleur spécifique, à $\dfrac{1300}{4}$ ou 325 kilogrammes d'eau, et exigent par conséquent 325×20 degrés ou 6500 unités; la perte, par les murs et les fenêtres, étant évaluée à un cinquième de cette quantité, ou à 1300 unités, il faudra en tout produire 7800 unités de chaleur. Comme, dans la pra-

tiqué, on peut retirer d'un kilogramme de charbon 3900
unités, il faudra dépenser $\dfrac{7800}{3900}$ ou 2 kilogrammes de com-.
bustible par heure, ou 20 kilogrammes par journée de dix
heures; ce qui équivaudra à un quart d'hectolitre dont la valeur est de 1 franc à Paris:

La quantité de vapeur pour former cette chaleur sera de
$\dfrac{7800}{650}$ ou 12 kilogrammes par heure. Or, puisqu'un mètre
produit 40 kilogrammes de vapeur par heure, la surface chauf-
fante de la chaudière sera de $\dfrac{12}{40}$ ou 0ᵐ,3, ou à peu près un
tiers de mètre carré. On peut déterminer aussi la surface rigoureusement nécessaire de tuyaux qui donnent la chaleur,
en se rappelant que 1 mètre de tuyaux produit 780 unités;
d'où il suit que pour développer les 7800 unités nécessaires dans ce cas-ci, il faudra une surface de tuyaux égale
à $\dfrac{7800}{780}$ ou 10 mètres carrés. Si donc on donne aux tuyaux
1 décimètre de grosseur ou 314 millimètres de circonférence,
il en faudra une longueur totale de $\dfrac{10}{0,314}$ ou de 32 mètres
environ.

Le fourneau doit être construit en matériaux qui soient
mauvais conducteurs de la chaleur, puisque l'objet qu'on se
propose est d'employer toute l'action calorifique sur la chaudière : il est cependant indispensable de faire entrer du métal
dans certaines parties, mais il faut en employer le moins possible. L'emplacement pour le combustible et la chaudière doit
être établi en briques à l'épreuve du feu, maçonnées avec de
l'argile; le reste de la maçonnerie doit être en briques dures
et bien cuites.

La grandeur de la grille destinée à recevoir le combustible
est estimée, dans la pratique, à un dixième de mètre par 5
kilogrammes de charbon; et, pour obtenir une bonne combustion, il doit y avoir constamment sur la grille une couche
de charbon de 5 à 6 centimètres (22 à 27 lignes) d'épaisseur.

Les tuyaux sont placés dans le sens de la longueur, ainsi
que l'indique la figure 3, *Pl.* IV, dans le lieu à échauffer;
et, afin que tout l'ensemble puisse se soumettre aux effets

de la dilatation et de la contraction occasionés par les différentes températures qu'ils éprouvent, les tuyaux ne doivent pas être arrêtés d'une manière invariable ; on aura soin, au contraire, de les rendre libres, en les faisant supporter par des rouleaux. Pour faire juger de la nécessité de ce que nous venons de dire, nous ferons connaître que, si la longueur d'un tuyau de fonte est égale à 1 au point de congélation, elle sera de 1,00111 au terme de l'ébullition ; et cette dilatation sera de 0,0017, si les tuyaux sont en cuivre ; et nous ajouterons qu'aucune partie d'un bâtiment ordinaire ne serait capable de résister à la force de dilatation d'un tuyau en fer ; et, s'il y a aux extrémités une résistance égale à la force de la pression, il faudra que les tuyaux se rompent, soit dans leur jonction, soit dans quelque partie de leur longueur.

Pour assembler les tuyaux entre eux, il faut remarquer que les joints doivent être impénétrables à la vapeur, et qu'il faut éviter de les emboîter, parce que la dilatation, la contraction, le mouvement des tuyaux, ne tarderaient pas à lui livrer passage. La meilleure manière de joindre les tuyaux est au moyen de renflements aplatis ; on place entre les joints de la toile d'un tissu peu serré, qu'on a soin d'enduire de céruse préparée comme pour de la peinture épaisse, et, au moyen de boulons à écrous, on rapproche les deux parties assez pour que le joint ne présente aucune ouverture à la vapeur.

On a profité de la dilatation des tuyaux pour suspendre l'introduction de la vapeur, lorsque le lieu à échauffer est arrivé à une température déterminée ; en effet, comme l'allongement augmente avec l'accroissement de chaleur, il suffit de placer à l'extrémité libre du tuyau une soupape contre laquelle cette extrémité, en se dilatant, vienne s'appliquer pour fermer l'ouverture et ne plus donner issue à l'introduction ultérieure de la vapeur.

Nous nous arréterons à cet aperçu, parce que les bornes de ce Manuel ne nous permettent pas d'entrer dans tous les détails de construction de ces sortes d'appareils, dont le mécanisme exigerait de grands développements pour être entendu, et qui nécessiterait d'ailleurs un grand nombre de planches que ne pourrait pas comporter ce genre d'ouvrage, sans sortir des limites prescrites. Nous renvoyons donc nos lecteurs aux traités spéciaux sur cet objet.

Un avantage important de l'appareil à vapeur, et qui le distingue de toute autre méthode de distribuer la chaleur,

c'est qu'il peut s'étendre en tous sens à une très-grande distance de la chaudière; on peut la diriger en haut, en bas,
ou horizontalement, avec une égale facilité. La perte de chaleur est peu considérable à un point éloigné; de sorte qu'un
seul feu suffit pour un immense établissement, et on peut
l'établir là où la fumée est le moins capable de nuire, et où
l'aspect du fourneau est le moins désagréable. La distance de
la chaudière à la serre la plus éloignée, dans l'établissement
de MM. Loddiges, à Hackney, est d'environ huit cents pieds,
et il paraît qu'on aurait pu la porter encore plus loin.

Mais partout où la vapeur est employée, il faut que cet
emploi soit dirigé par une personne également capable et
soigneuse; car, bien qu'il soit parfaitement sûr en de pareilles mains, il demande trop d'attention pour être confié à
des domestiques paresseux, ou occupés à d'autres travaux :
l'appareil doit toujours être en bon état; il ne faut pour cela
qu'une légère attention, mais il ne souffre absolument pas de
négligence. Le combustible, d'ailleurs, doit être plus souvent
renouvelé que dans les fourneaux ordinaires.

On prétend communément, dit M. Tredgold, que le
chauffage par la vapeur est plus économique que celui des
conduits à fumée; je ne sais comment la comparaison a été
faite par d'autres; mais il faut être novice dans l'art pour
n'être pas en état de produire à peu près le même effet par
l'une ou par l'autre méthode, toutes choses égales d'ailleurs.
Je sais cependant que, dans les deux modes, il est facile de
mettre assez de maladresse pour laisser perdre une moitié de la
chaleur qu'on veut employer, et qu'en choisissant les exemples
de comparaison, on peut à volonté faire paraître plus économique l'une ou l'autre des deux méthodes. Toutes les fois qu'on
pourra facilement surveiller l'emploi de la vapeur, on pourra
l'employer; dans le cas contraire, on préfèrera les conduits à
fumée.

Du reste, la vapeur ne paraît pas devoir être employée
toute seule pour chauffer les habitations; mais on peut, dans
les maisons considérables, s'en servir auxiliairement pour
procurer de la chaleur et aider à la ventilation.

Une chambre un peu vaste peut rarement être convenablement chauffée par des feux de cheminée, et les longues
salles, les corridors et les escaliers ne sauraient l'être de cette
manière sans une dépense considérable en combustible. La
méthode la plus avantageuse semble donc devoir être celle

où l'on fait usage des deux principes de chauffage à la fois,
c'est-à-dire où l'on emploie dans les appartements la chaleur
rayonnante d'un feu de cheminée, en y entretenant en même
temps de l'air en partie échauffé, tandis que les passages, les
grandes salles et les escaliers sont chauffés par des vaisseaux à
vapeur convenable.

Dans tous les cas, plus la surface des vitrages sera considérable, plus la quantité de chaleur nécessaire sera grande;
mais il ne faut pas que de simples motifs d'économie nous fassent oublier l'influence qu'une grande masse de lumière a sur
la santé et la force des hommes, surtout dans les écoles et les
ateliers; car, plus on retranchera de lumière et d'air, et plus
les personnes qui y séjournent seront pâles et languissantes;
en faisant des fenêtres doubles, la perte de chaleur est réduite
à moins d'un tiers sans diminuer sensiblement la quantité de
lumière.

On a cherché à établir un rapport approximatif entre la
quantité de vapeur, l'espace à échauffer et la contenance de
la chaudière. D'après M. Buchanan, un pied de surface de
tuyaux à vapeur chauffera convenablement deux cents pieds
cubes d'espace fermé, et un pied cube de chaudière doit suffire
pour échauffer deux mille pieds cubes d'espace.

Ce rapport grossier, calculé pour les filatures de coton, est
parfaitement inutile lorsqu'on désire un plus grand degré de
ventilation, comme dans les hôpitaux, ou bien qu'une plus
grande quantité de vitrage est nécessaire, comme pour les
serres chaudes.

Nous allons donner des moyens plus exacts d'établir ces
rapports et les mettre en harmonie avec le degré de ventilation nécessaire. C'est M. Tredgold qui nous servira de guide
dans ces évaluations.

Il existe, dans toutes les circonstances, deux causes directes
de perte de chaleur : la première est le refroidissement qu'é-
prouvent les vitrages et les autres surfaces extérieures d'un
bâtiment par l'effet du contact de l'air extérieur; la seconde
est la quantité de chaleur qui doit être chassée avec l'air
impur par la ventilation, celle qui se perd par les fentes, crevasses et autres ouvertures; l'une et l'autre de ces causes
dépendent de la nature de l'édifice, de l'objet auquel il est
destiné.

Nous allons donner le calcul de la perte de chaleur qui a
lieu dans différentes circonstances; mais remarquons provi-

soirement qu'elle peut toujours être mesurée par une certaine quantité d'air pris à la température extérieure et réchauffé au degré de la température intérieure. Il faudra encore
déterminer la quantité de combustible qui procurera la chaleur voulue. Remarquons toutefois que ces principes, donnés
par la pratique, sont généraux, c'est-à-dire que ce qui concerne les tuyaux à vapeur s'applique également à toute autre
enveloppe renfermant tout autre fluide, s'il refroidit dans le
même milieu.

On désigne en général par l'unité la chaleur spécifique de
l'eau : on peut donc exprimer l'effet produit par un tuyau à
vapeur par le nombre de degrés dont une portion déterminée
de la surface élèverait la température d'un pied cube d'eau,
alors la quantité en pieds cubes de tout autre corps qui serait
élevée au même degré de chaleur serait en raison inverse de
sa chaleur spécifique, ou serait le dénominateur de la fraction
qui en exprimerait la chaleur spécifique.

Par exemple, la chaleur spécifique de l'eau étant 1, celle
de l'air est, pour la pratique, 0.00035 : si l'on multiplie par
0.00035 la quantité de combustible nécessaire pour élever
d'un degré la température d'un pied cube d'eau, on aura
celle qui élèverait d'un degré la température d'un pied cube
d'air ; vingt fois cette quantité l'élèverait de 20 degrés, trente
fois, de 30 degrés, et ainsi de suite.

Cela posé, il faut d'abord connaître quel est le degré le plus
bas où puisse descendre la température de l'air extérieur ou
de l'air qui doit fournir la ventilation.

Dans le climat de Londres, on peut prendre 30° de Fahrenheit pendant le jour; pour la nuit, il faut supposer que le
plus grand froid fait descendre le même thermomètre à 0°.
Dans le climat de Paris, les nombres correspondants de la
même échelle sont à peu près 33 et 2.

Il faut aussi connaître la température à laquelle on veut
entretenir la chambre qu'on doit échauffer, et la quantité
d'air qu'il faudra élever de la température extérieure à celle
de la chambre pour remplacer la perte de chaleur en entretenant la ventilation. On a observé que la température
moyenne de la surface d'un tuyau qui contient de la vapeur
est, sous la pression ordinaire, de 200°.

Voici la règle pour trouver la quantité de tuyaux de fonte
qui maintiendra la chambre à la température demandée : mul-
tipliez les pieds cubes d'air qu'il faut échauffer par minute

pour remplacer la ventilation et la perte de la chaleur (que nous apprendrons à évaluer) par la différence entre la température à laquelle la chambre doit être entretenue et celle de l'air extérieur en degrés de Fahrenheit, et divisez le produit par 2. 1. fois la différence entre 200 et la température de la chambre ; le quotient donnera la quantité de surface de tuyau de fonte qui suffira pour maintenir la chambre à la température demandée.

Ou, algébriquement, soient,

A = le nombre de pieds cubes d'air à chauffer par minute pour remplacer la perte de chaleur ;

t = la température demandée pour la chambre ;

t' = la température de l'air extérieur ;

S = la surface du tuyau cherchée ;

On a

$$S = \frac{A(t - t')}{2.1.(200 - t)}$$

Exemple. Supposons que la perte nécessaire de chaleur soit par minute de 692 pieds cubes ; qu'il faille maintenir la température à 56° de Fahrenheit, l'air extérieur étant à 0° de la même échelle, quelle est la surface de tuyau nécessaire ?

La formule devient

$$S = \frac{692 \times 56}{2.1.(200 - 56)} = 128 \text{ pieds carrés de surface.}$$

Mais, quelle est la quantité de combustible nécessaire pour chauffer une surface donnée de tuyau ?

Règle. Si l'eau condensée rentre dans la chaudière sans perte de chaleur, la même quantité de combustible en poids nécessaire pour porter à l'ébullition un pied cube d'eau prise à la température moyenne suffira pour chauffer 26 pieds de surface de tuyau pendant une heure, lorsqu'on devra entretenir la température à 60° Fahrenheit. Or, la quantité de combustible nécessaire pour porter un pied cube d'eau prise à une température moyenne au terme de l'ébullition est le septième de ce qu'il faudrait pour la convertir en vapeur, et ce nombre nous le connaissons, c'est 8. 4 pour la houille.

Si la chambre doit être entretenue à 80° Fahrenheit, la même quantité de combustible chauffera 30 pieds de surface de tuyau pendant une heure.

Enfin, si l'on veut entretenir la chaleur de la pièce à 100°, la même quantité de combustible suffira pour 36 pieds de surface.

M. Tredgold trouve, d'après ces principes, qu'un boisseau de houille de Newcastle suffit par heure pour fournir.à 1820 pieds de surface de tuyau la chaleur nécessaire pour entretenir à 60° la température d'une chambre.

La même quantité fournira assez de chaleur à 2100 pieds pour l'entretenir à 80°, et à 2520 pieds pour l'entretenir à 100°. En effet, $\dfrac{2520}{36} = 70$, qui, multiplié par $\dfrac{8.4}{7} = 1.2$, donne pour produit 84. Or, 84 livres de houille font le boisseau de Newcastle.

Lorsque l'eau condensée ne peut pas rentrer dans la chaudière, on perd environ 1712 de chaleur, c'est-à-dire qu'il faut réduire de 1712 la quantité de surface qui peut être chauffée avec la même quantité de houille.

Il faudra, dans ce cas, augmenter la quantité de combustible en raison de la perte plus grande de la chaleur de la chaudière; et, si l'on n'a pris aucune précaution pour prévenir cette perte à sa surface, il arrivera que cette perte se trouvera quelquefois égale à l'effet des tuyaux auxquels elle fournit la vapeur, et la proportion sera d'autant plus grande que la chaudière sera plus petite.

· Une approximation grossière donne un boisseau de houille par hiver par chaque fois six pieds cubes d'air à échauffer par minute.

Il est nécessaire de connaître la quantité d'eau condensée dans un temps donné, parce que, lorsque cette eau ne retourne point à la chaudière, il est indispensable de la remplacer.

Or, dans une chambre entretenue à 60°, $7 \times 26 = 182$ pieds de surface de tuyau de fonte condenseront un pied cube d'eau par heure à 80°, ce sera $7 \times 30 = 210$ pieds de surface; à 100, enfin, ce sera $7 \times 36 = 252$. On voit que ces nombres sont précisément les produits par 7 des surfaces de tuyaux cherchées précédemment.

Evaluons maintenant la ventilation et les pertes de chaleur.

La quantité d'air vicié par la respiration d'un individu est d'environ 800 pouces cubes par minute; par la transpiration, par la combustion et autres causes, 5,184 pouces; par la combustion d'une chandelle, 180 à 300 pouces cubes; mais, à cause dé diverses autres impuretés, 432 pouces cubes : en tout, 6,416 pouces cubes, ou environ 4 pieds cubes par minute.

On voit donc qu'il doit y avoir pour chaque individu 4 pieds cubes d'air par minute de renouvelés qui entraînent une quantité de chaleur égale à la différence entre la chaleur de l'air extérieur et celle de l'air intérieur.

D'ailleurs, le verre des fenêtres laisse échapper une quantité considérable de chaleur qu'on peut évaluer à peu près à un pied et demi cube d'air par minute, descendu de la température moyenne de la chambre à celle de l'air extérieur par chaque pied carré de vitrage : il faut donc faire entrer dans le calcul cette considération.

Or donc, si l'on multiplie par 1,5 la surface de vitrage, le produit sera égal au nombre de pieds cubes d'air par minute dont la température passera de la chaleur de la chambre au degré de refroidissement de l'air exterieur.

Enfin, on peut évaluer, terme moyen, à onze pieds cubes par minute la quantité d'air qni s'échappe par chaque porte ou fenêtre qui communique avec l'air extérieur : on peut ne pas prendre en considération les portes intérieures. De toutes ces évaluations on tire la règle suivante, bien suffisante pour la pratique.

Règle. Dans les édifices publics, les habitations, la quantité de pieds cubes d'air à chauffer par minute doit être égale à quatre fois le nombre des individus que doit réunir le local, ajouté à onze fois le nombre des portes et des fenêtres extérieures, et à une fois et demie l'air exprimé en pieds du vitrage exposé à l'air extérieur, la somme sera la quantité en pieds cubes qui devra servir pour calculer la quantité de surface de tuyaux à vapeur, et, par suite, la quantité de combustible.

Algébriquement. Soit P le nombre de personnes qu'une chambre doit contenir, v le nombre de fenêtres et de portes, et G l'air du vitrage. A étant toujours la quantité de pieds cubes à échauffer par minute, pour remplacer la perte de la chaleur, on a :

$$A = 4P + 11v + 1.5G.$$

De sorte qu'en remplaçant A par sa valeur dans la formule :

$$S = \frac{A(t - t')}{2.1(200 - t)}$$

Où S représente la surface de tuyau de fonte, elle devient :

$$S = \frac{(4P + 11v + 1.5G(t - t'))}{2'.1(200 - t)}$$

Si les fenêtres étaient doubles, et qu'elles fermassent assez
bien pour empêcher le mouvement de l'air entre elles, la formule deviendrait

$$A = 4P.$$

D'où :

$$S = \frac{4P(t - t')}{2.1(200 - t')}$$

Enfin, si les fenêtres, sans être doubles, fermaient hermétiquement, elle deviendrait :

$$A = 4P + 1 - 1.5G.$$

D'où :

$$S = \frac{(4P + 1.5G)(t - t')}{2.1(200 - t)}$$

Si l'on divise le nombre de pieds cubes de l'espace d'une
chambre par la quantité d'air qu'il est nécessaire de chauffer
par minute, pour y entretenir la même température, le quotient sera à peu près égal au nombre de minutes qui serait employé à élever cet air à ce degré de chaleur, en arrêtant la
ventilation pendant ce temps.

Dans les serres chaudes, on peut admettre que,

$$A = 5L + 1.5G + 11.D$$

A étant toujours une perte de chaleur par une cause quelconque, L la longueur de la serre, G l'aire du vitrage, D le
nombre des portes; c'est-à-dire que la perte de la chaleur dans
les serres est, par minute, une quantité de pieds cubes d'air
égale à cinq fois la longueur du vitrage du toit, plus une
fois et demie l'aire totale du vitrage comptée en pieds, plus
onze pieds cubes pour chaque porte. De sorte que l'on a,
pour la surface du tuyau de fonte nécessaire,

$$S = \frac{(54 + 1.5G + 11D)(t - t')}{2.1(200 - t)}$$

Ces formules s'appliquent au cas où la hauteur verticale
moyenne du vitrage de la serre étant d'environ dix pieds, la
différence de température entre l'air de la serre et l'air extérieur doit être d'environ trente degrés Fahrenheit. Si la hau-

teur moyenne verticale du vitrage de la serre était de plus de dix pieds, et la différence entre la température de l'air extérieur et celle de la serre, 50 degrés Fahrenheit, ce qui est le *maximum* de différence qu'on puisse supposer, on aurait, en appelant h la hauteur de la serre en pieds, et conservant les mêmes appellations que précédemment,

$$A = 174 L h 3/2 + 1.5 G + 11 D,$$

ou, en faveur de ceux qui n'entendent point l'algèbre, on aurait cette règle plus facile et moins exacte :

La perte de chaleur ou le nombre de pieds cubes d'air qui devront être élevés par minute de la température de l'air extérieur à celle de la serre est égale au produit de la longueur de la serre multipliée par la moitié de la plus grande hauteur, comptées l'une et l'autre en pieds, plus une fois et demie l'aire totale du vitrage, plus onze fois le nombre des portes, et, employant cette somme, on trouvera la quantité de tuyaux nécessaire et la quantité de combustible, d'après les règles que nous avons données; voici, au surplus, la formule pour la surface des tuyaux :

$$S = \frac{(174 L h 3/2 + 1.3 G + 11. D)(t - t')}{2.1 (200 - t)}$$

En été, la température s'élèverait trop : on est obligé d'ouvrir à la partie supérieure des ventilateurs dont on trouvera la surface par la formule ou la règle suivante :

a, étant la surface en pieds carrés des ventilateurs; L, la longueur de la serre ; R, la longueur du toit vitré ajoutée à celle du vitrage perpendiculaire, s'il y en a un ; h, la distance du sol à l'ouverture par où l'air s'échappe, on a

$$a = \frac{0.15 L R}{v. h.} \text{ ou à peu près} = \frac{L R}{6, \sqrt{h}}$$

C'est-à-dire qu'approximativement la somme en pieds des aires de tous les ventilateurs supérieurs doit être égale à la longueur du toit vitré ajoutée à la hauteur perpendiculaire du vitrage de devant, s'il y en a un, multiplié par la longueur de la serre, et divisé par six fois la racine carrée de la hauteur prise du niveau du sol jusqu'à l'endroit où se trouve l'ouverture ou les ouvertures qui laissent échapper l'air échauffé.

ARTICLE 2.

Chauffage à la vapeur appliqué à un grand établissement (1).

On voit en A (*fig*. 3, *pl*. IV) le fourneau de la chaudière.

La cheminée de ce fourneau conduit la fumée dans les tuyaux de fonte de fer 1, 2, 3, 4. Les tuyaux sont logés dans l'anti-chambre des ateliers et entourés de briques, excepté vis-à-vis des petites ouvertures 5, 6, 7 et 8. Un courant d'air est admis par le bas en 9, et il arrive dans les ateliers par ces ouvertures, après avoir été *réchauffé* par son contact avec les tuyaux de fer ascendants.

Cette disposition met, autant qu'il est possible, à profit la chaleur perdue par le combustible. On peut la supprimer dans le cas où l'on craindrait quelque danger du feu, et faire passer la fumée par une route qui en mette absolument à l'abri. Cependant, il n'est pas présumable que les tuyaux d'ascension de la fumée, disposés comme ils le sont, puissent, dans aucun cas, provoquer des accidents. Le plus grand inconvénient des poêles ordinaires vient de ce que l'intensité de la chaleur peut faire fondre, rougir et entr'ouvrir la matière dont ils sont composés; la continuité du métal, depuis le foyer jusqu'à l'extrémité des tuyaux, fait que ceux-ci participent à la forte chaleur et sont sujets aux mêmes accidents.

Ici la fumée, passant préalablement dans un canal de briques, ne peut jamais communiquer aux tuyaux un degré de chaleur suffisant pour les faire éclater. Ces mêmes tuyaux, n'ayant d'ailleurs de communication avec l'intérieur de la chambre que par de petites ouvertures, ne peuvent point être mis en contact avec des matières combustibles, et se trouvant entourés d'air qui se renouvelle continuellement, ils ne peuvent donner à la cage en maçonnerie qui les enveloppe qu'un degré de chaleur modérée.

On peut garnir les bras de fer qui supportent les tuyaux ascendants qui forment la cheminée, de quelques substances qui soient un mauvais conducteur de chaleur, comme des cendres, de la chaux, etc. On peut régler aussi, par des soupapes, l'émission de l'air chaud de ce courant ascendant, à son entrée dans la chambre. Comme les tuyaux ne sont pas exposés à se fendre, il n'y a point à craindre qu'ils introduisent de la fumée ou de la vapeur dans les appartements.

(1) *Bulletin de la Société d'Encouragement*, tome VI.

La chaudière BB a 2 mètres (6 pieds) de long, 1 mètre 16 centimètres (3 pieds 1/2) de large, et 1 mètre (3 pieds) de profondeur. Comme il n'y a rien de particulier dans l'appareil destiné au remplissage constant, on l'a omis pour ne pas embarrasser la figure. On peut placer la chaudière dans l'endroit quelconque jugé le plus convenable. Dans les lieux où il existe une machine à vapeur à portée, on peut se servir de la vapeur de sa chaudière. Le tuyau C C conduit la vapeur de la chaudière jusqu'au premier tuyau vertical, O, O, D. Il y a, en E, une jonction mobile garnie de filasse ou de toile pour qu'elle ne laisse pas échapper la vapeur ; celle-ci, après s'être élevée dans le premier tuyau O, O, D, entre dans le conduit F, F, F, qui est légèrement incliné à l'horizon ; elle en chasse l'air, qui s'échappe en partie par la soupape G, et passe en partie par les autres tuyaux. La soupape G étant fort chargée, la vapeur est forcée de descendre dans le reste des tuyaux d, d, d, l'air qui les remplisssait fuit devant elle ; il passe par des tubes H, H, H, dans le tuyau M, M, M, qui a la pente nécessaire pour amener l'eau au siphon K, d'où elle descend dans le réservoir N, d'où, enfin, elle retombe presque bouillante dans la chaudière.

Tous les tuyaux sont en fer fondu, excepté le conduit M, M, M, qui est de cuivre. Les tuyaux verticaux font l'office des colonnes, et portent les sommiers au moyen de bras O, O, O, qu'on peut élever ou baisser à volonté, au moyen des coins P, P, P. Les tuyaux entrent d'environ 27 millimètres (1 pouce) dans les sommiers, qui leur sont attachés par des liens de fer Q, Q ; ceux de l'étage inférieur reposent sur les supports de pierre S, S, S, S, et sont garnis de filasse en bas, pour que la vapeur n'y trouve point d'issue. Dans chaque étage, le tuyau qui arrive d'en bas reçoit le tuyau supérieur par un emboîtage garni de filasse, ainsi qu'on le voit en r. Les tuyaux de l'étage inférieur ont 19 centimètres (7 pouc.) de diamètre ; ceux de l'étage supérieur, 16 centimètres (6 pou.), et les diamètres des tuyaux intermédiaires, dans les deux autres étages, sont compris entre ces dimensions extrèmes. L'épaisseur du métal est de 1 centimèt. (3/8 de pouc.). On fait les tuyaux inférieurs plus gros que les supérieurs, pour exposer une surface chaude plus considérable dans les pièces inférieures, parce que, la vapeur descendant d'en haut dans tous les tuyaux, excepté le premier, la chaleur ne serait point égale en bas, si on ne compensait pas, par une plus

grande surface, la différence dans les températures entre la
partie inférieure et celle supérieure du tube.

Il n'est point nécessaire de munir cet appareil de soupapes
qui s'ouvrent en dedans, les tuyaux sont assez forts pour soutenir la pression atmosphérique.

Pour se procurer une quantité de vapeur circulante plus
ou moins forte, on peut augmenter le volume ou le nombre
des tuyaux, à l'effet de se procurer une température quelconque inférieure au terme de l'eau bouillante, et qui soit
toujours en rapport avec l'établissement que l'on veut échauffer. On pourrait même le dépasser en employant un appareil
assez fort pour comprimer la vapeur ; mais ce ne serait guère
que pour des expériences particulières.

ARTICLE 3.

*Procédé pour brûler la fumée dans les fourneaux des machines
à vapeur, etc., par M.* CHAPMAN.

Ces perfectionnements ont pour objet d'échauffer l'air avant
qu'il arrive dans le foyer ; pour cet effet, la grille est composée de barres creuses sur toute leur longueur, formant une
série de tuyaux parallèles, l'une placée en avant, l'autre au
fond de la grille. La boîte antérieure, établie directement au-
dessous de la porte du foyer, est munie d'un registre qu'on
ouvre ou qu'on ferme à volonté ; l'autre boîte, portée sur la
maçonnerie, débouché derrière la cloison qui forme le fond
du foyer : cette cloison laisse entre elle et la maçonnerie un
intervalle d'environ 27 millimètres (1 pouce), qui règne sur
toute la largeur de l'âtre ; et est un peu inclinée en avant vers
sa partie supérieure, afin que l'air qui y pénètre puisse refouler
la fumée, laquelle, ramenée ainsi sur le combustible incan-
descent, se brûle complètement. On conçoit, d'après ce qui
vient d'être dit, qu'en ouvrant, en tout ou en partie, le registre de la boîte antérieure, il s'établira un courant d'air très-
fort à travers cet orifice, les barres creuses de la grille et derrière la cloison du foyer, et que cet air sera échauffé dans
son trajet avant de se mêler avec la fumée ; pour rendre cet
appareil plus fumivore, M. Chapman y a ajouté un autre perfectionnement important ; on sait chaque fois qu'on charge le
fourneau par la porte ou que l'on introduit le ringard, il pénètre dans le foyer une certaine quantité d'air extérieur qui
refroidit la fumée échauffée, à tel point que, quelque parfaite

que soit d'ailleurs la construction, cette fumée ne peut s'allumer que longtemps après que la porte a été fermée; pour
obvier à cela, l'auteur a adapté au-dessus du foyer une trémie
en fer, au fond de laquelle est disposée une trappe mobile sur
deux pivots, munie d'un levier à contre-poids qui la tient appliquée contre la trémie; le dessus de cette trémie est fermé
par un couvercle qu'on abaisse chaque fois qu'on fait passer le
combustible dans le foyer; pour cet effet, on soulève le levier,
la trappe bascule dans l'intérieur, et le charbon tombe sur la
partie antérieure de la grille; de cette manière, l'air froid ne
peut pénétrer dans le fourneau; aussi ne voit-on pas sortir
par le haut de la cheminée ces bouffées de fumée qui, dans
les fourneaux ordinaires, annoncent qu'on renouvelle le combustible.

Le charbon qui tombe sur la partie antérieure de la grille
se convertit bientôt en coke; alors, avant d'en mettre une
nouvelle charge, on le pousse au fond du foyer, à l'aide d'un
ringard dont la tige passe à travers la porte du fourneau, et
qu'on manœuvre à l'extérieur sans ouvrir la porte; la palette
dont est armé ce ringard a une largeur égale à celle de la
grille; et, pour s'assurer du moment où il faut s'en servir, on
observe l'état du feu à travers un petit trou de 27 millimètres
(1 pouce) de diamètre percé dans la porte, et que recouvre
une plaque ou obturateur mobile. Les avantages qu'on vient
d'énoncer ne sont pas les seuls qui résultent de l'emploi des
nouveaux moyens imaginés par M. Chapman, il annonce
qu'une grille à barres creuses, à travers lesquelles passe un
courant d'air, est plus solide qu'une grille à barres pleines;
du moins celle qu'il a employée n'a éprouvé aucune altération
depuis six mois. La société d'encouragement de Londres a
décerné à l'auteur la grande médaille d'argent pour ces perfectionnements.

Explication des figures de la planche VIII.

La figure 225 représente une élévation vue par-devant du
fourneau fumivore; la figure 226, une coupe latérale, les
mêmes lettres indiquant les mêmes objets dans ces foyers; a,
chaudière; b, foyer; c, trémie alimentaire du charbon, recouverte d'un volet d, et munie au fond d'une trappe à bascule armée d'un levier à contre-poids e, à l'aide duquel on
fait passer une nouvelle quantité de combustible sur la grille;
f, ringard à palette à l'aide duquel le charbon est poussé au fond

de la grille; *g*, mortaise pratiquée au bas de la porte du foyer, à travers laquelle passe la tige du ringard; *h*, trou percé dans la porte pour observer l'état du feu, il est recouvert par une petite plaque mobile; *i i*, boîte ou réservoir antérieur fermé à l'air extérieur et communiquant avec l'intérieur de la grille; *k*, canal formé dans les barreaux; *b*, canal ménagé derrière la cloison de l'âtre et à travers lequel passe l'air qui refoule la fumée sur les charbons incandescents; *m*, registre pour l'admission de l'air dans la boîte, article 4.

Des Séchoirs.

Les séchoirs sont le plus souvent construits sous forme de pyramide quadrangulaire faite en charpente et d'une élévation telle que les pièces puissent y être placées, développées dans toute leur longueur. Les côtés de cette pyramide sont clos par des planches imbriquées et assez distantes pour que l'air puisse pénétrer aisément dans l'intérieur. On la garnit en dedans d'un filet, afin que les toiles ne puissent point se salir contre ses parois. Au reste, la construction de ces séchoirs varie un peu suivant les saisons et le mode de chauffage.

Toutes les saisons ne sont pas également propres à cette opération, ni même toutes les heures du jour; les plus défavorables sont la saison d'hiver et les temps pluvieux; les plus favorables sont les jours chauds et secs; et, les heures de la journée, celle où le soleil est plus élevé sur l'horizon. Ce n'est point la chaleur, ou mieux, le calorique qui opère directement le séchage, mais bien l'air. L'influence que le calorique exerce sur cette évaporation, c'est, en chauffant l'air, de le rendre plus apte à dissoudre l'eau; ainsi, plus l'air est chaud et sec, plus la force dissolvante de l'eau est forte: plus il est froid, moins il en dissout; enfin, plus l'air est saturé d'eau, moins il est susceptible d'en dissoudre; ceci rentre dans la loi générale de la solubilité des corps dans d'autres dont la force dissolvante diminue au fur et à mesure que leur saturation augmente. Voilà pourquoi, par les temps humides ou pluvieux, l'air étant un faible dissolvant de l'eau, cet air sèche ou enlève difficilement l'eau dont les tissus des toiles sont imprégnés. L'on connaît plusieurs modes de chauffage de l'air pour les séchoirs; nous allons les examiner successivement; en général, ils se réduisent à trois espèces.

1° Séchoirs à air : sans chaleur artificielle, ou séchoir d'été.

2° Séchoirs à air chaud ; chaleur produite par les calorifères divers,

3º Séchoirs au feu, ou produisant l'évaporation à une température voisine de celle de l'ébullition de l'eau ou de 100º C. : nous n'avons à nous occuper ici que de ces deux derniers.

1º Séchoir par l'air chauffé.

D'après ce que nous avons exposé sur la théorie de l'action de l'air sur l'eau, il est évident que les séchoirs d'été ne sauraient convenir en hiver à cause de la moindre faculté dissolvante de l'air froid et souvent humide; ces séchoirs doivent donc être pafaitement clos et à courant d'air échauffé au moyen des calorifères. Jadis on employait des poêles qu'on plaçait dans les séchoirs, ce qui était fort embarrassant et occasionait parfois des incendies. Maintenant on y fait arriver l'air chaud par plusieurs bouches ouvertes au niveau du sol du séchoir. L'air chaud, comme plus léger à cause de sa dilatation qui, d'après M......, est de 1/210 pour chaque degré thermométrique, traverse les couches plus froides du séchoir pour s'élever à la partie supérieure; dans cette ascension, il dissout de l'eau des tissus, et, dès-lors, il acquiert un grand volume qui le rend encore beaucoup plus léger (1); deux thermomètres, placés l'un au sol et l'autre au sommet du séchoir, indiquent la différence de ces températures. L'air chaud, continuant d'arriver par les bouches, continue aussi à s'élever; dès-lors, la couche supérieure augmente d'épaisseur et pèse sur la couche inférieure : cette pression augmente à tel point qu'en ouvrant des conduits placés à environ 33 centimètres (1 pied) de la partie inférieure, l'air froid s'y précipite et sort du séchoir rapidement. Dès-lors, la couche qui portait immédiatement sur lui vient le remplacer; à celle-ci succède celle qui la recouvre, ainsi de suite; il est donc évident que, dans un séchoir, il s'établit deux courants d'air : un courant ascendant et un courant descendant. Le premier est dû à l'air chaud qui arrive et que sa légèreté fait élever à la partie supérieure; le second est dû à la pression des couches supérieures qui se précipitent vers le bas, se saturent d'eau, et cet air humide est ensuite évacué par le conduit précité. L'on voit quelle est l'erreur de ceux qui pratiquent les issues à donner l'air, à la partie supérieure du séchoir, c'est

(1) Ce fait était connu des anciens : *Cum enim aqua ex aere est orta gravior est, et cùm oritur der ex aqua majorem occupat locum* (Aristoteles, de cœlo). Cette vérité fut ensuite méconnue même par Leroy, qui soutint que l'air chargé d'eau était plus pesant: ce fut Deluc qui, dans ses *Recherches sur les modifications de l'atmosphère*, ramena les esprits au sentiment d'Aristote.

alors l'air chaud qu'ils évacuent, au lieu de l'air froid ou humide. La force du courant de l'air sera d'autant plus forte qu'il y entrera une plus grande quantité d'air chaud à la fois et que la colonne de cet air sera plus élevée, ou que le séchoir sera plus élevé.

Nous avons déjà dit que l'air froid et humide était chassé du séchoir par des ouvertures communiquant à des tuyaux de cheminées rectangulaires, ou planches placées dans les angles du séchoir qui vont s'ouvrir au dehors au-dessus du toit; il y a des séchoirs où il n'y a qu'une de ces cheminées, et d'autres où l'on en trouve plusieurs autres; cela vaut mieux: ces cheminées doivent être munies d'une gueule de loup, afin que leur ouverture se trouve constamment du côté opposé du vent qui, sans cela, pendant les temps d'orage, ferait refouler l'air à évacuer dans le séchoir, comme il fait refouler la fumée dans les cheminées.

2° *Séchoir à la vapeur.*

Ce moyen diffère du précédent en ce qu'on fait circuler la vapeur d'eau dans des tuyaux en tôle disposés de manière à ce qu'ils aient assez de pente pour ramener l'eau condensée dans la chaudière génératrice. Il est évident que la vapeur d'eau ne tarde pas à chauffer beaucoup les tuyaux, et que l'air qui les entoure, en leur enlevant sans cesse du calorique, s'échauffe, devient plus léger, s'élève et fait place à une nouvelle couche; ce procédé est également mis en usage pour chauffer les appartements pour l'incubation des poulets, etc.

Procédés propres à chauffer les habitations, ateliers et autres bâtiments, ou sécher diverses substances; par HAGUE (John) *et* CROSLEY (Henri).

(Brevet d'importation et de perfectionnement.)

Serre chaude avec appareil servant à la chauffer.

Figure 225 *bis*, Pl. VIII, coupe verticale.
Figure 226 *bis*, plan.

a, chaudière à vapeur construite et posée à la manière ordinaire.

b, tuyau de vapeur ajusté aux tuyaux de l'intérieur du local, du côté où ces derniers sont le plus élevés du sol.

c, tuyaux placés dans l'intérieur de la serre pour y répandre la chaleur; ils sont inclinés vers la chaudière, dans

laquelle ils rentrent au-dessous du niveau de l'eau que ren—
ferme cette chaudière.

d, soupape ou clapet posé en biais au bout du tuyau dans
la chaudière, afin d'empêcher l'eau de remonter, soit par la
pression de la vapeur, soit par l'effet du vide qui pourrait se
former dans l'intérieur des tuyaux.

e, soupape et robinet ajustés sur le tuyau de vapeur *c*, près
de sa rentrée dans la chaudière; cette soupape et le robinet
sont disposés comme le montre la figure 227, sur une échelle
plus grande que celle des figures 225 *bis* et 226 *bis*; *f*, *fig*.
227, indique la coupe transversale du tuyau *c*, *fig*. 225 *bis*
et 226 *bis; g* est la soupape, *h* la boîte qui la recouvre, et *i* est
le robinet dont la place est en *c*, *fig*. 225 *bis*.

L'objet de cette soupape et du robinet est de faciliter l'évacuation de l'air renfermé dans les tuyaux, à mesure qu'ils se
remplissent de vapeur; la soupape empêche le retour de l'air
extérieur, qui, dans le cas où il existerait un vide, ou que
l'air se trouverait plus fort que la vapeur renfermée dans ces
tuyaux, rentrerait avec force et produirait une commotion ou
secousse dans l'intérieur de l'appareil.

k, *fig*. 225 *bis*, jauge à mercure fixée sur la chaudière pour
faire reconnaître le degré de pression de la vapeur.

l, tube en verre ajusté sur le côté de la chaudière pour
permettre de s'assurer de la quantité d'eau qu'elle renferme.

m, deux bouts de cylindres creux dans lesquels passent les
tuyaux de vapeur, et ayant chacun une bouche de chaleur.
L'air froid est admis dans ces cylindres par de petits tuyaux
n, arrivant de l'extérieur du local que l'on veut échauffer; il
y circule, se chauffe, et se répand en cet état dans l'intérieur
de la serre: ainsi, le renouvellement de l'air s'effectue sans
qu'il soit nécessaire d'en faire venir autrement de l'extérieur.

o, représente les murs de la serre.

p, sol sur lequel est élevée la serre.

q, *fig*. 226 *bis*, bouche de chaleur.

r, fermeture de la chaudière à vapeur, sur laquelle se
trouve une soupape de sûreté.

s, maçonnerie de la chaudière.

t; cheminée.

Séchoir à la vapeur à trois étages.

La figure 228 montre, en coupe verticale, un séchoir à trois
étages, qui est chauffé au moyen d'un appareil semblable à
celui que l'on vient de décrire.

Conduite de l'appareil destiné à chauffer des habitations, des manufactures et autres bâtiments, et pour chauffer ou sécher des substances, représenté par les fig. 225, 226, 227 et 228.

On charge en partie la chaudière à vapeur d'eau ; lorsque la vapeur monte, l'air contenu dans la chaudière et dans les tuyaux est repoussé et comprimé de manière que la vapeur ne peut plus avancer ; alors, pour remédier à cet inconvénient et mettre la vapeur en état d'agir, on fait évacuer cet air par le robinet de la boîte placée en *e*, *fig.* 225. La soupape de cette boîte s'ouvre en même temps et reste dans cet état jusqu'à ce qu'il ne passe plus par cette issue que de la vapeur ; alors on referme le robinet, afin d'éviter l'action de l'atmosphère dans l'intérieur de l'appareil. La libre circulation de la vapeur dans les tuyaux s'établit immédiatement après, et, comme elle se condense par le contact de l'atmosphère sur la surface desdits tuyaux, ou par celui des matières au travers desquelles les tuyaux passent, la pression étant en outre devenue égale des deux côtés de la soupape *d*, *fig.* 225 *bis*, cette vapeur condensée rentre en eau presque bouillante dans la chaudière à vapeur qui s'alimente d'elle-même sans aucune addition d'eau, et n'en exige point tant que toutes les parties et les tuyaux sont hermétiquement fermés ; les seules pertes à réparer se bornent donc à celles occasionées par la vapeur qui sort lorsque l'on fait évacuer l'air renfermé dans les tuyaux, et par celle qui peut s'échapper par la soupape de sûreté.

Au moyen de cette méthode d'obtenir et d'appliquer la chaleur, on arrive à une grande économie de combustible, et l'on évite en outre le dépense et le travail d'alimenter la chaudière, parce que la vapeur a toujours été rapidement et alternativement convertie en eau presque bouillante et en vapeur pendant toute la durée de l'opération.

CHAPITRE XII.

DES FOURNEAUX DE CUISINE DITS ÉCONOMIQUES.

Ce ne sont pas en général les poêliers-fumistes qui établissent les grands fourneaux à demeure qu'on appelle fourneaux économiques, et qui sont destinés à la cuisson des aliments et à divers services dans des grands établissements. La plupart du temps, ce sont des ingénieurs, ou des inventeurs, ou des

architectes qui se chargent de ce soin. Néanmoins, comme le
poélier-fumiste peut être appelé à les réparer, ou même à
mettre en place ceux qui sont fixes, nous croyons devoir présenter ici quelques détails sommaires à ce sujet.

Depuis bien longtemps, surtout dans les pays du Nord, on
se sert de fourneaux chauffés au bois ou au charbon de terre
pour la cuisson des aliments, et tous les autres services qui
font partie de l'économie ménagère; mais ce n'est que dans
ces derniers temps qu'on a su leur donner une meilleure
distribution tant pour l'économie du combustible que pour
satisfaire à toutes les conditions que doit remplir un appareil
de cuisson et de chauffage. Il existe à cet égard une foule
de modèles présentant plus ou moins d'avantages, mais qui, la
plupart du temps, ont entre eux la plus grande analogie sous le
rapport de la forme et des fonctions. Nous ne pouvons ici présenter la description de tous ces appareils, et nous croyons devoir nous borner à donner sur ce sujet qui n'intéresse qu'in-
directement l'industrie qui nous occupe, que quelques exemples
qui suffiront pour donner une idée assez complète de ce genre
d'industrie.

ARTICLE PREMIER.

Cheminée culinaire, par M. GRENIER.

(Brevet d'invention.)

Le mérite du système que je présente, comparé à ceux des
autres appareils de cette nature en fonte, par exemple, imaginés dans le même but ou dans un but analogue, consiste à
offrir un service beaucoup plus commode, plus accéléré, moins
dispendieux, exempt des odeurs malfaisantes qui se dégagent .
ordinairement lors de la préparation d'une certaine quantité
d'aliments divers, et par conséquent, à contribuer à assainir
l'air du local où il est disposé, effet salutaire qui s'obtient de
deux manières : d'abord en entraînant dans le foyer les gaz
désagréables ou nuisibles à la santé, puis en répandant, par
des bouches de chaleur, plus ou moins d'air chaud qui, dans
le principe, peut être pris à l'extérieur, pour passer ensuite
dans des conduits destinés à lui transmettre la chaleur de
l'appareil. Ces avantages n'ont pas encore pu être obtenus
d'une manière assez régulière, assez durable et assez économique ; et dès-lors, sans faire ici l'énumération des divers
inconvénients qui se rattachent à la construction et à la com-

binaison mécanique de la plupart des appareils culinaires;
surtout de ceux tout en fonte, imaginés jusqu'à ce jour, il me
suffira d'énoncer et de prouver par quelques détails explica-
tifs, que les avantages que je signale sont la propriété du nouveau système culinaire de mon invention.

Ces appareils se composent d'une façade ou d'une devanture
en fonte, ayant les ouvertures, nervures et rainures nécessaires pour recevoir et maintenir convenablement les différentes
pièces de forte tôle ou de fonte qui forment autant de caisses,
de fours ou de compartiments dans lesquels se placent commodément les ustensiles de cuisine ou autres propres à contenir des liquides ou des aliments en cuisson. .

Je construis en forte tôle la partie postérieure des mes cheminées culinaires et les deux parties latérales, qui peuvent,
au besoin, être en fonte, et je réserve entre elles et les fours
de différentes dimensions, des espaces qui forment autant de
conduits dans lesquels circulent librement la flamme, la fumée
et tous les gaz qui résultent de la combustion, comme ceux
aussi qui échappent à son action.

Ces espaces ou ces conduits sont munis de valves ou espèces de soupapes que l'on peut, de l'extérieur, manœuvrer aisément à la main pour diriger, augmenter ou diminuer la température de telle ou de telle partie de la cheminée culinaire,
et par conséquent, pour utiliser l'action du feu, selon les circonstances, c'est-à-dire, suivant l'exigence de la préparation
ou de la cuisson des aliments.

En examinant, par exemple, la cheminée culinaire représentée sur le dessin n° 1, on voit que si l'on ferme les deux valves
des côtés, il s'ensuit que le passage de la fumée s'y trouve
fermé, et qu'elle est forcée de venir passer par le tuyau du
milieu, pour aller chauffer le four supérieur et s'échapper
ensuite par la cheminée; que si l'on ne ferme que l'une ou
l'autre de ces deux valves latérales, l'effet décrit ne s'accomplira
que d'un côté; que si l'on ferme la valve du milieu, en tenant
ouvertes ces deux dernières, la flamme se divisera en deux
parties seulement et produira son effet d'abord sur le four du
milieu, puis sur les compartiments latéraux; qu'enfin, si toutes
les valves restent ouvertes, le courant de la fumée se divise en
trois parties distinctes pour chauffer presqu'uniformément
toutes les parties de l'appareil.

Dans chaque compartiment de mes cheminées culinaires
sont pratiquées, latéralement et intérieurement, plusieurs

petites ouvertures qui permettent aux exhalaisons des mets
en cuisson de s'échapper sans inconvénient aucun, et d'être
rapidement entraînées dans la cheminée par le courant de la
fumée, ce qui empêche que l'on en puisse être incommodé
dans l'appartement.

On pourrait, au besoin, remplacer dans chaque compartiment, ces petites ouvertures par une seule, en la munissant
d'une soupape glissante, qui ait la propriété d'augmenter ou
de diminuer cette ouverture. Quant à la disposition de la cheminée proprement dite des mes appareils culinaires, elle peut
être établie verticalement sur l'appareil, ou adaptée à sa partie postérieure, ou fixée autrement encore, selon le besoin ou
la disposition du local.

Mes cheminées culinaires peuvent être chauffées, indifféremment, avec du carbon de terre, du charbon de bois, du
coke, de la tourbe, etc., et sans aucun inconvénient, selon le
prix de ces divers combustibles dans les différentes localités, et
leur construction peut être combinée de manière à permettre
à la fumée de circuler tout autour de leurs fours ou compartiments.

Outre les réservoirs d'eau que j'ai ménagés dans la construction de mes cheminées culinaires, j'ai jugé à propos
d'ajouter à leur combinaison spéciale une disposition de bain-
marie.

Ces appareils n'ont besoin pour fonctionner, que d'un
simple dessus en tôle; mais aussi ils peuvent être recouverts soit
par un marbre garni ou non d'une galerie quelconque, soit
par une plaque métallique avec ou sans ornement; et cette
dernière disposition permet fort avantageusement, sur cette
surface additionnelle, plus ou moins coûteuse, des plats, des
casseroles ou des vases quelconques, dans les différents cas que
présentent les fonctions culinaires ou les exigences du service
de la table.

Sur le dessus en forte tôle, ou partie supérieure, de mes cheminées culinaires, j'établis des réchauds de formes et de dimensions différentes, afin qu'il devienne toujours commode
et utile, surtout pendant l'été, de se servir des mes appareils,
comme de véritables fourneaux de cuisine; ce qui nécessite
seulement, pour accomplir les fonctions culinaires, le dépla-
cement du marbre ou de la tablette métallique, dont pourraient être ordinairement ornées ces cheminées nouvelles et
d'une utilité générale.

Les socles de ces cheminées culinaires sont ordinairement, ou presque toujours, en fonte ou en fer, garnis ou non en cuivre ou autre métal, susceptibles de varier : au besoin cependant, on pourrait les établir avec certaines substances qui, par leur nature et leur composition fort compacte et dure, comme aussi par leur bonne disposition, promissent assez de résistance ou de solidité, ou assez de durée, comparativement à la masse et à l'emploi du meuble pyrotechnique qu'ils seraient destinés à élever et à supporter constamment. Ainsi, mes appareils, tels qu'ils sont, outre leurs divers avantages, présentent une rare économie sous plusieurs rapports, surtout sous celui de l'économie du combustible, et permettent de préparer convenablement, avec facilité, à peu de frais et en fort peu de temps, un dîner à plusieurs services pour une société considérable.

Enfin, ces appareils nouveaux, ainsi que je les ai composés et construits, peuvent, sans que le principe de leur combinaison en soit vicié, recevoir dans leurs formes, leurs dimensions et les dispositions de leur construction, toutes les modifications possibles, dictées par les circonstances ou puisés dans les lois de l'expérience ; c'est-à-dire modifications dans le nombre, la disposition, la forme et les dimensions de leurs compartiments, modifications semblables dans les ustensiles qui doivent occuper ces fours ou compartiments, et modifications encore pour toutes sortes d'ornements dont on peut faire l'application.

C'est ainsi qu'il devient commode de varier utilement l'emploi de mes cheminées culinaires, d'en établir, par exemple, sur différentes échelles pour le service ordinaire des grands établissements, des collèges, des restaurants, des familles nombreuses, etc., et par conséquent, de tirer de ce meuble nouveau tous les avantages réels que j'ai développés dans ce mémoire.

Pour compléter la description que je viens de faire de mon système pyrotechnique et rendre plus saillante la construction de mes cheminées culinaires, j'ai jugé à propos de fournir les trois dessins numérotés ci-joints, sur lesquels il m'a paru, sinon inutile, du moins superflu de figurer les ornements infiniment variables que sont susceptibles de recevoir les nouveaux appareils dont il s'agit.

Les mêmes lettres désignent les mêmes pièces dans toutes les projections.

Le dessin *fig.* 286, *Pl.* XII, représente une petite cheminée culinaire qui, comme celles des dessins *fig.* 287 et 288, est vue en élévation.

La première projection est une élévation ou une vue extérieure de l'appareil.

La deuxième est une section verticale passant suivant la la ligne *y z.*

a, foyer de fonte qui peut être fixé et qui peut être aussi mobile, pour faciliter son nettoyage et le service qu'il exige.

De chaque côté du foyer sont ménagés des espaces vides où l'on voit des balustres, dont la base porte sur le socle de l'appareil, et dont le sommet supporte le corps de la cheminée culinaire, tout en permettant tantôt de placer dans ces espaces certains vaisseaux ou autres objets qui ont besoin de conserver une chaleur douce, tantôt de disposer de ces mêmes espaces pour d'autres usages analogues ou différents.

b, cendrier placé sous le foyer *a* pour recevoir les cendres et les scories résultant de la combustion.

c, plaque de fonte placée au-dessus du foyer et dans laquelle ou a pratiqué deux ouvertures circulaires pour recevoir des marmites ou casseroles de forme analogue à celles représentées sur le dessin, ou tous autres ustensiles contenant des aliments exigeant une haute température.

d, d, d, d, enveloppe en forte tôle formant un four dans lequel on peut, à volonté, placer des marmites ou autres vaisseaux analogues.

e, e, les deux vantaux de la porte du four fermés par l'enveloppe. Ces 2 vantaux sont articulés, à charnière, chacun avec une plaque de fer montée à coulisse, sur toute la hauteur des parties verticales et intérieures de l'enveloppe *d*, tellement que ces vantaux étant ouverts entièrement, il suffit de les pousser directement à la main, pour les faire glisser le long des parois verticales de la cheminée culinaire et de l'y enfermer presque complètement; ce qui permet de faire le service de cet appareil sans jamais se trouver embarrassé au dehors par la saillie des vantaux. Dans le nouveau système que je mets au jour, j'attache quelqu'importance à cette combinaison mécanique, à laquelle j'ai donné la préférence et que j'ai généralement adoptée; car les appareils que représentent les autres dessins, n°s 287 et 288, ont leurs portes de fours principaux également à deux vantaux; disposés et adaptés d'une manière tout-à-fait semblable:

f, compartiment ou four supérieur, de forme carrée lon-

gue et servant à recevoir les ustensiles propres à contenir les
aliments qui, pour être cuits ou convenablement préparés, ont
besoin d'une température moins élevée ; la porte de ce four
peut être établie comme les portes ordinaires, ou comme
celles dont il vient d'être parlé tout-à-l'heure, de chaque côté
de ce four, ou d'un seul côté. On peut, à volonté, disposer
des réservoirs d'eau qui acquièrent une température plus ou
moins élevée, selon que l'on active ou que l'on ralentit l'intensité du feu ; et sans nuire aux différentes dispositions
dont ces réservoirs sont susceptibles, il m'a paru convenable
de leur adapter un tuyau descendant dans la partie inférieure
de l'appareil et y recevant un robinet qui sert à en retirer la
quantité d'eau chaude dont on peut avoir besoin.

g, g, g, valves établies l'une au milieu de l'appareil et les
deux autres sur les côtés de la partie inférieure de son four
principal ; ces trois valves servent à diriger, à modifier la course
de la fumée, dont le mouvement est indiqué par des flèches.

h, cheminée par où s'échappe toute la fumée et dont la
disposition peut varier selon les circonstances ou les localités.

Le dessin n° 287 représente un appareil culinaire analogue
à celui que je viens de décrire, seulement, il est établi dans de
plus grandes dimensions et avec un plus grand nombre de
compartiments ; on voit aussi qu'il diffère du précédent en
ce qu'il a deux fours au-dessus du foyer et deux fours latéraux.

Le dessin fig. 288 montre aussi une cheminée culinaire établie dans des dimensions plus grandes encore, ce qui permet
d'augmenter le nombre des ces fours ou compartiments, d'en
varier l'emploi d'une manière plus commode ou plus avantageuse, et par conséquent de lui faire subir plus facilement
diverses modifications que peuvent exiger certaines circonstances.

Fourneaux économiques, de Victor Chevalier.

Ces fourneaux sont en général mobiles, mais ou peut aussi
les établir à demeure fixe ; ils sont avec flamme renversée ou
non, et fonctionnent au bois ou au charbon de terre. Ils renferment à l'état compact un four pour le rôti, un autre pour
la pâtisserie, une marmite en cuivre, un bain-marie à trois
copettes, une étuve, des dispositions pour les limonadiers, etc.
Nous donnons dans la fig. 289, Pl. XII, le modèle d'un de ces
fourneaux en fonte et à console, chauffé au charbon de terre,

pour 200 à 300 personnes, propre au service des hôpitaux de la marine, des collèges et des établissements publics.

Service des fourneaux économiques, de VICTOR CHEVALIER.

Le fourneau ayant été posé dans les meilleures conditions possibles, il faut d'abord choisir le charbon de terre le plus favorable; nous conseillons celui de Mons, ou tout autre donnant beaucoup de flamme. Ce combustible est celui qui convient de préférence pour ces appareils; cependant, nous en construisons pour être chauffés par le bois, mais ils ne conviennent qu'aux personnes propriétaires de bois et pouvant alimenter le fourneau de ce combustible sans viser à l'économie; et encore faut-il avoir soin d'employer du bois de résistance et qui puisse produire le feu le plus ardent et le plus durable.

Au reste, le service des fourneaux au bois ou au charbon est absolument le même; leur seule différence consiste dans les dispositions des foyers.

Revenons aux fourneaux à charbon de terre : les réservoirs de ces derniers sont pourvus de deux grilles, dont une est ronde et forme le fond du réservoir, et l'autre est à pieds servant à diminuer le foyer de moitié à peu près : on se sert de cette dernière lorsque l'on n'a qu'un demi-service à faire ; mais il faut nécessairement plus de temps pour la cuisson des aliments. Le foyer, réduit par cette grille à pieds, suffit pour chauffer la plaque du fourneau ; mais il ne faut jamais oublier, lorsque l'on s'en sert, d'enlever d'abord la grille du fond. Le charbon de terre s'allume en jetant dessus de la braise ou du charbon de bois bien enflammé : pour bien entretenir la combustion, il faut de temps en temps dégager la grille de la cendre qui pourrait l'obstruer, avec un tisonnier donné pour cet usage. Il ne faut jamais allumer le feu avant d'avoir rempli le bouilleur ou réservoir d'eau, qui doit toujours être tenu plein en y versant de l'eau à mesure que l'on en retire.

Le pot-au-feu, qui doit toujours être de forme cylindrique, en cuivre ou en fer battu, doit être commencé sur le trou ménagé à la plaque au-dessus du foyer, après en avoir enlevé le tampon ou couvercle avec un crochet. Lorsque le liquide est arrivé à ébullition, et qu'il a été écumé, on éloigne la marmite vers le tuyau de fumée, de manière à ce qu'elle continue à bouillir à petit feu. C'est sur cette même ouver-

ture du foyer que l'on commence la cuisson de toute espèce
de mets, puis on en éloigne les casseroles suivant le degré de
chaleur qu'elles exigent, de sorte que l'on en fait fonctionner
autant que la plaque du fourneau peut en contenir.

Les rôtis à la broche se font sur le côté du fourneau où se
trouve le foyer, au moyen d'une rôtissoire qui s'y accroche,
après avoir enlevé la porte mobile disposée à cet effet.

Lorsque l'on fait un rôti dans le four, il faut avoir soin de
le retourner à moitié de sa cuisson ; il ne se fait pas autrement
dans les fourneaux à deux fours, au moyen d'un berceau à
tringles en fer étamé : il ne faut pas oublier d'entr'ouvrir la
petite trappe pratiquée à la porte du four, et destinée à chasser la vapeur du rôti vers une ouverture ménagée à cet effet
au fond de ce four. L'étuve placée en dessous du four est disposée pour la cuisson des côtelettes, au moyen d'un plateau
dans lequel on met de la braise bien allumée, et d'un gril ;
pour l'évaporation de la fumée des côtelettes et pour établir
un courant d'air qui entretienne la braise allumée, il a été
pratiqué à la porte de cette étuve, une petite trappe à coulisse que l'on entr'ouvre afin que l'air puisse entrer pour
aller s'échapper par un tuyau disposé au fond de l'étuve, et
qui va s'embrancher dans le premier bout du tuyau de fumée.

Nettoyage des fourneaux.

Le nettoyage des fourneaux se fait, pour les fourneaux
ordinaires, en levant la plaque inférieure en fonte, rendue
mobile à cet effet, et ramenant la suie avec un petit balai
vers l'ouverture du foyer pour qu'elle tombe dans le cendrier ;
pour les fourneaux à flamme renversée, on procède d'abord
de la même manière, puis, en ouvrant la petite trappe ménagée
entre les fours et les étuves, on ramène la suie au moyen d'une
raclette à longue tige en fer, donnée pour cet usage.

Quant aux tuyaux, le nettoyage se fait par la trappe à coulisse, pratiquée au premier bout du tuyau, en passant dans
tous les sens une baguette flexible, à laquelle on a attaché un
chiffon : cette trappe à coulisse du premier tuyau sert également à déterminer le tirage de la fumée, lorsque le mauvais
temps vient à le contrarier, en brûlant à l'ouverture un peu
de papier.

Le second exemple que nous présenterons est un fourneau
de cuisine, dont la construction est due à M. René Duvoir.

ARTICLE 2.

Fourneaux de cuisine pour le service des collèges, pensions, hôpitaux, par M. René DUVOIR.

M. René Duvoir, après avoir construit, dans plusieurs collèges des fourneaux de différents modèles, est arrivé à la combinaison de celui dont on va présenter le plan.

Ce fourneau, dans lequel on obtient l'emploi le plus utile du combustible, présente toutes les facilités désirables pour le service.

Des fourneaux de ce dernier modèle ont été établis dans les collèges d'Amiens, d'Orléans, de Moulins, de Clermont et de Limoges; d'autres collèges nous en ont commandés. Ces fourneaux conviennent aux pensions et aux hôpitaux, avec quelques modifications dans la disposition des marmites et des fours.

Description du fourneau de cuisine.

La figure 290, planche XII, est la vue de face; la figure 291 la coupe du fourneau, faite au niveau de la plaque supérieure; la figure 292 le plan.

A, A', est une plaque en fonte qui recouvre la partie antérieure du fourneau, dont toutes les faces en fonte. Cette plaque est percée de trois ouvertures; deux rondes sont destinées à recevoir, la première, la marmite à pot-au-feu B, l'autre la bassine à légumes C. La troisième ouverture est carrée, et se trouve au-dessus du foyer principal; elle est bouchée par de petites plaques en fonte D, qui peuvent être exposées, sans se détériorer, à l'action de la chaleur. C'est sur cette partie du fourneau que se fait la préparation des mets qui exigent une température très-élevée. Les petites plaques D peuvent être enlevées et remplacées par une troisième marmite quand le besoin du service l'exige.

I est la porte du foyer principal; K, la porte du cendrier.

M est la porte d'un foyer additionnel destiné à chauffer la marmite à pot-au-feu, avant la préparation des autres aliments.

N est la porte du cendrier.

G est un grilloir à côtelettes, disposé de manière à faire sortir par la cheminée les vapeurs qui se dégagent pendant la cuisson.

F est un four pour les rôtis et la pâtisserie; au-dessous est établi un petit foyer O, dans lequel on peut brûler quelques morceaux de charbon pour donner plus de couleur aux grosses pièces cuites dans le four.

La cuisson des autres aliments s'effectue dans des casseroles placées sur la plaque A, qui les chauffe plus ou moins, suivant la position qu'elles y occupent.

Dans la construction en brique, qui est établie derrière le fourneau, se trouvent :

1° Une étuve E, chauffée par les produits de la combustion qui circulent à l'entour avant de se rendre dans la cheminée. C'est dans cette étuve qu'on maintient chauds les plats préparés avant l'heure des repas.

2° Un réservoir à eau chaude H, fournissant par le robinet R l'eau nécessaire aux besoins de la cuisine, et qui a une capacité telle qu'il peut servir en même temps à la préparation d'un bain entier et de plusieurs bains de pied ; un tuyau qui n'est pas figuré sur le dessin conduit l'eau chaude à la salle de bains.

Un petit foyer L permet de chauffer la chaudière quand on a besoin d'eau chaude avant d'allumer le fourneau.

CHAPITRE XIII.

EXPÉRIENCES SUR LES MODES DE CHAUFFAGE LES PLUS ÉCONOMIQUES.

Les expériences ont eu pour objet de reconnaître le degré de température constante au-dessus de celle extérieure que pourrait donner dans un même appartement, pendant un même temps, la combustion d'une même quantité de combustible consommé dans des appareils de diverses formes, toutes autres circonstances étant égales d'ailleurs.

Il résulte des premières opérations qui ont eu pour objet de comparer les appareils de Curaudau et de Désarnod, que 100 kilog. de bois, brûlés à la cheminée ordinaire, peuvent être remplacés, à raison de la meilleure construction des appareils, par les quantités ci-après, savoir :

Foyer ordinaire de Désarnod. . . . .   39 kilogr.
Foyer dit *tour creuse* du même. 39 1/3
Foyer simplifié, *idem*. 39 3/4
Cheminées de Curaudau.   33

On a fait aussi des expériences sur deux poêles de formes différentes, l'un de Curaudau, l'autre de Désarnod, appelé par l'auteur *poêle de Lyon perfectionné* : ce dernier a été allumé avec du charbon de terre. Il résulte de ces expériences, dont chacune a été double comme les précédentes, que 100 kilogrammes de bois ou de houille, brûlés à la cheminée ordinaire, peuvent être remplacés par les quantités suivantes :

Poêle de Curaudau. . . . . 20 3/4 kilog. de bois.
Poêle de Désarnod. . . . . . . 15 3/4 kilog. de houille.

D'après ces expériences, il est prouvé que les appareils de Désarnod et Curaudau, comparés à une cheminée ordinaire, procurent une grande économie de combustible; mais, l'emploi de ces appareils ne pouvant pas être considéré seulement sous le rapport seul de l'économie du combustible, il faut aussi l'envisager sous celui des dépenses de construction, d'entretien, de salubrité et d'agrément.

La maçonnerie est moins coûteuse que la fonte, et la tôle exige une dépense encore plus considérable. Il en est de même des frais d'entretien, qui sont presque nuls dans les cheminées ordinaires, un peu plus considérables dans les foyers de Désarnod construits en fonte, et plus encore dans ceux de Curaudau, dont la tôle, présentant, relativement à sa masse, une plus grande surface et étant plus oxydable par sa nature, sera plus promptement détruite.

Sous le rapport de la salubrité et de l'agrément, ces appareils laissent jouir de la vue du feu et du calorique rayonnant, comme les cheminées ordinaires; la quantité de calorique rayonnant s'étendra également loin dans l'appartement, en employant l'un ou l'autre de ces trois appareils à foyer égal; et l'intensité de ce calorique sera en raison inverse du carré des distances (1).

Les appareils de Curaudau et Désarnod étant construits avec un métal bon conducteur du calorique, répandent beaucoup de chaleur qui traverse ses pores. On y allume le

_____

(1) C'est-à-dire qu'à une distance double, triple, etc., un rayon de calorique aura 4 fois, 9 fois, etc. moins d'intensité ou de force calorifique. Ainsi, en supposant que l'intensité de la chaleur d'un rayon observée à une certaine distance du foyer soit représentée par 36, si on l'observe à une distance double de la première, le carré de 2 étant 4, l'intensité sera 4 fois moindre ou sera 9 : si on s'était porté à une distance triple ou trois fois plus grande, comme le carré de 3 est 9, l'intensité aurait été trouvée 9 fois plus faible; c'est-à-dire que, dans cet exemple, elle serait représentée par 4.

feu avec facilité et promptitude ; on y accélère, on y ralentit la combustion à volonté.

L'appareil de Curaudau donne de la chaleur au moment même où l'on y met le feu ; dans celui de Désarnod, elle se manifeste un peu moins promptement, mais ils s'en conserve une plus grande quantité.

Les expériences qui ont suivi celle ci-dessus ont été faites sur un plus grand nombre d'appareils, et on a trouvé les nombres proportionnels suivants pour mesurer leurs avantages respectifs. Ces résultats sont rangés dans l'ordre que détermine la plus grande économie de combustible.

Poêle fumivore de M. Thilorier.	1,193
Fourneau domestique de Désarnod.	0,933
Poêle de Curaudau.	0,849
Foyer dit *à tours creuses* de Désarnod.	0,627
Foyer simplifié, grand surbaissé, du même.	0,568
Calorifère salubre de M. Olivier.	0,530
Cheminée de Curaudau.	0,525
Foyer simplifié, deuxième grandeur, de Désarnod.	0,485
Calorifère perfectionné de M. Olivier.	0,393
Cheminée ordinaire du bureau consultatif.	0,152

Pour compléter les résultats sur la chaleur utilisée avec différents appareils de chauffage, nous ajouterons les valeurs numériques données par M. Clément, dans son *Cours au Conservatoire des Arts et Métiers*.

La combustion de 1 kilogramme de bois par heure, dans un appartement de 100 mètres cubes de capacité, a élevé la température au-dessus de la température extérieure, savoir :

	Therm. cent.
Avec une cheminée ordinaire.	0,148
Id. à la Rumford.	0,379
Cheminée de Désarnod.	0,450
Poêle Curaudau.	0,714
Poêle Désarnod.	0,936

Pour obtenir la même température, on a brûlé savoir :

	kilog. de comb.
Cheminée ordinaire.	100
Id. à la Rumford.	39
Id. Désarnod.	33
Poêle Curaudau.	20 3/4
Poêle Désarnod.	13 3/4

CHAPITRE XIV.

ARTICLE PREMIER.

Calcul de la quantité de chaleur emportée par le courant d'air du tuyau d'une cheminée.

Pour connaître la déperdition de la chaleur par le conduit d'une cheminée, il faudra déterminer la vitesse du courant ascendant, ainsi que nous l'avons indiqué *page* 54, et calculer la quantité d'air qui passe par l'ouverture dans un temps donné, comme nous l'avons fait *pages* 63 et 64. Connaissant cette quantité d'air, sa température et sa chaleur spécifique, il sera facile de connaître la chaleur qu'il emporte, sachant d'ailleurs qu'il faut environ 20 kilogrammes d'air pour brûler un kilogramme de charbon, et que la chaleur spécifique de l'air est de 0,2669 (1).

Il faudra, pour élever de 1 degré ces 20 kilogrammes, 20 × 0,2669 = 5 unités 34 centièmes, et si on les élève à 150 degrés, 150 × 5,34 = 801 unités, qui est à-peu-près la perte inévitable par le tuyau de la cheminée; et comme 1 kilogramme de charbon produit 7050 unités par la combustion, le résultat est qu'il en faut absolument perdre 801 sur 7058, ou environ un *huitième*.

ARTICLE 2.

De la perte de la chaleur dans les appartements.

Plusieurs causes viennent se réunir pour occasioner une perte de chaleur considérable, indépendamment de celle nécessairement perdue par le foyer, et dont nous venons de parler à l'article précédent; d'abord il s'établit des courants par les ouvertures qui communiquent au dehors; l'air froid extérieur entre par les fissures qui se trouvent au bas, et l'air chaud sort par celles qui sont vers le plafond. Ainsi, lorsqu'il existe des croisées et des portes qui correspondent à des pièces dans lesquelles on ne fait pas de feu, on remarque, en présentant la flamme d'une bougie aux jointures, que la

(1) Chaleur spécifique de l'air sous une pression de 76 centimètres.

flamme est chassée en dedans par l'air entrant, tandis que la
flamme présentée aux jointures d'une porte est attirée au dehors dans les ouvertures supérieures par un courant d'air
sortant, et qu'elle est repoussée dans la partie inférieure de
la porte par un courant d'air entrant. Ces divers courants qui
s'établissent contribuent à refroidir la chambre ; il convient
donc de boucher le mieux possible toutes les issues en établissant le conduit qui doit fournir l'air nécessaire au foyer, et
qu'on doit disposer, pour éviter des lames d'air froid qui
causent un refroidissement désagréable, de manière que le
courant d'air pris au dehors aille frapper quelque surface
chaude autour du foyer, afin qu'il ne se répande dans la
chambre qu'après s'être échauffé.

La ventilation qu'exige chaque individu entraîne aussi une
quantité de chaleur égale à la différence de température entre
l'air extérieur et celle de l'air intérieur ; dans la pratique,
cette perte est négligée, parce que, si un certain nombre
d'individus demeurent constamment dans l'appartement, leur
respiration produit assez de chaleur pour contrebalancer celle
perdue.

Quant à la perte de la chaleur par les murs, les planchers
et les plafonds, dès qu'ils sont amenés à la même température
que celle de la chambre, ils n'absorbent qu'une petite quantité de chaleur, s'ils sont en bois, en plâtre ou de matériaux
mauvais conducteurs de la chaleur ; mais ce qui occasionne
une déperdition considérable de chaleur, c'est le verre des
fenêtres.

On compte dans la pratique que la perte de la chaleur par
des murs ordinaires en pierre ou moellons de 60 centimètres (2 pieds) d'épaisseur, est de 0,30 par mètre carré ;
quantité qu'il faut augmenter dans le même rapport que
la diminution de l'épaisseur des murs.

La déperdition au travers des vitres est évaluée à 0,57 par
mètre carré ; mais on peut la diminuer par les moyens que
nous allons indiquer, et la réduire à environ 1/5 de ce qu'elle
est ordinairement.

ARTICLE 3.

Des moyens de retenir la chaleur dans les appartements.

Nous avons vu que la chaleur filtrait continuellement à
travers les murs, les portes et fenêtres, etc. Pour diminuer
cette espèce de filtration, il faut employer, dans l'épaisseur des

murs et leurs revêtements, des substances qui soient mauvais conducteurs du calorique; telles sont les pierres, certaines briques légères et poreuses, les tufs, les pierres ponces et d'autres concrétions spongieuses; ces corps exigent, quand ils sont exposés au grand air, d'être recouverts d'un enduit impénétrable à l'humidité. Les briques surtout ont le défaut ·de s'emparer de l'humidité, et l'on ne doit s'en servir que là où elles sont à l'abri de la pluie; leur force d'affinité pour l'eau est si grande, qu'elles l'attirent jusqu'à une hauteur de 1 mètre 30 à 1 mètre 50 centimètres (4 à 5 pieds) lorsque la base de la maison repose sur un terrain humide.

· Les lambris en bois contribuent beaucoup à conserver la chaleur. On peut aussi interposer une couche de charbon pilé entre les murs et le lambris, ainsi que dessous le plancher. Enfin, les antichambres servent beaucoup à maintenir la chaleur de l'appartement principal, parce que l'air est mauvais conducteur du calorique, et que, se renouvelant peu dans les lieux fermés, il conserve une température moyenne, et soutire bien moins la chaleur de l'appartement que ne le fait l'air froid.

· En Russie, les croisées sont doubles; on en bouche les joints avec des étoupes; on colle ensuite sur ces mêmes joints bien calefeutrés, des bandes de papier, mais, comme ces doubles châssis entraînent une grande dépense, on peut adopter un moyen plus simple et moins coûteux, et qui réunit presque tous les avantages du premier.

· On pose chaque vitre de croisée double, laissant entre chaque glace un intervalle d'environ 9 millimètres (1/3 de pouc.); on évite de cette manière la dépense des doubles croisées; ou a plus de jour dans les appartements; les vitres ne ressuent et ne gèlent jamais, et l'on est plus au chaud qu'avec un simple vitrage.

· On peut encore mettre à la porte de l'antichambre qui ouvre sur l'escalier, un tambour en planches avec une porte battante qui se ferme seule : ce tambour aura assez de profondeur pour que la première porte soit tombée et fermée derrière celui qui entre avant qu'il ait ouvert la seconde porte; cette première porte doit être matelassée, et, pour qu'elle se ferme d'elle-même, il faut que la patte du gond inférieur soit beaucoup plus longue que celle du gond supérieur, ou bien faire battre au moyen d'un poids ou d'un ressort. La porte du tambour et celle de l'antichambre, ou au moins la première, ne doivent pas avoir plus de 80 centimètres (2 pieds 1/2) de largeur, et plus de 2 mètres (6 pieds) de hauteur, afin qu'il s'introduise un moindre volume d'air chaque fois qu'on ouvre.

ARTICLE 4.

De la température dans les appartements.

Une personne qui agit peu dans une chambre n'éprouve pas une sensation agréable de chaleur si la température ne s'y élève pas à 14 ou 15 degrés centigrades; cependant, par un temps froid, cette température paraît trop élevée pour quelqu'un qui vient de respirer un air à 5 ou 6 degrés au-dessous de zéro; en effet, le passage subit d'une atmosphère de 15 degrés à celle de 5 degrés au-dessous de zéro donne une différence de 20 degrés; trop considérable pour qu'on n'en soit point affecté fortement, et il serait à désirer qu'on n'eût à éprouver d'abord qu'une légère différence de température entre l'air d'une chambre et celui du dehors, et qu'on pût l'augmenter graduellement, afin que le changement fût moins brusque, et d'éviter un danger que nous allons signaler. Si les vêtements, par l'état de l'atmosphère extérieure, sont imprégnés d'humidité, on éprouve une sensation très-vive de froid en entrant dans une chambre très-chaude : cet effet est occasioné par la prompte absorption de l'humidité que l'air échauffé réduit en vapeur; et cette évaporation, lorsqu'elle est subite, peut produire un froid tel, qu'on peut faire usage de ce moyen pour obtenir de la glace (1).

L'effet analogue a lieu lorsqu'on sort d'une chambre très-chaude pour passer à l'air extérieur lorsqu'il est humide; on ressent un refroidissement plus considérable que si l'on était frappé par un air sec beaucoup plus froid, parce qu'il n'y a pas alors d'évaporation, cause de refroidissement.

Nous concluons qu'en général la température d'un appartement, pour être douce et bien respirable, ne doit pas excéder 10 à 12 degrés de Réaumur (15 deg. centig.), et que, lorsque l'atmosphère est humide et qu'on se dispose à sortir, il est prudent de se préparer à respirer l'air extérieur en changeant graduellement de température, en s'éloignant du foyer, et, lorsqu'on entre dans un appartement, de ne s'en approcher que par degrés, lorsque les vêtements contiennent de l'humidité, afin d'éviter une évaporation trop brusque.

(1) Voyez le *Supplément à l'Encyclopédie britannique* de Nappier, article *Froid*, et les expériences de M. Gay-Lussac, vol. iv, page 294.

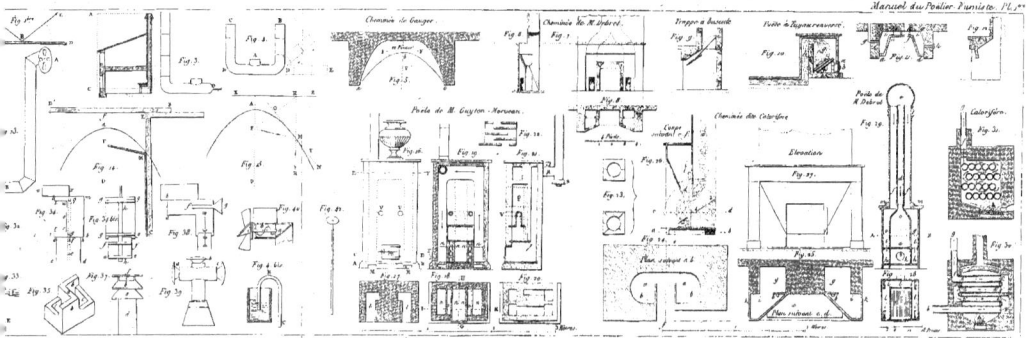

Chemine de Ganger.

Chemine de M. Dubost.

Trappe à bascule.

Poële de Tirage renversé.

Poële de M. Guyton-Morveau.

Chemine dite Calorifère.

Poële de M. Debord.

Calorifère.

Fig. 1re

Fig. 3.

Fig. 4.

Fig. 5.

Fig. 6.

Fig. 7.

Fig. 8.

Fig. 9.

Fig. 10.

Fig. 11.

Fig. 12.

Fig. 13.

Fig. 14.

Fig. 15.

Fig. 16.

Fig. 17.

Fig. 18.

Fig. 19.

Fig. 20.

Fig. 21.

Fig. 22.

Fig. 23.

Fig. 24.

Fig. 25.

Fig. 26.

Fig. 27.

Fig. 28.

Fig. 29.

Fig. 30.

Corps colateral

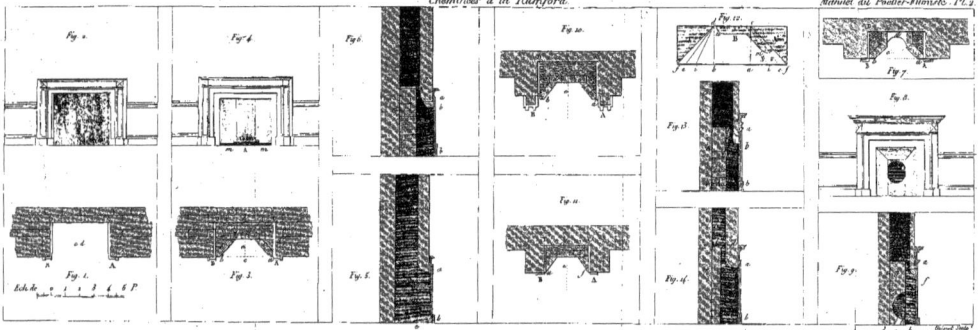

Fig. 2. Fig. 4. Fig. 6. Fig. 10. Fig. 12. Fig. 7.

Fig. 1. Fig. 3. Fig. 5. Fig. 11. Fig. 13. Fig. 8.

Fig. 14. Fig. 9.

Ech. de

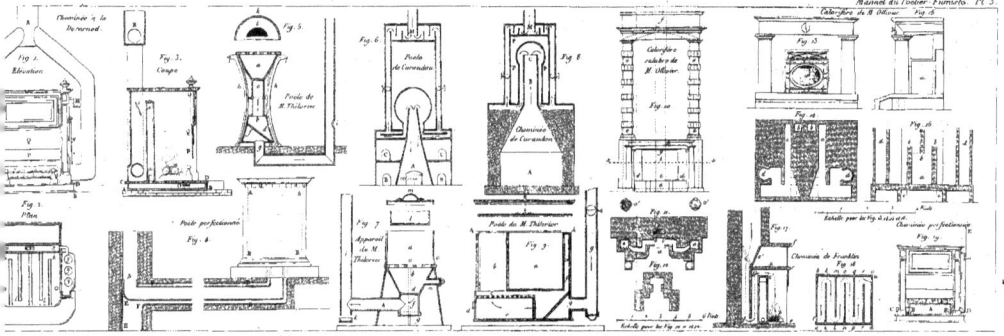

Calorifère de M. Ollivier. Fig. 13

Fig. 1.
Élévation.

Cheminée à la Rumford.

Fig. 3.
Coupe.

Fig. 5.

Poêle de M. Thilorier.

Fig. 6.

Poêle de Curaudau.

Fig. 8.

Calorifère à cube et de M. Ollivier.
Fig. 10

Fig. 13

Fig. 14

Fig. 16

Fig. 2.
Plan.

Poêle perfectionné.
Fig. 4.

Fig. 7.
Appareil de M. Thilorier.

Cheminée de Curaudau.

Poêle de M. Thilorier.
Fig. 9.

Fig. 11.

Fig. 12.

Échelle pour les Fig. 13 et 14.

Cheminée perfectionnée.
Fig. 19.

Fig. 17.

Cheminée de Franklin.
Fig. 18.

Échelle pour les Fig. 10 et 11.

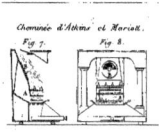

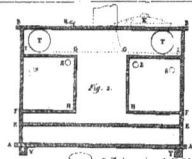

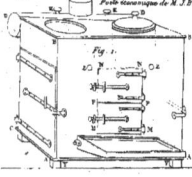

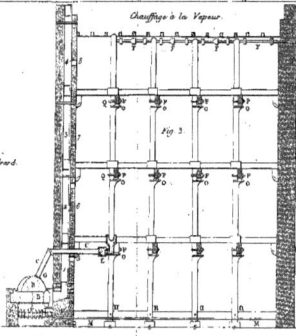

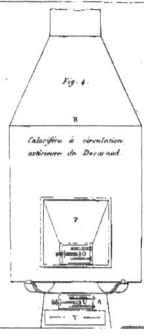

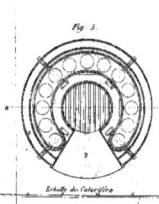

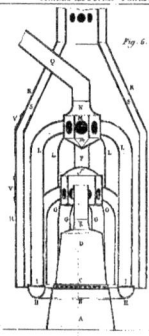

Fig. 2.

Poële économique de M. J.B. Bérard.

Fig. 1.

Chauffage à la Vapeur.

Fig. 3.

Fig. 4.

Calorifère à circulation extérieure de Desarnod.

Chemineé d'Athènes et Mariott.

Fig. 7.

Fig. 8.

Fig. 5.

Echelle du Calorifère.

Fig. 6.

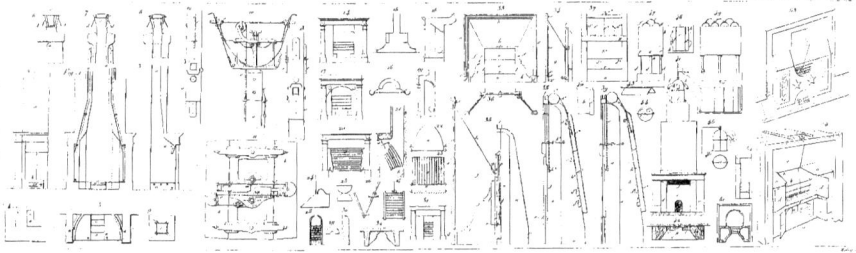

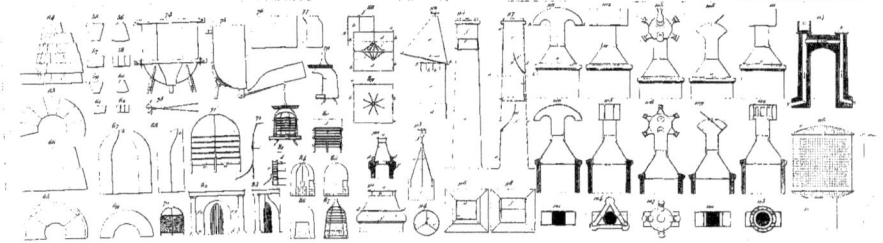

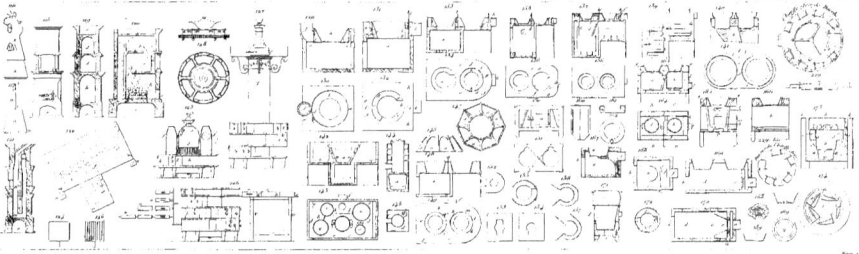

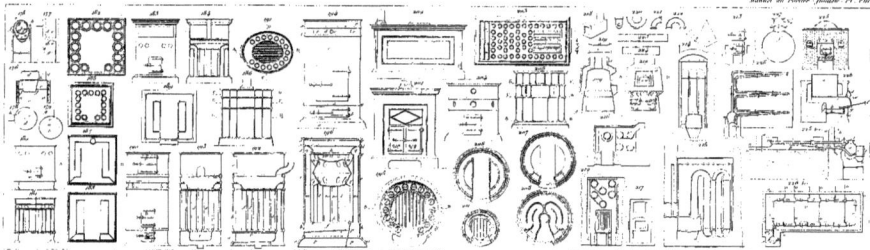

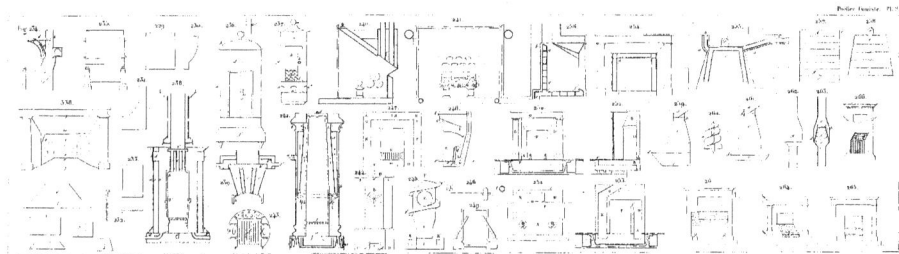

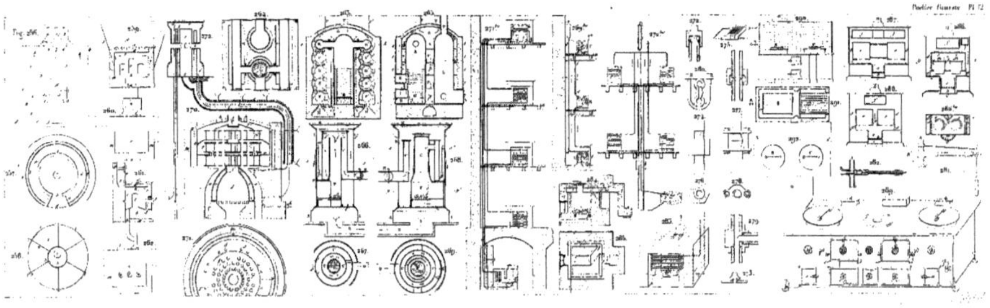

CHAPITRE XV.

ARTICLE PREMIER.

Des Ramoneurs.

On a beaucoup dit et écrit contre l'emploi des enfants pour ramoner, mais on a fait peu pour ne pas s'en servir. La rage du jour pour bâtir offre une bonne occasion de mettre enfin un terme à cet usage et de chercher l'économie du combustible, si on donnait une attention convenable à ce sujet, malheureusement on y pense peu tant que les cheminées ne fument pas. L'auteur de cet article a bâti aussi, et les deux objets à la fois ont réclamé son attention particulière; il a fait dans l'un et l'autre des améliorations considérables. D'abord, pour obtenir le plus de chaleur avec une petite quantité de charbon de terre, il a une étuve bien propre, construite dans le mur entre deux chambres; l'une, dans lequel le feu se trouve, est échauffée en excès, à moins qu'il n'y ait peu de combustible; l'auteur a un courant constant d'air échauffé qui s'y précipite. Le tuyau est en fonte, et, comme il traverse d'autres pièces, il leur communique de la chaleur; on nettoie ce tuyau au moyen d'une petite brosse, d'une poulie et d'une corde. Dans les lieux où on ne peut en agir de même, on nettoie le tuyau avec une brosse ou balai à la manière ordinaire, par en bas, seulement on le fait avec plus de facilité, vu la petitesse du tuyau; on ne peut employer un ramoneur, car le diamètre n'a pas besoin d'excéder 16 ou 18 centimètres (6 ou 7 pouc.); on peut placer des tuyaux dans le mur, seulement il faut des précautions pour les faire passer à travers les planchers en les dirigeant en divers sens.

ARTICLE 2.

Méthode de ramonage de cheminée sans grimper dans l'intérieur.

Cette invention consiste principalement dans l'emploi d'une forte brosse qu'on promène dans toute la longueur de la cheminée au moyen de tiges métalliques qui s'adaptent successivement les unes au bout des autres; mais, comme en descendant la brosse, elle ne frotterait pas contre les parois de la

cheminée avec la même intensité qu'en montant, à cause de
la disposition même des soies, l'inventeur a imaginé de la faire
double, et de donner aux soies de la partie sepérieure une
direction différente, afin que la brosse frottât toujours à
contre-poil, soit en montant, soit en descendant; toutefois,
lorsque la brosse monte, la partie inférieure est recouverte
d'une enveloppe qu'on détache facilement lorsqu'on fait descendre la brosse, au moyen d'un fil d'archal assez long pour
que son extrémité inférieure soit toujours à portée de la main
du ramoneur; enfin, une toile percée d'un trou, pour passer
le bras et les tiges métalliques, recouvre complètement le devant de la cheminée et empêche la suie de se répandre dans
l'appartement.

*Machine à ramoner les cheminées, portée par un manche à
rallonge; par* ARNUT (Pierre).

(Brevet d'invention.)

Figure 10, *Pl.* V, élévation de cette machine.

Figure 11, plan ou vue par dessus.

Figures 12 et 13, vues sur deux faces à angle droit, d'une
portion du manche qui porte cette machine.

Cette machine est composée d'un manche droit *a*, en bois,
de 16 mèt. 25 à 19 m. 50 (50 à 60 pieds), que l'on peut augmenter
ou réduire de longueur, selon la hauteur de la cheminée.

Ce manche, qui est surmonté d'une tête brisée d'un volume
plus ou moins considérable, est formé de plusieurs parties
qui s'ajustent les unes dans les autres avec une très-grande
solidité.

La machine toute montée pèse 5 hectogrammes par 33 centimètres de longueur, y compris la ferrure nécessaire à sa
construction; elle est disposée de manière qu'un seul homme
peut la faire mouvoir à volonté, sans faire un très-grand
effort.

La tête *b*, qui couronne cet appareil, se déploie pendant
l'opération, au moyen de fils conducteurs *c*, qui y sont adaptés et que fait mouvoir celui qui le manœuvre; de sorte que
cette machine marque son passage dans tous les endroits de
la cheminée, sans qu'il reste le moindre vestige de suie.

ARTICLE 3.

Appareil pour ramoner les tuyaux de Cheminées ordinaires,
et pour éteindre le feu.

M. Cadet de Gassicourt a importé d'Angleterre, en 1818,
cet appareil, qui se compose de quatre brosses en barbe de
baleine réunies, à charnière, à une tige en bois; de fortes
baguettes creuses, aussi en bois, élèvent ces brosses; une
corde qui traverse les baguettes sert à les réunir. Les quatre
brosses mobiles, d'égales dimensions et formant éventail,
sont attachées à une tige pleine et soutenue par des fourchettes
reposant sur une virole ou douille évasée; elles présentent le
mécanisme d'un parapluie, et sont disposées de manière que,
ployées et leurs extrémités rabattues, elles occupent très-peu
de place quand on les pousse vers le haut de la cheminée.
Lorsqu'on les fait redescendre, elles se déploient et balaient
la suie attachée aux parois du tuyau de la cheminée. Les baguettes en bois ont 81 centimètres (2 pieds 6 pouces); elles
sont creuses, et portent à leur extrémité supérieure une virole ou anneau; l'autre bout est aminci pour entrer dans la
virole du tube correspondant. Une corde attachée au chapeau
de la brosse traverse la série des baguettes, et les réunit en
les maintenant dans une position verticale. La baguette inférieure est munie d'une vis qui s'engage dans un écrou, et qui
sert à arrêter la corde à mesure qu'elle pénètre dans le tube.
Pour ramoner, on place devant la cheminée un rideau percé
de deux ouvertures longitudinales. Il est monté sur une tringle de fer, divisée en deux branches qui glissent l'une sur
l'autre, et qui s'arrêtent par une vis, afin de pouvoir s'allonger
ou se raccourcir à volonté; les extrémités de cette tringle
s'engagent dans deux pitons fixés aux jambages de la cheminée.
L'ouvrier, placé devant le rideau, travaille en passant ses
bras à travers les fentes du rideau. On établit sur l'âtre de la
cheminée un patin en fer portant une poulie dans laquelle
on passe l'extrémité de la corde, que l'on tend fortement;
on l'attache ensuite à un crochet adapté à ce même patin;
on introduit dans la cheminée la brosse renversée, on
tire le rideau, qui se ferme au moyen des boutons ou des attaches; puis, après avoir arrêté la corde par un nœud au
sommet du chapeau de la brosse, on la passe dans la première baguette, à laquelle on en adapte d'autres jusqu'à ce

que la brosse soit parvenue en haut ; quand elle y est arrivée, on la fait mouvoir, en la poussant et en la retirant alternativement. Un ressort adapté à la tige supérieure empêche que les branches ou fourchettes qui la soutiennent ne se ploient pendant la manœuvre. Pour retirer l'appareil, l'ouvrier, après avoir dégagé la corde du patin, saisit de la main gauche la baguette supérieure, tandis que, de la droite, il retire celle qui vient après, et ainsi de suite jusqu'à la dernière. Si le feu est dans la cheminée, on peut facilement l'éteindre en couvrant la brosse d'un drap mouillé et en la promenant comme il est dit ci-dessus (1).

ARTICLE 4.

Ramonage des tuyaux cylindriques des cheminées.

Dans les cheminées trop étroites, pour que le ramonage puisse se faire à la main comme dans les tuyaux cylindriques de terre cuite, ceux de fonte de fer, etc., on l'exécute à l'aide d'un fagot d'épines ou d'un balai rond, ou d'une sorte de brosse cylindrique en fil d'archal qu'on promène dans toute la longueur du tuyau par le moyen de deux longues cordes, en les tirant tantôt par le haut, tantôt par le bas.

ARTICLE 5.

Ramonage des tuyaux de Poêles.

Pour nettoyer les tuyaux de poêle, on se sert d'un instrument (Pl. I, fig. 42) appelé grattoir; c'est un long bâton portant à l'une de ses extrémités un disque ou rondelle en fer, d'un diamètre un peu plus petit que celui des tuyaux, et qu'on y introduit en le faisant agir en tirant et en poussant pour détacher la suie fixée dans l'intérieur des tuyaux.

ARTICLE 6.

Moyens d'éteindre le feu dans les tuyaux de Cheminées.

Dès qu'on s'aperçoit que le feu a pris dans un tuyau de cheminée, on doit aussitôt étendre sur l'âtre le bois allumé, ainsi que la braise, et y jeter le plus égal ment possible trois ou quatre poignées de soufre réduit en oudre. On bouche

(1) Société d'Encouragement, 1818, bull. 164, p. 32.

immédiatement après le devant du foyer de la cheminée, en y plaçant un devant de cheminée ou un drap bien mouillé, qu'on a soin de tenir fortement à la partie supérieure et sur les côtés. Le soufre, étant un très-bon combustible, s'enflamme à l'instant, absorbe si fortement l'oxygène de l'air contenu dans le tuyau, que la flamme cesse aussitôt de brûler, et que le feu, quelque ardent qu'il soit, s'éteint à l'instant. Si le brasier est assez ardent, on peut remplacer le soufre par quelques poignées de sel de cuisine.

Lorsque le tuyau de la cheminée est garni à sa partie inférieure, vers la gorge, d'une trappe à bascule, il suffit de la fermer pour intercepter tout passage à l'air et étouffer le feu allumé dans ce tuyau.

Procédé de M. GAUDIN *pour maîtriser les grands incendies.*

. Tout le monde sait que l'incendie est un fléau redoutable, et sans exagération on peut estimer ses dégâts annuels à 50 millions pour toute la France ; il serait donc bien à désirer qu'on pût trouver les moyens de combattre avec plus d'efficacité les grands incendies et diminuer par là la contribution forcée que paient chaque jour l'Etat, l'industrie ou l'agriculture.

C'est pour arriver à ce but que M. Gaudin proposa, il y a près de quinze ans, d'employer l'eau chargée de chlorure de calcium au lieu d'eau pure. On sait, en effet, que dans l'état des choses actuel, le rôle de l'eau ordinaire se borne à refroidir momentanément les parties qu'elle couvre, sans compter son effet mécanique à faible distance qui consiste à dépouiller le bois de son charbon. Il est évident que dans un feu très-intense, ces deux actions sont annihilées simultanément ; il faut alors de toute nécessité abandonner le foyer principal pour se borner à entraver les progrès de l'incendie, ce que l'on nomme couper le feu.

Avec l'eau pyrofuge proposée par M. Gaudin, on disposerait d'une troisième puissance qui conserverait toute son efficacité sur le feu le plus ardent : ce serait la présence du sel calcaire qui, apporté par l'eau des pompes, se fondrait sur les charbons embrasés, et imprégnant leur tissu d'un vernis indécomposable, les rendrait incombustibles.

L'idée d'employer ainsi les sels n'est pas nouvelle ; on l'a au contraire mise en pratique bien des fois. On a essayé l'alun, le sulfate de fer, etc., mais sans succès marqué. Cela devait être ; ces sels n'ont pas de fusion ignée, ce qui les fait tomber en poussière inerte au moment décisif.

Depuis bien des années, M. Gaudin n'a cessé de demander avec instance aux divers ministères de lui fournir les moyens de faire un essai en grand de son procédé. On lui a constamment opposé des fins de non-recevoir mal fondées, et contre lesquelles il ne pouvait que protester.

Enfin il imagina d'en saisir la Société d'encouragement : cette fois son appel fut entendu, et au mois d'octobre 1848, à huit heures du soir, il a été fait un essai de son procédé chez M. Perrot, ingénieur civil à Vaugirard, aux frais de la Société et devant une commission prise dans son sein. M. le ministre de la marine y avait envoyé un de ses aides-de-camp, et MM. les ministres des travaux publics et du commerce, chacun un ingénieur; la préfecture de police y était représentée par le commandant et l'ingénieur des sapeurs-pompiers de Paris; enfin, plusieurs membres de l'Institut et représentants y assistaient aussi.

L'expérience a été faite sur un bûcher de 1 mètre de côté sur 3 mètres de hauteur, composé de bois de charpente et bois à brûler arrimés, serrés. Dès que le tout a été embrasé, on a fait agir une petite pompe d'usine fournie par les sapeurs-pompiers de Vaugirard. Il est arrivé alors qu'après avoir éteint l'une des quatre faces du bûcher, celle-ci se rallumait dès qu'on l'abandonnait pour en éteindre une autre. Par un effet soutenu de la pompe on est parvenu cependant à éteindre presque complètement le feu; mais ayant interrompu le jet pendant quelques minutes, le feu revint dans toutes les parties plus vif et plus flamboyant que jamais.

A ce moment on procéda d'une façon analogue avec la même pompe en substituant seulement à l'eau ordinaire de l'eau chargée de chlorure de calcium. Après quelques coups de lame sur deux des faces du bûcher, l'une au vent et l'autre sous le vent, on arrêta le jet; mais cette fois le résultat fut tout autre, on vit pendant longtemps le bûcher séparé en trois tranches, savoir : une tranche du milieu très-ardente bordée de chaque côté de bois carbonisé éteint; enfin, quand on eut fait jouer la pompe sur les deux autres côtés, après la cessation du jet et jusqu'à la fin, on eut le spectacle d'une flamme centrale encadrée entre quatre pans de bois carbonisés devenus presque incombustibles.

De l'aveu de tous les juges compétents alors présents, l'ex-

périence a eu tout le succès désiré. Nous attendrons pour en
dire davantage, d'avoir coînnaissance des rapports qui ne man-
queront pas d'être faits, et nous espérons surtout que M. le
ministre de la marine, qui est un homme de pratique et de
progrès, donnera à M. Gaudin toute latitude pour faire des
essais en grand dans un arsenal maritime, où les bois de démolition rendront l'opération facile et peu dispendieuse.

Masses pour éteindre les incendies à l'intérieur.

Un moyen pour étouffer le feu dans les incendies qui se
déclarent à l'intérieur des bâtiments, dont on a commencé à
faire des applications en Allemagne, consiste en une masse
combustible elle-même qu'on introduit dans les capacités où
un incendie de nature quelconque s'est déclaré, et qui par
sa propre combustion produit une atmosphère au sein de laquelle toute autre combustion, excepté celle de la poudre et
des autres matières explosibles, cesse et s'éteint. Cette masse,
toute prête à être appliquée, se vend dans des cylindres plats
de gros carton qui, du côté supérieur, sont coiffés d'un fort
couvercle, et portent sur le côté une mèche de sûreté anglaise
de 25 secondes de durée. Ces cylindres renferment depuis 2
jusqu'à 10 kilogrammes de masse. La combustion d'un cylindre de 2 kilogrammes dure 25 secondes, et celle des gros plus
longtemps.

M. J. Dietrich, de Gratz, composait, en 1842, des cylindres semblables avec 1 partie de soufre, 2 de protoxyde de
fer et 5 de couperose verte, et dès 1823, M. F.-X. Tillmetz,
de Munich, avait proposé un mélange de 1 de soufre, 1 d'ocre
rouge et 6 de couperose. Ceux que débite actuellement M. J.
Textor à OEdemburg ont la même composition que ces derniers. Les matériaux, après avoir été grossièrement concassés, sont mélangés, puis réduits alors ensemble en une poudre
fine. La pulvérisation a principalement pour but d'empêcher
que le soufre ne s'éteigne en brûlant, et l'ocre sert à unir le
soufre à la couperose.

Nous n'entrerons pas dans les détails de l'application de ce
moyen anti-incendiaire, ni sur les conditions dans lesquelles
il a du succès; mais d'après plusieurs rapports dignes de foi,
il paraît que dans plusieurs occasions on s'en est servi avec
avantage.

ARTICLE 7.

Moyen de concentrer la chaleur pour hâter la maturité des fruits; par James Andrew Henst Grabre.

Il s'agit de construire des murailles en fer et en tôle, ou en fer et verre, comme des fenêtres, puis de placer, de chaque côté, les espaliers auxquels on veut faire produire des primeurs. La chaleur qu'acquerrait cette muraille, et qu'elle rendrait ensuite aux fruits, en accélérerait, suivant l'auteur, la maturité.

De pareils moyens peuvent convenir à l'Angleterre, où le climat s'oppose à la culture d'une foule de fruits qui viennent sans peine dans nos provinces les plus septentrionales; ils seraient donc chez nous sans utilité.

FIN.

TABLE

DES MATIÈRES.

—

CHAPITRE III.

CHAPITRE IV.

CHAPITRE V.

CHAPITRE VI.

CHAPITRE VII.

CHAPITRE VIII.

CHAPITRE XI.

CHAPITRE XII.

CHAPITRE XIII.

CHAPITRE XIV.

CHAPITRE XV.

FIN DE LA TABLE.

BAR-SUR-SEINE. — IMP. DE SAILLARD.

N. B. *Comme il existe à Paris deux libraires du nom de* RORET, *l'on est prié de bien indiquer l'adresse.*

LIBRAIRIE ENCYCLOPÉDIQUE

DE

RORET,

RUE HAUTEFEUILLE, 12,

AU COIN DE LA RUE SERPENTE,

A PARIS.

———

Cette Librairie, entièrement consacrée aux Sciences et à l'Industrie, fournira aux amateurs tous les ouvrages anciens et modernes en ce genre, publiés en France, et fera venir de l'Étranger tous ceux que l'on pourrait désirer.

———

DIVISION DU CATALOGUE.

———

Publications annuelles de la LIBRAIRIE ENCYCLOPÉDIQUE DE RORET, *rue Hautefeuille, nº 12.*

LE TECHNOLOGISTE, ou *Archives des Progrès de l'Industrie Française et Étrangère*, publié par une Société de savants et de praticiens, sous la direction de

M. MALEPEYRE. Ouvrage utile aux manufacturiers, aux fabricants, aux chefs d'ateliers, aux ingénieurs, aux mécaniciens, aux artistes, etc., etc., et à toutes les personnes qui s'occupent d'arts industriels. 17e année. Prix : 18 fr. par an pour Paris, 21 fr. pour la province, et 24 fr. pour l'Etranger.

Chaque mois il paraît un cahier de 48 pages in-8°, grand format, renfermant des figures en grande quantité, gravées sur bois et sur acier.

Ce recueil a commencé à paraître le 1er octobre 1839. Le prix des 16 années est de 18 fr. chacune.

L'AGRICULTEUR-PRATICIEN, REVUE D'AGRICULTURE, DE JARDINAGE, ET D'ECONOMIE RURALE ET DOMESTIQUE sous la direction de MM. BOSSIN, MALEPEYRE, G. HEUZÉ, etc. 14 années. Prix : 6 f. par an.

Tous les mois il paraît un cahier de 30 pag. in-8, grand format, renfermant des gravures sur bois intercalées dans le texte.

Il a paru 14 années de ce Journal, qui a commencé le 1er octobre 1839. Prix de chaque année, 6 fr.

ALMANACH ENCYCLOPÉDIQUE RÉCRÉATIF ET POPULAIRE pour 1856, d'après les travaux de savants et de praticiens célèbres. 1 vol. in-16, grand raisin, orné de jolies gravures.   50 c.

Il a paru 16 années de cet Almanach, à 50 c. chaque.

BULLETIN DE LA SOCIÉTÉ INDUSTRIELLE DE MULHOUSE. Il a paru 3 séries de ce recueil. Les deux premières, format in-8, et la troisième, format in-8 grand papier.

La *première* a commencé en 1836 et finit en 1840. Elle comprend les cahiers 1 à 65, ou vol. 1 à 13 ; prix : 9 fr. le vol.

La *seconde* a commencé en 1840 et finit en 1854. Elle comprend les cahiers 66 à 125, ou vol. 14 à 25 ; prix : 12 fr. le vol.

La *troisième*, format in-8 grand papier, a commencé en 1854 et se continue. Le prix de la souscription pour Paris est de 15 fr. par vol., composé de 6 cahiers, et de 18 fr. pour la province. Les cahiers 126 à 133 sont parus. Chaque numéro des trois séries se vend séparément 3 fr.

LE GARDE-MEUBLE, JOURNAL D'AMEUBLEMENT ; 54 planches par an. Prix des 3 catégories, fig. noires, 22 fr. 50 ; pour 2 catégories, 15 fr., et pour une catégorie, 7 fr. 50. En couleur, prix des 3 catégories, 36 fr. ; pour 2 catégories, 24 fr., et pour une catégorie, 13 fr. — *Chaque feuille se vend séparément : en noir, 50 centimes, et en couleur, 80 centimes.*

JOURNAL DES SAPEURS-POMPIERS, paraissant tous les mois. Prix de l'abonnement annuel :   6 fr.

ENCYCLOPÉDIE-RORET

COLLECTION
DES

MANUELS-RORET

FORMANT

UNE ENCYCLOPÉDIE DES SCIENCES ET DES ARTS,

FORMAT IN-18;

PAR UNE RÉUNION DE SAVANTS ET DE PRATICIENS,

Messieurs

AMOROS, ARSENNE, BARTHELEMY, BEAUVALET, DE BAVAY, BIOT, BIRET, BISTON, BOISDUVAL, BOITARD, BOSC, BOUTEREAU, BOYARD, BOYER DE FONSCOLOMBE, CAHEN, CHAUSSIER, CHEVRIER, CHORON, CONSTANTIN, D'ORBIGNY, DE GAYFFIER, DE LAFAGE, DE LÉPINOIS, DE MONTIGNY, DE PARETO, DE SIEBOLD, DE SAINT-VICTOR, DE VALICOURT, Paulin DÉSORMEAUX, Jules DESPORTES, DUBOIS, DUJARDIN, DUPUIS-DELCOURT, FRANCŒUR, GALLAS, GIQUEL, GUILLOUD, HAMEL, HERVÉ, HUOT, JANVIER, JULIA-FONTENELLE, JULIEN, KNECHT, LACORDAIRE, LACROIX, LAGARDE, LANDRIN, LAUNAY, LED'HUY, Sébastien LENORMAND, LESSON, LORIOL, MAGNIER, MALEPEYRE, MARCEL DE SERRES, MATTER, MINÉ, MULLER, NICARD, NOEL, Mme PARISET, PAULIN, Jules PAUTET, PEDRONI, RANG, RENDU, RICHARD, RIFFAULT, ROUSSEL, SCHMIT, SCRIBE, SPRING, STANNIUS, TARBÉ, TERQUEM, TERRIEN, THIÉBAUT DE BERNEAUD, THILLAYE, THOUIN, TOUSSAINT, TRÉMERY, TRUY, VALÉRIO, VASSEROT, VAUQUELIN, VERDIER, VERGNAUD, WALKER, YVART, etc., etc.

Les personnes qui auraient quelque chose à faire parvenir dans l'intérêt des sciences et des arts, sont priées de l'envoyer franc de port à l'adresse de M. le *Directeur de l'Encyclopédie-Roret*, rue Hautefeuille, n. 12, à Paris.

Tous les Traités se vendent séparément. Les ouvrages indiqués *sous presse* paraîtront successivement. Pour recevoir chaque volume franc de port, l'on ajoutera 75 c. La plupart des volumes sont de 3 à 400 pages, renfermant des planches parfaitement dessinées et gravées.

MANUEL POUR GOUVERNER LES ABEILLES e en retirer un grand profit, par M. RADOUAN. 2 vol. 6 fr.
— **ACCORDEUR DE PIANOS**, mis à la portée de tout le monde, par M. GIORGIO ARMELLINO. 1 vol. 1 fr. 25

MANUEL DES ACIDES GRAS CONCRETS, voyez *Bougies stéariques.*

— ACTES SOUS SIGNATURES PRIVÉES en matières civiles, commerciales, criminelles, etc., par M. BIART, ancien magistrat. 1 vol.   2 fr. 50

— AEROSTATION ou Guide pour servir à l'histoire ainsi qu'à la pratique des *Ballons,* par M. DUPUIS-DELCOURT. 1 vol. orné de figures.   3 fr.

— AGENTS-VOYERS, voyez *Constructeur en général.*

— AGRICULTURE ÉLÉMENTAIRE, à l'usage des écoles primaires et des écoles d'agriculture, par V. RENDU. (*Autorisé par l'Université.*)   1 fr. 25

— ALGÈBRE, ou Exposition élémentaire des principes de cette science, par M. TERQUEM. (*Ouvrage approuvé par l'Université.*) 1 gros vol.   3 fr. 50

— ALLIAGES MÉTALLIQUES, par M. HERVÉ, officier supérieur d'artillerie, ancien élève de l'Ecole polytechnique. 1 vol.   3 fr. 50

Ouvrage *approuvé par le Comité d'artillerie,* qui en a fait prendre un nombre pour les écoles, les forges et les fonderies

— ALLUMETTES CHIMIQUES, COTON et PAPIER-POUDRE, POUDRES et AMORCES FULMINANTES; dangers, accidents et maladies qu'elles produisent; par le docteur ROUSSEL. 1 vol. orné de figures.   1 fr. 50

— AMIDONNIER et VERMICELLIER, par M. le docteur MORIN. 1 vol. avec figures.   3 fr.

— AMORCES FULMINANTES, voyez *Allumettes chimiques.*

— ANATOMIE COMPARÉE, par MM. de SIEBOLD et STANNIUS; traduit de l'allemand par MM. SPRING et LACORDAIRE, professeurs à l'Université de Liége. 3 vol. ensemble de plus de 1200 pages, prix   10 fr. 50

— ANECDOTIQUE, *ou* Choix d'Anecdotes anciennes et modernes, par madame CELNART. 4 vol. in-18.   7 fr.

— ANIMAUX NUISIBLES (Destructeur des) à l'agriculture, au jardinage, etc., par M. VERARDI. 1 vol. orné de planches.   3 fr.

— 2e *Partie,* contenant les HYLOPHTHIRES ET LEURS ENNEMIS, ou Description et Iconographie des Insectes les plus nuisibles aux forêts, avec une méthode pour apprendre à les détruire et à ménager ceux qui leur font la guerre, à l'usage des forestiers, des jardiniers, etc.; par

MM. RATZEBURG, DE CORBERON et BOISDUVAL. 1 vol.
orné de 8 planches : prix   2 fr. 50

MANUEL DE LA TAILLE DES ARBRES FRUI-
TIERS, contenant les notions indispensables de Physiologie
végétale; un Précis raisonné de la multiplication, de la
plantation et de la culture; les vrais principes de la taille et
leur application aux formes diverses que reçoivent les arbres
fruitiers, par M. L. DE BAVAY. 1 vol. orné de figures. 3 fr.

— D'ARCHÉOLOGIE, par M. NICARD. 3 volumes avec
Atlas. Prix des 3 vol., 10 fr. 50; de l'Atlas, 12 fr., et de
l'ouvrage complet :   22 fr. 50

— ARCHITECTE DES JARDINS, ou l'Art de les
composer et de les décorer, par M. BOITARD. 1 vol. avec
Atlas de 140 planches.   15 fr.

— ARCHITECTE DES MONUMENTS RELI-
GIEUX, ou Traité d'Archéologie pratique, applicable à la
restauration et à la construction des Eglises, par M. SCHMIT.
1 gros volume avec Atlas contenant 20 planches.   7 fr.

— ARCHITECTURE, ou Traité de l'Art de bâtir, par
M. TOUSSAINT, architecte. 2 vol. ornés de planches. 7 fr.

— D'ARITHMÉTIQUE DÉMONTRÉE, par MM.
COLLIN et TRÉMERY. 1 vol.   2 fr. 50

—ARITHMÉTIQUE COMPLÉMENTAIRE, ou Recueil
de Problèmes nouveaux, par M. TRÉMERY. 1 vol. 1 fr. 75

— ARMURIER, Fourbisseur et Arquebusier, par M.
Paulin DÉSORMEAUX. 2 vol. avec figures.   6 fr.

— ARPENTAGE, ou Instruction élémentaire sur cet art
et sur celui de lever les plans, par M. LACROIX, de l'Institut.
MM. HOGARD, géomètre, et VASSEROT, avocat. 1 vol. avec
figures. (Autorisé par l'Université.)   2 fr. 50

— ARPENTAGE SUPPLÉMENTAIRE, ou Recueil
d'exemples pratiques par MM. HOGARD, avec des Modèles
de Topographie, par M. CHARTIER, 1 vol. avec fig. 2 fr. 50

— ART MILITAIRE, par M. VERGNAUD. 1 vol. avec
figures.   3 fr.

— ARTIFICIER, Poudrier et Salpêtrier, par M. VER-
GNAUD, colonel d'artillerie. 1 vol. orné de planches. 3 fr. 50

— DES ASPIRANTS aux fonctions de Notaires, Greffiers,
Avocats à la Cour de Cassation, Avoués, Huissiers et Commis-
saires-Priseurs, par M. COMBES. 1 vol.   3 fr. 50

— ASSOLEMENTS, JACHÈRE et SUCCESSION DES
CULTURES, par M. Victor YVART, de l'Institut, avec

des notes par M. Victor RENDU, inspecteur de l'agriculture. 3 vol. 10 fr. 50

MANUEL D'ASTRONOMIE, ou Traité élémentaire de cette science, de W. HERSCHEL, par M. VERGNAUD. 1 vol. orné de planches. 3 fr. 50

— ASTRONOMIE AMUSANTE, traduit de l'anglais, par A. D. VERGNAUD. In-18, figures. 2 fr. 50

— BALLONS, voyez *Aérostation*.

— BANQUIER, Agent de change et Courtier, par MM. PEUCHET et TREMERY. 1 vol. 2 fr. 50

MANUEL OU BARÊME COMPLET DES POIDS ET MESURES, par M. BAGILET. In-18. 3 fr.

— BIBLIOGRAPHIE et Amateur de livres, par M. F. DENIS. (*Sous presse.*)

— BIBLIOTHÉCONOMIE, Arrangement, Conservation et Administration des bibliothèques, par L.-A. CONSTANTIN. 1 vol. orné de figures. 3 fr.

— BIJOUTIER, Joaillier, Orfèvre, Graveur sur métaux et Changeur, par M. JULIA DE FONTENELLE. 2 vol. 7 fr.

— BIOGRAPHIE, ou Dictionnaire historique abrégé des grands hommes, par M. NOEL, inspecteur-général des études. 2 vol. 6 fr

— BLANCHIMENT ET BLANCHISSAGE, Nettoyage et Dégraissage des fil, lin, coton, laine, soie, etc., par M. JULIA et ROUGET DE L'ISLE. 2 vol. ornés de pl. 6 fr.

— BLASON, ou Traité de cet art sous le rapport archéologique et héraldique, par M. Jules PAUTET, bibliothécaire de la ville de Beaune. 1 vol. orné de planches. 3 fr. 50

— BOIS (Marchands de) et de Charbons, ou Traité de ce commerce en général, par M. MARIÉ DE LISLE. 1 volume avec figures. 3 fr.

— BOIS (Manuel-Tarif métrique pour la conversion et la réduction des), d'après le système métrique, par M. LOMBARD. 1 vol. 2 fr. 50

— BONNETIER ET FABRICANT DE BAS, par MM. LEBLANC et PREAUX-CALTOT. 1 vol. avec fig. 3 fr.

— BOTANIQUE, Partie élémentaire, par M. BOITARD. 1 vol. avec planches. 3 fr. 50

ATLAS DE BOTANIQUE pour la partie élémentaire, renfermant 36 planches. Prix 6 fr.

— BOTANIQUE, 2e partie, FLORE FRANÇAISE, ou Des

cription synoptique des plantes qui croissent naturellement sur le sol français, par M. le d^r BOISDUVAL. 3 gr. v. 10 fr. 50

ATLAS DE BOTANIQUE, composé de 120 planches, représentant la plupart des plantes décrites dans l'ouvrage ci-dessus. Prix : Fig. noires. 18 fr. ; figures coloriées. 36 fr.

MANUEL DU BOTTIER ET CORDONNIER, par M. MORIN. 1 vol. avec figures. 3 fr.

— BOUCHERIE TAXÉE, ou Code des Vendeurs et des Acheteurs de Viande, par un Magistrat. 1 vol. 1 fr. 50

— BOUGIES STÉARIQUES, et fabrication des acides gras concrets, etc., etc., par M. MALEPEYRE, un vol. orné de planches. 3 fr.

— BOULANGER, Négociant en grains, Meunier et Constructeur de Moulins, par MM. BENOIT et JULIA DE FONTENELLE. 2 vol. avec figures. 7 fr.

— BOURRELIER ET SELLIER, par M. LEBRUN. 1 volume orné de figures. 3 fr.

— BOURSE ET SES SPÉCULATIONS mises à la portée de tout le monde, par M. le Président BOYARD. 1 vol. de 428 pages. 2 fr. 50.

— BOUVIER ET ZOOPHILE, ou l'Art d'élever et de soigner les animaux domestiques, par M. BOYARD. 1 volume. 2 fr. 50

— BRASSEUR, ou l'Art de faire toutes sortes de Bières, par M. VERGNAUD. 1 vol. 5 fr.

— BRODEUR, ou Traité complet de cet Art, par madame CELNART. 1 vol. avec un Atlas de 40 pl. 7 fr.

— CADRES (fabricant de), Passe-Partout, Châssis, Encadrement, etc., par M. DE SAINT-VICTOR, 1 volume orné de figures. 1 fr. 50

— CALENDRIER (Théorie du) et Collection de tous les calendriers des années passées et futures, par M. FRANCŒUR, professeur à la Faculté des sciences. 1 vol. 3 fr.

— CALLIGRAPHIE, ou l'Art d'écrire en peu de leçons, par M. TREMERY. 1 vol. avec Atlas. 3 fr.

— DU CANOTIER, ou Traité universel et raisonné de cet Art, par UN LOUP D'EAU DOUCE; joli vol. orné de 50 vignettes sur bois Prix 1 fr. 75

— CARTES GÉOGRAPHIQUES (Construction et Dessin des), par M. PERROT. 1 vol. orné de pl. 2 fr. 50

— CAOUTCHOUC, GUTTA-PERCHA, GOMME FACTICE, Tissus imperméables, Toiles cirées et Cuirs vernis, par M. PAULIN-DESORMEAUX. 1 vol. orné de fig. 3 fr. 50

MANUEL DU CARTONNIER, Cartier et Fabricant de Cartonnage, par M. LEBRUN. 1 vol. orné de figures. 3 fr.

— CHAMOISEUR, Pelletier-Fourreur, Maroquinier, Mégissier et Parcheminier, par M. JULIA DE FONTENELLE. 1 vol. orné de planches. 3 fr.

— CHANDELIER, Cirier et Fabricant de Cire à cacheter, par M. LENORMAND. 1 gros v. orné de pl. 3 fr. 50

— CHAPEAUX (Fabricant de), par MM. CLUZ, F. et JULIA DE FONTENELLE. 1 vol. orné de planches. 3 fr.

— CHARCUTIER, ou l'Art de préparer et de conserver les différentes parties du cochon, par M. LEBRUN. 1 vol. avec figures. 2 fr. 50

— CHARPENTIER, ou Traité simplifié de cet Art, par MM. HANUS et BISTON. 1 vol. orné de 14 pl. 3 fr. 50

— CHARRON ET CARROSSIER, ou l'Art de fabriquer toutes sortes de Voitures, par MM. LEBRUN, LEROY et MALEPEYRE, 2 vol. ornés de 14 planches. 6 fr.

— CHASSELAS, sa culture à Fontainebleau, par un vigneron des environs. 1 vol. avec figures. 1 fr. 75

— CHASSEUR, contenant un Traité sur toute espèce de chasse, par MM. BOYARD et DE MERSAN. 1 vol. avec figures et musique. 3 fr.

— CHASSEUR-TAUPIER ou l'Art de prendre les Taupes par des moyens sûr et faciles, par M. RÉDARÈS, 1 volume orné de figures. 90 cent.

— CHAUDRONNIER, Description complète et détaillée de toutes les opérations de cet Art, tant pour la fabrication des appareils en cuivre que pour ceux en fer, etc.; par MM. JULLIEN et VALERIO. 1 vol. avec 16 planches. 3 fr. 50

— CHAUFOURNIER, contenant l'Art de calciner la Pierre à chaux et à plâtre, de composer les Mortiers, les Ciments, etc., par MM. BISTON et MAGNIER. 1 v. avec fig. 3 fr.

— CHEMINS DE FER, ou Principes généraux de l'Art de les construire, par M. BIOT, l'un des gérants des travaux d'exécution du chemin de fer de Saint-Etienne. 1 volume orné de figures. 3 fr.

— CHEVAL (Education et hygiène), par M. le vicomte de MONTIGNY, 1 vol. orné de 6 planches. 3 fr.

— CHIMIE AGRICOLE, par MM. DAVY et VERGNAUD. 1 vol. orné de figures. 3 fr. 50

— CHIMIE AMUSANTE, ou Nouvelles Récréations chimiques, par M. VERGNAUD. 1 vol. orné de figures. 3 fr.

— CHIMIE INORGANIQUE ET ORGANIQUE dans

l'état actuel de la science, par M. VERGNAUD. 1 gros volume orné de figures. 3 fr. 50

MANUEL DE CHIMIE ANALYTIQUE, contenant des notions sur les manipulations chimiques, les éléments d'analyse inorganique qualitative et quantitative, et des principes de chimie organique, par MM. WILL, F. VOEHLER, J. LIEBIG et MALEPEYRE, 2 vol. ornés de planches et tableaux. 5 fr.

— CIDRE ET POIRÉ (Fabricant de), avec les moyens d'imiter, avec le suc de pomme ou de poire, le Vin de raisin, l'Eau-de-Vie et le Vinaigre de vin, par M. DUBIEF. 1 vol. avec figures. 2 fr. 50

— COIFFEUR, précédé de l'Art de se coiffer soi-même, par M. VILLARET. 1 joli vol. orné de fig. 2 fr. 50

— COLLES (Fabrication de toutes sortes de), comprenant celles de matières végétales, animales et composées, par M. MALEPEYRE. 1 vol. orné de planches. 1 fr. 50

—COLORISTE, contenant le mélange et l'emploi des Couleurs, ainsi que les différents travaux de l'Enluminure, par MM. PERROT, BLANCHARD et THILLAYE. 1 vol. 2 fr. 50

— COMMERCE, BANQUE ET CHANGE, contenant tout ce qui est relatif aux effets de Commerce, à la tenue des livres, à la comptabilité, à la bourse, aux emprunts, etc., par M. GALLAS et M. PIJON. 2 vol. 6 fr.

— BONNE COMPAGNIE, ou Guide de la Politesse et de la Bienséance, par Mme CELNART. 1 vol. 1 fr. 75

— COMPTES-FAITS, ou Barème général des poids et mesures, par M. ACHILLE NOUHEN. (Voir Poids et Mesures.)

— CONSTRUCTEUR en GENERAL et AGENTS-VOYERS, ouvrage utile aux ingénieurs des ponts et chaussées, aux officiers du génie militaire, aux architectes, aux conducteurs des ponts et chaussées, par M. LAGARDE, ingénieur civil. 1 vol. orné de figures. 3 fr.

— CONSTRUCTIONS RUSTIQUES, ou Guide pour les Constructions rurales, par M. DE FONTENAY (Ouvrage couronné par la Société royale et centrale d'Agriculture). 1 volume orné de figures. 3 fr.

— CONTRE-POISONS, ou Traitement des Individus empoisonnés, asphyxiés, noyés ou mordus, par M. H. CHAUSSIER, D.-M. 1 vol. 2 fr. 50

— CONTRIBUTIONS DIRECTES, Guide des Contribuables et des Comptables de toutes les classes, etc.; par M. BOYARD. 1 vol. 2 fr. 50

MANUEL DU CORDIER, contenant la culture des
Plantes textiles, l'extraction de la Filasse, et la fabrication
de toutes sortes de cordes, par M. BOITARD. 1 vol. orné
de figures. 2 fr. 50

— CORRESPONDANCE COMMERCIALE, contenant
les Termes de commerce, les Modèles et Formules épistolai-
res et de comptabilité, etc., par MM. REES-LESTIENNE et
TREMERY. 1 vol. 2 fr. 50

— CORPS GRAS CONCRETS. V. *Bougies stéariques.*

— COTON et PAPIER-POUDRE, voyez *Allumettes
chimiques.*

—COULEURS (fabricant de) ET VERNIS, contenant tout
ce qui a rapport à ces différents arts, par MM. RIFFAULT,
VERGNAUD et TOUSSAINT. 1 vol. orné de fig. 3 fr.

— COUPE DES PIERRES, par M. TOUSSAINT, architecte. 1 vol. avec Atlas. 5 fr.

— COUTELIER, *ou* l'Art de faire tous les Ouvrages de
Coutellerie, par M. LANDRIN, ingénieur civil. 1 vol. 3 fr. 50

— CRUSTACÉS (Hist. natur. des), par MM. BOSC et
DESMAREST, etc. 2 vol. ornés de pl. 6 fr.

ATLAS POUR LES CRUSTACÉS, 18 planches. Figures
noires. 3 fr.; — figures coloriées. 6 fr.

— CUISINIER ET DE LA CUISINIÈRE, à l'usage de
la ville et de la campagne, par M. CARDELLI. 1 gros vol.
de 464 pages, orné de figures. 2 fr. 50

— CULTIVATEUR FORESTIER, contenant l'Art de
cultiver en forêts tous les Arbres indigènes et exotiques, par
M. BOITARD. 2 volumes. 5 fr.

— CULTIVATEUR FRANÇAIS, *ou* l'Art de bien cultiver les Terres et d'en retirer un grand profit, par M. THIB-
BAUT de BERNEAUD. 2 volumes ornés de figures. 5 fr.

— DAGUERRÉOTYPIE. Voyez *Photographie.*

— DAMES, *ou* l'Art de l'Élégance, par madame CEL-
NART. 1 vol. 3 fr.

— DANSE, comprenant la théorie, la pratique et l'histoire de cet art, par MM. BLASIS et VERGNAUD. 1 gros
volume orné de planches. 3 fr. 50

— DÉCORATEUR-ORNEMENTISTE, du Graveur et
du Peintre en Lettres, par M. SCHMIT, un vol. avec Atlas
in-4º de 30 planches. 7 fr.

— DEMOISELLES, *ou* Arts et métiers qui leur conviennent, tels que Couture, Broderie, etc., par madame CEL-
NART. 1 vol. orné de planches. 3 fr.

MANUEL DE DESSIN LINÉAIRE, par M. ALLAIN, entrepreneur de travaux publics. 1 vol. avec Atlas de 20 Pl. Prix .... 3 fr.

— DESSINATEUR, ou Traité complet du Dessin, par M. BOUTEREAU. 1 v. avec Atlas de 20 pl. .... 3 fr. 50

— DISTILLATEUR ET LIQUORISTE, par M. LEBEAU et M. JULIA DE FONTENELLE. 1 vol. de 514 pages, orné de figures. .... 3 fr. 50

— DISTILLATION DE L'EAU-DE-VIE DE POMMES DE TERRE ET DE BETTERAVES, par MM. HOUBIER et MALEPEYRE, 1 vol. avec fig. .... 1 fr. 50

— DOMESTIQUES, ou l'Art de former de bons Serviteurs, par madame CELNART. 1 vol. .... 2 fr. 50

— DORURE ET ARGENTURE par la méthode Electrochimique et par simple immersion, par MM. MALEPEYRE, MATHBY et DE VALICOURT. 1 vol. orné de fig. ... 1 fr. 80

— FABRICANT DE DRAPS, ou Traité de la Fabrication des Draps, par MM. BONNET et MALEPEYRE. 1 vol. orné de figures. .... 3 fr. 50

— ÉCOLES PRIMAIRES, MOYENNES ET NORMALES (Ouvrage autorisé par l'Université), par M. MATTER. 1 vol. .... 2 fr. 50

— ÉCONOMIE DOMESTIQUE, contenant toutes les recettes les plus simples et les plus efficaces, par madame CELNART. 1 vol. .... 2 fr. 50

— ÉCONOMIE POLITIQUE, par M. J. PAUTET. 1 vol. .... 2 fr. 50

— ÉLECTRICITÉ, contenant les Instructions pour établir les Paraton. et les Paragrêles, par M. RIFFAULT. 1 v. 2 fr. 50

— ÉLECTRICITÉ MÉDICALE ou Éléments d'Electro-Biologie, suivi d'un Traité sur la Vision, par M. SMEE, traduit par M. MAGNIER, 1 joli volume orné de fig. 3 fr.

— ENCRES (Fabricat. de toutes sortes d'), soit pour l'écriture, l'imprimerie, les encres sympathiques, etc., par MM. DE CHAMPOUR et F. MALEPEYRE. 1 vol. ...... 1 fr. 50

— ENREGISTREMENT ET DU TIMBRE, par M. BIRET. 1 vol. .... 3 fr. 50

— ENTOMOLOGIE ÉLÉMENTAIRE, ou Entretiens sur les Insectes en général, mis à la portée de tout le monde, par M. BOYER DE FONSCOLOMBE. 1 gros vol. 3 fr.

— D'ENTOMOLOGIE, ou Hist. nat. des Insectes et des Myriapodes, par M. BOITARD. 3 vol. in-18. 10 fr. 50

ATLAS D'ENTOMOLOGIE, composé de 110 planches représentant les Insectes décrits dans l'ouvrage ci-dessus. Figures noires, 17 fr. — Figures coloriées. 34 fr.

MANUEL DU STYLE EPISTOLAIRE, par M. BISCAR-BAT et madame la comtesse d'HAUTPOUL. 1 vol. 2 fr. 50

— EQUITATION, à l'usage des deux sexes, par M. VERGNAUD. 1 vol. orné de figures. 3 fr.

— ESCALIERS EN BOIS (Construction des), ou manipulation et posage des Escaliers ayant une ou plusieurs rampes, par C. BOUTEREAU. 1 vol. et Atlas. 5 fr.

— ESCRIME, ou Traité de l'Art de faire des armes, par M. LAFAUGÈRE, maréchal-des-logis. 1 vol. 3 fr. 50

— ESSAYEUR, par MM. VAUQUELIN, GAY-LUSSAC et D'ARCET, publié par M. VERGNAUD. 1 vol. 3 fr.

— ÉTAT CIVIL (Officier de l'), pour la Tenue des Registres et la Rédaction des Actes, etc., etc., par M. LE-MOLT, ancien magistrat. 2 fr. 50

— ETOFFES IMPRIMÉES (Fabricant d') et Fabricant de Papiers peints, par M. Seb. LENORMAND. 1 vol. 3 fr.

— FABRICANT DE PRODUITS CHIMIQUES, ou Formules et Procédés usuels relatifs aux matières que la chimie fournit aux arts industriels et à la médecine, par M. THILLAYE. 3 vol. ornés de pl. 10 fr. 50

— FALSIFICATIONS DES DROGUES simples et composées, par M. PÉDRONI, professeur. 1 vol. orné de fig. 2 fr. 50

— FERBLANTIER ET LAMPISTE, ou l'Art de confectionner en fer-blanc tous les Ustensiles, par MM. LEBRUN et MALEPEYRE. 1 vol. orné de fig. 3 fr. 50

— FERMIER (du), ou l'Agriculture simplifiée et mise à la portée de tout le monde, par M. DE LÉPINOIS. 1 vol. 2 fr. 50

— FILATEUR, ou Description des Méthodes anciennes et nouvelles employées pour filer le Coton, le Lin, le Chanvre, la Laine et la Soie, par MM. C.-E. JULLIEN et E. LORENTZ. 1 vol. in-18, avec 8 pl. 5 fr. 50

— FLEURISTE ARTIFICIEL, ou l'Art d'imiter, d'après nature, toute espèce de Fleurs, suivi de l'Art du Plumassier, par madame CELNART. 1 vol. orné de fig. 2 fr. 50

— FLEURS (des) EMBLÉMATIQUES, ou leur Histoire, leur Symbole, leur Langage, etc., etc., par madame LENEVEUX. 1 vol. Fig. noires, 3 fr; fig. coloriées. 6 fr.

— FONDEUR SUR TOUS MÉTAUX, par M. LAUNAY, fondeur de la colonne de la place Vendôme (Ouvrage faisant suite au travail des Métaux). 2 vol. ornés d'un grand nombre de planches. 7 fr.

MANUEL du FORGERON, MARÉCHAL, SERRU RIER, TAILLANDIER, etc., renfermant des notions sur le fer, l'acier et les charbons; des modèles de forges, et pouvant servir de manuel complet du fabricant de soufflets et de ma- chines soufflantes, par M. MAPOD, 1 vol. orné de 4 pl. 3 fr.

— FORGES (Maître de), ou l'Art de travailler le fer, par M. LANDRIN. 2 vol. ornés de planches. 6 fr.

— FORESTIER PRATICIEN (le) et Guide des Gardes Champêtres, traitant de la Conservation des Semis, de l'A- ménagement, de l'Exploitation, etc., etc., des Forêts, par MM. CRINON et VASSEROT. 1 vol. 1 fr. 25

— GALVANOPLASTIE, ou Traité complet de cet Art, contenant tous les procédés les plus récents, par MM. SMEE, JACOBI, DE VALICOURT, etc., etc. 2 vol. ornés de fig. 5 fr.

— GANTS (Fabricant de) dans ses rapports avec la Mé- gisserie et la Chamoiserie, par VALLET D'ARTOIS, ancien fabricant. 1 vol. 3 fr. 50

— GARANTIE DES MATIÈRES D'OR ET D'AR- GENT, par M. LACHÈZE, contrôleur à Paris. 1 v. 1 fr. 75

— GARDES-CHAMPÊTRES, FORESTIERS ET GARDES-PÊCHE, par M. BOYARD, président à la cour d'appel d'Orléans. 1 vol. 2 fr. 50

— GARDES-MALADES, et personnes qui veulent se soigner elles-mêmes, ou l'Ami de la santé, par M. le doc- teur MORIN. 1 vol. 2 fr. 50

— GARDES NATIONAUX DE FRANCE, contenant l'Ecole du soldat et de peloton, les Ordonnances, Règle- ments, etc., etc., par M. R. L. 33e édit. 1 vol. 1 fr. 25

— GAZ (Fabrication du) ou Traité de l'Eclairage à l'usage des Ingénieurs, etc.; d'Usines à gaz, par M. MA- GNIER. 1 vol. orné de figures. 3 fr. 50 c.

—GÉOGRAPHIE DE LA FRANCE, divisée par bassins, par M. LOBIOL (Autorisé par l'Université). 1 vol. 2 fr. 50

— GÉOGRAPHIE GÉNÉRALE, par M. DEVILLIERS. 1 gros vol. de plus de 400 pag., orné de 7 jolies cartes. 3 f. 50

— GÉOGRAPHIE PHYSIQUE, ou Introduction à l'é- tude de la Géologie, par M. HUOT. 1 vol. 3 fr.

— GÉOLOGIE, ou Traité élémentaire de cette science, par MM. HUOT et D'ORBIGNY. 1 vol. orné de pl. 3fr.

— GÉOMÉTRIE, ou Exposition élémentaire des prin- cipes de cette science, par M. TERQUEM (Ouvrage autorisé par l'Université). 1 gros vol. 3 fr. 50

2

MANUEL DE GNOMONIQUE, ou l'Art de tracer les cadrans, par M. BOUTEREAU. 1 vol. orné de figures. 3 fr.

— GOURMANDS (des), ou l'Art de faire les honneurs de sa table, par CARDELLI. 1 vol. 3 fr.

— GRAVEUR (du), ou Traité complet de l'Art de la Gravure en tous genres, par MM. PERROT et MALEPEYRE. 1 vol. orné de planches. 3 fr.

— GRÈCE (Histoire de la), depuis les premiers siècles jusqu'à l'établissement de la domination romaine, par M. MATTER, inspecteur-général de l'Université. 1 v. 3 fr.

— GREFFES (Monographie des), ou Description des diverses sortes de Greffes employées pour la multiplication des végétaux, par M. THOUIN, de l'Institut, etc. 1 vol. orné de 8 planches. 2 fr. 50

— GUTTA-PERCHA, CAOUTCHOUC, etc. 3 fr. 50

— GYMNASTIQUE (de la), par le colonel AMOROS (*Ouvrage couronné par l'Institut, admis par l'Université, etc.*). 2 vol. et Atlas. 10 fr. 50

— HABITANTS DE LA CAMPAGNE et Bonne Fermière, contenant tous les moyens de faire valoir, de la manière la plus profitable, les terres, le bétail, les récoltes, etc., par madame CELNART. 1 vol. 2 fr. 50

— HÉRALDIQUE. Voyez BLASON.

— HERBORISTE, Epicier-Droguiste, Grainier-Pépiniériste et Horticulteur, par MM. TOLLARD et JULIA DE FONTENELLE. 2 gros vol. 7 fr.

— HISTOIRE NATURELLE, ou Genera complet des Animaux, des Végétaux et des Minéraux. 2 gros vol. 7 fr.

ATLAS pour la Botanique, composé de 120 planches. Figures noires, 18 fr. — figures coloriées, 36 fr.

— pour les Mollusques, représentant les Mollusques nus et les Coquilles. 51 planches. Figures noires, 7 fr. figures coloriées. 14 fr.

Atlas pour les Crustacés, 18 planches, figures noires 3 francs — figures coloriées. 6 fr.

— Pour les Insectes, 110 planches, figures noires, 17 fr.; figures coloriées. 34 fr.

— Pour les Mammifères, 80 planches, fig. noires, 12 fr.; figures coloriées. 24 fr

— Pour les Minéraux, 40 planches, figures noires, 6 fr.; figures coloriées. 12 fr.

— Pour les Oiseaux, 129 planches, figures noires, 20 fr.; figures coloriées. 40 fr.

ATLAS pour les Poissons, 155 planches, fig. noires, 24 fr.; figures coloriées. 48 fr.

— Pour les Reptiles, 54 planches, fig. noires, 9 fr.; figures coloriées. 18 fr

— Pour les Zoophytes, représentant la plupart des Vers et des Animaux-Plantes, 25 pl., figures noires, 6 fr. figures coloriées. 12 fr.

MANUEL D'HISTOIRE NATURELLE MÉDICALE ET DE PHARMACOGRAPHIE, ou Tableau des Produits que la Médecine et les Arts empruntent à l'Histoire naturelle. par M. LESSON, pharmacien en chef de la Marine à Rochefort. 2 vol. 5 fr.

— HISTOIRE UNIVERSELLE, depuis le commencement du monde jusqu'en 1836, par M. CAHEN, traducteur de la Bible. 1 vol. 2 fr. 50

— HORLOGER (de l'), ou Guide des Ouvriers qui s'occupent de la construc. des Machines propres à mesurer le temps, par MM. LENORMAND, JANVIER et MAGNIER. 1 v. f. 3f.50

— HORLOGES (Régulateur des), Montres et Pendules, par MM. BERTHOUD et JANVIER. 1 vol. orné de fig. 1 fr. 50

— FABRICANT ET ÉPURATEUR D'HUILES, par M. JULIA DE FONTENELLE. 1 vol. orné de fig. 3 fr. 50

— HYGIÈNE, ou l'Art de conserver sa santé, par le docteur MORIN. 1 vol. 3 fr.

— INDIENNES (Fabricant d'), renfermant les Impressions des Laines, des Chalis et des Soies, par M. THILLAYE. 1 vol. 3 fr. 50

— INGÉNIEUR CIVIL, par MM. JULLIEN, LORENTZ et SCHMITZ, Ingénieurs Civils. 2 gros volumes avec 1 Atlas renfermant beaucoup de pl. 10 fr. 50

— IRRIGATIONS ET ASSAINISSEMENT DES TERRES, ou Traité de l'emploi des Eaux en agriculture, par M. le marquis DE PARETO, 4 volumes ornés d'un atlas composé de 40 planches. 18 fr.

— JARDINAGE (PRATIQUE SIMPLIFIÉE) à l'usage des personnes qui cultivent elles-mêmes un petit domaine, contenant un Potager, une Pépinière, un Verger, des Espaliers, un Jardin paysager, des Serres, des Orangeries, et un Parterre, etc., par M. LOUIS DUBOIS. 1 vol. orné de fig. 2 fr. 50

— JARDINIER, ou l'Art de cultiver et de composer toutes sortes de Jardins, par M. BAILLY. 2 gros vol. ornés de pl. 5 fr.

MANUEL DU JARDINIER DES PRIMEURS, ou l'Art de forcer les Plantes à donner leurs fruits dans toutes les saisons , par MM. NOISETTE et BOITARD. 1 vol. orné de figures. 3 fr.

— ART DE CULTIVER LES JARDINS, renfermant un Calendrier indiquant mois par mois tous les travaux à faire en Jardinage, les principes d'Horticulture, etc., par un *Jardinier agronome*. 1 gros vol. orné de fig. 3 fr. 50

— JAUGEAGE ET DÉBITANTS DE BOISSONS. 1 volume orné de figures (*Voyez* Vins). 3 fr. 50

—DES JEUNES GENS, ou Sciences, Arts et Récréations qui leur conviennent, et dont ils peuvent s'occuper avec agrément et utilité, par M. VERGNAUD. 2 vol. ornés de fig. 6 fr.

— JEUX DE CALCUL et DE HASARD, ou nouvelle Académie des Jeux, par M. LEBRUN. 1 vol. 3 fr.

— JEUX ENSEIGNANT LA SCIENCE , ou Introduction à l'étude de la Mécanique, de la Physique, etc., par M. RICHARD. 2 vol. 6 fr.

— JEUX DE SOCIÉTÉ, renfermant tous ceux qui conviennent aux deux sexes, par madame CELNART. 1 vol. 3 fr.

— JUSTICES DE PAIX, ou Traité des Compétences et Attributions tant anciennes que nouvelles, en toutes matières, par M. BIRET, ancien magistrat. 1 vol. 3 fr. 50

— LAITERIE, ou Traité de toutes les méthodes pour la Laiterie, l'Art de faire le Beurre, de confectionner les Fromages, etc., par THIEBAUD DE BERNEAUD. 1 vol. orné de figures. 2 fr. 50

—LANGAGE (Pureté du), par M. BLONDIN. 1 vol. 1 fr. 50

— LANGAGE (Pureté du), par MM. BISCARRAT et BONIFACE. 1 vol. 2 fr. 50

— LATIN (Classes élémentaires de), ou Thêmes pour les Huitième et Septième, par M. AMÉDÉE SCRIBE, ancien instituteur. 1 vol. 2 fr. 50

— LIMONADIER , Glacier, Chocolatier et Confiseur, par MM. CARDELLI, LIONNET-CLÉMANDOT et JULIA DE FONTENELLE. 1 gros vol. de plus de 500 pages. 3 fr.

— LITHOGRAPHE (Imprimeur), par MM. BREGEAUT, KNECHT et Jules DESPORTES , 1 gros vol. avec atlas. 5 fr.

— LITTÉRATURE à l'usage des deux sexes, par madame D'HAUTPOUL. 1 fr. 75

— LUTHIER, contenant la Construction intérieure et extérieure des instruments à archets, par M. MAUGIN. 1 volume. 2 fr. 50

MANUEL du Constructeur de MACHINES LOCOMO-
TIVES, par M. JULLIEN, Ingénieur civil, etc. 1 gros vol.
avec Atlas. 5 fr.

— MACHINES A VAPEUR *appliquées à la Marine*,
par M. JANVIER, officier de marine et ingénieur civil. 1 volume avec figures. 3 fr. 50

— MACHINES A VAPEUR *appliquées à l'Industrie*,
par M. JANVIER. 2 volumes avec figures. 7 fr.

— MAÇON, PLATRIER, PAVEUR, CARRELEUR,
COUVREUR, par M. TOUSSAINT, architecte. 1 vol. 3 fr.

— MAGIE NATURELLE ET AMUSANTE, par
M. VERGNAUD. 1 vol. avec figures. 3 fr.

— MAITRE D'HOTEL, *ou* Traité complet des menus,
mis à la portée de tout le monde, par M. CHEVRIER. 1 vol.
orné de figures. 3 fr.

— MAITRESSE DE MAISON, par mesdames PA-
RISET et CELNART. 1 vol. 2 fr. 50

— MAMMALOGIE, *ou* Histoire naturelle des Mammifères, par M. LESSON, corresp. de l'Institut. 1 gros vol. 3 f. 50

ATLAS DE MAMMALOGIE, composé de 80 planches représentant la plupart des animaux décrits dans l'ouvrage ci-
dessus ; figures noires, 12 fr. ; figures coloriées, 24 fr.

— MARBRIER, CONSTRUCTEUR ET PROPRIÉ-
TAIRE DE MAISONS, par MM. B. et M. 1 vol avec un
bel atlas renfermant 20 pl. gravées sur acier. 7 fr.

— MARINE, *Gréément, manœuvre du Navire et de
l'Artillerie*, par M. VERDIER, capitaine de corvette. 2 vol.
ornés de figures. 5 fr.

— MATHÉMATIQUES (Applications usuelles et amu-
santes), par M. RICHARD. 1 gros vol. avec figures. 3 fr.

— MÉCANICIEN-FONTAINIER, POMPIER ET
PLOMBIER, par MM. JANVIER et BISTON. 1 vol. orné de
planches. 3 fr.

— MÉCANIQUE, *ou* Exposition élémentaire des lois de
l'Équilibre et du Mouvement des Corps solides, par M.
TERQUEM, officier de l'Université, professeur aux Ecoles
royales d'Artillerie. 1 gros vol. orné de planches. 3 fr. 50

— MÉCANIQUE APPLIQUÉE A L'INDUSTRIE.
Première partie. STATIQUE et HYDROSTATIQUE, par M. VER-
GNAUD, 1 vol. avec figures. 3 fr. 50

— Deuxième partie, HYDRAULIQUE, par M. JANVIER.
1 volume avec figures. 3 fr.

MANUEL DE MÉCANIQUE PRATIQUE, à l'usage des directeurs et contre-maîtres, par BERNOUILLI, trad. par VALÉRIUS, 1 vol.   2 fr.

— MÉDECINE ET CHIRURGIE DOMESTIQUES, par M. le docteur MORIN. 1 vol.   3 f. 50

— MENUISIER, Ébéniste et Layetier, par M. NOSBAN, 2 vol. avec planches.   6 fr.

—MÉTAUX (Travail des), *Fer et Acier manufacturés*, par M. VERGNAUD. 2 vol.   6 fr.

— MÉTREUR ET DU VÉRIFICATEUR EN BATIMENTS *ou* Traité de l'Art de métrer et de vérifier tous les ouvrages en bâtiments, par M. LEBOSSU, architecte-expert.

Première partie. Terrasse et maçonnerie, 1 vol. 2 fr. 50
Deuxième partie. Menuiserie, peinture, tenture, vitrerie, dorure, charpente, serrurerie, couverture, plomberie, marbrerie, carrelage, pavage, poêlerie, etc. 1 vol.   2 fr. 50.
(*Voyez Toiseur en bâtiments*.)

— MICROSCOPE (Observateur au), par F. DUJARDIN, 1 vol. avec Atlas de 30 planches.   10 fr. 50

— EXPLOITATION DES MINES. Première partie, HOUILLE (ou charbon de terre), par J.-F. BLANC. 1 vol. in-18, figures.   3 fr. 50

— *Idem*, 2e partie, FER, PLOMB, CUIVRE, ETAIN, ARGENT, OR, ZINC, DIAMANT, etc. 1 v. in-18, avec fig. 3 f. 50

— ART MILITAIRE, à l'usage des Militaires de toutes les armes, par M. VERGNAUD. 1 vol. orné de fig.   3 fr.

— MINÉRALOGIE, ou Tableau des Substances minérales, par M. HUOT. 2 vol. ornés de figures.   6 fr.

ATLAS DE MINÉRALOGIE, composé de 50 planches représentant la plupart des Minéraux décrits dans l'ouvrage ci-dessus; figures noires.   6 fr.

Figures coloriées.   12 fr.

— MINIATURE, Gouache, Lavis à la Sépia et Aquarelle, par MM. CONSTANT VIGUIER et LANGLOIS DE LONGUEVILLE. 1 gros vol. orné de planches.   3 fr.

— MOLLUSQUES (Histoire naturelle des) et de leurs coquilles, par M. SANDER-RANG, officier de marine. 1 gros vol. orné de planches.   3 fr. 50

ATLAS POUR LES MOLLUSQUES, représentant les Mollusques nus et les Coquilles. 51 planches, fig. noires. 7 fr.

Fig. coloriées.   14 fr.

— MORALE, ou Droits et Devoirs dans la Société, un vol.   75 c.

MANUEL DU MORALISTE, ou Pensées et Maximes instructives pour tous les âges de la vie, par M. TREMBLAY. 2 volumes. 5 fr.

— MOULEUR, ou l'Art de mouler en plâtre, carton, carton-pierre, carton-cuir, cire, plomb, argile, bois, écaille, corne, etc., par M. LEBRUN. 1 vol. orné de fig. 2 fr. 50

— MOULEUR EN MÉDAILLES, etc., par M. ROBERT, 1 vol. avec figures. 1 fr. 50

— MUNICIPAUX (Officiers), ou Nouveau Guide des Maires, Adjoints et Conseillers municipaux, par M. BOYARD, président à la Cour d'appel d'Orléans. 1 gros vol. 3 fr. 50

— MUSIQUE, ou Grammaire contenant les principes de cet art, par M. LED'HUY. 1 v. avec 48 pages de musique. 1 f. 50

— MUSIQUE VOCALE ET INSTRUMENTALE, ou Encyclopédie musicale, par M. CHORON, ancien directeur de l'Opéra, fondateur du Conservatoire de Musique classique et religieuse, et M. DE LAFAGE, professeur de chant et de composition.

DIVISION DE L'OUVRAGE.

Iʳᵉ PARTIE. — EXÉCUTION.

LIVRE I. Connaissances élémentaires.
   Sect. 1. Sons, Notations.
   — 2. Instruments, exécution. } 1 volume avec Atlas. } 5 fr. «

IIᵉ PARTIE. — COMPOSITION.

— 2. De la composition en général, et en particulier de la Mélodie.
— 3. De l'Harmonie.
— 4. Du Contre-Point.
— 5. Imitation.
— 6. Instrumentation.
— 7. Union de la Musique avec la Parole.
— 8. Genres.

   Sect. 1. Vocale. { Eglise. Chambre ou Concert. Théâtre.
   — 2. Instrumentale { particulière. générale.

} 3 volumes avec Atlas. } 20

IIIᵉ PARTIE. — COMPLÉMENT OU ACCESSOIRE.

— 9. Théorie physico-mathématique.
— 10. Institutions.
— 11. Histoire de la musique.
— 12. Bibliographie.
   Résumé général.

} 2 volumes avec Atlas. } 10 00

SOLFÈGES ; MÉTHODE.

Solfège d'Italie.	12 f. »	Méthode de Cor.			50
— de Rodolphe.	4 »	— de Basson.		»	75
Méthode de Violon.	3 »	— de Serpent.		1	50
— d'Alto.	1 »	— de Trompette et			
— de Violoncelle.	4 50	Trombone.		»	75
— de Contre-basse.	1 25	— d'Orgue.		3	50
— de Flûte.	5 »	— de Piano.		4	50
— de Hautbois.	} 1 75	— de Harpe.		3	50
— de Cor anglais.		— de Guitare.		3	»
— de Clarinette.	2 »	— de Flageolet.		2	»

MANUEL DES MYTHOLOGIES grecque, romaine, égyptienne, syrienne, africaine, etc., par M. DUBOIS. (*Ouvrage autorisé par l'Université.*) 2 fr. 50

— NAGEURS, Baigneurs, Fabricants d'eaux minérales et des Pédicures, par M. JULIA DE FONTENELLE. 1 vol. 3 fr.

— NATURALISTE PRÉPARATEUR, ou l'Art d'empailler les animaux, de conserver les Végétaux et les Minéraux, de préparer les pièces d'Anatomie et d'embaumer, par M. BOITARD. 1 vol. avec figures. 3 fr. 50

— SUR LA NAVIGATION, contenant la manière de se servir de l'Octant et du Sextant, de rectifier ces instruments et de s'assurer de leur bonté ; l'exposé des méthodes les plus usuelles d'astronomie nautique, pour déterminer l'instant de la pleine mer, etc., etc., et les tables nécessaires pour effectuer ces différents calculs, par M. GIQUEL, professeur d'hydrographie. 1 volume orné de figures. 2 fr. 50

— NAVIGATION INTÉRIEURE, à l'usage des Pilotes, Mariniers et Agents, ou Instructions relatives aux devoirs des mariniers et agents employés au service de la navigation intérieure, par M. BEAUVALET, inspecteur de la navigation de la Basse-Seine. 1 vol. 2 fr. 50

— NUMISMATIQUE ANCIENNE, par M. BARTHELEMY, ancien élève de l'Ecole des Chartes. 1 gros vol. orné d'un Atlas renfermant 433 figures. Prix 5 fr.

— NUMISMATIQUE MODERNE ET DU MOYEN-AGE, par M. BARTHELEMY. 1 gros vol. orné d'un Atlas renfermant 12 planches. Prix 5 fr.

— OCTROIS et autres impositions indirectes, par M. BIRET. 1 vol. 3 fr. 50

—OISELEUR (De l'), ou Secrets anciens et modernes de la Chasse aux Oiseaux, par M. J. G., 1 vol. orné de fig. 2 fr. 50

— ONANISME (dangers de l'), par M. DOUSSIN-DU-BREUIL 1 vol. 1 fr. 25

MANUEL D'OPTIQUE, ou Traité complet de cette science, par BREWSTER et VERGNAUD. 2 v. avec fig. 6 fr.

— ORGANISTE-PRATICIEN, contenant l'histoire de l'orgue, sa description, la manière de le jouer, etc., etc., par M. Georges SCHMITT, organiste de Saint-Sulpice. 1 vol. orné de figures et musique. 2 fr. 50

— ORGANISTE, ou Nouvelle Méthode pour exécuter sur l'orgue tous les offices de l'année, etc., par M. MINÉ, organiste à Saint-Roch. 1 vol. oblong. 3 fr. 50

— ORGUES (Facteur d'), contenant le travail de DOM BÉDOS, etc., etc., par M. HAMEL, juge à Beauvais, 3 vol. avec un grand atlas. 18 fr.

— ORNEMENTISTE. Voyez *Décorateur*.

— ORNITHOLOGIE, ou Description des genres et des principales espèces d'oiseaux, par M. LESSON, correspondant de l'Institut. 2 gros vol. 7 fr.

ATLAS D'ORNITHOLOGIE, composé de 129 planches représentant les oiseaux décrits dans l'ouvrage ci-dessus; figures noires, 20 fr; figures coloriées. 40 fr.

— ORNITHOLOGIE DOMESTIQUE, ou Guide de l'Amateur des oiseaux de volière, par M. LESSON, correspondant de l'Institut. 1 vol. 2 fr. 50

— ORTHOGRAPHISTE, ou Cours théorique et pratique d'Orthographe, par M. TREMERY. 1 vol. 2 fr. 50

— PALEONTOLOGIE, ou des Lois de l'organisation des êtres vivants comparées à celles qu'ont suivies les Espèces fossiles et humatiles dans leur apparition successive; par M. MARCEL DE SERRES, professeur à la Faculté des Sciences de Montpellier. 2 vol., avec Atlas. 7 fr.

— PAPETIER ET RÉGLEUR (Marchand), par MM. JULIA DE FONTENELLE et POISSON. 1 gros v. avec pl. 3 fr. 50

— PAPIERS (Fabricant de), Carton et Art du Formaire, par M. LENORMAND. 2 vol. et Atlas. 10 fr. 50

— PAPIERS DE FANTAISIE (Fabricant de), Papiers marbrés, jaspés, maroquinés, gaufrés, dorés, etc.; Peau d'âne factice, Papiers métalliques; Cire et Pains à cacheter, Crayons, etc., etc.; par M. FICHTENBERG. 1 vol. orné de modèles de papiers. Prix 3 fr.

— PARFUMEUR, par Mme CELNART. 1 vol. 2 fr. 50

— PARIS (Voyageur dans), ou Guide dans cette capitale, par M. LEBRUN. 1 gros vol. orné de fig. 3 fr. 50

— PARIS (Voyageur aux environs de), par M. DEPATY. 1 vol. avec figures. 3 fr.

MANUEL DU PATINAGE et Récréations sur la Glace, par M. PAULIN DESORMEAUX. 1 v. orné de 4 pl. 1 fr. 25

— PATISSIER ET PATISSIÈRE, ou Traité complet et simplifié de Pâtisserie de ménage, de boutique et d'hôtel, par M. LEBLANC. 1 vol. 2 fr. 50

— PATISSERIE LÉGÈRE, voyez PETIT-FOUR.

—PÊCHEUR, ou Traité général de toutes sortes de pêches, par M. PESSON-MAISONNEUVE. 1 vol. orné de pl. 3 fr.

— PÊCHEUR-PRATICIEN, ou les Secrets et Mystères de la Pêche dévoilés, par M. LAMBERT, amateur; suivi de l'Art de faire des filets. 1 joli vol. orné de fig. 1 fr. 75

— PEINTRE D'HISTOIRE ET SCULPTEUR, ouvrage dans lequel on traite de la philosophie de l'Art et des moyens pratiques, par M. ARSENNE, peintre. 2 vol. 6 fr.

— PEINTURE A L'AQUARELLE (Cours de), par M. P. D., un vol. orné de planches coloriées. 1 fr. 75

— PEINTRE EN BATIMENTS, Vitrier, Doreur, argenteur et Vernisseur, par MM. RIFFAULT, VERGNAUD et TOUSSAINT. un vol. orné de figures. 3 fr.

— PEINTURE ET FABRICATION DES COULEURS, ou Traité des diverses Peintures, à l'usage des deux sexes, par M. JOSEPH PANIER, élève et successeur de M. LAMBERTYE, fabricant de couleurs fines, etc. 1 fr. 50

— PEINTURE SUR VERRE, SUR PORCELAINE ET SUR ÉMAIL, contenant la Théorie des émaux, etc., par M. REBOULLEAU. 1 vol. in-18 avec figures. 2 fr. 50

— PERSPECTIVE, Dessinateur et Peintre, par M. VERGNAUD, chef d'escadron d'artillerie. 1 vol. orné d'un grand nombre de planches. 3 fr.

— PETIT-FOUR, ou Pâtisserie légère, par M. Antoine GROSS. 1 vol. 2 fr. 50

— PHARMACIE POPULAIRE, simplifiée et mise à la portée de toutes les classes de la société, par M. JULIA DE FONTENELLE. 2 vol. 6 fr.

— PHILOSOPHIE EXPÉRIMENTALE, à l'usage des collèges et des gens du monde, par M. AMICE, régent dans l'Académie de Paris. 1 gros vol. 3 fr. 50

— DE PHOTOGRAPHIE sur Métal, sur Papier et sur Verre, contenant toutes les découvertes les plus récentes dans la Daguerréotypie, par M. DE VALICOURT. 2 vol. ornés de figures. 6 fr.

— DE PHOTOGRAPHIE (Simplifié) sur verre et sur papier, par M. LATREILLE. 1 vol. 1 fr. 50

MANUEL DE PHYSIOLOGIE VÉGÉTALE, Physique, Chimie et Minéralogie appliquées à la culture, par M. BOITARD. 1 vol. orné de planches. 3 fr.

— PHYSIONOMISTE ET PHRÉNOLOGISTE, ou les Caractères dévoilés par les signes extérieurs, d'après Lavater, par MM. H. CHAUSSIER, fils et le docteur MORIN. 1 vol. avec figures. 3 fr.

— PHYSIONOMISTE DES DAMES, d'après Lavater, par un Amateur, 1 vol. avec figures 3 fr.

— PHYSICIEN-PRÉPARATEUR, ou nouvelle Description d'un cabinet de Physique, par MM. Ch. CHEVALIER et le Dr FAU. 2 gros vol. avec un Atlas de 88 pl. 15 fr.

— PHYSIQUE, ou Éléments abrégés de cette Science mise à la portée des gens du monde et des étudiants, par M. BAILLY, 1 vol. avec figures. 2 fr. 50

— PHYSIQUE APPLIQUÉE AUX ARTS ET MÉTIERS, principalement à la construction des Fourneaux, des Calorifères, des Machines à vapeur, des Pompes, l'Art du Fumiste, l'Opticien, Distillateur, Sècheries, Artillerie à vapeur, Eclairage, Bélier et Presse hydrauliques, Aréomètres, Lampe à niveau constant, etc., par MM. GUILLOUD et TERRIEN. 1 volume orné de figures. 3 fr. 50

— PHYSIQUE AMUSANTE, ou Nouvelles Récréations physiques, par M. JULIA DE FONTENELLE. 1 vol. orné de planches. 3 fr. 50

— PLAIN-CHANT ECCLÉSIASTIQUE, romain et français, par M. MINÉ, organiste à St-Roch. 1 vol. 2 fr. 50

— POÊLIER-FUMISTE, indiquant les moyens d'empêcher les cheminées de fumer, de chauffer économiquement et d'aérer les habitations, les ateliers, etc., par MM. ABENNI et JULIA DE FONTENELLE. 1 vol. 3 fr. 50

— POIDS ET MESURES, Monnaies, Calcul décimal et Vérification, par M. TARBÉ, conseiller à la Cour de Cassation; *approuvé par le Ministre du Commerce, l'Université, la Société d'Encouragement, etc.* 1 vol. 3 fr.

— POIDS ET MESURES (Fabrication des), contenant en général tout ce qui concerne les Arts du Balancier et du Potier d'étain, et seulement ce qui est relatif à la Fabrication des Poids et Mesures dans les Arts du Fondeur, du Ferblantier, du Bosselier, par M. RAVON, vérificateur au bureau central des Poids et Mesures. 1 vol. orné de fig. 3 fr.

PETIT MANUEL à l'usage des Ouvriers et des Écoles, *avec Tables de conversions,* par M. TARBÉ. 25 c.

PETIT MANUEL classique pour l'enseignement élémentaire, *sans Tables de conversions*, par M. TARBÉ. (*Autorisé par l'Université.*) 25 c.

PETIT MANUEL à l'usage des Agents Forestiers, des Propriétaires et Marchands de bois, par M. TARBÉ. 75 c.

POIDS ET MESURES à l'usage des Médecins, etc., par M. TARBÉ. 25 c.

TABLEAU SYNOPTIQUE DES POIDS ET MESURES, par M. TARBÉ. 75 c.

TABLEAU FIGURATIF des Poids et Mesures, par M. TARBÉ. 75 c.

MANUEL DES POIDS ET MESURES, *Manuel Comptes faits*, ou Barème général des Poids et Mesures, par M. ACHILLE NOUHEN. *Ouvrage divisé en cinq parties qui se vendent toutes séparément.*

1re partie : Mesures de LONGUEUR.	60 c.
2e partie, — de SURFACE.	60 c.
3e partie, — de SOLIDITÉ.	60 c.
4e partie, — POIDS.	60 c.
5e partie, — de CAPACITÉ.	60 c.

— POLICE DE LA FRANCE, par M. TRUY, commissaire de police à Paris. 1 vol. 2 fr. 50

— PONTS ET CHAUSSÉES : *première partie*, ROUTES et CHEMINS, par M. DE GAYFFIER, ingénieur des Ponts et Chaussées. 1 vol. avec fig. 3 fr. 50

— *Seconde partie*, contenant les PONTS, AQUEDUCS, etc. 1 volume avec figures. 3 fr. 50

— PORCELAINIER, Faïencier, Potier de terre, Briquetier et Tuilier, contenant des notions pratiques sur la fabrication des Porcelaines, des Faïences, des Pipes, Poêles, des Briques, Tuiles et Carreaux, par M. BOYER. Nouv. édit très-augmentée, par M. B.... 2 vol. ornés de pl. 6 fr.

— PRATICIEN, ou Traité de la Science du Droit, mise à la portée de tout le monde, par MM. D..... et RONDONNEAU. 1 gros vol. 3 fr. 50

— PRATIQUE SIMPLIFIÉE DU JARDINAGE (Voyez Jardinage.

— PROPRIÉTAIRE ET LOCATAIRE, ou Sous-Locataire, tant des biens de ville que des biens ruraux, par M. SERGENT. 1 vol. 2 fr. 50

— RELIEUR dans toutes ses parties, contenant les Arts d'assembler, de satiner, de brocher et de dorer, par M. Seb. LENORMAND et M. R. 1 gros vol. orné de pl. 3 fr.

MANUEL DE L'AMATEUR DE ROSES, leur Monographie, leur Histoire et leur Culture, par M. BOITARD. 1 vol. fig. noires, 3 fr. 50 c., — et fig. coloriées. 7 fr.

— **SAPEUR-POMPIER**, ou Théorie sur l'extinction des Incendies, par M. PAULIN, commandant les Sapeurs-Pompiers de Paris. 1 vol. 1 fr. 50

ATLAS composé de 50 planches, faisant connaître les machines que l'on emploie dans ce service, la disposition pour attaquer les feux, les positions des Sapeurs dans toutes les manœuvres, etc. 6 fr.

— **SAPEUR-POMPIER**, ouvrage composé par le corps des Officiers formant l'état-major, *publié par ordre du Ministre de la Guerre.* 1 joli volume renfermant une foule de gravures sur bois imprimées avec le texte. Prix. 3 fr.

SAPEURS-POMPIERS (Théorie des), extrait du Manuel du Sapeur-Pompier, *imprimé par ordre du Ministre de la Guerre.* 75 c.

— **SAVONNIER**, ou l'Art de faire toutes sortes de Savons, par Mme GACON-DUFOUR, MM. THILLAYE et MALEPEYRE. 1 vol. orné de fig. 3 fr.

— **SERRURIER**, ou Traité complet et simplifié de cet Art, par MM. B. et G., serruriers, et PAULIN-DESORMEAUX. 1 volume orné de planches. 3 fr. 50

— **SOIERIE**, contenant l'Art d'élever les Vers à soie et de cultiver le Mûrier; l'Histoire, la Géographie et la Fabrication des Soieries, à Lyon, ainsi que dans les autres localités nationales et étrangères, par M. DEVILLIERS. 2 volumes et Atlas. 10 fr. 50

— **SOMMELIER**, ou la Manière de soigner les Vins, par M. JULIEN. 1 vol. avec figures. 3 fr.

— **SORCIERS**, ou la Magie blanche dévoilée par les découvertes de la Chimie, de la Physique et de la Mécanique, par MM. COMTE et JULIA DE FONTENELLE. 1 gros vol. orné de planches. 3 fr.

— **SOUFFLEUR** A LA LAMPE ET AU CHALUMEAU, par M. PÉDRONI, profesr de chimie. 1 vol. orné de fig. 2 f. 50

— **SUCRE ET RAFFINEUR** (Fabricant de), par MM. BLACHETTE, ZOÉGA et JULIA DE FONTENELLE. 1 vol. orné de figures. 3 fr 50

— **STÉNOGRAPHIE**, ou l'Art de suivre la parole en écrivant, par M. H. PRÉVOST. 1 volume. 1 fr. 75

— **TABAC** (Fabricant et Amateur de), contenant son Histoire, sa Culture et sa Fabrication, par P. CH. JOUBERT. 1 vol. 2 fr. 50

MANUEL DE L'IMPRIMEUR EN TAILLE-DOUCE, par MM. BERTHIAUD et BOITARD. 1 vol. avec fig. 3 fr.

— TAILLEUR D'HABITS, contenant la manière de tracer, couper et confectionner les Vêtements, par M. VANDAEL, tailleur. 1 vol. orné de pl. 2 fr. 50

— TANNEUR, Corroyeur, Hongroyeur et Boyaudier, par M. JULIA DE FONTENELLE. 1 vol. avec fig. 3 fr. 50

— TAPISSIER, Décorateur et marchand de Meubles, par M. GARNIER AUDIGER, ancien vérificateur du Garde-Meuble de la Couronne. 1 vol. orné de fig. 2 fr. 50

— TÉLÉGRAPHE-ÉLECTRIQUE, ou Traité de l'Electricité et du Magnétisme appliqués à la transmission des signaux, par MM. WALKER et MAGNIER, un vol. orné de figures. 1 fr. 75

— TENEUR DE LIVRES, renfermant un Cours de tenue de Livres à partie simple et à partie double, par M. TREMERY. (Autorisé par l'Université.) 1 vol. 3 fr.

— TEINTURIER, contenant l'Art de Teindre en Laine, Soie, Coton, Fil, etc., par M. VERGNAUD. 1 gros vol. avec figures. 3 fr.

— TERRASSIER, par MM. ETIENNE et MASSON, un vol. orné de 20 planches. 3 fr. 50

— THÉATRAL et du Comédien, contenant les principes sur l'art de la parole, par M. Aristippe BERNIER DE MALIGNY. 1 vol. 3 fr. 50

— TISSERAND, ou description des procédés et machines employés pour les divers tissages, par MM. LORENTZ et JULLIEN. 1 vol. orné de fig. 3 fr. 50

— TOISEUR EN BATIMENT; 1re partie : Terrasse et Maçonnerie, par M. LEBOSSU, architecte-expert. 1 vol. avec figures. Voyez Métreur en bâtiments. 2 fr. 50

— Deuxième partie : Menuiserie, Peinture, Tenture, Vitrerie, Dorure, Charpente, Serrurerie, Couverture, Plomberie, Marbrerie, Carrelage, Pavage, Poêlerie, Fumisterie, etc., par M. LEBOSSU. 1 vol. 2 fr. 50

— TONNELIER ET BOISSELIER, suivi de l'Art de faire les Cribles, Tamis, Soufflets, Formes et Sabots, par M. DÉSORMEAUX. 1 vol. avec fig. 3 fr.

— TOURNEUR, ou Traité complet et simplifié de cet

Art, d'après les renseignements de plusieurs Tourneurs
de la capitale, par M. DE VALICOURT. 2 vol. avec pl. 6 fr.

— SUPPLÉMENT à cet ouvrage (tome 3e), un joli volume
avec Atlas. 3 fr. 50

MANUEL DU TREILLAGEUR ET MENUISIER DES
JARDINS, par M. DÉSORMEAUX. 1 vol. avec pl. 3 fr.

— TYPOGRAPHIE, IMPRIMERIE, par MM. FREY
et BOUCHEZ. 2 vol. avec planches. 6 fr.

— VERRIER ET FABRICANT DE GLACES, Cris-
taux, Pierres précieuses factices, Verres coloriés, Yeux artificiels, par M. JULIA DE FONTENELLE et MALEPEYRE.
2 vol. ornés de planches. 6 fr.

— VÉTÉRINAIRE, contenant la connaissance des chevaux, la manière de les élever, les dresser et les conduire,
la Description de leurs maladies, les meilleurs modes de
traitement, etc., par M. LEBEAU et un ancien professeur
d'Alfort. 1 vol. avec planches. 3 fr.

— VINS DE FRUITS (Fabrication des), contenant l'art
de faire le Cidre, le Poiré, les Boissons rafraîchissantes,
Bières économiques, Vins de Grains, de Liqueurs, Hydro-
mels, etc., par MM. ACCUM, GUIL... et MALEPEYRE,
1 vol. 1 fr. 80

— VIGNERON FRANÇAIS, ou l'Art de cultiver la
Vigne, de faire les Vins, les Eaux-de-Vie et Vinaigres, par
M. THIÉBAUT DE BERNEAUD. 1 vol. avec Atlas. 3 fr. 50

•— VINAIGRIER ET MOUTARDIER, par M. JULIA
DE FONTENELLE. 1 vol. avec planches. 3 fr.

— VINS (Marchand de), débitants de Boissons et Jaugeage, par M. LAUDIER. 1 vol avec planches. 3 fr. 50

— ZOOPHILE, ou l'Art d'élever et de soigner les animaux domestiques (voyez Bouvier). 1 vol. 2 fr. 50

SUITES A BUFFON

FORMANT,

AVEC LES ŒUVRES DE CET AUTEUR,

UN COURS COMPLET

D'HISTOIRE NATURELLE

embrassant

LES TROIS RÈGNES DE LA NATURE.

Les possesseurs des OEuvres de BUFFON pourront, avec ces suites, compléter toutes les parties qui leur manquent, chaque ouvrage se vendant séparément, et formant, tous réunis, avec les travaux de cet homme illustre, un ouvrage général sur l'histoire naturelle.

Cette publication scientifique, du plus haut intérêt, préparée en silence depuis plusieurs années, et confiée à ce que l'Institut et le haut enseignement possèdent de plus célèbres naturalistes et de plus habiles écrivains, est appelée à faire époque dans les annales du monde savant.

Les noms des Auteurs indiqués ci-après, sont, pour le public une garantie certaine de la conscience et du talent apportés à la rédaction des différents traités.

ZOOLOGIE GÉNÉRALE (Supplément à Buffon), ou Mémoires et notices sur la zoologie, l'anthropologie et l'histoire de la science, par M. ISIDORE GEOFFROY-SAINT-HILAIRE. 1 volume avec Atlas. Prix : fig. noires. 9 fr. 50 Figures coloriées. 12 fr. 50. CÉTACÉS (BALEINES, DAU-PHINS, etc.), ou Recueil et examen des faits dont se compose l'histoire de ces animaux, par M. F. CUVIER, membre de l'Institut, professeur au Muséum d'Histoire naturelle, etc. 1 vol. in-8 avec 22 planches (*Ouvrage terminé*), figures noires. 12 fr. 50 Fig. coloriées. 18 fr. 50

REPTILES (Serpents, Lézards, Grenouilles, Tortues, etc.), par M. DUMÉRIL, membre de l'Institut, professeur à la faculté de Médecine et au Muséum d'Histoire naturelle, et M. BIBRON, professeur d'Histoire naturelle, 10 vol. et 10 livraisons de planches, fig. noires. 95 fr. Fig. coloriées. 125 fr. (Ouvrage terminé.)

POISSONS, par M.

ENTOMOLOGIE (Introduction à l'), comprenant les principes généraux de l'Anatomie et de la Physiologie des Insectes, des détails sur leurs mœurs, et un résumé des principaux systèmes de classification, etc., par M. LACORDAIRE, doyen de la faculté des sciences à Liège (Ouvrage terminé, adopté et recommandé par l'Université pour être placé dans les bibliothèques des Facultés et des Collèges, et donné en prix aux élèves). 2 vol. in-8 et 24 planches, fig. noires. 19 fr. Fig. coloriées. 22 fr.

INSECTES COLÉOPTÈRES (Cantharides, Charançons, Hannetons, Scarabées, etc.), par M. LACORDAIRE, doyen à l'Université de Liège Tomes 1er, 2e et 3e. 19 fr. 50

ORTHOPTÈRES (Grillons, Criquets, Sauterelles), par M. SERVILLE, ex-président de la Société entomologique de France. 1 vol. et 14 pl. (Ouvrage terminé). fig. noires. 9 fr. 50 c., et fig. coloriées. 12 fr. 50 c.

— HÉMIPTÈRES (Cigales, Punaises, Cochenilles, etc.), par MM. AMYOT et SERVILLE. 1 vol. et une livraison de pl. (Ouv. terminé.) Fig. noires. 9 fr. 50 . Et fig. coloriées. 12 fr. 50 c.

— LÉPIDOPTÈRES (Papillons), par MM. BOISDUVAL et GUÉNÉE : tome 1er, avec 2 livraisons de pl.; tom. 5, 6, 7 et 8, avec 3 liv. de pl. Fig. noires. 47 fr. 50 Fig. coloriées. 62 fr. 50

— NÉVROPTÈRES (Demoiselles, Éphémères, etc.), par M. le docteur RAMBUR, 1 vol. avec une livraison de planches. (Ouvrage terminé). fig. noires 9 fr. 50 c., et fig. coloriées 12 fr. 50 c

— HYMÉNOPTÈRES (Abeilles, Guêpes, Fourmis, etc.), par M. le comte LEPELETIER DE SAINT-FARGEAU et M. BRULLÉ ; 4 vol. avec 4 livraisons de planches. (Ouv. terminé.) Fig. noires. 38 fr. Fig. coloriées. 50 fr.

— DIPTÈRES (Mouches, Cousins, etc.), par M. MACQUART, directeur du Mu-

séum d'Histoire naturelle de Lille; 2 vol. in-8 et 24 planches. (*Ouv. terminé.*)
Fig. noires.   19 fr.
Fig. coloriées.   25 fr.
— APTÈRES (Araignées, Scorpions, etc.), par M. WALCKENAER et le docteur GERVAIS ; 4 vol. avec 5 cahiers de pl. (*Ouv. term.*) Fig. noires. 41 fr.
Fig. coloriées.   56 fr.
CRUSTACÉS (Écrevisses, Homards, Crabes, etc.), comprenant l'Anatomie, la Physiologie et la Classification de ces animaux, par M. MILNE-EDWARDS, membre de l'Institut, etc. (*Ouvrage terminé*), 3 vol. avec 4 livraisons de pl. fig. noires.   31 fr. 50
Fig. coloriées. 43 fr. 50
MOLLUSQUES (Moules, Huîtres, Escargots, Limaces, Coquilles, etc.), par M. DE BLAINVILLE, membre de l'Institut, professeur au Muséum d'Histoire naturelle, etc.
HELMINTHES, ou Vers intestinaux, par M. DUJARDIN, de la Faculté des Sciences de Rennes. 1 vol. avec une livraison de pl. (*Ouvrage terminé*). Prix : fig. noires, 9 fr. 50, et fig. coloriées, 12 fr. 50.
ANNÉLIDES (Sangsues, etc.), par M.
ZOOPHYTES ACALEPHES (Physale, Béroé, Angèle, etc.) par M. LESSON, correspondant de l'Institut, pharmacien en chef de la Marine, à Rochefort, 1 vol. avec 1 livraison de pl. (*Ouvrage terminé.*) fig. noires.   9 fr. 50
Fig. coloriées. 12 fr. 50
— ÉCHINODERMES (Oursins, Palmettes, etc.), par M.
— POLYPIERS (Coraux, Gorgones, Eponges, etc.), par M. MILNE-EDWARDS, membre de l'Institut, prof. d'Histoire naturelle, etc.
— INFUSOIRES (Animalcules microscopiques), par M. DUJARDIN, doyen de la Faculté des Sciences, à Rennes; 1 vol. avec 2 livraisons de pl. (*Ouv. terminé.*)
Fig. noires.   12 fr. 50
Fig. coloriées. 18 fr. 50
BOTANIQUE (Introduction à l'étude de la), ou Traité élémentaire de cette science, contenant l'Organographie, la Physiologie, etc., par ALPH. DE CANDOLLE, professeur d'Histoire naturelle à Genève (*Ouvrage terminé, autorisé par l'Université pour les collèges royaux et communaux*). 2 vol. et 8 pl.   16 fr.
VÉGÉTAUX PHANÉROGAMES (Organes sexuels apparents, Arbres, Arbrisseaux, Plantes d'agrément, etc.), par M. SPACH, aide-naturaliste au Muséum

d'Histoire naturelle; 14 v. et 15 livr. de pl., (*ouvrage terminé*) fig. noires 156 fr. Fig. coloriées.·   181 fr.

— CRYPTOGAMES, à Organes sexuels peu apparents ou cachés, Mousses, Fougères, Lichens, Champignons, Truffes, etc., par M. BRÉBISSON, de Falaise.

GÉOLOGIE (Histoire, Formation et Disposition des Matériaux qui composent l'écorce du Globe terrestre), par M. HUOT, membre de

plusieurs Sociétés savantes. 2 vol. ensemble de plus de 1500 pages, avec un atlas de 24 pl. (*Ouv. terminé.*) 19 fr.

MINÉRALOGIE (Pierres, Sels, Métaux, etc.) par M. ALEX. BRONGNIART, membre de l'Institut, professeur au Muséum d'Histoire naturelle, etc., et M. DELAFOSSE, maître des conférences à l'Ecole Normale, aide-naturaliste, etc., au Muséum d'Histoire naturelle.

CONDITIONS DE LA SOUSCRIPTION.

Les SUITES à BUFFON formeront soixante-quinze volumes in-8 environ, imprimés avec le plus grand soin et sur beau papier ; ce nombre paraît suffisant pour donner à cet ensemble toute l'étendue convenable. Ainsi qu'il a été dit précédemment, chaque auteur s'occupant depuis longtemps de la partie qui lui est confiée, l'Editeur sera à même de publier en peu de temps la totalité des traités dont se composera cette utile collection.

En août 1855, 59 volumes sont en vente, avec 63 livraisons de planches.

Les personnes qui voudront souscrire pour toute la Collection auront la liberté de prendre par portion jusqu'à ce qu'elles soient au courant de tout ce qui a paru.

POUR LES SOUSCRIPTEURS A TOUTE LA COLLECTION :

Prix du texte, chaque volume (1) d'environ 500 à 700 pages.   5 fr. 50

Prix de chaque livraison d'environ 10 pl. noires.   3 fr.
                                     — coloriées. 6 fr.

Nota. Les personnes qui souscriront pour des parties séparées, paieront chaque volume 6 fr. 50. Le prix des volumes papier vélin sera double du papier ordinaire.

(1) L'Éditeur ayant à payer pour cette collection des honoraires aux auteurs, le prix des volumes ne peut être comparé à celui des réimpressions d'ouvrages appartenant au domaine public et exempts de droits d'auteurs, tels que Buffon, Voltaire, etc.

ANCIENNE COLLECTION

DES

SUITES A BUFFON,

FORMAT IN-18;

Formant avec les OEuvres de cet Auteur

UN COURS COMPLET D'HISTOIRE NATURELLE,

CONTENANT

LES TROIS RÈGNES DE LA NATURE;

Par Messieurs

BOSC, BRONGNIART, BLOCH, CASTEL, GUÉRIN, DE LAMARCK, LATREILLE, DE MIRBEL, PATRIN, SONNINI et DE TIGNY ;

La plupart Membres de l'Institut et professeurs au Jardin des Plantes.

Cette Collection, primitivement publiée par les soins de M. Déterville, et qui est devenue la propriété de M. Roret, ne peut être donnée par d'autres éditeurs, n'étant pas, comme les OEuvres de Buffon, dans le domaine public.

Les personnes qui auraient les suites de Lacépède, contenant seulement les Poissons et les Reptiles, auront la liberté de ne pas les prendre dans cette collection.

Cette Collection forme 54 volumes, ornés d'environ 600 planches, dessinées d'après nature par Desève, et précieusement terminées au burin. Elle se compose des ouvrages suivants:

HISTOIRE NATURELLE DES INSECTES, composée d'après Réaumur, Geoffroy, Degeer, Roesel, Linné, Fabricius, et les meilleurs ouvrages qui ont paru sur cette partie, rédigée suivant les méthodes d'Olivier, de Latreille, avec des notes, plusieurs observations nouvelles et des figures dessinées d'après nature : par F.-M.-G. DE TIGNY et BRONGNIART, pour les généralités. Edition ornée de beaucoup de figures, augmentée et mise au niveau des connaissances actuelles, par M. GUÉRIN. 10 vol. ornés de planches, figures noires.   23 fr. 40

Le même ouvrage, figures coloriées.   39 fr.

— NATURELLE DES VÉGÉTAUX classés par familles, avec la citation de la classe et de l'ordre de Linné, et l'indication de l'usage qu'on peut faire des plantes dans

les arts, le commerce, l'agriculture, le jardinage, la médecine, etc.; des figures dessinées d'après nature, et un GENERA
complet, selon le système de Linné, avec des renvois aux
familles naturelles de Jussieu ; par J.-B. LAMARCK, membre de l'Institut, professeur au Muséum d'Histoire naturelle, et par C.-F.-B. MIRBEL, membre de l'Académie des
Sciences, professeur de botanique. Édition ornée de 120 planches représentant plus de 1600 sujets. 15 volumes ornés de
planches, figures noires.   30 fr. 90
  Le même ouvrage, figures coloriées.   46 fr. 50

HISTOIRE NATURELLE DES COQUILLES, conte-
nant leur description, leurs mœurs et leurs usages, par
M. Bosc, membre de l'Institut. 5 vol. ornés de planches,
figures noires.   -   10 fr. 65
  Le même ouvrage, figures coloriées.   .   16 fr. 50

  — NATURELLE DES VERS, contenant leur description, leurs mœurs et leurs usages, par M. Bosc. 3 vol. ornés
de planches, figures noires.   6 fr. 50
  Le même ouvrage, figures coloriées.   10 fr. 50

  — NATURELLE DES CRUSTACÉS, contenant leur
description, leurs mœurs et leurs usages, par M. Bosc.
2 vol. ornés de planches, figures noires.   4 fr. 75
  Le même ouvrage, figures coloriées.   8 fr.

  — NATURELLE DES MINÉRAUX, par M. E.-M.
PATRIN, membre de l'Institut. Ouvrage orné de 40 planches, représentant un grand nombre de sujets dessinés d'a-
près nature. 5 volumes ornés de planches, figures noires.
                                                            10 fr. 30
  Le même ouvrage, figures coloriées.   16 fr. 50

  — NATURELLE DES POISSONS, avec des figures
dessinées d'après nature, par BLOCH. Ouvrage classé par
ordres, genres et espèces, d'après le système de Linné, avec
les caractères génériques, par RÉNÉ RICHARD CASTEL.
Édition ornée de 160 planches représentant 600 espèces de
poissons, 10 volumes.   26 fr. 20
  Avec figures coloriées.   .   47 fr.

  — NATURELLE DES REPTILES, avec des figures
dessinées d'après nature, par SONNINI, homme de lettres et
naturaliste, et LATREILLE, membre de l'Institut. Édition
ornée de 54 planches, représentant environ 150 espèces différentes de serpents, vipères, couleuvres, lézards, grenouilles,
tortues, etc. 4 vol. avec planches, figures noires.   9 fr. 35
  Le même ouvrage, figures coloriées.   17 fr.

*Cette collection de 54 volumes a été annoncée en 108 demi-
volumes; on les enverra brochés de cette manière aux personnes qui en feront la demande.*
Tous les ouvrages ci-dessus sont en vente.

BOTANIQUE ET HISTOIRE NATURELLE.

(Voir aussi la Collection de Manuels, page 3.)

ANNALES (NOUVELLES) DU MUSÉUM D'HIS-
TOIRE NATURELLE, recueil de mémoires de MM. les
professeurs administrateurs de cet établissement, et autres
naturalistes célèbres, sur les branches des sciences naturelles
et chimiques qui y sont enseignées. Années 1832 à 1835,
4 vol. in-4. Prix : 30 fr. chaque volume.

APERÇU SUR LES ANIMAUX UTILES ET NUI-
SIBLES de la Belgique, par Sélys-Longchamps. 2 fr.

LES ARBRES ET ARBRISSEAUX de l'Europe et
leurs insectes, par Macquart, in-8. 6 fr.

ARCHIVES DE LA FLORE DE FRANCE et D'AL-
LEMAGNE, par Schultz. 1842. In-8.

Il paraîtra plusieurs feuilles par an. Prix : 50 c. par
feuille.

ARCHIVES DU MUSÉUM D'HISTOIRE NATU-
RELLE, publiées par les professeurs administrateurs de
cet établissement.

Cet ouvrage fait suite aux *Annales*, aux *Mémoires* et aux
Nouvelles Annales du Muséum.

Il paraît par volume in-4, sur papier grand-raisin, d'environ 60 feuilles d'impression, et orné de 30 à 40 planches
gravées par les meilleurs artistes, et dont 15 à 20 sont coloriées avec le plus grand soin.

Il en paraît un volume par an, divisé en 4 livraisons.

Prix de chaque volume { Papier ordinaire. 40 fr.
{ Papier vélin. 80

BOTANIQUE (la), de J.-J. Rousseau, contenant tout ce
qu'il a écrit sur cette science, augmentée de l'exposition de
la méthode de Tournefort et de Linné, suivie d'un Dictionnaire de botanique et de notes historiques; par M. De-
ville. 2e édit.. 1 gros vol. in-12, orné de 8 planches. 4 fr.
Figures coloriées. 5 fr.

BOTANOGRAPHIE BELGIQUE, ou Flore du nord de
la France et de la Belgique proprement dite, par Th. Lestiboudois. 2 vol. in-8. 14 fr.

BOTANOGRAPHIE ÉLÉMENTAIRE, ou Principes
de Botanique, d'Anatomie et de Physiologie végétale, par
Th. Lestiboudois. in-8. 7 fr.

— **BOTANOGRAPHIE UNIVERSELLE**, ou Tableau
général des Végétaux, par Th. Lestiboudois. 2 vol. in-8
10 fr.

CALENDRIER DE FLORE, ou Etudes de Fleurs d'a-
près nature. 3 vol. in-8. 10 fr.

CATALOGUE DE LA FAUNE DE L'AUBE, ou Liste
méthodique des animaux de cette partie de la Champagne,
par J. Ray. In-12. 2 fr. 50

— **DES LÉPIDOPTÈRES**, ou Papillons de la Belgique,
précédé du tableau des Libellulines de ce pays, par M. De
Sélis-Longchamps. In-8. 2 fr.

CAVERNES (des), de leur origine et de leur mode de
formation, par Th. Virlet. In-8. 1 fr.

CHOIX DES PLUS BELLES FLEURS ET DES
PLUS BEAUX FRUITS, par M. Redouté. 1 joli vol.
in-folio orné de 144 planches coloriées. 36 livraisons de
4 planches à 6 fr. chaque livraison, soit pour l'ouvrage
complet, qui est terminé, 216 fr.

**COLLECTION ICONOGRAPHIQUE ET HISTORI-
QUE DES CHENILLES**, ou Description et figures des
chenilles d'Europe, avec l'histoire de leurs métamorphoses,
et des applications à l'agriculture, par MM. Boisduval,
Rambur et Graslin.

Cette collection se composera d'environ 70 livraisons, format grand in-8, et chaque livraison comprendra *trois planches coloriées* et le texte correspondant.

Le prix de chaque livraison est de 3 fr. sur papier vélin.
et franche de port 3 fr. 25 c. — *42 livraisons ont déjà paru.*

*Les dessins des espèces qui habitent les environs de Paris,
comme aussi ceux des chenilles que l'on a envoyées vivantes
à l'auteur, ont été exécutés avec autant de précision que de
talent. L'on continuera à dessiner toutes celles que l'on pourra
se procurer en nature. Quant aux espèces propres à l'Allemagne, la Russie, la Hongrie, etc., elles seront peintes par les
artistes les plus distingués de ces pays.*

*Le texte est imprimé sans pagination; chaque espèce aura
une page séparée, que l'on pourra classer comme on voudra.
Au commencement de chaque page se trouvera le même numéro qu'à la figure qui s'y rapportera, et en titre le nom de
la tribu, comme en tête de la planche.*

*Cet ouvrage, avec l'Icones des Lépidoptères de M. Boisduval,
de beaucoup supérieurs à tout ce qui a paru jusqu'à présent,*

*formeront un supplément et une suite indispensable aux ou-
vrages de Hubner, de Godart, etc. Tout ce que nous pouvons
dire en faveur de ces deux ouvrages remarquables peut se réduire à cette expression employée par M. Dejean dans le cinquième volume de son* Species : *M. Boisduval est de tous nos
entomologistes celui qui connaît le mieux les lépidoptères.*

**CONFÉRENCES SUR LES APPLICATIONS DE
L'ENTOMOLOGIE A L'AGRICULTURE**, précédées
d'un discours, par M. MACQUART. (Extrait des publications
agricoles de la Société des sciences, de l'agriculture et des
arts de Lille), br. in-8o.   75 c.

**CONNAISSANCES (Des) CONSIGNÉES DANS LA
BIBLE**, mises en parallèle avec les découvertes des sciences
modernes, par M. MARCEL DE SERRES. In-8.   1 fr. 50

CONSPECTUS SYSTEMATIS Ornithologiæ, in-f°, par
M. le Prince CHARLES BONAPARTE.   2 f. 50
——— Mastologiæ,   *idem.*   2   50
——— Herpetologiæ,   *idem.*   2   50
——— Icthyologiæ,   *idem.*   2   50

**COUPE THÉORIQUE DES DIVERS TERRAINS,
ROCHES ET MINÉRAUX** qui entrent dans la composi-
tion du sol du Bassin de Paris, par MM. CUVIER et ALEXAN-
DRE BRONGNIART. Une feuille in-fol.   2 fr. 50

COURS D'ENTOMOLOGIE, ou de l'Histoire naturelle
des crustacés, des arachnides, des myriapodes et des insectes, à l'usage des élèves de l'Ecole du Muséum d'Histoire
naturelle, par M. LATREILLE, professeur, membre de l'Institut, etc., contenant le discours d'ouverture du cours.
— Tableau de l'histoire de l'entomologie. — Généralités de
la classe des crustacés et de celle des arachnides, des myriapodes et des insectes. — Exposition méthodique des ordres
des familles, et des genres des trois premières classes.
1 gros vol. in-8, et un Atlas composé de 24 planches. 15 fr.

COURS D'HISTOIRE NATURELLE conforme au nouveau programme de l'Université, par M. FOURNEL. 1re partie. — *Règne animal.* In-8.   6 fr.

**DESCRIPTION DES FOSSILES DES TERRAINS
MIOCENES DE L'ITALIE SEPTENTRIONALE**, par
MICHELOTTI. 1 v. in-4 cart. et 17 pl. noires. Leyde, 1847. 40 f.

**DESCRIPTION ET FIGURES DES PLANTES
NOUVELLES** *et rares du jardin botanique de Leyde*, etc.,
par H. de VRIÈSE. 1 vol en 5 liv. in-folio de 5 pl. et 3 à
5 feuilles de texte. La 1re liv. a paru. Prix   15 fr.

DESCRIPTION GÉOLOGIQUE DE LA PARTIE

MÉRIDIONALE DE LA CHAINE DES VOSGES, par M. Rozet, capitaine au corps royal d'état-major. In-8 orné de planches et d'une jolie carte. 10 fr.

* DESCRIPTION GÉOLOGIQUE DES ENVIRONS DE PARIS, par MM. G. Cuvier et A. Brongniart. In-4, figures. 40 fr.

DESCRIPTION DES MOLLUSQUES FLUVIATILES ET TERRESTRES DE LA FRANCE, et plus particulièrement du département de l'Isère, ouvrage orné de planches représentant plus de 140 espèces, par M. Albin Gras. In-8. 5 fr.

—OURSINS FOSSILES (Des), ou Notions sur l'Organisation et la Glossologie de cette classe, p. Albin Gras. In-8. 6 fr.

DICTIONNAIRE DE BOTANIQUE MÉDICALE ET PHARMACEUTIQUE, contenant les principales propriétés des minéraux, des végétaux et des animaux, avec les préparations de pharmacie, internes et externes, les plus usitées en médecine et en chirurgie, etc., par une Société de médecins, de pharmaciens et de naturalistes. Ouvrage utile à toutes les classes de la société, orné de 17 grandes planches représentant 278 figures de plantes gravées avec le plus grand soin, 3e *édition*, revue, corrigée et augmentée de beaucoup de préparations pharmaceutiques et de recettes nouvelles, par M. Julia de Fontenelle et Barthez. 2 gros vol. in-8, figures noires. 18 fr.

Le même, figures coloriées d'après nature. 25 fr

Cet ouvrage est spécialement destiné aux personnes qui sans s'occuper de la médecine, aiment à secourir les malheureux

* DICTIONNAIRE (nouveau) D'HISTOIRE NATURELLE appliquée aux arts, à l'agriculture, à l'économie rurale et domestique, à la médecine, etc., par une Société de naturalistes et d'agriculteurs. 36 vol. in-8, fig. noires. 120 fr.

Idem, figures coloriées. 250 fr.

* DICTIONNAIRE RAISONNÉ ET UNIVERSEL D'HISTOIRE NATURELLE, contenant l'histoire des animaux, des végétaux et des minéraux, par Valmont de Bomare. 15 volumes in-8. 35 fr.

DILUVIUM (du). Recherches sur les dépôts auxquels on doit donner ce nom et sur les causes qui les ont produits, par M. Melleville; in-8. 2 fr. 50.

DIPTÈRES DU NORD DE LA FRANCE. Par M. J. Macquart. 2 volumes in-8. 12 fr.

DIPTÈRES EXOTIQUES NOUVEAUX OU PEU

4

CONNUS, oar M. J. MACQUART, membre de plusieurs
sociétés savantes; t. 1 et 2, et supplém., 6 livraisons in-8;
prix, figures noires. 42 fr.
Le même ouvrage, fig. coloriées. 72 fr.
— Le Supplément 1846-1847-1848. 1 vol. in-8. 7 fr.
— *Idem*, figures coloriées. 12 fr.

**DISCOURS SUR L'AVENIR PHYSIQUE DE LA
TERRE**, par MARCEL DE SERRES, professeur de minéralogie et de géologie à la Faculté des Sciences de Montpellier,
in-8; prix 2 fr. 50.

ÉLÉMENTS DES SCIENCES NATURELLES, par
A.-M. CONSTANT-DUMÉRIL. 5e édition, 1846, 2 vol. in-
12, fig. 8 fr.

**ÉNUMÉRATION DES ENTOMOLOGISTES VI-
VANTS**, suivie de notes sur les collections entomologistes
des musées d'Europe, etc., avec une table des résidences des
entomologistes. Par SILBERMANN, in-8. 3 fr.

ESSAI MONOGRAPHIQUE sur les Campagnols des
environs de Liège, par M. DE SÉLYS-LONGCHAMPS, in-8,
figures. 3 fr.

**ESSAI SUR L'HISTOIRE NATURELLE DU BRA-
BANT**, par feu M (Mammifères.) 2 fr. 50
(Analyse et Extraits par M. DE SÉLYS-LONGCHAMPS.)

**ESSAI SUR L'HISTOIRE NATURELLE DES SER-
PENTS** de la Suisse, par J. F. WYDER. in-8, fig. 2 fr.

ESSAIS DE ZOOLOGIE GÉNÉRALE, ou Mémoires
et notices sur la Zoologie générale, l'anthropologie et l'histoire de la science, par M. ISIDORE GEOFFROY SAINT-HI-
LAIRE. 1 volume in-8, orné de planches noires. 8 fr. 50.
Figures coloriées. 12 fr.

ÉTUDES DE MICROMAMMALOGIE, revue des so-
rex, mus et arvicola d'Europe, suivies d'un index méthodique des mammifères européens, par M. EDM. DE SÉLYS
LONGCHAMPS. 1 volume in-8. 5 fr

ÉTUDES PROGRESSIVES D'UN NATURALISTE;
pendant les années 1834 et 1835, par M. E. GEOFFROY
SAINT-HILAIRE. Paris, 1835, in-4. 15 fr.

ÉTUDES SUR L'ANATOMIE et la Physiologie des
Végétaux, par THEM. LESTIBOUDOIS. in-8, fig. 6 fr.

EUROPEORUM MICROLEPIDOPTERORUM Index

methodicus, sive Spirales, Tortrices, Tineæ et Alucitæ Linnæi.
Auct. A. Guénée. Pars prima, in-8.   3 fr. 75

FACULTÉS INTÉRIEURES DES ANIMAUX IN-
VERTÉBRÉS , par M. Macquart, 1 vol. iu-8⁰.   5 fr.

FAUNA JAPONICA , sive descriptio animalium quæ in
itinere per Japoniam jussu et auspiciis superiorum, qui
summum in India Batava imperium tenent, suscepto annis
1823-1850, collegit, notis, observationibus et adumbra-
tionibus illustravit Ph. Fr. de Siebold. Prix de chaque livraison : 26 fr. en noir; celles en couleur 32 fr.

Cet ouvrage, auquel participent pour sa rédaction MM. Tem-
minck, Schlegel et Dehaan, se continue avec activité. 41 livraisons
sont en vente; savoir: Mammalogie, 3 liv.; Reptiles, 3 liv.;
Crustacés, 7 liv.; Poissons, 16 liv.; Oiseaux, 12 livr.

FAUNE DE L'OCÉANIE, par le docteur Boisduval.
Un gros vol. in-8, imprimé sur grand papier vélin.   10 fr.

FAUNE ENTOMOLOGIQUE DE MADAGASCAR,
BOURBON ET MAURICE. — *Lépidoptères*, par le docteur Boisduval; avec des notes sur les métamorphoses,
par M. Sganzin.

Huit livraisons, renfermant chacune 2 pl. coloriées, avec
le texte correspondant, sur papier vélin.   32 fr.

FILLE BICORPS de Prunay (sous Abli), connue dans
la science sous le nom de *Ischiopage* de Prunay, par
M. Geoffroy Saint-Hilaire. In-4. Figures.   3 fr.

FLORA JAPONICA, sive Plantæ quas in imperio Japonico
collegit, descripsit, ex parte in ipsis locis pigendas curavit,
D. Ph.-Fr. de Siebold. Prix de chaque livraison 16 fr. coloriée, et 8 fr. noire. Il en paraît 3ᵉ livraisons.

FLORA JAVÆ nec non insularum adjacentium, auctore
Blume. In-folio. Bruxelles. Livraisons 1 à 35. 15 fr. chacune.

FLORE DU CENTRE DE LA FRANCE et du bassin
de la Loire, par M. A. Boreau, directeur du Jardin des
Plantes d'Angers, etc. 2ᵉ édition. 2 vol. in-8; prix : 13 fr.

FLORE DES JARDINS ET DES GRANDES CUL-
TURES, etc., par Seringe. 3 vol. in-8⁰.   27 fr.

FRAGMENTS BIOGRAPHIQUES, précédés d'études
sur la vie, les ouvrages et les doctrines de Buffon, par
M. Geoffroy Saint-Hilaire. In-8.   9 fr.

GENERA ET INDEX METHODICUS Europæorum
Lepidopterorum, pars prima sistens Papiliones sphinges,
Bombyces noctuas, auctore Boisduval. 1 vol. in-8. 5 fr.

HERBARII TIMORENSIS DESCRIPTIO, cum ta-
bulis 6 æneis ; auctore J. DECAISNE. 1 vol. in-4.   15 fr.

HERBIER GÉNÉRAL DES PLANTES DE FRANCE
ET D'ALLEMAGNE, par M. SCHULTZ. In-folio, livraisons
1 à 4.   20 fr. chacune.

*HISTOIRE ABRÉGÉE DES INSECTES, Par M.
GEOFFROY. 2 vol. in-4, figures.   25 fr.

HISTOIRE DES MOEURS ET DE L'INSTINCT DES
ANIMAUX ; distributions naturelles de toutes leurs classes,
par J. J. VIREY. 2 vol. in-8.   12 fr.

HISTOIRE DES PROGRÈS DES SCIENCES NA-
TURELLES, depuis 1789 jusqu'en 1831, par M. le baron
G. CUVIER. 5 vol. in-8.   22 fr. 50.
    Le tome 5 séparément.   7 fr.
    *Le Conseil royal de l'Université a décidé que cet ouvrage
serait placé dans les bibliothèques des collèges et donné en prix
aux élèves.*

HISTOIRE D'UN PETIT CRUSTACÉ (*Artemia sa-
lina*, LEACH.), auquel on a faussement attribué la coloration
en rouge des marais salants méditerranéens, etc., par
N. JOLY. in-4, fig.   5 fr.

HISTOIRE NATURELLE DES LÉPIDOPTÈRES,
RHOPALOCERES, ou Papillons diurnes des départements
des Haut et Bas-Rhin, de la Moselle, de la Meurthe et des
Vosges, publiée par L P. CANTENER. 13 livraisons in-8,
fig. col.   26 fr.

HISTOIRE NATURELLE ET MYTHOLOGIQUE
DE L'IBIS, par J.-C. SAVIGNY. in-8, avec 6 pl.   4 fr.

*HISTOIRE NATURELLE GÉNÉRALE ET PARTI-
CULIÈRE, par M. le comte de BUFFON ; nouvelle édition
accompagnée de notes, etc.; rédigée par M. SONNINI.
Paris, Dufart, 127 vol. in-8.   300 fr.

HISTOIRE NATURELLE, ou éléments de la Faune
française, par MM. BRAGUIER et MAURETTE. In-12,
cahiers 1 à 5, à 2 francs chaque.   10 fr.

ICONES HISTORIQUES DES LÉPIDOPTÈRES
NOUVEAUX OU PEU CONNUS, collection, avec figures
coloriées, des papillons d'Europe nouvellement découverts;
ouvrage formant le complément de tous les auteurs icono-
graphes; par le docteur BOISDUVAL.
    Cet ouvrage se composera d'environ 50 livraisons grand

in-8, comprenant chacune deux planches coloriées et le texte correspondant; prix, 3 francs la livraison sur papier vélin, et franche de port,   3 fr. 25.

Comme il est probable que l'on découvrira encore des es-pèces nouvelles dans les contrées de l'Europe qui n'ont pas été bien explorées, l'on aura soin de publier, chaque année, une ou deux livraisons pour tenir les souscripteurs au courant des nouvelles découvertes. Ce sera en même temps un moyen très-avantageux et très-prompt pour MM. les entomologistes, qui auront trouvé un lépidoptère nouveau, de pouvoir les publier les premiers. C'est-à-dire que, si, après avoir subi un examen nécessaire, leur espèce est réellement nouvelle, leur description sera imprimée textuellement; ils pourront même en faire tirer quelques exemplaires à part. — 42 livraisons ont déjà paru.

ICONOGRAPHIA DELLA FAUNA ITALICA; di CARLO-LUCIANO BONAPARTE, principe di Musignane, 30 livraisons in-folio à 21 fr. 60 chaque.

ICONOGRAPHIE ET HISTOIRE DES LÉPIDOP-TERES ET DES CHENILLES DE L'AMÉRIQUE SEPTENTRIONALE, par le docteur BOISDUVAL, et par le major JOHN LECONTE, de New-York.

Cet ouvrage, dont il n'avait paru que huit livraisons, et interrompu par suite de la révolution de 1830, va être con-tinué avec rapidité. Les livraisons 1 à 26 sont en vente, et les suivantes paraîtront à des intervalles très-rapprochés.

L'ouvrage comprendra environ 50 livraisons. Chaque livrai-son contient 3 planches coloriées, et le texte correspondant. Prix pour les souscripteurs, 3 fr. la livraison.

ICONOGRAPHIE ET HISTOIRE NATURELLE DES COLÉOPTÈRES D'EUROPE, famille des *Carabi-ques*, par M. le comte DEJEAN et M. le docteur BOISDUVAL. 46 livraisons gr. in-8, fig. col. A 6 fr. la liv.   276 fr.

ILLUSTRATIONES PLANTARUM ORIENTALIUM, ou Choix de Plantes nouvelles ou peu connues de l'Asie oc-cidentale, par M. le comte JAUBERT et M. SPACH. Cet ou-vrage formera 5 vol. grand in-4, composés chacun de 100 planches et d'environ 30 feuilles de texte; il paraît par livraisons de 10 planches. Le prix de chacune est de 15 fr. Il en a paru 47 livraisons.

INSECTA CAFFRARIA, annis 1838-45, a J.V. VAHL-BERG, collecta descripsit CAROLUS H. BOHEMAN. Pars 1. Fasc. 1. COLEOPTERA (*Carabici, Hydrocanthari, Gyrinii et Staphylinii*). 1 vol. in-8°.   8 fr.
· Fasc. 2. Coléoptères (Buprestides, Clatérides, Cébrio-

nites, Rhipicérides, Cyphonides, Lycides, Lampyrides, etc. In-8° 10 fr.

INSECTA SUECICA , descripta a Leonardo GYLLEN-MAL. Scaris, 1808 à 1827. 4 vol. in-8. 48 fr.

INTRODUCTION A L'ETUDE DE LA BOTANIQUE, par PHILIBERT. 3 vol. in-8°; fig. col. 18 fr.

MEMOIRES DE L'ACADEMIE DES SCIENCES ET LETTRES DE MONTPELLIER. — Mémoire de la section des sciences, 1847—1848. 2 forts vol. in-4° avec fig. Chaque. 6 fr.

MÉMOIRE SUR LA FAMILLE DES COMBRÉTA-CÉES , par M. DE CANDOLLE. In-4°; fig. 3fr.

MÉMOIRE SUR LES TERMITES observés à Roche-fort et dans divers autres lieux du département de la Cha-rente-Inférieure, par M. BOBE-MOREAU. In-8°. 3 fr.

MÉMOIRE DE LA SOCIÉTÉ DE PHYSIQUE DE GENEVE , in-4°. — Divers Mémoires séparés sur les Selaginées, les Lythraires, les Dypsacées, le Mont-Somma, etc.

— DE LA SOCIÉTÉ D'HISTOIRE NATURELLE de Paris. 5 vol. in-4° avec planches. Prix : 20 fr. chaque volume. Prix total. 100 fr.

MÉMOIRES DE LA SOCIÉTÉ ROYALE DES SCIENCES DE LIÉGE. Tome 1, 1843, in-8°. 8 frs
— Tome 2, 1845. 10 fr.
— Tome 3, 1845 (contenant la Monog. des Coléoptères. subptentamères-phytophages, par LACORDAIRE, t. 1). 12fr.
— Tome 4, 2e partie, in-8° et atlas. 10 fr.
— Tome 5, 1848. Monog. des Coléoptères subptentamères-phytophages, par M. LACORDAIRE, tome 2. 12 fr.
— Tome 6, 1849. Monog. des Odonates. 1 vol. 10 fr.
— Tome 7, 1851. Exposé élémentaire de la Théorie des Intégrales, définies, par MEYER. 1 vol. in-8°. 10 fr.
— Tome 8, renfermant le catalogue des larves des Co-léoptères connues jusqu'à ce jour, avec la description de plu-sieurs espèces nouvelles, par MM. CHAPUIS et CANDÈZE. 12 fr.
— Tome 9, contenant la Monographie des Caloptéry-gines, par M. DE SÉLYS-LONGCHAMPS. 1 vol. in-8. 12 fr.

* MÉMOIRES pour servir à l'Histoire des Insectes, par DE RÉAUMUR. 6 vol. in-4°. 50 fr.

MEMOIRES SUR LES ANIMAUX SANS VERTÉ-

BRES, par J.-C. SAVIGNY. Paris, 1816, 1re partie, premier fascicule, avec 12 pl. 6 fr.
— 2e partie, premier fascicule, avec 24 pl. col. 24 fr.
MÉMOIRES SUR LES MÉTAMORPHOSES DES COLÉOPTERES, par De HAAN. In-4°; fig. 10 fr.
MONITEUR (Le) DES INDES orientales et occidentales, Recueil de Mémoires et de Notices scientifiques et industrielles, etc.; publié par F. DE SIÉBOLD et P. MELVILL DE CARNBÉR. 1846, nos 1, 2, 3, un cahier in-4.
MONOGRAPHIE DES ÉROTYLIENS, famille de l'ordre des Coléoptères, par M. Th. LACORDAIRE. In-8. 9 fr.
— DES LIBELLULIDÉES D'EUROPE, par Edm. DE SELYS-LONGCHAMPS. 1 vol. gr. in-8, avec quatre planches représentant 44 figures. Prix : 5 fr.
MONOGRAPHIA CASSIDIDARUM auctore CAROLO H. BOHEMAN. Tomus primus, cum tab. IV. Holmiæ. 1850. 1 vol. in-8°. 14 fr.
MONOGRAPHIA CASSIDIDARUM. Tome 2. 1854. 14 fr.
NATURE (La) CONSIDÉRÉE comme force instinctive des organes, par J. GUISLAIN. In-8. 2 fr. 50
NOTICE SUR LES DIFFÉRENCES SEXUELLES des Diptères du genre Dolichopus, tirées des nervures des ailes; par M. MACQUART. 1844, in-8. 1 fr.
NOTICE SUR L'HISTOIRE, les Mœurs et l'Organisation de la Girafe, par M. JOLY. In-8. 1 fr.
NOTICES SUR LES LIBELLULIDÉES, extraites des Bulletins de l'Académie de Bruxelles, par Edm. DE SÉLYS-LONGCHAMPS. In-8, fig. 2 fr.
OBSERVATIONS BOTANIQUES, par B.-C. DUMORTIER. In-8. 4 fr.
— OISEAUX (Sur les) AMÉRICAINS admis dans la Faune européenne, par M. SÉLYS-LONGCHAMPS, 1 volume in-8°. 1 fr. 25
OBSERVATIONS SUR LES PHÉNOMÈNES PÉRIODIQUES DU RÈGNE ANIMAL, et particulièrement sur les migrations des oiseaux en Belgique de 1841 à 1846, résumées par E. DE SÉLYS-LONGCHAMPS. Brochure in-4°, prix : 3 fr. 50
OISEAUX AMÉRICAINS (Sur les) admis dans la France européenne, par M. DE SÉLYS-LONGCHAMPS. In-8. 1 fr. 25

ORNITHOLOGIE EUROPÉENNE ou Catalogue analytique et raisonné des oiseaux observés en Europe, par M. DEGLAND. 2 vol. in-8º. 18 fr.

* PAPILLONS D'EUROPE peints d'après nature, par ERNST. 8 tomes en 4 vol. in-4, avec 342 pl. col. 200 fr.

*PAPILLONS EXOTIQUES DES TROIS PARTIES DU MONDE, l'Asie, l'Afrique et l'Amérique, par F. CRAMERS. 4 vol. in-4, rel., avec 400 planches coloriées. 400 fr.

PLANTES (les), Poème, par R. R. CASTEL; nouvelle édition, ornée de 5 figures en taille douce. In-18. 3 fr.

PLANTES RARES DU JARDIN DE GENÈVE, par A. P. DE CANDOLLE; livraisons 1 à 4, in-4, fig. col., à 15 fr. la livraison. Prix total. 60 fr.

PLANTES HERBACEES D'EUROPE ET LEURS INSECTES, par M. MACQUART, in-8º. 1re partie, 3 fr. 50; 2e partie, 3 fr.

PRINCIPES DE PHILOSOPHIE ZOOLOGIQUE, discutés, en mars 1830, au sein de l'Académie des Sciences, par M. GEOFFROY-SAINT-HILAIRE, 1 vol. in-8º. 4 fr. 50

RÉCAPITULATION DES HYBRIDES OBSERVÉS DANS LA FAMILLE DES ANATIDÉES, par E. DE SÉLYS-LONGCHAMPS, brochure in-8º. 1 fr. 25

RECHERCHES HISTORIQUES, ZOOLOGIQUES, ANATOMIQUES ET PALÉONTOLOGIQUES sur la Girafe, par MM. N. JOLY et A. LAVOCAT. In-4, fig. 10 fr.

RECHERCHES SUR LE DÉVELOPPEMENT et les Métamorphoses d'une petite Salicoque d'eau douce, par M. JOLY. In-8. 2 fr.

RÈGNE ANIMAL, d'après M. DE BLAINVILLE, disposé en séries, en procédant de l'homme jusqu'à l'éponge, et divisé en trois sous-règnes; tableau supérieurement gravé. Prix: 3 fr. 50

Et collé sur toile, avec gorge et rouleau. 8 fr.

REVUE ENTOMOLOGIQUE, publiée par G. SILBERMANN. Strasbourg, 1833 à 1837; 5 vol. in-8. 36 fr. par an. (2 vol.)

*RUMPHIUS (G. Ev.); Cabinet des raretés de l'île d'Amboine (en hollandais). Amsterdam, 1705; in-folio, fig. 50 fr.

* RUMPHII (G. Ev.) Herbarium Amboinense, Belgico et Lat., cura et studio J. BURMANNI. Amstelod., 1750; 7 vol. In-folio. 200 fr.

RUMPHIA, sive Commentationes botanicæ imprimis de plantis Indiæ Orientalis, tum penitus incognitis, tum quæ in libris Rheedii, Rumphii, Roxburghii, Gallichii, aliorum recensentur, auctore C.-L. BLUME, cognomine RUMPHIO. Le prix de chaque livraison est fixé, pour les souscripteurs, à 15 fr. L'ouvrage complet, 40 livraisons,   600 fr.

SERRES CHAUDES DU MUSÉUM D'HISTOIRE NATURELLE, ou Notice sur les Constructions du Jardin des Plantes, par M. ROHAULT, architecte. in-folio.   30 fr.

SINGULORUM GENERUM CURCULIONIDUM unam alteramve speciem, additis Iconibus a David LABRAM, illustravit L. IMHOF. Fascis. 1 à 7, in-12.   à 2 fr. chaque.

— SPECIES GENERAL DES COLEOPTERES, de M. DEJEAN, avec les Hydrocanthares de M. AUBÉ. 7 vol. in-8º.   100 fr.

L'on vend séparément le tome V en deux parties (ce volume a été détruit dans un incendie).   35 fr.

SYNONYMIA INSECTORUM.—GENERA ET SPECIES CURCULIONIDUM (ouvrage comprenant la synonymie et la description de tous les Curculionites connus), par M. SCHOENHER. 8 tomes en 16 parties. (Ouvrage terminé.) Prix :   144 fr.

CURCULIONIDUM DISPOSITIO methodica cum generum characteribus, descriptionibus atque observationibus variis, seu Prodromus ad Synonymiæ insectorum partem IV, auctore C.-J. SCHOENHERR. 1 vol. in-8. Lipsiæ, 1826.   7 fr.

L'éditeur vient de recevoir de Suède et de mettre en vente le petit nombre d'exemplaires restant de la Synonymia insectorum du même auteur. Chaque volume qui compose ce dernier ouvrage est accompagné de planches coloriées, dans lesquelles l'auteur a fait représenter des espèces nouvelles.

SYNONYMIA INSECTORUM. Oder Versuch, etc. SCHOENHERR. Skara et Upsaliæ, 1817. 4 vol. in-8.   50 fr.

* SPECTACLE (le) DE LA NATURE, ou Entretiens sur l'Histoire naturelle, suivi de l'Histoire du Ciel, par PLUCHE. 11 vol. in-12.   20 fr.

STATISTIQUE GÉOLOGIQUE ET MINÉRALOGIQUE du Département de l'Aube, par A. LEYMERIE. Troyes, 1846, 1 vol. in-8 et Atlas in-4. Prix   15 fr.

TABLEAU DE LA DISTRIBUTION MÉTHODIQUE

DES ESPECES MINERALES, suivie dans le cours de minéralogie fait au Muséum d'Histoire naturelle en 1853, par M. Alexandre BRONGNIART, professeur. Brochure In-8.   2 fr.

TABLEAU DU REGNE VEGETAL, d'après la méthode de A.-L. DE JUSSIEU, modifiée par M. A. RICHARD, comprenant toutes les familles naturelles; par M. Ch. D'ORBISNY. 2e édition; 1 feuille et quart in-plano.   2 fr.

    Idem, coloriée.   3 fr.

TAILLE DU POIRIER ET DU POMMIER en fuseau. par CHOPPIN. 1 vol. in-8°, fig. 2me éd.   3 fr.

THÉORIE ÉLÉMENTAIRE DE LA BOTANIQUE, ou Exposition des Principes de la Classification naturelle et de l'Art de décrire et d'étudier les végétaux, par M. DE CANDOLLE. 3e édition; 1 vol. in-8.   8 fr.

TRAITÉ ANATOMIQUE de la Chenille qui ronge le bois de saule, par LIONNET. In-4. figures.   36 fr.

TRAITÉ DE L'EXTERIEUR DU CHEVAL et des principaux animaux domestiques, par LECOQ. 1 vol. in-8°, 2me édit., fig.   10 fr.

— ÉLÉMENTAIRE DE MINÉRALOGIE, par F.-S. BEUDANT, de l'Académie royale des Sciences, nouvelle édition considérablement augmentée. 2 vol. in-8, accompagnés de 24 planches.   21 fr.

ZEITSCHRIFT FUR DIE ENTOMOLOGIE herausgegeben von ERNST FRIEDRICH GERMAR. Leipzig, 1839 à 1844. 5 vol. in-8.   52 fr.

ZOOLOGIE CLASSIQUE, ou Histoire naturelle du Règne animal, par M. F.-A. POUCHET, professeur de zoologie au Muséum d'Histoire naturelle de Rouen, etc.: seconde édition, considérablement augmentée. 2 vol. in-8, contenant ensemble plus de 1,300 pages, et accompagnés d'un Atlas de 44 planches et de 5 grands tableaux gravés sur acier. Prix des 2 vol.   16 fr.

    Prix de l'Atlas, figures noires.   10 fr.

    —   figures coloriées   30 fr.

NOTA. *Le Conseil de l'Université a décidé que cet ouvrage serait placé dans les bibliothèques des collèges.*

AGRICULTURE,

ÉCONOMIE RURALE ET JARDINAGE.

(Voir aussi la Collection de Manuels, page 5.)

ABRÉGÉ DE L'ART VÉTÉRINAIRE, ou Description raisonnée des Maladies du Cheval et de leur Traitement, suivi de l'anatomie et de la physiologie du pied et des principes de ferrure; avec des observations sur le régime et l'exercice du cheval, etc., par WHITE; traduit de l'anglais et annoté par M. V. DELAGUETTE, vétérinaire. 2ᵉ édition, in-12.   3 fr. 50

AGRICULTURE FRANÇAISE, par MM. les Inspecteurs de l'agriculture, publiée d'après les ordres de M. le Ministre de l'Agriculture et du Commerce, contenant la description géographique, le sol, le climat, la population, les exploitations rurales; instruments aratoires, engrais, assolements, etc., de chaque département. 6 vol., accompagnés chacun d'une belle carte, sont en vente, savoir :

Département de l'Isère. 1 vol. in-8.   5 fr.
—   du Nord. In-8.   5
—   des Hautes-Pyrénées. In-8.   5
           de la Haute-Garonne. In-8.   5
—   des Côtes-du-Nord. In-8.   8
—   du Tarn.   5

AGRICULTURE DES ANCIENS, par DICKSON; traduit de l'anglais. 2 vol. in-8.   10 fr.

— PRATIQUE des différentes parties de l'Angleterre par MARSCHAL. 5 vol. in-8 et Atlas.   20 fr.

ALIMENTAIRES (des CONSERVES), nouveau procédé, par M. WILLAUMEZ. In-12.   2 fr. 25

AMATEUR DES FRUITS (l'), ou l'Art de les choisir, de les conserver, de les employer, principalement pour faire les compotes, gelées, marmelades, confitures, etc., par M. L. ARBOIS. in-12.   2 fr. 50

AMÉLIORATION (De l') DE LA SOLOGNE, par M. R. PARETO. In 8.   2 fr. 50

AMPÉLOGRAPHIE RHÉNANE, par STOLTZ, 1 vol. gr. in-4. fig. noires.   17 fr.
    Le même ouvrage, fig. col.   25 fr.

ANATOMIE DE LA VIGNE, par W. LAPPEL, traduit de l'anglais par V. DE MOLÉON. In-8.   3 fr.

ANIMAUX (les) CÉLÈBRES, anecdotes historiques sur les traits d'intelligence, d'adresse, de courage, de bonté, l'attachement, de reconnaissance, etc., des animaux de toute espèce, ornés de grav., par A. ANTOINE. 2 v. in-12 1e édition. 5 fr.

MM. Lebigre frères et Béchet, rue de la Harpe, *ont été condamnés* pour avoir vendu une *contrefaçon* de cet ouvrage.

ANNALES AGRICOLES DE ROVILLE, ou Mélanges d'Agriculture, d'Economie rurale et de Législation agricole, par M. C.-J.-A. MATHIEU DE DOMBASLE. 9 vol. in-8, figures. 61 fr. 50

Les volumes se vendent séparément, savoir :
Les tomes 1, 2, 3, 4, chacun 7 fr. 50
Et 5, 6, 8 et supplément, chacun 6 fr.

ANNUAIRE DU BON JARDINIER ET DE L'AGRONOME, renfermant la description et la culture de toutes les plantes utiles ou d'agrément qui ont paru pour la première fois.
Les années 1826, 27, 28, chacune 1 fr. 50
Les années 1829 et 1830, *idem* 3 fr.
Les années 1831 à 1842, *idem* 3 fr. 50

APPLICATION (De l') DE LA NOUVELLE LOI SUR LA POLICE DE LA CHASSE, en ce qui regarde l'agriculture et la reproduction des animaux; par L.-L. GADEBLED. In-8, 3 fr. 50

APPLICATION (De l') DE LA VAPEUR A L'AGRICULTURE, de son Influence sur les Mœurs, sur la Prospérité des Nations et l'Amélioration du Sol, par GIRARD. Grand in-8. 75 c.

ART (l') DE COMPOSER ET DÉCORER LES JARDINS, par M. BOITARD ; ouvrage entièrement neuf, orné de 140 planches gravées sur acier. Prix de l'ouvrage complet, texte et planches. 15 fr.

Cette publication n'a rien de commun avec les autres ouvrages du même genre, portant même le nom de l'auteur. Le traité que nous annonçons est un travail tout neuf que M. Boitard vient de terminer après des travaux immenses; il est très-complet et à très-bas prix, quoiqu'il soit orné de 140 planches gravées sur acier. L'auteur et l'éditeur ont donc rendu un grand service aux amateurs de jardins en les mettant à même de tirer de leurs propriétés le meilleur parti possible.

ART (l') DE CRÉER LES JARDINS, contenant les préceptes généraux de cet art, leur application développé par des vues perspectives, coupe et élévations, par des exemples choisis dans les jardins les plus célèbres de France et d'Angleterre; et le tracé pratique de toutes espèces de jarlins; par M. N. Vergnaud, architecte à Paris. Ouvrage imprimé sur format in-fol., et orné de lithographies dessinées par nos meilleurs artistes.

Prix : rel. sur papier blanc. 45 fr.
— sur papier chine. 56
— colorié. 80

ART DE CULTIVER LES JARDINS, ou Annuaire du bon Jardinier et de l'Agronome, renfermant un calendrier indiquant, mois par mois, tous les travaux à faire tant en jardinage qu'en agriculture : les principes généraux du jardinage; la culture et la description de toutes les espèces et variétés de plantes potagères, ainsi que toutes les espèces et variétés de plantes utiles ou d'agrément; par un Jardinier agronome. 1 gros vol. in-18. 1845. Orné de figures. 3 fr. 50

ART (l') DE FAIRE LES VINS DE FRUITS, précédé d'une Esquisse historique de l'Art de faire le Vin de Raisin, de la manière de soigner une cave; suivi de l'Art de faire le Cidre, le Poiré, les Aromes, le Sirop et le Sucre de Pommes de terre, etc.; traduit de l'anglais, de Accum, par MM. G*** et OL***. un vol. avec planches. 2 fr. 50

ASSOLEMENTS, JACHÈRES ET SUCCESSION DES CULTURES, par feu V. Yvart, annoté par M. V. Rendu, inspecteur de l'agriculture. 3 vol. in-18. 10 fr. 50
Idem. Edition en 1 vol. in-4. 12 fr.
Ouvrage contenant les méthodes usitées en Angleterre, en Allemagne, en Italie, en Suisse et en France.

BOUVIER (le nouveau), ou Traité des Maladies des Bestiaux, Description raisonnée de leurs maladies et de leur traitement, par M. Delaguette, médecin-vétér. In-12. 3 fr. 50

BOUCHERIE TAXÉE, ou Tableau figuratif de toutes les catégories. 75 c.

CALENDRIER DU BON CULTIVATEUR, ou Manuel de l'Agriculteur-Praticien, par C.-J.-A. Mathieu de Dombasle. 8e édition. In-12, figures. 4 fr. 50

CHASSEUR-TAUPIER (le), ou l'Art de prendre les taupes par des moyens sûrs et faciles, précédé de leur histoire naturelle, par M. Rédarès. in-18, fig. 90 cent.

CODE FORESTIER, conféré et mis en rapport avec la législation qui régit les différents propriétaires et usagers dans les bois, par M. Curasson. 2 vol. in-8. 12 fr.

COLLECTION DE NOUVEAUX BATIMENTS pour la décoration des grands jardins, avec 44 pl. in-fol. 50 fr.

CORRESPONDANCE RURALE, contenant des obser-

vations critiques et utiles, par DE LA BRETONNERIE. 3 vol.
in-12. 7 fr. 50

CORDON BLEU (le), nouvelle Cuisinière bourgeoise, rédigée et mise par ordre alphabétique, par Mlle MARGUERITE, 12e édition, considérablement augmentée. In-18. 1 fr.

COURS ÉLÉMENTAIRE D'AGRICULTURE, par M. RISLER. In-12. 2 fr. »

COURS COMPLET D'AGRICULTURE (nouveau), du 19e siècle, contenant la grande et la petite culture, l'économie rurale domestique, la médecine vétérinaire, etc., par les Membres de la section d'Agriculture de l'Institut royal de France, etc. Nouvelle édition revue, corrigée et augmentée. Paris, Deterville. 16 vol. in-8, de près de 600 pages chacun, ornés de planches en taille-douce. 56 fr.

— D'AGRICULTURE (petit), ou Encyclopédie agricole, par M. MAUNY DE MORNAY, contenant les livres du Cultivateur, du Jardinier, du Forestier, du Vigneron, de l'Economie et Administration rurales, du Propriétaire et de l'Eleveur d'animaux domestiques. 7 vol. grand in-18, avec fig. 15 f. 50

COURS COMPLET D'AGRICULTURE PRATIQUE, par BURGER, PFEIL, ROHLWES et RUFFINY; trad. de l'all. par N. NOIROT; suivi d'un Traité sur les Vers à Soie et la Culture du Murier, par M. BONAFOUS, etc. In-4. 10 fr.

— SIMPLIFIE D'AGRICULTURE, par L. DUBOIS (Voyez Encyclopédie du Cultivateur). 9 vol. in-12. 20 fr.

* CULTIVATEUR (le) ANGLAIS, ou OEuvres choisies d'Agriculture et d'Economie rurale et politique, par ARTHUR YOUNG. 18 vol. in-8. 50 fr.

CULTURE DE LA VIGNE dans le Calvados et autres pays qui ne sont pas trop froids pour la végétation de cet intéressant arbrisseau, et pour que ses fruits y mûrissent, par M. JEAN-FRANÇOIS NOGET. In-8. 75 c.

DICTIONNAIRE D'AGRICULTURE PRATIQUE, contenant la grande et la petite culture, par M. le comte FRANÇOIS DE NEUFCHATEAU. 2 vol. in-8. 12 fr.

· DICTIONNAIRE DES JARDINIERS, ouvrage traduit de l'anglais de MILLER. 10 vol. in-4. 50 fr

DICTIONNAIRE RURAL ET RAISONNÉ des plantes préservatives et curatives des Maladies des Bestiaux, par Mme GACON-DUFOUR. 2 vol. in-8. 6 fr.

ÉCOLE DU JARDIN POTAGER, suivie du Traité de la Culture des Pêchers, par M. DE COMBLES, 6e édition, revue par M. LOUIS DUBOIS. 3 vol. in-12. 4 fr. 50

ÉCONOMIE AGRICOLE, lait obtenu sans le secours de la main. *Trayons artificiels*; par M. PARISOT. 75 c.

ÉCUSSON-GREFFE, ou nouvelle manière d'écussonner les ligneux, par VERGNAUD ROMAGNÉSI. 1830. in-12. 1 fr.

ÉLÉMENTS D'AGRICULTURE, ou Leçons d'Agriculture appliquées au département d'Ille-et-Vilaine, et à quelques départements voisins, par J. BODIN. 2ᵉ édition, in-12 figures. 1 fr. 60

ELOGE HISTORIQUE de l'Abbé FRANÇOIS ROZIER, restaurateur de l'Agriculture française, par A. THIÉBAUT DE BERNEAUD. in-8. 1 fr. 50

ENCYCLOPÉDIE DU CULTIVATEUR, ou Cours complet et simplifié d'agriculture, d'économie rurale et domestique, par M. LOUIS DUBOIS. 2ᵉ édition, 9 vol. in-12 ornés de gravures. 20 fr.

Le vol. 9 se vend séparément 4 fr.

Cet ouvrage, très-simplifié, est indispensable aux personnes qui ne voudraient pas acquérir le grand ouvrage intitulé : Cours d'agriculture au XIXᵉ siècle.

ESSAI SUR L'ÉDUCATION DES ANIMAUX, le Chien pris pour type, par AD. LÉONARD. in-8. 5 fr.

FABRICATION DU FROMAGE, par le Dʳ F. GERA, traduit de l'italien par V. RENDU. in-8, fig. (Couronné par la Société royale et centrale d'agriculture.) 5 fr.

GREFFES (Des) ET DES BOUTURES FORCÉES pour la rapide Multiplication des Roses rares et nouvelles, par M. LOISELEUR DESLONGCHAMPS. in-8. (Extrait de *l'Agriculteur praticien*.) 50 c.

HISTOIRE DU PÊCHER, par M. DUVAL, in-8. 1 fr. 50

HISTOIRE DU POIRIER (Pyrus sylvestris), par DUVAL. Br. in-8º (extrait de l'Agriculteur praticien). 1 fr. 50

HISTOIRE DU POMMIER, par M. DUVAL. In-8. 1 fr. 50

INSTRUCTION SUR LE CHOU MARIN, par ROUSSELOT. in-8. 50 c.

——— LA TOMATE, *idem*. 25 c.

INSTRUCTION SUR LA CULTURE NATURELLE ET FORCÉE DE L'ASPERGE, par ROUSSELON. in-8. 50 c

JOURNAL D'AGRICULTURE, d'Economie rurale et des Manufactures du royaume des Pays-Bas. La collection complète, jusqu'à la fin de 1823, se compose de 16 vol. in-8. Prix, à Paris. 75 fr.

JOURNAL DE MÉDECINE VÉTÉRINAIRE théorique et pratique, et Analyse raisonnée de tous les ouvrages français et étrangers qui ont du rapport avec la médecine des animaux domestiques; recueil publié par MM. Bracy-Clark, Crépin, Cruzel, Delaguette, Dupuy, Godine jeune, Lebas, Prince, Rodet, médecins vétérinaires. 6 vol. in-8. (1830 à 1835.)   60 fr.

Chaque année séparée.   12 fr.

*MAISON RUSTIQUE (la nouvelle), ou Économie rurale pratique des biens de campagne. 3 vol. in-4. fig.   24 fr.

MANUEL DES CONSOMMATEURS DE THÉ, CHOCOLAT et CAFÉ, par Gendereau. Br. in-8.   75 c.

MANUEL POPULAIRE D'AGRICULTURE, d'après l'état actuel des progrès dans la culture des champs, des prairies, de la vigne, des arbres fruitiers; dans l'éducation du gros bétail, etc., par J. A. Schlipf; trad. de l'All. par Napoléon Nicklès. 1844. In-8.   4 fr.

MANUEL DES INSTRUMENTS D'AGRICULTURE ET DE JARDINAGE les plus modernes, contenant la gravure et la description détaillée des Instruments nouvellement inventés ou perfectionnés, la plupart dessinés dans les meilleurs Ateliers de la capitale. Ouvrage orné de 121 planches et de gravures sur bois intercalées dans le texte, par M. Boitard. 1 vol. grand in-8°.   12 fr.

MANUEL COMPLET DU JARDINIER, Maraîcher, Pépiniériste, Botaniste, Fleuriste et Paysagiste, par M. Noisette. 2e édition. 5 vol. in-8.   30 fr.

MANUEL DU FABRICANT D'ENGRAIS, ou de l'Influence du noir animal sur la végétation, par M. Bertin. 1 vol. in-18.   2 fr. 50

MANUEL DU PLANTEUR. Du Reboisement, de sa nécessité et des méthodes pour l'opérer, par De Bazelaire. In-12.   1 fr. 25

MELON (Du) ET DE SA CULTURE, par M. Duval. Brochure in-8. (Extrait de l'Agriculteur praticien.) 75 c.

MÉMOIRE SUR L'ALTERNANCE DES ESSENCES FORESTIÈRES, par Gustave Gand. In-8.   1 fr. 50

MÉTHODE ABRÉGÉE DU DRESSAGE DES CHEVAUX DIFFICILES, et particulièrement des Chevaux d'armes. In-8.   2 fr.

MÉMOIRE SUR LES DAHLIAS, leur culture, leurs propriétés économiques et leurs usages comme plantes d'ornement, par Arsène Thiébaut de Berneaud. Brochure in-8, 2e édition.   75 c.

MÉTHODE DE LA CULTURE DU MELON en

pleine terre, par M. J.-F. Noget. in-8.'   1 fr. 25

MONOGRAPHIE DU MELON, contenant la Culture, la Description et le Classement de toutes les variétés de cette espèce, etc., par M. Jacquin aîné, 1 volume in-8° avec planches : Figures coloriées,   15 fr.

Figures noires,   7 fr. 50

NOTICE SUR LA PLEUROPNEUMONIE ÉPIZOOTIQUE DE L'ESPÈCE BOVINE, régnant dans le département du Nord, par A. B. Loiset, 1 vol. in-8°.   2 fr.

OBSERVATIONS GÉNÉRALES sur les Plantes qui peuvent fournir des Couleurs Bleues à la Teinture, suivies de Recherches sur le Polygonum Tinctorium, etc.; par N. Joly. in-4, fig.   5 fr.

ORDONNANCE DE LOUIS XIV, roi de France et de Navarre, indispensable à tous les marchands de bois flottés, de charbon, à tous autres marchands et à tous les propriétaires de biens situés près des rivières navigables. in-18. 2 fr.

PARFAIT CONSERVATEUR des GRAINS et FARINES, par Perret. Br. in-8.   1 fr.

PATHOLOGIE CANINE, ou Traité des Maladies des Chiens, contenant aussi une dissertation très-détaillée sur la rage, la manière d'élever et de soigner les chiens; par M. Delabère-Blaine, traduit de l'anglais et annoté par M. V. Delaguette, vétérinaire. Avec 2 planches représentant 18 espèces de chiens. 1 vol. in-8.   6 fr.

PHARMACOPÉE VÉTÉRINAIRE, ou Nouvelle Pharmacie hippiatrique, contenant une classification des médicaments, les moyens de les préparer et l'indication de leur emploi, etc., par M. Bracy-Clark. 1 vol. in-12, planches. 2 fr.

PRATICIEN DE LA VILLE ET DE LA CAMPAGNE, par L. Hoste. 1 vol. in-12.   2 fr. 50

PRATIQUE DU JARDINAGE, par Roger Schabol. 2 vol. in-12, fig.   7 fr. 50

PRATIQUE RAISONNÉE de la taille du pêcher en espalier carré, par Lepère. in-8. Figures.   4 fr.

PRATIQUE SIMPLIFIEE DU JARDINAGE, à l'usage des personnes qui cultivent elles-mêmes un petit domaine, contenant un potager, une pépinière, un verger, des espaliers, un jardin paysager, des serres, des orangeries et un parterre, etc.; 6e édition; par M. L. Dubois. 1 vol. in-18, orné de planches.   2 fr. 50

PREMIÈRES NOTIONS DE VITICULTURE, par Stoltz. 1 vol. in-18.   90 c.

PRINCIPES D'AGRICULTURE et d'Hygiène-Vétéri-
naire, par MAGNE. 1 vol. in-8. 10 fr.

QUATRE (les) JARDINS ROYAUX DE PARIS, ou
Descriptions de ces quatre jardins. 3e édition, in-18. 1 fr. 50

RECUEIL DE MÉMOIRES, notices et procédés choisis
sur l'agriculture, l'industrie, l'économie domestique, le mûrier multicaule, etc. (ou l'Omnibus journal, année 1834.)
1 vol. in-8. 5 fr

SECRETS DE LA CHASSE AUX OISEAUX, con-
tenant la manière de fabriquer les filets, les divers pièges,
appeaux, etc.; l'art de les élever, de les soigner, de les guérir,
etc., par M. G..., amateur. 1 vol. in-18 avec figures. 3 fr. 50

SERRES CHAUDES, Galerie de Minéralogie et de Géologie, ou Notice sur les constructions du Muséum d'Histoire
Naturelle, par M. ROHAULT (architecte). In-folio. 30 fr.

*SYSTEM OF AGRICULTURE, from the Encyclopedia
britannica, seventh edition, by JAMES CLEGHORN. Edimburgh, 1831, in-4, fig. 13 fr. 50

TABLEAUX DE LA VIE RURALE, ou l'Agriculture
enseignée d'une manière dramatique, par M. DESORMEAUX.
3 vol. in-8. 18 fr.

*THÉÂTRE D'AGRICULTURE et ménage des champs
d'OLIVIER DE SERRES, nouv. édition. 2 vol. in-4. 25 fr

TRAITÉ DES ARBRES ET ARBUSTES que l'on
cultive en pleine terre en Europe et particulièrement en
France, par *Duhamel du Monceau*, rédigé par MM. *Veillard, Jaume Saint-Hilaire, Mirbel, Poiret*, et continué
par M. *Loiseleur-Deslongchamps*; ouvrage enrichi de 500
planches gravées par les plus habiles artistes, d'après les
dessins de *Redouté* et *Bessa*, peintres du muséum d'histoire
naturelle; 7 vol. in-fol., papier jésus vélin, figures coloriées. Au lieu de 3,300 francs, 750 fr.

— Le même, papier carré vélin, figures coloriées. Au
lieu de 2,100 francs, 450 fr.

— Le même, papier carré fin, figures coloriées. 350 fr.

— Le même, figures noires. Au lieu de 775 fr. 200 fr

On a extrait de cet ouvrage le suivant :

NOUVEAU TRAITÉ DES ARBRES-FRUITIERS,
par DUHAMEL, nouvelle édition, très-augmentée par MM.
VEILLARD, DE MIRBEL, POIRET et LOISELEUR-DESLON-
CHAMPS, 2 vol. in-folio, ornés de 145 planches. Prix:
Fig. noires 50 fr.; — fig. coloriées, papier fin. 100 fr.

Fig. coloriées, papier vélin.   125 fr.

Fig. coloriées, format jésus vélin.   .   .   .   .   150 fr.

TRAITÉ DE CULTURE THÉORIQUE ET PRA-
TIQUE, par HUBERT CARRÉ. In-12.   2 fr.

TRAITÉ DE CULTURE FORESTIÈRE, par HENRI
COTTA, traduit de l'allemand par GUSTAVE GAND, garde
général des forêts. 1 vol. in-8.   7 fr.

TRAITÉ D'INSTRUMENTS ARATOIRES, par
MOYSEN. Br. in-8.   1 fr.

*TRAITÉ PARFAIT DES MOULINS, ou Recherches
exactes de toutes sortes de moulins connus jusqu'à présent,
par L.-V. NATERUS, J. POLLY et C.-V. VUNREN. Amsterdam, 1734 (en hollandais), grand in-folio, fig.   75 fr.

TRAITÉ DE LA COMPTABILITÉ AGRICOLE, par
l'application du système complet des écritures en parties
doubles, par MM. PERRAULT DE JOTEMPS père et fils.
4 cahiers in-folio.   12 fr.

TRAITÉ DE L'AMÉNAGEMENT DES FORÊTS,
enseigné à l'école royale forestière, par M. DE SALOMON. 2
vol. in-8 et Atlas in-4.   20 fr.

TRAITÉ DES MALADIES DES BESTIAUX, ou
Description raisonnée de leurs maladies et de leur traitement;
suivi d'un aperçu sur les moyens de tirer des bestiaux les
produits les plus avantageux, par M. V. DELAGUETTE, vétérinaire. In-12.   3 fr. 50

TRAITÉ DU CHANVRE DU PIÉMONT, DE LA
GRANDE ESPECE, sa culture, son rouissage et ses produits, par REY, in-12.   1 fr. 50

TRAITÉ SUR LA DISTILLATION DES POMMES
DE TERRE, par EVARISTE HOURIER. In-18.   1 fr. 50

TRAITÉ RAISONNÉ SUR L'ÉDUCATION DU CHAT
DOMESTIQUE, et du Traitement de ses Maladies, par
M. R***. In-12.   1 fr. 50

TRAITÉ DE LA TAILLE DES ARBRES FRUITIERS,
contenant les Notions indispensables de Physiologie végétale;
un précis raisonné de la multiplication, de la plantation et de
la culture; les vrais principes de la taille, et leur application
aux formes diverses que reçoivent les arbres fruitiers, avec
des planches pour l'intelligence du texte, par M. DE BAVAY,
de Vilvorde, 1 vol. in-8.   3 fr. 50

TRAITÉ THÉORIQUE ET PRATIQUE sur la Cul-
ture des Grains, suivi de l'Art de faire le pain, par PAR-
MENTIER, etc. 2 vol. in-8, fig.   12 fr.

ÉDUCATION, MORALE, PIÉTÉ.

ABRÉGÉ CHRONOLOGIQUE DE L'HISTOIRE DE FRANCE, depuis les temps les plus anciens jusqu'à nos jours, par H. ENGELHARD, in-18, broché.   75 c.

Idem, cartonné.   90 c.

ABRÉGÉ DE LA FABLE ou de l'Histoire poétique, par le P. JOUVENCY, in-18.   1 fr. 50

ABRÉGÉ DE LA GRAMMAIRE ALLEMANDE, pour les élèves des cinquième et quatrième classes des collèges de France, par M. MARCUS. In-12, broché. 1 fr. 50

ABRÉGÉ DE LA GRAMMAIRE LATINE (ou Méthode brévidoctive de prompt enseignement), par B. JULLIEN. 1841, in-12.   2 fr.

ABRÉGÉ DE LA GRAMMAIRE DE WAILLY, in-12.   75 c.

ABRÉGÉ DE L'HISTOIRE SAINTE, avec des preuves de la religion, par demandes et par réponses, in-12. 60 c.

ABRÉGÉ D'HISTOIRE UNIVERSELLE ; *première partie*, comprenant l'histoire des Juifs, des Assyriens, des Perses, des Égyptiens et des Grecs, jusqu'à la mort d'Alexandre-le-Grand, avec des tableaux de synchronismes, par M. BOURGON, professeur de l'Académie de Besançon. 2e édition. In-12.   2 fr.

— *Deuxième partie*, comprenant l'histoire des Romains, depuis la fondation de Rome, et celle de tous les peuples principaux, depuis la mort d'Alexandre-le-Grand jusqu'à l'avènement d'Auguste à l'empire, par M. BOURGON, etc. In-12.   3 fr. 50

— *Troisième partie*, comprenant un ABRÉGÉ DE L'HISTOIRE DE L'EMPIRE ROMAIN, depuis sa fondation jusqu'à la prise de Constantinople, par M. BOURGON. In-12. 2 fr. 50

Quatrième partie, comprenant l'histoire des Gaulois, les Gallo-Romains, les Francs et les Français jusqu'à nos jours, avec des tableaux de synchronismes, par M. J.-J. BOURGON. 2 vol. in-12.   6 fr.

ABRÉGÉ DU COURS DE LITTÉRATURE de DE LA HARPE, publié par RÉNÉ PÉRIN. 2 vol. in-12.   7 fr.

ANALYSE DES SERMONS du P. GUYON, précédée de l'Histoire de la mission du Mans, par GUYARD. 1 vol. in-12, 3e édition, au Mans, 1833.   2 fr.

ANALYSE DES TRADITIONS RELIGIEUSES des

peuples indigènes de l'Amérique, in-8. 3 fr.

ANNÉE AFFECTIVE (l'), ou Sentiments sur l'amour de Dieu, tirés du Cantique des Cantiques, pour chaque jour de l'année, par le Père AVRILLON, in-12. 2 fr. 5(

ARITHMÉTIQUE DES DEMOISELLES, ou Cours élément. d'arithm. en 12 leç., par M. VANTENAC. In-12. 1 fr. 5r
Cahier de questions pour le même ouvrage. 50 c

ARITHMÉTIQUE DES ÉCOLES PRIMAIRES, en 22 leçons, par L.-J. GEORGE, In-8. 1 fr.

ARITHMÉTIQUE ÉLÉMENTAIRE, théorique et pratique, par M. JOUANNO, In-8. 3 fr. 5i

ART DE BRODER, ou Recueil de modèles coloriés, analogues aux différentes parties de cet art, à l'usage des demoiselles, par AUGUSTIN LEGRAND. 1 vol. oblong. 7 fr.

ASTRONOMIE DES DEMOISELLES, ou Entretiens entre un frère et sa sœur, sur la Mécanique céleste, démontrée et rendue sensible sans le secours des mathématiques, suivie de problèmes dont la solution est aisée, par JAMES FERGUSSON et M. QUÉTRIN. 1 vol. in-12. 3 fr. 5(

L'ASTRONOMIE ILLUSTRÉE, par ASA SMITH, revue par WAGNER, WUST et SARRUS. In-4 cartonné. 6 fr.

ATLAS (NOUVEL) NATIONAL DE LA FRANCE, par départements, divisés en arrondissements et cantons, avec le tracé des routes royales et départementales, des canaux, rivières, cours d'eau navigables, des chemins de fer construits et projetés, etc., dressé à l'échelle de 11,350.000, par CHARLES, géographe, avec des augmentations, par DARMET. chargé des travaux topographiques au ministère des affaires étrangères. In-folio, grand-raisin des Vosges

Le *Nouvel Atlas national* se compose de 80 planches (à cause de l'uniformité des échelles ; sept feuilles contiennent deux départements).

Chaque carte séparée, en noir. 40 c.
Idem, coloriée. 60 c.

AVENTURES DE ROBINSON CRUSOÉ, par DANIEL DE FOË, édition mignonne, 4 vol. in-32. 5 fr.

AVIS AUX PARENTS sur la nouvelle méthode de l'enseignement mutuel, par G. C. HERPIN. In-12. 2 fr. 5C

BEAUX TRAITS DU JEUNE AGE, par A.-F.-J. FRÉVILLE. In-12. 3 fr.

CAHIERS DE CHIMIE, à l'usage des Écoles et des Gens du monde, par M. BURNOUF. Prix, l'ouvrage complet, 4 cahiers in-12. 5 fr.

CATÉCHISME du diocèse de Toul, qui doit être enseigné dans toutes les écoles. in-12. 1 fr. 25

— HISTORIQUE, par FLEURY. 1822, in-18. 50 c.

— HISTORIQUE (Petit), contenant, en abrégé, l'Histoire sainte, par M. FLEURY, in-18. Au Mans, 1838. 50 c.

— ou Abrégé de la Foi. in-18. 50 c.

CHOIX (Nouveau) D'ANECDOTES ANCIENNES ET
MODERNES, tirées des meilleurs auteurs, contenant les
faits les plus intéressants de l'histoire en général ; les exploits
des héros, traits d'esprit, saillies ingénieuses, bons mots,
etc., etc. 5e édition, par Mme CELNART. 4 vol. in-18, ornés de jolies vignettes. (Même ouvrage que le *Manuel anecdotique*.) 7 fr.

CHOIX DE LECTURES ALLEMANDES, par STOEBER.
In-8, 1re partie. 1 fr. 50
In-8, 2e partie. 1 fr. 75

CICERONIS (M. T.) ORATOR. Nova editio, ad usum
scholarum Tulli-Leucorum, 1823 ; in-18. 75 c.

COMPOSITIONS MATHÉMATIQUES, ou Problèmes
géométriques et trigonométriques, à l'usage des écoles, In-8,
par ESCOUBÈS. 2 fr. 25

**COURS COMPLET, THÉORIQUE ET PRATIQUE,
D'ARITHMÉTIQUE**, par RIVAIL. 3e éd., in-12. 2 fr. 25

— Solutions. In-12. 80 c.

COURS D'ARITHMÉTIQUE PRATIQUE, à l'usage
des écoles primaires des deux sexes et des pères de famille,
par J. MOLLET. In-18. 1er cahier, Connaissance des chiffres. 40 c.

2e cahier, Multiplication, Division, etc. 40 c.
3e cahier, Fractions, Nombres, etc. 40 c.
Livret des solutions. 1 fr.

**NOUVEAU COURS RAISONNÉ DE DESSIN IN-
DUSTRIEL** appliqué principalement à la mécanique et
à l'architecture, etc., par ARMENGAUD aîné, ARMENGAUD
jeune et AMOUROUX. 1 vol. grand in-8º et un atlas de 45
planches in-folio. 25 fr.

— DE THÈMES, pour l'enseignement de la traduction
du français en allemand dans les collèges de France, renfermant un Guide de conversation, un Guide de correspondance, et des Thèmes pour les élèves des classes élémentaires
supérieures. 1 vol. in-12 broché. 4 fr.

COURS DE THÈMES pour les sixième, cinquième,
quatrième, troisième et deuxième classes, à l'usage des col-

lèges, par M. PLANCHE, professeur de rhétorique au collège royal de Bourbon, et M. CARPENTIER. *Ouvrage recommandé pour les collèges par le Conseil de l'Université.* 2e éd., entièrement refondue et augmentée. 5 vol. in-12. 10 fr.

Avec les corrigés à l'usage des maîtres. 10 vol.   22 fr. 50

On vend séparément :

Cours de sixième à l'usage des élèves.   2 fr.
Le corrigé à l'usage des maîtres.   2 fr. 50.
Cours de 5e à l'usage des élèves. 2 fr. Le corrigé.   2 fr. 50
Cours de 4e à l'usage des élèves. 2 fr. Le corrigé. 2 fr. 50
Cours de 3e à l'usage des élèves. 2 fr. Le corrigé. 2 fr. 50
Cours de 2e à l'usage des élèves. 2 fr. Le corrigé. 2 fr. 50

DÉVOTION PRATIQUE aux sept principaux mystères douloureux de la très-sainte Vierge, mère de Dieu. In-12. 2 fr.

DIALOGUES ANGLAIS, ou Éléments de la Conversation anglaise, par PERRIN. In-12.   1 fr. 25

DIALOGUES MORAUX, instructifs et amusants, à l'usage de la jeunesse chrétienne. In-18.   1 fr.

DICTIONNAIRE (Nouveau) DE POCHE français-anglais et anglais-français, par NUGENT; revu par L.-F. FAIN. 2 vol. in-12 carré.   4 fr.

ÉDUCATION (De l') DES JEUNES PERSONNES, ou Indication de quelques améliorations importantes à introduire dans les pensionnats, par Mlle FAURE. In-12.   1 fr. 50

ÉLÉMENTS (Premiers) D'ARITHMÉTIQUE, suivis d'exemples raisonnés en forme d'anecdotes, à l'usage de la jeunesse, par un membre de l'Université. In-12.   1 fr. 50

ÉLÉMENTS DE LA GRAMMAIRE FRANÇAISE, p. LHOMOND. Ed. ref., p. L. GILBERT; 2e éd. in-12. 75 c.

— (Nouveaux) DE LA GRAMMAIRE FRANÇAISE, par M. FELLENS. 1 vol. in-12.   1 fr. 25

ÉLÉMENTS DE GRAMMAIRE HÉBRAIQUE, par HYMAN, in 8. Cé. (Edition allemande).   7 fr. 50
Le même, in-8. Cé. (Edition française).   5 fr.

ENSEIGNEMENT (l'), par MM. BERNARD-JULLIEN, docteur ès-lettres, licencié ès-sciences, et C. HIPPEAU, docteur ès-lettres, bachelier ès-sciences. 1 gros vol. in-8 de 500 pages.   6 fr.

Cet ouvrage est indispensable à tous ceux qui veulent s'occuper avec intelligence des questions d'éducation, traiter à fond les points les plus difficiles et les moins connus de cette science difficile.

ÉPITRES ET ÉVANGILES des dimanches et fêtes de
l'année. In-12.   2 fr. 50

ESSAIS DE GÉOMÉTRIE APPLIQUÉE, par P. LE-
PELLETIER. In-8.   4 fr.

ESSAI D'UNITÉ LINGUISTIQUE, par Jos. BOUZE-
AAN. In-8.   1 fr. 50

ESSAI SUR LA GRAMMAIRE du langage naturel
des signes, à l'usage des instituteurs de sourds-muets, avec
planches et figures, par RÉMI-VALADE, in-8°.   2 fr.

ETRENNES DE L'ENFANCE, petites lectures illus-
trées, à l'usage des Ecoles de Sourds-Muets et des Salles
d'Asile, par M. VALADE GABEL. 1 vol.   1 fr. 80.

ÉTRENNES (Mes) A LA JEUNESSE, par Mlle Emi-
le B**. In-12.   1 fr. 50

ÉTUDES ANALYTIQUES SUR LES DIVERSES AC-
CEPTIONS DES MOTS FRANÇAIS, par Mlle FAURE.
vol. in-12.   2 fr. 50

EXERCICES DE GRAMMAIRE ALLEMANDE,
(thèmes et versions), par STOEBER, in-12. Cé.   75 c.

EXERCICES SUR LES HOMONYMES FRANÇAIS,
par A. CHAMPALBERT. 2e édition, in-12.   1 fr.

EXERCICES SUR L'ORTHOGRAPHE ET LA
SYNTAXE, calqués sur toutes les règles de la grammaire
classique, par VILLEROY. In-12.   1 fr. 25

EXPLICATION DES ÉVANGILES DES DIMAN-
CHES, par DE LA LUZERNE. In-12, 5 vol.   6 fr.

EXPOSÉ ÉLÉMENTAIRE DE LA THÉORIE DES
INTÉGRALES DÉFINIES, par A. MEYER, professeur
à l'Université de Liège. 1 vol. in-8°.   10 fr.

FABLES DE FÉNÉLON. Nouv. édit. Clermont, 1839,
in-18.   50 c.

FABLES DE LESSING, adaptées à l'étude de la langue
allemande dans les cinquième et quatrième classes des collèges de France, moyennant un Vocabulaire allemand-fran-
çais, une Liste des formes irrégulières, l'indication de la construction, et les règles principales de la succession des mots,
par MARCUS. 1 vol. in-12.   2 fr. 50

FLÉCHIER. Morceaux choisis. In-18, avec portrait. 1 f. 80

FLEURY. Morceaux choisis. In-18, avec portrait. 1 f. 80

GÉOGRAPHIE CLASSIQUE, suivie d'un Dictionnaire
explicatif des lieux principaux de la géographie ancienne,
par VILLEROY. in-12.   1 fr. 25.

— DES ÉCOLES, par M. HUOT, continuateur de la

Géographie de Malte-Brun et Guibal, ancien élève de l'Ecole polytechnique. 1 vol. 1 fr. 50

  Atlas de la Géographie des Écoles. 2 fr. 50

GÉOMÉTRIE PERSPECTIVE, avec ses applications à la recherche des ombres, par G.-H. DUFOUR, colonel du génie. In-8., avec un Atlas de 22 planches in-4. 4 fr.

— USUELLE. Dessin géométrique et dessin linéaire, sans instruments, en 120 tableaux, par V. BOUTEREAU, professeur des Cours publics et gratuits de géométrie, de mécanique et de dessin linéaire, à Beauvais. In-4. 10 fr.

GRADUS AD PARNASSUM, ou Dictionnaire poétique latin-français. In-8. 7 fr.

GRAMMAIRE DE L'ENFANCE. Clermont-Ferrand, 1839, in-12, cart. 1 fr. 25

GRAMMAIRE, ou TRAITÉ COMPLET DE LA LANGUE ANGLAISE, par GIDOLPH. In-8. 5 fr.

GRAMMAIRE ABRÉGÉE de la Langue universelle, par A. GROSSELIN. In-8. 2 fr.

— CLASSIQUE, ou Cours complet et simplifié de langue française, par M. VILEROY. In-12. 1 fr. 25

  Idem, Exercices. 1 fr. 25

— COMPLÈTE DE LA LANGUE ALLEMANDE, pour les élèves des classes supérieures des collèges de France, renfermant, de plus que les autres grammaires, un Traité complet de la succession des mots; un autre sur l'influence qu'elle a exercée sur l'emploi de l'indicatif, du subjonctif, de l'infinitif et des participes; un Vocabulaire français-allemand des conjonctions et des locutions conjonctives; par MARCUS. 1 vol. in-12 broché 3 fr. 50

GRAMMAIRE FRANÇAISE à l'usage des pensionnats de demoiselles, par Mme ROULLEAUX. In-12. 60 c

GRAMMAIRE (Nouvelle) ITALIENNE, méthodique et raisonnée, par le comte DE FRANCOLINI. In-8. 7 fr. 50

GUIDE (Nouveau) DES MÈRES DE FAMILLE, ou Éducation physique, morale et intellectuelle de l'Enfance jusqu'à la 7e année, par le docteur MAIRE. In-8. 6 fr.

HISTOIRE ABRÉGÉE DU MOYEN-AGE, suivie d'un tableau chronologique et ethnographique, par Henri ENGELHARDT. In-8. 5 fr

HISTOIRE DE LA SAINTE BIBLE, contenant le Vieux et le Nouveau Testament, par DE ROYAUMONT. Au Mans, 1834; in-12. 1 fr.

HISTOIRE DES FÊTES CIVILES ET RELIGIEUSES

DE LA BELGIQUE MÉRIDIONALE, par Mme CLÉ-
MENT, née HÉMERY. 1 vol. in-8, avec fig.   8 fr.

HISTOIRE DES VARIATIONS DES ÉGLISES PRO-
TESTANTES, par BOSSUET. 4 vol. in-8.   18 fr.

IMITATION DE JÉSUS-CHRIST, avec une Pratique
et une Prière à la fin de chaque chapitre; traduite par le
P. GONNELIEU. In-18.   1 fr. 75

INSTRUCTIONS POUR LA CONFIRMATION, à l'u-
sage des jeunes gens qui se disposent à recevoir ce sacre-
ment, par l'abbé REGNAULT. Toul, 1816, in-18.   75 c.

JARDIN (le) DES RACINES GRECQUES, recueillies
par LANCELOT, et mis en vers par LE MAISTRE DE SACY,
par C. BOBET. In-8.   5 fr.

JEUX DE CARTES HISTORIQUES, par M. JOUY,
au nombre de 15, sur la Mythologie, la Géographie, la Chro-
nologie, l'Astronomie, l'Histoire Sainte, l'Histoire Romaine,
l'Histoire de France, d'Angleterre, etc. — A 2 fr. chaque.
— La Géographie seule à 2 fr. 50.

JUSTINI HISTORIARUM, ex Trogo Pompeio, libri
XLIV. Accedunt excerptiones chronologicæ ad usum scholarum. Tulli-Leucorum. 1823, in-18.   1 fr. 50

LEÇONS ÉLÉMENTAIRES de Philosophie, destinées
aux élèves de l'Université de France qui aspirent au grade
de bachelier-ès-lettres, par J.-S. FLOTTE. 5e édition. 3 v.
in-12.   7 fr. 50

LEVÉS (des) A VUE, et du Dessin d'après nature, par
M. LEBLANC. In-18, figures.   25 c.

MANUEL DE L'HISTOIRE DE FRANCE, par
ACHMET D'HÉRICOURT. 2 vol. in-8.   15 fr.

MANUEL DES INSTITUTEURS ET DES INSPEC-
TEURS D'ÉCOLES PRIMAIRES, par ***. In-12.   4 fr.

MANUEL DE LECTURE, ou Méthode simplifiée pour
apprendre à lire, par PELLETIER. In-12 cart.   50 c.

MAPPEMONDE (la) de l'Atlas, de LESAGE.   2 fr.

MÉTHODE COMPLÈTE DE CARSTAIRS, dite AMÉ-
RICAINE, ou l'Art d'écrire en peu de leçons par des moyens
prompts et faciles; traduit de l'anglais, sur la dernière édition, par M. TREMERY, professeur. 1 vol. oblong, accompagné d'un grand nombre de modèles mis en français. 3 fr.

MÉTHODE NOUVELLE POUR LE CALCUL DES
INTÉRÊTS à tous les Taux, par PIJON. In-18.   1 fr. 50

MODÈLES DE L'ENFANCE, par l'abbé TH. PERRIN.
In-32.   50 c.

MORALE DE L'ENFANCE, ou Quatrains moraux, à la portée des Enfants, et rangés par ordre méthodique, par M. le vicomte de MOREL-VINDÉ, pair de France et membre de l'Institut de France. 1 vol. in-16. (Adopté par la Société élémentaire, la Société des méthodes, etc.) 1 fr.

— *Le même, tout latin*, traduction faite par M. VICTOR LECLERC. 1 fr.

— *Le même, latin-français* en regard. 2 fr.

MORALE (la) EN ACTION, ou Choix de faits mémorables et Anecdotes instructives. In-12. 2 fr.

MUSIQUE DES CANTIQUES RELIGIEUX ET MO-RAUX, pour le Cours d'éducation de M. AMOROS. In-18. 2 fr

PARAFARAGARAMUS, ou Croquignole et sa famille. In-18. 1 fr. 25

PARFAIT MODÈLE (le), ou la Vie de Berchmans. In-18. 1 fr. 25

PÉLERINAGE (le) DE DEUX **SOEURS, COLOMBELLE ET VOLONTAIRETTE**, vers Jérusalem. In-12. fig. 1 fr. 75

PENSÉES ET MAXIMES DE FÉNÉLON. 2 vol. in-18, portrait. 3 fr.

— **DE J.-J. ROUSSEAU.** 2 vol. in-18, portrait. 3 fr.

— **DE VOLTAIRE.** 2 vol. in-18, portrait. 3 fr.

PETITS PROVERBES DRAMATIQUES, à l'usage des jeunes gens, par VICTOR CHOLET. In-12. 2 fr. 50

PHRÉNOLOGIE DES GENS DU MONDE. Leçons publiques données à Mulhouse, par le dr A. PÉNOT. In-8. 7 fr. 50

PREMIÈRES PAGES DE L'HISTOIRE DU MONDE. Leçons publiques, données à Mulhouse, par A. PÉNOT. In-8. 7 fr. 50

PRINCIPES DE LITTÉRATURE, mis en harmonie avec la morale chrétienne, par J.-B. PÉRENNES. In-8. 5 fr.

PRINCIPES DE PONCTUATION, fondés sur la nature du langage écrit, par M. FREY. (*Ouvrage approuvé par l'Université.*) 1 vol. in-12. 1 fr. 50

PRINCIPES GÉNÉRAUX ET **RAISONNÉS DE LA GRAMMAIRE FRANÇAISE**, par DE RESTAUT. In-12. 2 fr. 50

PROGRAMME D'UN COURS ÉLÉMENTAIRE DE GÉOMÉTRIE, par M. R... In-8. 1 fr. 50

RECHERCHES SUR LA CONFESSION AURICU-LAIRE, par M. l'abbé GUILLOIS. In-12. 1 fr. 75

RECUEIL DE MOTS FRANÇAIS, rangés par ordre

de matières, avec des notes sur les locutions vicieuses et des règles d'orthographe, par B. PAUTEX. 6e éd. in-8.   1 fr. 50
— Abrégé de l'ouvrage ci-dessus.   30 c.
— Exercices sur l'Abrégé ci-dessus.   1 fr.
RÉSUMÉ DES PRINCIPES DE RHÉTORIQUE, par DE BLOCKAUSEN. In-18.   75 c.
RHÉTORIQUE FRANÇAISE, composée pour l'instruction de la jeunesse, par M. DOMAIRON. In-12.   3 fr.
RUDIMENTS DE L'HISTOIRE, en trois parties scolastiques, par M. DOMAIRON, 3 vol. in-12.   9 fr.
RUDIMENTS DE LA LANGUE ALLEMANDE. par FRIES. 1 vol. in-8°.   2 fr
SAINTE (la) BIBLE. Paris, 1819, 7 vol. in-18., sur papier coquille.   25 fr.
* SAINTE BIBLE en Latin et en Français, contenant l'Ancien et le Nouveau Testament, par DE CARRIÈRES. 10 vol. in-8.   45 fr.
SCIENCE (la) ENSEIGNÉE PAR LES JEUX, ou Théorie scientifique des jeux les plus usuels, accompagnée de recherches historiques sur leur origine, servant d'Introduction à l'étude de la mecanique, de la physique, etc. ; imitée de l'anglais, par M. RICHARD, professeur de mathématiques. Ouvrage orné d'un grand nombre de vignettes gravées sur bois par M. GODARD. 2 jolis vol. in-18. (Même ouvrage que le Manuel des Jeux enseignant la science.)   6 fr.
SELECTÆ E NOVO TESTAMENTO HISTORIÆ ex Erasmo desumptæ. Tulli-Leucorum, 1823, in-18. 1 fr. 40
SERMONS DU PÈRE LENFANT, Prédicateur du roi Louis XVI. 8 gros vol. in-12, ornés de son portrait. 2e édition.   20 fr.
SIX (les) PREMIERS LIVRES DES FABLES DE LA FONTAINE, par VANDEREST. In-18.   1 fr.
SYNONYMES (Nouveaux) FRANÇAIS à l'usage des demoiselles, par mademoiselle FAURE. 1 vol. in-12. 3 fr.
TABLEAU DE LA MISÉRICORDE DIVINE, tirée de l'Écriture-Sainte, par l'abbé BERGIER. In-12. 1 fr.
Id. Édition in-8, papier fin.   3 fr.
TABLEAUX (35) DE GRAMMAIRE FRANÇAISE, applicables à tous les modes d'enseignement, par M. J.-F. WALEFF. In-folio.   3 fr. 50
TABLE DES VERBES IRRÉGULIERS de la langue allemande. Tours, in-8.   •   1 fr. 50
ABLES SYNCHRONISTIQUES DE L'HISTOIRE

universelle, ancienne et moderne, par LAMP et ENGELHARD.
1 vol. in-4 cartonné. 5f

THE ELEMENTS OF ENGLISH CONVERSATIO,
by J. PERRIN, in-12. 1 fr. 75

THE KEY, ou la traduction des thèmes de la grammaire
anglaise de GIDOLPH. In-8. 1 fr. 50

TRAITÉ D'ARITHMÉTIQUE ET D'ALGÈBRE, par
A. RÉVILLE. In-8. 3 fr.

TRAITÉ DE L'ORTHOGRAPHE des Verbes régu-
liers, irréguliers et défectueux, par V.-A. BOULENGER. Paris, 1831, in-18. 50 c.

TRAITÉ DES PARTICIPES, par E. SMITS. In-12. 30c.

USAGE DE LA RÈGLE LOGARITHMIQUE, ou Rè-
gle-calcul. In-18. 25 c.

VERITABLE PERFECTION DU TRICOTAGE, br.
in-12 par GAZYBOWSKA. 1 fr.

VOCABULAIRE USUEL DE LA LANGUE FRAN-
ÇAISE, par A. PETER. In-12. 2 fr. 50

VOYAGES DE GULLIVER. 4 vol. in-18, fig. 6 fr.

OUVRAGES DE MM. NOEL, CHAPSAL PLANCHE ET FELLENS.

GRAMMAIRE LATINE (nouvelle) sur un plan très-
méthodique, par M. NOEL, inspecteur-général à l'Université,
et M. FELLENS. Ouvrage adopté par l'Université. 5 fr.
EXERCICES (latins-français). 1 fr. 80
THÈMES pour 7e et 8e. 1 fr. 50
CORRIGÉS. 1 fr. 50
ABRÉGÉ DE LA GRAMMAIRE FRANÇAISE, par
MM. NOEL et CHAPSAL. 1 vol. in-12. 90 c.
EXERCICES ÉLÉMENTAIRES, adaptés à l'abrégé de
la Grammaire française de MM. NOEL et CHAPSAL. 1 fr.
GRAMMAIRE FRANÇAISE (nouvelle) sur un plan
très-méthodique, par MM. NOEL et CHAPSAL. 3 vol. in-12
qui se vendent séparément, savoir :
— LA GRAMMAIRE, 1 vol. 1 fr. 50
— LES EXERCICES. (Première année.) 1 vol. 1 fr. 50
— LE CORRIGÉ DES EXERCICES. 2 fr.
EXERCICES FRANÇAIS SUPPLÉMENTAIRES, sur

les difficultés qu'offre la syntaxe, par M. CHAPSAL. (*Seconde année.*) 1 fr. 50.
CORRIGÉ DES EXERCICES SUPPLÉMENTAIRES. 2 fr.
LEÇONS D'ANALYSE GRAMMATICALE, par MM. NOEL et CHAPSAL. 1 vol. in-12. 1 fr. 80.
LEÇONS D'ANALYSE LOGIQUE, par MM. NOEL et CHAPSAL. 1 vol. in-12. 1 fr. 80.
TRAITÉ (nouveau) DES PARTICIPES, suivi de dictées progressives, par MM. NOEL et CHAPSAL. 3 vol. in-4° qui se vendent séparément, savoir :
— THÉORIE DES PARTICIPES. 1 vol. 2 fr.
— EXERCICES SUR LES PARTICIPES. 1 vol. 2 fr.
— CORRIGÉ DES EXERCICES SUR LES PARTICIPES. 1 vol. 2 fr.
SYNTAXE FRANÇAISE, par M. CHAPSAL, à l'usage des classes supérieures. 1 vol. 2 fr. 75.
COURS DE MYTHOLOGIE. 1 vol. in-12. 2 fr.
DICTIONNAIRE (nouveau) DE LA LANGUE FRANÇAISE, 9e édition. 1 vol. in-8, grand papier. 8 fr.

OUVRAGES DE M. MORIN.

GÉOGRAPHIE ÉLÉMENTAIRE ancienne et moderne, précédée d'un Abrégé d'astronomie. In-12, cart. 1 fr. 80.
OEUVRES DE VIRGILE, traduction nouvelle, avec le texte en regard et des remarques. 3 vol. in-12. 7 fr. 50.
BUCOLIQUES ET GEORGIQUES. 1 vol. in-12. 2 fr. 50.
PRINCIPES RAISONNÉS DE LA LANGUE FRANÇAISE, à l'usage des collèges. Nouv. éd. In-12. 1 fr. 20.
— DE LA LANGUE LATINE, suivant la méthode de Port-Royal, à l'usage des collèges. 1 vol. in-12. 1 fr. 25.
NOUVEAU SYLLABAIRE, ou Principes de lecture. Ouvrage adopté par l'Université, à l'usage des écoles primaires. 60 c.
TABLEAUX DE LECTURE destinés à l'enseignement mutuel et simultané. 50 feuilles. 4 fr.
ABRÉGÉ CHRONOLOGIQUE DES CONCILES GÉNÉRAUX, par GAUTIER. In-8°. 3 fr. 50

OUVRAGES DIVERS.

ABUS (des) EN MATIÈRE ECCLÉSIASTIQUE, par M. BOYARD. 1 vol. in-8. 2 fr. 50

ALBUM PHOTOGRAPHIQUE publié par livraisons, à 6 fr. chacune, par BLANQUART-EVRARD. V. page 84.

ALPHABET DU TRAIT, Appliqué à la Menuiserie (Méthode élémentaire à l'aide de laquelle on peut apprendre le trait sans maître), par J.-B.-R. DELAUNAY. 1 vol. grand in-8 et 20 planches. 10 fr.

ANIMAUX (les) PARLANTS, poème épique en 26 chants, de CASTI, traduit de l'italien par MARÉCHAL. 2 vol. in-8. 6 fr.

ANNALES DE L'INDUSTRIE NATIONALE ET ÉTRANGÈRE, par MM. LENORMAND et DE MOLÉON. 1820 à 1826. 24 vol. in-8, demi-rel. 90 fr.

— RECUEIL INDUSTRIEL, Manufacturier, Agricole et Commercial, par M. DE MOLÉON. 1827 à 1831. 20 vol. in 8, cartonnés 80 fr.

ANNALES DES ARTS ET MANUFACTURES, par MM. OREILLY et BARBIER-VEMARS. 56 vol. in-8. 112 fr.

ANNÉE FRANÇAISE, ou Mémorial des Sciences, des Arts et des Lettres. 1825, 1re année. 1 vol. in-8. 7 fr.

— 1826, 2e année. 2 vol. in-8. 14 fr.

ANNUAIRE ENCYCLOPÉDIQUE Récréatif et Populaire, pour 1856. 1 vol. in-16, grand-raisin, orné de jolies gravures. 50 c.

Les années 1840 à 1856 se vendent chacune 50 c.

ANTIGÖNE, par BALLANCHE. 1 vol. in-8 orné de ses gravures, d'après les dessins de BOUILLON. 5 fr.

AQUARELLE-MINIATURE PERFECTIONNÉE, reflets métalliques et chatoyants, et peinture à l'huile sur velours, par M. SAINT-VICTOR. 1 vol. grand in-8, orné de 8 planches. 8 fr.

Le même ouvrage, augmenté de 6 planches peintes à la main. 12 fr.

AQUARELLE (l'), ou les Fleurs peintes d'après la méthode de M. Redouté, par M. PASCAL, contenant des notions de botanique à l'usage des personnes qui peignent les fleurs, le dessin et la peinture d'après les modèles et la nature. In-4° orné de planches noires et coloriées. 4 fr. 50

ARCHIVES DE LA FRANCE, histoire des archives de

l'Empire. des archives des ministères, des départements, etc., contenant l'inventaire d'une partie de ces dépôts, par Henri BORDIER, 1 vol. in-8º.   8 fr.

ARCHIVES DES DÉCOUVERTES ET DES INVENTIONS NOUVELLES faites dans les Sciences, les Arts et les Manufactures, en France et à l'Étranger. Paris, 1808 à 1838. 30 vol. in-8, rel.   210 fr.

ARCHIVES (nouvelles) HISTORIQUES DES PAYS-BAS, ou Recueil pour la Géographie, la Statistique, l'Histoire, etc., par le baron DE REIFFENBERG. Juillet 1829 à mai 1831. 9 numéros in-8.   18 fr.

ART DU PEINTRE, DOREUR ET VERNISSEUR, par WATIN; 11º édition entièrement refondue, par M. BOURGEOIS, architecte des Tuileries. 1 vol. in-8.   4 fr. 50

ART (l') DE CONSERVER ET D'AUGMENTER LA BEAUTÉ, corriger et déguiser les imperfections de la nature, par LAMI. 2 jolis vol. in-18, ornés de gravures. 6 fr.

— DE LEVER LES PLANS, et nouveau Traité d'Arpentage et de Nivellement, par MASTAING. 1 vol. in-12. Nouvelle édition.   4 fr.

ART DE TRICOTER développé dans toute son étendue, ou Instruction complète et raisonnée sur toutes sortes de Tricotages simples et compliqués, par MM. NETTO et LEHMANN. In-folio oblong.   18 fr.

ART DU TYPOGRAPHE, par VINÇARD. 1 vol. in-8, 2º édition.   6 fr.

ARTISTE (l') EN BATIMENTS. Ordres d'architecture, consoles, cartouches, décors et attributs, etc.; par L. BERTHAUX. In-4 oblong.   6 fr.

ATLAS DU MÉMORIAL DE SAINTE-HÉLÈNE. In-4.   6 fr.

ATTENDS-MOI AU MONT-SAINT-MICHEL, par ANNE BEAULÈS. Paris, 1840, 2º édition, in-8.   75 c.

BARÈME A L'USAGE DES MARCHANDS DE CAFÉ. In-8.   60 c.

BARÈME DU LAYETIER, contenant le toisé par voliges de toutes les mesures de caisses, depuis 12-6-6, jusqu'à 72-72-72, etc., par BIEN-AIMÉ. 1 vol. in-12. 1 fr. 25

BESANÇON : DESCRIPTION HISTORIQUE des Monuments et Etablissements publics de cette ville, par A. GUÉNARD. In-18.   2 fr.

BIBLIOGRAPHIE ACADÉMIQUE BELGE, ou Répertoire systématique et analytique des mémoires, dissertations, etc., publiés jusqu'à ce jour par l'ancienne et la nouvelle Académie de Bruxelles, par P. NAMUR. 1 vol. in-8. 5 fr.

BIBLIOGRAPHIE-PALÉOGRAPHICO-DIPLOMA-TICO-BIBLIOLOGIQUE générale, ou Répertoire systématique indiquant 1° tous les ouvrages relatifs à la Paléographie, à la Diplomatie, à l'Histoire de l'Imprimerie et de la Librairie, et suivi d'un Répertoire alphabétique général, par M. P. NAMUR. 2 vol. in-8. 15 fr.

BIBLIOTHÈQUE CHOISIE DES PÈRES DE L'É-GLISE grecque et latine, ou Cours d'Eloquence sacrée, par M.-N.-S. GUILLON. Paris, 1824 à 1828. 26 vol. in-8. demi-rel. 80 fr

BIBLIOTHÈQUE DES ARTS ET MÉTIERS,
Format in-18, grand papier.

LIVRE de l'ARPENTEUR-GÉOMÈTRE, par MM. PLACE et FOUCARD, 1 vol. 2 fr

— du BRASSEUR, par M. DELESCHAMPS. 1 fr. 50

— de la COMPTABILITÉ DU BATIMENT, par M. DIGEON. 1 vol. 2 fr.

— du CULTIVATEUR, par M. MAUNY DE MORNAY. 1 vol. 2 fr. 50

— de l'ÉCONOMIE et de l'ADMINISTRATION RU-RALE, par M. DE MORNAY. 1 vol. 2 fr. 50

— du FORESTIER, par M. DE MORNAY. 1 vol. 2 fr.

— du JARDINIER, par M. DE MORNAY. 2 vol. 4 fr.

— des LOGEURS et TRAITEURS. 1 vol. 1 fr. 50

— du MEUNIER, par M. DE MORNAY. 1 vol. 2 fr. 50

— du PROPRIÉTAIRE et de l'ÉLEVEUR D'ANI-MAUX DOMESTIQUES, par M. DE MORNAY. 2 fr. 50

— du FABRICANT DE SUCRE et du RAFFINEUR, par M. DE MORNAY. 1 vol. 2 fr. 50

— du TAILLEUR, par M. AUGUSTIN CANEVA. 1 fr. 50

— du TOISEUR-VÉRIFICATEUR, par M. DIGEON. 1 vol. 2 fr.

— du VIGNERON et du FABRICANT DE CIDRE, par M. DE MORNAY. 1 vol. 2 fr.

Cette collection, publiée par les soins de M. Pagnerre, étant devenue la propriété de M. RORET, c'est à ce dernier que MM. les libraires dépositaires de ces ouvrages devront rendre compte des exemplaires envoyés en commission par M. *Pagnerre*.

BILAN EN PERSPECTIVE DES CHEMINS DE FER en France ; Envahissement du travail national par le mécanisme, par DAGNEAU-SYMONSEN. In-8. 2 fr. 25

BULLETIN DE LA SOCIÉTÉ D'ENCOURAGEMENT pour l'industrie nationale, publié avec l'approbation du Ministre de l'Intérieur. An XI à 1852. 51 vol. in-4, avec beaucoup de gravures. Prix de la collection. 597 fr.

On vend séparément les années 1 à 28, 9 fr.; 29° à 45°, 15 fr.; table, 6 fr.; notice, 2 fr.

CALCUL DES ESSIEUX pour les Chemins de Fer. COUP-D'OEIL SUR LES ROUES DE WAGONS de chemins de fer. Br. in-8. 1 fr. 75.

CARACTÈRES POÉTIQUES, par ALLETZ. In-8. 6 fr.

CARTE TOPOGRAPHIQUE DE L'ILE SAINTE-HÉLÈNE, dressée pour le Mémorial de Sainte-Hélène. In-plano. 1 fr. 50

*CAUSES (des) DE LA DÉCADENCE DE LA POLOGNE, par D'HERBELOT. In-8. 1 fr.

CHARTE (de la) D'UN PEUPLE LIBRE et digne de sa liberté, par A.-D. VERGNAUD. In-8. 1 fr. 50

CHRIST, ou l'Affranchissement des Esclaves, Drame humanitaire en cinq actes, par M. H. CAVEL. In-8. 3 fr. 50

CHEMISE (la) SANGLANTE DE HENRY-LE-GRAND. In-8. 75 c.

CHIMIE APPLIQUÉE AUX ARTS, par CHAPTAL, membre de l'Institut. Nouvelle édition avec les additions de M. GUILLERY. 5 livraisons formant un gros volume in-8, grand papier. 20 fr.

CHINE (la), L'OPIUM ET LES ANGLAIS, contenant des documents historiques sur le commerce de la Grande-Bretagne en Chine, etc., par M. SAURIN. 5 fr.

CHOLÉRA (le) A MARSEILLE, en 1834-1835. In-8. Marseille, 1835. 4 fr.

CODE DES MAITRES DE POSTE, des Entrepreneurs de Diligences et de Roulage, et des Voitures en général par terre et par eau, ou Recueil général des Arrêts du Conseil, Arrêts de règlement, Lois, Décrets, Arrêtés, Ordonnances du roi et autres actes de l'autorité publique, etc., par M. LANOR, avocat à la Cour Impériale de Paris. 2 vol in-8. 12 fr.

CODE DE LA PROPRIÉTÉ, par M. TOUSSAINT. 2 vol. in-8. 15 fr.

COLLECTION DE MANUELS-RORET, *formant une Encyclopédie des* Sciences et des Arts. 375 vol. in-18, avec un grand nombre de planches gravées. (Voir le détail p. 3.)

COLLECTION UNIQUE de sujets peints à la main, à la manière dite aquarelle-miniature, par le chev. SAINT-VICTOR. 8 livraisons in-4.   40 fr.

COMPTES-FAITS des intérêts à 6 du cent par an, etc., par DUPONT aîné. In-12.   1 fr. 25

COMPTES-RENDUS HEBDOMADAIRES des séances de l'Académie des Sciences, par MM. les Secrétaires perpétuels. Paris, 1835 à 1842. 15 vol. in-4.   150 fr.

CONCORDANCE DE L'ÉCRITURE-SAINTE, avec les traditions de l'Inde, par AD. KARSTNER. In-8.   3 fr.

CONDUITE (la) DE St-IGNACE DE LOYOLA, menant une âme à la perfection, par le P. A. VATIER. In-12. 1 fr. 75

CONGRÈS SCIENTIFIQUE de France. Première Session, tenue à Caen, en juillet 1833. In-8.   4 fr. 50

CONSIDÉRATIONS SUR LA PERSPECTIVE, par BENOIT DUPORTAIL. Br. in-8.   1 fr. 25.

CONSTRUCTION ET EMPLOI DU MICROSCOPE, par HANNOVER, traduit par Ch. CHEVALLIER, in-8. 5 fr.

CONSTRUCTION (de la) DES ENGRENAGES, et de la meilleure forme à donner à leur denture, par S. HAINDL. In-12. Fig.   4 fr. 50

CONSTRUCTION (De la) ET DE L'EXPLOITATION DES CHEMINS DE FER en France, par P. DENIEL. In-8.   4 fr.

DE LA CONTREFAÇON des œuvres artistiques, des modèles et des dessins de fabrique (législation et jurisprudence), par CALMELS, in-8.   25 c.

COUP-D'OEIL SUR LE THÉATRE DE LA GUERRE D'ORIENT, trad. de l'allemand, de WUSSOW, par J. MARMIER. In-8.   2 fr.

COUP-D'OEIL GÉNÉRAL ET STATISTIQUE sur la Métallurgie considérée dans ses rapports avec l'Industrie et la richesse des peuples, etc., par TH. VIRLET. In-8. 3 fr.

COUR DE CASSATION, Lois et Règlements, par M. CARBÉ. 1 vol. in-8, grand format.   18 fr.

COURS ÉLÉMENTAIRE DE DESSIN INDUSTRIEL, à l'usage des écoles primaires, par ARMENGAUD aîné, ARMENGAUD jeune, et LAMOUROUX. in-4 oblong. 8 f.

COURS DE FILATURE DE COTON, par M. DRAPIER. in-8, avec appendice.   5 fr.

COURS DE PEINTURE A L'AQUARELLE, conte-

nant des Notions générales sur le Dessin, les Couleurs, etc.;
par DUMÉNIL. In-18. 1 fr. 50

COUTUME DU BAILLAGE DE TROYES, avec les
Commentaires de M. LOUIS-LE-GRAND. Paris, 1737, in-folio. Relié. 30 fr.

LE CURÉ INSTRUIT PAR L'EXPÉRIENCE, ou
Vingt Ans de ministère dans une Paroisse de campagne,
par l'abbé AGUETTAND. 2 vol. in-12. 5 fr.

CULTE (du) MOSAIQUE au XIX° siècle, par P.-R.
In-12. 2 fr.

DERNIERS MOMENTS DE LA RÉVOLUTION DE
POLOGNE, en 1831, par M. JANOWSKI. In-8. 3 fr.

DESCRIPTION D'UN APPAREIL DESTINÉ A ÉVI-
TER LES DANGERS D'EMPOISONNEMENT dans la
Fabrication du Fulgimate de mercure, par G.-V.-P. CHARS-
DELON. In-8. 40 c.

*DESCRIPTION DES MACHINES et procédés spécifiés
dans les BREVETS D'INVENTION, de perfectionnement et
d'importation, dont la durée est expirée, publiée d'après les
ordres du Ministre de l'Intérieur, par MM. MOLARD;
CHRISTIAN, etc. 82 vol. in-4, avec un grand nombre de
planches gravées. Paris, 1812 à 1847. Les 82 vol. 1185 fr.

Chaque volume se vend séparément : 1er à 5e à 15 fr.; 6e
à 20e à 12 fr.; 21e à 63e à 15 fr.

— Table générale des matières contenues dans les 40 premiers volumes. In-4. 5 fr.

DESCRIPTION DES MACHINES ET PROCÉDÉS
pour lesquels des brevets d'invention ont été pris sous le
régime de la loi du 5 juillet 1844 (nouvelle série). Tomes
1 à 21. Chaque volume 15 fr.

DESCRIPTION GÉNÉRALE DE LA CHINE, par
l'abbé GROSIER. 2 vol. in-8. 12 fr.

DÉTAILS SUR LA NAVIGATION AUX COTES DE
SAINT-DOMINGUE et dans les débarquements. In-4. 4 fr.

DICTIONNAIRE DES ARTS ET MANUFACTURES,
de l'agriculture, des mines, etc. Description des procédés de
l'industrie française et étrangère Publié par B. LABOULAYE,
4 vol. in-8°, ou 2 très-forts in-8° grand raisin. 60 fr.

*DICTIONNAIRE DES DÉCOUVERTES, Inventions
Innovations, Perfectionnements, etc., en France, dans les
Sciences, la Littérature et les Arts, de 1789 à 1820. 17 vol.
in-8. Demi-rel. 50 fr.

DICTIONNAIRE DES GIROUETTES, ou nos Contemporains peints par eux-mêmes. Paris, 1815, in-8. 5 fr.

*DICTIONNAIRE TECHNOLOGIQUE, ou Nouveau Dictionnaire universel des Arts et Métiers, et de l'économie industrielle et commerciale, par une Société de savants et d'artistes. Paris, 1822. 22 vol. in-8, et Atlas in-4. 150 fr.

DICTIONNAIRE UNIVERSEL géographique, statistique, historique et politique de la France. 5 vol. in-4. 40 fr.

DICTIONNAIRE UNIVERSEL de la Géographie commerçante, par J. PEUCHET. 5 vol. in-4 reliés. 40 fr.

DROITS DES PÊCHEURS à la ligne, par MORICEAU, br. in-18. 25 c.

DZIELA KRASICKIEGO, dziesiec Tomow W Jednym. Barbezata, in-8. (Œuvres poétiques de Krasicki.) 25 fr.

ÉCLECTISME (de l') EN LITTÉRATURE. Mémoire auquel la médaille d'or de 1re classe a été décernée par la Société royale des Sciences de Clermond-Ferrand, par Mme CELNART, in-8. 1 fr. 25

ÉLECTIONS (des) SELON LA CHARTE et les lois du royaume, par M. BOYARD. In-8. 6 fr.

ELEMENTS OF ANATOMY GENERAL, special, and comparative, by DAVID CRAIGIE. Edimburgh, 1831; in-4. figures. 15 fr.

ÉLÉONORE DE FIORETTI, ou Malheurs d'une jeune Romaine sous le pontificat de ***. 2 vol. in-12. 3 fr.

ÉLOGE DE CHORON. Br. in-8. 2 fr. 50

ÉLOGE DE LA FOLIE, par ÉRASME, traduction nouvelle, par C. B. de PANALBE, in-8. 6 fr.

EMMELINE ET MARIE, suivies des Mémoires sur Madame BRUNTON; traduit de l'anglais, 4 vol. in-12. 6 fr.

EMPRISONNEMENT (de l') pour dettes. Considérations sur son origine, ses rapports avec la morale publique et les intérêts du commerce, des familles, de la société, suivies de la statistique générale de la contrainte par corps en France et en Angleterre, et de la statistique détaillée des prisons pour dettes de Paris et de Lyon, et de plusieurs autres grandes villes de France, par J.-B. BAYLE-MOUILLARD. *Ouvrage couronné en 1835 par l'Institut.* 1 volume in-8. 7 fr 50

ENCYCLOPEDIA BRITANNICA, or a Dictionnary of Arts, Sciences, and miscellaneous Literature. Edimburgh, 20 vol. in-4, fig. 300 fr.

ENTRÉE DE CHARLES-QUINT A ORLÉANS, par VERGNAUD. In-8. 1 fr.

7

EPILEPSIE (de l') EN GÉNÉRAL, et particulièrement de celle qui est déterminée par des causes morales,
par M. DOUSSIN-DUBREUIL. 1 vol. in-12, 2e édition. 3 fr.

ÉPITAPHE DES PARTIS; celui dit *juste-milieu*, son
avenir; par H. CAVEL. in-8.   1 fr. 50

ESPAGNE (de l') ET DE SES RELATIONS COM-
MERCIALES, par F.-A. DE CH. in-8.   2 fr. 50

ESPRIT DE LA COMPTABILITÉ COMMERCIALE,
ou Résumé des Principes généraux de Comptabilité, par
VALENTIN MEYER-KOECHLIN. In-8.   2 fr. 50

ESPRIT DES LOIS, par Montesquieu. 4 vol. in-12. 12 fr.

ESQUISSE D'UN TABLEAU HISTORIQUE des pro-
grès de l'esprit humain, par CONDORCET. In-18.   3 fr.

ESSAI HISTORIQUE ET CRITIQUE SUR LES
JOURNAUX BELGES, par A. WARZÉE. 1re partie,
Journaux politiques, in-8.   3 fr.

ESSAI SUR L'ADMINISTRATION, par le Sous-Pré-
fet de Béthune. In-8.   2 fr. 50

ESSAI SUR L'AIR ATMOSPHERIQUE, par BRAINE,
in-8.   75 c.

ESSAI SUR LE COMMERCE et les intérêts de l'Espagne et de ses colonies, par F.-A. DE CHRISTOPHORO
D'AVALOS. In-8   2 fr. 50

ESSAI SUR LES ARTS et les Manufactures de l'empire d'Autriche, par MARCEL DE SERRES. 3 vol. in-8. 12 fr.

ESSAI SUR L'ANALOGIE DES LANGUES, par
HENNEQUIN. In-8.   3 fr. 50

ESSAI SUR L'HISTOIRE GÉNÉRALE DES MA-
THÉMATIQUES, par Ch. BOSSUT. 2 vol. in-8.   15 fr.

EVENEMENTS DE BRUXELLES ET DES AU-
TRES VILLES DU ROYAUME DES PAYS-BAS, de-
puis le 25 août 1830, précédés du Catéchisme du citoyen
belge et de chants patriotiques. 1 vol. in-18   1 fr. 25

EXAMEN CRITIQUE DES NOTATIONS MUSI-
CALES, par RAYMONDI. in-12.   2 fr. 50

EXAMEN DU SALON DE 1827, avec cette épigraphe :
Rien n'est beau que le vrai. 2 brochures in-8.   3 fr.
— *Idem* de 1834, par VERGNAUD.   1 fr. 50

EXAMEN HISTORIQUE DE LA RÉVOLUTION
ESPAGNOLE, suivi d'Observations sur l'esprit public, la
religion, etc., par ED. BLAQUIÈRE; traduit de l'anglais par
J.-C. P***. 2 vol. in-8.   10 fr.

EXPÉDITIONS DE CONSTANTINE, accompagnées

de réflexions sur nos positions d'Afrique, par V. Devoi-
sins. In-8. fig.   2 fr. 50

EXPLICATIONS DU MARÉCHAL CLAUZEL. In-8.
1837.   3 fr.

EXTRAIT D'UN DISCOURS sur l'Origine, les Progrès
et la Décadence du Pouvoir temporel du Clergé, par S. E.
Mgr l'ancien Archevêque de T.., In-8.   2 fr.

EXTRAITS TIRÉS D'UN JOURNAL ALLEMAND des-
tiné à rendre compte de la législation et du droit, dans toutes
les contrées civilisées, par M. J.-J. de Sellon. In-8. 1 fr. 50

FASTES DE LA FRANCE, ou Tableaux chronologi-
ques, synchroniques et géographiques de l'Histoire de
France, par C. Mullié. 1841, in-fol.   35 fr.

FÉCONDATION ARTIFICIELLE ET ÉCLOSION
DES OEUFS DE POISSONS, suivie de réflexions sur
l'Icthyogénie, par le dr Haxo.   2 fr. 50

FÊTE DE JEANNE D'ARC A ORLÉANS (1855),
br. in-8, par Vergnaud-Romagnési.   1 fr. 50

FILLE (la) D'UNE FEMME DE GÉNIE, traduit de
l'anglais de madame Hofland. 2 vol. in-12.   4 fr.

FLEURS DE BRUYÈRE, par Mlle M. F. Séguin,
dédiées à M. A. de Lamartine. in-8.   6 fr.

FLEURS DE L'ARRIÈRE-SAISON (Poésies). In-8,
Genève, 1840.   2 fr. 50

FONCTIONS (des) DE LA PEAU, et des maladies
graves qui résultent de leur dérangement, par J.-L. Doussin-Dubreuil. Paris, 1827. In-12.   2 fr. 50

FRANCE (la) CONSTITUTIONNELLE, ou la Li-
berté reconquise; poème national, par M. Bovard. In-8. 6 fr.

FRANCE (la) MOURANTE, consultation historique
à trois personnages. 1829. In-8.   2 fr.

GÉOGRAPHIE ANCIENNE DES ÉTATS BARBA-
RESQUES, d'après l'allemand de Mannert, par MM.
Marcus et Duesberg. In-8.   10 fr.

GLAIRES (des), DE LEURS CAUSES, de leurs effets,
et des indications à remplir pour les combattre. 8e édition,
par Doussin-Dubreuil. Paris, in-8.   4 fr.

GRAISSINET (M.), ou Qu'est-il donc? Histoire comique,
satirique et véridique, publiée par Duval. 4 v. in-12. 10 fr.

*Ce roman, écrit dans le genre de ceux de Pigault, est un
des plus amusants que nous ayons.*

GRAVEUR D'ARGENTERIE (le) de table, par Mar-
cadier. in-8.   6 fr.

GUIDE DES ARCHITECTES, Vérificateurs, Entrepreneurs et de toutes les personnes qui font bâtir, par L. Lejuste. 1 vol. in-4º. 12 fr.

GUIDE DE L'INVENTEUR dans les principaux États de l'Europe, ou Précis des lois sur les brevets d'invention, par Ch. Armengaud jeune. In-8. Nouv. édit. 5 fr.

GUIDE DES MAIRES (nouveau), ou Manuel des Officiers municipaux, dans leurs rapports avec l'ordre administratif et l'ordre judiciaire, les collèges électoraux, la garde nationale, l'armée, l'administration forestière, l'instruction publique et le clergé; par M. Boyard, président à la Cour d'appel d'Orléans, etc. 1 gros vol. in-18 de 612 pag. 3 fr. 50

GUIDE DES MALADES. Manuel des personnes affectées de maladies chroniq. par le doct. Belliol. In-12. 6 fr.

GUIDE DU MÉCANICIEN, ou Principes fondamentaux de mécanique expérimentale et théorique, appliqués à la composition et à l'usage des machines, par M. Suzanne, ancien professeur. 2º édition. 1 vol. in-8 orné d'un grand nombre de planches. 12 fr.

GUIDE DU PHOTOGRAPHE, par Ch. Chevalier, in-8º. 5 fr.

GUIDE GÉNÉRAL EN AFFAIRES, ou Recueil des modèles de tous les actes, par J.-B. Noellat. 4º édition. 1 vol. in-12. 4 fr.

GUIDE DU PROPRIÉTAIRE et DE L'ARTISAN, par Hanriot. In-8. 5 fr.

HARPE HELVÉTIQUE, par Ch.-M. Didier. In-8. 1 fr. 50

HISTOIRE AUTHENTIQUE du prisonnier d'État connu sous le nom du Masque-de-Fer, extraite des documents trouvés aux archives des affaires étrangères du Royaume; trad. de l'anglais de George Agar Ellis. In-8. 5 fr.

HISTOIRE D'ANGLETERRE, de David Hume. 20 vol. in-12.
— Plantagenet. 6 vol. 18 fr.
— Tudor. 6 vol. 18 fr.
— Stuart. 8 vol. 24 fr.

HISTOIRE GÉNÉRALE DE LA MUSIQUE ET DE LA DANSE, par Adrien De Lafage. 2 vol. in-8 et 2 atlas. 1re liv. 15 fr. 2e liv. 12 fr. 27 fr.

HISTOIRE DE LA NATURE ou Synthèse de la création et du perfectionnement des êtres, de Duran; par Laurrière, in-8. 1 fr.

HISTOIRE DE BAR-SUR-SEINE, par COURANT.
1re partie, in-8. 7 fr.

HISTOIRE DE LA VILLE D'ORLÉANS, de ses édifices, monuments, etc., par VERGNAUD-ROMAGNÉSI. 2
vol. in-12. 7 fr.

HISTOIRE DE LA VILLE DE TOUL et de ses évêques,
suivie d'une Notice sur la cathédrale ; ornée de 16 lithographies, par A.-D. THIÉRY. 2 vol. in-8. 10 fr.

— DES BIBLIOTHÈQUES publiques de la Belgique,
par NAMUR. 5 vol in-8.

Tome 1er Bibl. de Bruxelles. 9 fr.
— 2e Bibl. de Louvain. 6 fr. 50
— 3e Bibl. de Liège. 6 fr. 50

—.DES CAMPAGNES de 1814 et de 1815, par A. DE
BEAUCHAMP. 2 vol. in-8. 12 fr.

— DES DOUZE CÉSARS, trad. du latin de Suétone,
par DE LAHARPE. 3 vol. in-32. 6 fr. 50

HISTOIRE DES LÉGIONS POLONAISES EN ITALIE,
sous le commandem.t du général Dombrowski, par LÉONARD
CHODZKO. 2 vol. in-8. 17 fr.

— DES VANDALES, depuis leur première apparition
sur la scène historique jusqu'à la destruction de leur empire
en Afrique ; accompagnée de recherches sur le commerce que
les Etats barbaresques firent avec l'Etranger dans les six
premiers siècles de l'ère chrétienne. 2e éd. in-8. 7 fr. 50

HISTOIRE GÉNÉRALE DE POLOGNE, d'après les
historiens polonais Naruszewiez, Albertrandy, Czacki, Lelewel, Bandtkie, Niemcewiez, Zielinskis, Kollontay, Oginski,
Chodzko, Podzaszynski, Mochnacki, et autres écrivains nationaux. 2 vol. in-8. 7 fr.

— IMPARTIALE DE LA VACCINE, par C.-A. BARBEY. In-8. 3 fr. 50

HOMME (l') AUX PORTIONS, ou Conversations philosophiques et politiques, publiées par J.-J. FAZY. 1 vol. in-12. 3 fr.

I BACI DI GIOVANI SECONDO volgarizzati da Cesare
L. BIXIO. Parigi, 1834, in-12. 1 fr. 50

INAUGURATION DU CANAL du duc d'Angoulême,
à Amiens, le 31 août 1825. In-folio. 1 fr. 50

INFLUENCE (de l') DES ÉRUPTIONS ARTIFICIELLES DANS CERTAINES MALADIES, par JENNER, auteur de la découverte de la vaccine. Brochure in-8. 2 fr. 50

INVASION DES ARMÉES ÉTRANGÈRES dans le dé-

département de l'Aube , en 1814 et 1815 ; par F.-E. Pou-
GIAT. In-8. 6 fr.

JEANNE HACHETTE, ou le Siège de Beauvais, poème, par madame FANNY DENOIX. In-8. 1 fr.

JOURNAL DU PALAIS, présentant la Jurisprudence
de la Cour de Cassation et des Cours royales. Nouvelle édition, par M. BOURJOIS. (1791 à 1828.) Paris, 1823 à 1828.
42 vol. in-8. 100 fr.

— DES VOYAGES, Découvertes et Navigations modernes, novembre 1818 à déc. 1829. 44 vol. in-8. cart. 176 fr.

JOURNALISME (du), ou Il est temps d'en finir avec la
mauvaise presse, par D.-J. 1832. In-12. 50 c.

LEÇONS D'ARCHITECTURE, par DURAND. 2 vol.
in-4. 40 fr.

— La partie graphique, ou tome 3e du même ouv. 20 fr.

LEÇONS DE DROIT DE LA NATURE ET DES
GENS. par DE FÉLICE. 4 vol. in-12. 6 fr.

LETTERA INTORNO ALL'INTRODUZIONE DEL
METODO-WILHEM, nelle Scuole di torino indirizzata,
al signor maestro Luici-Felice ROSSI, dal-maestro Adriano
DE LAFAGE. In-8. 1 fr.

LETTRES DE JEAN DE MULLER à ses amis MM. De
Bonstetten et Gleim. In-8. 6 fr.

— DE MADEMOISELLE AISSÉ. In-12. 2 fr. 50

— DE MESDAMES DE COULANGES et de NINON
DE L'ENCLOS. In-12. 2 fr. 50

— DE MESDAMES DE VILLARS, DE LAFAYETTE
et DE TENCIN. In-12. 2 fr. 50

— INÉDITES de Buffon, J.-J. Rousseau, Voltaire, Pi-
ron, de Lalande, Larcher, etc., avec *fac simile*, publiées par
C.-X. GIRAULT. In-8. 3 fr.

— *Idem*, in-12. 3 fr.

— PERSANNES, par MONTESQUIEU. In-12. 3 fr.

— SUR LA MINIATURE, par M. MANSION. 1 vol.
in-12, figures. 4 fr.

— SUR LA VALACHIE. 1 vol. in-12. 2 fr. 50

LIBERTÉS (des) GARANTIES PAR LA CHARTE,
ou de la Magistrature dans ses rapports avec la liberté des
cultes, de la presse, etc., par M. BOYARD. In-8. 6 fr.

LOI DU 3 MAI 1841 sur l'Expropriation pour cause
d'Utilité publique. Br. in-18. 30 c.

LOIS D'HOWEL-DDA mab Cadell, Brenin Cymru (fils

de Cadell, chef du pays des Kimris), par M. A. DUCHATEL-LIER. In-8. 2 fr.

DES LUNETTES, LORGNONS, CONSERVES, par MAGNE, in-8º. 3 fr. 50

MACHINES ET INVENTIONS approuvées par l'Académie R. des Scien., par GALLON. 7 vol. in-4. 80 fr.

MAGISTRATURE (de la) dans ses rapports avec la liberté des cultes, par M. BOYARD. In-8. 6 fr.

MANIPULATIONS HYDROPLASTIQUES, ou Guide du Doreur, par M. ROSELEUR. In-8. 15 fr.

MANUEL (Nouveau) COMPLET DES EXPERTS, Traité des matières civiles, commerciales et administratives donnant lieu à des expertises, 7º édit., par CH. VASSEROT, avocat à la Cour Impériale de Paris. 6 fr.

MANUEL (Nouveau) COMPLET DES MAIRES, Adjoints. Conseils municipaux, des Préfets, Conseils de Préfecture et Conseils généraux, Juges de paix, Commissaires de police, Prêtres, Instituteurs, et des Pères de famille, etc., par M. BOYARD, président à la Cour d'appel d'Orléans, 3º édition, 2 vol. in-8. 12 fr.

MANUEL DE L'ÉCARTÉ, contenant des notions générales sur ce jeu. 2º édition, Bordeaux. In-18. 1 fr.

MANUEL DE L'OCULISTE, ou Dictionnaire ophthalmologique, par DE WENZEL. 2 vol. in-8, 24 planches. 12 fr.

— DE PEINTURES ORIENTALES ET CHINOISES en relief, par SAINT-VICTOR. In-18, fig. noires. 3 fr.

— DES ARBITRES, ou Traité des principales connaissances nécessaires pour instruire et juger les affaires soumises aux décisions arbitrales, soit en matières civiles ou commerciales; contenant les principes, les lois nouvelles, les décisions intervenues depuis la publication de nos Codes, et les formules qui concernent l'arbitrage, etc., par M. CH., ancien jurisconsulte. Nouvelle édition. 8 fr.

— DES BAINS DE MER, leurs avantages et leurs inconvénients, par M. BLOT. 1 vol. in-18. 2 fr.

— DES CANDIDATS à l'emploi de Vérificateurs des poids et mesures, par P. RAVON. 2º édition, in-8. 3 fr.

— DES JUSTICES DE PAIX, ou Traité des fonctions et des attributions des Juges de Paix, des Greffiers et Huissiers attachés à leur tribunal, avec des formules et modèles de tous les actes qui dépendent de leur ministère, etc., par M. LEVASSEUR, ancien jurisconsulte. Nouvelle édition, en-

tièrement refondue, par M. BIRET. 1 gros volume in-8,
1839. 6 fr,

— *Idem*, en 1 vol. in-18. 3 fr. 50

MANUEL DES MARINS, ou Dictionnaire des termes
de marine, par BOURDÉ. 2 vol. in-8. 8 fr.

— DES NÉGOCIANTS, ou le Code commercial et maritime, commenté et démontré par principes, par P.-B.
BOUCHER. 2 vol. in-8: 10 fr.

— DES NOURRICES, par Mme EL. CELNART. In-18.
1 fr. 50

— DU BOTTIER, par A. MOUNEY. In-12. 1 fr. 50

— DU CAPITALISTE, par M. BONNET. 1 vol. in-8.
14e édition. 6 fr.

— DU FABRICANT DE ROUENNERIES, comprenant tout ce qui a rapport à la fabrication, par un Fabricant.
1 vol. in-18. 2 fr. 50

MANUEL DU NÉGOCIANT, dans ses rapports avec la
douane, par M. BAUZON-MAGNIER. In-12. 4 fr.

MANUEL DES SOCIÉTÉS DE SECOURS MUTUELS,
in-12; br. 50 c.

— DU SYSTÈME MÉTRIQUE, ou Livre de Réduction de toutes les mesures et monnaies des quatre parties du
monde, par P.-L. LIONET. 1 vol. in-8. 7 fr.

MANUEL DU TISSEUR, contenant les Armures et les
Montages usités pour la Fabrication des divers Tissus, par
LIONS. In-8. 1 fr. 75

MANUEL DU TOURNEUR, ouvrage dans lequel on enseigne aux amateurs la manière d'exécuter tout ce que l'art
peut produire d'utile et d'agréable, par M. HAMELIN-
BERGEBON. 2 vol. in-4, avec Atlas et le Supplément. 60 fr.

— MÉTRIQUE DU MARCHAND DE BOIS, par
M. TREMBLAY. 1 vol. in-12. 1840. 1 fr. 50

MATÉRIAUX POUR L'HISTOIRE DE GENÈVE, recueillis et publiés par J.-A. GALIFFE. tome 1, in-8. 6 fr.

MÉDECINE DOMESTIQUE, ou, Traité complet des
moyens de se conserver en santé, et de guérir les maladies
par le régime et les remèdes simples, par BUCHAN; traduit
par DUPLANIL. 5 vol. in-8. 20 fr.

MÉDITATIONS LYRIQUES, par J.-J. GALLOIS. In-8.
1 fr. 50

MÉLANGES DE POÉSIE ET DE LITTÉRATURE,

par FLORIAN. 3 vol. in-18.   4 fr. 50

MÉMENTO DES ARCHITECTES ET INGÉNIEURS, TOISEURS ET VÉRIFICATEURS et de toutes les personnes qui font bâtir, 7 vol. in-8 ornés de pl.   60 fr.

MÉMOIRE SUR LA CONSTRUCTION DES INSTRUMENTS à Cordes et à Archet, par Félix SAVART. In-8. 3fr.

MÉMOIRES DU COMTE DE GRAMMONT, par HAMILTON. 2 vol. in-32.   3 fr.

MÉMOIRES RÉCRÉATIFS, SCIENTIFIQUES ET ANECDOTIQUES, du physicien-aéronaute ROBERTSON. 2 vol. in-8 , fig.   12 fr.

MÉMOIRES SUR LA GUERRE DE 1809 EN ALLEMAGNE, avec les opérations particulières des corps d'Italie , de Pologne, de Saxe, de Naples et de Walcheren , par le général PELET , d'après son journal fort détaillé de la campagne d'Allemagne, ses reconnaissances et ses divers travaux; la correspondance de Napoléon avec le major - général, les maréchaux, etc. 4 vol. in-8.   28 fr.

MÉMOIRE SUR LE PARTI AVANTAGEUX que l'on peut tirer des bulbes de safran, par M. VERGNAUD-ROMAGNÉSI. In-8.   1 fr.

MÉMOIRE SUR LES OPÉRATIONS de l'avantgarde du 8e Corps de la Grande Armée, formé de troupes polonaises en 1813. In-8.   1 fr. 50

MÉMOIRE SUR DES SCULPTURES ANTIQUES, par VERGNAUD. In-8.   1 fr.

— SUR DES MÉDAILLES ROMAINES. idem. 1 fr.

MÉMOIRES TIRÉS DES ARCHIVES DE LA POLICE DE PARIS, par PEUCHET. 6 vol. in-8.   24 fr.

MÉNESTREL (le), poème en deux chants, par JAMES BEATTIE; traduit de l'anglais , avec le texte en regard, par M. LOUET. 2e édition, in-18.   3 fr.

MENUISERIE DESCRIPTIVE, nouveau Vignole des menuisiers, utile aux ouvriers, maîtres et entrepreneurs, par COULON. 2 vol. in-4, dont un de planches.   20 fr.

MINISTRE DE WAKEFIELD, traduit en français par M. AIGNAN, de l'Académie française. Nouvelle édition. 1841, 1 vol. in-12, fig.   1 fr. 50

MONITEUR DE L'EXPOSITION DE 1839, ou Archives des produits de l'industrie. In-8.   5 fr.

MORALE DE L'ÉVANGILE , comparée à la morale des philosophes anciens et modernes, par madame E. CELNART. In-8.   75 c.

MULTIPLICATEURS DES INTÉRÊTS SIMPLES,
établis sur les taux de 3, 4 et 5 pour cent, etc., par Mo-
REAU. 1re partie. 1 vol. in-8° obl. 3 fr. 50

NÉCESSITÉ (de la) ET DE L'EXPÉRIENCE, consi-
dérées comme critérium de la vérité, par G. M***. in-8.
7 fr. 50

NOSOGRAPHIE GÉNÉRALE ÉLÉMENTAIRE, ou
Description et Traitement rationnel de toutes les maladies;
par M. SEIGNEUR GENS, docteur de la Faculté de Paris.
Nouvelle édition, 4 vol. in-8. 20 fr.

NOTES SUR LES PRISONS DE LA SUISSE, et
sur quelques-unes du continent de l'Europe; moyen de les
améliorer, par M. Fr. CUNINGHAM; suivies de la description
des prisons améliorées de Gand, Philadelphie, Ilchestes et
Millbank, par M. BUXTON. In-8. 4 fr. 50

NOTICE HISTORIQUE sur la ville de Toul, ses anti-
quités et ses célébrités, par C.-L. BATAILLE. In-8. 4 fr.

NOTICE HISTORIQUE sur les magnifiques tapisseries
des Gobelins, par LACORDAIRE, in-8. 1 fr. 50

NOTICE SUR LA PROJECTION DES CARTES
GÉOGRAPHIQUES, par E.-A. LEYMONNERYE. In-18,
figures. 1 fr. 50

— SUR L'OEUVRE de François Girardon, de Troyes,
sculpteur, avec un précis sur sa vie. In-8. 1 fr. 50

NOTIONS SYNTHÉTIQUES, historiques et physiologiques de philosophie naturelle, par M. GEOFFROY-ST.-HI-
LAIRE. In-8. 6 fr.

NOVELLE ITALIANE DI GIOVANNI LA CECILIA.
In-8. 4 fr.

NOUVELLE MÉTHODE DE TENUE DES LIVRES,
par NICOL. Br. in-8. 75 c.

* OEUVRES CHOISIES de l'abbé PRÉVOST, avec fig.
39 vol. in-8, reliés. 100 fr.

OBSERVATIONS SUR LES PERTES DE SANG des
femmes en couche et sur les moyens de les guérir, par M.
LEROUX. 2e édition. In-8. 4 fr. 50

OBSERVATIONS SUR UN ARTICLE de la Revue
Encyclopédique relatif à la traduction du Talmud de Babylone,
et à la théorie du judaïsme, par l'abbé CHIARINI. in-8. 2 fr.

OEUVRES COMPLÈTES DE CHAMFORT, recueillies
et publiées par P.-A. AUGUIS. 5 vol. in-8. 15 fr.

OEUVRES DE BALLANCHE, de l'Académie de Lyon.
4 vol. in-18. 15 fr.

OEUVRES DE BOILEAU, nouvelle édition, accompagnées de Notes faites sur Boileau par les commentateurs ou
littérateurs les plus distingués, par M. J. PLANCHE, professeur de rhétorique au collége royal de Bourbon, et M.
NOEL, inspecteur général de l'Université. In-12.   1 fr. 50

— DE SERVAN, nouvelle édition, avec une notice, par
X. DE PORTETS. 5 vol. in-8.   18 fr.

OEUVRES DE VOLTAIRE, avec Préfaces, Avertis-
sements. Notes, etc.. par M. BEUCHOT, t. 71 et 72. TABLE
ALPHABÉTIQUE ET ANALYTIQUE DES MATIÈRES; par
MIGER. 2 vol. in-8.   24 fr.
  Idem, papier vélin.   36 fr.
  Idem, grand papier jésus.   48 fr.

OEUVRES D'ÉVARISTE PARNY. 5 vol. in-18.
                                                  12 fr. 50

— DIVERSES DE LAHARPE, de l'Académie fran-
çaise. 16 vol. in-8.   64 fr.

—, DIVERSES. Économie politique; Instruction publique; Haras et Remontes, par C.-J.-A. MATHIEU DE DOM-
BASLE. In-8.   8 fr.

— DRAMATIQUES DE N. DESTOUCHES. Nouvelle
édition. Paris. 6 vol. in-8.   24 fr.

— POÉTIQUES DE KRASICKI. 1 seul vol. in-8,
à 2 col. grand papier vélin.   25 fr.

OPUSCULES FINANCIERS sur l'effet des privilèges,
des emprunts publics et des conversions sur le crédit de
l'industrie en France, par J.-J. FAZY. 1 vol. in-8   5 fr.

ORDONNANCE SUR L'EXERCICE ET LES MA-
NOEUVRES D'INFANTERIE, du 4 mars 1831. (École
du soldat et de peloton). 1 vol. in-18, orné de fig. 75 c.

ORGUE (l') DE SAINT-DENIS, par LAFAGE. In-8. 2fr.

OUVRIER (l') MÉCANICIEN, Guide de mécanique
pratique, précédé de notions élémentaires d'arithmétique dé-
cimale, d'algèbre et de géométrie, par CH. ARMENGAUD
jeune. 4° édition, in-12.   4 fr.

PARFAIT CHARRON-CARROSSIER, ou Traité
complet des Ouvrages faits en Charronnage et Ferrure, par
L. BERTHAUX. In-8.   10 fr.
  — Le Parfait Charron, seul.   5 fr.
  — Le Parfait Carrossier, seul.   5 fr.

PARFAIT SERRURIER, ou Traité des ouvrages faits
en fer; par LOUIS BERTHAUX. 1 vol. in-8, cartonné. 9 fr.

PASSÉ (DU), DU PRÉSENT ET DE L'AVENIR de

l'Organisation municipale de la France, par E. CHAMPA-
GNAC, tome 1er. in-8.   4 fr.
PETIT (le) BARÊME DES CAISSES D'ÉPARGNE,
ou Méthode simple et facile pour calculer les intérêts depuis
1 jusqu'à 40 ans, par VAN-TENAC. In-32.   10 c.
PETIT MANUEL DU NÉGOCIANT D'EAU-DE-
VIE, par RAVON. In-18.   75 c.
PETIT PAMPHLET sur quelques tableaux du salon de
1835, par A.-D. VERGNAUD. In-8.   30 c.
PHILOSOPHIE ANTI-NEWTONIENNE, ou Essai sur
une nouvelle physique de l'univers, par J. BAUTÉS. Paris,
1835, 2 livraisons in-8.   3 fr.
PHOTOGRAPHIQUE (Album), par M. BLANQUART-
EVRARD. Livraisons 1 à 12, contenant chacune 3 planches.
Ouvrage complet.   72 fr.
PHOTOGRAPHIE SUR PLAQUES MÉTALLIQUES,
par M. le baron GROS, 2e édition, in-8. fig.   3 f.
PHOTOGRAPHIE SUR PAPIER, par M. BLAN-
QUART-EVRARD. Brochure in-8.   4 fr. 50
POÉSIES DE CHARLES FROMENT. 2 vol. in-18. 7 fr.
POÈTES (les) FRANÇAIS depuis le XIIe siècle jus-
qu'à Malherbe, avec une Notice historique et littéraire sur
chaque poète. Paris, 1824, 6 vol. in-8.   48 fr.
POEZYE ADAMA MICKIEWICZA, 4 vol. in-12.
Prix de chacun   5 fr.
POLITIQUE POPULAIRE, ou Manuel des droits et
des devoirs du citoyen. In-18 carré.   50 c.
PRÉCIS DE L'HISTOIRE DES TRIBUNAUX SE-
CRETS DANS LE NORD DE L'ALLEMAGNE, par
A. LOEVE VEIMARS. 1 vol. in-18.   1 fr. 25
— HISTORIQUE SUR LES RÉVOLUTIONS DES
ROYAUMES DE NAPLES ET DU PIÉMONT, en 1820
et 1821, suivi de documents authentiques sur ces évène-
ments, par M. le comte D..... 2e édition. In-8.   4 fr. 50
PROJET D'UN NOUVEAU SYSTÈME BIBLIO-
GRAPHIQUE des Connaissances humaines, par NAMUR.
In-8.   4 fr.
QUELQUES RÉFLEXIONS sur la Législation commer-
ciale, par A.-J. MEMOT. Paris, 1823. In-8.   2 fr. 50
QUESTION DE L'ORIENT sous ses rapports généraux
et particuliers, par M. DE PRADT. In-8.   5 fr.
QUESTION DES ENTREPOTS ET PORTS FRANCS,
contenant onze lettres publiées dans le journal le *Commerce de*

Dunkerque et du Nord, par M. BATTIER. Grand in-8. 3 fr.

RAPPORT FAIT A LA CHAMBRE des Représentants et au Sénat, par le Ministre des affaires étrangères, sur l'état des négociations en 1831. Bruxelles, in-8. 6 fr.

RAPPORTS DES MONNAIES, POIDS ET MESURES des principaux Etats de l'Europe (ce tarif est collé sur bois). 3 fr.

RAYONS (les) DU MATIN, poésies par ELIE SAUVAGE. In-18. 2 fr. 50

RECHERCHES ANATOMIQUES, Physiologiques, Pathologiques et Séméïologiques, sur les glandes labiales, par A.-A. SEBASTIAN. In-4. 2 fr. 50

— SUR L'ANATOMIE et les Métamorphoses de différentes espèces d'insectes; ouvrage posthume, de PIERRE LYONNET, publié par M. W. DEHAAN; accompagnées de 54 planches. 1 vol. in-4. 40 fr.

— HISTORIQUES SUR LA VILLE DE SALINS, par M. BECHET. 2 vol. in-12. 5 fr.

RECHERCHES (Nouvelles) sur les mouvements du camphre et de quelques autres corps placés à la surface de l'eau, par MM. JOLY et BOISGIRAUD aîné. In-8 1 fr. 50

— SUR LE SYSTÈME LYMPHATICO-CHYLIFÈRE, par le docteur LIPPI; traduit de l'italien par JULIA DE FONTENELLE. In-8. 75 c.

RECHERCHES SUR LA TÉLÉGRAPHIE ÉLECTRIQUE, par GLOESENER. In-8, avec figures. 3 fr. 50

RECUEIL DE MÉMOIRES SUR LA PHOTOGRAPHIE, par Ch. CHEVALIER. Grand in-8. 3 fr.

RECUEIL ET PARALLELES D'ARCHITECTURE, par M. DURAND. Grand in-fol. 180 fr.

RECUEIL DE RECETTES ET DE PRÉPARATIONS CHIMIQUES, d'objets d'un usage journalier, brochure in-18. 75 c.

— GÉNÉRAL ET RAISONNÉ DE LA JURISPRUDENCE et des attributions des justices de paix, en toutes matières, civiles, criminelles, de police, de commerce, d'octroi, de douanes, de brevets d'invention, contentieuses et non contentieuses, etc., par M. BIRET. 4e éd. in-8. 2 vol. 14 fr.

RÉFORME (de la) ANGLAISE et de ses suites probables, par M. DE PRADT. In-8. 5 fr.

REGLES DE POINTAGE à bord des vaisseaux, par MONTGÉRY. In-8. 4 fr.

RÉGNICIDE ET RÉGICIDE, par M. De Pradt. In-8.
75 c.

RELATION (nouvelle) DE LA BATAILLE DE FRIED-
LAND (14 juin 1807), par M. Derode. In-8.   2 fr. 25
— *Idem*, Papier vélin.   3 fr.

RELATION DU VOYAGE AU POLE SUD ET DANS
L'OCÉANIE, sur les corvettes l'Astrolabe et la Zélée, exécuté
par ordre du Roi pendant les années 1837, 1838, 1859 et
1840, sous le commandement de M. J. Dumont-d'Urville,
capitaine de vaisseau. 10 vol. in-8, avec cartes.   30 fr.

RELATIONS DE VOYAGES D'AUCHER-ÉLOY EN
ORIENT, de 1830 à 1838, revues et annotées par M. le
comte Jaubert. 2 vol. in-8, avec carte.   12 fr.

RELIGION (de la), DU CLERGÉ ET DES JÉSUITES,
par un Magistrat. 1844. In-8.   1 fr. 25

RÉPERTOIRE ADMINISTRATIF DES PARQUETS,
par L.-G. Faure. 2 vol. in-8.   15 fr.
— (Supplément au) par Faure, 1 vol in-8 (1855). 7 f. 50
— (Nouveau) DE LA JURISPRUDENCE et de la
Science du Notariat, par J.-J.-S. Serieys. In-8.   7 fr.

RÉPUBLIQUE (la) PARTHÉNOPÉENNE, épisode de
l'histoire de la république française, par Jean La Cécilia.
Traduit de l'italien par Thibaud. In-8.   7 fr. 50

RÉSERVE (De la) LÉGALE en Matière de Succession,
et de ses conséquences, par J.-B. Kuhlmann. In-8. 1 fr. 50

RÉSUMÉ SUCCINCT DES EXPÉRIENCES DE
M. ANATOLE, sur une branche nouvelle de l'hydraulique.
Grand in-8.   1 fr. 50

RÉVISION IMMÉDIATE DE LA CONSTITUTION
avec la Sanction du Peuple, par Bovard. Br. in-8.   40 c.

RÉVOLUTIONS DE CONSTANTINOPLE en 1807 et
1808, précédées d'observations sur l'empire ottoman, par
A. De Juchereau de Saint-Denis. 2 vol. in-8.   9 fr.
— DE JUILLET 1830. Caractère légal et politique du
nouvel établissement fondé par la Charte constitutionnelle.
1833. In-8.   1 fr. 50

RODRIGUE ET EUDOXIE, dialogue en vers et en
prose, par A.-F. Gérard. In-12.   1 fr.

ROMAN COMIQUE, par Scarron, nouvelle édition
revue et augmentée. 4 vol. in-12.   8 fr.

RUSSIE (la) ET L'EMPIRE OTTOMAN tels qu'ils
sont et tels qu'ils devraient être, par N.-J.-B. Bovard.
1 vol. in-8.   5 fr.

SCULPTEUR PARISIEN (Album du), par GUILMARD.
1 vol. in-4, cart. 12 fr.

SÉCRÉTISME (le) ANIMAL, nouvelle doctrine fondée
sur la philosophie médicale, par A. CHRISTOPHE. In-8. 3 fr.

SIÈCLE (le), Revue critique de la littérature, des Sciences et des Arts. 2 vol. in-8. 20 fr.

SIGNES DE CORRECTION, par FRÉBY. 1 fille. 75 c.

SITES PITTORESQUES DU DAUPHINÉ, dessinés d'a-
près nature et lithog., par DAGNAN. In-f°. 40 vues. 50 fr.
— Chaque vue séparément. 2 fr.

SOIRÉES DE MADRID, ou Recueil de nouvelles histo-
riettes, etc., par Mme AMÉDÉE DE B***. 4 vol. in-12. 10 fr.

SOURCE (La) DE LA VIE, ou Choix d'Idées,
Axiomes, Sentences, Maximes, etc., contenus dans le
Talmud, trad. par SAMSON LÉVY. 2 parties, in-12. 4 fr.

SOUVENIRS DE MADAME DE CAYLUS, suivis de
quelques-unes de ses lettres. Nouv. édit. in-12. 2 fr. 50

STATISTIQUE DE LA SUISSE, par M. PICOT, de
Genève. 1 gros vol. in-12 de plus de 600 pages. 7 fr.

SUÈDE (la) SOUS CHARLES XIV JEAN, par FR.
SCHMIDT. In-8. 6 fr.

SUITE AU MÉMORIAL DE SAINTE-HÉLÈNE,
Orné du portrait de M. Las-Case. 1 vol. in-8. 7 fr.

* SUITE DU RÉPERTOIRE DU THÉATRE FRAN-
ÇAIS, par LEPEINTRE. Paris, Ve Dabo. 81 vol. in-18 60 fr.

TABLE ALPHABÉTIQUE ET CHRONOLOGIQUE
des instructions et circulaires émanées du Ministère de la
justice, depuis 1795 jusqu'au 1er janvier 1837, par M.
MASSABIAU. 1 vol. in-4. 3 fr. 50

TABLEAU DES PRINCIPAUX ÉVÉNEMENTS QUI
SE SONT PASSÉS A REIMS, depuis Jules-César jusqu'à
Louis XVI inclusivement, par M. CAMUS-DARAS. 2e édi-
tion, revue et augmentée. 1 vol. in-8. 10 fr.

TABLETTES BRUXELLOISES, ou Usages, mœurs et
coutumes de Bruxelles, par MM. IMBERT et BELLET. In-
18. 2 fr. 50

TARIF (Nouveau) DES PRIX COMPARATIFS des anciennes et nouvelles mesures, suivi d'un abrégé de géométrie graphique, par ROUSSEAU. In-12. 2 fr. 50

THÉORIE DES SIGNES, ou Introduction à l'étude des
langues, par l'abbé SICARD. 2 vol. in-8. 12 fr.

THÉORIE DU JUDAISME appliquée à la réforme des

Israélites de toutes les parties de l'Europe, par l'abbé L.-A. Chiarini. 2 vol. in-8. 10 fr.

THÉORIE MUSICALE, par V. Magnien. In-8. 1 fr. 25

TOILETTE (La) DE FLORE, par J. P. In-8. 6 fr.

TOURNEUR (supplément à tous les ouvrages sur l'art du). Orné de planches. In-4. 5 fr.

TRAITÉ COMPLET DE LA FILATURE DU CHANVRE ET DU LIN, par MM. Coquelin et Decoster. 1 gros vol. avec un bel Atlas in-folio, renfermant 37 planches gravées avec beaucoup de soin. Paris, 1846. Prix. 36 fr.

TRAITÉ DE CHIMIE APPLIQUÉE AUX ARTS ET MÉTIERS, et principalement à la fabrication des acides sulfurique, nitrique, muriatique ou hydro-chlorique; de la soude, de l'ammoniac, du cinabre, minium, céruse, alun, couperose, vitriol, verdet, bleu de cobalt, bleu de Prusse, jaune de chrôme, jaune de Naples, stéarine et autres produits chimiques; des eaux minérales, de l'éther, du sublimé, du kermès, de la morphine, de la quinine, et autres préparations pharmaceutiques; du sel, de l'acier, du fer-blanc, de la poudre fulminante, etc., etc., par M. J.-J. Guilloud, professeur de chimie et de physique; avec planches, représentant près de 60 figures. 2 forts vol. in-12. 10 fr.

TRAITÉ DE DORURE ET ARGENTURE GALVANIQUES appliquées à l'horlogerie, in-8°, par Olivier Mathey. 1 fr. 25

TRAITÉ DE LA COMPTABILITÉ DU MENUISIER, applicable à tous les états de la bâtisse, par D. Clousier. 1 vol. in-8. 2 fr. 50

TRAITÉ DES MANIPULATIONS ÉLECTRO-CHIMIQUES, appliquées aux arts et à l'industrie, par M. Brandely, ingénieur civil, in-8°, orné de 6 pl. 5 fr.

TRAITÉ DE LA MORT CIVILE en France, par A.-T. Desquiron. In-8. 7 fr.

TRAITÉ DES MOYENS DE RECONNAITRE LES FALSIFICATIONS des Drogues simples et composées, et d'en constater le degré de pureté, par Bussy et Boutron-Charlard. In-8. 5 fr. 50

TRAITÉ COMPLET D'ORFÉVRERIE, BIJOUTERIE ET JOAILLERIE, par Placide Bouet. 2 v. in-8. 12 fr.

— DE LA POUDRE la plus convenable aux armes à piston, par Vergnaud aîné. In-18. 75 c.

— DE PHYSIQUE APPLIQUÉE AUX ARTS ET MÉTIERS, et principalement à la construction des fourneaux, des calorifères à air et à vapeur, des machines à vapeur, des pompes; à l'art du fumiste, de d'opticien, du distillateur; aux sécheries, artillerie à vapeur, éclairage, bélier et presses hydrauliques, aréomètres, lampes à niveau constant, etc., par J.-J. GUILLOUD, professeur de chimie et de physique; avec pl. représentant 160 fig. 1 fort vol. in-18. 3 fr. 50

TRAITÉ D'ÉQUITATION sur des bases géométriques, contenant 74 fig., par A.-C.-M. PARISOT. In-8. 10 fr.

TRAITÉ DES ABSENTS, contenant des Lois, Arrêtés, Décrets, etc., par M. TALANDIER. In-8. 7 fr.

— DES PARAFOUDRES ET DES PARAGRÊLES. en cordes de paille, 3e suppl., par LAPOSTOLE. In-8. 4 fr. 50

— ÉLÉMENTAIRE DE LA FILATURE DU COTON, par M. OGER, directeur de filature, et SALADIN. In-8 et Atlas. 18 fr.

TRAITÉ ÉLÉMENTAIRE DU PARAGE ET DU TISSAGE MÉCANIQUE DU COTON, par L. BEDEL et E. BOURCART. In-8, fig. 7 fr. 50.

— PRATIQUE DE CHIMIE appliquée aux arts et manufactures, à l'hygiène et à l'économie domestique, par GRAY. Traduit par RICHARD. 3 vol. in-8 et Atlas. 50 fr.

TRAITÉ DE LA FABRICATION DES TISSUS, par FALCOT, 2 vol. in-4 de texte, plus 1 atlas orné de beaucoup de planches. 50 fr.

TRAITÉ DE GÉODÉSIE PRATIQUE, par GORIN, 1 vol. in-8. 2 fr. 50

— SUR LA NATURE ET LA GUÉRISON DES MALADIES DE LA PEAU, par le Dr BELLIOL. In-8. 3 fr.

— SUR LA NOUVELLE DÉCOUVERTE DU LEVIER VOLUTE, dit LEVIER-VINET. In-18. 1 fr. 50

TRAITÉ DE VOTATION, ou Machines à Voter, inventées par J. RAYMONDI. Grand in-8 avec fig. 1 fr. 50

TRANSMISSIONS A GRANDES VITESSES.— Paliers-graisseurs de M. DeCoster, par BENOIT-DUPORTAIL. In-8. 75 c.

TROIS RÈGNES de l'Histoire d'Angleterre, par M. SAUQUAIRE SOULIGNÉ. 2 vol. in-8. 10 fr.

UNE ANNÉE, ou la France depuis le 27 juillet 1830, jusqu'au 27 juillet 1831, par M. DE JRILLY. In-8. 7 fr.

VACCINE (de la) et ses heureux résultats, par MM. BRUNET, DOUSSIN-DUBREUIL et CHARMONT. In-8. 4 fr.

— VÉRITABLE (le) ESPRIT de J.-J. ROUSSEAU, par l'abbé SABATIER DE CASTRES. 3 vol. in-18. 15 fr.

VICTOIRES, Conquêtes, Désastres, Revers et Guerres civiles des Français. Paris, 1817 à 1825. 29 vol. in-8. 175fr.

VIEUX (le) CÉVÉNOL, ou Anecdotes de la vie d'Ambroise Borély, par RABAUD-SAINT-ETIENNE. In-18. 1 fr. 75

VIRGINIE, ou l'Enthousiasme de l'Honneur, tiré de l'histoire romaine, par Mme ELISABETH C**. 4 vol. in-12. 10fr.

VISITE DE MADAME DE SÉVIGNÉ, à l'occasion de la révocation de l'édit de Nantes, ou le Rubis du Père-Lachaise. In-8. 1 fr.

VOCABULAIRE DU BERRY et de quelques cantons voisins, par un amateur du vieux langage. 1 vol. in-8. 3 fr.

VOYAGE DE DÉCOUVERTE AUTOUR DU MONDE, et à la recherche de La Pérouse, par M. J. DUMONT D'URVILLE, capitaine de vaisseau, exécuté sous son commandement et par ordre du gouvernement, sur la corvette l'Astrolabe, pendant les années 1826, 1827, 1828 et 1829. — Histoire du Voyage, 5 gros vol. in-8, avec des vignettes en bois, dessinées par MM. DE SAINSON et TONY JOHANNOT; gravées par PORRET, accompagnées d'un Atlas contenant 20 planches ou cartes grand in-fol. 60 fr.

Cet important ouvrage, totalement terminé, qui a été exécuté par le gouvernement sous le commandement de M. Dumont-d'Urville et rédigé par lui, n'a rien de commun avec le voyage pittoresque publié sous sa direction.

VOYAGE HISTORIQUE dans le département de l'Aube, en vers. In-8. 1 fr. 50

— MÉDICAL AUTOUR DU MONDE, exécuté sur la corvette du roi *la Coquille*, commandée par le capitaine Duperrey, pendant les années 1822, 1823, 1824 et 1825, suivi d'un Mémoire sur les Races humaines répandues dans l'Océanie, la Malaisie et l'Australie, par M. LESSON. In-8. 4 fr. 50

VOYAGE EN ALSACE, par ROUVROIS. 1 vol. gr. in-8° illustré. 6 fr.

— AUX PRAIRIES OSAGES, Louisiane et Missouri, 1839-40, par VICTOR TIXIER. In-8. 3 fr.

* — IMAGINAIRES, Songes, Visions et Romans cabalistiques, ornés de fig. 39 vol. in-8, rel. 100 fr.

BAR-SUR-SEINE. — IMP. DE SAILLARD.

www.ingramcontent.com/pod-product-compliance
Lightning Source LLC
Chambersburg PA
CBHW031359210326
41599CB00019B/2818